AF277373

RESISTENCIA DE MATERIALES

Por

José Matías Antuña García

BELLISCO
Ediciones Técnicas y Científicas

MADRID 2025

1ª Edición 2025

© *José Matías Antuña García*
© *BELLISCO. Ediciones Técnicas y Científicas*
  Cebreros 152. Local Posterior
  28011 MADRID

  Teléfono: **91 464 18 02**
  Correo Electrónico: *información@belliscovirtual.com*

Librería Técnica online en: *www.belliscovirtual.com*

PEDIDOS:

1. *En web (www.belliscovirtual.com)*
2. *Por Teléfono: 91 464 18 02*
3. *Correo Electrónico:* *pedidos@belliscovirtual.com*
4. *En su Librería habitual*

✋ *Ninguna parte de esta publicación, incluido el diseño de la cubierta, puede reproducirse, almacenarse o transmitirse de ninguna forma, ni por ningún medio, sea eléctrico, químico, mecánico, óptico o digital, de grabación, de fotocopia o de escaneo sin la previa autorización por parte del editor y de los autores*

Impreso en España

Printed in Spain

ISBN: 979-13-990518-1-0

Depósito Legal: M-13637-2025

IMPRESO POR: SERVICEPOINT

La resistencia de materiales es una ciencia que entra por los ojos. Efectivamente, sus principales leyes resultan de la observación de las deformaciones y de hipótesis que extrapolan la validez de estas observaciones más allá de donde pueden percibirse.

En épocas anteriores, al resolver cualquier problema, en algunos casos incluso de forma gráfica, siempre mediante procesos relativamente lentos y laboriosos, se podía "ver" cómo y dónde aparecían las reacciones, cómo evolucionaban los esfuerzos a lo largo del sólido, de qué forma se distribuían las tensiones y dónde alcanzaban sus valores máximos, el tipo y la importancia de las deformaciones. Se podía valorar continuamente la influencia de las diferentes variables y el sentido en el que habría que modificarlas, en caso necesario, para mejorar los resultados.

Actualmente, con la generalización que facilita el tratamiento matemático de los temas y la automatización de los procesos, puede perderse la visión mecánica de los distintos fenómenos. Por otra parte, la respuesta casi instantánea de los programas de cálculo a cualquier problema que se plantee dificulta el seguimiento del proceso y el control de las diferentes variables.

Aunque, lógicamente, no podemos prescindir de estos medios y es necesaria la formación adecuada a su manejo e interpretación, estimo que, como fase previa a la adquisición de estas técnicas, puede ser interesante contemplar una visión mecánica y palpable de la resistencia de materiales.

El presente trabajo, en el que se prescinde muchas veces de justificaciones matemáticas y generalizaciones, se trata de reforzar el carácter visual de esta ciencia. Se intenta poner especial énfasis en el qué, pasando, inmediatamente, al para qué y el cómo, mediante aplicaciones que ayuden a comprender el alcance, la validez y las limitaciones de las diferentes leyes.

Podríamos definirlo como una especie de diccionario gráfico de esta materia, que facilite su comprensión y pueda servir de base a estudios más rigurosos y sistemáticos de la misma.

ÍNDICE

CAPÍTULO 1

PROPIEDADES DE LAS SECCIONES PLANAS

INTRODUCCIÓN

Una de las funciones de los sistemas estructurales es la de soportar las fuerzas que los solicitan y transmitirlas a los elementos de sustentación. La experiencia nos muestra que su capacidad de carga es limitada, sea por experimentar deformaciones excesivas o incluso por dar lugar al fallo por rotura de algún elemento.

El análisis estructural, la teoría de elasticidad y la resistencia de materiales, tratan de estudiar los efectos de las fuerzas sobre los distintos elementos que constituyen los sistemas estructurales, a fin de predecir su comportamiento, tanto en lo que se refiere a deformaciones como a resistencia.

Características de las secciones planas

Aunque podemos encontrarnos con otros elementos estructurales, el sólido básico contemplado en la resistencia de materiales es el prisma mecánico, que es el volumen engendrado cuando una sección plana se desplaza a lo largo de una línea continua. Tanto en la resistencia, (capacidad de carga), como en la rigidez, (resistencia a la deformación), de este sólido, influyen de forma decisiva algunas propiedades de las secciones rectas, como la situación de su centro de gravedad, el área de la sección, el momento de inercia respecto a determinados ejes o puntos, etc. En este tema de introducción, se recuerdan algunas propiedades de las secciones planas, de gran utilidad en el estudio de la Resistencia de Materiales. (Fig 1.1)

BARRA

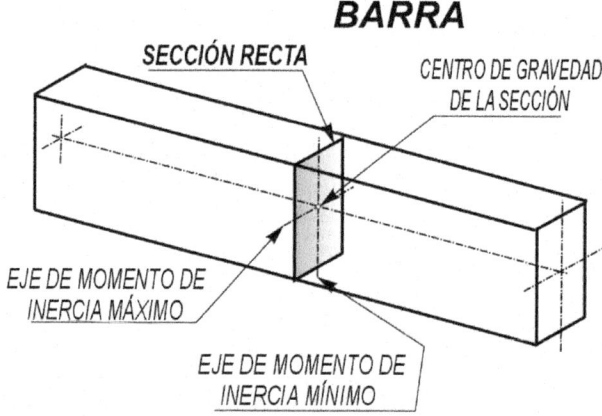

FIGURA 1.1
SECCIÓN RECTA DE UNA BARRA Y ALGUNOS PUNTOS Y EJES CARACTERÍSTICOS

Centro de gravedad. Momento de una superficie

Punto en el que podemos entender concentrada el área de la sección. Si sobre cada elemento de superficie se considera aplicada una fuerza proporcional al área de dicho elemento, todas de la misma dirección, la línea de acción de la resultante de esta distribución de fuerzas pasaría por el centro de gravedad de la sección.

Si la sección tiene algún eje de simetría, el centro de gravedad (cdg) estará situado sobre este eje. (Fig 1.2)

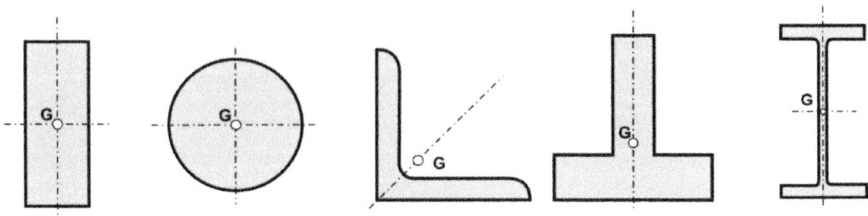

FIGURA 1.2
EL CENTRO DE GRAVEDAD ESTÁ SITUADO EN LOS EJES DE SIMETRÍA

En general, para conocer la situación del cdg de una sección se utiliza el concepto de momento de una superficie respecto a un eje (Momento de primer orden) y se aplica la propiedad, que se deriva de la propia definición, que establece que el momento de una superficie es igual a la suma de momentos de las partes que la integran. (Fig 1.3)

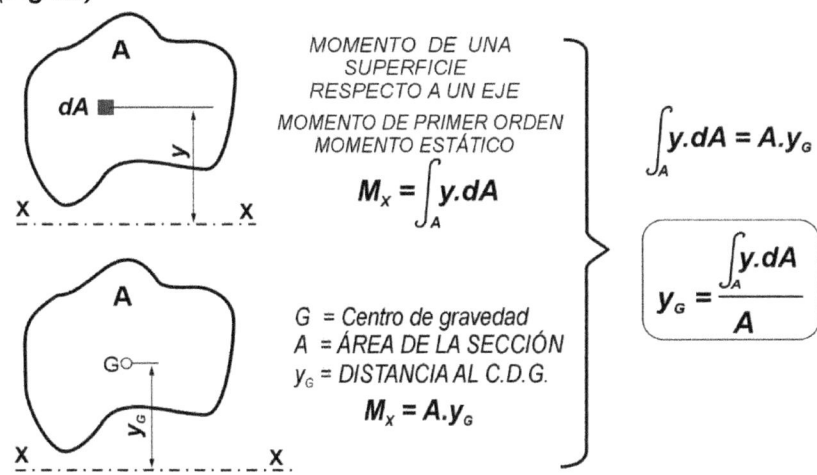

MOMENTO DE UNA SUPERFICIE RESPECTO A UN EJE

MOMENTO DE PRIMER ORDEN
MOMENTO ESTÁTICO

$$M_x = \int_A y.dA$$

$$\int_A y.dA = A.y_G$$

G = Centro de gravedad
A = ÁREA DE LA SECCIÓN
y_G = DISTANCIA AL C.D.G.

$$M_x = A.y_G$$

$$y_G = \frac{\int_A y.dA}{A}$$

FIGURA 1.3
MOMENTO DE UNA SUPERFICIE Y SITUACIÓN DE SU CENTRO DE GRAVEDAD

La mayoría de los perfiles y barras que se utilizan como elementos estructurales tienen secciones rectas en las que se conoce fácilmente la situación del cdg, bien por consideraciones de simetría, o porque nos facilitan este dato las tablas de perfiles normalizados.

Para el caso de secciones compuestas, formadas por varios perfiles simples, o secciones de geometría compleja, que podamos descomponer en elementos más sencillos, podemos conocer la situación del **cdg** aplicando el concepto de momento de primer orden (Momento estático) y las relaciones de las figuras **1.4** y **1.5**.

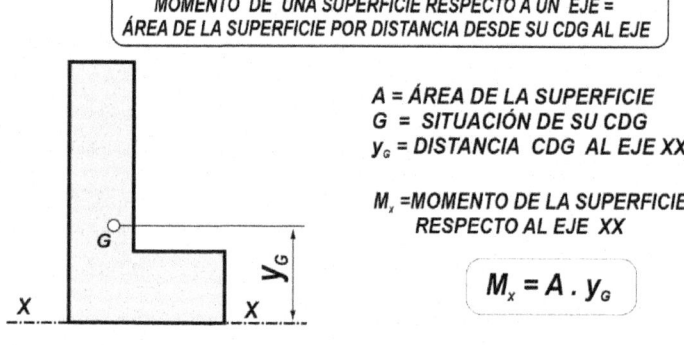

MOMENTO DE UNA SUPERFICIE RESPECTO A UN EJE =
ÁREA DE LA SUPERFICIE POR DISTANCIA DESDE SU CDG AL EJE

A = ÁREA DE LA SUPERFICIE
G = SITUACIÓN DE SU CDG
y_G = DISTANCIA CDG AL EJE XX

M_x = MOMENTO DE LA SUPERFICIE
RESPECTO AL EJE XX

$$M_x = A \cdot y_G$$

FIGURA 1.4
MOMENTO DE UNA SUPERFICIE RESPECTO A UN EJE

MOMENTO DE UNA SUPERFICIE FORMADA POR DOS O MÁS PARTES = SUMA DE MOMENTOS DE LAS PARTES QUE LA INTEGRAN

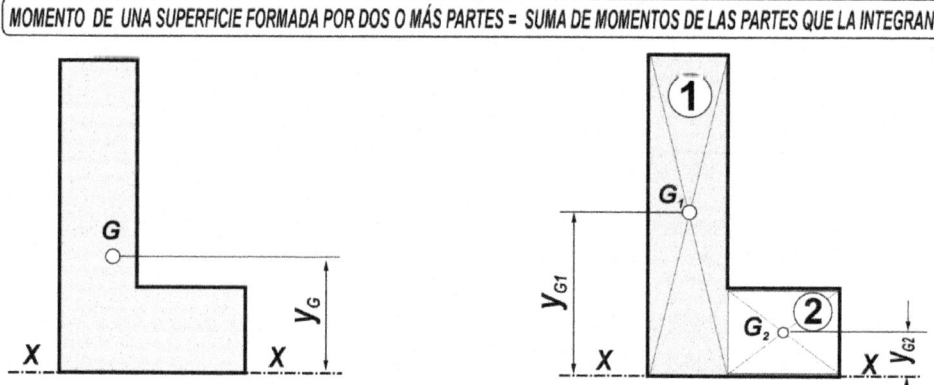

A = ÁREA TOTAL = A_1 + A_2 A_1 = ÁREA DE LA SUPERFICIE 1 A_2 = ÁREA DE LA SUPERFICIE 2
G = SITUACIÓN DEL CDG G_1 = SITUACIÓN DE SU CDG G_2 = SITUACIÓN DE SU CDG
y_G = DISTANCIA CDG AL EJE XX y_{G1} = DISTANCIA CDG1 AL EJE XX y_{G2} = DISTANCIA CDG2 AL EJE XX

MOMENTO DE TODA _ SUMA DE MOMENTOS DE LAS
LA SECCIÓN = PARTES QUE LA INTEGRAN

$$M_x = A \cdot y_G = A_1 y_{G1} + A_2 y_{G2}$$

FIGURA 1.5
MOMENTO DE UNA SUPERFICIE COMPUESTA

A continuación se presentan varios ejemplos de aplicación que utilizan las definiciones y propiedades fundamentales sobre centros de gravedad.

EJERCICIO 1

Determinar la situación del centro de gravedad de sección en **L** de la **Figura 1.6**

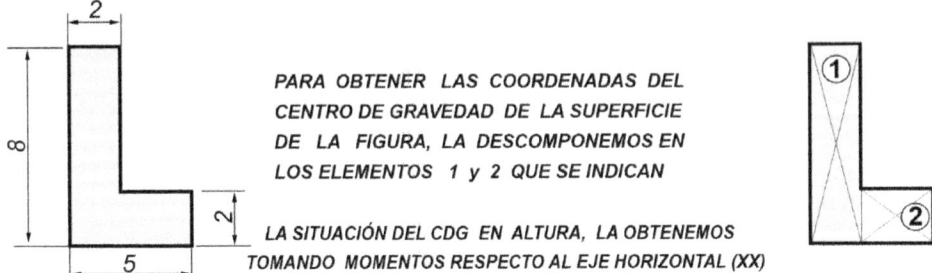

PARA OBTENER LAS COORDENADAS DEL
CENTRO DE GRAVEDAD DE LA SUPERFICIE
DE LA FIGURA, LA DESCOMPONEMOS EN
LOS ELEMENTOS 1 y 2 QUE SE INDICAN

LA SITUACIÓN DEL CDG EN ALTURA, LA OBTENEMOS
TOMANDO MOMENTOS RESPECTO AL EJE HORIZONTAL (XX)

MOMENTO DE LA SECCIÓN COMPLETA = SUMA DE MOMENTOS DE LAS PARTES QUE LA INTEGRAN

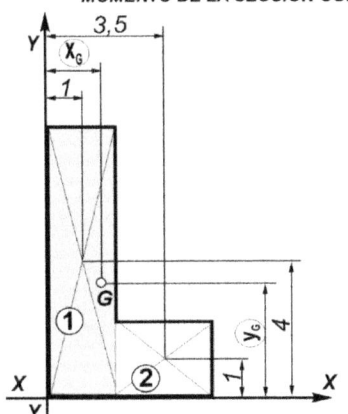

$$M_x = A \cdot y_G = A_1 y_{G1} + A_2 y_{G2}$$

$$(8.2).4 + (3.2).1 = [(8.2) + (3.2)]. \, y_G$$

$$y_G = 3,1818 \text{ cm}$$

REPITIENDO EL PROCESO, PERO TOMANDO MOMENTOS RESPECTO
AL EJE VERTICAL YY, SE OBTIENE LA POSICIÓN EN HORIZONTAL

$$(8.2).1 + (3.2).3,5 = [(8.2) + (3.2)]. \, x_G$$

$$x_G = 1,6818 \text{ cm}$$

FIGURA 1.6
SITUACIÓN DEL CENTRO DE GRAVEDAD DE UNA SUPERFICIE SIN EJES DE SIMETRÍA

EJERCICIO 2

Determinar la situación del centro de gravedad del perfil obtenido reforzando una **IPE 400** con una platabanda en el ala superior. **(Figura 1.7)**

PUESTO QUE LA SECCIÓN TIENE UN EJE DE SIMETRÍA VERTICAL, EL **CDG** ESTARÁ SITUADO SOBRE
DICHO EJE. PARA OBTENER LA SITUACIÓN EN ALTURA, SE TOMAN MOMENTOS RESPECTO AL EJE XX

LOS DATOS CORRESPONDIENTES AL PERFIL **IPE 400** SE OBTIENEN DE LA TABLA DE LA FIGURA 8

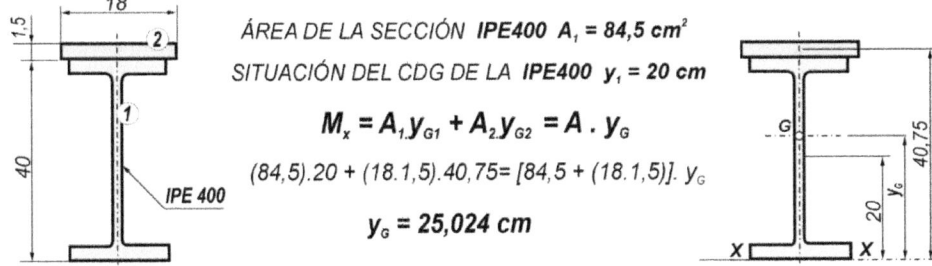

ÁREA DE LA SECCIÓN IPE400 $A_1 = 84,5 \text{ cm}^2$

SITUACIÓN DEL CDG DE LA IPE400 $y_1 = 20 \text{ cm}$

$$M_x = A_1 y_{G1} + A_2 y_{G2} = A \cdot y_G$$

$$(84,5).20 + (18.1,5).40,75 = [84,5 + (18.1,5)]. \, y_G$$

$$y_G = 25,024 \text{ cm}$$

FIGURA 1.7
SITUACIÓN DEL CENTRO DE GRAVEDAD DE UNA SUPERFICIE CON EJE DE SIMETRÍA

En la tabla de la **Fig 1.8** se dan algunos valores para perfiles **IPE**. Una característica importante, utilizada para algunas comprobaciones en flexión es el momento de primer orden (momento estático) de medio perfil respecto al eje XX **(Mx)**. A partir de este valor puede determinarse con facilidad la situación del centro de gravedad de cualquier parte de la sección. En el ejercicio de la **Fig 1.9** se indican algunas posibilidades que nos ofrece la utilización de este valor.

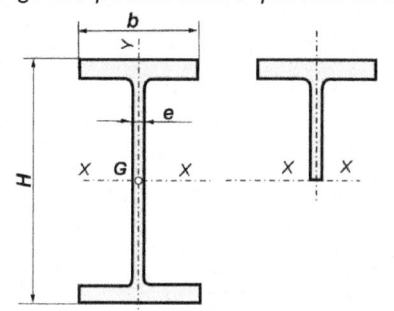

H = ALTURA DEL PERFIL (cm)
b = ANCHO DEL ALA (cm)
e = ESPESOR DEL ALMA (cm)
A = ÁREA DE LA SECCIÓN RECTA (cm^2)
Ix = MOMENTO DE INERCIA RESPECTO AL EJE XX (cm^4)
Wx = MÓDULO DE FLEXIÓN RESPECTO AL EJE XX (cm^3)
Iy = MOMENTO DE INERCIA RESPECTO AL EJE YY (cm^4)
Wy = MÓDULO DE FLEXIÓN RESPECTO AL EJE YY (cm^3)
Mx = MOMENTO DE PRIMER ORDEN DE MEDIO PERFIL
RESPECTO AL EJE XX (cm^3)

NOTA: LA TABLA NO ES COMPLETA, PUES NO RECOGE MÁS QUE ALGUNOS DATOS DE LOS PERFILES Y SOLO PARA UN GRUPO REDUCIDO DE ÉSTOS

IPE	H (cm)	b (cm)	e (cm)	A (cm^2)	Ix (cm^4)	Wx (cm^3)	Iy (cm^4)	Wy (cm^3)	Mx (cm^3)
IPE 100	10	5,5	0,41	10,3	171	34,2	15,9	5,79	19,7
IPE 140	14	7,3	0,47	16,4	541	77,3	44,9	12,3	44,2
IPE 200	20	10	0,56	28,5	1940	194	142	28,5	110
IPE 220	22	11	0,59	33,4	2770	252	205	37,3	143
IPE 240	24	12	0,62	39,1	3890	324	284	47,3	183
IPE 300	30	15	0,71	53,8	8360	557	604	80,5	314
IPE 400	40	18	0,86	84,5	23130	1160	1320	146	654
IPE 500	50	20	1,02	116	48200	1930	2140	214	1100
IPE 600	60	22	1,20	156	92080	3070	3390	308	1760

FIGURA 1.8
TABLA DE CARACTERÍSTICAS DE PERFILES IPE CON ALGUNOS VALORES, DE ALGUNOS PERFILES

EJERCICIO 3

Determinar la situación del centro de gravedad de la zona sombreada de la **IPE300** de la Figura (1/3 de la altura del perfil) y su momento de primer orden respecto al eje **XX**. (**Figura 1.9**)

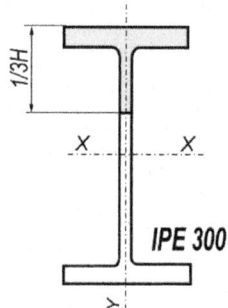

IPE 300

DE ACUERDO CON LA TABLA DE LA **FIG 1.8**
PARA UNA **IPE 300** CORRESPONDEN LOS
SIGUIENTES VALORES:

ALTURA = 30 cm
ESPESOR DEL ALMA = 0,71 cm
ÁREA DE LA SECCIÓN = 53,8 cm²
MOMENTO DE MEDIO PERFIL
RESPECTO AL EJE XX $M_x = 314$ cm³

DESCOMPONEMOS EL MEDIO PERFIL **IPE** EN UNA ZONA DE ALMA (A)
Y LA CABEZA (C) , CUYOS VALORES TRATAMOS DE DETERMINAR:

ÁREA DE MEDIO PERFIL $A_{1/2} = 53,8 / 2 = 26,9$ cm²

MOMENTO DE MEDIO PERFIL RESPECTO A XX **Mx** $= 314$ cm³

ÁREA DE ZONA DE ALMA $A_A = 5 . 0,71 = 3,55$ cm²

SITUACIÓN DE SU CDG $y_{GA} = 2,5$ cm POR ENCIMA DE XX

ÁREA DE LA CABEZA $A_C = A_{1/2} - A_A = 26,9 - 3,55 = 23,35$ cm²

SITUACIÓN DE SU CDG y_{GC} cm POR ENCIMA DE XX

PARA DETERMINAR LA SITUACIÓN DEL CDG DE LA CABEZA,
TOMAMOS MOMENTOS DE ½ PERFIL RESPECTO A XX

$$\underbrace{M_x = A_{1/2} . y_{G1/2}}_{\text{VALOR Mx DE LA TABLA}} = A_A . y_{GA} + A_C . y_{GC}$$

$$314 = 3,55 . 2,5 + 23,35 . y_G$$
$$y_{GC} = 13,067 \text{ cm}$$

MOMENTO DE LA CABEZA RESPECTO AL EJE XX

$$M_{xC} = A_C . y_G = 23,35 . 13,067 = 305,12 \text{ cm}^3$$
$$M_{xC} = 305,11 \text{ cm}^3$$

FIGURA 1.9
VALORES CORRESPONDIENTES A PARTE DE UN PERFIL

EJERCICIO 4

Determinar la situación del **cdg** del conjunto de tres círculos de la **Fig 1.10**

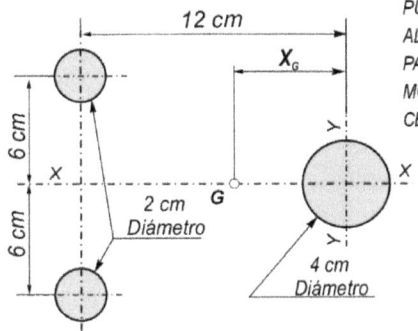

PUESTO QUE LA DISTRIBUCIÓN ES SIMÉTRICA RESPECTO
AL EJE **XX**, EL **CDG** ESTARÁ SITUADO SOBRE DICHO EJE.
PARA DETERMINAR LA SITUACIÓN EN HORIZONTAL TOMAMOS
MOMENTOS RESPECTO A UN EJE VERTICAL QUE PASE POR EL
CENTRO DEL CÍRCULO DE LA DERECHA (YY)

ÁREA CÍRCULO DIÁMETRO 2 $A_1 = \pi . R_1^2 = \pi$ cm²

ÁREA CÍRCULO DIÁMETRO 4 $A_2 = \pi . R_2^2 = 4 . \pi$ cm²

$$M_Y = A . X_G = (2A_1 + A_2) . X_G = 2 . A_1 . X_1 + A_2 . X_2$$
$$(2 . \pi + 4 . \pi) . X_G = 2 . \pi . 12 + 4 . \pi . 0$$

$$X_G = 4 \text{ cm}$$

FIGURA 1.10
CENTRO DE GRAVEDAD DE UNA DISTRIBUCIÓN DE TORNILLOS

Momentos de inercia de secciones planas

En la **Figura 1.11** se recuerdan las definiciones de momento de inercia de una superficie respecto a un eje, o momento de segundo orden, radio de giro respecto a un eje y momento de inercia polar.

$$I_x = \int_A y^2 \, dA \qquad \text{MOMENTO DE INERCIA RESPECTO AL EJE } XX$$

$$I_Y = \int_A x^2 \, dA \qquad \text{MOMENTO DE INERCIA RESPECTO AL EJE } YY$$

$$I_o = \int_A r^2 \, dA \qquad \text{MOMENTO DE INERCIA POLAR RESPECTO AL PUNTO } "O"$$

RADIO DE GIRO RESPECTO AL **EJE** i

$$\rho_i = \sqrt{\frac{I_i}{A}}$$

$$r^2 = x^2 + y^2 \longrightarrow \boxed{I_o = I_X + I_Y}$$

FIGURA 1.11
MOMENTOS DE INERCIA DE SUPERFICIES PLANAS

De acuerdo con estas definiciones, los momentos de inercia (**mdi**) de superficies planas siempre son positivos y sus dimensiones son longitudes a la cuarta (L^4). El momento de inercia es una medida de cómo está distribuida una superficie con relación a un eje o a un punto. Así, para un área determinada, momentos de inercia reducidos nos indican que la superficie está distribuida próxima al eje, mientras que, momentos de inercia elevados corresponden a superficies dispuestas lejos del eje. (**Fig 1.12**)

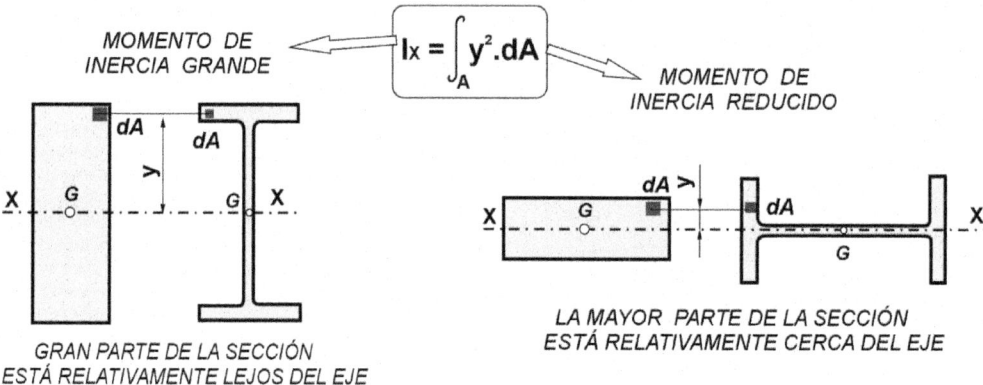

MOMENTO DE INERCIA GRANDE

$$I_x = \int_A y^2 \, dA$$

MOMENTO DE INERCIA REDUCIDO

GRAN PARTE DE LA SECCIÓN ESTÁ RELATIVAMENTE LEJOS DEL EJE

LA MAYOR PARTE DE LA SECCIÓN ESTÁ RELATIVAMENTE CERCA DEL EJE

FIGURA 1.12
EL MOMENTO DE INERCIA COMO MEDIDA DE DISTRIBUCIÓN DE LA SUPERFICIE

El valor del momento de inercia respecto a distintos ejes o puntos tiene una gran influencia, tanto en la resistencia como en la rigidez de sólidos sometidos a torsión, a flexión y a pandeo. **(Fig 1.13)**

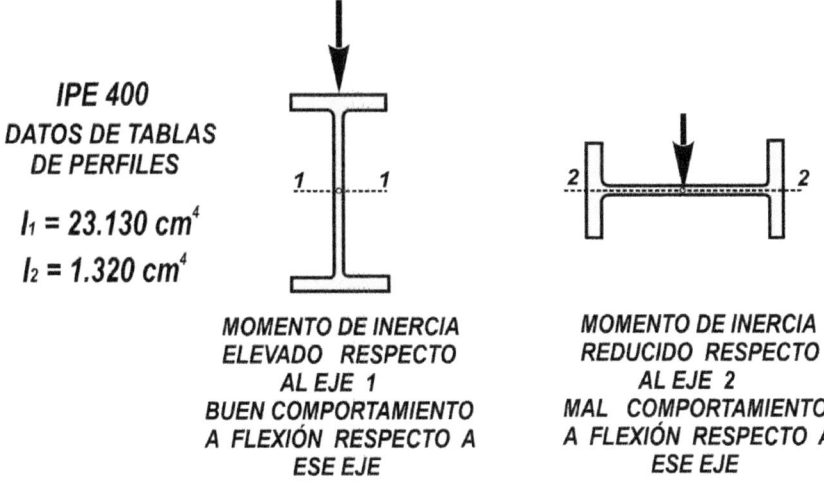

EL MOMENTO DE INERCIA DE LA SECCIÓN INFLUYE DECISIVAMENTE SOBRE LA RESISTENCIA A FLEXIÓN

INTERESA QUE EL MOMENTO DE INERCIA DE LA SECCIÓN SEA ELEVADO RESPECTO AL EJE PERPENDICULAR A LA DIRECCIÓN DE LAS CARGAS

IPE 400
DATOS DE TABLAS DE PERFILES

$I_1 = 23.130 \ cm^4$

$I_2 = 1.320 \ cm^4$

MOMENTO DE INERCIA ELEVADO RESPECTO AL EJE 1 BUEN COMPORTAMIENTO A FLEXIÓN RESPECTO A ESE EJE

MOMENTO DE INERCIA REDUCIDO RESPECTO AL EJE 2 MAL COMPORTAMIENTO A FLEXIÓN RESPECTO A ESE EJE

FIGURA 1.13
EL MOMENTO DE INERCIA DETERMINA LA RESISTENCIA Y LA RIGIDEZ A FLEXIÓN

El momento de inercia depende del eje que se considere. **(Fig 1.14)** Analizando la variación del **mdi** de la sección **A** respecto a los distintos ejes que pasan por un punto **O** de su plano, **(Fig 1.15)**, se llega a la conclusión de que hay dos ejes, perpendiculares entre sí, tales que, respecto a uno de ellos el **mdi** es máximo y respecto a el otro mínimo. Estos ejes son los **principales de inercia relativos al punto O**. A cada punto del plano, le corresponden dos ejes principales.

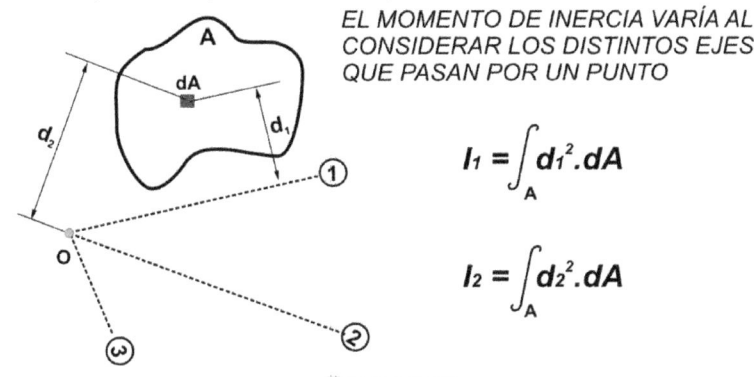

EL MOMENTO DE INERCIA VARÍA AL CONSIDERAR LOS DISTINTOS EJES QUE PASAN POR UN PUNTO

$$I_1 = \int_A d_1{}^2 . dA$$

$$I_2 = \int_A d_2{}^2 . dA$$

FIGURA 1.14
EL MOMENTO DE INERCIA DEPENDE DEL EJE QUE SE CONSIDERE

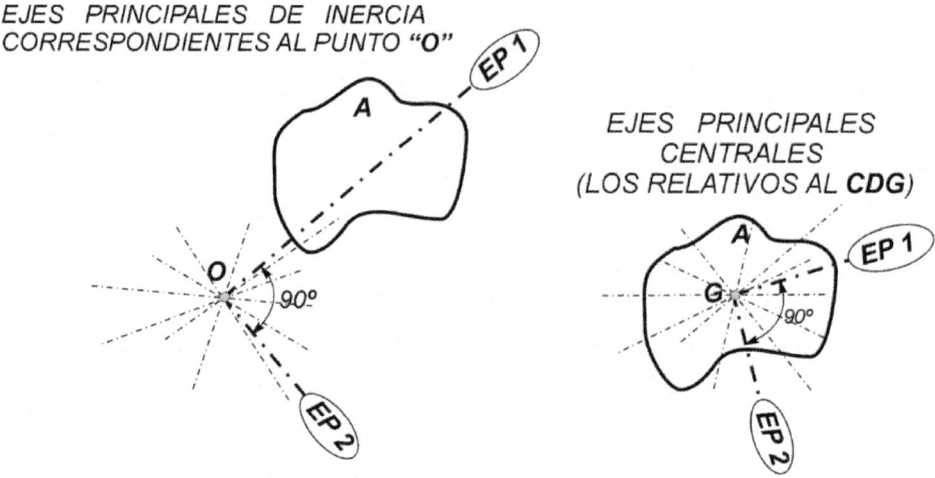

FIGURA 1.15
EJES PRINCIPALES DE INERCIA

Normalmente, interesa conocer la orientación de los ejes principales de inercia correspondientes al centro de gravedad de la sección (ejes principales centrales o, simplemente, ejes principales).

Si la sección tiene un eje de simetría, éste ya es uno de los principales de inercia; el otro será el perpendicular que pasa por el centro de gravedad. **(Fig 1.16)**

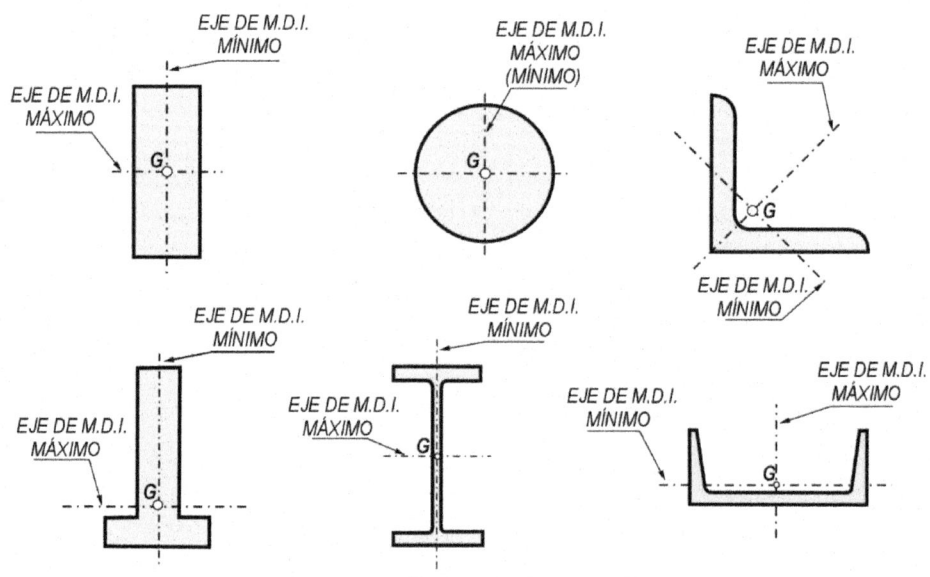

FIGURA 1.16
EJES PRINCIPALES DE INERCIA PARA DIFERENTES SECCIONES

Determinación de las propiedades de una sección.

Las secciones utilizadas normalmente en las aplicaciones estructurales suelen tener algún eje de simetría, por lo que están localizados los ejes principales de inercia. Por otra parte, aunque tengan una geometría en la que resulte difícil determinar los momentos de inercia, los valores suelen estar recogidos en las tablas de perfiles normalizados.

En la **Fig 1.17** se recuerdan las expresiones que nos permiten calcular momentos de inercia de algunas secciones simples de uso frecuente, (rectángulo y círculo), respecto a determinados ejes o puntos. En el caso del círculo, el momento de inercia respecto a un diámetro, que es la mitad del momento de inercia polar, tiene influencia sobre la resistencia y rigidez a flexión de la barra. El momento de inercia polar (I_G) influye sobre la resistencia y rigidez a torsión.

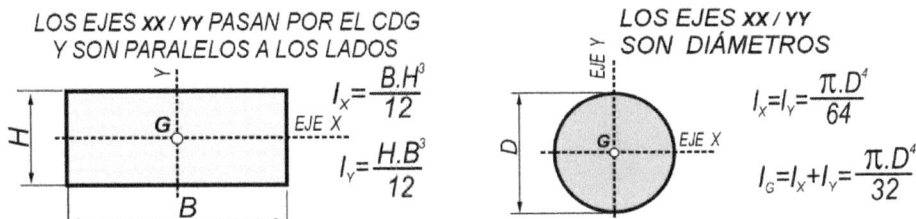

LOS EJES xx / yy PASAN POR EL CDG Y SON PARALELOS A LOS LADOS

$$I_x = \frac{B.H^3}{12}$$

$$I_y = \frac{H.B^3}{12}$$

LOS EJES xx / yy SON DIÁMETROS

$$I_x = I_y = \frac{\pi.D^4}{64}$$

$$I_G = I_x + I_y = \frac{\pi.D^4}{32}$$

FIGURA 1.17
MOMENTOS DE INERCIA DE ALGUNAS SECCIONES DE EMPLEO FRECUENTE

Teorema de Steiner

Cuando se trate de secciones compuestas, cuyos datos no figuren en tablas, es de gran utilidad el teorema de Steiner y la propiedad, que se deriva de la propia definición, que permite obtener el **mdi** total de la sección como suma de **mdi** de las partes que la integran.

El teorema de Steiner relaciona los momentos de inercia respecto a sistemas de ejes paralelos. De acuerdo con este teorema, el **mdi** respecto a un eje cualquiera puede obtenerse como suma del **mdi** respecto a **otro paralelo que pase por el cdg** más el producto del área de la sección por la distancia entre ejes elevada al cuadrado. (**Fig 1.18**)

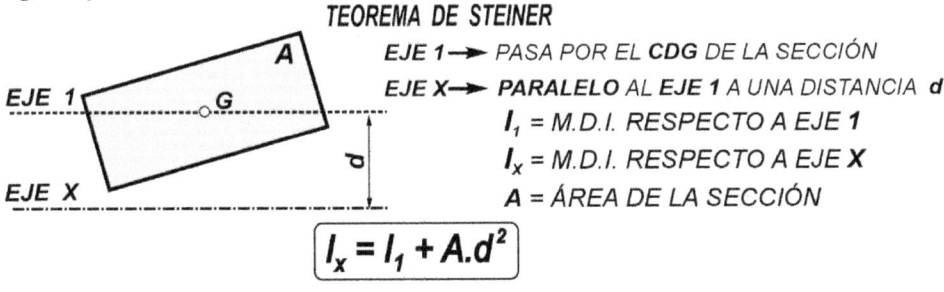

TEOREMA DE STEINER

EJE 1 ➞ PASA POR EL **CDG** DE LA SECCIÓN
EJE X ➞ PARALELO AL EJE 1 A UNA DISTANCIA **d**
I_1 = M.D.I. RESPECTO A EJE **1**
I_x = M.D.I. RESPECTO A EJE **X**
A = ÁREA DE LA SECCIÓN

$$I_x = I_1 + A.d^2$$

FIGURA 1.18
EL TEOREMA DE STEINER RELACIONA LOS MOMENTOS DE INERCIA RESPECTO A EJES PARALELOS, UNO DE LOS CUALES PASA POR EL CDG DE LA SECCIÓN

En el ejercicio 5 se utiliza el teorema de Steiner para determinar el momento de inercia respecto a un eje, conocido el relativo a otro eje paralelo. Además, se intenta aclarar un error frecuente como es el de relacionar directamente la inercia para dos ejes paralelos cualesquiera, cuando, necesariamente, uno de ellos ha de pasar por el **cdg** de la sección.

EJERCICIO 5

Determinar el momento de inercia de la sección de la **Fig 1.19** respecto al eje **y**, conocidos: el área de la sección, su momento de inercia respecto al eje **x** y las distancias entre ejes.

EL ÁREA DE LA SECCIÓN ES **A = 60 cm²**

EL **MDI** RESPECTO AL **EJE X** ES I_x = 2285 cm⁴

EL TEOREMA DE **STEINER** NO RELACIONA DIRECTAMENTE LOS **MDI** RESPECTO A LOS EJES **X** E **Y**, PUES NINGUNO PASA POR EL **CDG**

ES NECESARIO CALCULAR I_1 A PARTIR DE I_x Y, CONOCIDO I_1, CALCULAR I_Y

$$I_x = I_1 + A.d_x^2 = I_1 + 60.6^2 = 2.285 \ cm^4$$
$$I_1 = 2285 - 60.6^2 = 125 \ cm^4$$
$$I_Y = I_1 + A.d_Y^2 = 125 + 60.11^2 = 7.305 \ cm^4$$

FIGURA 1.19
APLICACIÓN DEL TEOREMA DE STEINER

EJERCICIO 6

Determinar el momento de inercia de la sección en cajón, de la **Fig 1.20** respecto al eje **x**.

MOMENTO DE INERCIA DE LAS ALMAS

SE TRATA DE DOS RECTÁNGULOS EN LOS QUE, EL EJE **XX** PASA POR EL **CDG** Y ES PARALELO A UNO DE LOS LADOS

MDI ALMAS $I_A = 2.(1,1.24^3/12) = 2534,4 \ cm^4$

MOMENTO DE INERCIA PLATABANDAS

DOS RECTÁNGULOS CON UN LADO PARALELO AL EJE **XX**, Y SU CENTRO A UNA DISTANCIA DE **13 cm**

MDI PLATABANDAS $I_P = 2(12.2^3/12 + 12.2.13^2) = 8128 \ cm^4$

MDI TOTAL $I_T = I_P + I_A = 8128 + 2534,4 = 10662,4 \ cm^4$

FIGURA 1.20
MOMENTO DE INERCIA DE UNA SECCIÓN EN CAJÓN

EJERCICIO 7

Determinar la distancia entre los perfiles UPN de la **Figura 1.21** para que los momentos de inercia principales centrales sean iguales.

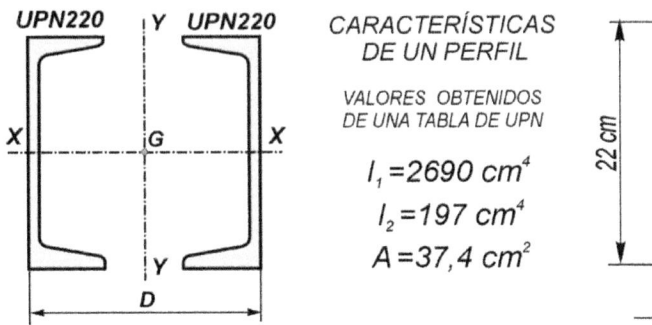

CARACTERÍSTICAS
DE UN PERFIL

VALORES OBTENIDOS
DE UNA TABLA DE UPN

$I_1 = 2690 \ cm^4$

$I_2 = 197 \ cm^4$

$A = 37,4 \ cm^2$

PUESTO QUE LOS EJES **XX** / **YY** DE LA SECCIÓN COMPUESTA SON DE SIMETRÍA, ÉSTOS SON LOS EJES PRINCIPALES CENTRALES DE INERCIA.

EL EJE **XX** COINCIDE CON EL EJE **1** DE CADA PERFIL

$$I_{XX} = 2.I_1 = 2.2690 = 5380 \ cm^4$$

ESTE MOMENTO DE INERCIA ES INDEPENDIENTE DE LA DISTANCIA **D**

EL EJE **YY** ES PARALELO A LOS EJES **2** DE LOS
PERFILES Y ESTÁ SITUADO A UNA DISTANCIA $(D/2 - 2,14)$ cm

$$I_{YY} = 2 \left[I_2 + A_1.(D/2 - 2,14)^2 \right] = 2 \left[197 + 37,4. (D/2 - 2,14)^2 \right]$$

MOMENTOS DE INERCIA
PRINCIPALES IGUALES: $\longrightarrow$ $I_{XX} = I_{YY}$

$$2 . 2690 = 2 \left[197 + 37,4. (D/2 - 2,14)^2 \right]$$

$$\boxed{D = 20,61 \ cm}$$

FIGURA 1.21
SECCIÓN CON MOMENTOS DE INERCIA PRINCIPALES IGUALES

EJERCICIO 8

Determinar los momentos de inercia principales centrales de la viga reforzada de la figura. (Medidas en cm)

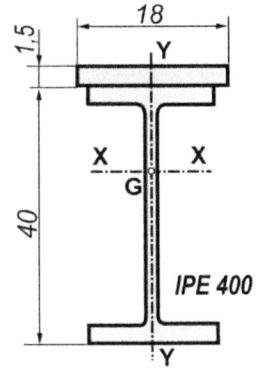

IPE 400

*PUESTO QUE LA SECCIÓN TIENE UN EJE DE SIMETRÍA (EJE **YY**) ÉSTE ES UNO DE LOS PRINCIPALES DE INERCIA Y SOBRE ÉL ESTÁ SITUADO EL **CDG** DE LA SECCIÓN. EL OTRO EJE PRINCIPAL SERÁ EL PERPENDICULAR POR ESTE PUNTO (EJE **XX**)*

*PARA DETERMINAR LA SITUACIÓN EN ALTURA DEL **CDG**, CONSIDERAMOS LAS DOS PARTES INDICADAS: PLATABANDA DE REFUERZO (**1**) Y PERFIL IPE400 (**2**), Y TOMAMOS MOMENTOS RESPECTO A UN EJE QUE COINCIDE CON LA BASE DE LA **IPE***

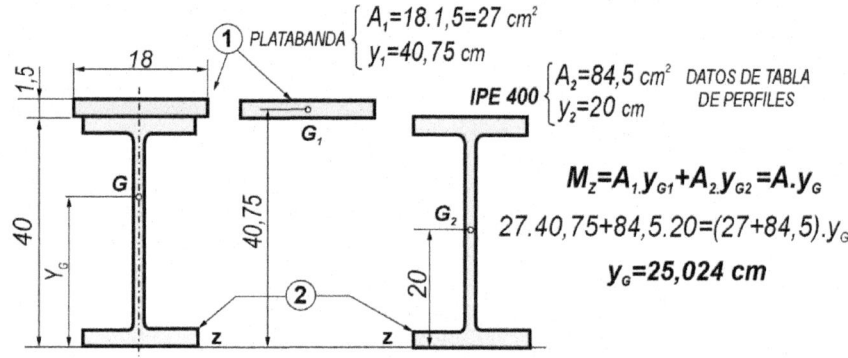

$$\begin{cases} A_1=18.1,5=27 \text{ cm}^2 \\ y_1=40,75 \text{ cm} \end{cases}$$

$$\text{IPE 400} \begin{cases} A_2=84,5 \text{ cm}^2 \quad \text{DATOS DE TABLA} \\ y_2=20 \text{ cm} \qquad \text{DE PERFILES} \end{cases}$$

$$M_z=A_1.y_{G1}+A_2.y_{G2}=A.y_G$$

$$27.40,75+84,5.20=(27+84,5).y_G$$

$$y_G=25,024 \text{ cm}$$

MOMENTOS PRINCIPALES DE INERCIA

MOMENTO DE INERCIA RESPECTO AL EJE YY

*EL EJE **YY** DE LA SECCIÓN TOTAL COINCIDE CON LOS EJES **2** DE LAS DOS PARTES QUE LA INTEGRAN. EL MDI RESPECTO A ESTE EJE RESULTA DE SUMAR LOS MDI DE AMBAS PARTES RESPECTO A EJES **2***

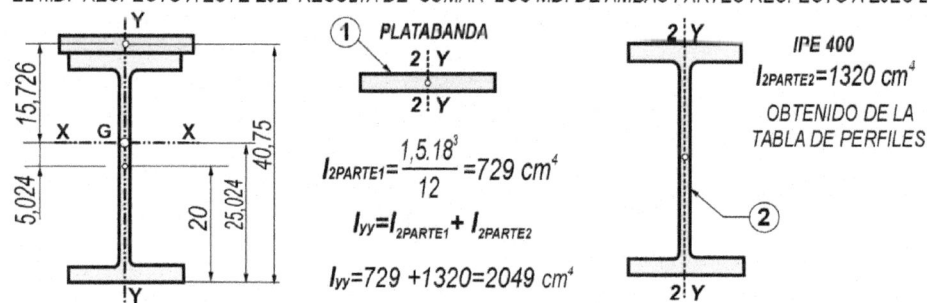

$$I_{2PARTE1}=\frac{1,5.18^3}{12}=729 \text{ cm}^4$$

$$I_{yy}=I_{2PARTE1}+I_{2PARTE2}$$

$$I_{yy}=729+1320=2049 \text{ cm}^4$$

IPE 400

$$I_{2PARTE2}=1320 \text{ cm}^4$$

OBTENIDO DE LA TABLA DE PERFILES

MOMENTO DE INERCIA RESPECTO AL EJE XX

TAMBIÉN SE OBTIENE COMO SUMA DE MOMENTOS DE INERCIA DE LAS DOS PARTES QUE COMPONEN LA SECCIÓN.

$$I_{XPARTE1}=\frac{18.1,5^3}{12}+(18.1,5).15,726^2=6.682,353 \text{ cm}^4$$

$$I_{XPARTE2}=23130+84,5.5,024^2=25262,828 \text{ cm}^4$$

OBTENIDO DE LA TABLA DE PERFILES

$$I_{XX}=I_{XPARTE1}+I_{XPARTE2}$$

$$I_{XX}=6682,353+25262,66=31945,181 \text{ cm}^4$$

$$\boxed{I_{yy}=I_{MÍNIMO}=2049 \text{ cm}^4 \qquad I_{XX}=I_{MÁXIMO}=31945,181 \text{ cm}^4}$$

FIGURA 1.22
DETERMINACIÓN DE LOS MOMENTOS DE INERCIA PRINCIPALES

EJERCICIO 9

*Determinar los momentos principales de inercia para la sección en **T** que resulta de cortar una parte de una **IPE 300**. (**Figura 1.23**).*

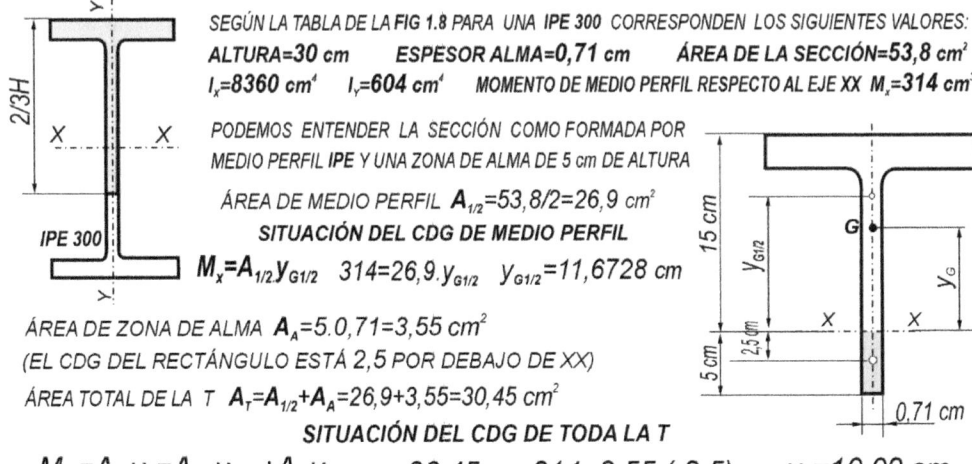

SEGÚN LA TABLA DE LA FIG 1.8 PARA UNA IPE 300 CORRESPONDEN LOS SIGUIENTES VALORES:

ALTURA=30 cm   ESPESOR ALMA=0,71 cm   ÁREA DE LA SECCIÓN=53,8 cm²

I_x=8360 cm⁴ I_y=604 cm⁴   MOMENTO DE MEDIO PERFIL RESPECTO AL EJE XX M_x=314 cm³

PODEMOS ENTENDER LA SECCIÓN COMO FORMADA POR MEDIO PERFIL IPE Y UNA ZONA DE ALMA DE 5 cm DE ALTURA

ÁREA DE MEDIO PERFIL $A_{1/2}$=53,8/2=26,9 cm²

SITUACIÓN DEL CDG DE MEDIO PERFIL

$$M_x=A_{1/2}y_{G1/2} \quad 314=26,9.y_{G1/2} \quad y_{G1/2}=11,6728 \ cm$$

ÁREA DE ZONA DE ALMA A_A=5.0,71=3,55 cm²

(EL CDG DEL RECTÁNGULO ESTÁ 2,5 POR DEBAJO DE XX)

ÁREA TOTAL DE LA T A_T=$A_{1/2}$+A_A=26,9+3,55=30,45 cm²

SITUACIÓN DEL CDG DE TODA LA T

$$M_{xT}=A_T.y_G=\underbrace{A_{1/2}y_{G1/2}}_{VALOR\ Mx\ DE\ LA\ TABLA}+A_A y_A \qquad 30,45.y_G=314+3,55.(-2,5) \qquad y_G=10,02 \ cm$$

LOS EJES PRINCIPALES CENTRALES DE INERCIA SON EL VV y EL YY

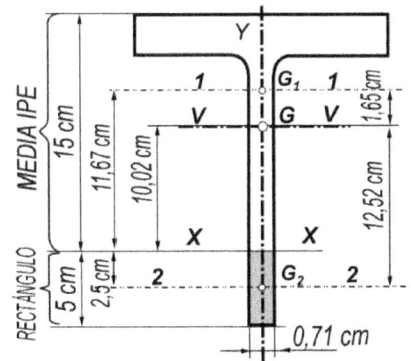

MOMENTO DE INERCIA RESPECTO AL EJE YY

EL MOMENTO DE INERCIA DE TODA LA "T" RESPECTO AL EJE YY PUEDE OBTENERSE COMO SUMA DEL MDI DE MEDIO PERFIL IPE RESPECTO A ESTE EJE Y EL MDI DEL RECTÁNGULO DE ALMA DE 5 cm

$$I_{YT}=I_{Y1/2IPE}+I_{YRECTG}$$

$$I_{Y1/2IPE} = \tfrac{1}{2} \ I_{YIPE300} =604/2=302 \ cm^4$$

$$I_{YRECTG}=B.H^3/12=5.0,71^3/12=0,15 \ cm^4$$

$$\boxed{I_{YT} = I_{Y1/2IPE} + I_{YRECTG} = 302,15 \ cm^4}$$

MOMENTO DE INERCIA RESPECTO AL EJE VV

PARA OBTENER EL MDI RESPECTO AL EJE VV, TAMBIÉN DESCOMPONEMOS EN DOS PARTES: (MEDIA IPE Y RECTÁNGULO DE ALMA) Y NOS APOYAMOS EN EL TEOREMA DE STEINER.

MDI 1/2 IPE RESPECTO AL EJE xx =8360/2 (TABLAS) $I_{x(1/2IPE)}=I_{1(1/2IPE)}+A_{1/2IPE}.d_{1x}^2$

$$8360/2=I_{1(1/2IPE)}+26,9.11,67^2 \longrightarrow I_{1(1/2IPE)}=516,52 \ cm^4$$

$$I_{V(1/2IPE)}=I_{1(1/2IPE)}+A_{1/2IPE}.d_{1V}^2= 516,52+26,9.1,65^2=589,75 \ cm^4$$

$$I_{VRECTG}=I_{2RECTG}+A_{RECTG}.d_{2V}^2=0,71.5^3/12+3,55.12,52^2=563,86 \ cm^4$$

$$\boxed{I_{VT}=I_{V(1/2IPE)}+I_{VRECTG}=589,75 +563,86=1153,61 \ cm^4}$$

FIGURA 1.23
MOMENTOS PRINCIPALES DE INERCIA DE UNA SECCIÓN EN T

EJERCICIO 10

Para una **IPE400**, debilitada por dos agujeros de 2,4 cm de diámetro, realizados en el ala inferior, determinar los momentos principales de inercia. (**Figura 1.24**).

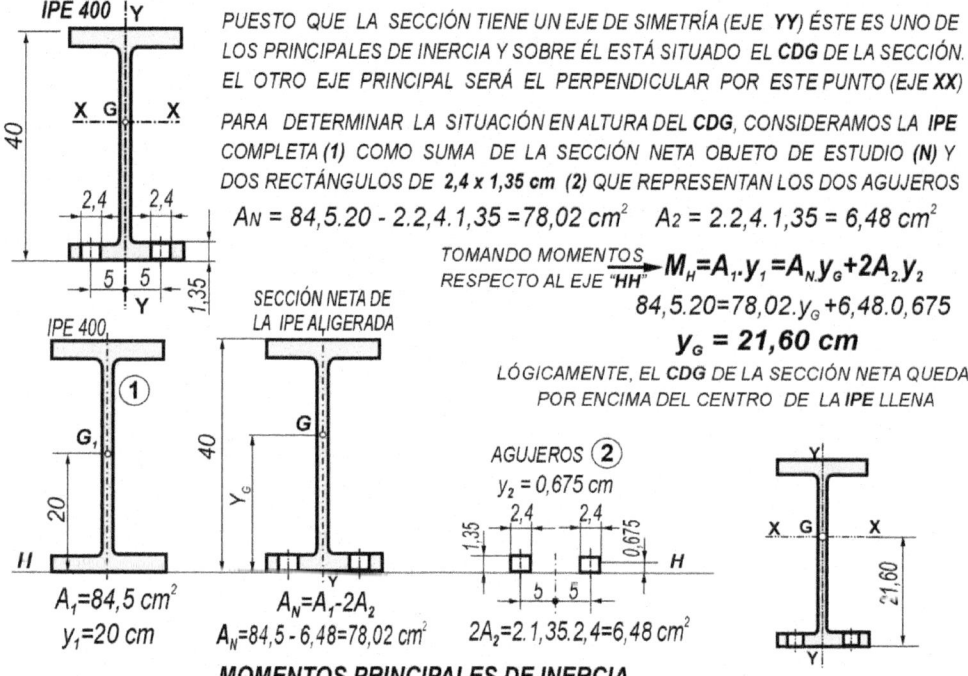

PUESTO QUE LA SECCIÓN TIENE UN EJE DE SIMETRÍA (EJE **YY**) ÉSTE ES UNO DE LOS PRINCIPALES DE INERCIA Y SOBRE ÉL ESTÁ SITUADO EL **CDG** DE LA SECCIÓN. EL OTRO EJE PRINCIPAL SERÁ EL PERPENDICULAR POR ESTE PUNTO (EJE **XX**)

PARA DETERMINAR LA SITUACIÓN EN ALTURA DEL **CDG**, CONSIDERAMOS LA **IPE** COMPLETA **(1)** COMO SUMA DE LA SECCIÓN NETA OBJETO DE ESTUDIO **(N)** Y DOS RECTÁNGULOS DE **2,4 x 1,35 cm (2)** QUE REPRESENTAN LOS DOS AGUJEROS

$$A_N = 84,5.20 - 2.2,4.1,35 = 78,02 \ cm^2 \qquad A_2 = 2.2,4.1,35 = 6,48 \ cm^2$$

TOMANDO MOMENTOS RESPECTO AL EJE "HH" $\longrightarrow M_H = A_1.y_1 = A_N.y_G + 2A_2.y_2$

$$84,5.20 = 78,02.y_G + 6,48.0,675$$

$$\boxed{y_G = 21,60 \ cm}$$

LÓGICAMENTE, EL **CDG** DE LA SECCIÓN NETA QUEDA POR ENCIMA DEL CENTRO DE LA **IPE** LLENA

SECCIÓN NETA DE LA IPE ALIGERADA

AGUJEROS ②

$y_2 = 0,675 \ cm$

$A_1 = 84,5 \ cm^2$
$y_1 = 20 \ cm$

$A_N = A_1 - 2A_2$
$A_N = 84,5 - 6,48 = 78,02 \ cm^2$

$2A_2 = 2.1,35.2,4 = 6,48 \ cm^2$

MOMENTOS PRINCIPALES DE INERCIA
MOMENTO DE INERCIA RESPECTO AL EJE YY

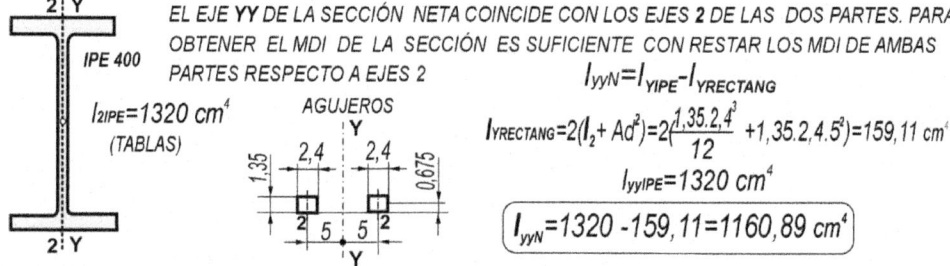

EL EJE **YY** DE LA SECCIÓN NETA COINCIDE CON LOS EJES **2** DE LAS DOS PARTES. PARA OBTENER EL MDI DE LA SECCIÓN ES SUFICIENTE CON RESTAR LOS MDI DE AMBAS PARTES RESPECTO A EJES **2**

$$I_{yyN} = I_{yIPE} - I_{yRECTANG}$$

$$I_{yRECTANG} = 2(I_2 + Ad^2) = 2(\frac{1,35.2,4^3}{12} + 1,35.2,4.5^2) = 159,11 \ cm^4$$

$$I_{yyIPE} = 1320 \ cm^4$$

$I_{2IPE} = 1320 \ cm^4$ (TABLAS)

$$\boxed{I_{yyN} = 1320 - 159,11 = 1160,89 \ cm^4}$$

MOMENTO DE INERCIA RESPECTO AL EJE XX

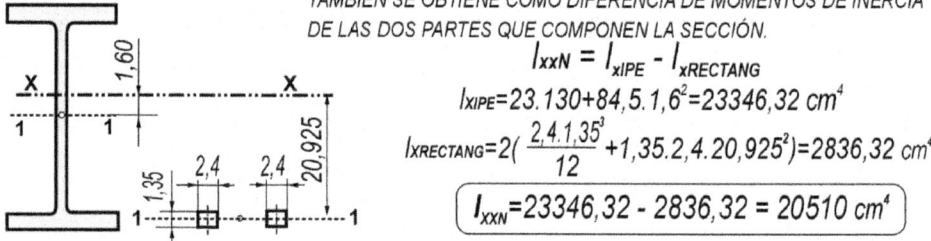

TAMBIÉN SE OBTIENE COMO DIFERENCIA DE MOMENTOS DE INERCIA DE LAS DOS PARTES QUE COMPONEN LA SECCIÓN.

$$I_{xxN} = I_{xIPE} - I_{xRECTANG}$$

$$I_{xIPE} = 23.130 + 84,5.1,6^2 = 23346,32 \ cm^4$$

$$I_{xRECTANG} = 2(\frac{2,4.1,35^3}{12} + 1,35.2,4.20,925^2) = 2836,32 \ cm^4$$

$$\boxed{I_{xxN} = 23346,32 - 2836,32 = 20510 \ cm^4}$$

FIGURA 1.24
MOMENTOS PRINCIPALES DE INERCIA DE UNA SECCIÓN IPE CON AGUJEROS

CAPÍTULO 2

FUNDAMENTOS DE ESTÁTICA

TEORÍA DE FUERZAS

En la elasticidad y la resistencia de materiales se estudia el comportamiento de los sólidos bajo la acción de sistemas de fuerzas en equilibrio y se utilizan constantemente los principios de la estática, por lo que consideramos imprescindible un breve recordatorio de los mismos.

Concepto de fuerza

Causa de modificar el estado de reposo o movimiento de un sólido, (comunicarle una aceleración) o provocar su deformación. Estos efectos suelen resultar de la acción de unos sólidos sobre otros, o de la acción de campos, por ejemplo, el gravitatorio.

Una fuerza queda definida por su punto de aplicación (**A**), su dirección o línea de acción (**r**), el sentido $\overrightarrow{AB}$ y su módulo /AB/ (**Fig 2.1**)

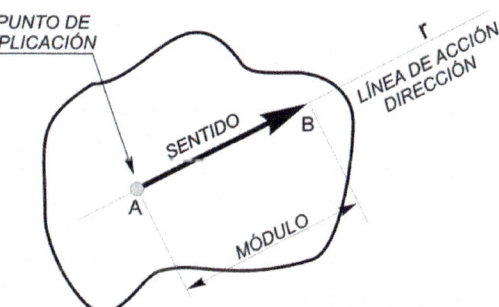

FIGURA 2.1
ELEMENTOS QUE CARACTERIZAN A UNA FUERZA

Para definirla numéricamente, utilizamos un sistema de referencia **XYZ**, quedando determinada por las coordenadas de su punto de aplicación (X_A, Y_A, Z_A) y el valor de sus componentes, (Fx, Fy, Fz), como se muestra en la **Fig 2.2**

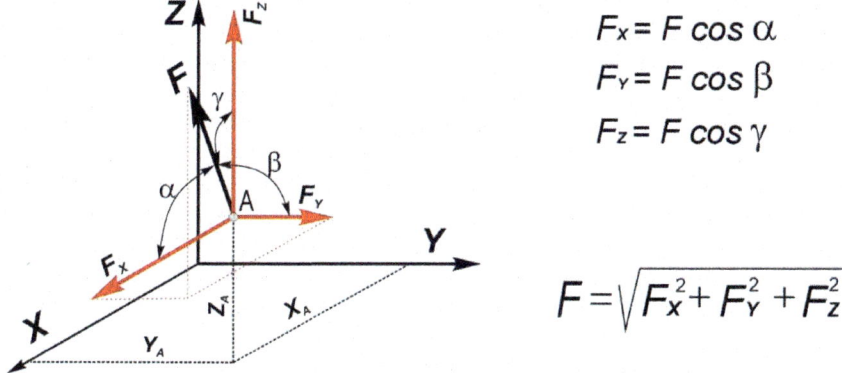

$$F_x = F \cos \alpha$$
$$F_Y = F \cos \beta$$
$$F_z = F \cos \gamma$$

$$F = \sqrt{F_x^2 + F_Y^2 + F_z^2}$$

FIGURA 2.2
COMPONENTES DE UNA FUERZA EN UN SISTEMA DE REFERENCIA

Normalmente, las fuerzas corresponden a las acciones de unos sólidos sobre otros, bien a distancia, o a través de la superficie de contacto. En este sentido, hay que recordar el **principio de acción y reacción**, fundamental en la Estática, según el cual, si un cuerpo **A** ejerce sobre otro **B**, una fuerza **F**, el sólido **B** reacciona sobre el **A** con una fuerza exactamente igual y opuesta. (**Fig 2.3**)

Como en estas acciones mútuas siempre intervienen dos fuerzas iguales y opuestas (acción y reacción), hay que tenerlo muy en cuenta en el análisis, para considerar en cada caso, y sobre cada sólido, las fuerzas que corresponda.

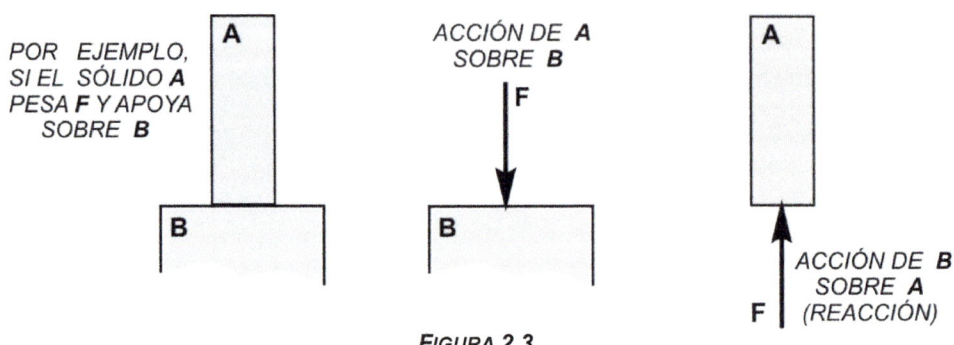

FIGURA 2.3
PRINCIPIO DE ACCIÓN Y REACCIÓN

El trazado del diagrama del sólido libre ayuda en la identificación de las fuerzas que actúan sobre cada elemento estructural. Ver **Fig 2.4**

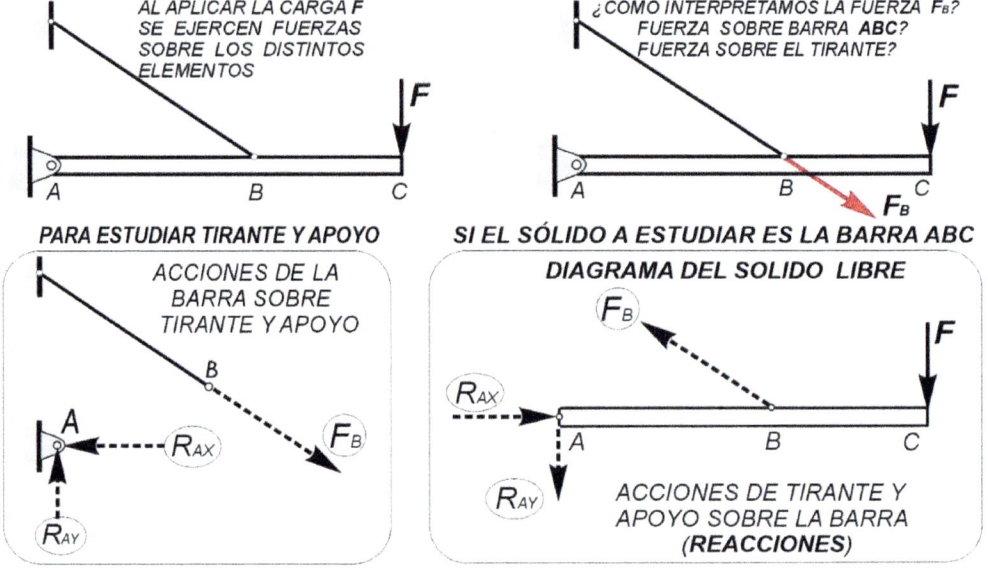

FIGURA 2.4
DIAGRAMA DEL SÓLIDO LIBRE

Momento de una fuerza

En el concepto de momento con relación a un punto, o a un eje, intervienen fuerzas y distancias, por lo que las dimensiones van a ser **Fuerza x Longitud**. En cuanto a los efectos, suelen estar relacionados con giros, rotaciones, tendencias al vuelco, efectos de palanca, flexiones, torsiones, etc. *(Fig 2.5)*

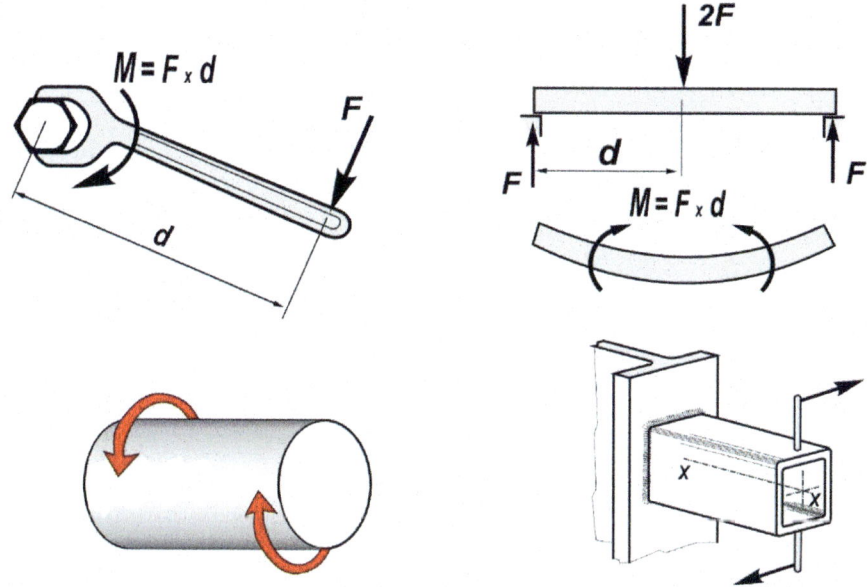

FIGURA 2.5
EFECTOS DE LOS MOMENTOS

Momento respecto a un punto (Mo)

El momento de una fuerza *"F"* con relación a un punto *"O"* es una magnitud vectorial de las siguientes características:

- Vector perpendicular al plano Δ definido por el punto *"O"* y la línea de acción de la fuerza
- Cuyo sentido viene dado por el resultado del producto vectorial $\vec{M_O} = \vec{OA} \wedge \vec{F}$ en el que **A** es cualquier punto de la línea de acción de la fuerza. (Sentido de avance de un sacacorchos que gire en el mismo sentido que la fuerza con relación al punto) *(Fig 2.6)*
- Cuyo módulo resulta de multiplicar el módulo de la fuerza por la distancia en perpendicular desde su línea de acción hasta el punto. (Momento = Fuerza x Distancia) $|M_O| = \overline{OA}.|F|.sen\alpha$ $|M_O| = |F|.d$

De la definición se deduce que el momento de una fuerza respecto a cualquier punto de su línea de acción es cero.

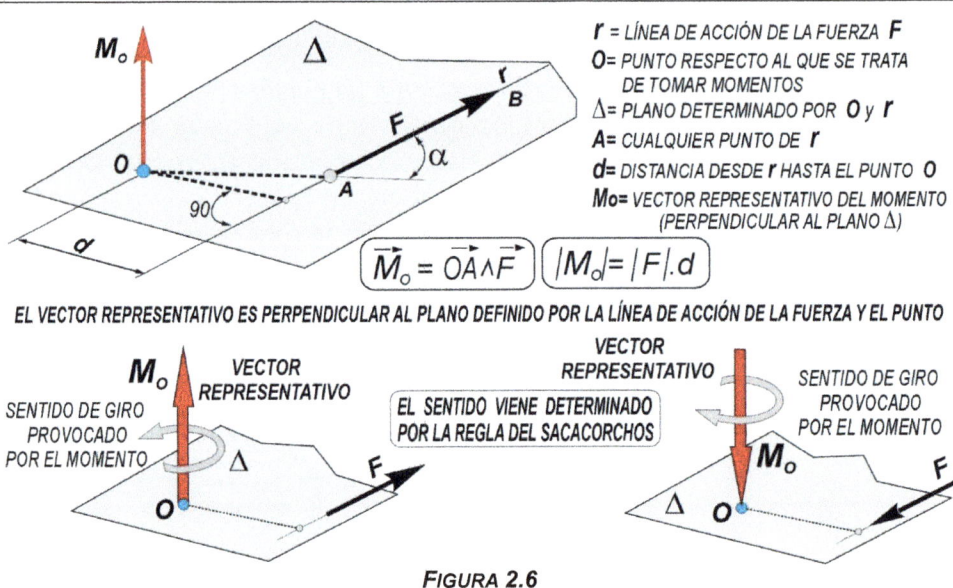

$$\vec{M}_o = \vec{OA} \wedge \vec{F} \qquad |M_o| = |F|.d$$

r = LÍNEA DE ACCIÓN DE LA FUERZA *F*
O = PUNTO RESPECTO AL QUE SE TRATA DE TOMAR MOMENTOS
Δ = PLANO DETERMINADO POR *O* y *r*
A = CUALQUIER PUNTO DE *r*
d = DISTANCIA DESDE *r* HASTA EL PUNTO *O*
Mo = VECTOR REPRESENTATIVO DEL MOMENTO (PERPENDICULAR AL PLANO Δ)

EL VECTOR REPRESENTATIVO ES PERPENDICULAR AL PLANO DEFINIDO POR LA LÍNEA DE ACCIÓN DE LA FUERZA Y EL PUNTO

VECTOR REPRESENTATIVO
SENTIDO DE GIRO PROVOCADO POR EL MOMENTO

EL SENTIDO VIENE DETERMINADO POR LA REGLA DEL SACACORCHOS

VECTOR REPRESENTATIVO
SENTIDO DE GIRO PROVOCADO POR EL MOMENTO

FIGURA 2.6
MOMENTO DE UNA FUERZA RESPECTO A UN PUNTO

Momento respecto un eje

El momento de una fuerza "*F*" con relación a un eje "*X*" es la proyección sobre éste del vector que resulta al tomar momentos de la fuerza respecto a cualquier punto del eje. **(Fig 2.7)**

También puede expresarse como el momento de la proyección de *F* sobre un plano *Δ* perpendicular al eje, respecto al punto "*O*" de corte de dicho plano con el eje. De acuerdo con esta definición, el momento de una fuerza respecto a un eje perpendicular a un plano que la contenga, es igual que el momento de dicha fuerza respecto al punto de intersección del eje con el plano. $|M_x| = |F_P|.d$

Si la línea de acción de la fuerza corta al eje, el momento será nulo. De la misma forma, si el eje y la línea de acción de la fuerza son paralelos, el momento también será nulo. **(Fig 2.8)**

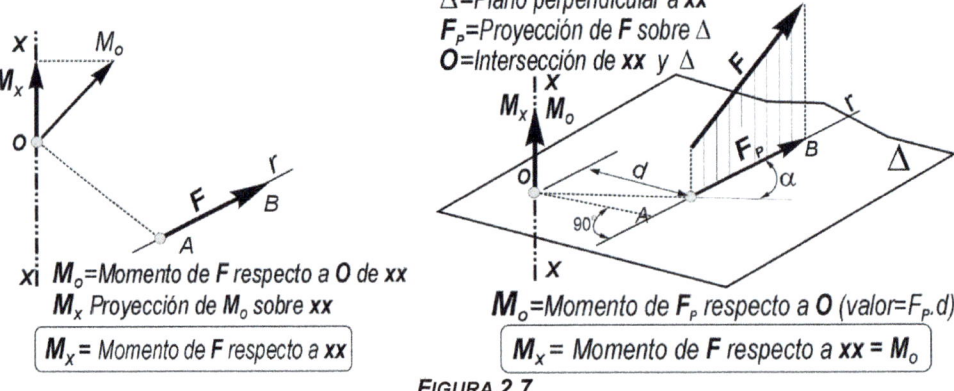

Δ = Plano perpendicular a *xx*
F$_P$ = Proyección de *F* sobre Δ
O = Intersección de *xx* y Δ

M$_o$ = Momento de *F* respecto a *O* de *xx*
M$_x$ Proyección de *M*$_o$ sobre *xx*

M_x = Momento de *F* respecto a *xx*

M$_o$ = Momento de *F*$_P$ respecto a *O* (valor=*F*$_P$.d)

M_x = Momento de *F* respecto a *xx* = M_o

FIGURA 2.7
MOMENTO DE UNA FUERZA RESPECTO A UN EJE

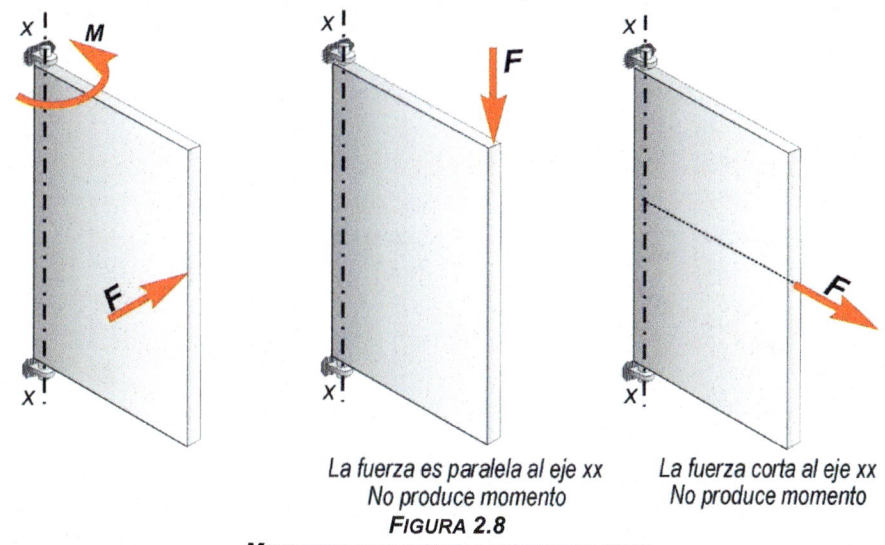

La fuerza es paralela al eje xx
No produce momento

La fuerza corta al eje xx
No produce momento

FIGURA 2.8
MOMENTO RESPECTO A DISTINTOS EJES

Momento de un sistema de fuerzas

El momento de un sistema de fuerzas, respecto a un punto, o respecto a un eje, es la suma geométrica de los momentos de cada fuerza componente.

De acuerdo con el teorema de Varignon, el momento resultante de un sistema de fuerzas es igual al momento de la resultante aplicada con la línea de acción adecuada.

Par de fuerzas

Sistema formado por dos fuerzas paralelas, del mismo módulo (**F**) y sentidos opuestos. La distancia entre ellas se conoce como "brazo del par" (**d**). Como puede comprobarse fácilmente, el momento respecto a cualquier punto de su plano es constante e igual al valor del par. M=F.d (**Figura 2.9**)

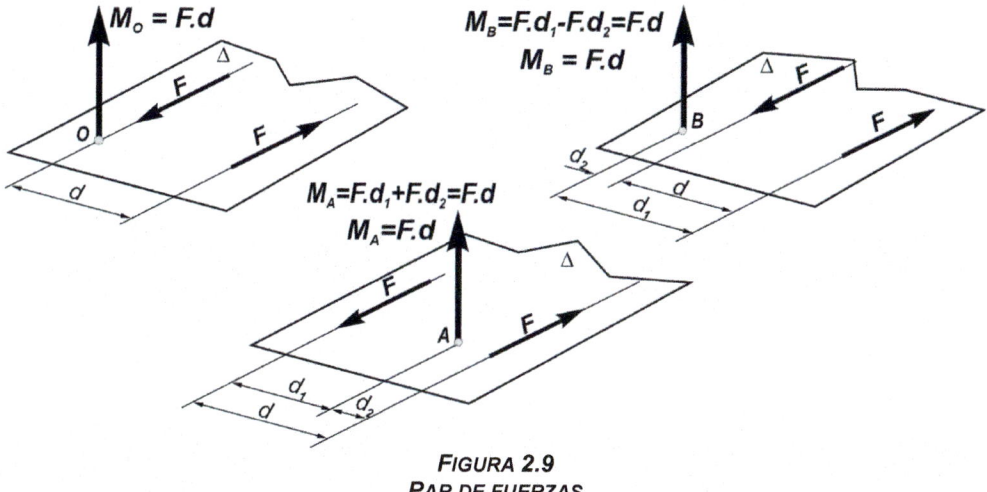

FIGURA 2.9
PAR DE FUERZAS

Aunque puede representarse de distintas formas, lo importante es observar el plano en el que actúa (el vector representativo del par es perpendicular a dicho plano) y el sentido de rotación (horario o antihorario) que determina el sentido del vector momento. *(Fig 2.10)*

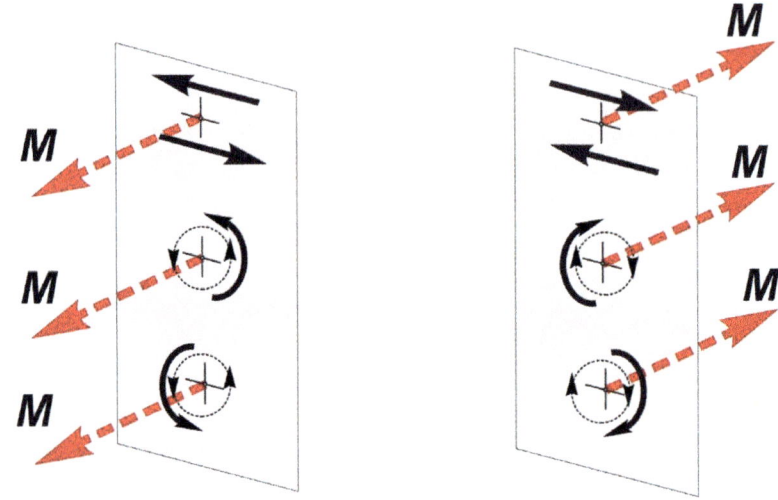

FIGURA 2.10
REPRESENTACIÓN DE UN PAR DE FUERZAS

EJERCICIO 1

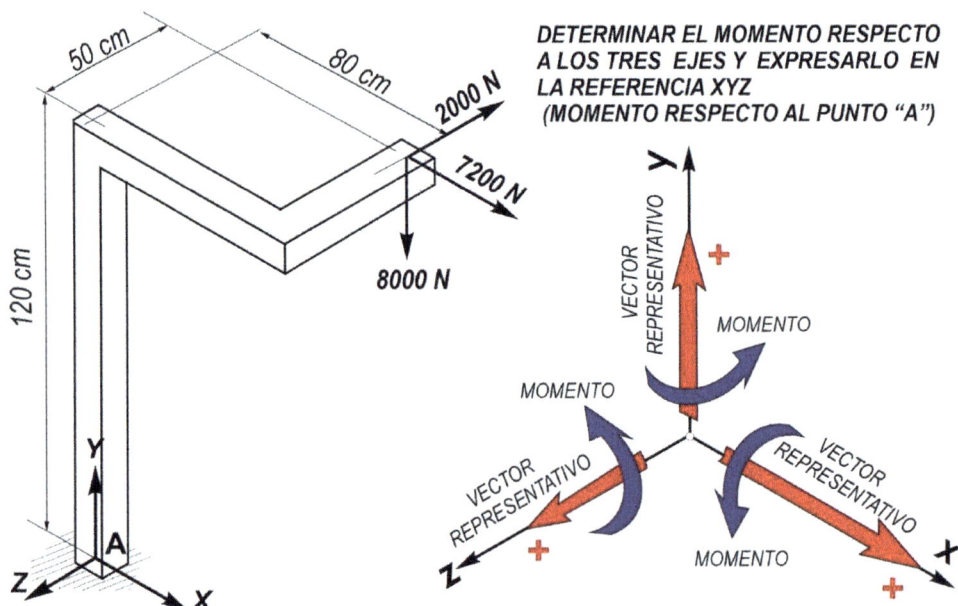

FIGURA 2.11
DETERMINACIÓN DE MOMENTOS RESPECTO A DISTINTOS EJES

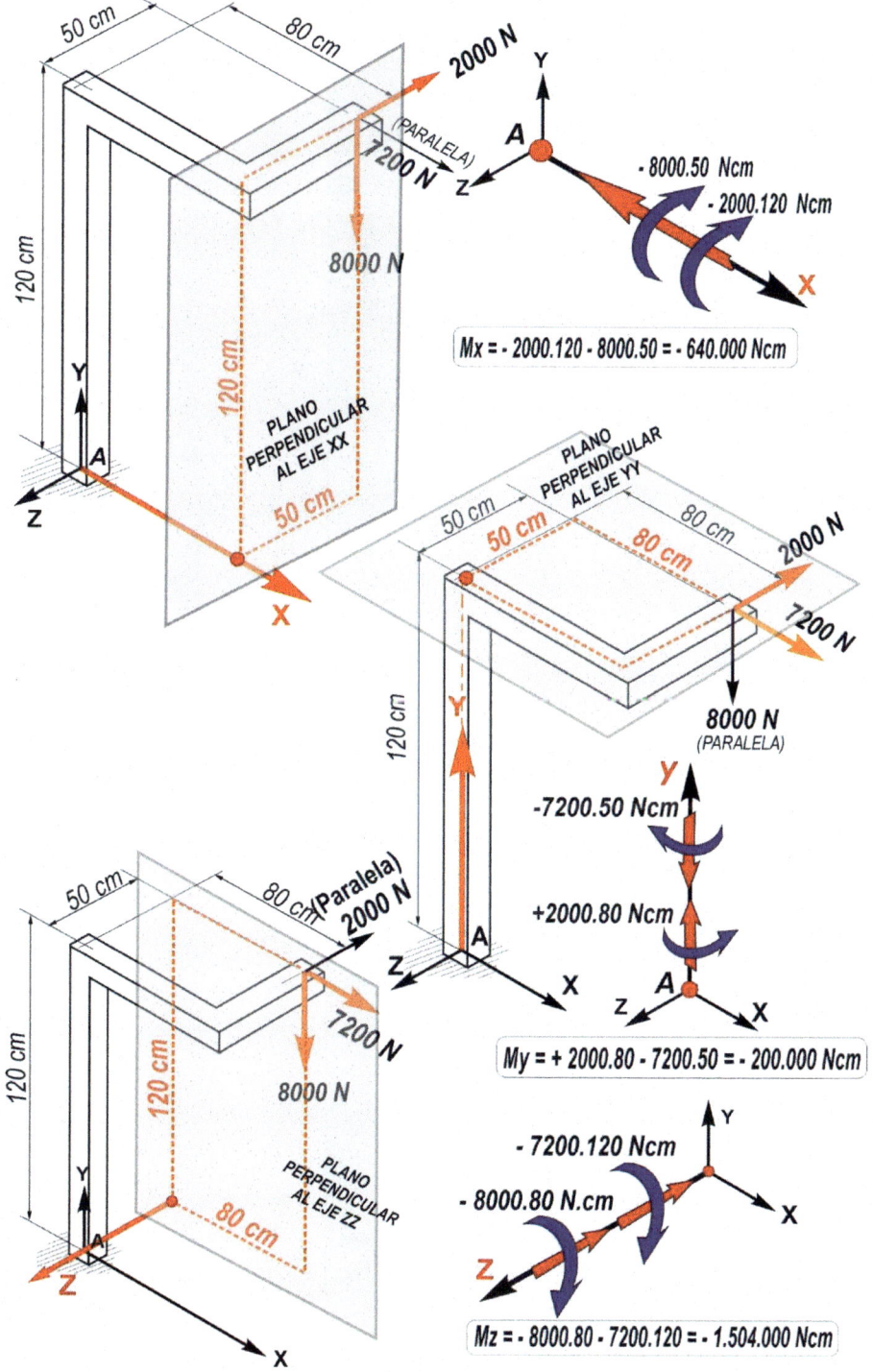

EJERCICIO 2

En la barra de la **Fig 2.13** solicitada por las acciones que se indican, determinar el momento resultante, respecto a los ejes **x, y, z.** Solución en la **Fig 2.14**

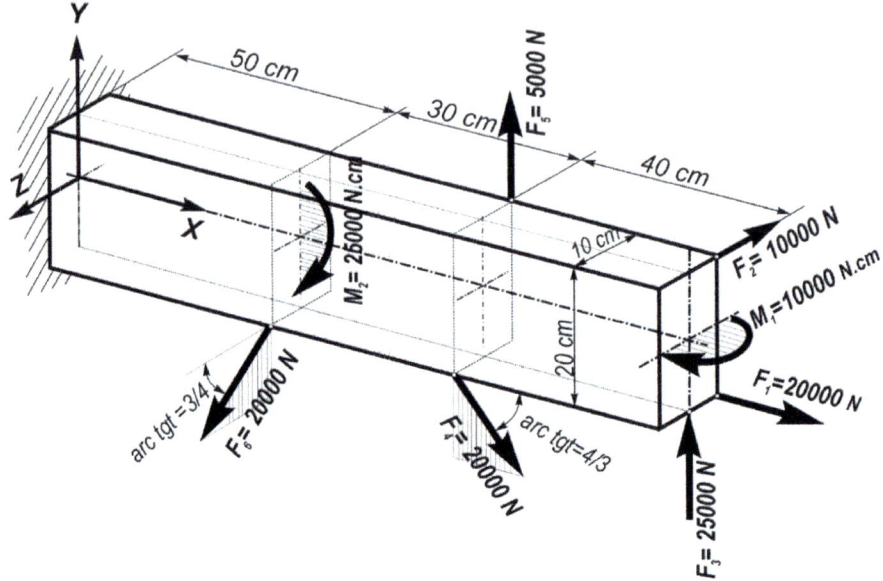

PARA RESOLVER HAY QUE TENER EN CUENTA:

NO SE CONSIDERAN, POR NO PRODUCIR MOMENTO:

1.- *LAS FUERZAS PARALELAS AL EJE*

2.- *LAS FUERZAS QUE CORTAN AL EJE*

3.- *LOS PARES CUYO VECTOR REPRESENTATIVO NO TENGA COMPONENTE EN LA DIRECCIÓN DEL EJE*

LOS VECTORES EN LÍNEA DE TRAZOS REPRESENTAN LOS MOMENTOS DE CADA ACCIÓN, CON EL SENTIDO ADECUADO

EN LA FIGURA SE RECUERDA EL CONVENIO DE SIGNOS

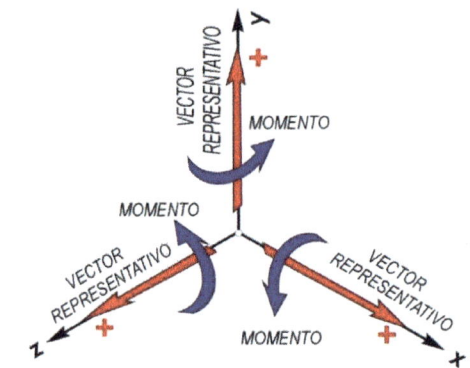

FIGURA 2.13
MOMENTO RESULTANTE DE UN SISTEMA DE FUERZAS

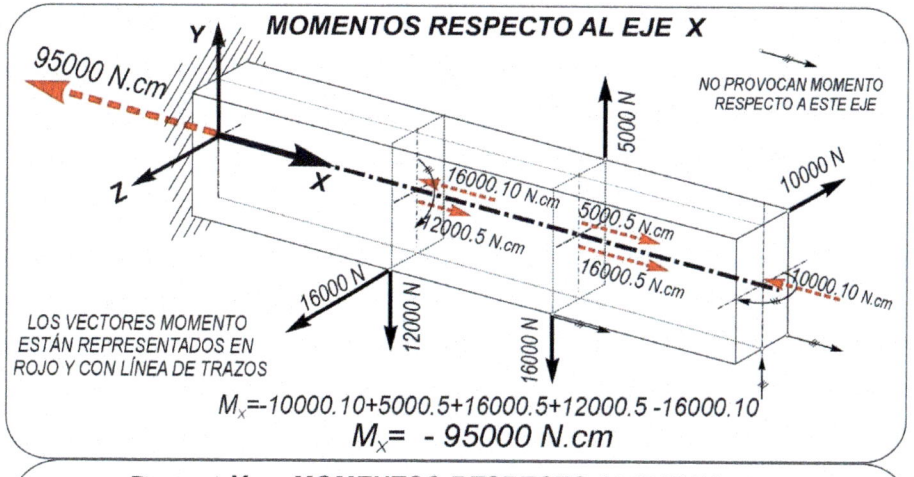

MOMENTOS RESPECTO AL EJE X

NO PROVOCAN MOMENTO RESPECTO A ESTE EJE

LOS VECTORES MOMENTO ESTÁN REPRESENTADOS EN ROJO Y CON LÍNEA DE TRAZOS

$M_x = -10000.10 + 5000.5 + 16000.5 + 12000.5 - 16000.10$

$M_x = -95000 \ N.cm$

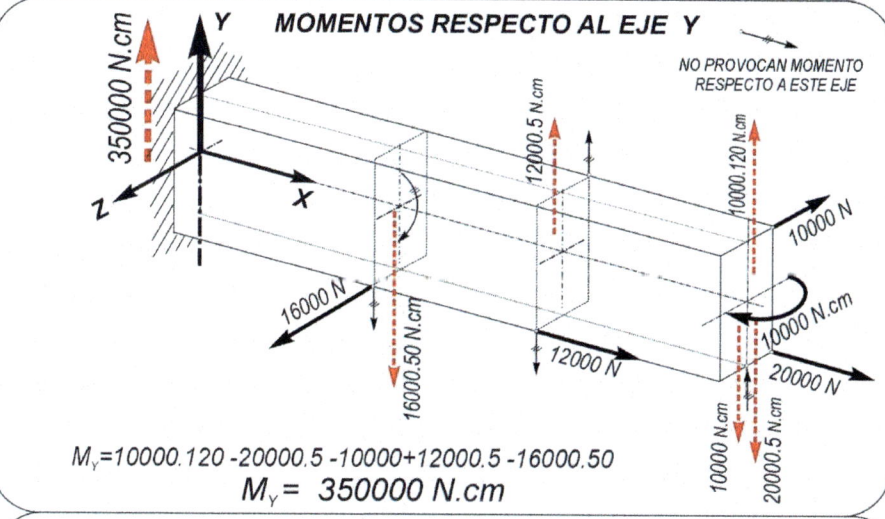

MOMENTOS RESPECTO AL EJE Y

NO PROVOCAN MOMENTO RESPECTO A ESTE EJE

$M_Y = 10000.120 - 20000.5 - 10000 + 12000.5 - 16000.50$

$M_Y = 350000 \ N.cm$

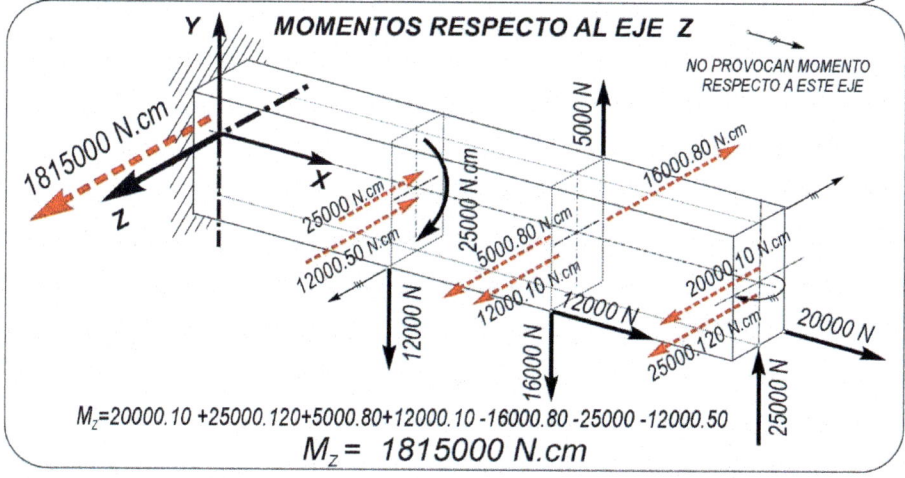

MOMENTOS RESPECTO AL EJE Z

NO PROVOCAN MOMENTO RESPECTO A ESTE EJE

$M_Z = 20000.10 + 25000.120 + 5000.80 + 12000.10 - 16000.80 - 25000 - 12000.50$

$M_Z = 1815000 \ N.cm$

FIGURA 2.14
MOMENTO RESPECTO A LOS EJES XX /YY / ZZ

Composición y descomposición de fuerzas

Dos sistemas de fuerzas son estáticamente equivalentes cuando producen los mismos efectos sobre un sólido rígido, es decir, tienen la misma resultante y producen el mismo momento respecto a cualquier eje o punto. La resultante, aplicada con la línea de acción adecuada, es una fuerza equivalente al sistema.

Mientras que en los sólidos rígidos un sistema de fuerzas se puede sustituir por su resultante, aplicada donde corresponda, en los sólidos deformables, sistemas de fuerzas estáticamente equivalentes pueden producir distintos efectos, tanto en tensiones como en deformaciones, por lo que, en general, no pueden sustituirse. En el ejemplo de la **Fig 2.15** las dos fuerzas **F** que actúan sobre el sólido rígido pueden sustituirse por su resultante **2F** aplicada en el centro, sin afectar a los resultados. Por el contrario, en el sólido deformable de la derecha, los dos sistemas solo son equivalentes para el cálculo de las reacciones, (efecto estático). Las tensiones y las deformaciones varían notablemente.

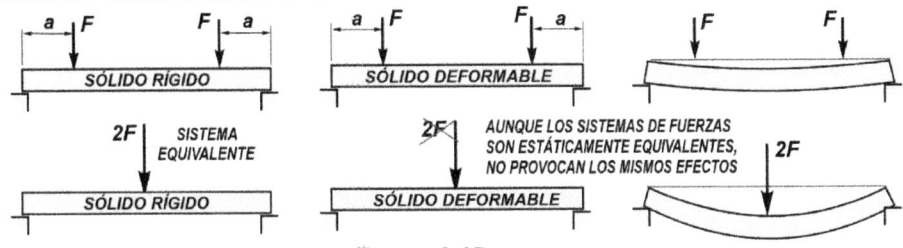

FIGURA 2.15
SISTEMAS EQUIVALENTES EN SÓLIDOS RÍGIDOS

En los apartados siguientes se obtienen las resultantes de algunos sistemas de fuerzas. En todos los casos se consideran fuerzas coplanarias, para un tratamiento más cómodo, lo que no resta generalidad a los procedimientos y conclusiones.

Fuerzas concurrentes

El módulo, dirección y sentido de la resultante son el resultado de la suma vectorial de las fuerzas componentes y su punto de aplicación es el punto de concurrencia de las mismas. En el caso particular de dos fuerzas, la resultante es la diagonal del paralelogramo de fuerzas. (**Fig 2.16**)

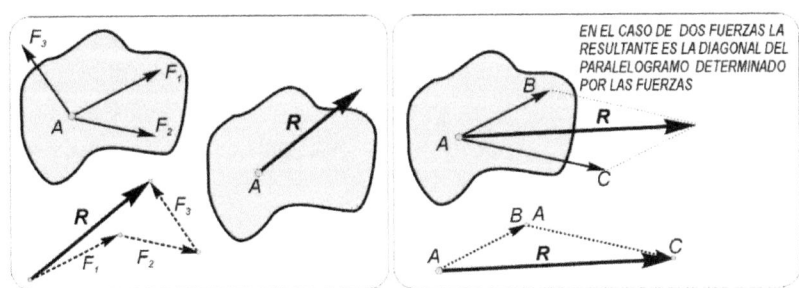

FIGURA 2.16
RESULTANTE DE FUERZAS CONCURRENTES. PARALELOGRAMO DE FUERZAS

Para el cálculo analítico, la resultante tiene por componentes la suma algebraica de las componentes de las distintas fuerzas. En cuanto a su línea de acción, será tal que el momento respecto a cualquier punto sea igual a la suma de momentos de las fuerzas componentes.

$$\left.\begin{array}{l} F_1 = (F_{1X}, F_{1Y}, F_{1Z}) \\ F_2 = (F_{2X}, F_{2Y}, F_{2Z}) \\ F_3 = (F_{3X}, F_{3Y}, F_{3Z}) \end{array}\right\} R = (R_X, R_Y, R_Z) \left\{\begin{array}{l} R_X = F_{1X} + F_{2X} + F_{3X} \\ R_Y = F_{1Y} + F_{2Y} + F_{3Y} \\ R_Z = F_{1Z} + F_{2Z} + F_{3Z} \end{array}\right.$$

$$\text{Línea de acción tal que:} \left\{\begin{array}{l} M_{OFi} = \text{Momento de } Fi \text{ respecto al punto "O"} \\ M_{OR} = \text{Momento de } R \text{ respecto al punto "O"} \end{array}\right\} M_{OR} = \Sigma M_{OFi}$$

Fuerzas paralelas

La resultante de un sistema de fuerzas paralelas será una fuerza de la misma dirección, del sentido determinado por la suma vectorial de las componentes y con una línea de acción tal que su momento respecto a cualquier punto sea igual a la suma de momentos de las fuerzas componentes. En el caso particular de que la resultante sea nula, el sistema se reduce a un par de valor **M** igual a la suma de momentos de todas las fuerzas respecto a un punto cualquiera. (**Fig 2.17**)

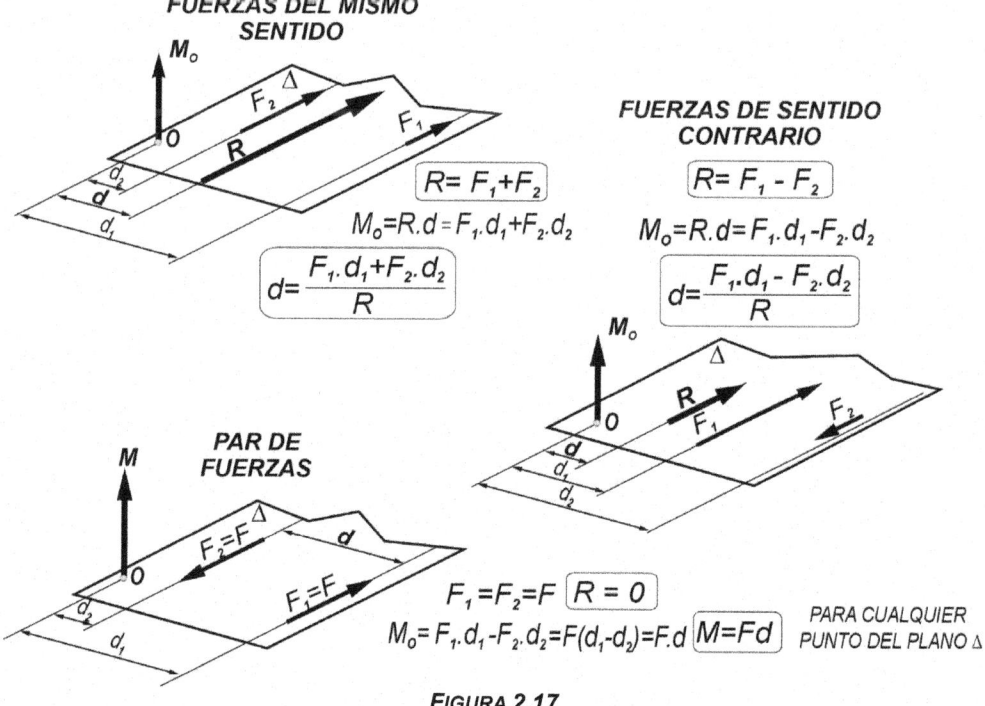

FIGURA 2.17
COMPOSICIÓN DE FUERZAS PARALELAS

Reducción a una resultante y un par

Un sistema de fuerzas siempre puede reducirse a su resultante (**R**) aplicada en un punto arbitrario "**O**" y a un par de valor **M**. El valor de **M** es el momento resultante de todas las fuerzas respecto al punto **O**. El valor de **M** depende del punto (**O**) al que se reduzca el sistema. (**Fig 2.18**)

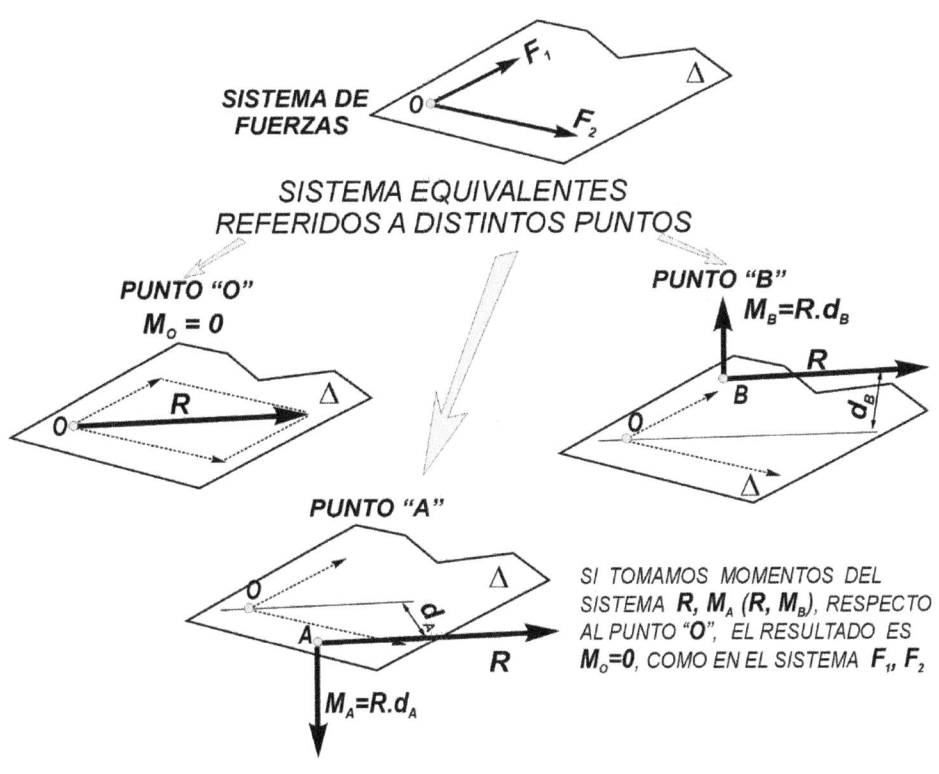

FIGURA 2.18
REDUCCIÓN A UNA RESULTANTE Y UN PAR (DISTINTAS SOLUCIONES)

Fuerzas distribuidas

Normalmente se trata de sistemas de fuerzas paralelas, aplicadas con continuidad sobre elementos de volumen, sobre elementos superficiales o a lo largo de una línea. Para su tratamiento, interesa determinar la resultante y la línea de acción de la misma, para lo que se aplican los principios generales que rigen la composición de fuerzas.

En el caso particular de fuerzas distribuidas a lo largo de una línea recta, situación relativamente frecuente, las fuerzas suelen definirse mediante el diagrama de cargas. (Gráfico que relaciona la posición a lo largo de la línea (**x**) con la intensidad de la fuerza en esa zona (fuerza por unidad de longitud **q**).

En estos casos, el módulo de la resultante del sistema de fuerzas distribuidas es igual al área del diagrama de cargas y su línea de acción pasa por el centro de gravedad de la superficie definida por dicho diagrama. (**Fig 2.19**)

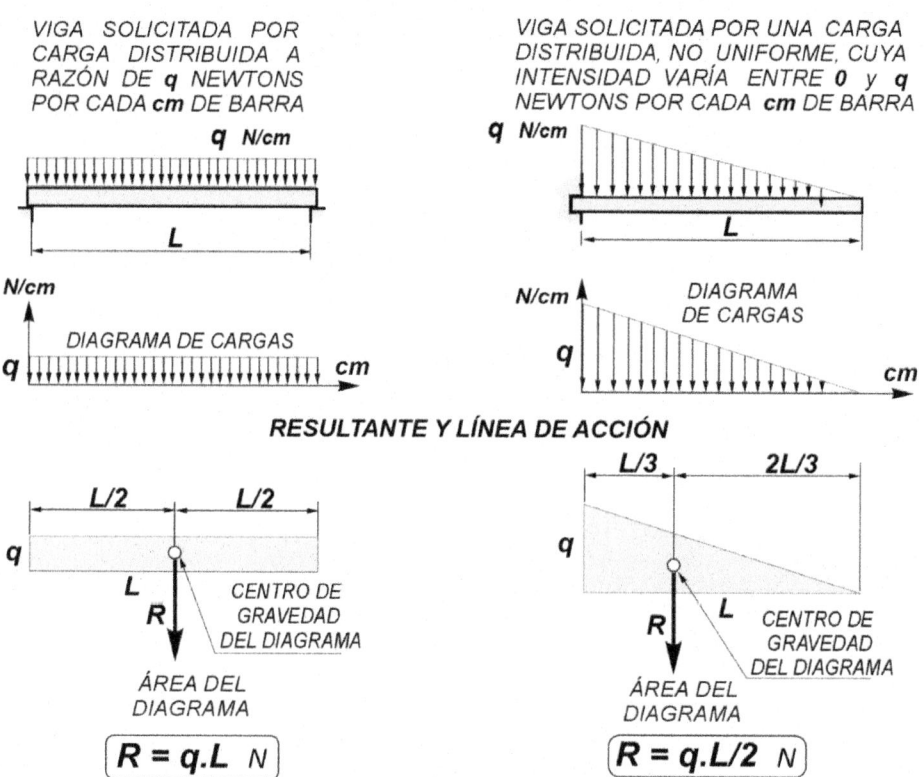

FIGURA 2.19
SISTEMAS DE FUERZAS DISTRIBUIDAS

EJERCICIO 3

Determinar el momento de la distribución de carga de la **Fig 2.20** respecto a un eje **z**, perpendicular al plano de las cargas, en el extremo **A** de la barra.

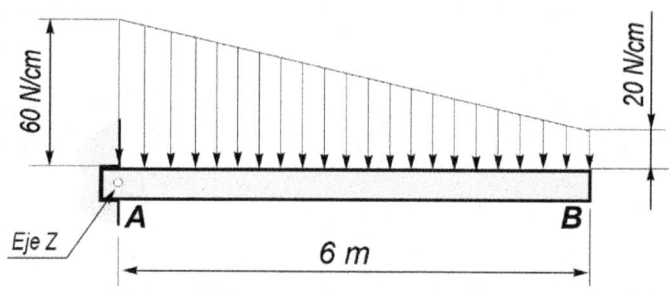

FIGURA 2.20
MOMENTO DE UNA DISTRIBUCIÓN DE CARGAS

SOLUCIÓN 1

APLICANDO LAS RECETAS COMENTADAS ANTERIORMENTE Y DESDOBLANDO LA CARGA TRAPECIAL EN SUMA DE UNA UNIFORME Y OTRA TRIANGULAR

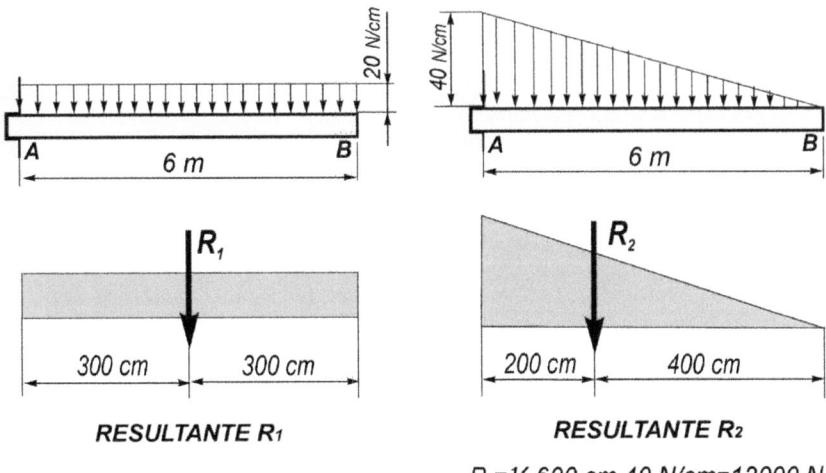

RESULTANTE R₁

$R_1 = 600\ cm.20\ N/cm = 12000\ N$

RESULTANTE R₂

$R_2 = \tfrac{1}{2}.600\ cm.40\ N/cm = 12000\ N$

MOMENTO DE UN SISTEMA DE CARGAS IGUAL AL MOMENTO DE SU RESULTANTE

$M_A = 300.R_1 + 200.R_2\ cm = 300.12000 + 200.12000 = \mathbf{6000000}\ N.cm$

SOLUCIÓN 2

q_x = *INTENSIDAD DE CARGA A UNA DISTANCIA* **x** *DEL EXTREMO* **A**

$dF = q_x.dx$ = *FUERZA SOBRE UN ELEMENTO DE LONGITUD* **dx**

$dM = x.dF = x.\ q_x.dx$ = *MOMENTO DE LA FUERZA* **dF**

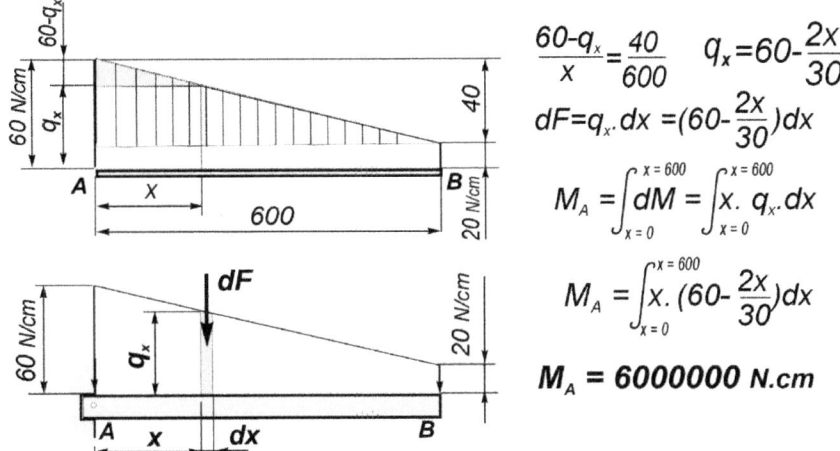

$$\frac{60-q_x}{x} = \frac{40}{600} \qquad q_x = 60 - \frac{2x}{30}$$

$$dF = q_x.dx = \left(60 - \frac{2x}{30}\right)dx$$

$$M_A = \int_{x=0}^{x=600} dM = \int_{x=0}^{x=600} x.\ q_x.dx$$

$$M_A = \int_{x=0}^{x=600} x.\left(60 - \frac{2x}{30}\right)dx$$

$$M_A = \mathbf{6000000}\ N.cm$$

FIGURA 2.21
MOMENTO DE UNA DISTRIBUCIÓN DE CARGAS

EJERCICIO 4

En este ejercicio se trata de estudiar un caso relativamente frecuente, como es el de determinar la resultante de una distribución uniforme de fuerzas radiales sobre una semicircunferencia. **(Fig 2.22)**

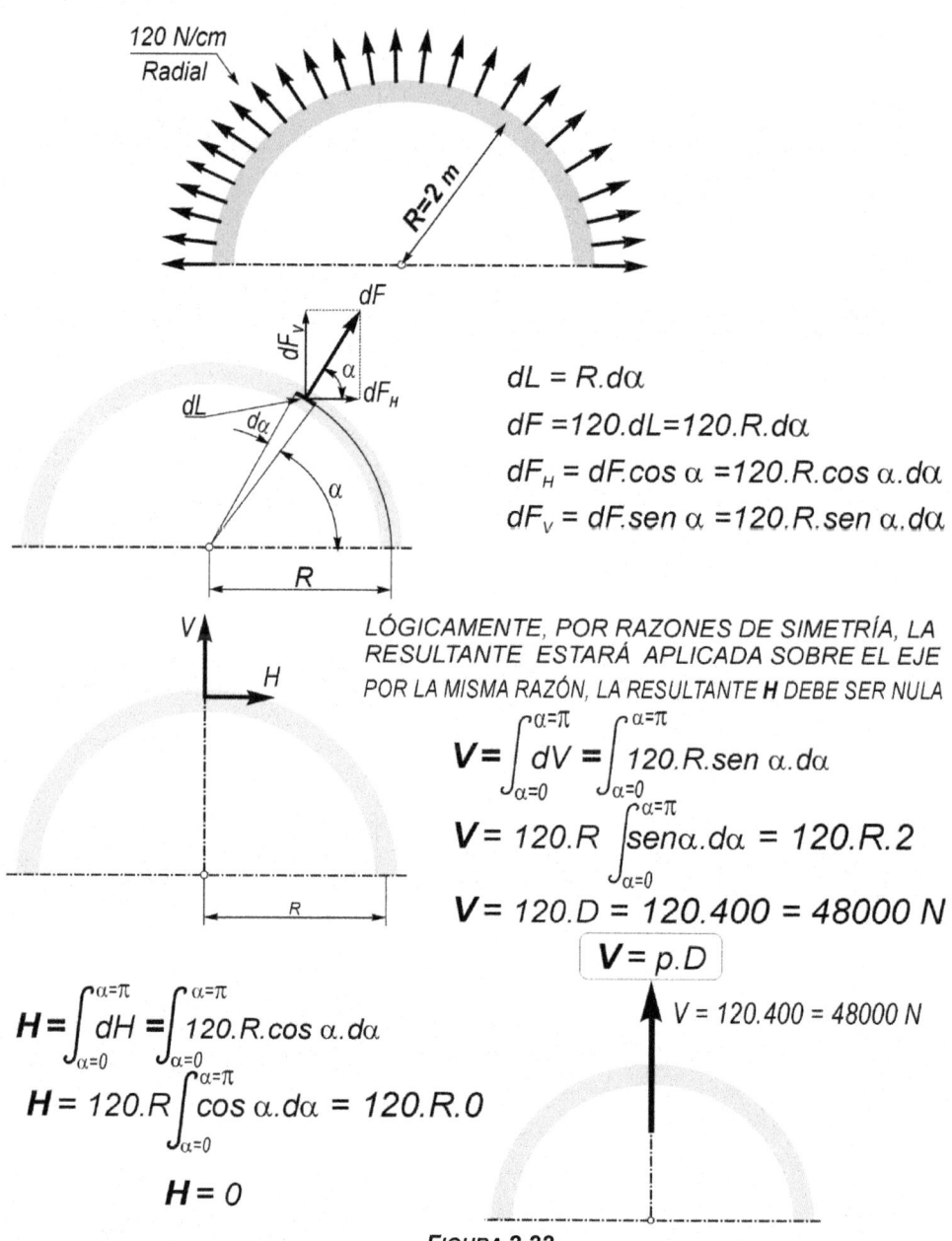

$$dL = R.d\alpha$$

$$dF = 120.dL = 120.R.d\alpha$$

$$dF_H = dF.\cos \alpha = 120.R.\cos \alpha.d\alpha$$

$$dF_V = dF.sen \alpha = 120.R.sen \alpha.d\alpha$$

*LÓGICAMENTE, POR RAZONES DE SIMETRÍA, LA RESULTANTE ESTARÁ APLICADA SOBRE EL EJE POR LA MISMA RAZÓN, LA RESULTANTE **H** DEBE SER NULA*

$$V = \int_{\alpha=0}^{\alpha=\pi} dV = \int_{\alpha=0}^{\alpha=\pi} 120.R.sen \ \alpha.d\alpha$$

$$V = 120.R \int_{\alpha=0}^{\alpha=\pi} sen\alpha.d\alpha = 120.R.2$$

$$V = 120.D = 120.400 = 48000 \ N$$

$$\boxed{V = p.D}$$

$$V = 120.400 = 48000 \ N$$

$$H = \int_{\alpha=0}^{\alpha=\pi} dH = \int_{\alpha=0}^{\alpha=\pi} 120.R.\cos \alpha.d\alpha$$

$$H = 120.R \int_{\alpha=0}^{\alpha=\pi} \cos \alpha.d\alpha = 120.R.0$$

$$H = 0$$

FIGURA 2.22
RESULTANTE DE UNA DISTRIBUCIÓN DE FUERZAS RADIALES

Descomposición de fuerzas

Se trata de una operación inversa a la composición, consistente en sustituir una fuerza por dos o más cuyo efecto sea equivalente. Puede tener interés en muchos casos, para facilitar algunas operaciones.

Para descomponer una fuerza en dos direcciones dadas basta con trazar paralelas a estas direcciones por los extremos de la fuerza. Para descomponer una fuerza en tres direcciones perpendiculares se proyecta la fuerza sobre estas direcciones. (**Fig 2.23**)

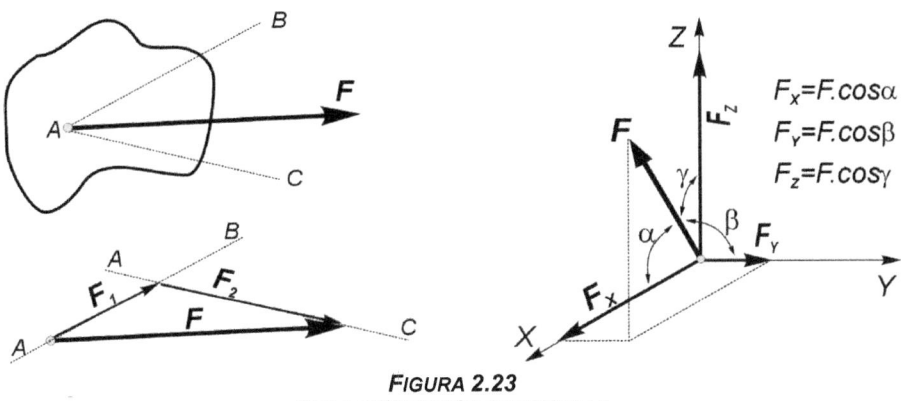

FIGURA 2.23
DESCOMPOSICIÓN DE FUERZAS

Sistemas de fuerzas en equilibrio

En general, en el análisis estructural y en la elasticidad y resistencia de materiales vamos a considerar sólidos solicitados por sistemas de fuerzas en equilibrio.

Condiciones de equilibrio

Para que un sistema de fuerzas esté en equilibrio es necesario que su resultante sea nula y que el momento resultante respecto a cualquier punto también sea cero. Puesto que cualquier sistema de fuerzas siempre se puede reducir a su resultante (**R**) y a un momento **M** respecto a un punto "**O**", si tomamos un sistema de referencia **XYZ**, estas condiciones se pueden formular como:

$$R_x = 0 \qquad M_x = 0$$
$$R_y = 0 \qquad M_y = 0$$
$$R_z = 0 \qquad M_z = 0$$

Cuando se trate de fuerzas coplanarias algunas componentes se anulan por lo que estas expresiones se simplifican notablemente. Por ejemplo, si todas las fuerzas están contenidas en el plano **XY**, serán nulas **Rz, Mx y My**, por lo que las condiciones de equilibrio se reducen a:

$$R_x = 0$$
$$R_y = 0 \qquad M_z = 0$$

Aunque los sistemas estructurales y las fuerzas que los solicitan son tridimensionales, para su análisis, pueden reducirse, en muchos casos, a sistemas planos, por lo que, en muchas de las explicaciones y ejemplos que siguen consideraremos sistemas de fuerzas coplanarias y aplicaremos estas últimas condiciones.

Algunas consecuencias de interés

De la consideración de las condiciones de equilibrio se deducen una serie de consecuencias que aplicaremos con frecuencia en el análisis estructural y la resistencia de materiales. Por su interés podemos mencionar las siguientes:

- Dos fuerzas solo pueden estar en equilibrio si tienen el mismo módulo, la misma línea de acción y sentidos contrarios.
- Para que tres fuerzas estén en equilibrio es necesario que sean concurrentes.
- En un sistema de fuerzas en equilibrio, la resultante de una parte cualquiera de las fuerzas, es la equilibrante del resto. La resultante de una parte de las fuerzas es igual, opuesta y con la misma línea de acción que la resultante del resto. (**Fig 2.24**).

Como veremos en el siguiente capítulo, el esfuerzo en una sección se obtiene como resultante de todas las fuerzas de un lado de la misma. La propiedad anterior resulta de gran interés en la determinación de esfuerzos.

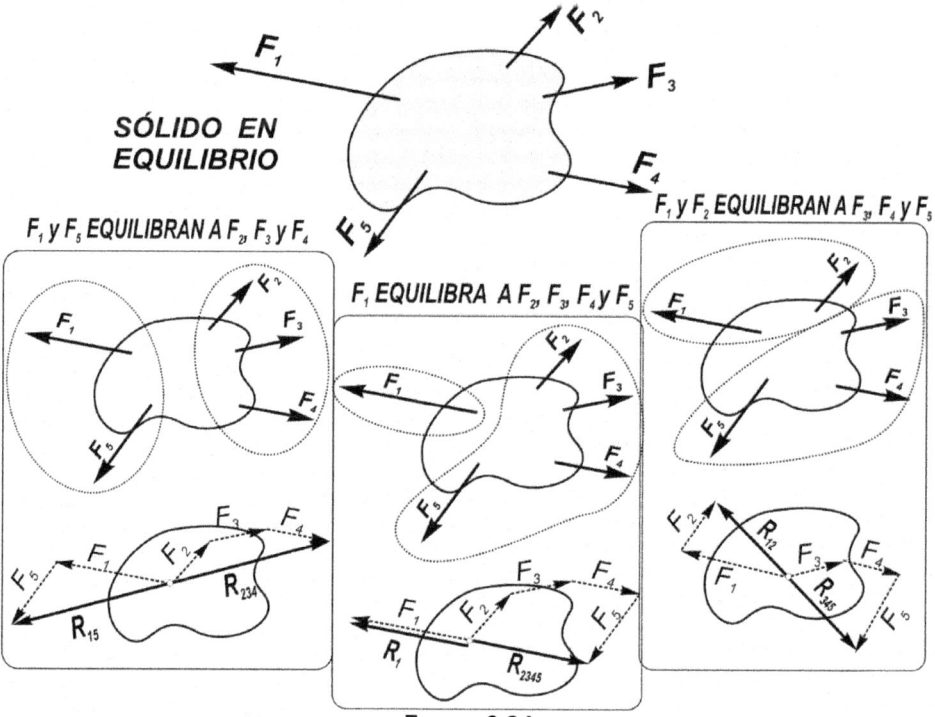

FIGURA 2.24
UNA PARTE DE LAS FUERZAS EQUILIBRA AL RESTO

- *Si un sólido se encuentra en equilibrio, también lo está cualquier parte del mismo. Este razonamiento, que no parece ofrecer muchos aspectos a discutir, se utilizará con frecuencia, tanto en el análisis de estructuras, como en la elasticidad y resistencia de materiales. (Fig 2.25)*

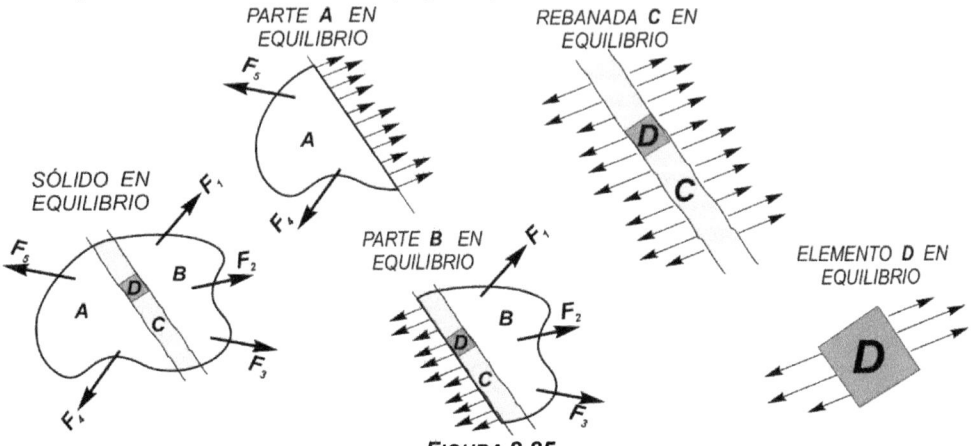

FIGURA 2.25
SI UN SÓLIDO ESTÁ EN EQUILIBRIO, LO ESTÁN TODAS SUS PARTES

SUSTENTACIÓN DE SISTEMAS ESTRUCTURALES

Normalmente los sistemas estructurales están constituidos por elementos conectados entre si y al suelo, de forma que puedan soportar las fuerzas que los solicitan sin experimentar desplazamientos apreciables. Únicamente los debidos a las deformaciones.

Teniendo en cuenta que los grados de libertad de movimiento de un sólido en el espacio son seis, (desplazamiento en tres direcciones y giro respecto a tres ejes), para conseguir la inmovilidad, los vínculos y conexiones deben ser capaces de restringir estos seis grados de libertad.

Si nos limitamos al plano, estas posibilidades de movimiento se reducen a tres: desplazamiento en las dos direcciones del plano y giro respecto a un eje perpendicular a dicho plano. En este breve repaso vamos a limitar nuestro estudio a sistemas planos.

Hay que diferenciar entre las conexiones internas que enlazan los distintos elementos de la estructura y los apoyos externos que inmovilizan la estructura en conjunto con el suelo. (Fig 2.26)

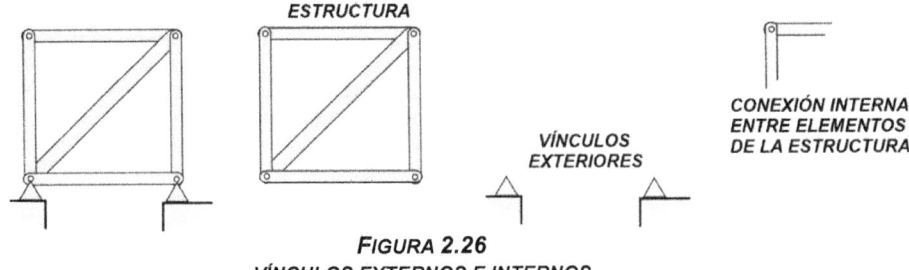

FIGURA 2.26
VÍNCULOS EXTERNOS E INTERNOS

Tipos de apoyos

Los vínculos externos tienen la finalidad de inmovilizar la estructura como conjunto. Aunque caben muchas situaciones intermedias, los apoyos tipo son los siguientes: (Aunque los conceptos se pueden extrapolar a sistemas espaciales, se consideran estructuras planas, solicitadas por fuerzas en su plano)

Apoyo móvil

Únicamente impide los desplazamientos en dirección perpendicular a la superficie de apoyo, permitiendo desplazamientos en paralelo a dicha superficie y giros respecto a ejes perpendiculares al plano de las cargas. Este efecto lo consigue a base de ejercer una fuerza normal a la superficie de apoyo.

Puesto que la dirección de la fuerza es conocida, solo presentan una incógnita a la hora de calcular reacciones (el valor de la fuerza).

Una coacción equivalente la ejercen los cables, que solo inmovilizan en la dirección de los mismos y para fuerzas de tracción.

En la **Fig 2.27** se muestra un apoyo móvil, la forma esquemática de representarlo, los grados de libertad y las coacciones que puede ejercer sobre el sólido.

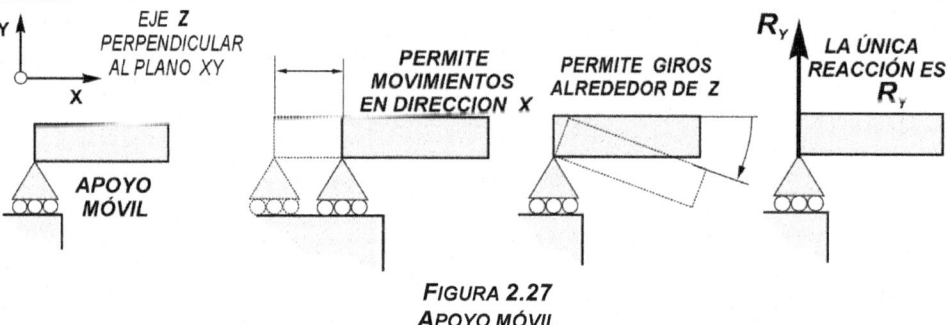

FIGURA 2.27
APOYO MÓVIL

Apoyo articulado fijo

Impide los desplazamientos de cualquier dirección en el plano **XY,** permitiendo únicamente los giros respecto al eje **Z**.

Este efecto lo consigue a base de ejercer una fuerza de cualquier dirección en el plano **XY**. Para calcular reacciones hay que determinar la fuerza y su dirección, (componentes **Rx** y **Ry**), por lo que tenemos dos incógnitas. (**Fig 2.28**)

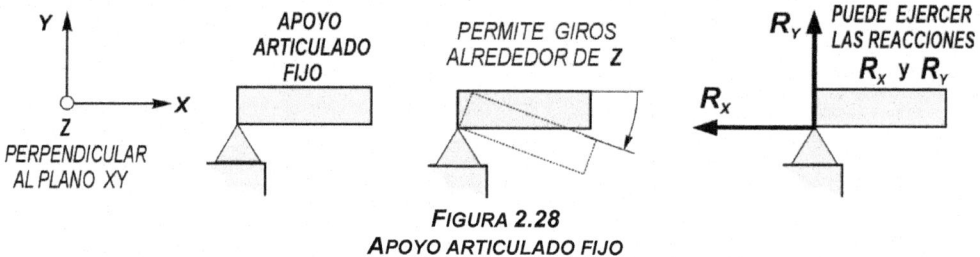

FIGURA 2.28
APOYO ARTICULADO FIJO

Empotramiento

Impide los desplazamientos en cualquier dirección, así como los giros, a base de ejercer sobre el sólido las reacciones **Rx, Ry** y **Mz** (Momento de empotramiento).

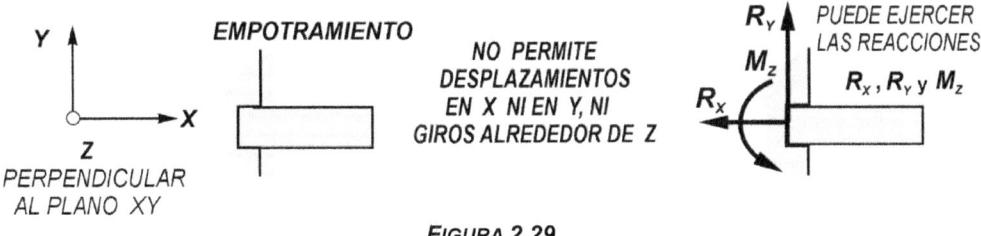

FIGURA 2.29
EMPOTRAMIENTO

Cálculo de reacciones

Los diferentes tipos de apoyos ejercen fuerzas sobre los sólidos (Reacciones), que, junto con el resto de cargas que los solicitan, constituyen sistemas de fuerzas en equilibrio.

Para determinar el conjunto de reacciones es importante diferenciarlas de las acciones que ejerce el sólido sobre los apoyos (iguales y opuestas de acuerdo con el principio de acción y reacción). En la identificación de las fuerzas que solicitan al sólido resulta de gran utilidad el diagrama del sólido libre.

Identificadas todas las fuerzas, basta con aplicar las condiciones de equilibrio, que, en el caso de sistemas coplanarios, se reducen a las ecuaciones:

$$R_x = 0$$
$$R_y = 0 \qquad M_z = 0$$

En un proceso aplicable al cálculo de reacciones podemos diferenciar las siguientes etapas:

- Establecer un sistema de referencia que sirva de guía para asignar los signos a la hora de escribir las ecuaciones de equilibrio. Puede omitirse suponiendo un sentido determinado, escribiendo las ecuaciones de acuerdo con estos sentidos. Soluciones positivas nos confirman el sentido considerado.
- Identificar los apoyos y las acciones que pueden ejercer sobre la estructura
- Hacer un diagrama del sólido libre en el que se recojan todas las fuerzas que se ejercen sobre la estructura (Acciones conocidas y reacciones incógnita)
- Aplicar las condiciones de equilibrio y resolver las correspondientes ecuaciones.
- Puesto que los resultados obtenidos van a servir de base para estudios posteriores sobre el sólido, conviene asegurarse mediante las comprobaciones oportunas

En la **Fig 2.30** se muestra un ejemplo de trazado del diagrama del sólido libre.

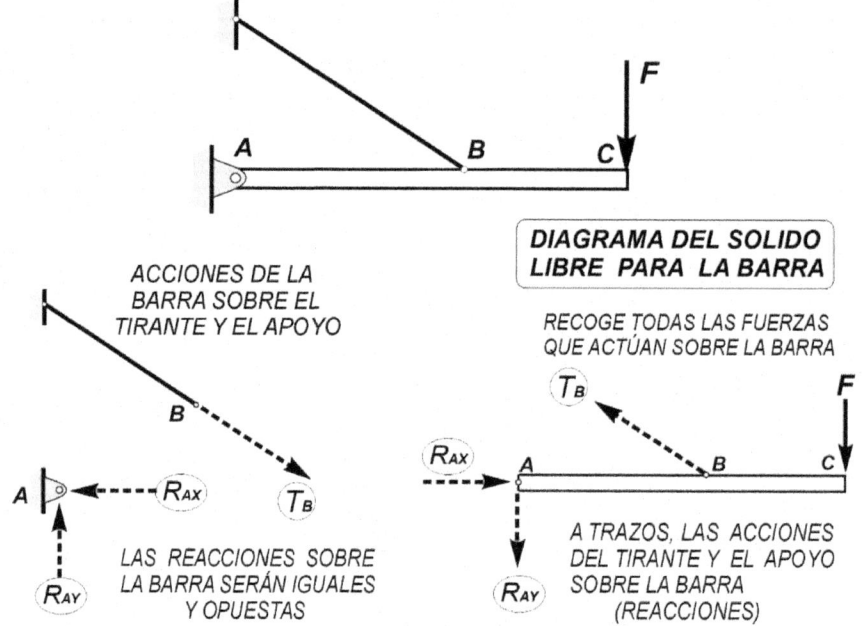

DIAGRAMA DEL SOLIDO LIBRE PARA LA BARRA

ACCIONES DE LA BARRA SOBRE EL TIRANTE Y EL APOYO

RECOGE TODAS LAS FUERZAS QUE ACTÚAN SOBRE LA BARRA

LAS REACCIONES SOBRE LA BARRA SERÁN IGUALES Y OPUESTAS

A TRAZOS, LAS ACCIONES DEL TIRANTE Y EL APOYO SOBRE LA BARRA (REACCIONES)

FIGURA 2.30
REACCIONES. DIAGRAMA DEL SÓLIDO LIBRE

EJERCICIO 5

Calcular las reacciones en la viga de la **Fig 2.31**

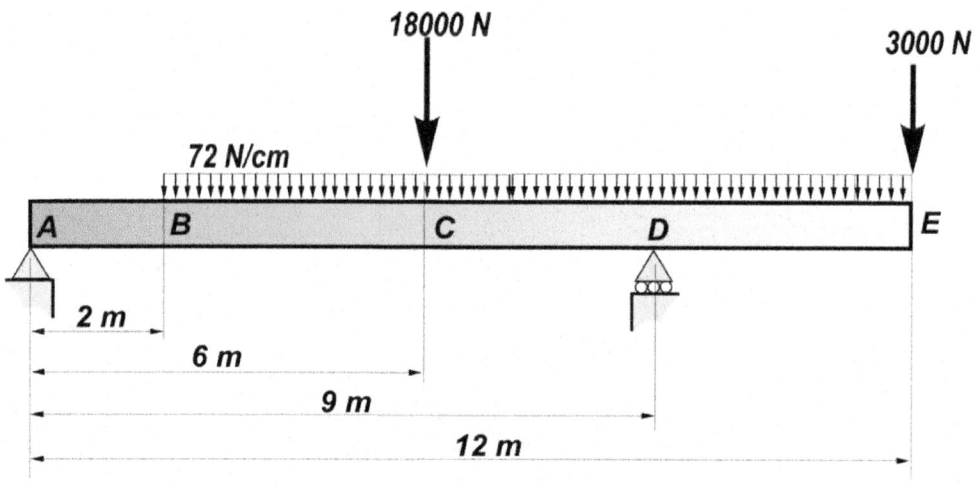

FIGURA 2.31
CÁLCULO DE REACCIONES

DIAGRAMA DEL SÓLIDO LIBRE

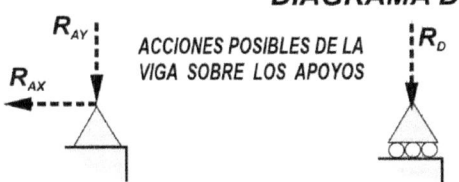

ACCIONES POSIBLES DE LA VIGA SOBRE LOS APOYOS

INICIALMENTE SE CONSIDERAN DE LOS SENTIDOS REPRESENTADOS EN LA FIGURA

*EN EL APOYO **A** (ARTICULADO FIJO) LA VIGA PUEDE EJERCER FUERZAS VERTICALES Y HORIZONTALES*

*EN **D** (APOYO MÓVIL) SOLO PUEDE HABER FUERZAS PERPENDICULARES A LA SUPERFICIE DE APOYO.*

(EN ESTE CASO, SI LA SUPERFICIE ES HORIZONTAL, LA FUERZA TIENE QUE SER VERTICAL)

ESTE TIPO DE APOYOS NO SIEMPRE PUEDE EJERCER FUERZAS DE CUALQUIER SENTIDO (EL TERRENO NO PUEDE TIRAR DE LA VIGA, SOLO SOPORTARLA). EN LOS EJEMPLOS, CON INDEPENDENCIA DE LA REPRESENTACIÓN, SUPONDREMOS QUE SON POSIBLES AMBOS SENTIDOS.

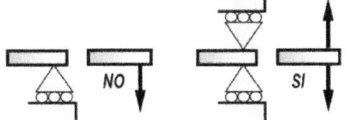

SOBRE LA VIGA, ACCIONES IGUALES Y OPUESTAS A LAS CONSIDERADAS SOBRE LOS APOYOS

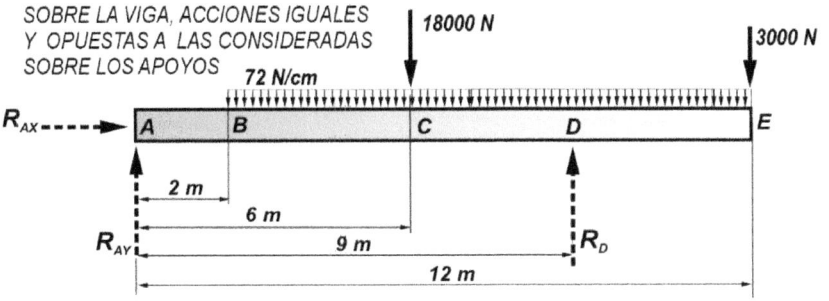

CONDICIONES DE EQUILIBRIO

DE LA CONDICIÓN SUMA DE FUERZAS HORIZONTALES IGUAL CERO, SE DEDUCE QUE $R_{AX}=0$

*TOMANDO MOMENTOS RESPECTO AL PUNTO **A**:*

$$\sum M_A = 0$$

RESULTANTE CARGA DISTRIBUIDA

$$18000.6+3000.12+\overbrace{(72.10.100)}.7-9.R_D=0 \quad R_D=+72000\ N$$

(PUESTO QUE AL ESCRIBIR LAS ECUACIONES NOS APOYAMOS EN EL SENTIDO REPRESENTADO EN LA FIGURA, EL SIGNO + CONFIRMA QUE EL SENTIDO PREVISTO ES ACERTADO)

DE LA CONDICIÓN SUMA DE FUERZAS VERTICALES CERO

$$\sum F_Y = 0 \quad R_{AY}-72.10.100-18000-3000+72000=0 \quad R_{AY}=+21000\ N$$

(EL SIGNO + CONFIRMA EL SENTIDO PREVISTO)

*PARA COMPROBAR, TOMAMOS MOMENTOS RESPECTO A OTRO PUNTO (MEJOR UNO RESPECTO AL CUAL PRODUZCAN MOMENTO LAS DOS REACCIONES CALCULADAS), POR EJEMPLO, EL **E**:*

$$\sum M_E = 0 \quad 21000.12+72000.3-18000.6-(72.10.100).5=0$$

(DE NO CUMPLIRSE ESTA CONDICIÓN, HABRÍA QUE REVISAR LAS REACCIONES)

FIGURA 2.32
CÁLCULO DE REACCIONES

EJERCICIO 6

*Calcular las reacciones en la viga de la **Fig 2.33***

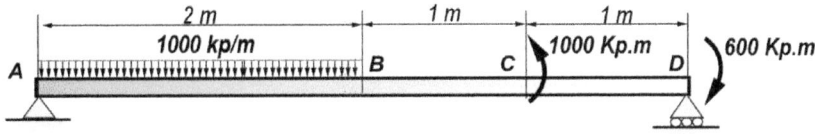

FIGURA 2.33
CÁLCULO DE REACCIONES

DIAGRAMA DEL SÓLIDO LIBRE

EN A (APOYO ARTICULADO FIJO) R_A PUEDE TENER DOS COMPONENTES R_{AX} y R_{AY}
R_{AX} ES NULA, POR LA CONDICIÓN SUMA DE HORIZONTALES IGUAL CERO
LA REACCIÓN R_D (APOYO MÓVIL) ES PERPENDICULAR A LA SUPERFICIE DE APOYO
INICIALMENTE SE CONSIDERAN DE LOS SENTIDOS REPRESENTADOS

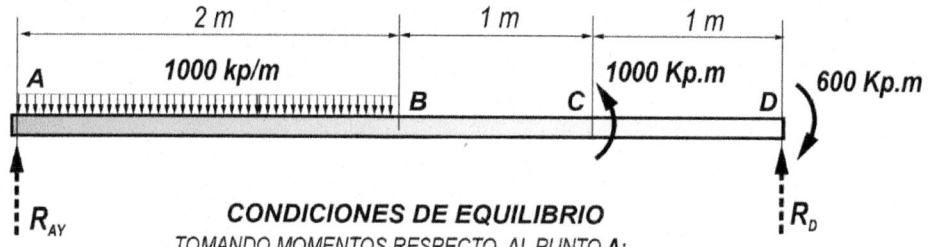

CONDICIONES DE EQUILIBRIO

TOMANDO MOMENTOS RESPECTO AL PUNTO A:
(TENER EN CUENTA QUE EL MOMENTO DE UN PAR ES EL VALOR DEL PAR)

$$\Sigma\, M_A = 0 \qquad (1000\,.2).1 - 1000 + 600 - 4.R_D = 0$$

$$R_D = +\,400\ kp \quad \begin{array}{l}\text{(EL SIGNO + CONFIRMA}\\ \text{EL SENTIDO PREVISTO)}\end{array}$$

DE LA CONDICIÓN SUMA DE FUERZAS VERTICALES CERO

$$\Sigma\, F_Y = 0 \qquad R_{AY} - 1000.2 - 400 = 0$$

$$R_{AY} = +\,1600\ kp \quad \begin{array}{l}\text{(EL SIGNO + CONFIRMA}\\ \text{EL SENTIDO PREVISTO)}\end{array}$$

PARA COMPROBAR, TOMAMOS MOMENTOS RESPECTO A OTRO PUNTO
(MEJOR UNO RESPECTO AL CUAL PRODUZCAN MOMENTO LAS DOS
REACCIONES CALCULADAS) POR EJEMPLO, EL C:

$$\Sigma\, M_C = 0 \qquad 1600.3 - (1000.2).2 - 1000 + 600 - 400.1 = 0$$

(DE NO CUMPLIRSE ESTA CONDICIÓN, HABRÍA QUE REVISAR LAS REACCIONES)

FIGURA 2.34
CÁLCULO DE REACCIONES

EJERCICIO 7

Calcular las reacciones en la viga de la **Fig 2.35**

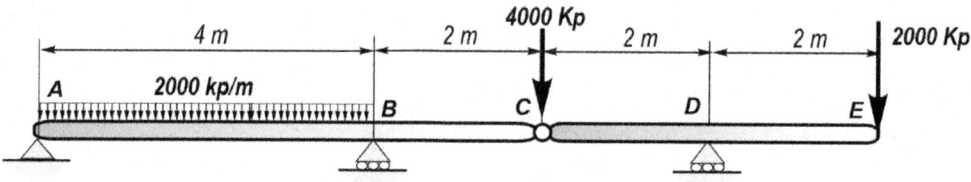

FIGURA 2.35
CÁLCULO DE REACCIONES

DIAGRAMA DEL SÓLIDO LIBRE

*EN **A** (APOYO ARTICULADO FIJO) R_A PUEDE TENER DOS COMPONENTES R_{AX} y R_{AY}*
LAS REACCIONES R_B Y R_D (APOYOS MÓVILES) SON PERPENDICULARES A LA SUPERFICIE DE APOYO
INICIALMENTE SE CONSIDERAN DE LOS SENTIDOS REPRESENTADOS

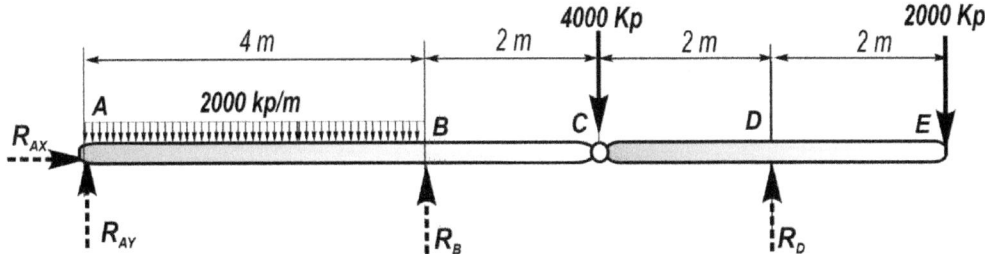

*APARENTEMENTE, NOS ENCONTRAMOS CON MÁS INCÓGNITAS DE LAS QUE NOS PERMITE DETERMINAR LA ESTÁTICA (**CUATRO INCÓGNITAS** PARA LAS **TRES CONDICIONES** DE EQUILIBRIO EN EL PLANO). NO OBSTANTE, LA PRESENCIA DE LA ARTICULACIÓN EN "C" NOS OFRECE UNA CONDICIÓN ADICIONAL:*

PARA QUE LA PARTE (ABC) ESTÉ EN EQUILIBRIO, LA SUMA DE MOMENTOS DE LAS FUERZAS QUE ACTÚAN SOBRE ESTA PARTE, RESPECTO A LA ARTICULACIÓN "C" TIENE QUE SER NULA (CASO CONTRARIO, GIRARÍA ALREDEDOR DE "C") (IGUAL PODEMOS RAZONAR PARA "CDE")

> **SUMA DE MOMENTOS FUERZAS DE UN LADO, RESPECTO A "C" = 0**

CONDICIONES DE EQUILIBRIO

1. $\Sigma F_X = 0$ 3. $\Sigma M_o = 0$ *SUMA DE MOMENTOS RESPECTO*
2. $\Sigma F_Y = 0$ 4. $\Sigma M_{CFUERZASDERECH} = 0$ *A LA ARTICULACIÓN "C", DE LAS FUERZAS DE LA DERECHA = 0*

1. $\Sigma F_X = 0$ 4. $\Sigma M_{CFUERZASDERECH} = 0$
$R_{AX} = 0$ $2.R_D - 2000.4 = 0$ $R_D = +4000\ kp$ *(EL SIGNO + CONFIRMA EL SENTIDO PREVISTO)*

3. $\Sigma M_o = 0$ *SUMA DE MOMENTOS DE **TODAS** LAS FUERZAS RESPECTO A CUALQUIER PUNTO = 0*

$$\Sigma M_A = 0 \quad (2000.4).2 + 4000.6 + 2000.10 - 4000.8 - 4.R_B = 0 \quad R_D = +7000\ kp$$
(EL SIGNO + CONFIRMA EL SENTIDO PREVISTO)

2. $\Sigma F_Y = 0$ $R_{AY} - 2000.4 - 4000 - 2000 + 4000 + 7000 = 0$ $R_{AY} = +3000\ kp$

(EL SIGNO + CONFIRMA EL SENTIDO PREVISTO)

*PARA COMPROBAR, TOMAMOS MOMENTOS RESPECTO A OTRO PUNTO (MEJOR UNO RESPECTO AL CUAL PRODUZCAN MOMENTO LAS REACCIONES CALCULADAS) POR EJEMPLO, EL **E**:*

$$\Sigma M_E = 0 \quad 3000.10 - (2000.4).8 + 7000.6 - 4000.4 + 4000.2 = 0$$

FIGURA 2.36
CÁLCULO DE REACCIONES

EJERCICIO 8

Para la estructura de la **Fig 2.37**, calcular la reacción en el apoyo y el esfuerzo en el tirante

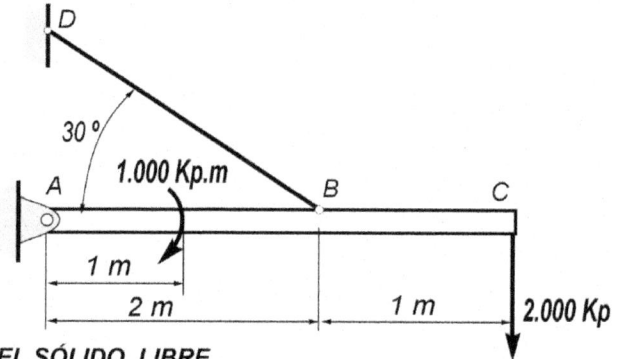

DIAGRAMA DEL SÓLIDO LIBRE

EN **A** (APOYO ARTICULADO FIJO) R_A PUEDE TENER DOS COMPONENTES R_{AX} y R_{AY}
LA REACCIÓN EN **B** SERÁ DE LA DIRECCIÓN DEL TIRANTE
INICIALMENTE SE CONSIDERAN DE LOS SENTIDOS REPRESENTADOS

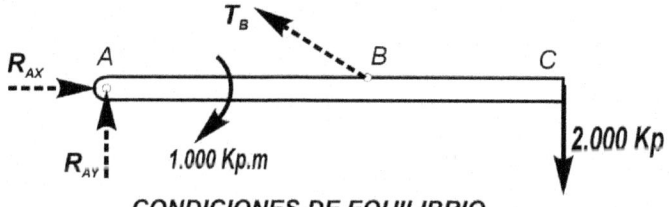

CONDICIONES DE EQUILIBRIO

SUMA DE MOMENTOS DE **TODAS** LAS FUERZAS RESPECTO A CUALQUIER PUNTO = 0

$$\Sigma M_A = 0 \qquad 1000 + 2000.3 - T_B.sen30.2 = 0$$

$$T_B = + 7000 \ kp$$

DE LA CONDICIÓN SUMA DE FUERZAS VERTICALES CERO

$$\Sigma F_Y = 0 \qquad R_{AY} + 7000.sen30 - 2000 = 0$$

$$R_{AY} = -1500 \ kp \quad \begin{array}{l} \text{(EL SIGNO - INDICA SENTIDO} \\ \text{CONTRARIO AL PREVISTO)} \end{array}$$

DE LA CONDICIÓN SUMA DE FUERZAS HORIZONTALES CERO

$$\Sigma F_X = 0 \qquad R_{AX} - 7000.cos30 = 0$$

$$R_{AY} = + 6062,17 \ kp$$

PARA COMPROBAR, TOMAMOS MOMENTOS RESPECTO A OTRO PUNTO (MEJOR UNO RESPECTO AL CUAL PRODUZCAN MOMENTO LAS DOS REACCIONES CALCULADAS) POR EJEMPLO, EL **C**:

$$\Sigma M_C = 0 \qquad 7000.sen30.1 + 1000 - 1500.3 = 0$$

FIGURA 2.37
CÁLCULO DE REACCIONES

EJERCICIO 9

Calcular reacciones

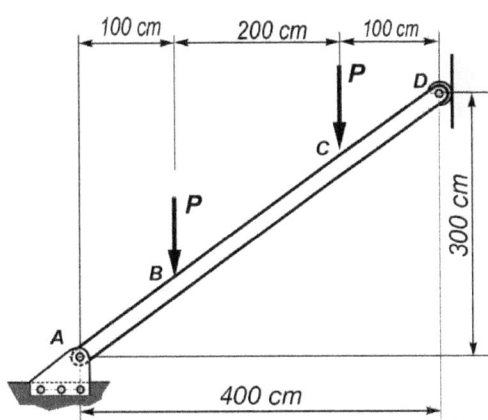

DIAGRAMA DEL SÓLIDO LIBRE

*EN **A** (APOYO ARTICULADO FIJO) LA REACCIÓN R_A PUEDE TENER DOS COMPONENTES R_{AX} y R_{AY}*
*LAS REACCIÓN EN **D** SERÁ PERPENDICULAR A LA SUPERFICIE DE APOYO (SUPERFICIE VERTICAL, REACCIÓN HORIZONTAL)*

INICIALMENTE SE CONSIDERAN DE LOS SENTIDOS REPRESENTADOS

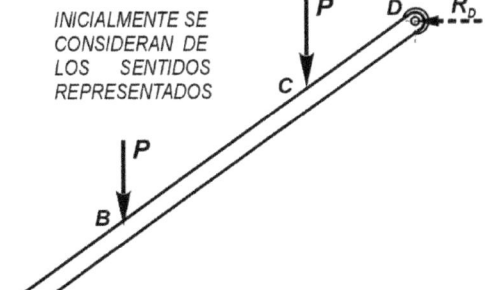

CONDICIONES DE EQUILIBRIO

*SUMA DE MOMENTOS DE **TODAS** LAS FUERZAS RESPECTO A CUALQUIER PUNTO = 0*

$$\Sigma\, M_A=0 \quad P.100+P.300 - R_D.300= 0$$
$$R_D= + 4P/3$$

DE LA CONDICIÓN SUMA DE FUERZAS HORIZONTALES CERO

$$\Sigma\, F_X=0 \quad R_{AX}- R_D=0 \quad R_{AX}= + 4P/3$$

DE LA CONDICIÓN SUMA DE FUERZAS VERTICALES CERO

$$\Sigma F_Y=0 \quad R_{AY}-P - P=0 \quad R_{AY}= + 2P$$

*PARA COMPROBAR, TOMAMOS MOMENTOS RESPECTO AL PUNTO **B***

$$\Sigma M_B=0 \quad 2P.100 -(4P/3).75+P.200 -(4P/3).225=0$$

FIGURA 2.38
CÁLCULO DE REACCIONES

EJERCICIO 10

Calcular reacciones

Q total=4000 kp
(vertical)

α=arc tgt 3/4

4 m

4 m

DIAGRAMA DEL SÓLIDO LIBRE

*EN **A** (APOYO ARTICULADO FIJO) LA REACCIÓN R_A PUEDE TENER DOS COMPONENTES R_{AX} y R_{AY}*
*LAS REACCIÓN EN **C** SERÁ PERPENDICULAR A LA SUPERFICIE DE APOYO*
INICIALMENTE SE CONSIDERAN DE LOS SENTIDOS INDICADOS

CONDICIONES DE EQUILIBRIO

*SUMA DE MOMENTOS DE **TODAS** LAS FUERZAS RESPECTO A CUALQUIER PUNTO = 0*

$$\Sigma M_A=0 \quad (4000.4.\cos \alpha)/2 -8.R_C=0$$
$$R_C = + 800 \; kp$$

DE LA CONDICIÓN SUMA DE VERTICALES CERO

$$\Sigma F_Y=0 \quad R_{AY}-4000 +800.\cos \alpha=0$$
$$R_{AY} = + 3360 \; kp$$

DE LA CONDICIÓN SUMA DE FUERZAS HORIZONTALES CERO

$$\Sigma F_X=0 \quad R_{AX}-R_C.\operatorname{sen} \alpha=0 \quad R_{AX}=+480 \; kp$$

PARA COMPROBAR, TOMAMOS MOMENTOS RESPECTO A "B"

$$\Sigma M_B=0 \quad 3360.3,2 -480.2,4 - 4000.1,6-800.4=0$$

FIGURA 2.39
CÁLCULO DE REACCIONES

EJERCICIO 11

*Calcular las reacciones en los apoyos **A** y **F**, así como la fuerza que se transmite a través de la articulación **C** (**Fig 2.40 y 2.41**)*

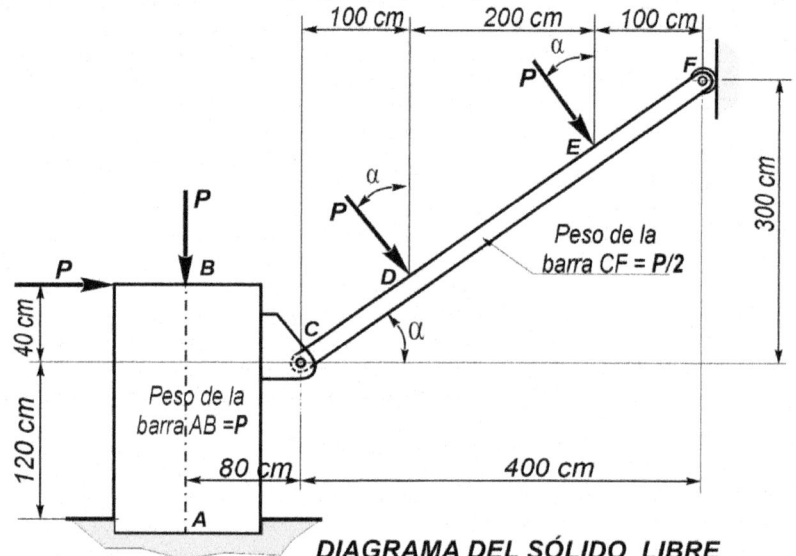

DIAGRAMA DEL SÓLIDO LIBRE

PARA DETERMINAR EL ESFUERZO QUE SE TRANSMITE A TRAVÉS DE LA ARTICULACIÓN **C**, CONSIDERAMOS POR SEPARADO LA BARRA **CF** Y EL SOPORTE **AB**

FN **A** (EMPOTRAMIENTO) LA REACCIÓN R_A PUEDE TENER TRES COMPONENTES: R_{AH}, R_{AV} Y EL MOMENTO DE EMPOTRAMIENTO M_A

LAS REACCIÓN EN **F** SERÁ PERPENDICULAR A LA SUPERFICIE DE APOYO (REACCIÓN HORIZONTAL)

LA FUERZA QUE SE TRANSMITE A TRAVÉS DE LA ARTICULACIÓN **C** QUEDARÁ DEFINIDA POR SUS COMPONENTES R_{CH} Y R_{CV}

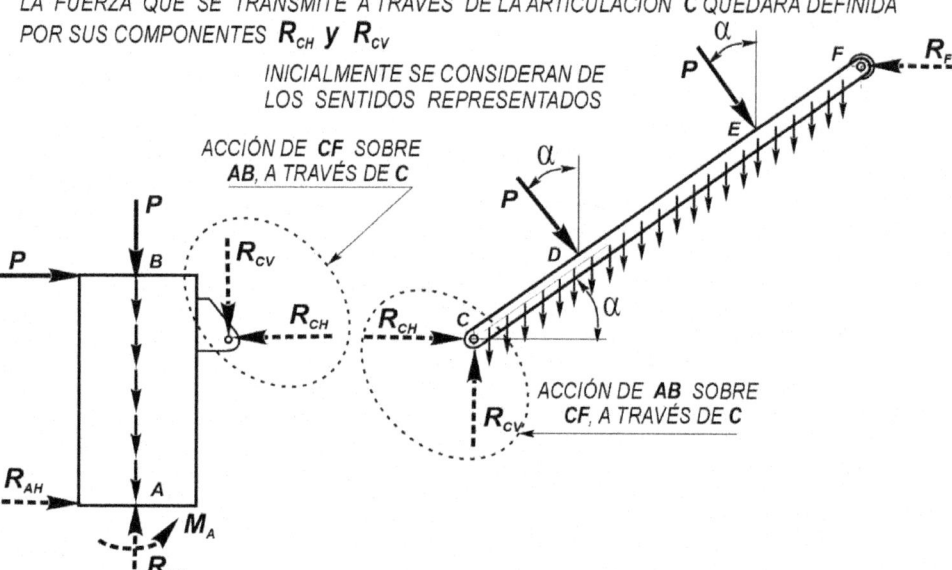

FIGURA 2.40
CÁLCULO DE REACCIONES

CONDICIONES DE EQUILIBRIO (BARRA CF)

SUMA DE MOMENTOS DE LAS FUERZAS RESPECTO A CUALQUIER PUNTO = 0

$\Sigma M_C = 0 \rightarrow P.125 + P.375 + (P/2).200 - R_F.300 = 0$

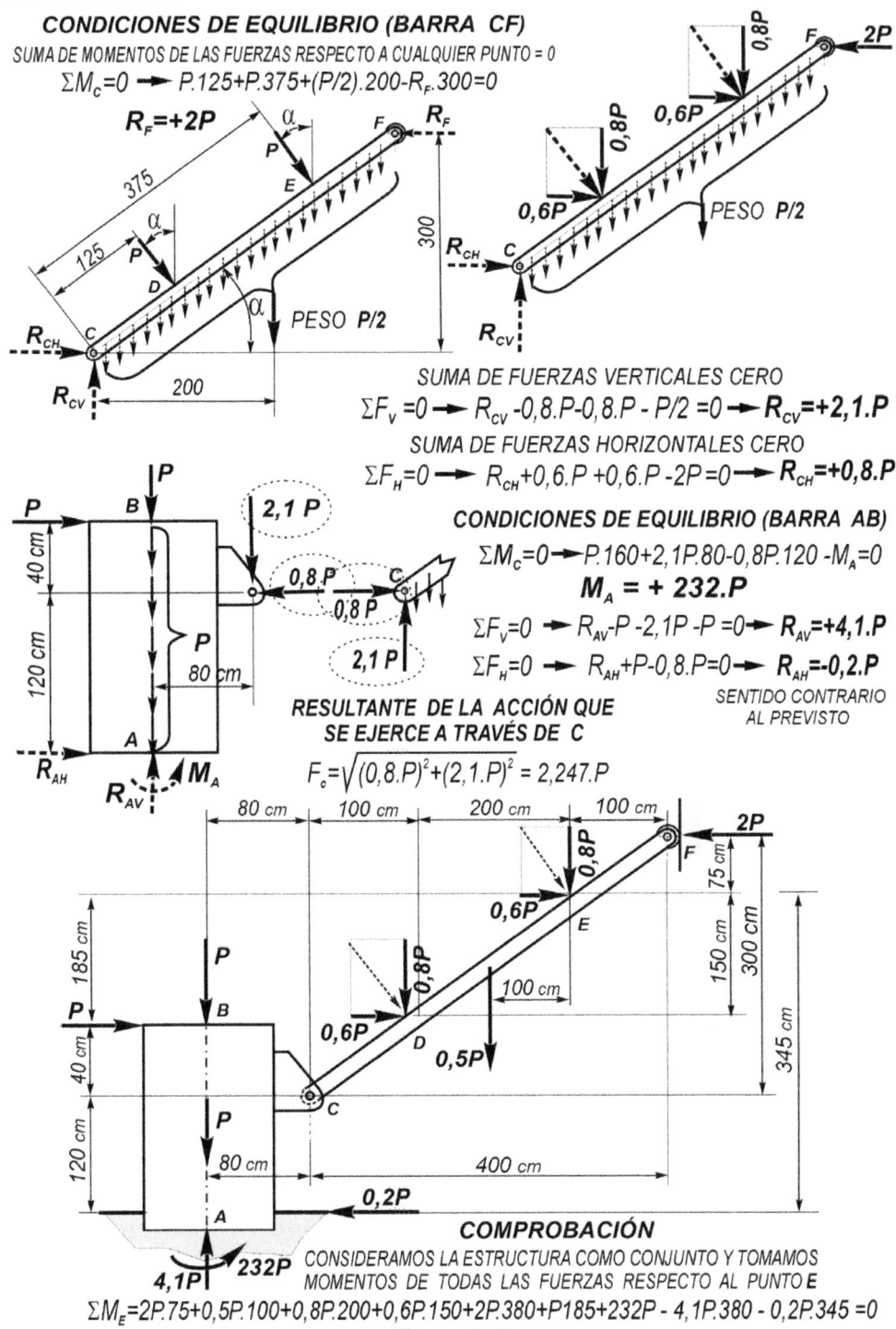

$R_F = +2P$

SUMA DE FUERZAS VERTICALES CERO

$\Sigma F_V = 0 \rightarrow R_{CV} - 0,8.P - 0,8.P - P/2 = 0 \rightarrow R_{CV} = +2,1.P$

SUMA DE FUERZAS HORIZONTALES CERO

$\Sigma F_H = 0 \rightarrow R_{CH} + 0,6.P + 0,6.P - 2P = 0 \rightarrow R_{CH} = +0,8.P$

CONDICIONES DE EQUILIBRIO (BARRA AB)

$\Sigma M_C = 0 \rightarrow P.160 + 2,1P.80 - 0,8P.120 - M_A = 0$

$$M_A = + 232.P$$

$\Sigma F_V = 0 \rightarrow R_{AV} - P - 2,1P - P = 0 \rightarrow R_{AV} = +4,1.P$

$\Sigma F_H = 0 \rightarrow R_{AH} + P - 0,8.P = 0 \rightarrow R_{AH} = -0,2.P$

SENTIDO CONTRARIO AL PREVISTO

RESULTANTE DE LA ACCIÓN QUE SE EJERCE A TRAVÉS DE C

$F_c = \sqrt{(0,8.P)^2 + (2,1.P)^2} = 2,247.P$

COMPROBACIÓN

CONSIDERAMOS LA ESTRUCTURA COMO CONJUNTO Y TOMAMOS MOMENTOS DE TODAS LAS FUERZAS RESPECTO AL PUNTO *E*

$\Sigma M_E = 2P.75 + 0,5P.100 + 0,8P.200 + 0,6P.150 + 2P.380 + P185 + 232P - 4,1P.380 - 0,2P.345 = 0$

FIGURA 2.41
SOLUCIÓN EJERCICIO 11

48

EJERCICIO 12

Calcular reacciones

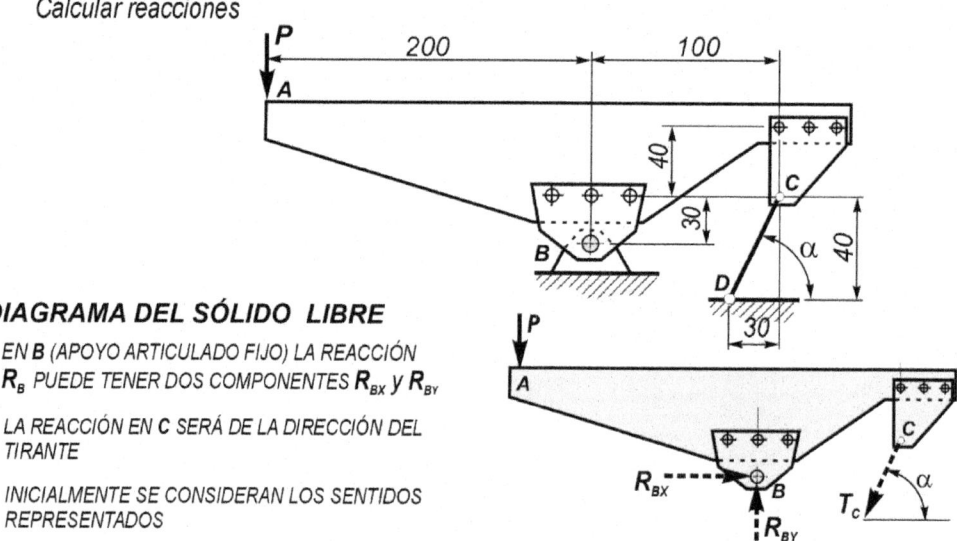

DIAGRAMA DEL SÓLIDO LIBRE

EN **B** (APOYO ARTICULADO FIJO) LA REACCIÓN
R_B PUEDE TENER DOS COMPONENTES **R_{BX}** y **R_{BY}**

LA REACCIÓN EN **C** SERÁ DE LA DIRECCIÓN DEL
TIRANTE

INICIALMENTE SE CONSIDERAN LOS SENTIDOS
REPRESENTADOS

CONDICIONES DE EQUILIBRIO

SUMA DE MOMENTOS DE **TODAS** LAS FUERZAS RESPECTO A CUALQUIER PUNTO = 0

$\Sigma M_B = 0$

$200.P + 30.T_c \cos \alpha - 100.T_c \, sen \, \alpha = 0$

$200.P + 30.T_c \, 0,6 - 100.T_c \, 0,8 = 0$

$T_c = + 3,2258 \, P \, kp$

DE LA CONDICIÓN SUMA DE FUERZAS VERTICALES CERO

$\Sigma F_Y = 0$

$R_{BY} - P - T_c.sen\alpha = 0$ **$R_{BY} = + 3,5806 \, P \, kp$**

DE LA CONDICIÓN SUMA DE FUERZAS HORIZONTALES CERO

$\Sigma F_X = 0$

$R_{BX} - T_c.cos\alpha = 0$ **$R_{BX} = + 1,9355 \, P \, kp$**

PARA COMPROBAR, TOMAMOS
MOMENTOS RESPECTO AL PUNTO **A**

$\Sigma M_A = 0$

$3,5806P.200 + 1,9355P.90 - 3,2258P.0,8.300 - 3,2258P.0,6.60 = 0$

FIGURA 2.42
CÁLCULO DE REACCIONES

Sistemas de barras articuladas

En el siguiente ejercicio se trata de determinar las fuerzas en las distintas barras de una estructura formada por barras articuladas.

En este tipo de estructuras, si se dan determinadas condiciones, por otra parte frecuentes, las barras quedan sometidas a fuerzas iguales y opuestas en sus extremos, de la dirección de la barra y de sentidos tales que tienden a estirarlas o comprimirlas(**Fig.2.43**).

CONDICIONES

LAS UNIONES DE LAS BARRAS SON ARTICULADAS
LAS CARGAS ACTÚAN EN LOS NUDOS (NO EN PUNTOS INTERMEDIOS DE LAS BARRAS)

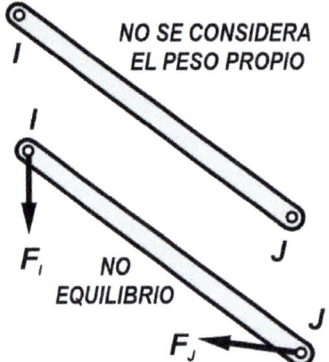

NO SE CONSIDERA
EL PESO PROPIO

F_I NO
EQUILIBRIO

F_J

LA BARRA **IJ** ESTÁ ARTICULADA EN LOS EXTREMOS CADA ARTICULACIÓN PUEDE EJERCER SOBRE LA BARRA UNA FUERZA DE CUALQUIER DIRECCIÓN $F_I F_J$

SI NO ACTÚA NINGUNA CARGA INTERMEDIA SOBRE LA BARRA, ÉSTAS FUERZAS, F_I F_J SON LAS ÚNICAS QUE LA SOLICITAN Y CONSIGUEN SU EQUILIBRIO

PARA QUE **DOS FUERZAS** ESTÉN EN EQUILIBRIO ES NECESARIO QUE SEAN IGUALES, OPUESTAS Y CON LA MISMA LÍNEA DE ACCIÓN.

LA ÚNICA SOLUCIÓN ES QUE F_I y F_J SEAN OPUESTAS Y DE LA DIRECCIÓN DE LA BARRA

EL EQUILIBRIO DE CADA BARRA EXIGE
QUE LAS FUERZAS SOBRE CADA BARRA
SEAN COMO LAS QUE SE INDICAN:
- IGUALES
- OPUESTAS
- DE LA DIRECCIÓN DE LA BARRA

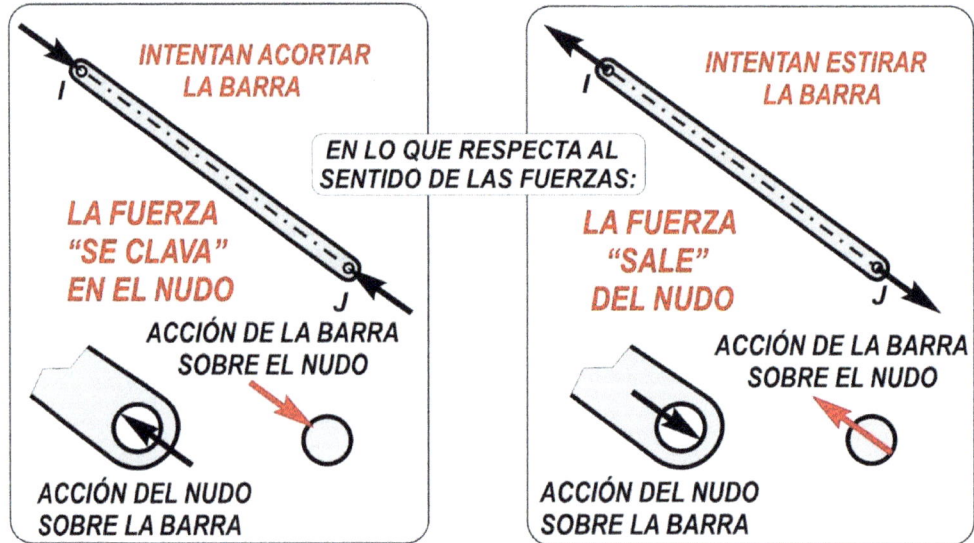

INTENTAN ACORTAR LA BARRA

LA FUERZA "SE CLAVA" EN EL NUDO

ACCIÓN DE LA BARRA SOBRE EL NUDO

ACCIÓN DEL NUDO SOBRE LA BARRA

EN LO QUE RESPECTA AL SENTIDO DE LAS FUERZAS:

INTENTAN ESTIRAR LA BARRA

LA FUERZA "SALE" DEL NUDO

ACCIÓN DE LA BARRA SOBRE EL NUDO

ACCIÓN DEL NUDO SOBRE LA BARRA

FIGURA **2.43**
SI SE DAN CIERTAS CONDICIONES, LAS BARRAS QUEDAN SOLICITADAS POR FUERZAS AXIALES

EJERCICIO 13

Determinar las fuerzas a que están sometidas las distintas barras de la estructura de la figura, formada por barras articuladas. Solución en **Fig 2.44 y Fig 2.45**

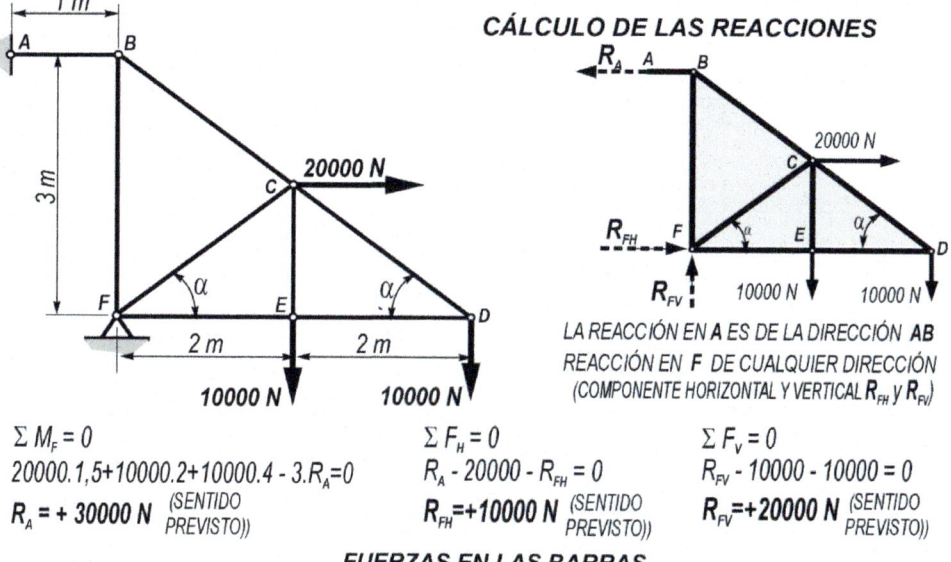

CÁLCULO DE LAS REACCIONES

LA REACCIÓN EN **A** ES DE LA DIRECCIÓN **AB**
REACCIÓN EN **F** DE CUALQUIER DIRECCIÓN
(COMPONENTE HORIZONTAL Y VERTICAL R_{FH} y R_{FV})

$\Sigma M_F = 0$
$20000.1,5+10000.2+10000.4 - 3.R_A=0$
$R_A = + 30000\ N$ (SENTIDO PREVISTO))

$\Sigma F_H = 0$
$R_A - 20000 - R_{FH} = 0$
$R_{FH}=+10000\ N$ (SENTIDO PREVISTO))

$\Sigma F_V = 0$
$R_{FV} - 10000 - 10000 = 0$
$R_{FV}=+20000\ N$ (SENTIDO PREVISTO))

FUERZAS EN LAS BARRAS

CADA NUDO ESTÁ EN EQUILIBRIO BAJO LA ACCIÓN DE FUERZAS DE LA DIRECCIÓN DE LAS BARRAS QUE CONCURREN EN ÉL FORMULANDO LAS DOS CONDICIONES DE EQUILIBRIO APLICABLES A UN SISTEMA DE FUERZAS CONCURRENTES EN EL PLANO SE OBTIENE UN SISTEMA DE ECUACIONES CUYA SOLUCIÓN NOS DETERMINA LA FUERZA EN CADA BARRA.

PARA FACILITAR LA SOLUCIÓN CONVIENE INICIAR EL ANÁLISIS EN UN NUDO EN EL QUE SOLO TENGAMOS DOS FUERZAS INCÓGNITA.

AUNQUE SE CONOCE LA DIRECCIÓN DE CADA FUERZA, (LA DE LA BARRA) SE DESCONOCE SU SENTIDO. UNA SOLUCIÓN PUEDE SER EL CONSIDERAR UN DETERMINADO SENTIDO, (POR EJEMPLO, SUPONER QUE TODAS LAS FUERZAS "SALEN" DEL NUDO"), FORMULAR LAS ECUACIONES DE EQUILIBRIO APOYÁNDONOS EN ESTOS SENTIDOS SUPUESTOS E INTERPRETAR LOS RESULTADOS (LOS POSITIVOS CONFIRMAN EL SENTIDO PREVISTO)

EQUILIBRIO DEL NUDO D

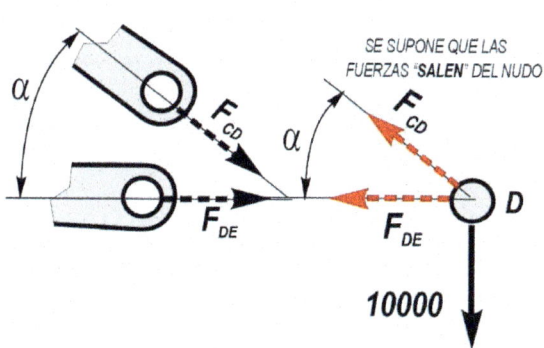

SE SUPONE QUE LAS FUERZAS "**SALEN**" DEL NUDO

$\Sigma F_V = 0$
$F_{CD}\ sen\ \alpha - 10000 = 0$
$F_{CD} = + 16666,66\ N$

SE CONFIRMA EL SENTIDO PREVISTO
LA FUERZA "**SALE**" DEL NUDO
LA BARRA **CD** ESTÁ SOLICITADA POR FUERZAS QUE TIENDEN A ESTIRARLA

$\Sigma F_H = 0$
$F_{CD}\ cos\ \alpha + F_{DE} = 0$
$F_{DE} = - 13333,33\ N$

SENTIDO CONTRARIO AL PREVISTO
LA FUERZA "**SE CLAVA**" EN EL NUDO
LA BARRA **DE** ESTÁ SOLICITADA POR FUERZAS QUE TIENDEN A ACORTARLA

FIGURA 2.44
ESTRUCTURA DE BARRAS ARTICULADAS

EQUILIBRIO DEL NUDO E

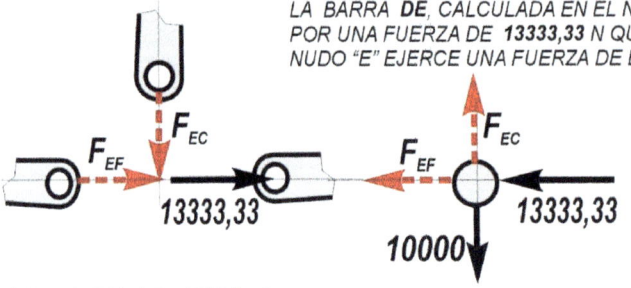

LA BARRA **DE**, CALCULADA EN EL NUDO ANTERIOR, ESTÁ SOLICITADA POR UNA FUERZA DE **13333,33** N QUE INTENTA ACORTARLA (SOBRE EL NUDO "E" EJERCE UNA FUERZA DE ESTE VALOR QUE SE "CLAVA")

$$\Sigma F_v = 0 \quad F_{EC} - 10000 = 0$$
$$\mathbf{F_{EC} = + 10000 \ N}$$
TIENDE A ESTIRAR LA BARRA
$$\Sigma F_H = 0$$
$$F_{EF} + 13333,33 = 0$$
$$\mathbf{F_{EF} = - 13333,33 \ N}$$
TIENDE A COMPRIMIR LA BARRA

EQUILIBRIO DEL NUDO C

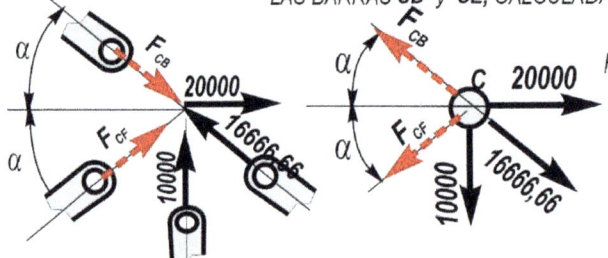

LAS FUERZAS DE **16666,66 N** Y **10000 N** SON LAS QUE SOLICITAN A LAS BARRAS **CD** y **CE**, CALCULADAS EN LOS NUDOS ANTERIORES

$$\Sigma F_v = 0$$
$$F_{CB} sen\alpha - F_{CF} sen\alpha - 10000 - 16666,66 sen\alpha = 0$$
$$\Sigma F_H = 0$$
$$F_{CB} cos\alpha + F_{CF} cos\alpha - 20000 - 16666,66 . cos\alpha = 0$$

$$\mathbf{F_{CB} = + 37500 \ N}$$
$$\mathbf{F_{CF} = + 4166,66 \ N}$$
TIENDEN A ESTIRAR LAS BARRAS

EQUILIBRIO DEL NUDO B

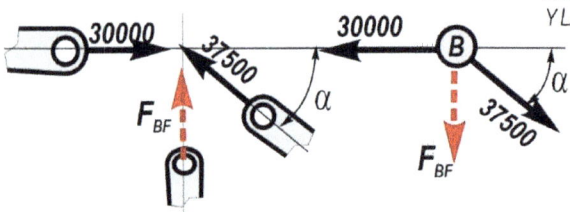

LA FUERZA DE **37500 N** ES LA QUE SOLICITA A LA BARRA **BC**, CALCULADA EN EL NUDO ANTERIOR Y LA DE **30000 N**, LA REACCIÓN R_A

$$\Sigma F_v = 0$$
$$F_{BF} + 37500 \ sen \ \alpha = 0$$
$$\mathbf{F_{BF} = - 22500 \ N}$$

TIENDE A COMPRIMIR LA BARRA

$$\Sigma F_H = 0 \ (COMPROBACIÓN)$$
$$37500 . cos \ \alpha - 30000 = 0$$

EQUILIBRIO DEL NUDO F (COMPROBACIÓN)

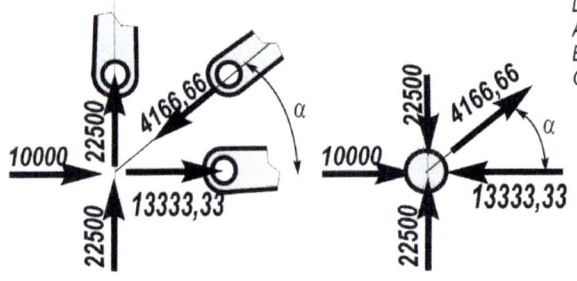

LAS FUERZAS OBTENIDAS EN LOS ANÁLISIS ANTERIORES JUNTO CON LA REACCIÓN EN EL APOYO **F** DEBEN SATISFACER LAS CONDICIONES DE EQUILIBRIO DEL NUDO

$$\Sigma F_v = 0$$
$$20000 + 4166,66 . sen\alpha - 22500 = 0$$
$$\Sigma F_H = 0$$
$$10000 + 4166,66 . cos\alpha - 13333,33 = 0$$

FIGURA 2.45
ESTRUCTURA DE BARRAS ARTICULADAS

EJERCICIO 14

Aunque, normalmente, nos moveremos en el plano, en este ejercicio se calculan las reacciones en un caso más general. **(Fig 2.46)**

Para formular las condiciones de equilibrio nos apoyamos en el sistema de referencia xyz indicado en la figura. De acuerdo con esto, la interpretación de los resultados se hará sobre el sistema de referencia.

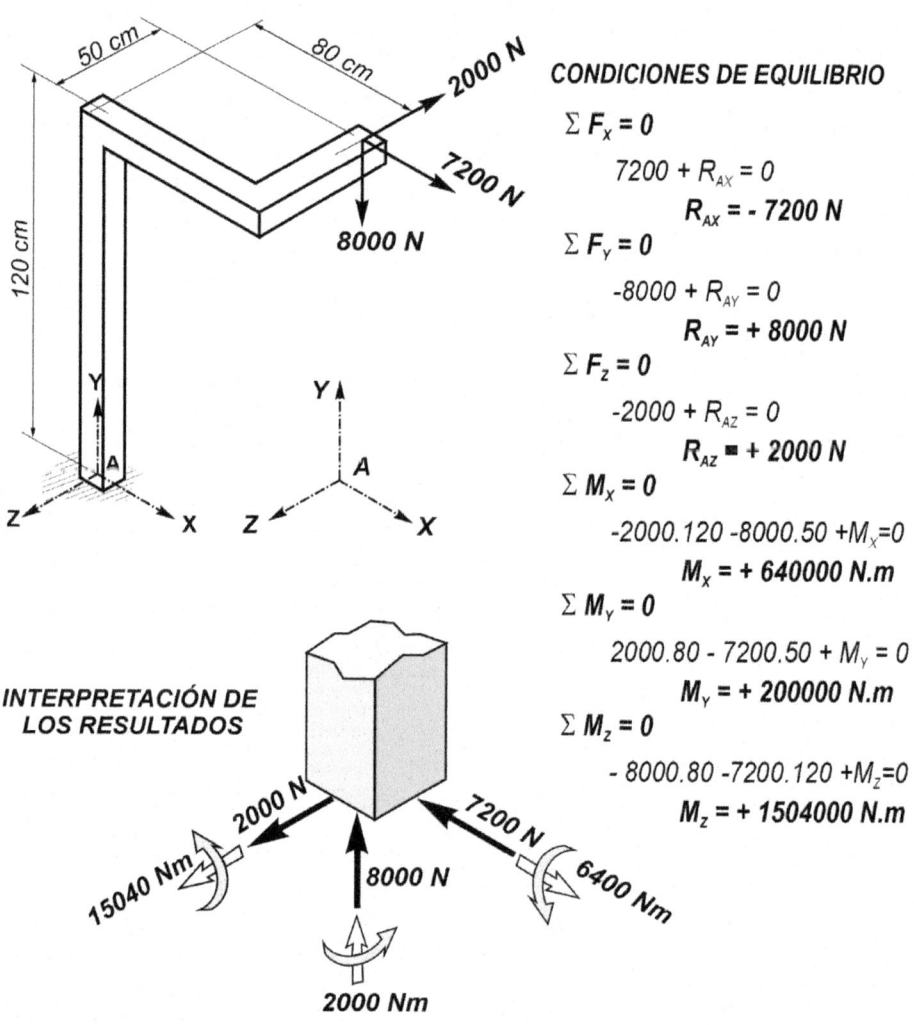

CONDICIONES DE EQUILIBRIO

$\Sigma F_x = 0$

$7200 + R_{AX} = 0$

$R_{AX} = -7200\ N$

$\Sigma F_y = 0$

$-8000 + R_{AY} = 0$

$R_{AY} = +8000\ N$

$\Sigma F_z = 0$

$-2000 + R_{AZ} = 0$

$R_{AZ} = +2000\ N$

$\Sigma M_x = 0$

$-2000 \cdot 120 - 8000 \cdot 50 + M_x = 0$

$M_x = +640000\ N.m$

$\Sigma M_Y = 0$

$2000 \cdot 80 - 7200 \cdot 50 + M_Y = 0$

$M_Y = +200000\ N.m$

$\Sigma M_z = 0$

$-8000 \cdot 80 - 7200 \cdot 120 + M_z = 0$

$M_z = +1504000\ N.m$

INTERPRETACIÓN DE LOS RESULTADOS

FIGURA 2.46
EJEMPLO DE CÁLCULO DE REACCIONES (SISTEMA ESPACIAL)

Sistemas isostáticos e hiperestáticos

Para estudiar el comportamiento de los distintos miembros que constituyen un sistema estructural es necesario determinar todas las fuerzas que solicitan a cada uno, lo que exige determinar:

- Las acciones que ejercen los apoyos o vínculos exteriores sobre la estructura (Reacciones)
- Las acciones que ejercen unos miembros sobre otros, a través de las conexiones internas.

Para determinar estas incógnitas se aplican las condiciones de equilibrio, tanto a cada uno de los elementos como a la estructura completa, lo que da lugar a un conjunto de ecuaciones. El número de condiciones es el que nos facilita la estática (tres en el plano y seis en el espacio para un sólido) y el número de incógnitas a determinar depende de la configuración de la estructura: número y tipo de apoyos exteriores y número y tipo de conexiones internas, cuando se trata de estructuras formadas por más de un elemento.

Cuando los apoyos y conexiones son los estrictamente necesarios para conseguir la inmovilización de la estructura y de cada uno de sus miembros, el número de incógnitas a determinar coincide con el número de ecuaciones que nos facilita la estática, y se dice que se trata de un caso **isostático o estáticamente determinado**; si los vínculos exteriores, o interiores, o ambos, son excesivos, el número de incógnitas a determinar es mayor que el de ecuaciones que nos facilita la estática y se dice que el caso es **hiperestático o estáticamente indeterminado**.

Para resolver este tipo de situaciones, originadas por vínculos superabundantes, hay que apoyarse en la resistencia de materiales que nos facilita ecuaciones adicionales derivadas del estudio de las deformaciones del sistema. La diferencia entre el número de incógnitas y el de ecuaciones se conoce como grado de hiperestaticidad del sistema.

Finalmente, si el número y tipo de apoyos y conexiones no es suficiente, el sistema no es estable y se dice que es un caso **hipostático**.

En los sistemas planos, los vínculos exteriores típicos son los apoyos móviles y los tirantes, que ejercen una coacción sobre la estructura, lo que supone una incógnita en el análisis; los apoyos articulados fijos, que imponen dos restricciones; y los empotramientos, con tres restricciones y el correspondiente número de incógnitas.

Teniendo en cuenta que la aplicación de las condiciones de equilibrio en el plano permite formular tres ecuaciones, resulta sencillo el análisis exterior de la estructura. En la **Fig 2.47** se muestran algunos ejemplos y los correspondientes resultados.

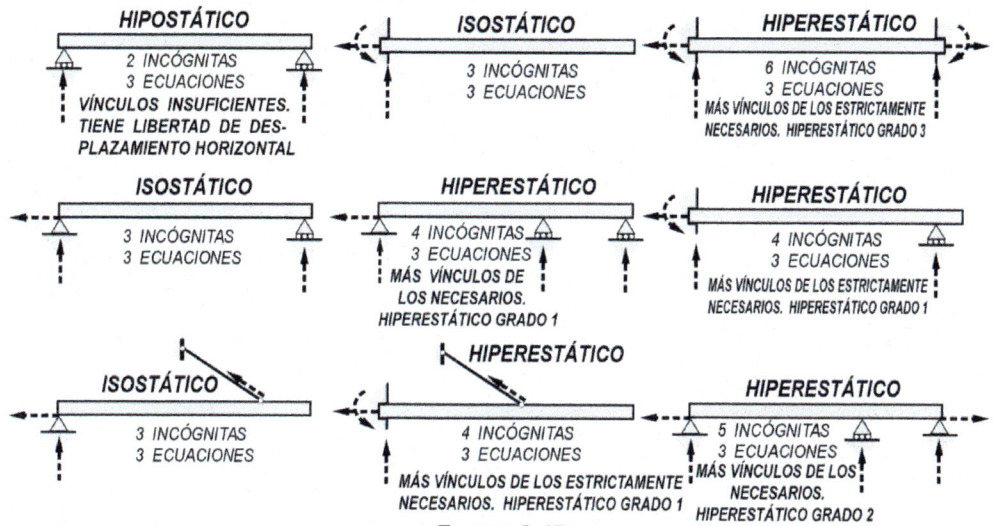

FIGURA 2.47
ANÁLISIS DEL GRADO DE HIPERESTATICIDAD EXTERNA

En cuanto a las conexiones interiores, siguiendo con los sistemas planos, aunque caben situaciones intermedias, las soluciones clásicas son las uniones articuladas (**Fig 2.48**) y las de nudos rígidos. (**Fig 2.49**)

En las primeras, puesto que la articulación no puede transmitir momentos, las acciones que ejercerá sobre cada barra son dos (fuerza de cualquier dirección, definida por dos componentes en el plano). Si en una articulación concurren b_i barras, en principio tendremos $2b_i$ incógnitas. No obstante, como el equilibrio del nudo impone relaciones entre las acciones sobre las barras, el número final de incógnitas en una unión articulada será $2(b_i-1)$. Para el conjunto de la estructura habrá que sumar para todos los nudos articulados

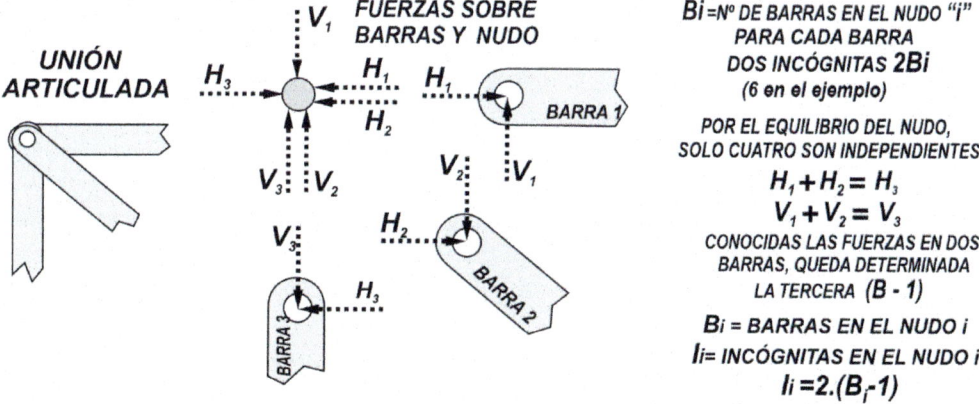

EL TOTAL DE INCÓGNITAS PARA UNA ESTRUCTURA CON n NUDOS ARTICULADOS SERÁ LA SUMA DE LAS DE TODOS LOS NUDOS

$$I_{TOTALES} = \sum_{i=1}^{i=n} 2.(B_i - 1)$$

FIGURA 2.48
VÍNCULOS INTERNOS Y ACCIONES SOBRE LAS BARRAS

En sistemas planos de nudos rígidos, las acciones posibles sobre cada barra son tres: fuerza de cualquier dirección, equivalente a dos componentes, más un momento. De acuerdo con un razonamiento similar al anterior, para un sistema con **n** nudos rígidos, con **b**j barras concurriendo en el nudo **j,** el número total de incógnitas será como se indica en la **Fig 2.49**

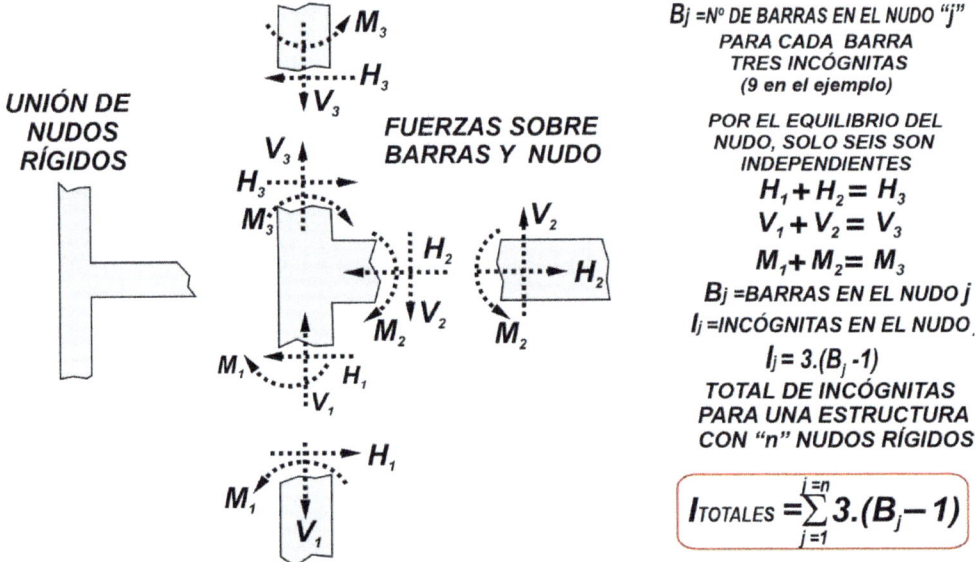

UNIÓN DE NUDOS RÍGIDOS

FUERZAS SOBRE BARRAS Y NUDO

Bj =Nº DE BARRAS EN EL NUDO "j"
PARA CADA BARRA
TRES INCÓGNITAS
(9 en el ejemplo)

POR EL EQUILIBRIO DEL NUDO, SOLO SEIS SON INDEPENDIENTES

$$H_1 + H_2 = H_3$$
$$V_1 + V_2 = V_3$$
$$M_1 + M_2 = M_3$$

Bj =BARRAS EN EL NUDO j
Ij =INCÓGNITAS EN EL NUDO.

$$I_j = 3.(B_j - 1)$$

TOTAL DE INCÓGNITAS PARA UNA ESTRUCTURA CON "n" NUDOS RÍGIDOS

$$I_{TOTALES} = \sum_{j=1}^{j=n} 3.(B_j - 1)$$

FIGURA 2.49
VÍNCULOS INTERNOS RÍGIDOS Y ACCIONES SOBRE LAS BARRAS

Teniendo en cuenta que la aplicación de las condiciones de equilibrio en el plano permite formular tres ecuaciones para cada barra, (suma de horizontales, suma de verticales y suma de momentos iguales a cero), el análisis del equilibrio interno para un sistema de **B** barras nos conduce a 3(B-1) ecuaciones, teniendo en cuenta que, si **n-1** barras están en equilibrio, la número **n**, vinculada a ellas también lo estará, lo que reduce las condiciones.

En la Figura **2,50** se muestran algunos ejemplos en los que se analiza interiormente la estructura, comparando el número de acciones incógnita y las condiciones aplicables, para verificar la determinación o indeterminación estática del sistema.

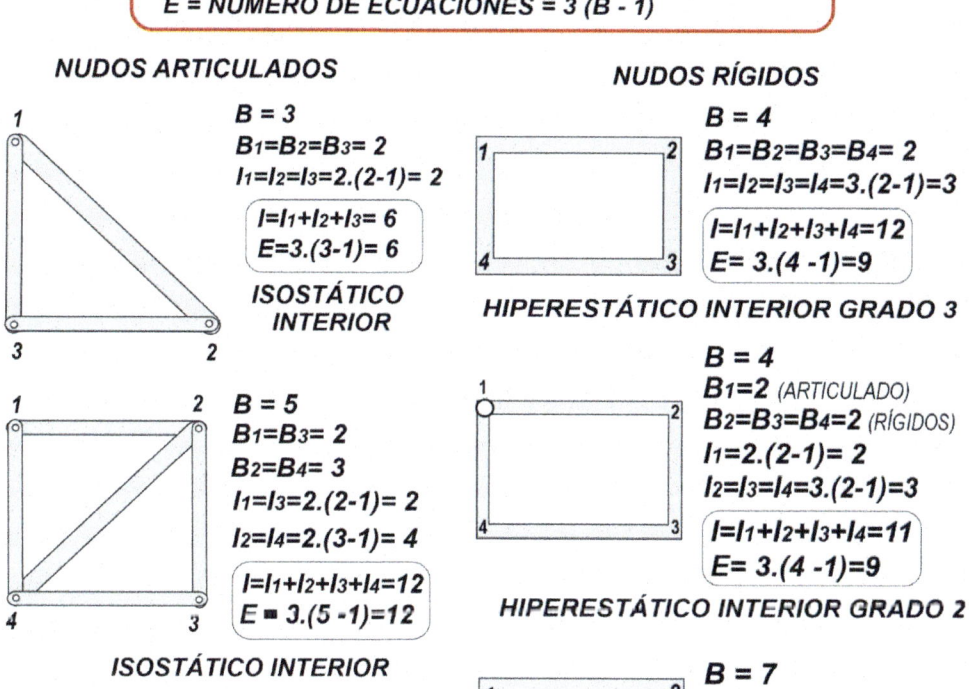

B = NÚMERO DE BARRAS
B_i = BARRAS EN EL NUDO i
I_i = INCÓGNITAS EN EL NUDO i — $\begin{cases} I_i= 2.(B_i-1) \text{ ARTICULADOS} \\ I_i= 3.(B_i-1) \text{ RÍGIDOS} \end{cases}$
I = NÚMERO DE INCÓGNITAS
E = NÚMERO DE ECUACIONES = 3 (B - 1)

NUDOS ARTICULADOS

B = 3
$B_1=B_2=B_3= 2$
$I_1=I_2=I_3=2.(2-1)= 2$

$I=I_1+I_2+I_3= 6$
$E=3.(3-1)= 6$

ISOSTÁTICO
INTERIOR

B = 5
$B_1=B_3= 2$
$B_2=B_4= 3$
$I_1=I_3=2.(2-1)= 2$
$I_2=I_4=2.(3-1)= 4$

$I=I_1+I_2+I_3+I_4=12$
$E = 3.(5 -1)=12$

ISOSTÁTICO INTERIOR

B = 6
$B_1=B_2=B_3=B_4=3$
$I_1=I_2=I_3=I_4=2.(3-1)=4$

$I=I_1+I_2+I_3+I_4=16$
$E=3.(6 -1)=15$

HIPERESTÁTICO INTERIOR GRADO 1

NUDOS RÍGIDOS

B = 4
$B_1=B_2=B_3=B_4= 2$
$I_1=I_2=I_3=I_4=3.(2-1)=3$

$I=I_1+I_2+I_3+I_4=12$
$E= 3.(4 -1)=9$

HIPERESTÁTICO INTERIOR GRADO 3

B = 4
$B_1=2$ (ARTICULADO)
$B_2=B_3=B_4=2$ (RÍGIDOS)
$I_1=2.(2-1)= 2$
$I_2=I_3=I_4=3.(2-1)=3$

$I=I_1+I_2+I_3+I_4=11$
$E= 3.(4 -1)=9$

HIPERESTÁTICO INTERIOR GRADO 2

B = 7
$B_1=B_2=B_4=B_5=2$
$B_3=B_6=3$
$I_1=I_2=I_4=I_5=3.(2-1)=3$
$I_3=I_6=3.(3-1)=6$

$I=I_1+I_2+I_3+I_4+I_5+I_6=24$
$E = 3.(7 -1)=18$

HIPERESTÁTICO INTERIOR GRADO 6

FIGURA 2.50
ANÁLISIS DEL GRADO DE HIPERESTATICIDAD INTERNA

Una estructura isostática, tanto interior como exteriormente, permite analizar todas las reacciones y esfuerzos que se originan al aplicar un sistema de cargas dado, por simple aplicación de los principios de la estática. En los sistemas hiperestáticos, el grado de indeterminación global es la suma del interior y el exterior. En estos casos, para determinar todas las fuerzas, es preciso analizar las deformaciones y formular un número de ecuaciones igual al grado de indeterminación estática del sistema.

Este tipo de situaciones lo estudiaremos más adelante, cuando, conocidas las leyes que rigen las deformaciones, podamos expresar las ecuaciones necesarias para completar un sistema determinado.

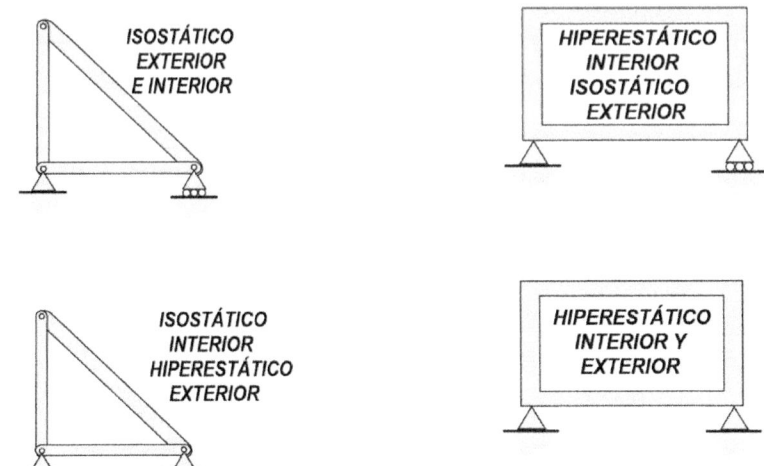

FIGURA 2.51
ANÁLISIS DEL GRADO DE HIPERESTATICIDAD GLOBAL

CAPÍTULO 3

FUERZAS INTERNAS. ESFUERZO EN UNA SECCIÓN

ESFUERZOS

Concepto de fuerza interna

Cuando los sólidos se ven solicitados por fuerzas exteriores, en el seno de los mismos aparecen acciones mutuas entre las diferentes partes que los integran. Estas acciones reciben el nombre de fuerzas internas y dependen, lógicamente, de las fuerzas exteriores que las originan. La experiencia indica que la capacidad de los sólidos para soportar estas acciones es limitada, por lo que, para garantizar un comportamiento seguro, es necesario conocerlas y controlarlas.

Pueden utilizarse diferentes modelos que ayuden a "ver" las fuerzas internas. Por ejemplo, si consideramos el sólido como un conjunto de rebanadas, la aplicación de las fuerzas exteriores **Fi** en los extremos provoca acciones mutuas entre las rebanadas, como se observa en la **Fig 3.01**

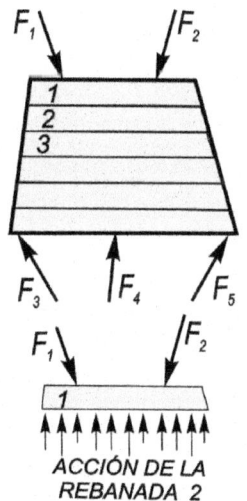

EL CONJUNTO DE REBANADAS ESTÁ EN EQUILIBRIO BAJO LA ACCIÓN DE LAS FUERZAS F_1 F_2 F_3 F_4 F_5

SE SUPONE QUE EL PESO PROPIO ES MUY PEQUEÑO CON RELACIÓN A LAS OTRAS FUERZAS, POR LO QUE NO SE CONSIDERA EN LOS SIGUIENTES ANÁLISIS

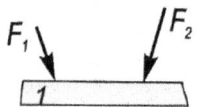

LA REBANADA **1**, COMO EL RESTO, ESTÁ EN EQUILIBRIO.

PUESTO QUE LAS FUERZAS F_1 y F_2 NO ESTÁN EN EQUILIBRIO, ¿QUÉ OTRAS FUERZAS INTERVIENEN PARA CONSEGUIR EQUILIBRAR LA REBANADA **1** ?

LA REBANADA **2** EJERCE SOBRE LA **1** LAS FUERZAS QUE SE INDICAN, A TRAVÉS DE LA SUPERFICIE DE CONTACTO

ACCIÓN DE LA
REBANADA 2
SOBRE LA 1

POR EL PRINCIPIO DE ACCIÓN Y REACCIÓN, SI LA REBANADA **2** EJERCE FUERZAS SOBRE LA **1**, ÉSTA REACCIONA EJERCIENDO FUERZAS IGUALES Y OPUESTAS SOBRE LA **2**

ACCIÓN DE LA
REBANADA 1
SOBRE LA 2

ACCIÓN DE LA
REBANADA 3
SOBRE LA 2

ESTAS ACCIONES DE UNAS PARTES DEL SÓLIDO SOBRE LAS CONTIGUAS SE CONOCEN COMO **FUERZAS INTERNAS**

FIGURA 3.01
LAS FUERZAS EXTERIORES PROVOCAN ACCIONES ENTRE LAS REBANADAS

Si entendemos que la rebanada está formada a su vez por elementos más pequeños, la aplicación de las cargas exteriores **Fi** también provoca acciones más o menos intensas entre los diferentes elementos.

Otro modelo también utilizado para poner de manifiesto estas fuerzas internas es el del sólido formado por partículas, conectadas entre si mediante pequeños resortes. Inicialmente, con el sistema descargado, los resortes están en "reposo", no existiendo fuerzas internas. La puesta en carga provoca deformaciones, las partículas cambian de posición, originándose fuerzas en los resortes (fuerzas internas). Una característica de estas fuerzas es la de tender a restablecer la situación inicial cuando cesa la causa que las origina (comportamiento elástico). **Fig 3.02**

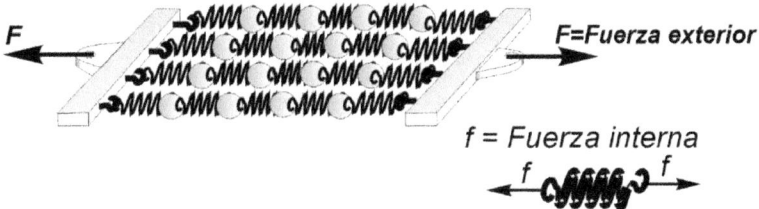

FIGURA **3.02**
SÍMIL PARA REPRESENTAR LAS FUERZAS INTERNAS

También podemos acudir a la estructura cristalina de muchos materiales para comprender el mecanismo de generación de estas acciones internas. En esta estructura, cada elemento ocupa una posición definida dentro de la red, de forma que, las diferentes fuerzas entre partículas, función de la distancia entre las mismas, se encuentran en equilibrio. La aplicación de fuerzas exteriores provoca deformaciones, lo que supone que las partículas se apartan de su posición "normal", originándose fuerzas internas que tratan de llevar cada partícula a su situación inicial. (**Fig 3.03**)

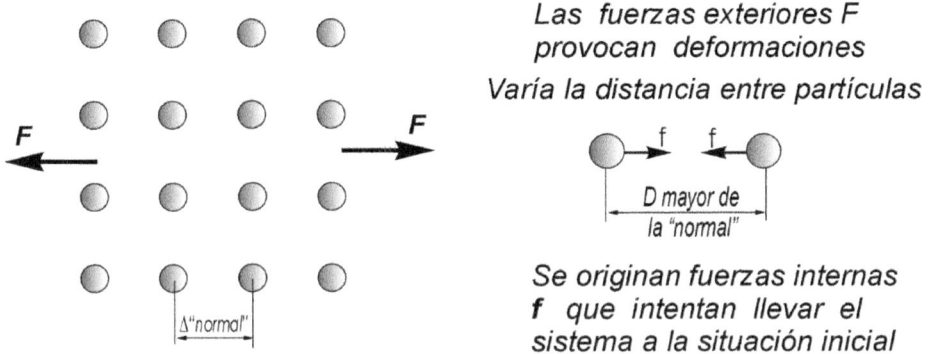

FIGURA 3.03
MECANISMO DE GENERACIÓN DE FUERZAS INTERNAS

En cualquier caso, cuando los sólidos se ven solicitados por fuerzas exteriores, se originan fuerzas internas cuyo valor y características trataremos de estudiar en la Elasticidad y Resistencia de materiales.

Esfuerzo en una sección
Definición

Se define como **Esfuerzo (Fs) en una sección S** de un sólido, a la resultante de todas las fuerzas internas que se transmiten a través de la misma.

$$F_s = \int_s df_i$$

Si entendemos el sólido como formado por dos partes, una a cada lado de la sección, se puede definir el esfuerzo como la acción de una parte del sólido sobre la otra, a través de la sección. (**Fig 3.04**)

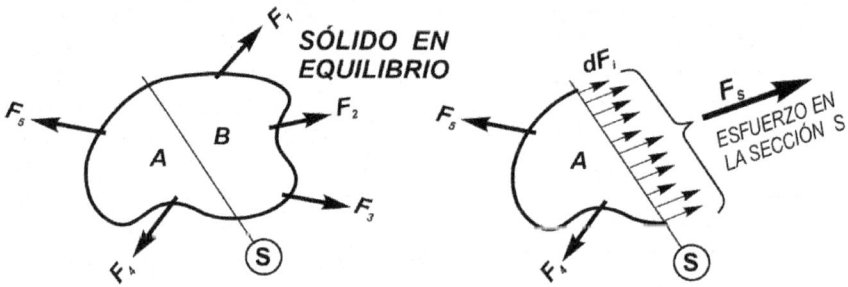

ESFUERZO EN LA SECCIÓN S
SUMA DE FUERZAS INTERNAS QUE SE EJERCEN A TRAVÉS DE **S**
ACCIÓN DE "**B**" SOBRE "**A**" A TRAVÉS DE LA SECCIÓN "**S**"
ACCIÓN DE "**A**" SOBRE "**B**" A TRAVÉS DE LA SECCIÓN "**S**"

FIGURA 3.04
ESFUERZO EN UNA SECCIÓN

Determinación de esfuerzos; Método de las secciones

Para determinar el esfuerzo en una sección imaginamos el sólido cortado por dicha sección, aislamos cualquiera de las partes y consideramos su equilibrio. Este método recibe el nombre de **Método de las secciones.** El proceso y los resultados pueden seguirse en la **Fig 3.05**

En efecto, si todo el sólido está en equilibrio bajo el sistema **F₁, F₂, F₃, F₄, F₅** cualquier zona del mismo, por ejemplo la parte **A**, también estará en equilibrio. Analizando el equilibrio de **A** se observa que las fuerzas que consiguen este equilibrio son las **F₄, F₅** y **Fs**, siendo **Fs** la acción de **B** sobre **A**, a través de **S**; es decir, el esfuerzo en la sección **S**.

De la consideración del equilibrio de la parte **A** se llega fácilmente a la conclusión de que el esfuerzo en **S** es igual a la equilibrante de las fuerzas F_4, F_5 que actúan sobre la parte analizada, o, lo que es lo mismo, la resultante de las fuerzas F_1, F_2 y F_3 que actúan sobre la parte suprimida.

De acuerdo con esto, **el esfuerzo en una sección es la resultante de todas las fuerzas exteriores "de un lado"**, siendo indiferente el lado considerado.

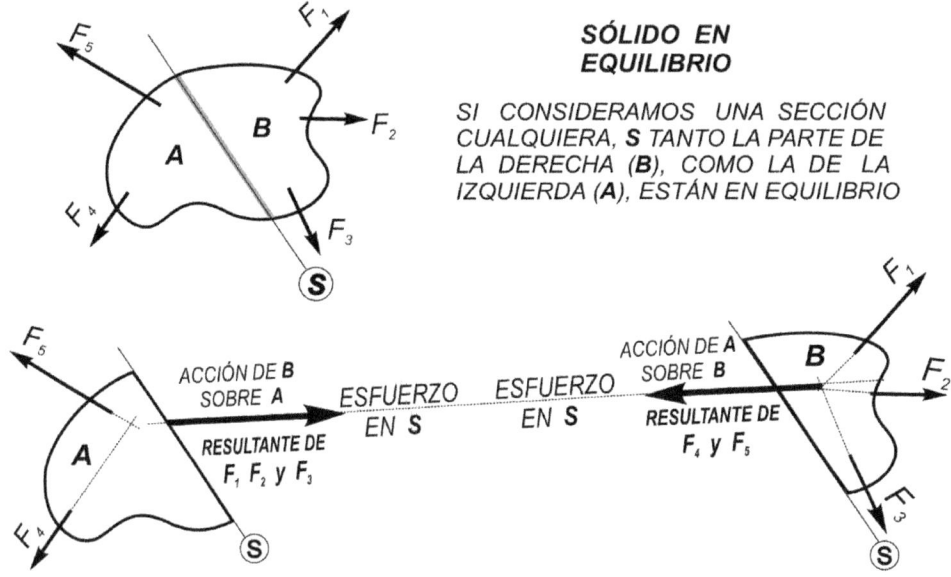

SÓLIDO EN EQUILIBRIO

SI CONSIDERAMOS UNA SECCIÓN CUALQUIERA, **S** TANTO LA PARTE DE LA DERECHA (**B**), COMO LA DE LA IZQUIERDA (**A**), ESTÁN EN EQUILIBRIO

"A" ESTÁ EN EQUILIBRIO BAJO LA ACCIÓN DE F_4 F_5 Y EL ESFUERZO EN LA SECCIÓN **S**

LA FUERZA EQUILIBRANTE DE F_4 F_5 ES LA RESULTANTE DE F_1 F_2 F_3 ES DECIR, LA SUMA DE LAS FUERZAS A LA DERECHA DE **S**

"B" ESTÁ EN EQUILIBRIO BAJO LA ACCIÓN DE F_1 F_2 F_3 Y EL ESFUERZO EN LA SECCIÓN **S**

LA FUERZA EQUILIBRANTE DE F_1 F_2 F_3 ES LA RESULTANTE DE F_4 F_5 ES DECIR, LA SUMA DE LAS FUERZAS EXTERIORES DE LA IZQUIERDA DE **S**

ESFUERZO EN SECCION S

SUMA DE FUERZAS INTERNAS A TRAVÉS DE **S**
ACCIÓN DE **A** SOBRE **B** A TRAVÉS DE **S**
ACCIÓN DE **B** SOBRE **A** A TRAVÉS DE **S**
EQUILIBRANTE DE FUERZAS SOBRE LA PARTE ANALIZADA
RESULTANTE DE FUERZAS SOBRE LA PARTE SUPRIMIDA
RESULTANTE DE **TODAS LAS FUERZAS "A UN LADO DE S"**

PROBLEMA DE ESTÁTICA

FIGURA 3.05
DETERMINACIÓN DE ESFUERZOS: MÉTODO DE LAS SECCIONES

¿Cómo puede explicarse que considerando las fuerzas de un lado de la sección se obtiene un esfuerzo de un cierto valor y sentido y considerando las del otro lado resulta el mismo valor del esfuerzo, pero de sentido contrario?

Para interpretar estos resultados y también para representar sin ambigüedad el esfuerzo, es de gran ayuda el considerar una rebanada de pequeño espesor en lugar de la sección. (**Fig 3.06**)

Las acciones de las partes izquierda y derecha sobre las dos caras de la rebanada constituyen el esfuerzo en la misma. (Dos acciones iguales y opuestas).

LA BARRA ESTÁ EN EQUILIBRIO. NO SE CONSIDERA EL PESO POR SER MUY PEQUEÑO CON RELACIÓN A LAS OTRAS FUERZAS

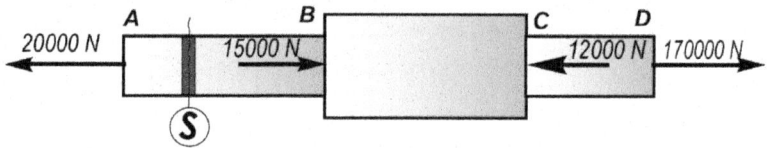

¿ESFUERZO EN **S**?

F_s = RESULTANTE DE LAS FUERZAS DE UN LADO DE LA SECCIÓN **S**

CONSIDERANDO LAS FUERZAS DE LA IZQUIERDA

F_s = **20000 N** (HACIA LA IZQUIERDA)

ACCIÓN DE LA PARTE **A-S** SOBRE LA CARA IZQUIERDA DE LA REBANADA

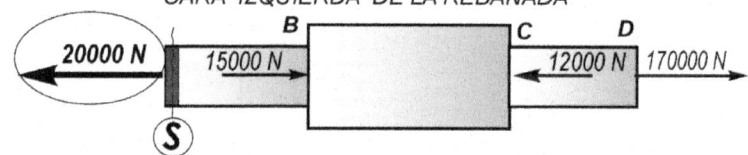

CONSIDERANDO LAS FUERZAS DE LA DERECHA

F_s=17000-12000+15000=**20000 N** (HACIA LA DERECHA)

ACCIÓN DE LA PARTE **D-S** SOBRE LA CARA DERECHA DE LA REBANADA

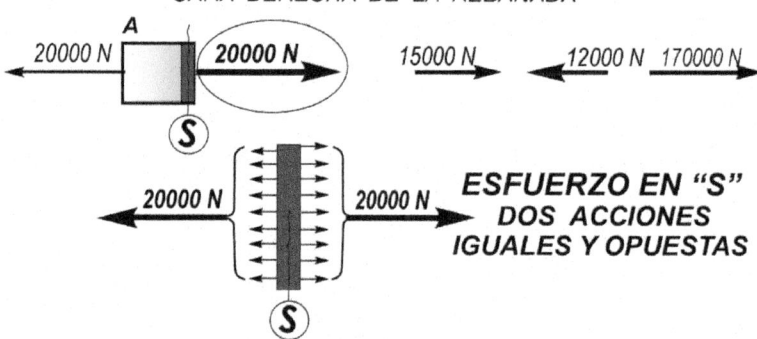

ESFUERZO EN "S"
DOS ACCIONES
IGUALES Y OPUESTAS

FIGURA 3.06
INTERPRETACIÓN FÍSICA DEL CONCEPTO DE ESFUERZO

Componentes del esfuerzo; Signos

Puesto que el esfuerzo en la sección es un sistema de fuerzas distribuidas con continuidad a lo largo de la misma, adoptando un sistema de referencia podemos reducirlo a una fuerza resultante y a un momento, expresados en dicha referencia.

Normalmente, el análisis de esfuerzos trata de conocer el valor del esfuerzo para las diferentes secciones rectas de la barra y el sistema de referencia que se adopta está formado por tres ejes que tienen su origen en el centro de gravedad de la sección. Dos de estos ejes están contenidos en el plano de la sección recta y son los ejes principales de inercia de la misma; el tercero es normal a la sección y, por tanto, de la dirección del eje de la barra.

*En este sistema de referencia, el esfuerzo vendrá definido por la resultante **Fs** de componentes **Fx, Fy, y Fz** y el momento resultante respecto al origen, **Ms** cuyas componentes son los momentos respecto a los tres ejes **Mx, My y Mz**. (**Figs 3.07** y **3.08**)*

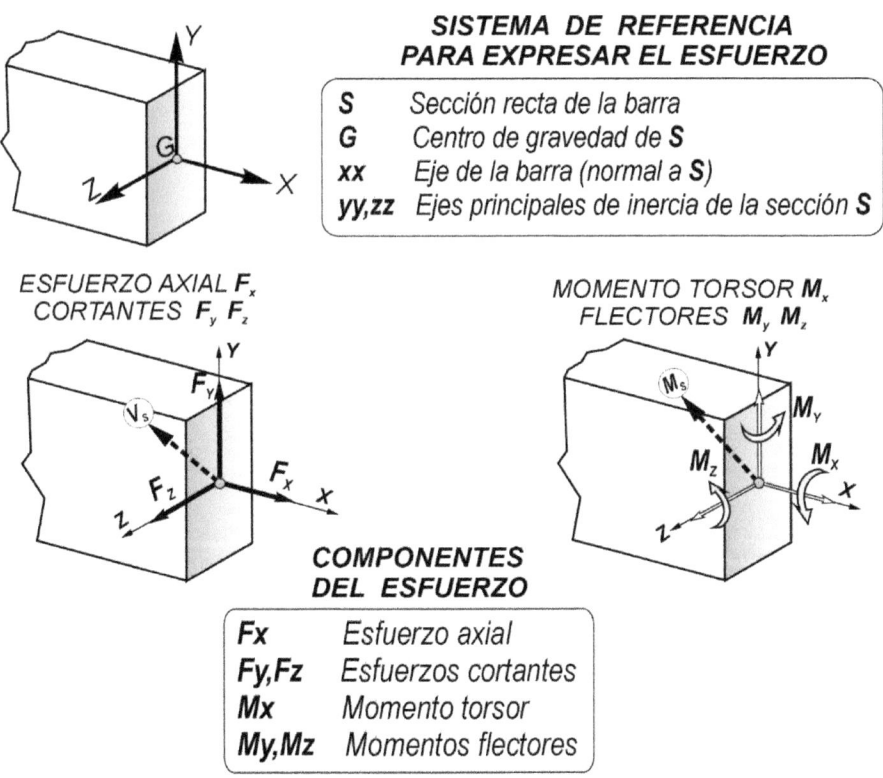

SISTEMA DE REFERENCIA PARA EXPRESAR EL ESFUERZO

S	Sección recta de la barra
G	Centro de gravedad de **S**
xx	Eje de la barra (normal a **S**)
yy,zz	Ejes principales de inercia de la sección **S**

ESFUERZO AXIAL F_x
CORTANTES F_y F_z

MOMENTO TORSOR M_x
FLECTORES M_y M_z

COMPONENTES DEL ESFUERZO

Fx	Esfuerzo axial
Fy,Fz	Esfuerzos cortantes
Mx	Momento torsor
My,Mz	Momentos flectores

FIGURA 3.07
SISTEMA DE REFERENCIA PARA EXPRESAR EL ESFUERZO EN UNA SECCIÓN

De acuerdo con la definición de esfuerzo en una sección, (**resultante de todas las fuerzas exteriores de un lado de la misma**), el valor de las distintas componentes, expresadas en la referencia adoptada, vendrá dada por las expresiones:

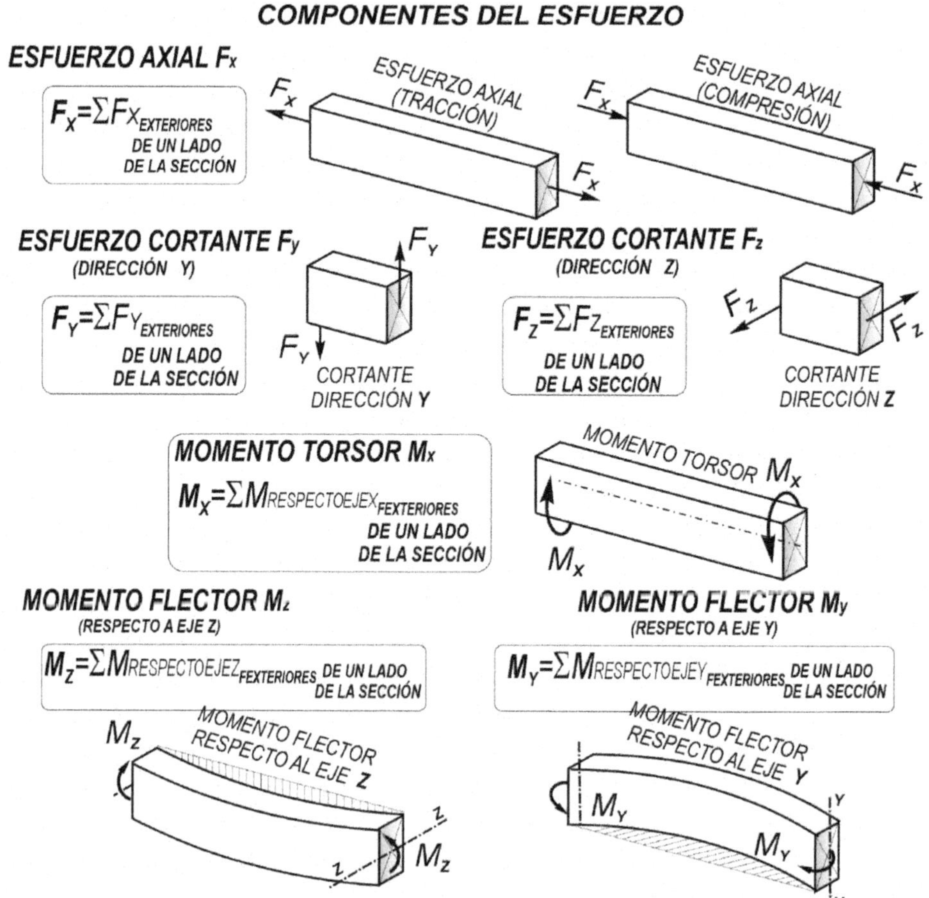

COMPONENTES DEL ESFUERZO

ESFUERZO AXIAL F_x

$$F_x = \sum F_{X_{EXTERIORES}}$$
DE UN LADO
DE LA SECCIÓN

ESFUERZO AXIAL (TRACCIÓN)

ESFUERZO AXIAL (COMPRESIÓN)

ESFUERZO CORTANTE F_y
(DIRECCIÓN Y)

$$F_Y = \sum F_{Y_{EXTERIORES}}$$
DE UN LADO
DE LA SECCIÓN

CORTANTE DIRECCIÓN Y

ESFUERZO CORTANTE F_z
(DIRECCIÓN Z)

$$F_Z = \sum F_{Z_{EXTERIORES}}$$
DE UN LADO
DE LA SECCIÓN

CORTANTE DIRECCIÓN Z

MOMENTO TORSOR M_x

$$M_x = \sum M_{RESPECTOEJEX_{FEXTERIORES}}$$
DE UN LADO
DE LA SECCIÓN

MOMENTO TORSOR M_x

MOMENTO FLECTOR M_z
(RESPECTO A EJE Z)

$$M_Z = \sum M_{RESPECTOEJEZ_{FEXTERIORES}} \text{ DE UN LADO DE LA SECCIÓN}$$

MOMENTO FLECTOR RESPECTO AL EJE Z

MOMENTO FLECTOR M_y
(RESPECTO A EJE Y)

$$M_Y = \sum M_{RESPECTOEJEY_{FEXTERIORES}} \text{ DE UN LADO DE LA SECCIÓN}$$

MOMENTO FLECTOR RESPECTO AL EJE Y

FIGURA 3.08
COMPONENTES DEL ESFUERZO

Esfuerzo axial = *Suma de todas las fuerzas exteriores de dirección **xx** (Normales a la sección) que actúan a un lado (derecha o izquierda de **S**)*

Esfuerzo cortante = *Suma de todas las fuerzas exteriores de dirección **yy (zz)** (Tangenciales a la sección) que actúan a un lado (derecha o izquierda de **S**)*

Momento torsor = *Suma de momentos de todas las fuerzas exteriores de un lado de la sección, respecto al eje longitudinal de la barra **xx***

Momento flector = *Suma de momentos de todas las fuerzas exteriores de un lado de la sección, respecto al eje **yy (zz)** de la misma*

Para aplicar estas expresiones se establecen convenios de signos para las diferentes componentes del esfuerzo. Los adoptados normalmente para sistemas planos, aunque presentan, a veces, dificultades para su interpretación en algunas posiciones, son los que se muestran en la **Fig 3.09**.

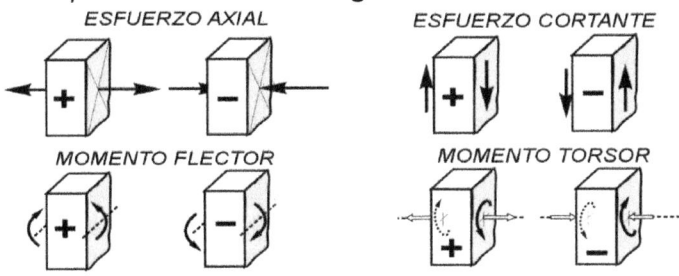

ESFUERZO AXIAL

ESFUERZO CORTANTE

MOMENTO FLECTOR

MOMENTO TORSOR

FIGURA 3.09
CONVENIO DE SIGNOS PARA LAS COMPONENTES DEL ESFUERZO

En el ejemplo de la **Fig 3.10** se aplican las definiciones anteriores para calcular las diferentes componentes del esfuerzo en la sección recta **S**.

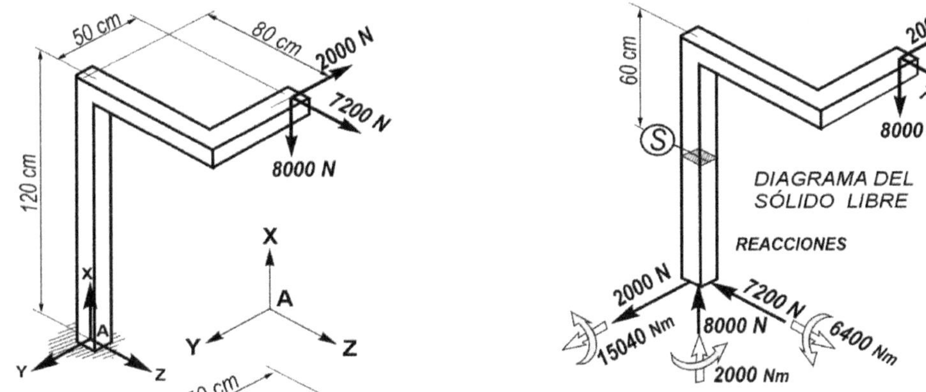

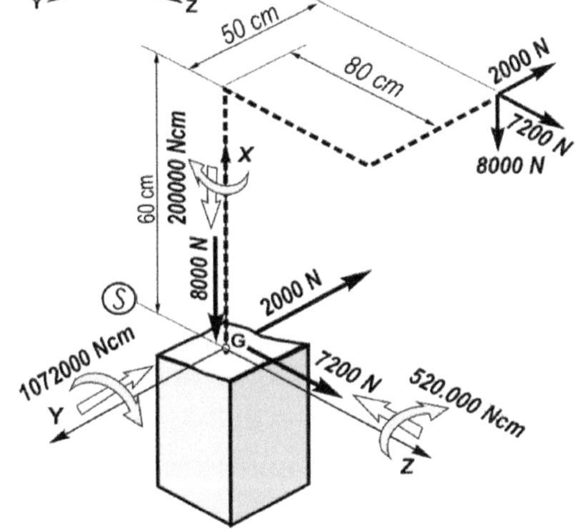

ESFUERZO EN LA SECCIÓN S
ESFUERZO NORMAL
$$Nx=\Sigma F_x \text{ DE UN LADO DE } S$$
$Nx= -8000$ N (COMPRESIÓN)
ESFUERZOS CORTANTES
$$Fy=\Sigma F_y \text{ DE UN LADO DE } S$$
$Fy = -2000$ N
$$Fz = \Sigma F_z \text{ DE UN LADO DE } S$$
$Fz = +7200$ N
MOMENTO TORSOR
$$Mx=\Sigma M_x \text{ DE UN LADO DE } S$$
$Mx=+2000.80-7200.50=-200.000$ Ncm
MOMENTOS FLECTORES
$$My=\Sigma M_y \text{ DE UN LADO DE } S$$
$My=-8000.80-7200.60=-1.072.000$ Ncm
$$Mz=\Sigma M_z \text{ DE UN LADO DE } S$$
$Mz=-2000.60-8000.50=-520.000$ Ncm

FIGURA 3.10
DETERMINACIÓN DEL ESFUERZO EN UNA SECCIÓN

Determinación de esfuerzos en sistemas isostáticos; Diagramas

El análisis estructural trata de determinar el valor que toma cada componente del esfuerzo en las diferentes secciones rectas del sólido, con vistas a localizar la más solicitada.

Si definimos la posición de la sección por su distancia **x** al origen, en una determinada referencia, el esfuerzo variará, lógicamente, con la posición, obteniéndose, para cada componente, una ley de variación del tipo:

$$Esfuerzo\ normal \quad Nx = f_1(x)$$
$$Esfuerzo\ cortante \quad Vx = f_2(x)$$
$$Momento\ flector \quad Mfx = f_3(x)$$
$$Momento\ torsor \quad Mtx = f_4(x)$$

Estas expresiones, representadas gráficamente, dan lugar a los **diagramas de esfuerzos** como los que se muestran en los siguientes ejemplos. En todos los casos se ha ido recorriendo la barra, comenzando por un extremo y aplicando la definición de esfuerzo a las diferentes secciones, para obtener el valor de cada componente.

Una relación importante, que facilita en gran manera el trazado de los diagramas, es la que existe entre los esfuerzos cortantes y los momentos flectores. Como puede verse en la **Fig 3.11**, **la función esfuerzo cortante es la derivada primera de la función momento flector**. Con la interpretación gráfica de la derivada primera de una función, el valor y signo del cortante se corresponden con la pendiente de la función momento flector. De acuerdo con esto, cortantes positivos indican momentos flectores crecientes y viceversa. También hay que prestar especial atención a las secciones en las que el cortante cambie de signo, pues en ellas pueden producirse los momentos máximos.

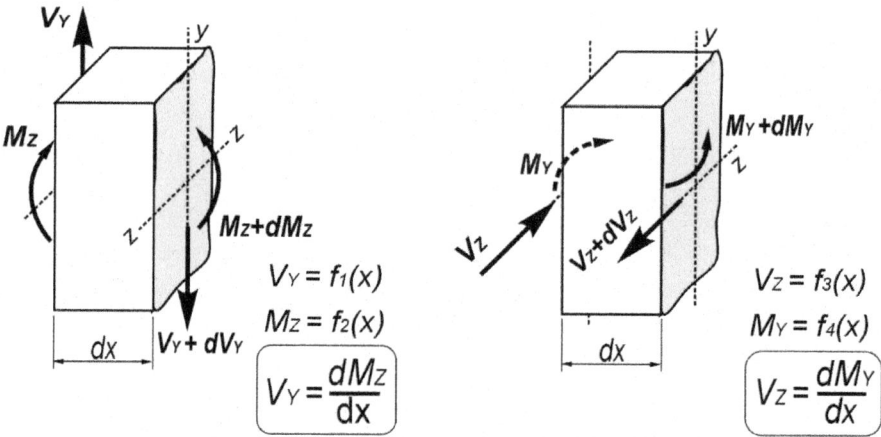

$$V_Y = f_1(x)$$
$$M_Z = f_2(x)$$
$$\boxed{V_Y = \dfrac{dM_Z}{dx}}$$

$$V_Z = f_3(x)$$
$$M_Y = f_4(x)$$
$$\boxed{V_Z = \dfrac{dM_Y}{dx}}$$

FIGURA 3.11
RELACIÓN ENTRE EL ESFUERZO CORTANTE Y EL MOMENTO FLECTOR

EJERCICIO 1

Determinar esfuerzos en las secciones rectas y trazar los correspondientes diagramas, en la barra de la **Fig 3.12** Todas las cargas exteriores son de la dirección del eje de la barra y están aplicadas en los centros de gravedad de las correspondientes secciones.

Las diferentes secciones quedan identificadas por su distancia **x** al extremo inferior de la barra. Al expresar los esfuerzos utilizamos los convenios de signos de la **Fig 3.09** (Las tracciones se consideran positivas y las compresiones, negativas).

Al analizar el esfuerzo en cualquier sección recta, se observa que la única componente no nula es el esfuerzo axial.

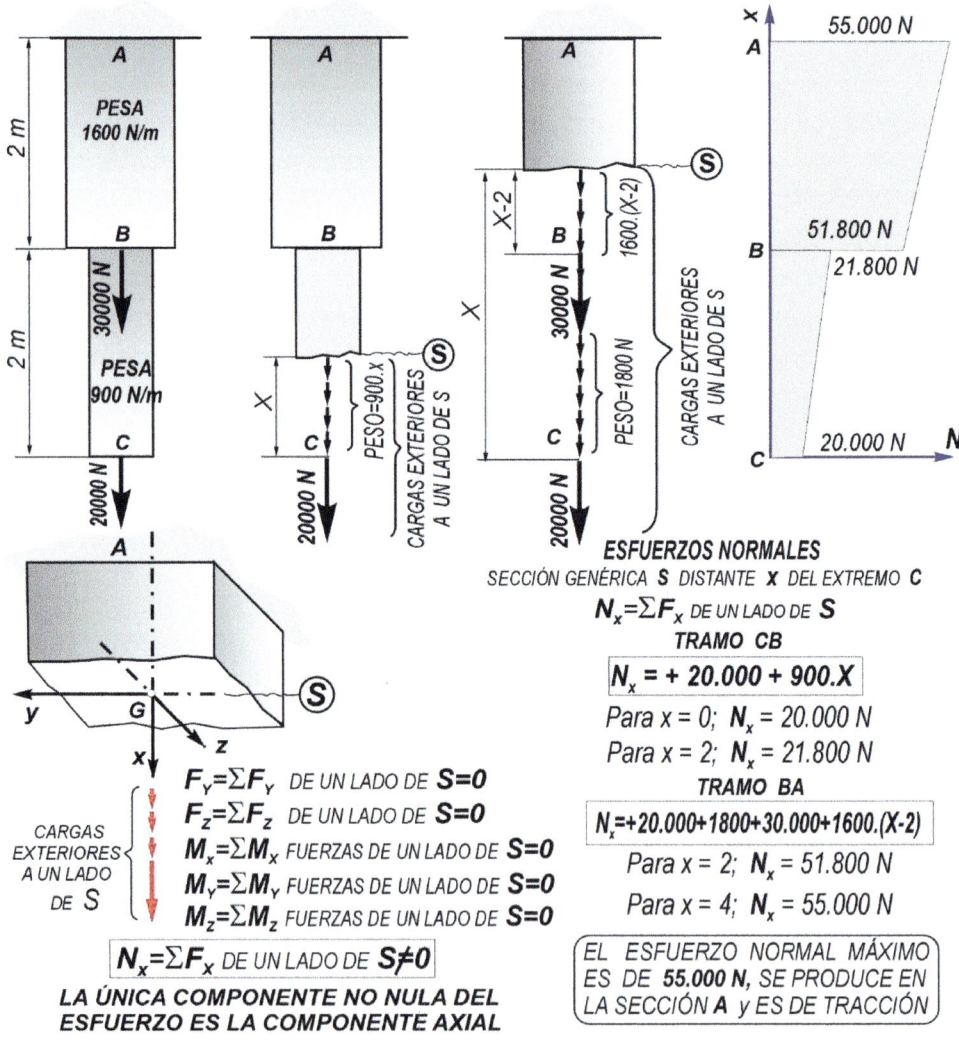

ESFUERZOS NORMALES

SECCIÓN GENÉRICA **S** DISTANTE **x** DEL EXTREMO **C**

$$N_x = \Sigma F_x \text{ DE UN LADO DE } \mathbf{S}$$

TRAMO CB

$$\boxed{N_x = +20.000 + 900.X}$$

Para x = 0; N_x = 20.000 N

Para x = 2; N_x = 21.800 N

TRAMO BA

$$\boxed{N_x = +20.000 + 1800 + 30.000 + 1600.(X-2)}$$

Para x = 2; N_x = 51.800 N

Para x = 4; N_x = 55.000 N

EL ESFUERZO NORMAL MÁXIMO ES DE **55.000 N**, SE PRODUCE EN LA SECCIÓN **A** y ES DE TRACCIÓN

$F_y = \Sigma F_y$ DE UN LADO DE **S=0**

$F_z = \Sigma F_z$ DE UN LADO DE **S=0**

$M_x = \Sigma M_x$ FUERZAS DE UN LADO DE **S=0**

$M_y = \Sigma M_y$ FUERZAS DE UN LADO DE **S=0**

$M_z = \Sigma M_z$ FUERZAS DE UN LADO DE **S=0**

$$\boxed{N_x = \Sigma F_x \text{ DE UN LADO DE } \mathbf{S \neq 0}}$$

LA ÚNICA COMPONENTE NO NULA DEL ESFUERZO ES LA COMPONENTE AXIAL

FIGURA 3.12
DIAGRAMA DE ESFUERZOS NORMALES

En el ejercicio anterior, en la sección **B**, definida por **x=2 m**, se observa que el esfuerzo parece tomar dos valores diferentes, lo que no resulta muy lógico. En realidad, la expresión que nos da el esfuerzo para el tramo **CB**, solo tiene validez para secciones un poco por encima de **C** y algo por debajo de **B** (0 < x < 2 m) y la expresión para el tramo **BA**, para secciones por encima de **B** sin llegar hasta **A** (2 m < x < 4 m). En la sección **B** se produce una variación brusca del esfuerzo, como consecuencia de la carga aplicada en esta sección. Aunque, en lo sucesivo, no haremos esa matización, cuando calculamos valores para **x=2** lo propio sería hablar de valores cuando x tiende a 2 por abajo (tramo **CB**) y cuando x tiende a 2 por arriba (tramo **BA**) (izquierda o derecha si la barra fuese horizontal)

EJERCICIO 2

Determinar esfuerzos en las secciones rectas y trazar el correspondiente diagrama, en la barra de la **Fig 3.13**

Todas las cargas exteriores son de la dirección del eje de la barra y están aplicadas en los centros de gravedad de las secciones rectas, por lo que la única componente del esfuerzo en cualquier sección recta es el esfuerzo axial.

Las cargas concentradas de **1200, 850, 1200 y 1200 kp** están aplicadas en las secciones **A, B, D y E,** en las que se producirán cambios en las expresiones que definen el esfuerzo.

El peso por cm de cada tramo se obtiene dividiendo el peso del mismo entre su longitud.

Teniendo en cuenta el diagrama del sólido libre de la figura inferior, llamando **x** a la distancia desde cualquier sección hasta el extremo superior, **A** y aplicando la receta para el cálculo de esfuerzos se obtienen las leyes que se indican.

Como sabemos, para calcular el esfuerzo en cualquier sección podemos considerar las cargas de un lado u otro de la misma. En las primeras expresiones del presente ejercicio se determina el esfuerzo considerando las cargas que actúan por encima de la sección.

No obstante, para las secciones S_3 y S_4 puede resultar más cómodo determinar el esfuerzo teniendo en cuenta las cargas inferiores, lo que se hace en las segundas expresiones. Lógicamente, si se respeta la interpretación de **x** (distancia de la sección al extremo **A**), se llega a los mismos resultados.

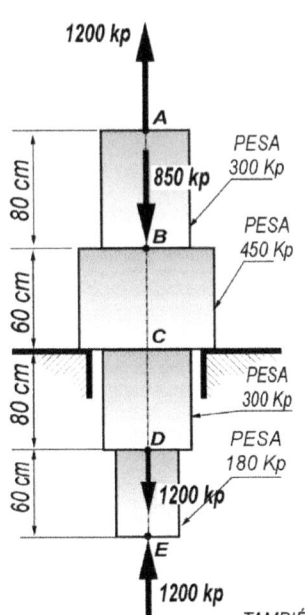

*LA REACCIÓN EN EL ÚNICO APOYO, **C** ES VERTICAL, HACIA ARRIBA Y SU VALOR ES:*

300+450+300+180-1200+850+1200-1200=880 kp   Rc=880 kp

PARA DETERMINAR LOS ESFUERZOS, CONSIDERAMOS LAS CARGAS QUE ACTÚAN POR ENCIMA DE LA SECCIÓN:

$N_1=+1200-(300/80).x$

Para x = 0; N_x = + 1200 kp   Para x =80; N_x = + 900 kp

$N_2=+1200-300-850-(450/60).(x-80)$

Para x = 80; N_x = + 50 kp   Para x =140; N_x = - 400 kp

$N_3=+1200-300-850-450+880-(300/80).(x-140)$

Para x = 140; N_x = + 480 kp   Para x =220; N_x = + 180 kp

$N_4=+1200-300-850-450+880-300-1200-(180/60).(x-220)$

Para x = 220; N_x = - 1020 kp   Para x =280; N_x = - 1200 kp

*PARA LAS SECCIONES **S$_3$** y **S$_4$** PUEDE RESULTAR MÁS CÓMODO EL CONSIDERAR LAS CARGAS QUE ACTÚAN POR DEBAJO DE LA SECCIÓN (LÓGICAMENTE, LOS RESULTADOS SERÁN LOS MISMOS) :*

$N_3=-1200+180+1200+(300/80).(220-x)$

Para x=140; N_x=+480 kp   Para x=220; N_x=+180 kp

$N_4 =-1200+(180/60).(280-x)$

Para x=220; N_x=-1020 kp   Para x=280; N_x=-1200 kp

*TAMBIÉN SE PUEDE CAMBIAR EL SISTEMA DE REFERENCIA; ORIGEN EN "**E**" Y MEDIR DISTANCIAS HACIA ARRIBA. EN ESTE CASO, PARA EVITAR CONFUSIONES, AL INTERPRETAR RESULTADOS, DESIGNAMOS LA VARIABLE CON OTRA LETRA (**y**)*

$N_4 =-1200+(180/60).y$

Para y=0; N_y=-1200 kp   Para y=60; N_x=-1020 kp

$N_3=-1200+180+1200+(300/80).(y-60)$

Para y=60; N_y=+180 kp   Para y=140; N_y=+480 kp

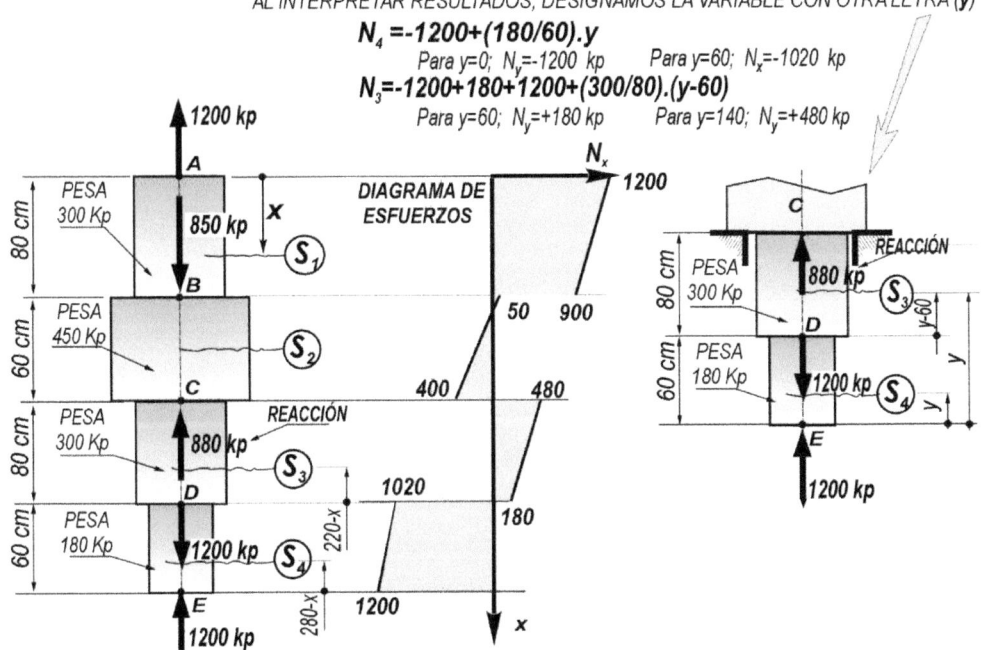

FIGURA 3.13
DIAGRAMA DE ESFUERZOS NORMALES

70

Esfuerzos en la flexión simple recta

Una situación bastante frecuente es la de barras dispuestas con su eje longitudinal en posición horizontal, solicitadas por cargas verticales que cumplen los requisitos indicados en la **Fig 3.14**.

Las barras en cuestión reciben el nombre de vigas y a este estado se le conoce como flexión recta simple. Aunque no se aparta en nada de las definiciones y métodos propuestos para la determinación de esfuerzos, vamos a comentar algunas particularidades.

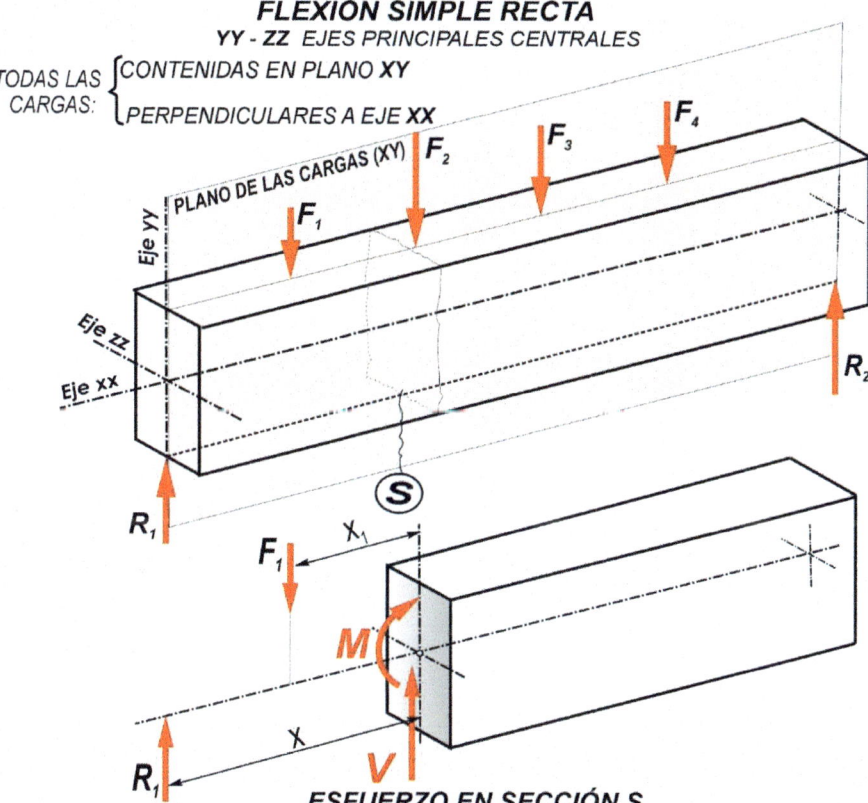

FLEXIÓN SIMPLE RECTA
YY - ZZ EJES PRINCIPALES CENTRALES

TODAS LAS CARGAS: $\begin{cases} \text{CONTENIDAS EN PLANO } \textbf{XY} \\ \text{PERPENDICULARES A EJE } \textbf{XX} \end{cases}$

ESFUERZO EN SECCIÓN S
RESULTANTE DE TODAS LAS FUERZAS DE LA IZQ (DCHA) DE **S**
ESFUERZO AXIAL=Σ **F** DIRECCIÓN xx = 0 *(NO HAY FUERZAS DE DIRECCIÓN X)*
CORTANTE DIREC zz =Σ **F** DIRECCIÓN zz = 0 *(NO HAY FUERZAS DE DIRECCIÓN Z)*
MOMENTO TORSOR =Σ **M** RESPECTO A xx = 0 *(TODAS LAS FUERZAS CORTAN AL EJE X)*
MOMENTO FLEX yy = Σ **M** RESPECTO A yy = 0 *(TODAS LAS FUERZAS SON PARALELAS AL EJE Y)*

EL ESFUERZO EN CUALQUIER SECCIÓN RECTA SE REDUCE A:

CORTANTE DE DIRECC **yy** = Σ**F** DIRECCIÓN **yy** = **CORTANTE $V_y = R_1 - F_1$**
MOMENTO DE FLEXIÓN **zz** = Σ**M** RESPECTO A **zz** = **MOMENTO FLECTOR $M_z = R_1 . x - F_1 . x_1$**

FIGURA 3.14
ESFUERZOS EN LA FLEXIÓN SIMPLE RECTA

De la observación de la **Fig 3.14** se llega a la conclusión de que en la flexión simple recta las componentes del esfuerzo se reducen a dos:

- **Un cortante** de la dirección de las cargas, que se obtiene como suma, con los signos que corresponda, de todas las fuerzas de un lado de la sección. En lo sucesivo lo designaremos como V_x. El subíndice x se refiere a la sección en la que se calcula. Se trata del cortante de dirección "y" en la sección recta Sx, que podríamos designar Vysx, pero, como la dirección es conocida (la de las cargas), nos limitamos a indicar la sección en la que se produce.

- **Un Momento flector**, respecto al eje perpendicular al plano de las cargas, (eje de flexión **zz**), que se obtiene tomando momentos de todas las fuerzas de un lado de la sección respecto al eje **zz** de la misma. Lo designaremos como M_x, utilizando el subíndice x para indicar la sección. (Momento respecto al eje zz, en la sección Sx, pero omitimos el eje, que sabemos es el perpendicular al plano de las cargas)

Normalmente, para definir las situaciones de flexión plana nos apoyaremos en representaciones planas, entendiendo que el plano de las cargas (**xy**) es el plano del dibujo y el eje de flexión en cada sección (**zz**) es el perpendicular al mismo. **Fig 3.15**

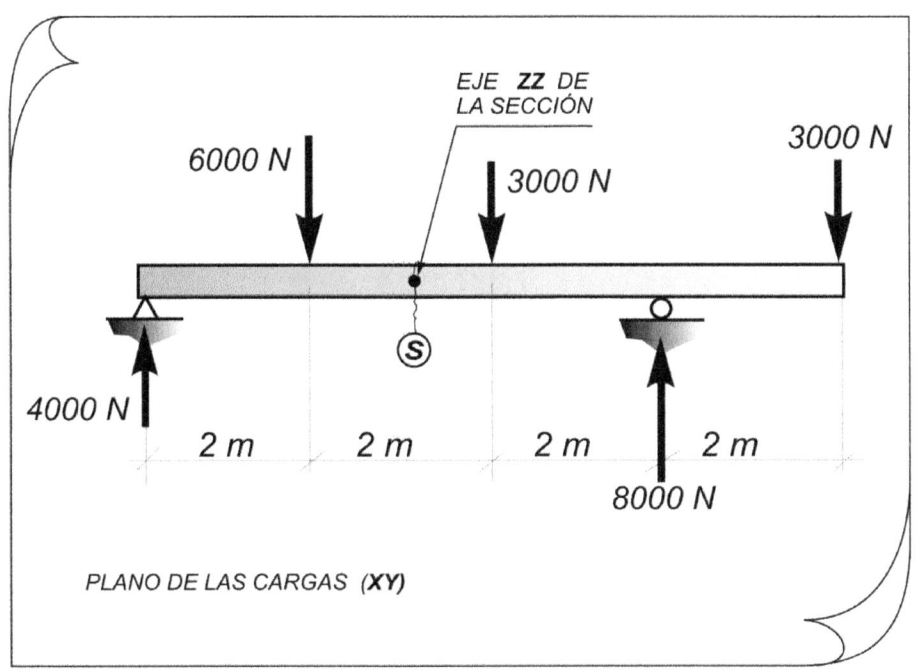

FIGURA 3.15
FLEXIÓN SIMPLE RECTA

Tanto para el cortante como para el flector se establece un convenio de signos que, con distintas expresiones, pero todas coherentes, se recoge en la **Fig 3.16.**

Podemos fijarnos en las acciones sobre la rebanada; o en las cargas que originan los esfuerzos; o incluso en la deformación que puede esperarse en la viga de acuerdo con el sentido de las cargas y la disposición de los apoyos.

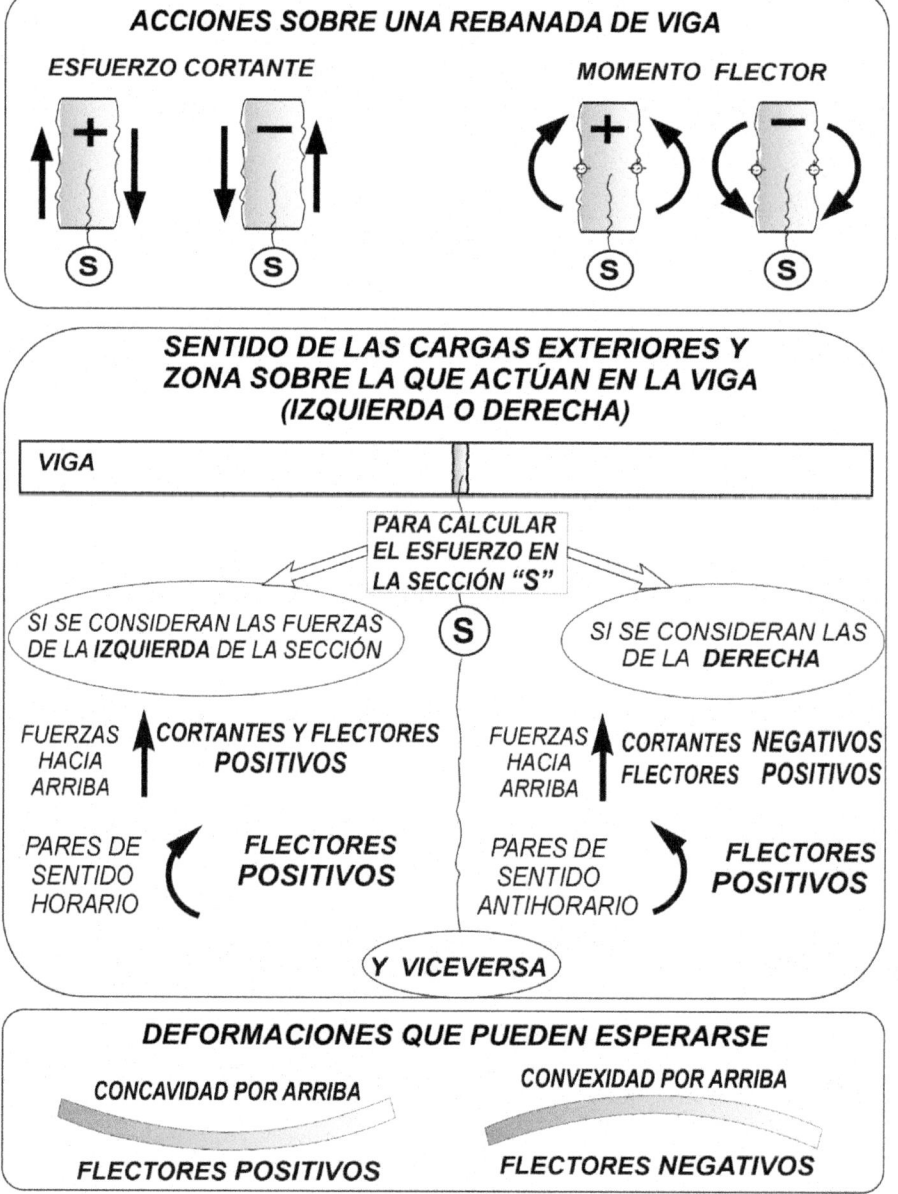

FIGURA 3.16
CONVENIO DE SIGNOS

EJERCICIO 3

De acuerdo con las consideraciones anteriores y teniendo en cuenta el convenio de signos, analizar esfuerzos en las secciones rectas y trazar los correspondientes diagramas, determinando los valores máximos y las secciones en las que se producen. **Figs 3.17 y 3.18**

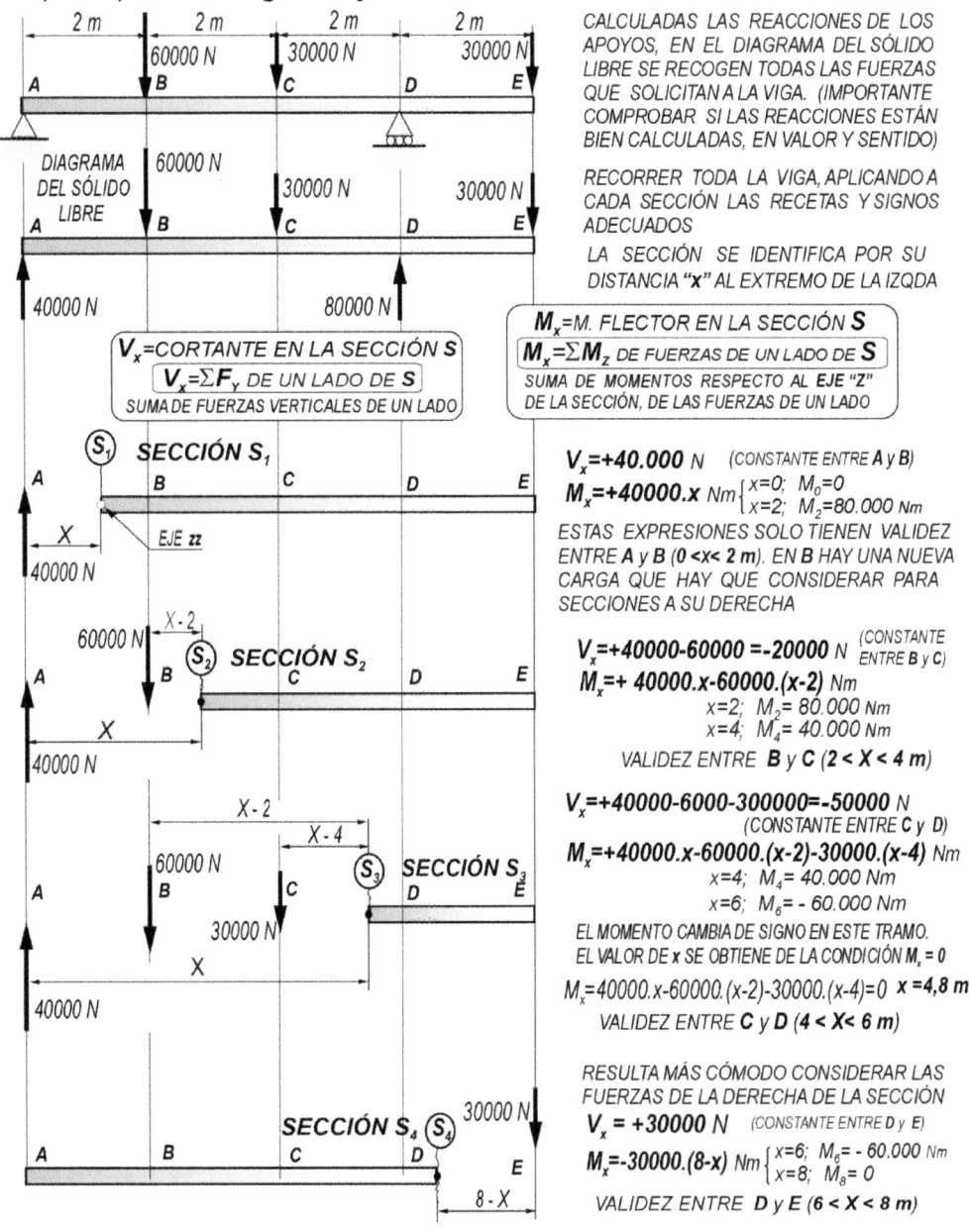

CALCULADAS LAS REACCIONES DE LOS APOYOS, EN EL DIAGRAMA DEL SÓLIDO LIBRE SE RECOGEN TODAS LAS FUERZAS QUE SOLICITAN A LA VIGA. (IMPORTANTE COMPROBAR SI LAS REACCIONES ESTÁN BIEN CALCULADAS, EN VALOR Y SENTIDO)

RECORRER TODA LA VIGA, APLICANDO A CADA SECCIÓN LAS RECETAS Y SIGNOS ADECUADOS

LA SECCIÓN SE IDENTIFICA POR SU DISTANCIA *"x"* AL EXTREMO DE LA IZQDA

M_x=M. FLECTOR EN LA SECCIÓN **S**
$M_x=\Sigma M_z$ DE FUERZAS DE UN LADO DE **S**
SUMA DE MOMENTOS RESPECTO AL EJE "Z" DE LA SECCIÓN, DE LAS FUERZAS DE UN LADO

V_x=CORTANTE EN LA SECCIÓN **S**
$V_x=\Sigma F_Y$ DE UN LADO DE **S**
SUMA DE FUERZAS VERTICALES DE UN LADO

V_x=+40.000 N (CONSTANTE ENTRE A y B)
M_x=+40000.x Nm $\begin{cases} x=0; & M_0=0 \\ x=2; & M_2=80.000 \text{ Nm} \end{cases}$
ESTAS EXPRESIONES SOLO TIENEN VALIDEZ ENTRE A y B (0 <x< 2 m). EN B HAY UNA NUEVA CARGA QUE HAY QUE CONSIDERAR PARA SECCIONES A SU DERECHA

V_x=+40000-60000 =-20000 N (CONSTANTE ENTRE B y C)
M_x=+ 40000.x-60000.(x-2) Nm
x=2; M_2= 80.000 Nm
x=4; M_4= 40.000 Nm
VALIDEZ ENTRE **B y C (2 < X < 4 m)**

V_x=+40000-6000-300000=-50000 N
(CONSTANTE ENTRE C y D)
M_x=+40000.x-60000.(x-2)-30000.(x-4) Nm
x=4; M_4= 40.000 Nm
x=6; M_6= - 60.000 Nm
EL MOMENTO CAMBIA DE SIGNO EN ESTE TRAMO. EL VALOR DE **x** SE OBTIENE DE LA CONDICIÓN M_x = 0
M_x=40000.x-60000.(x-2)-30000.(x-4)=0 **x =4,8 m**
VALIDEZ ENTRE **C y D (4 < X< 6 m)**

RESULTA MÁS CÓMODO CONSIDERAR LAS FUERZAS DE LA DERECHA DE LA SECCIÓN
V_x = +30000 N (CONSTANTE ENTRE D y E)
M_x=-30000.(8-x) Nm $\begin{cases} x=6; & M_6= - 60.000 \text{ Nm} \\ x=8; & M_8= 0 \end{cases}$
VALIDEZ ENTRE **D y E (6 < X < 8 m)**

FIGURA 3.17
DETERMINACIÓN DE ESFUERZOS

Aunque el valor del esfuerzo ya está perfectamente definido mediante las leyes de cortantes y flectores, resulta mucho más expresivo y fácil de interpretar si se representan gráficamente mediante los correspondientes diagramas.

Si bien se trata de representar las funciones anteriores, en muchos casos, constantes o lineales, en el trazado de los diagramas hay que tener presente que la función esfuerzo cortante es la derivada primera de la función momentos. De acuerdo con esto:

- A cortantes positivos corresponden pendientes positivas en la línea representativa de la función momentos.
- A cortantes constantes corresponden funciones de momentos de pendiente constante (rectas)
- Donde el cortante cambia de signo, la función momentos pasa por un máximo (mínimo) relativo.

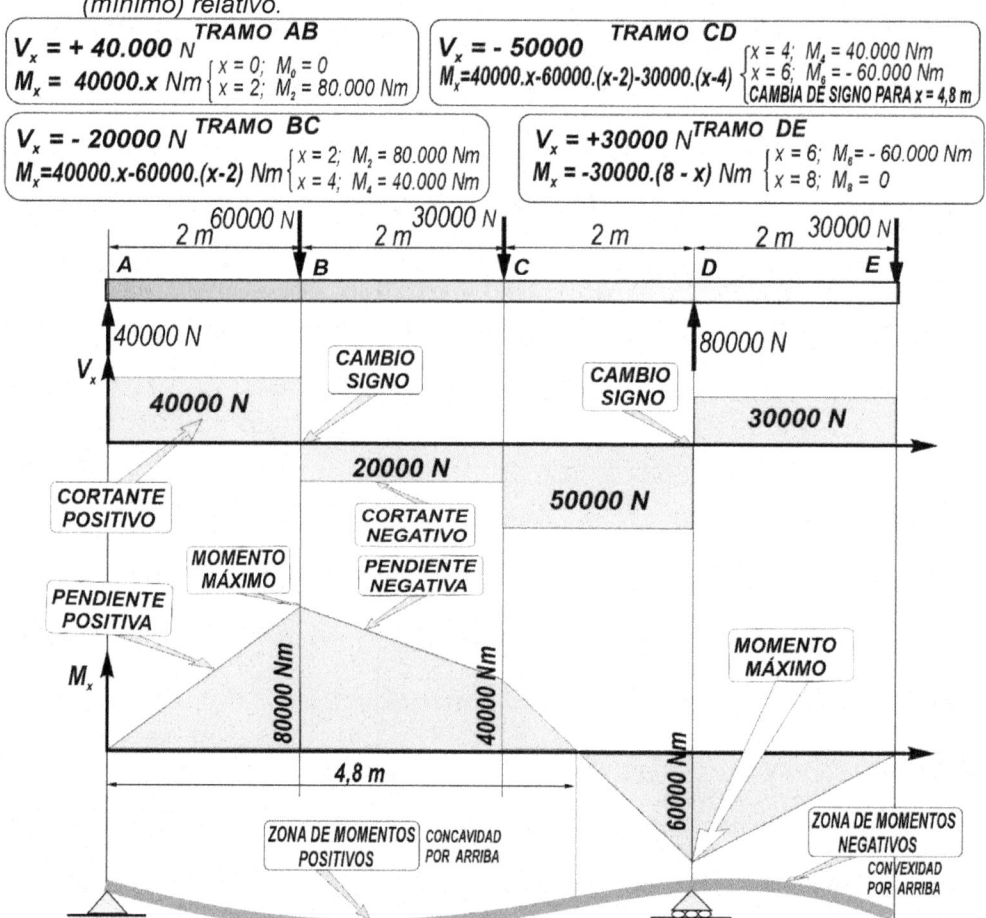

TRAMO AB
V_x = + 40.000 N
M_x = 40000.x Nm $\begin{cases} x = 0; & M_0 = 0 \\ x = 2; & M_2 = 80.000 \text{ Nm} \end{cases}$

TRAMO CD
V_x = - 50000
M_x=40000.x-60000.(x-2)-30000.(x-4) $\begin{cases} x = 4; & M_4 = 40.000 \text{ Nm} \\ x = 6; & M_6 = - 60.000 \text{ Nm} \\ \text{CAMBIA DE SIGNO PARA } x = 4,8 \text{ m} \end{cases}$

TRAMO BC
V_x = - 20000 N
M_x=40000.x-60000.(x-2) Nm $\begin{cases} x = 2; & M_2 = 80.000 \text{ Nm} \\ x = 4; & M_4 = 40.000 \text{ Nm} \end{cases}$

TRAMO DE
V_x = +30000 N
M_x = -30000.(8 - x) Nm $\begin{cases} x = 6; & M_6 = - 60.000 \text{ Nm} \\ x = 8; & M_8 = 0 \end{cases}$

TENIENDO EN CUENTA QUE PARA MOMENTOS POSITIVOS CORRESPONDE CONCAVIDAD POR ARRIBA (Y VICEVERSA) Y RESPETANDO LAS CONDICIONES DE CONTORNO (PASO POR LOS APOYOS), PUEDE TRAZARSE, DE FORMA APROXIMADA, LA DEFORMADA DE LA VIGA
FIGURA 3.18
TRAZADO DE DIAGRAMAS

EJERCICIO 4

Analizar esfuerzos y trazar diagramas en la viga de la **Fig 3.19**

La presencia de la carga distribuida no afecta a ninguno de los conceptos que venimos utilizando. Basta con sustituir toda o parte de la caga, según proceda, por su resultante aplicada donde corresponda. En la **Fig 3.19** puede verse como se procede para el cálculo de reacciones y esfuerzos y en la **Fig 3.20** se muestran leyes de esfuerzos y diagramas.

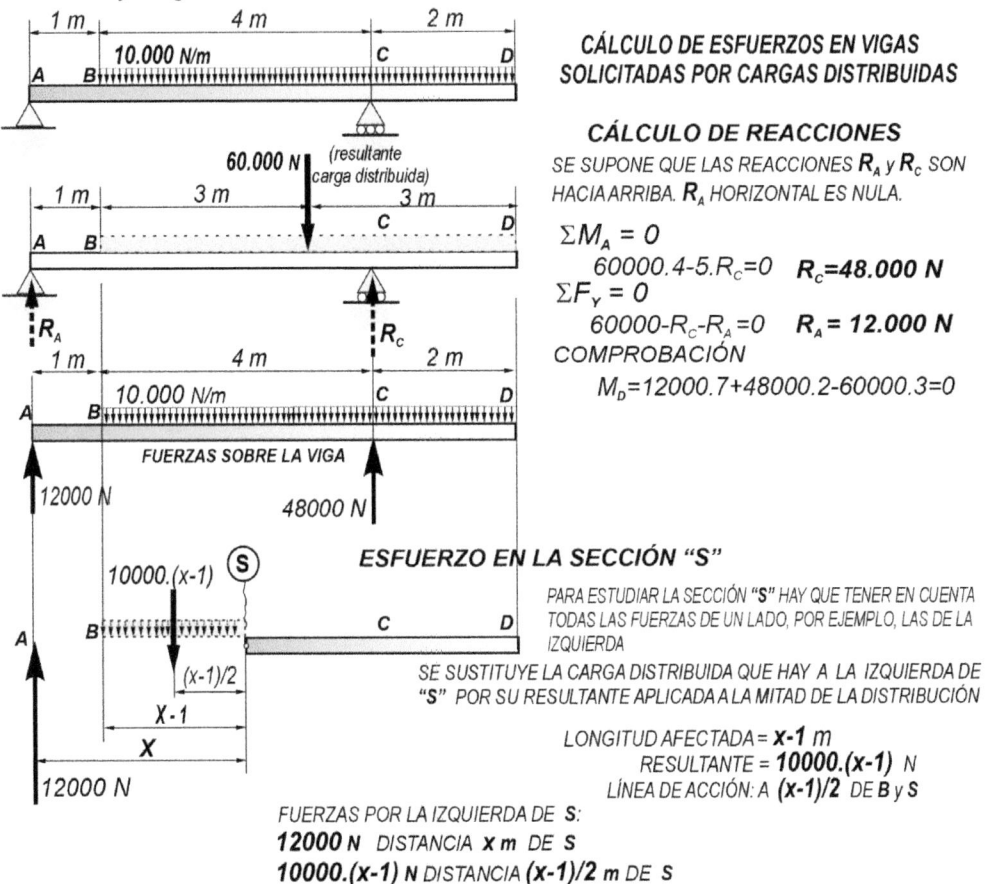

CÁLCULO DE ESFUERZOS EN VIGAS SOLICITADAS POR CARGAS DISTRIBUIDAS

CÁLCULO DE REACCIONES

SE SUPONE QUE LAS REACCIONES R_A y R_C SON HACIA ARRIBA. R_A HORIZONTAL ES NULA.

$\Sigma M_A = 0$
  $60000.4 - 5.R_C = 0$ $R_C = 48.000\ N$
$\Sigma F_Y = 0$
  $60000 - R_C - R_A = 0$ $R_A = 12.000\ N$
COMPROBACIÓN
  $M_D = 12000.7 + 48000.2 - 60000.3 = 0$

ESFUERZO EN LA SECCIÓN "S"

PARA ESTUDIAR LA SECCIÓN **"S"** HAY QUE TENER EN CUENTA TODAS LAS FUERZAS DE UN LADO, POR EJEMPLO, LAS DE LA IZQUIERDA

SE SUSTITUYE LA CARGA DISTRIBUIDA QUE HAY A LA IZQUIERDA DE **"S"** POR SU RESULTANTE APLICADA A LA MITAD DE LA DISTRIBUCIÓN

LONGITUD AFECTADA = **x-1** m
RESULTANTE = **10000.(x-1)** N
LÍNEA DE ACCIÓN: A **(x-1)/2** DE B y S

FUERZAS POR LA IZQUIERDA DE S:
12000 N DISTANCIA **x** m DE S
10000.(x-1) N DISTANCIA **(x-1)/2** m DE S

ESFUERZO CORTANTE

$V_x = \Sigma F_Y$ DE UN LADO DE S
$V_x = +12000 - 10000.(x-1)$
  $x=1;$ $V=+12.000\ N$
  $x=5;$ $V=-28.000\ N$
$V_x = +12000 - 10000.(x-1) = 0;$ $x = 2,2\ m$
CAMBIA DE SIGNO PARA $x = 2,2\ m$

MOMENTO FLECTOR

$M_x = \Sigma M_Z$ DE FUERZAS DE UN LADO DE S
$M_x = +12000.x - 10000.(x-1).(x-1)/2$
EXPRESIÓN APLICABLE A SECCIONES COMPRENDIDAS ENTRE B y C

FIGURA 3.19
VIGA CON CARGA DISTRIBUIDA

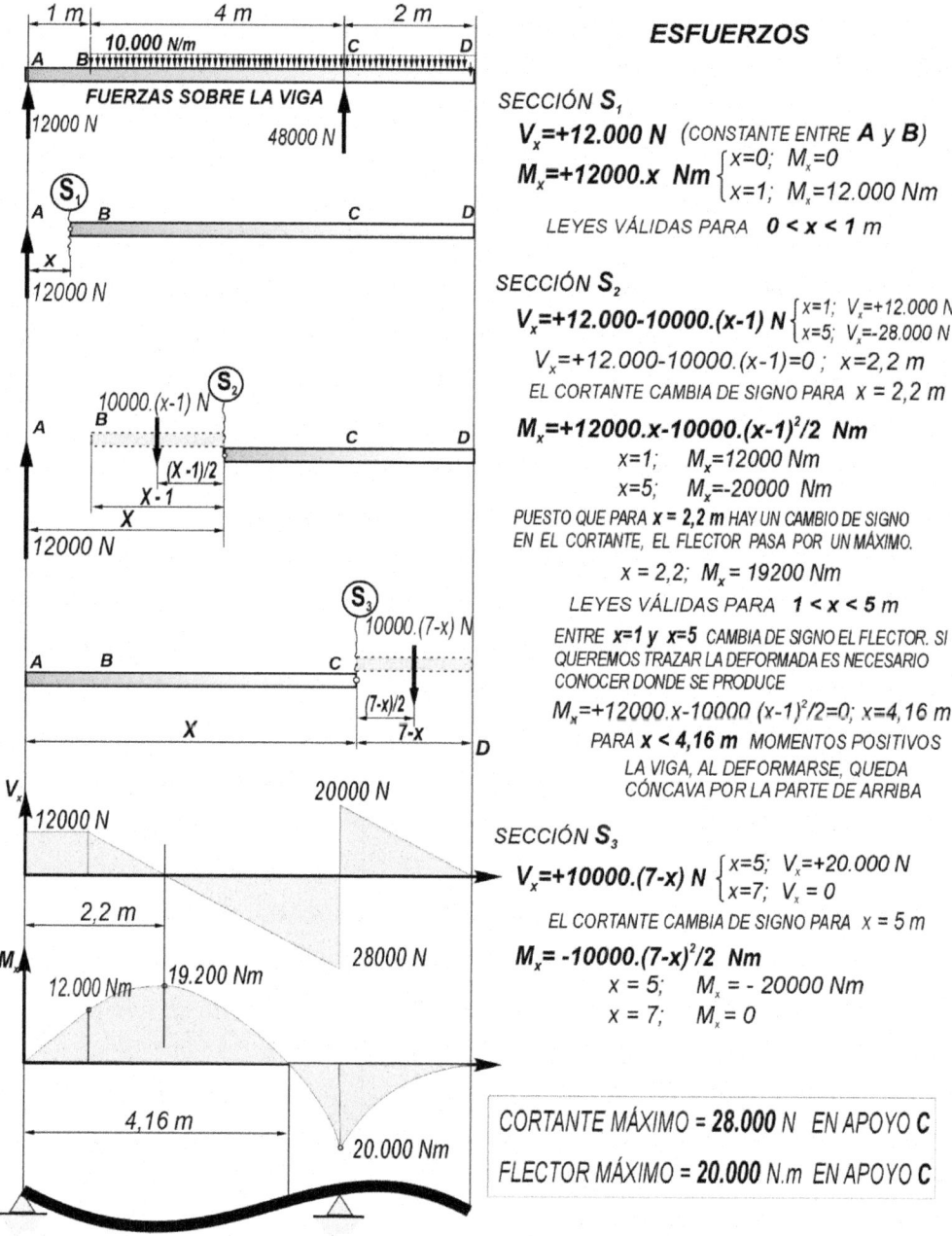

ESFUERZOS

SECCIÓN S_1

V_x=+12.000 N (*CONSTANTE ENTRE* **A** y **B**)

M_x=+12000.x Nm $\begin{cases} x=0; & M_x=0 \\ x=1; & M_x=12.000 \ Nm \end{cases}$

LEYES VÁLIDAS PARA **0 < x < 1** m

SECCIÓN S_2

V_x=+12.000-10000.(x-1) N $\begin{cases} x=1; & V_x=+12.000 \ N \\ x=5; & V_x=-28.000 \ N \end{cases}$

V_x=+12.000-10000.(x-1)=0 ; x=2,2 m

EL CORTANTE CAMBIA DE SIGNO PARA x = 2,2 m

M_x=+12000.x-10000.(x-1)^2/2 Nm

x=1; M_x=12000 Nm

x=5; M_x=-20000 Nm

PUESTO QUE PARA **x = 2,2 m** *HAY UN CAMBIO DE SIGNO EN EL CORTANTE, EL FLECTOR PASA POR UN MÁXIMO.*

x = 2,2; M_x = 19200 Nm

LEYES VÁLIDAS PARA **1 < x < 5 m**

ENTRE **x=1** y **x=5** *CAMBIA DE SIGNO EL FLECTOR. SI QUEREMOS TRAZAR LA DEFORMADA ES NECESARIO CONOCER DONDE SE PRODUCE*

M_x=+12000.x-10000 (x-1)^2/2=0; x=4,16 m

PARA **x < 4,16 m** *MOMENTOS POSITIVOS LA VIGA, AL DEFORMARSE, QUEDA CÓNCAVA POR LA PARTE DE ARRIBA*

SECCIÓN S_3

V_x=+10000.(7-x) N $\begin{cases} x=5; & V_x=+20.000 \ N \\ x=7; & V_x=0 \end{cases}$

EL CORTANTE CAMBIA DE SIGNO PARA x = 5 m

M_x= -10000.(7-x)^2/2 Nm

x = 5; M_x = - 20000 Nm

x = 7; M_x = 0

CORTANTE MÁXIMO = **28.000** N EN APOYO **C**

FLECTOR MÁXIMO = **20.000** N.m EN APOYO **C**

FIGURA 3.20
ESFUERZOS Y DIAGRAMAS

Las cargas distribuidas cuya distribución no sea uniforme se tratan igual que las uniformemente repartidas, salvo la dificultad que pueda suponer la determinación de la resultante y su línea de acción. En la **Fig 3.21** se indica el procedimiento para cargas triangulares.

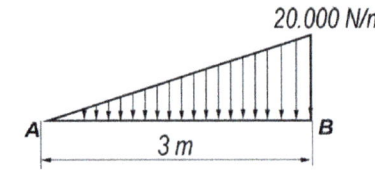

CARGA DISTRIBUIDA CUYA INTENSIDAD VARÍA DE FORMA LINEAL DESDE CERO A 20000 N/m SOBRE UNA LONGITUD DE 3 m

RESULTANTE DE TODA LA CARGA

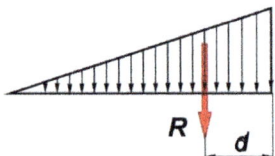

R = ÁREA DEL DIAGRAMA DE CARGA

R = (20000 N/m. 3 m) / 2 = 30000 N

LA LÍNEA DE ACCIÓN PASA POR EL C.D.G DE LA SUPERFICIE DEL DIAGRAMA DE CARGA

d = 3 m / 3 = 1 m

RESULTANTE DE PARTE DE LA CARGA

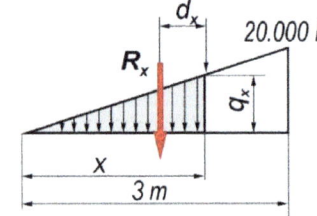

q_x = 20000.X/3 N/m

R_x=½ (x.20000.x/3) N

R_x = 10000.X^2/ 3 N

d_x = X /3 m

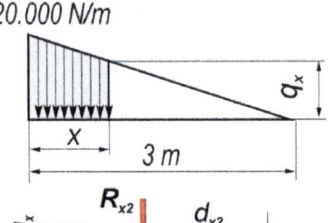

q_x = 20000.(3-x)/ 3   N/m

CONOCIDA LA ALTURA **q_x**, EL TRAPECIO SOMBREADO PUEDE DESDOBLARSE EN UN RECTÁNGULO DE ALTURA **q_x** Y UN TRIÁNGULO, DE BASE **x** Y ALTURA **(20000-q_x)**

R_{x1} = q_x.x N

d_{x1} = x/2 m

R_{x2} = ½ (20000-q_x).x N

d_{x2} = 2x/3 m

FIGURA 3.21
CARGAS TRIANGULARES

EJERCICIO 5

*Analizar esfuerzos en la viga de la **Fig 3.22***

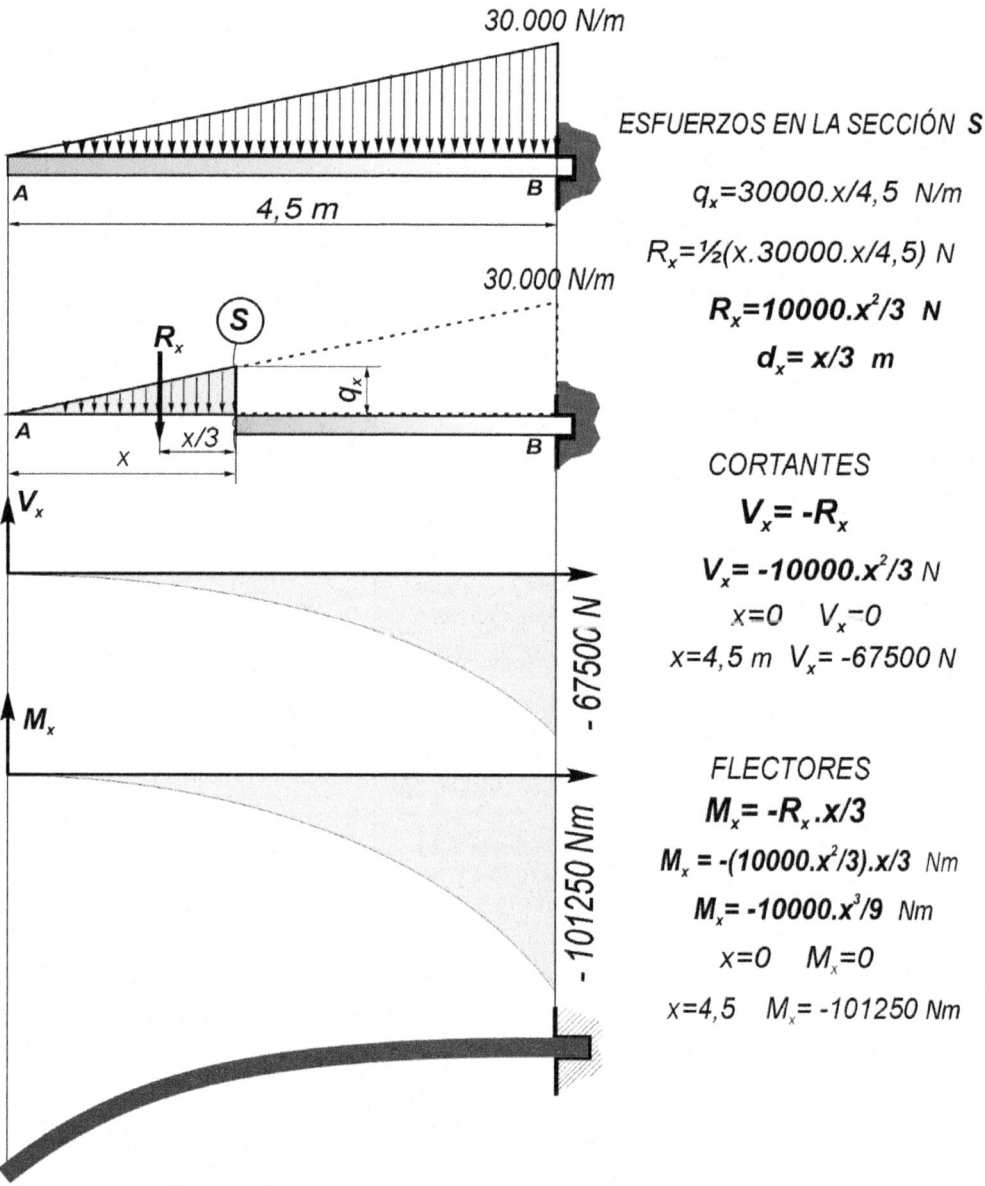

30.000 N/m

ESFUERZOS EN LA SECCIÓN S

$q_x = 30000 \cdot x/4,5$ N/m

$R_x = \frac{1}{2}(x \cdot 30000 \cdot x/4,5)$ N

$R_x = 10000 \cdot x^2/3$ N

$d_x = x/3$ m

CORTANTES

$V_x = -R_x$

$V_x = -10000 \cdot x^2/3$ N

$x=0 \quad V_x-0$

$x=4,5$ m $\quad V_x = -67500$ N

FLECTORES

$M_x = -R_x \cdot x/3$

$M_x = -(10000 \cdot x^2/3) \cdot x/3$ Nm

$M_x = -10000 \cdot x^3/9$ Nm

$x=0 \quad M_x=0$

$x=4,5 \quad M_x = -101250$ Nm

FIGURA 3.22
CARGAS TRIANGULARES

Cuando la viga está solicitada por pares de fuerzas aplicados en alguna sección hay que tener en cuenta lo siguiente:

- La fuerza resultante de un par es cero, por lo que no afectan a los esfuerzos cortantes.
- El momento de un par respecto a cualquier punto es constante (valor del par) (Un error bastante frecuente es el de multiplicar el par por la distancia)
- Si en una sección de una viga está aplicado un par, el momento flector experimenta, en esta sección, una variación igual al valor del par.

Con independencia de la forma de representarlo, lo importante en un par es su valor y el sentido (horario o antihorario) Ver **Fig 3.23**

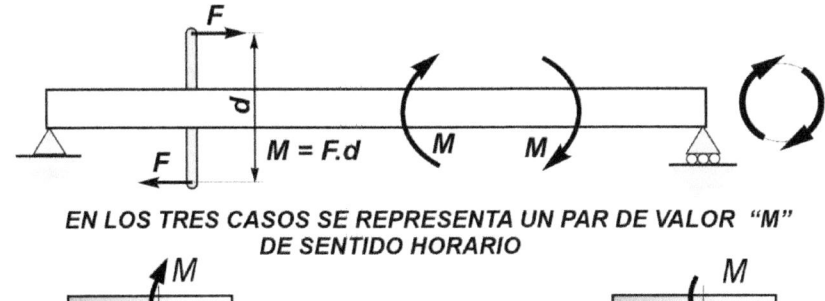

EN LOS TRES CASOS SE REPRESENTA UN PAR DE VALOR "M" DE SENTIDO HORARIO

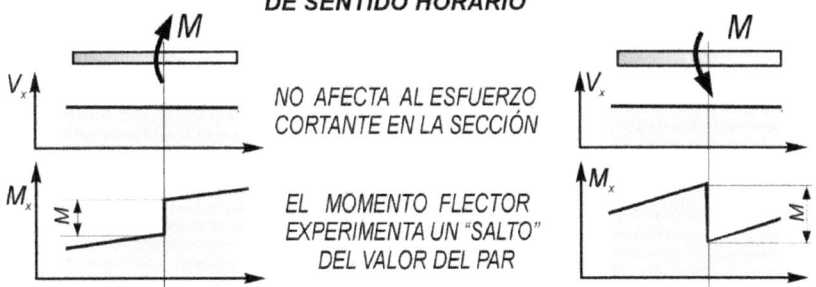

NO AFECTA AL ESFUERZO CORTANTE EN LA SECCIÓN

EL MOMENTO FLECTOR EXPERIMENTA UN "SALTO" DEL VALOR DEL PAR

FIGURA 3.23
DISTINTAS FORMAS DE REPRESENTAR UN PAR

EJERCICIO 6

En este ejercicio se analiza la influencia de los pares de fuerzas sobre los esfuerzos en las vigas (**Fig 3.24**)

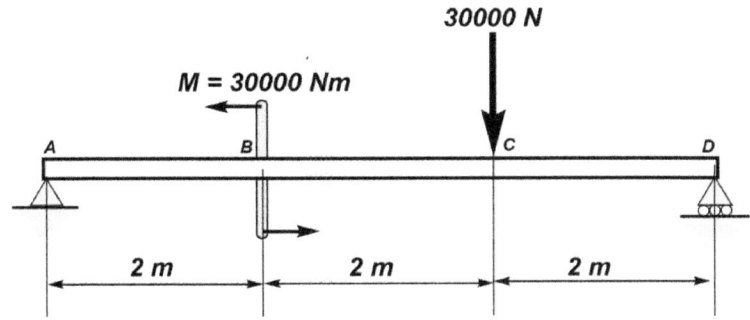

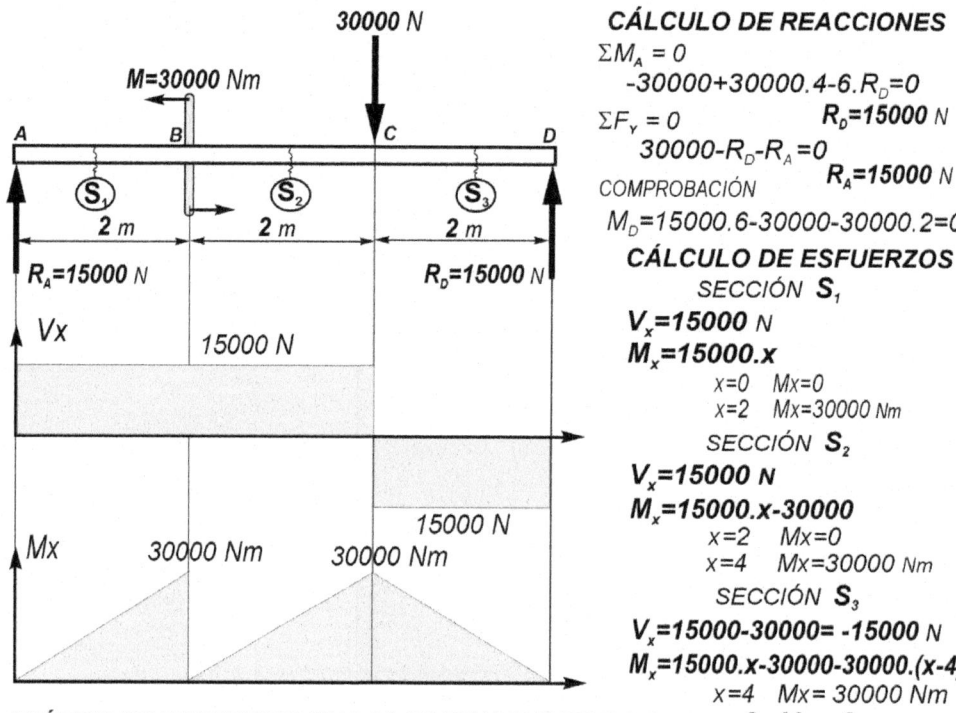

CÁLCULO DE REACCIONES

$\Sigma M_A = 0$

$-30000+30000.4-6.R_D=0$

$\Sigma F_Y = 0 \qquad\qquad R_D\mathbf{=15000}$ N

$30000-R_D-R_A=0$

$\qquad\qquad\qquad R_A\mathbf{=15000}$ N

COMPROBACIÓN

$M_D=15000.6-30000-30000.2=0$

CÁLCULO DE ESFUERZOS

SECCIÓN $\mathbf{S_1}$

$V_x\mathbf{=15000}$ N

$M_x\mathbf{=15000.x}$

$\quad x=0 \quad Mx=0$

$\quad x=2 \quad Mx=30000$ Nm

SECCIÓN $\mathbf{S_2}$

$V_x\mathbf{=15000}$ N

$M_x\mathbf{=15000.x-30000}$

$\quad x=2 \quad Mx=0$

$\quad x=4 \quad Mx=30000$ Nm

SECCIÓN $\mathbf{S_3}$

$V_x\mathbf{=15000-30000= -15000}$ N

$M_x\mathbf{=15000.x-30000-30000.(x-4)}$

$\quad x=4 \quad Mx= 30000$ Nm

ANÁLISIS DE ESFUERZOS EN LAS INMEDIACIONES DE B $\quad x=6 \quad Mx= 0$

CONVENIO DE SIGNOS
MOMENTO FLECTOR

HORARIO POR
LA IZQUIERDA
ANTIHORARIO
POR LA DERECHA
**MOMENTO FLECTOR
POSITIVO**

| MOMENTO FLECTOR CUANDO **x** TIENDE A **2** POR LA IZQUIERDA ($\mathbf{S_I}$ POCO ANTES DE SECCIÓN B) | CONSIDERANDO CARGAS POR LA IZQUIERDA DE $\mathbf{S_I}$ $M_x=15000.2=30000$ Nm | CONSIDERANDO CARGAS POR LA DERECHA DE $\mathbf{S_I}$ $M_x=15000.4-30000.2+30000$ $M_x=30000$ Nm |

MOMENTO FLECTOR EN $\mathbf{S_I}=30000$ Nm

| MOMENTO FLECTOR CUANDO **x** TIENDE A **2** POR LA DERECHA ($\mathbf{S_D}$ REBASADA LA SECCIÓN B) | CONSIDERANDO CARGAS POR LA IZQUIERDA DE $\mathbf{S_D}$ $M_x=15000.2 -30000 =0$ | CONSIDERANDO CARGAS POR LA DERECHA DE $\mathbf{S_D}$ $M_x=15000.4 -30000.2 =0$ |

MOMENTO FLECTOR EN $\mathbf{S_D}= 0$

SI EN UNA SECCIÓN ESTÁ APLICADO UN PAR DE FUERZAS, EL MOMENTO FLECTOR EXPERIMENTA UNA VARIACIÓN IGUAL AL VALOR DEL PAR

FIGURA 3.24
INFLUENCIA DE UN PAR DE FUERZAS

EJERCICIO 7

Trazar diagramas de esfuerzos **Fig 3.25**

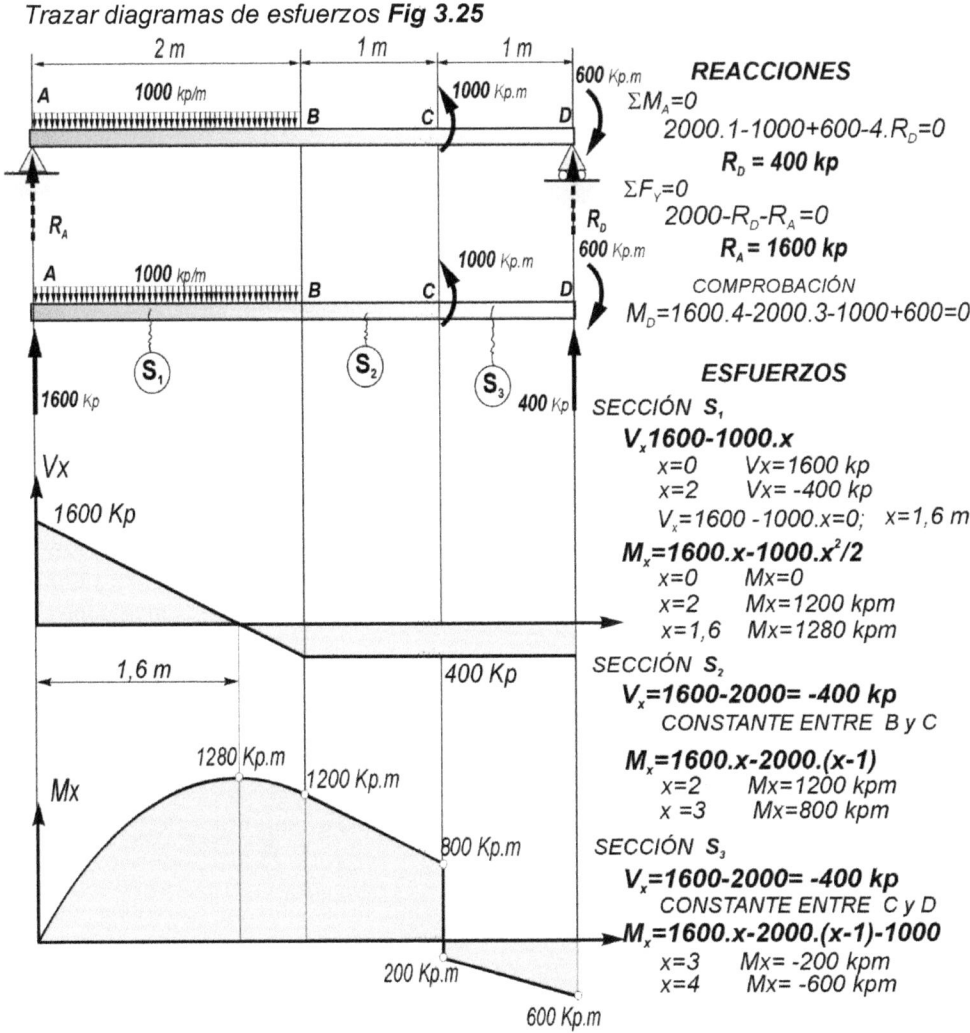

REACCIONES

$\Sigma M_A = 0$

$2000.1 - 1000 + 600 - 4.R_D = 0$

$R_D = 400\ kp$

$\Sigma F_Y = 0$

$2000 - R_D - R_A = 0$

$R_A = 1600\ kp$

COMPROBACIÓN

$M_D = 1600.4 - 2000.3 - 1000 + 600 = 0$

ESFUERZOS

SECCIÓN S_1

$V_x 1600 - 1000.x$

$x=0 \qquad Vx=1600\ kp$

$x=2 \qquad Vx=-400\ kp$

$V_x = 1600 - 1000.x = 0;\quad x = 1,6\ m$

$M_x = 1600.x - 1000.x^2/2$

$x=0 \qquad Mx=0$

$x=2 \qquad Mx=1200\ kpm$

$x=1,6 \qquad Mx=1280\ kpm$

SECCIÓN S_2

$V_x = 1600 - 2000 = -400\ kp$

CONSTANTE ENTRE B y C

$M_x = 1600.x - 2000.(x-1)$

$x=2 \qquad Mx=1200\ kpm$

$x=3 \qquad Mx=800\ kpm$

SECCIÓN S_3

$V_x = 1600 - 2000 = -400\ kp$

CONSTANTE ENTRE C y D

$M_x = 1600.x - 2000.(x-1) - 1000$

$x=3 \qquad Mx=-200\ kpm$

$x=4 \qquad Mx=-600\ kpm$

FIGURA 3.25
DIAGRAMAS DE ESFUERZOS

Para manejar las definiciones, convenios de signos y algunas particularidades de distintos tipos de cargas, en el análisis de esfuerzos vimos un proceso lógico consistente en: determinar las leyes matemáticas que definen el esfuerzo, para representarlas posteriormente de forma gráfica.

Sin embargo, de las definiciones de esfuerzo cortante y momento flector y de las relaciones entre ellos, se derivan algunas recetas, que comentamos a continuación, que pueden facilitar la obtención directa y rápida de los diagramas.

Diagrama de cortantes

Recorriendo la viga de **izquierda a derecha**:

1. Si comenzamos un poco a la izquierda de la viga, lógicamente, al no haber cargas, el esfuerzo cortante es nulo.

2. Mientras no se encuentre alguna carga, el cortante no varía

3. Al encontrar una carga concentrada, el cortante experimenta una variación del valor y sentido de la carga

4. Si se encuentra un par, el cortante no varía

5. Si completamos el recorrido, saliendo por la derecha de la viga, el esfuerzo volverá a ser cero. Este cierre a cero es condición necesaria para que el diagrama esté bien trazado.

Aunque posteriormente veremos lo que ocurre al encontrar cargas distribuidas, para destacar la facilidad e interés de estas recetas, veamos el ejercicio de la **Fig 3.26**

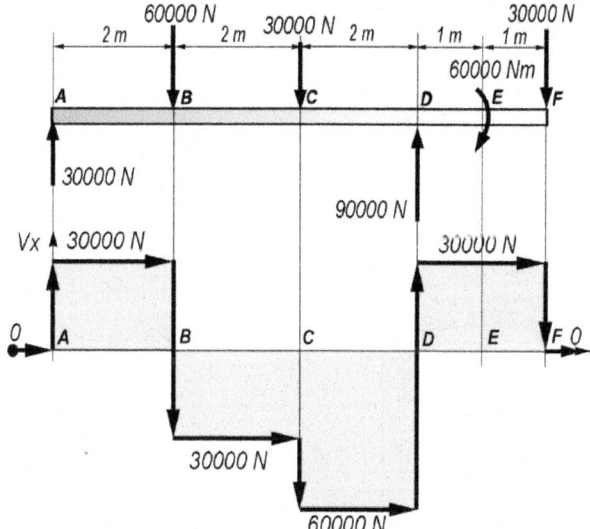

COMENZANDO EL RECORRIDO UN POCO A LA IZQUIERDA DE "A", EL CORTANTE ES CERO.

EN "**A**", CARGA DE **30000** N HACIA ARRIBA, SE PRODUCE UN "**SALTO**" DE ESTE VALOR Y SENTIDO EN EL DIAGRAMA

ENTRE **A** y **B** NO HAY CARGAS; CORTANTE CONSTANTE

EN "**B**", CARGA DE **60000** N HACIA ABAJO, "**SALTO**" HACIA ABAJO EN EL DIAGRAMA

EN "**B**" EL CORTANTE CAMBIA DE SIGNO; EL MOMENTO FLECTOR PASARÁ POR UN MÁXIMO

ENTRE **B** y **C** NO HAY CARGAS; CORTANTE CONSTANTE

EN "**C**", CARGA DE **30000 N** HACIA ABAJO, "**SALTO**" HACIA ABAJO EN EL DIAGRAMA.

ENTRE **C** Y **D** NO HAY CARGAS POR LO QUE EL CORTANTE PERMANECE CONSTANTE

EN "**D**" ENCONTRAMOS OTRA CARGA CONCENTRADA DE **90000 N** HACIA ARRIBA, QUE PROVOCA UN "**SALTO**" HACIA ARRIBA EN EL DIAGRAMA DE CORTANTES

EN **D** EL CORTANTE CAMBIA DE SIGNO POR LO QUE EL MOMENTO FLECTOR PASARÁ POR UN MÁXIMO

ENTRE **D** Y **E** NO HAY CARGAS POR LO QUE EL CORTANTE PERMANECE CONSTANTE

EN "**E**" ESTÁ APLICADO UN PAR, QUE NO AFECTA AL VALOR DEL CORTANTE

ENTRE **E** Y **F** NO HAY CARGAS POR LO QUE EL CORTANTE PERMANECE CONSTANTE

EN "**F**", OTRA CARGA CONCENTRADA DE **30000 N** HACIA ABAJO, PROVOCA UN "**SALTO**" HACIA ABAJO EN EL DIAGRAMA DE CORTANTES (EL VALOR FINAL DEL CORTANTE, A LA DERECHA DE **F** ES CERO, COMO CORRESPONDE)

FIGURA 3.26
TRAZADO DIRECTO DEL DIAGRAMA DE CORTANTES

Para cargas uniformemente distribuidas podemos aplicar la misma receta. Se trata de una carga **"q"** por cada unidad de longitud, por lo que el cortante experimentará una variación **q** por cada unidad de longitud, hacia arriba o hacia abajo, según el sentido de la carga.

La variación total del cortante en la zona de aplicación de la carga distribuida será igual a la resultante de la carga. **Fig 3.27 y 28**

Si en esta zona se produce un cambio de signo del cortante, para precisar la sección en la que se produce, basta con recordar que el cortante varía **"q"** por unidad de longitud.

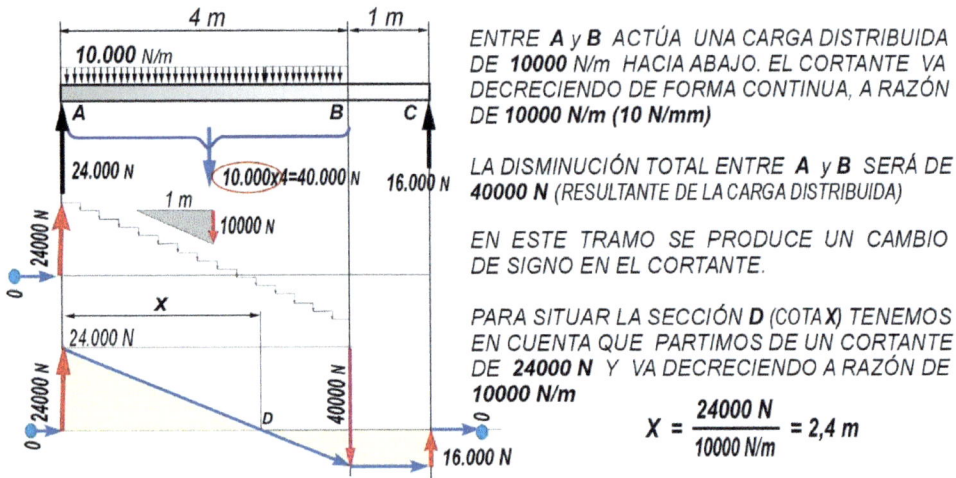

ENTRE **A** y **B** ACTÚA UNA CARGA DISTRIBUIDA DE **10000** N/m HACIA ABAJO. EL CORTANTE VA DECRECIENDO DE FORMA CONTINUA, A RAZÓN DE **10000 N/m (10 N/mm)**

LA DISMINUCIÓN TOTAL ENTRE **A** y **B** SERÁ DE **40000 N** (RESULTANTE DE LA CARGA DISTRIBUIDA)

EN ESTE TRAMO SE PRODUCE UN CAMBIO DE SIGNO EN EL CORTANTE.

PARA SITUAR LA SECCIÓN **D** (COTA **X**) TENEMOS EN CUENTA QUE PARTIMOS DE UN CORTANTE DE **24000 N** Y VA DECRECIENDO A RAZÓN DE 10000 N/m

$$X = \frac{24000 \ N}{10000 \ N/m} = 2,4 \ m$$

FIGURA 3.27
VARIACIÓN DEL CORTANTE ANTE CARGAS UNIFORMEMENTE DISTRIBUIDA

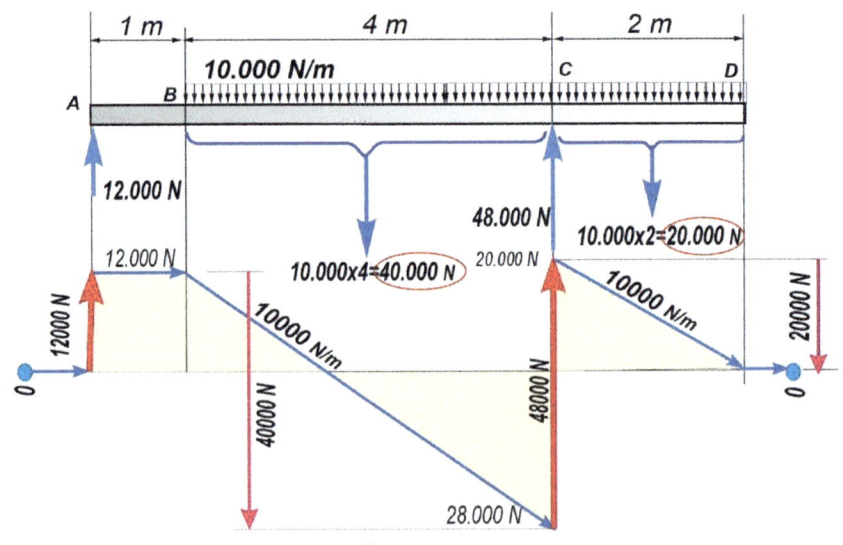

FIGURA 3.28
VARIACIÓN DEL CORTANTE ANTE CARGAS UNIFORMEMENTE DISTRIBUIDA

De acuerdo con las anteriores recetas, en muchos casos, puede simplificarse el trazado de los diagramas de esfuerzos aplicando el siguiente proceso:

1. Trazar el diagrama de cortantes, precisando las secciones en las que se produce un cambio de signo (si las hay)

2. Calcular el momento flector en secciones concretas:
   - ❖ extremos de tramos
   - ❖ secciones de cambio de signo del cortante
   - ❖ a izquierda y derecha de secciones en las que está aplicado un par

3. Enlazar los puntos así obtenidos, en el diagrama de momentos, teniendo en cuenta la relación entre cortantes y flectores que se recuerda en la figura **3.29**

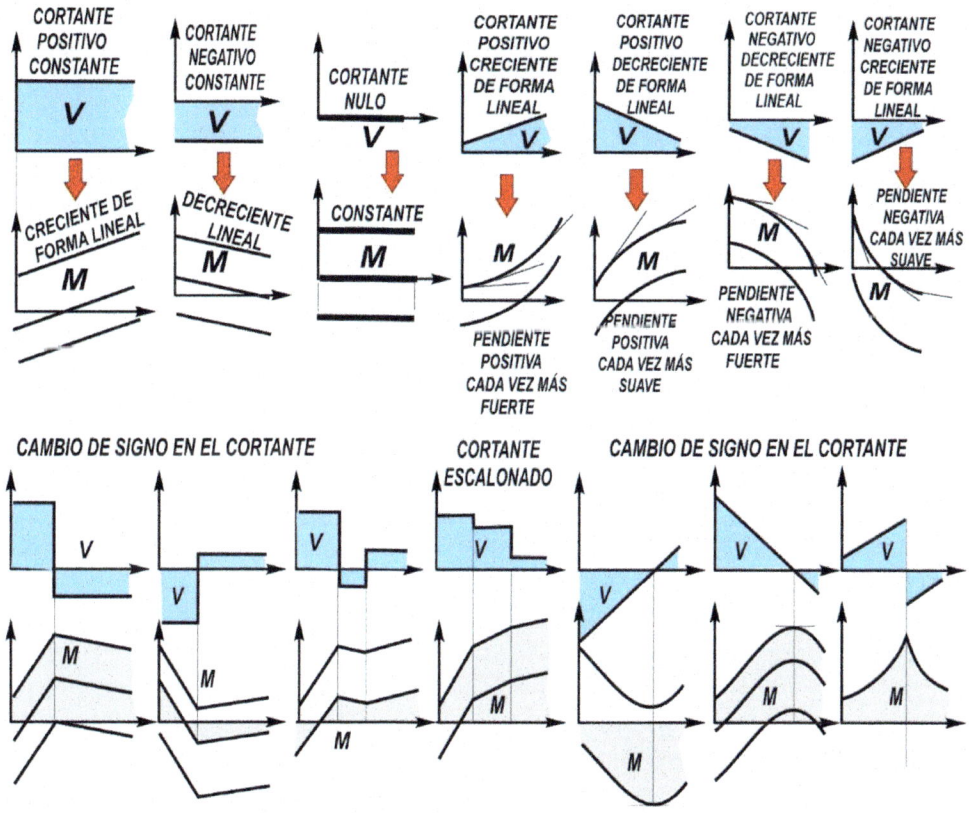

FIGURA 3.29
RELACIÓN ENTRE LOS DIAGRAMAS DE CORTANTES Y FLECTORES

En el Ejercicio 8 se aplica este proceso, tratando de destacar cada uno de los pasos.

EJERCICIO 8

Trazar diagramas de esfuerzos **Fig 3.30, 3.31 y 3.32**

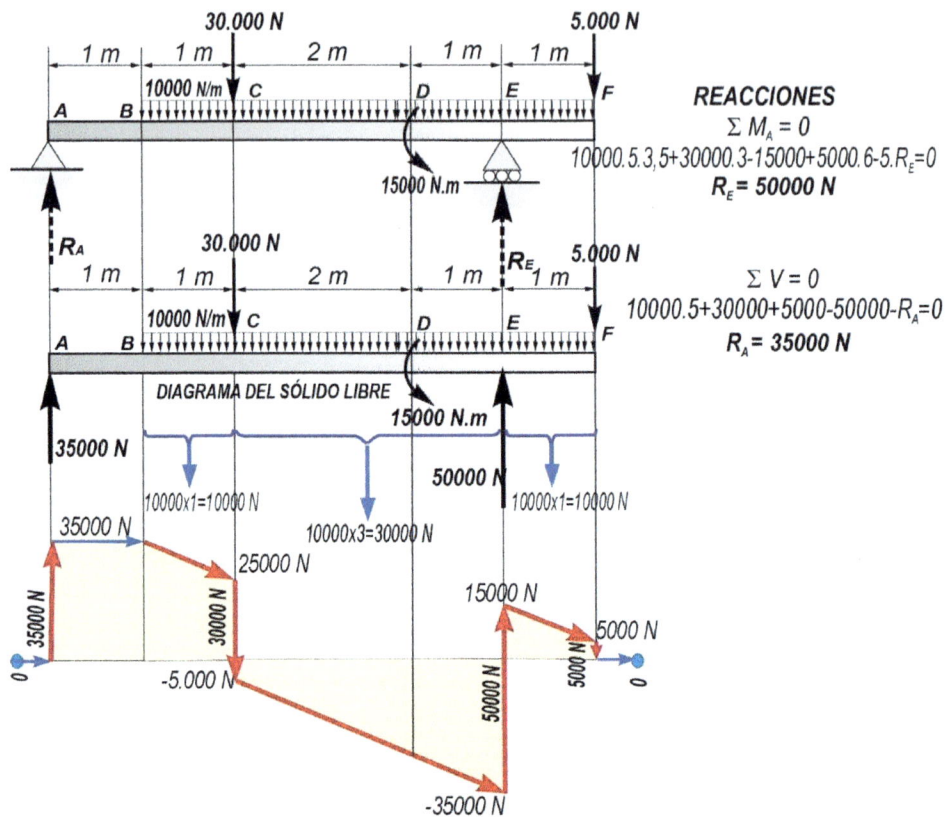

30.000 N   5.000 N

REACCIONES
$\Sigma M_A = 0$
$10000.5.3,5+30000.3-15000+5000.6-5.R_E=0$
$R_E = 50000\ N$

$\Sigma V = 0$
$10000.5+30000+5000-50000-R_A=0$
$R_A = 35000\ N$

DIAGRAMA DEL SÓLIDO LIBRE

DIAGRAMA DE CORTANTES
TRAZADO DE ACUERDO CON LAS RECETAS ANTERIORES
EN ESTA DIAGRAMA PODEMOS DESTACAR:

EN LAS SECCIONES EN LAS QUE ACTÚAN CARGAS CONCENTRADAS (A,C,E y F) EL CORTANTE EXPERIMENTA UNA VARIACIÓN DEL VALOR Y SENTIDO DE LA CARGA

EN LOS TRAMOS SOLICITADOS POR CARGAS UNIFORMEMENTE DISTRIBUIDAS, (BC, CE y EF) EL CORTANTE VARÍA DE FORMA LINEAL, EXPERIMENTANDO UNA VARIACIÓN TOTAL EN CADA TRAMO IGUAL A LA CARGA RESULTANTE QUE ACTÚA SOBRE EL MISMO.

LA PENDIENTE ES IGUAL A LA INTENSIDAD DE CARGA (EN ESTE CASO, 10000 N/m). SI ÉSTA NO VARÍA, LA PENDIENTE PERMANECE CONSTANTE.

EN ESTE CASO, LA MISMA INTENSIDAD DE CARGA EN TODOS LOS TRAMOS, LAS LÍNEAS QUE NOS INDICAN LA VARIACIÓN DEL CORTANTE SON PARALELAS.

EN C y E SE PRODUCE UN CAMBIO DE SIGNO EN EL CORTANTE, POR LO QUE EL MOMENTO PASARÁ POR UN "PICO" (MÁXIMO O MÍNIMO)

FIGURA 3.30
TRAZADO DEL DIAGRAMA DE CORTANTES

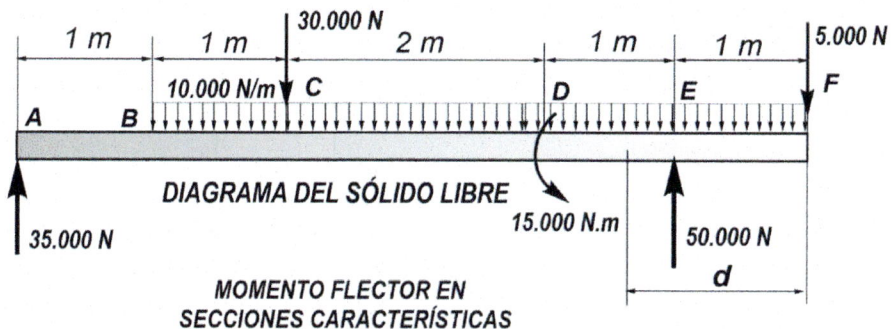

DIAGRAMA DEL SÓLIDO LIBRE

**MOMENTO FLECTOR EN
SECCIONES CARACTERÍSTICAS**

SECCIÓN A → $M_A = 0$
SECCIÓN B → $M_B = 35000.1 = 35000$ N.m
SECCIÓN C → $M_C = 35000.2 - 10000.1.0,5 = 65000$ N.m
SECCIÓN D → $M_D = 35000.4 - 30000.2 - 10000.3.1,5 = 35000$ N.m (A LA IZQ DE "D")
SECCIÓN D → $M_D = 35000.4 - 30000.2 - 10000.3.1,5 - 15000 = 20000$ N.m (A LA DCHA DE "D")
SECCIÓN E → $M_E = - 5000.1 - 10000.1.0,5 = - 10000$ N.m
SECCIÓN F → $M_F = 0$

EL MOMENTO EN LOS EXTREMOS ES CERO, SALVO QUE HAYA UN PAR APLICADO,
POR EJEMPLO, UN MOMENTO DE EMPOTRAMIENTO

EN "D" SE PRODUCE UNA VARIACIÓN DEL MOMENTO IGUAL AL PAR APLICADO

ENTRE **D y E** SE PRODUCE UN CAMBIO DE SIGNO EN EL FLECTOR. PARA
DETERMINAR LA SECCIÓN EN LA QUE SE PRODUCE, EXPRESAMOS LA LEY DE
MOMENTOS PARA ESTE TRAMO E IGUALAMOS A CERO.

LLAMANDO **"d"** A LA DISTANCIA A DETERMINAR Y CONSIDERANDO LAS CARGAS
DE LA DERECHA:

$$M_d = - 5000.d - 10000.d.0,5.d + 50000.(d - 1) = 0$$

$$d = 1,3 \ m$$

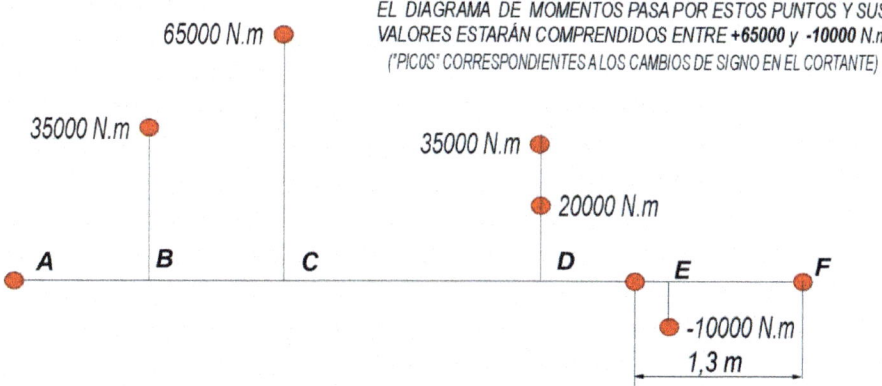

EL DIAGRAMA DE MOMENTOS PASA POR ESTOS PUNTOS Y SUS
VALORES ESTARÁN COMPRENDIDOS ENTRE **+65000** y **-10000** N.m
("PICOS" CORRESPONDIENTES A LOS CAMBIOS DE SIGNO EN EL CORTANTE)

FIGURA 3.31
PUNTOS CARACTERÍSTICOS DEL DIAGRAMA DE MOMENTOS

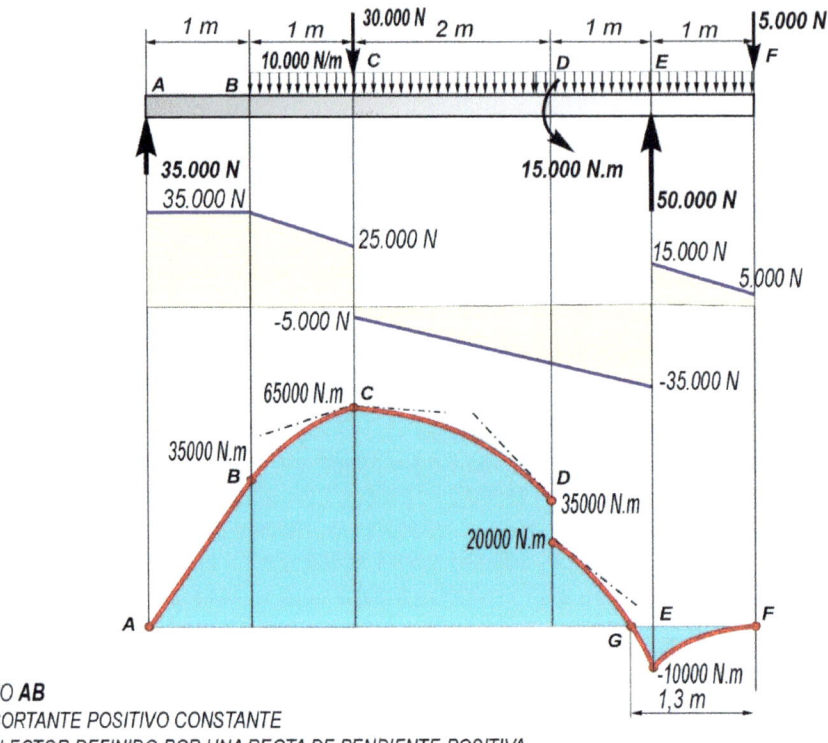

TRAMO **AB**
    CORTANTE POSITIVO CONSTANTE
    FLECTOR DEFINIDO POR UNA RECTA DE PENDIENTE POSITIVA

TRAMO **BC**
    CORTANTE POSITIVO DECRECIENTE
    FLECTOR DEFINIDO POR UNA PARÁBOLA DE PENDIENTE POSITIVA DECRECIENTE (SIN LLEGAR A CERO)

SECCIÓN **C**
    EL CORTANTE CAMBIA DE SIGNO (DE UN CIERTO VALOR POSITIVO, A OTRO NEGATIVO). EL FLECTOR PASA POR UN "PICO" (POR LA IZQDA PDTE POSITIVA DE UN CIERTO VALOR; POR LA DCHA PDTE NEGATIVA)

TRAMO **CD**
    CORTANTE NEGATIVO DE VALOR ABSOLUTO CRECIENTE
    FLECTOR DEFINIDO POR UNA PARÁBOLA DE PENDIENTE NEGATIVA, CADA VEZ MÁS ACUSADA

SECCIÓN **D**
    EL FLECTOR EXPERIMENTA UNA VARIACIÓN BRUSCA DEL VALOR DEL PAR APLICADO

TRAMO **DE**
    CORTANTE NEGATIVO DE VALOR ABSOLUTO CRECIENTE
    FLECTOR DEFINIDO POR UNA PARÁBOLA DE PENDIENTE NEGATIVA, CADA VEZ MÁS PRONUNCIADA

SECCIÓN **G**
    EL FLECTOR SE ANULA y CAMBIA DE SIGNO

SECCIÓN **E**
    EL CORTANTE CAMBIA DE SIGNO (DE UN CIERTO VALOR NEGATIVO, A OTRO POSITIVO). EL FLECTOR PASA POR UN "PICO" (POR LA IZQDA PDTE NEGATIVA DE UN CIERTO VALOR; POR LA DCHA PDTE POSITIVA)

TRAMO **EF**
    CORTANTE POSITIVO DECRECIENTE
    FLECTOR DEFINIDO POR UNA PARÁBOLA DE PENDIENTE POSITIVA DECRECIENTE

FIGURA 3.32
TRAZADO DEL DIAGRAMA DE MOMENTOS

EJERCICIO 9

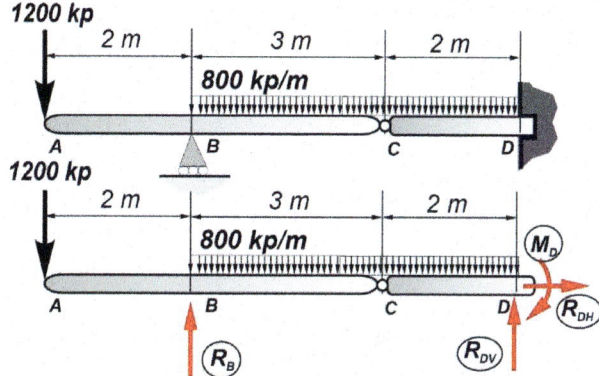

AL CALCULAR LAS REACCIONES, NOS ENCONTRAMOS CON UN PROBLEMA, APARENTEMENTE, HIPERESTÁTICO.
CUATRO INCÓGNITAS Y TRES CONDICIONES DE EQUILIBRIO, PARA EL CONJUNTO.

HAY QUE CONSIDERAR QUE SE TRATA DE DOS SÓLIDOS: LA BARRA **ABC** Y LA **CD**. ADEMÁS, HAY QUE TENER EN CUENTA LA ACCIÓN QUE SE EJERCE ENTRE AMBAS A TRAVÉS DE LA ARTICULACIÓN (DOS INCÓGNITAS). EN RESUMEN, TENDRÍAMOS SEIS INCÓGNITAS Y SEIS ECUACIONES (TRES PARA CADA BARRA), POR LO QUE SE TRATA DE UN CASO ISOSTÁTICO.

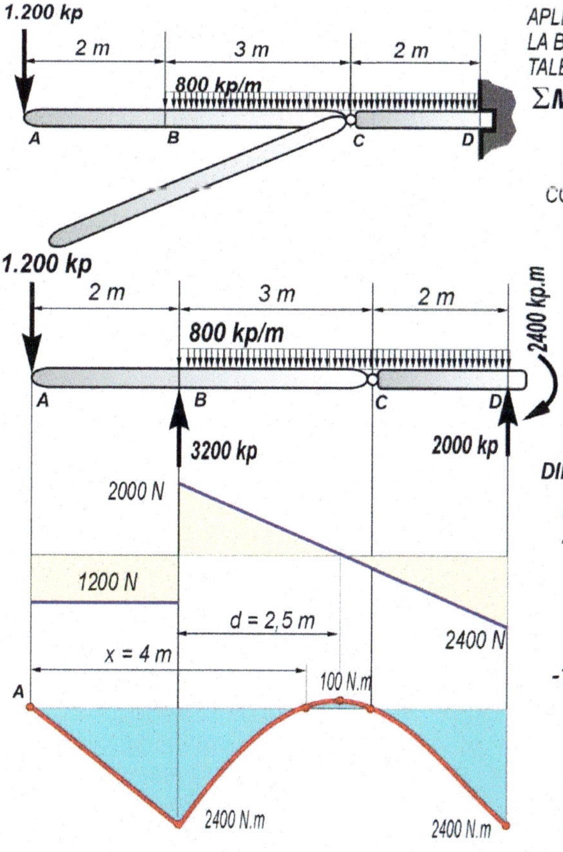

APLICANDO LAS CONDICIONES DE EQUILIBRIO A LA BARRA **ABC**, LAS FUERZAS TIENEN QUE SER TALES QUE NO SE PRODUZCA EL GIRO INDICADO.

$\Sigma M_C = 0$ $3.R_B - 1200.5 - 800.3.1,5 = 0$
(MOMENTO FLECTOR EN "C" = 0)

$$R_B = 3200\ Kp$$

CONSIDERANDO EL EQUILIBRIO DEL CONJUNTO

$$\Sigma F_H = 0 \qquad R_{DH} = 0$$

$\Sigma F_V = 0 \qquad R_B + R_{DV} - 1200 - 800.5 = 0$

$$R_{DV} = 2000\ Kp$$

$\Sigma M_D = 0 \quad 5.R_B - 1200.7 - 800.5.2,5 + M_D = 0$

$$M_D = 2400\ Kp.m$$

CONOCIDAS LAS CARGAS, NO HAY DIFICULTAD PARA TRAZAR LOS DIAGRAMAS

EN EL TRAMO "BC", EL CORTANTE SE ANULA Y CAMBIA DE SIGNO:

$2000. - 800.d = 0 \qquad d = 2,5\ m$

EN EL TRAMO "BD", EL MOMENTO SE ANULA Y CAMBIA DE SIGNO:

$-1200.x + 3200\ (x-2) - 800.(x-2).(x-2)/2 = 0$

$$x = 4\ m$$
$$x = 5\ m$$

EN LA ARTICULACIÓN SIEMPRE ES NULO EL MOMENTO FLECTOR

FIGURA 3.33
VIGA CON ARTICULACIÓN

EJERCICIO 10

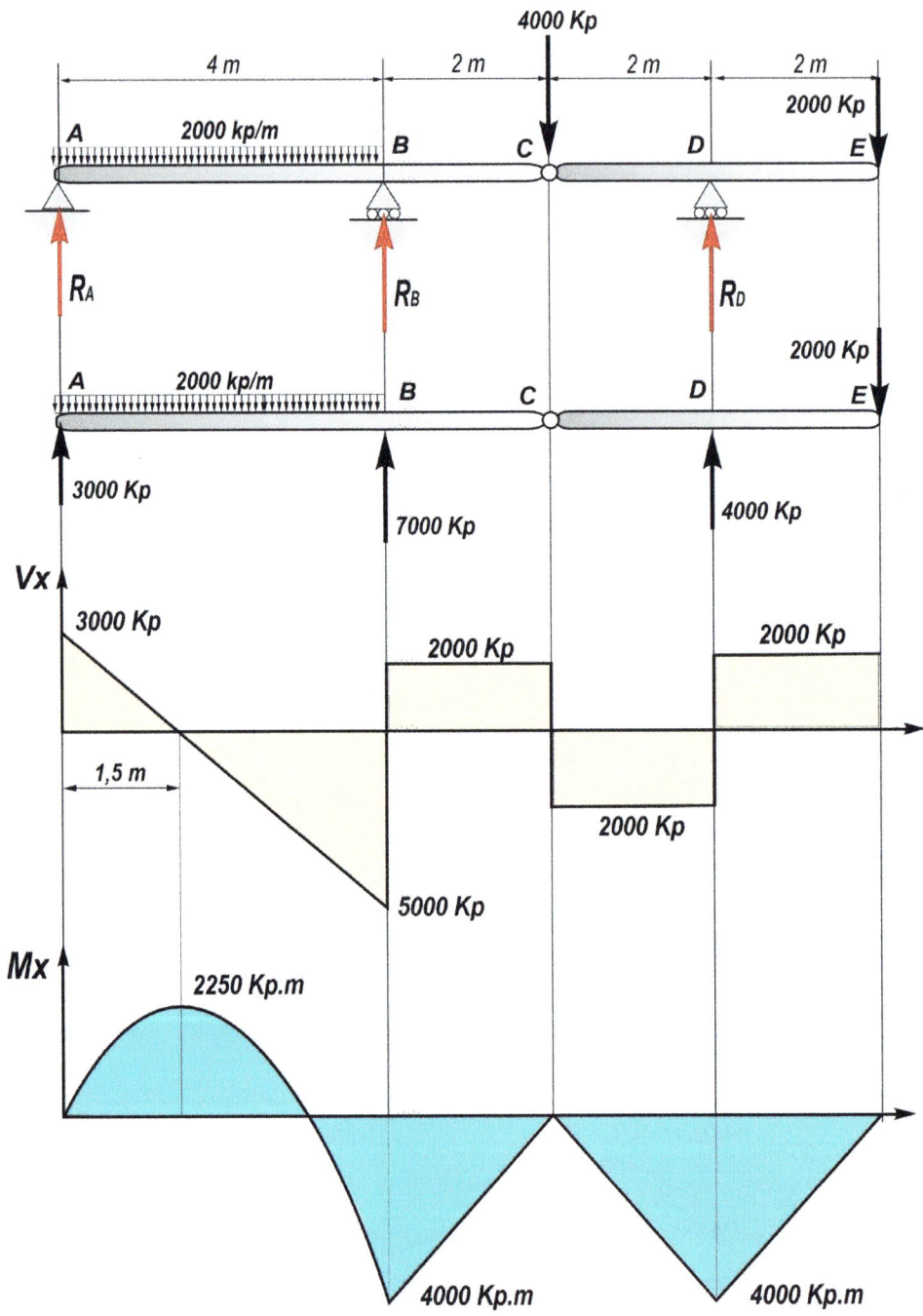

FIGURA 3.34
VIGA CON ARTICULACIONES

EJERCICIO 11

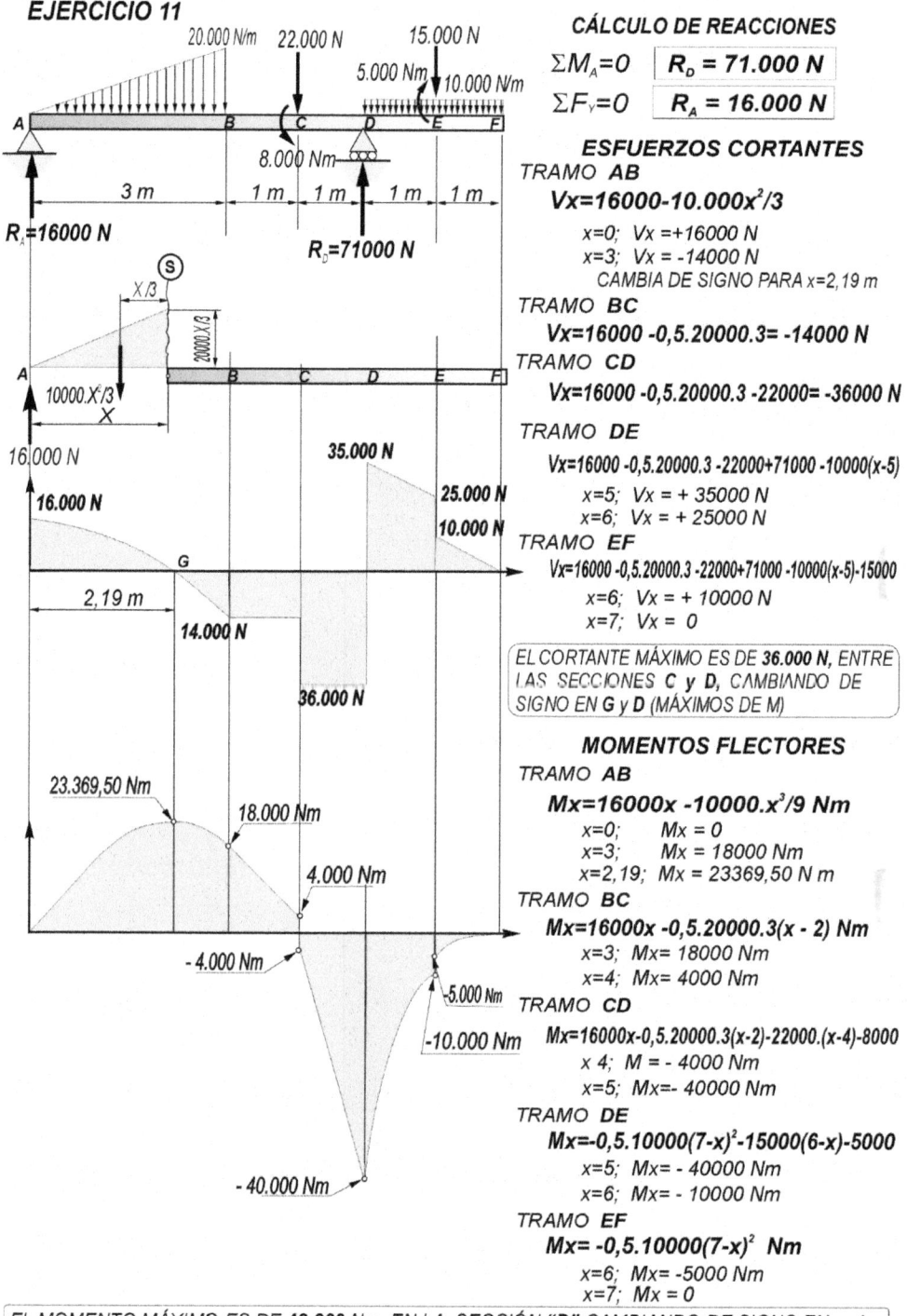

CÁLCULO DE REACCIONES

$\Sigma M_A = 0$ $\boxed{R_D = 71.000 \text{ N}}$

$\Sigma F_Y = 0$ $\boxed{R_A = 16.000 \text{ N}}$

ESFUERZOS CORTANTES

TRAMO **AB**

$$Vx = 16000 - 10.000x^2/3$$

x=0; Vx = +16000 N
x=3; Vx = -14000 N
    CAMBIA DE SIGNO PARA x=2,19 m

TRAMO **BC**

$$Vx = 16000 - 0,5.20000.3 = -14000 \text{ N}$$

TRAMO **CD**

$$Vx = 16000 - 0,5.20000.3 - 22000 = -36000 \text{ N}$$

TRAMO **DE**

$$Vx = 16000 - 0,5.20000.3 - 22000 + 71000 - 10000(x-5)$$

x=5; Vx = + 35000 N
x=6; Vx = + 25000 N

TRAMO **EF**

$$Vx = 16000 - 0,5.20000.3 - 22000 + 71000 - 10000(x-5) - 15000$$

x=6; Vx = + 10000 N
x=7; Vx = 0

> EL CORTANTE MÁXIMO ES DE **36.000 N**, ENTRE LAS SECCIONES **C y D**, CAMBIANDO DE SIGNO EN **G y D** (MÁXIMOS DE M)

MOMENTOS FLECTORES

TRAMO **AB**

$$Mx = 16000x - 10000.x^3/9 \text{ Nm}$$

x=0;   Mx = 0
x=3;   Mx = 18000 Nm
x=2,19; Mx = 23369,50 N m

TRAMO **BC**

$$Mx = 16000x - 0,5.20000.3(x - 2) \text{ Nm}$$

x=3; Mx= 18000 Nm
x=4; Mx= 4000 Nm

TRAMO **CD**

$$Mx = 16000x - 0,5.20000.3(x-2) - 22000.(x-4) - 8000$$

x 4; M = - 4000 Nm
x=5; Mx=- 40000 Nm

TRAMO **DE**

$$Mx = -0,5.10000(7-x)^2 - 15000(6-x) - 5000$$

x=5; Mx= - 40000 Nm
x=6; Mx= - 10000 Nm

TRAMO **EF**

$$Mx = -0,5.10000(7-x)^2 \text{ Nm}$$

x=6; Mx= -5000 Nm
x=7; Mx = 0

> EL MOMENTO MÁXIMO ES DE **40.000** Nm, EN LA SECCIÓN **"D"**, CAMBIANDO DE SIGNO EN x=4 m

FIGURA 3.35
VIGA CON CARGA TRIANGULAR

EJERCICIO 12

Para sólidos sometidos a esfuerzos de torsión, una vez establecido un convenio de signos, seguimos aplicando el método de las secciones para determinar el esfuerzo (momento torsor) a lo largo del sólido. **Fig 3.36**

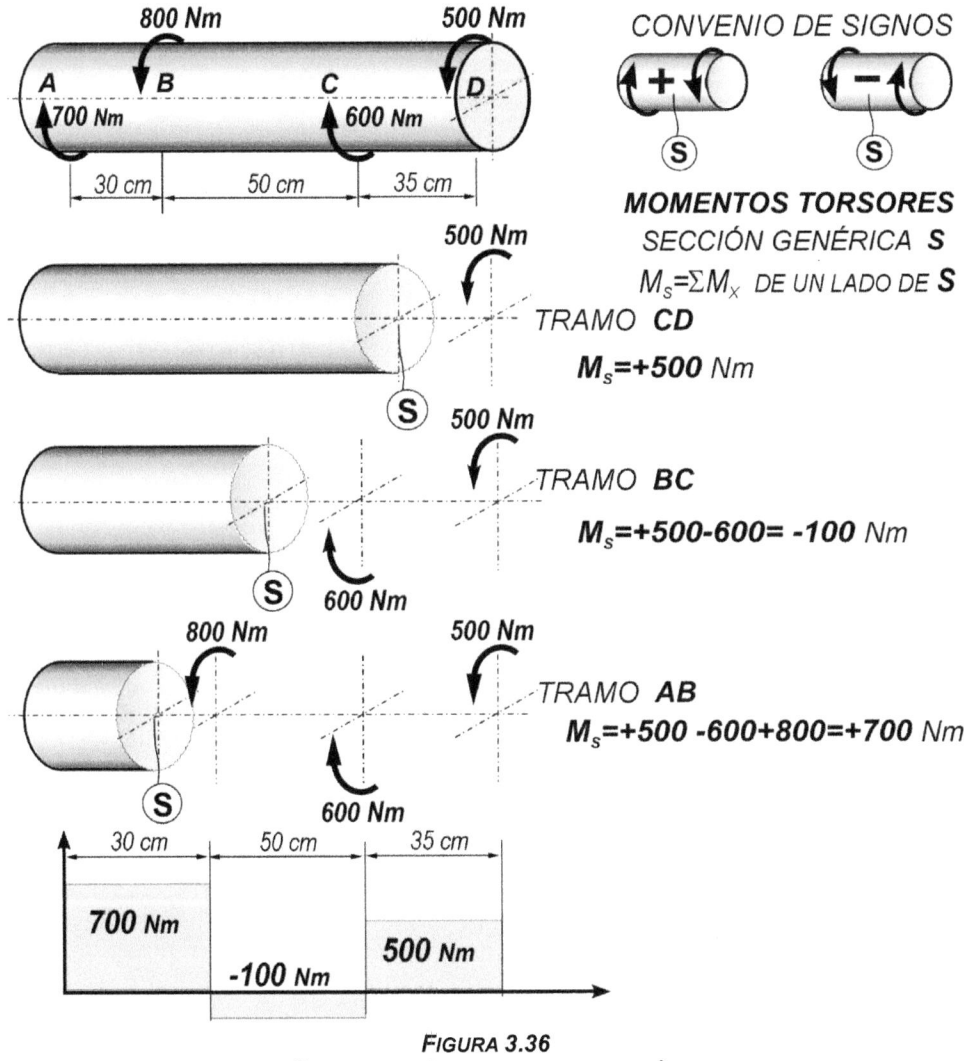

CONVENIO DE SIGNOS

MOMENTOS TORSORES

SECCIÓN GENÉRICA **S**

$M_s = \Sigma M_x$ DE UN LADO DE **S**

TRAMO **CD**

$M_s = +500$ Nm

TRAMO **BC**

$M_s = +500-600 = -100$ Nm

TRAMO **AB**

$M_s = +500 -600+800 = +700$ Nm

FIGURA 3.36
DIAGRAMA DE MOMENTOS DE TORSIÓN

Utilizando la representación vectorial de los momentos, teniendo en cuenta que, de acuerdo con el convenio de signos establecido los vectores momento que dan torsores positivos "tiran" de la barra y viceversa, puede resultar más cómodo el trazado de los diagramas de esfuerzos. En la **Fig 3.37** se aplica esta representación para resolver el ejercicio anterior.

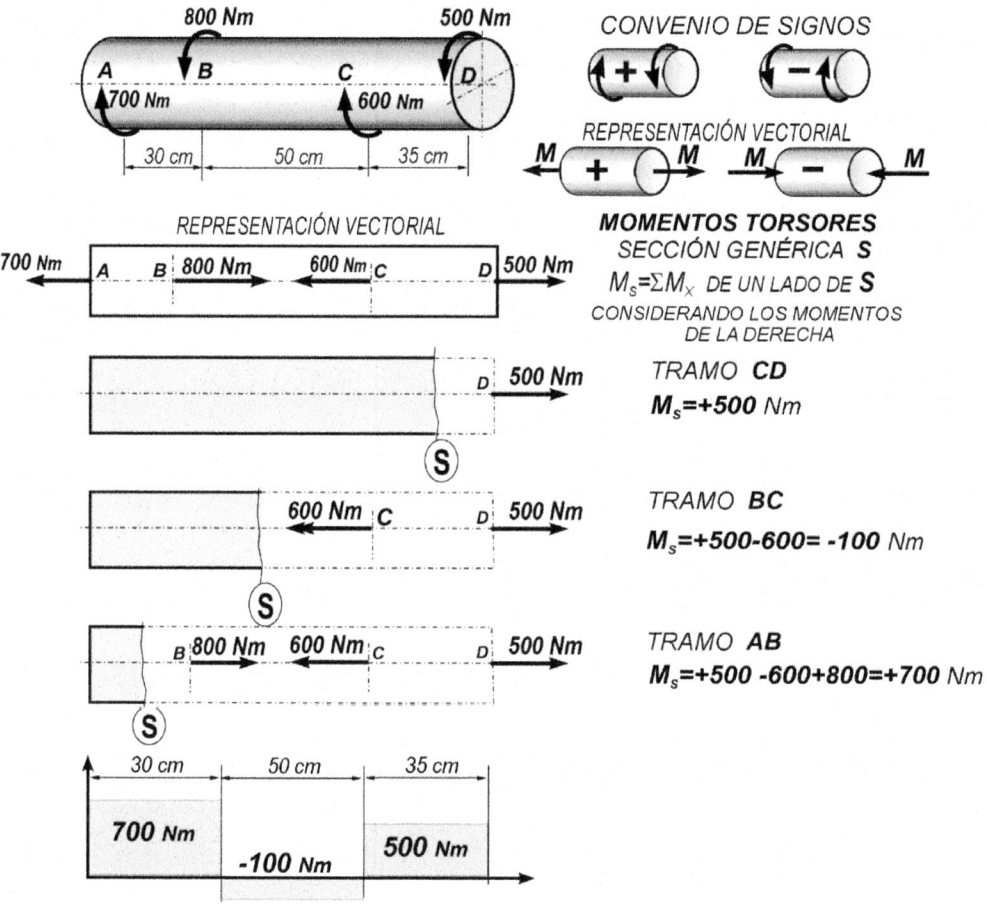

CONVENIO DE SIGNOS

REPRESENTACIÓN VECTORIAL

MOMENTOS TORSORES
SECCIÓN GENÉRICA **S**
$M_s = \Sigma M_x$ DE UN LADO DE **S**
CONSIDERANDO LOS MOMENTOS
DE LA DERECHA

TRAMO **CD**
$M_s = +500$ Nm

TRAMO **BC**
$M_s = +500 - 600 = -100$ Nm

TRAMO **AB**
$M_s = +500 -600+800 = +700$ Nm

FIGURA 3.37
DIAGRAMA DE MOMENTOS DE TORSIÓN

CAPÍTULO 4

ESTUDIO DE LA TENSIÓN EN UN PUNTO

TENSIÓN EN UN PUNTO
Concepto de tensión

Las cargas exteriores provocan acciones mutuas entre las partículas integrantes del sólido, que conocemos como fuerzas internas. La experiencia nos muestra que, cuando estas fuerzas rebasan ciertos límites, determinables mediante ensayos, puede producirse el fallo del material. Para predecir su comportamiento en distintas condiciones de solicitación es necesario conocer la intensidad de estas fuerzas internas.

Por aplicación de los principios de la estática, resulta sencillo determinar la suma de todas las fuerzas internas que se ejercen a través de una sección, es decir, lo que conocemos como **esfuerzo en la sección**.

Ahora bien, ¿Cómo se distribuye este esfuerzo a lo largo de la sección? ¿Qué intensidad alcanza en cada punto de la misma? El concepto de **tensión en un punto de una sección** trata de contestar a estas cuestiones.

Si el esfuerzo estuviese repartido uniformemente a lo largo de la sección, como ocurre en algunos casos, resultaría fácil determinar la tensión como resultado de dividir el esfuerzo entre el área de la sección. Pero, en general, la distribución no es uniforme, por lo que, aunque la idea sigue siendo la determinación del esfuerzo por unidad de sección, la distribución irregular nos obliga a aplicar este método en las inmediaciones de un punto. **Fig 4.01**

Sea el punto **O** de la sección **S**; consideremos un elemento de sección de área **dA** en el entorno del punto; a través de este elemento de superficie se ejerce una parte del esfuerzo **dF**; se define como tensión en el **punto O de la sección S** al límite del cociente **dF/dA** cuando la superficie **dA** tiende a cero. Se trata de una medida de cómo se reparte el esfuerzo a lo largo de la sección, valorando la intensidad que toma en cada punto. Se representa por un **vector, de la dirección de dF** y tiene las dimensiones de una presión **(F/L²)**, siendo unidades frecuentes N/mm²; N/m² (Pascal); MPa; libras/pulgada² (psi); kp/cm².

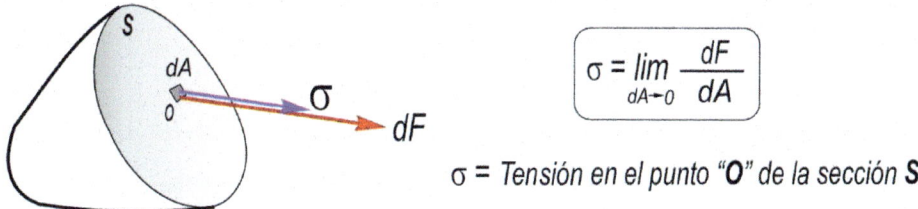

$$\sigma = \lim_{dA \to 0} \frac{dF}{dA}$$

σ = Tensión en el punto "**O**" de la sección **S**

FIGURA 4.01
TENSIÓN EN UN PUNTO DE UNA SECCIÓN

Componentes intrínsecas de la tensión

En general, el vector tensión en punto de una sección no es normal a la misma, por lo que podemos considerarlo como suma de dos componentes: una, perpendicular a la sección, tensión normal (σ_n) y otra tangencial a la sección, tensión cortante (τ) **Fig 4.02**.

Reciben el nombre de componentes intrínsecas de la tensión y están relacionadas con dos formas de deformación y de comportamiento, por lo que, normalmente, las analizaremos independientemente. Por definición, están relacionadas por la expresión indicada en la figura.

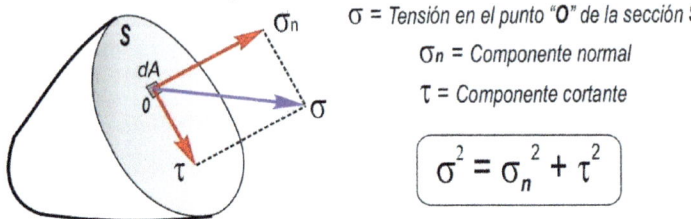

σ = Tensión en el punto "**O**" de la sección **S**

σ_n = Componente normal

τ = Componente cortante

$$\sigma^2 = \sigma_n^2 + \tau^2$$

FIGURA 4.02
COMPONENTES INTRÍNSECAS DE LA TENSIÓN

En la **Fig 4.03** se trata de mostrar, de forma cualitativa, la relación entre las diferentes componentes del esfuerzo y las componentes de la tensión.

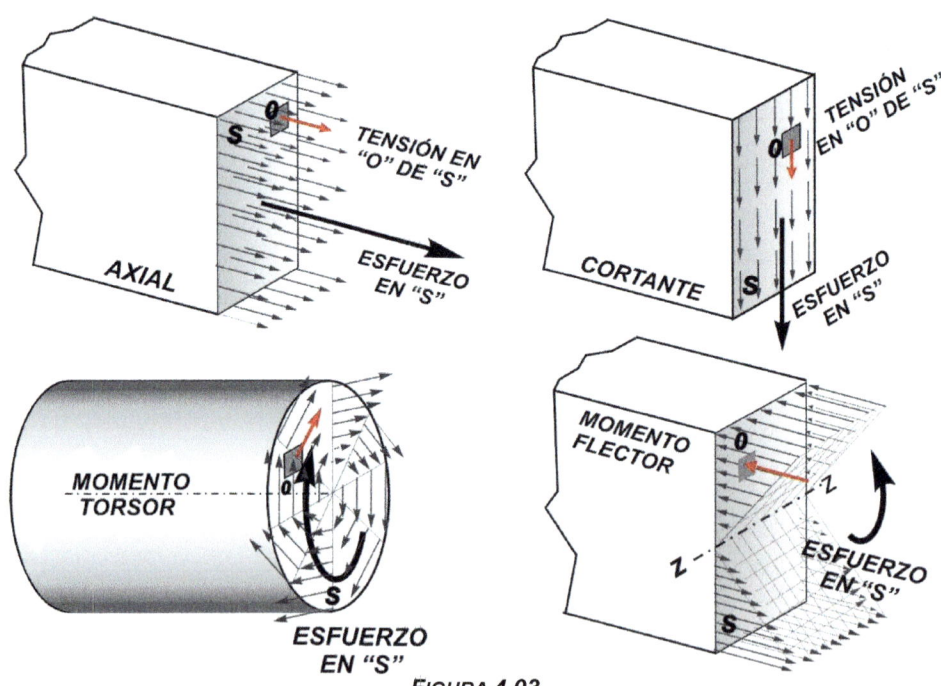

FIGURA 4.03
RELACIÓN CUALITATIVA ENTRE ESFUERZOS Y TENSIONES

Variación de la tensión en un punto al considerar diferentes secciones

Aunque en algunos casos el esfuerzo se reparte uniformemente en la sección, con lo que la tensión es la misma en todos los puntos, en general la tensión toma distintos valores para los distintos puntos de la sección. Una dificultad adicional que se presenta en el análisis de tensiones es que, para un estado tensional dado y en un punto determinado, la tensión toma distintos valores según la sección que se considere.

Esta variación no consiste en que el módulo de la tensión permanece constante y sus proyecciones varían según la sección considerada, sino que, en general, cambian módulo, dirección y, consiguientemente, las proyecciones al analizar las diferentes secciones que pasan por el punto.

*Como puede verse en la **Fig 4.04** si nos fijamos en un punto determinado **O**, la tensión en el mismo toma infinitos valores al considerar las infinitas secciones posibles.*

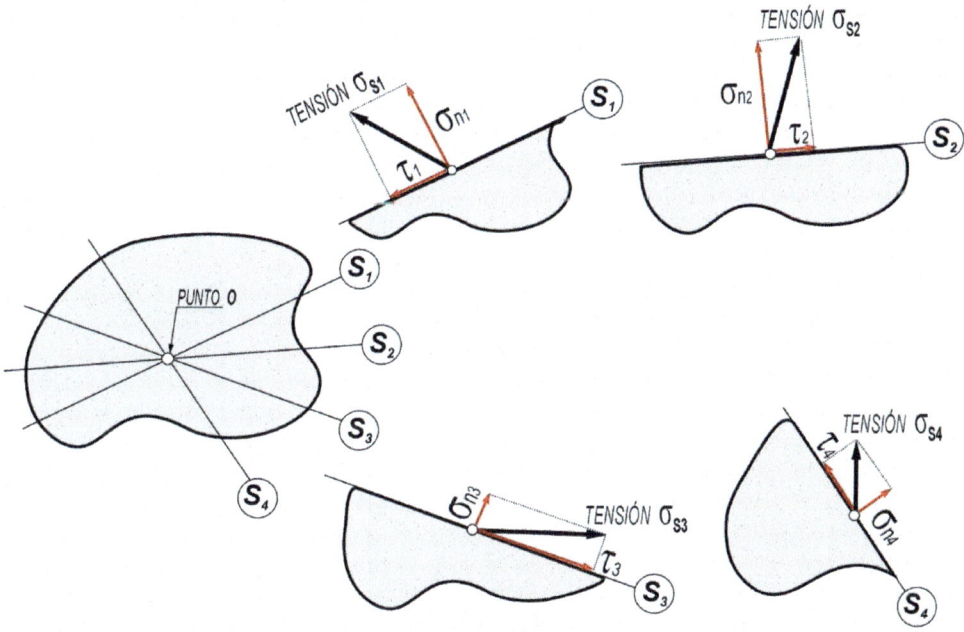

FIGURA 4.04
LA TENSIÓN EN UN PUNTO VARÍA SEGÚN LA SECCIÓN QUE SE CONSIDERE

*Acudiendo al modelo de los resortes, utilizado anteriormente para materializar la idea de fuerza interna, podemos ver fácilmente cómo sin moverse de un punto los resortes pueden estar más o menos tensos según la dirección que se considere. **Fig 4.05***

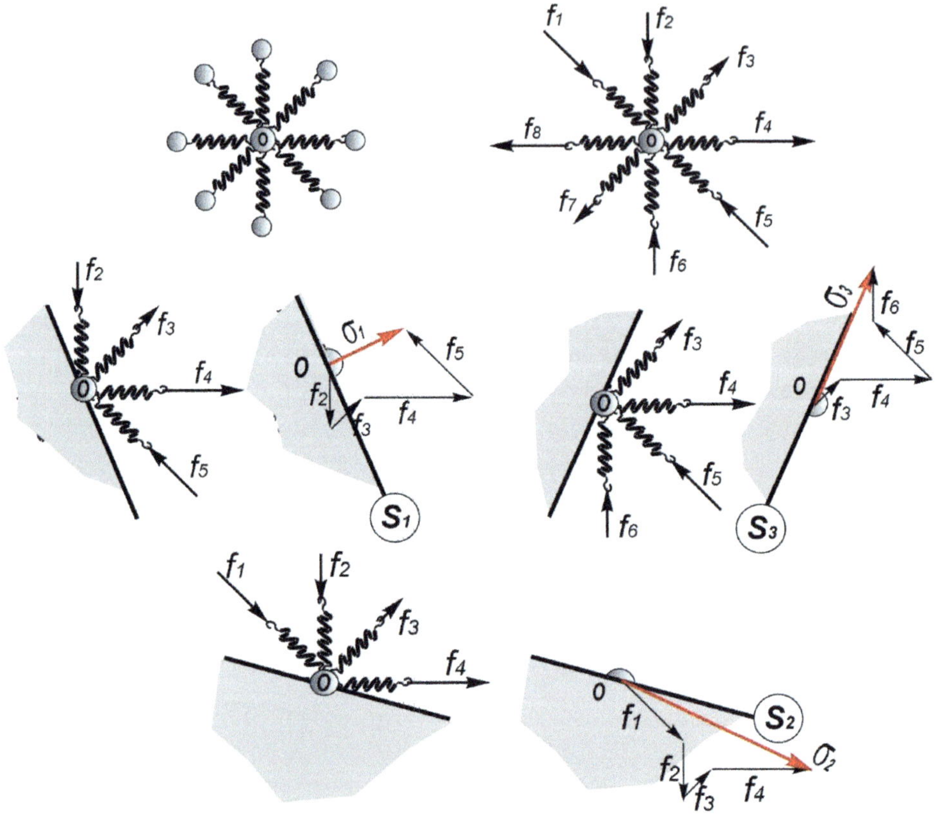

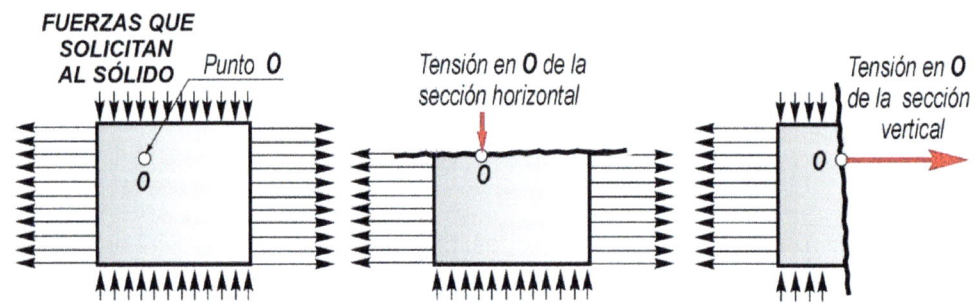

FIGURA 4.05
LA TENSIÓN EN UN PUNTO VARÍA AL CONSIDERAR DISTINTAS SECCIONES

En el ejemplo de la **Fig 4.06** si nos fijamos en el punto **O**, también se puede intuir que para la sección horizontal habrá que esperar una pequeña tensión de compresión, mientras que, para la sección vertical, la tensión será de tracción y más elevada. (se considera que las fuerzas están dibujadas a escala)

FIGURA 4.06
LA TENSIÓN EN EL PUNTO "O" VARÍA AL VARIAR LA SECCIÓN

EJERCICIO 1

Calcular la tensión y el valor de sus componentes en el punto "O" de las secciones S_1 y S_2 de la barra de la **Fig 4.07**. Para el cálculo, se considera que el esfuerzo en cada sección se distribuye uniformemente.

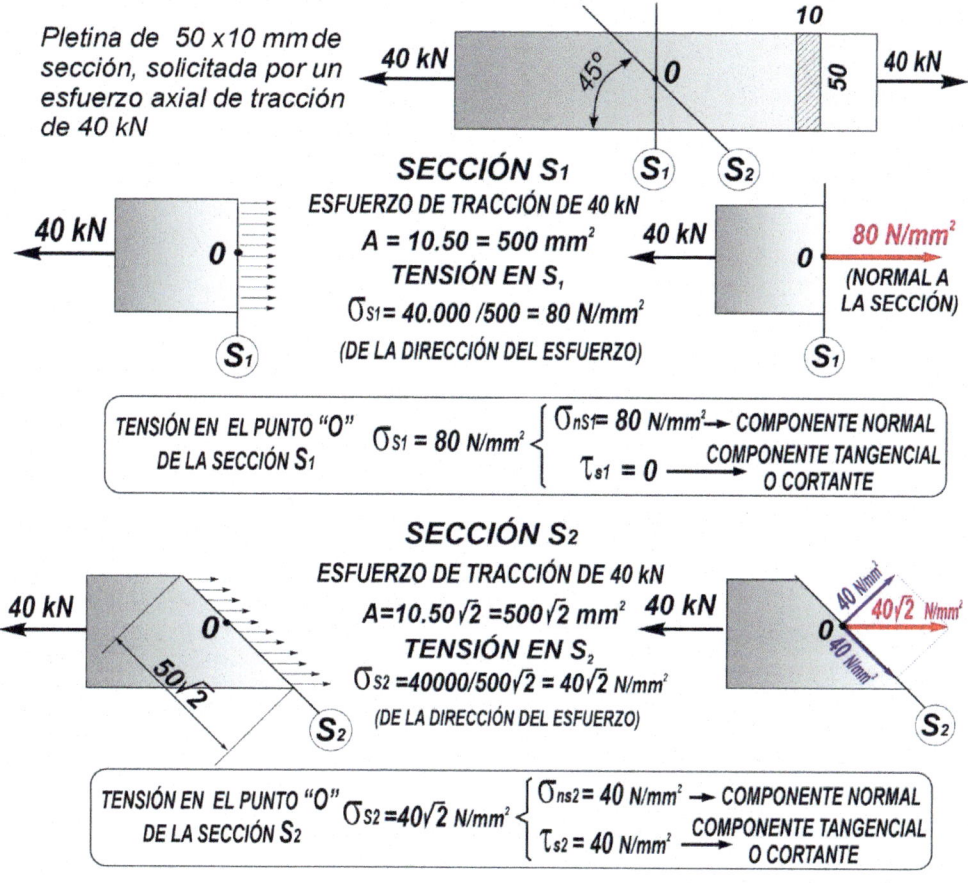

FIGURA 4.07
TENSIÓN EN UN PUNTO, PARA DISTINTAS SECCIONES

Puesto que para predecir el comportamiento del sólido es necesario conocer los valores máximos de las fuerzas internas, será necesario localizar los puntos más solicitados, tarea de la que se encarga la resistencia de materiales; además, para estos puntos, habrá que determinar los valores máximos de la tensión normal y cortante y los planos para los que se producen, misión de la elasticidad.

Sabemos que la tensión en un punto de una sección queda definida por un vector expresado en el sistema de referencia que utilicemos. ¿Cómo identificamos las diferentes secciones?

Para definir la sección se utiliza un vector unitario perpendicular al plano (vector asociado **u**). Al tratarse de un vector unidad, sus componentes en el sistema de referencia serán los cosenos de los ángulos α, β, γ que el vector forma con los ejes. **u** (cos α, cos β, cos γ). Para simplificar las expresiones **u** (α, β, γ). **(Fig 4.08)**

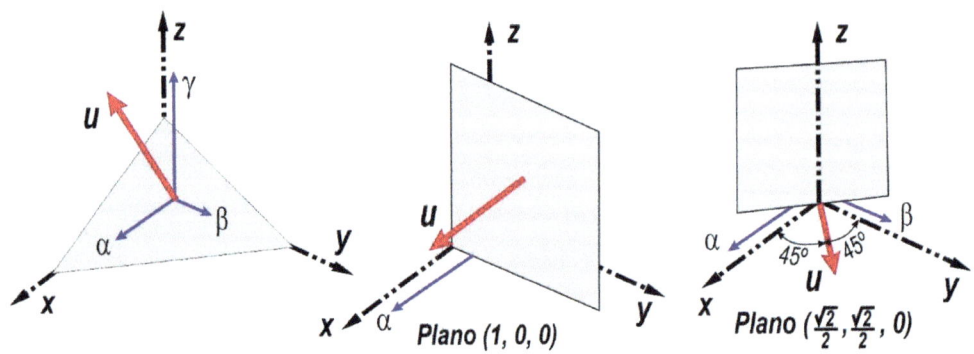

FIGURA 4.08
IDENTIFICACIÓN DE LAS DIFERENTES SECCIONES

Reciprocidad de las tensiones cortantes

Al analizar cómo varía la tensión en un punto al considerar diferentes secciones, una relación que se observa al aplicar las condiciones de equilibrio a elementos de sólido limitados por parejas de planos perpendiculares, es la que se conoce como teorema de reciprocidad de las tensiones cortantes, según la cual, las componentes cortantes de la tensión, en dirección perpendicular a la arista de corte, para dos planos perpendiculares, son iguales. **Fig 4.09**

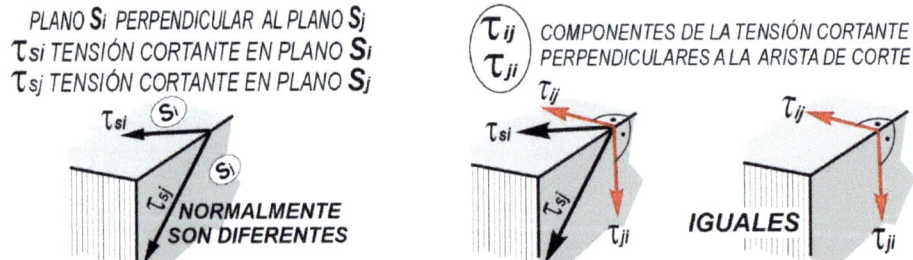

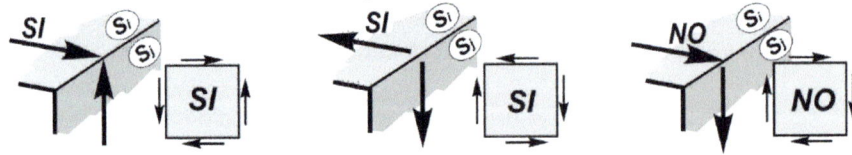

FIGURA 4.09
RECIPROCIDAD DE LAS TENSIONES CORTANTES

Análisis de la tensión en un punto

La elasticidad afronta y resuelve el análisis de la tensión en un punto. Considerando el equilibrio de un elemento de sólido, definido por tres planos perpendiculares y un cuarto plano, de cualquier orientación, en las inmediaciones del punto, se llega a la siguiente conclusión:

El estado tensional en un punto queda determinado si se conoce la tensión en el mismo para tres planos perpendiculares (**Fig 4.10**).

A partir de estos datos se puede calcular el valor de la tensión para cualquier otro plano, así como sus componentes intrínsecas; localizar la situación de los planos de máxima tensión y calcular la tensión máxima.

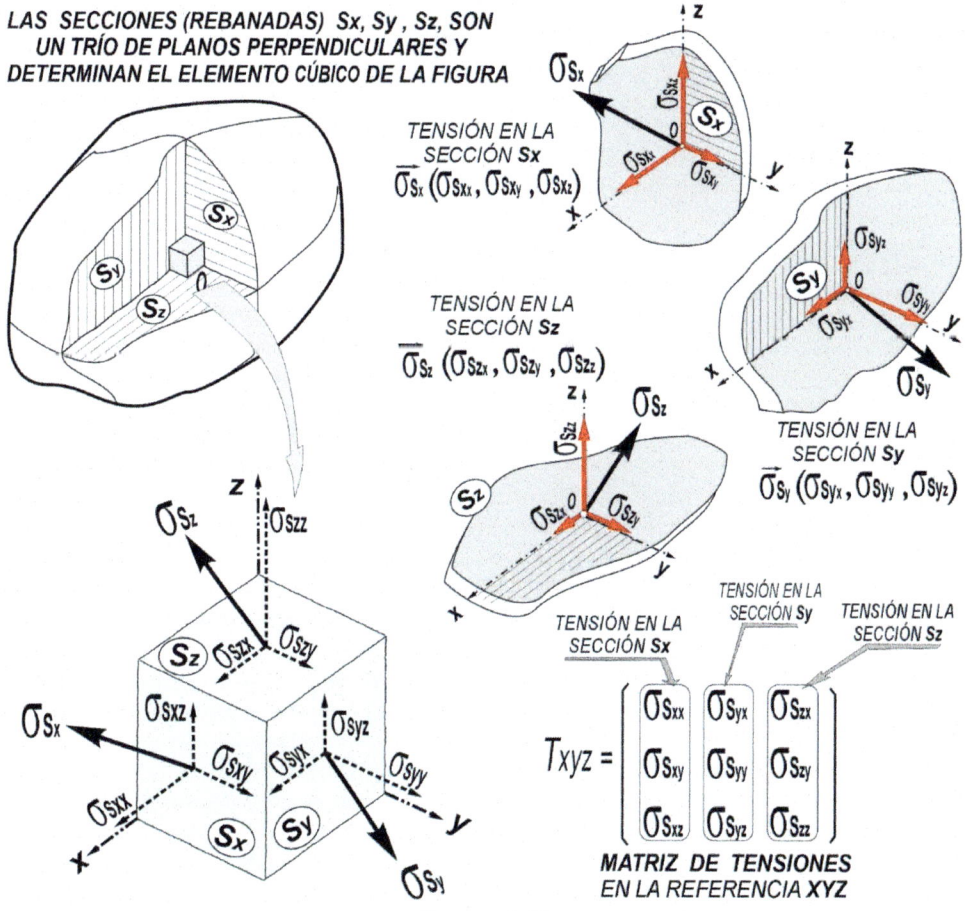

FIGURA 4.10
ANÁLISIS DE LA TENSIÓN EN UN PUNTO

Las tensiones σ_{Sx} σ_{Sy} σ_{Sz}, expresadas por sus componentes en el sistema **xyz**, convenientemente ordenadas, constituyen la matriz de tensiones en la referencia xyz.

Teniendo en cuenta el teorema de reciprocidad de las tensiones cortantes y utilizando la terminología de la **Figura 4.11**, la matriz de tensiones suele expresarse como se indica.

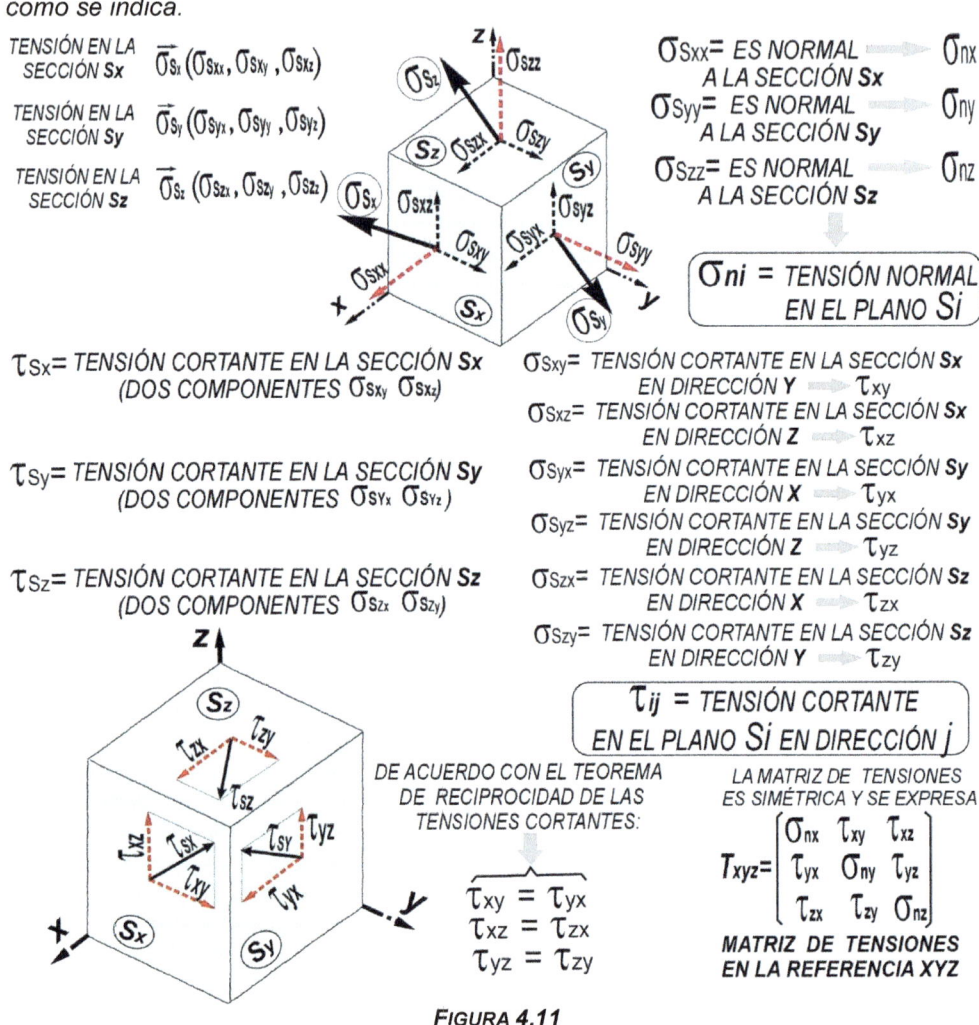

TENSIÓN EN LA SECCIÓN **Sx** $\vec{\sigma}_{Sx}(\sigma_{Sxx}, \sigma_{Sxy}, \sigma_{Sxz})$

TENSIÓN EN LA SECCIÓN **Sy** $\vec{\sigma}_{Sy}(\sigma_{Syx}, \sigma_{Syy}, \sigma_{Syz})$

TENSIÓN EN LA SECCIÓN **Sz** $\vec{\sigma}_{Sz}(\sigma_{Szx}, \sigma_{Szy}, \sigma_{Szz})$

σ_{Sxx}= ES NORMAL A LA SECCIÓN **Sx** ➡ σ_{nx}
σ_{Syy}= ES NORMAL A LA SECCIÓN **Sy** ➡ σ_{ny}
σ_{Szz}= ES NORMAL A LA SECCIÓN **Sz** ➡ σ_{nz}

σ_{ni} = TENSIÓN NORMAL EN EL PLANO **Si**

τ_{Sx}= TENSIÓN CORTANTE EN LA SECCIÓN **Sx** (DOS COMPONENTES σ_{Sxy} σ_{Sxz})

τ_{Sy}= TENSIÓN CORTANTE EN LA SECCIÓN **Sy** (DOS COMPONENTES σ_{Syx} σ_{Syz})

τ_{Sz}= TENSIÓN CORTANTE EN LA SECCIÓN **Sz** (DOS COMPONENTES σ_{Szx} σ_{Szy})

σ_{Sxy}= TENSIÓN CORTANTE EN LA SECCIÓN **Sx** EN DIRECCIÓN **Y** ➡ τ_{xy}
σ_{Sxz}= TENSIÓN CORTANTE EN LA SECCIÓN **Sx** EN DIRECCIÓN **Z** ➡ τ_{xz}
σ_{Syx}= TENSIÓN CORTANTE EN LA SECCIÓN **Sy** EN DIRECCIÓN **X** ➡ τ_{yx}
σ_{Syz}= TENSIÓN CORTANTE EN LA SECCIÓN **Sy** EN DIRECCIÓN **Z** ➡ τ_{yz}
σ_{Szx}= TENSIÓN CORTANTE EN LA SECCIÓN **Sz** EN DIRECCIÓN **X** ➡ τ_{zx}
σ_{Szy}= TENSIÓN CORTANTE EN LA SECCIÓN **Sz** EN DIRECCIÓN **Y** ➡ τ_{zy}

τ_{ij} = TENSIÓN CORTANTE EN EL PLANO **Si** EN DIRECCIÓN **j**

DE ACUERDO CON EL TEOREMA DE RECIPROCIDAD DE LAS TENSIONES CORTANTES:

$$\tau_{xy} = \tau_{yx}$$
$$\tau_{xz} = \tau_{zx}$$
$$\tau_{yz} = \tau_{zy}$$

LA MATRIZ DE TENSIONES ES SIMÉTRICA Y SE EXPRESA

$$T_{xyz}= \begin{bmatrix} \sigma_{nx} & \tau_{xy} & \tau_{xz} \\ \tau_{yx} & \sigma_{ny} & \tau_{yz} \\ \tau_{zx} & \tau_{zy} & \sigma_{nz} \end{bmatrix}$$

MATRIZ DE TENSIONES EN LA REFERENCIA **XYZ**

FIGURA 4.11
MATRIZ DE TENSIONES

La matriz de tensiones define el estado tensional en un punto. El vector tensión para cualquier sección, se obtiene multiplicando la matriz de tensiones por el vector asociado al plano (vector unitario perpendicular al plano).

$\vec{u}_s$ = Vector asociado al plano **S** $\vec{u}_s = (\alpha, \beta, \gamma)$

T_{xyz} = Matriz de tensiones en la referencia **xyz**

$\vec{\sigma}_s$ = Vector tensión para el plano **S** $\vec{\sigma}_s = (\sigma_{sx}, \sigma_{sy}, \sigma_{sz})$

$$\vec{\sigma}_s = T_{xyz}.\vec{u}$$

EJERCICIO 2

*En un sólido solicitado por distintos esfuerzos, conocemos la tensión en un punto para tres secciones perpendiculares Sx, Sy y Sz, como se indica en la **Fig 4.12** A partir de estos datos, expresar la matriz de tensiones y calcular el vector tensión para distinto planos.*

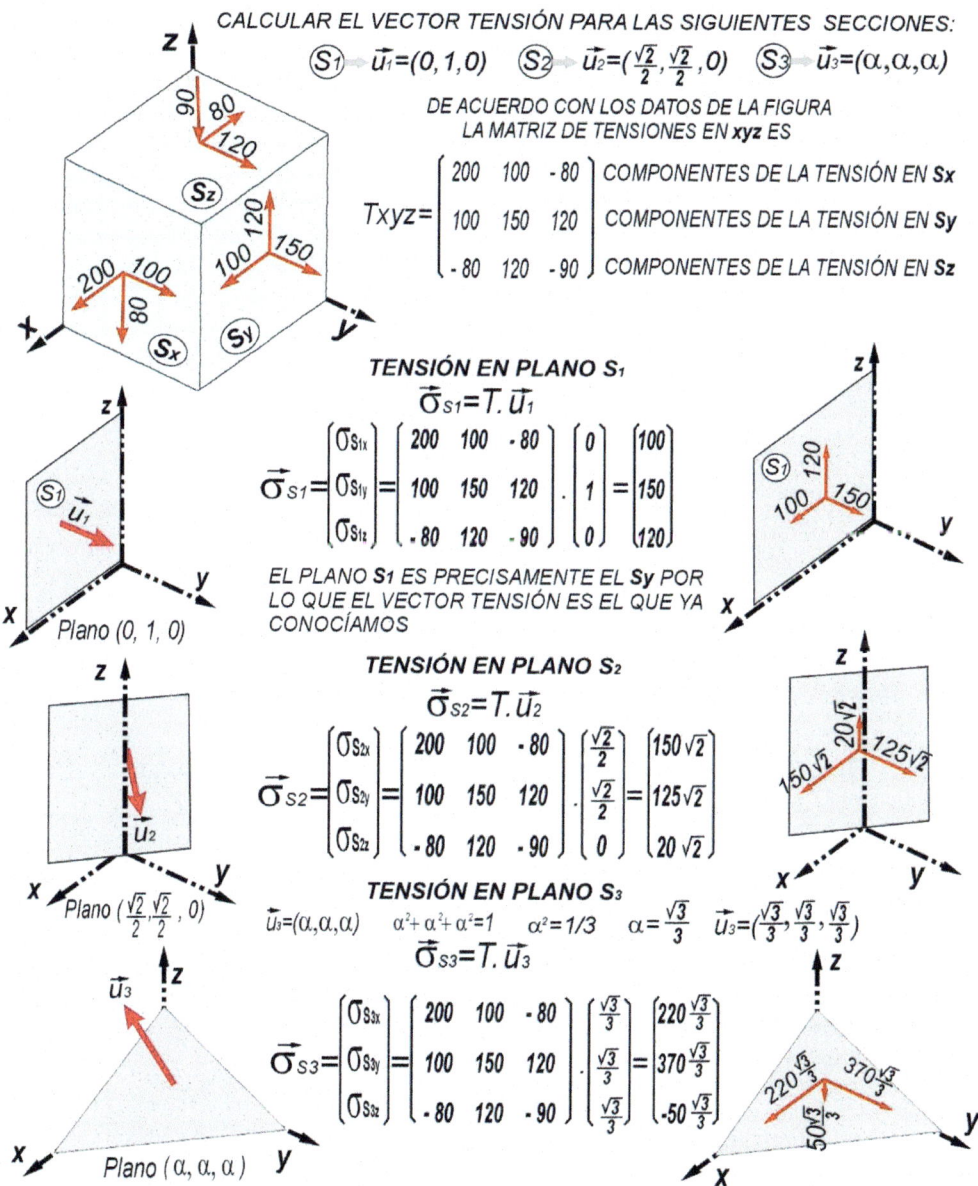

CALCULAR EL VECTOR TENSIÓN PARA LAS SIGUIENTES SECCIONES:

(S₁) → $\vec{u_1}=(0,1,0)$ (S₂) → $\vec{u_2}=(\frac{\sqrt{2}}{2},\frac{\sqrt{2}}{2},0)$ (S₃) → $\vec{u_3}=(\alpha,\alpha,\alpha)$

DE ACUERDO CON LOS DATOS DE LA FIGURA
LA MATRIZ DE TENSIONES EN **xyz** ES

$$Txyz=\begin{bmatrix} 200 & 100 & -80 \\ 100 & 150 & 120 \\ -80 & 120 & -90 \end{bmatrix}$$

COMPONENTES DE LA TENSIÓN EN **Sx**
COMPONENTES DE LA TENSIÓN EN **Sy**
COMPONENTES DE LA TENSIÓN EN **Sz**

TENSIÓN EN PLANO S₁

$$\vec{\sigma}_{S1}=T.\vec{u_1}$$

$$\vec{\sigma}_{S1}=\begin{bmatrix} \sigma_{S1x} \\ \sigma_{S1y} \\ \sigma_{S1z} \end{bmatrix}=\begin{bmatrix} 200 & 100 & -80 \\ 100 & 150 & 120 \\ -80 & 120 & -90 \end{bmatrix}.\begin{bmatrix} 0 \\ 1 \\ 0 \end{bmatrix}=\begin{bmatrix} 100 \\ 150 \\ 120 \end{bmatrix}$$

Plano (0, 1, 0)

EL PLANO **S₁** ES PRECISAMENTE EL **Sy** POR LO QUE EL VECTOR TENSIÓN ES EL QUE YA CONOCÍAMOS

TENSIÓN EN PLANO S₂

$$\vec{\sigma}_{S2}=T.\vec{u_2}$$

$$\vec{\sigma}_{S2}=\begin{bmatrix} \sigma_{S2x} \\ \sigma_{S2y} \\ \sigma_{S2z} \end{bmatrix}=\begin{bmatrix} 200 & 100 & -80 \\ 100 & 150 & 120 \\ -80 & 120 & -90 \end{bmatrix}.\begin{bmatrix} \frac{\sqrt{2}}{2} \\ \frac{\sqrt{2}}{2} \\ 0 \end{bmatrix}=\begin{bmatrix} 150\sqrt{2} \\ 125\sqrt{2} \\ 20\sqrt{2} \end{bmatrix}$$

Plano $(\frac{\sqrt{2}}{2},\frac{\sqrt{2}}{2},0)$

TENSIÓN EN PLANO S₃

$\vec{u_3}=(\alpha,\alpha,\alpha)$ $\alpha^2+\alpha^2+\alpha^2=1$ $\alpha^2=1/3$ $\alpha=\frac{\sqrt{3}}{3}$ $\vec{u_3}=(\frac{\sqrt{3}}{3},\frac{\sqrt{3}}{3},\frac{\sqrt{3}}{3})$

$$\vec{\sigma}_{S3}=T.\vec{u_3}$$

$$\vec{\sigma}_{S3}=\begin{bmatrix} \sigma_{S3x} \\ \sigma_{S3y} \\ \sigma_{S3z} \end{bmatrix}=\begin{bmatrix} 200 & 100 & -80 \\ 100 & 150 & 120 \\ -80 & 120 & -90 \end{bmatrix}.\begin{bmatrix} \frac{\sqrt{3}}{3} \\ \frac{\sqrt{3}}{3} \\ \frac{\sqrt{3}}{3} \end{bmatrix}=\begin{bmatrix} 220\frac{\sqrt{3}}{3} \\ 370\frac{\sqrt{3}}{3} \\ -50\frac{\sqrt{3}}{3} \end{bmatrix}$$

Plano (α, α, α)

FIGURA 4.12
TENSIÓN EN CUALQUIER PLANO

Conocidas las componentes de la tensión en la referencia **xyz**, podemos obtener fácilmente su módulo y sus componentes intrínsecas **(Fig 4.13)**

$\text{(S)} \longrightarrow \vec{u}s = (\alpha, \beta, \gamma)$ VECTOR TENSIÓN EN LA SECCIÓN S $\vec{\sigma}s = (\sigma sx, \sigma sy, \sigma sz)$

MÓDULO DEL VECTOR TENSIÓN $|\sigma s| \longrightarrow |\sigma s| = \sqrt{\sigma sx^2 + \sigma sy^2 + \sigma sz^2}$

TENSIÓN NORMAL $\sigma ns \Longrightarrow$ SE OBTIENE COMO PRODUCTO ESCALAR DE $\vec{u}s$ Y $\vec{\sigma}s$

$$\sigma ns = \vec{u}s.\vec{\sigma}s = \sigma sx.\alpha + \sigma sy.\beta + \sigma sz\,\gamma$$

TENSIÓN CORTANTE $\tau s \longrightarrow \tau s = \sqrt{|\sigma s|^2 - \sigma ns^2}$

ÁNGULO DEL VECTOR TENSIÓN CON LA NORMAL AL PLANO (ꞷ) $\cos(\omega) = \dfrac{\vec{u}s.\vec{\sigma}s}{|\sigma s|}$

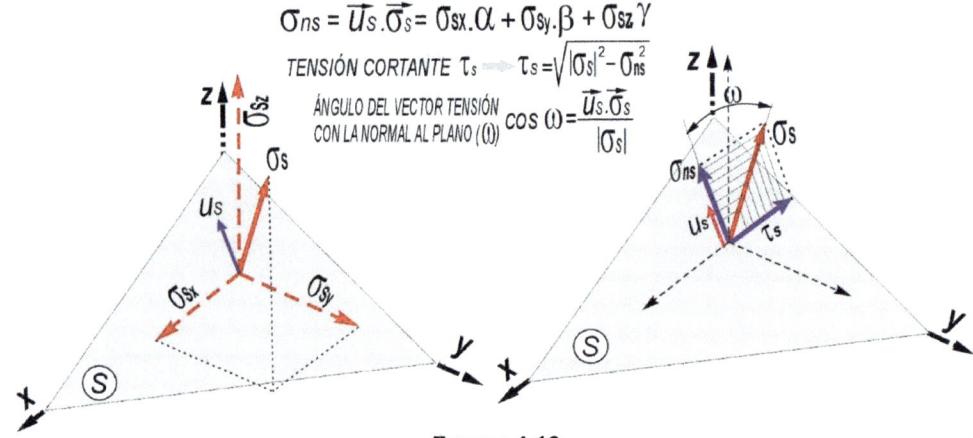

FIGURA 4.13
MÓDULO Y COMPONENTES INTRÍNSECAS

EJERCICIO 3

Para la sección 2 del ejercicio 2, determinar: **Fig 4.14**

Módulo del vector tensión

Componente normal de la tensión

Componente cortante

Ángulo del vector tensión con la normal al plano

$\text{(S)} \longrightarrow \vec{u_2} = (\frac{\sqrt{2}}{2}, \frac{\sqrt{2}}{2}, 0)$ $\vec{\sigma}s = (\sigma sx, \sigma sy, \sigma sz) = (150\sqrt{2}, 125\sqrt{2}, 20\sqrt{2})$

MÓDULO DEL VECTOR TENSIÓN

$$|\sigma s| = \sqrt{\sigma sx^2 + \sigma sy^2 + \sigma sz^2}$$

$$|\sigma s| = \sqrt{(150\sqrt{2})^2 + (125\sqrt{2})^2 + (20\sqrt{2})^2} = 277,58$$

TENSIÓN NORMAL

$$\sigma ns = \vec{u}s.\vec{\sigma}s = \sigma sx.\alpha + \sigma sy.\beta + \sigma sz.\gamma$$

$$\sigma ns = 150\sqrt{2}.\frac{\sqrt{2}}{2} + 125\sqrt{2}.\frac{\sqrt{2}}{2} + 20\sqrt{2}.0 = \mathbf{275}$$

TENSIÓN CORTANTE

$$\tau s = \sqrt{|\sigma s|^2 - \sigma ns^2} \qquad \tau s = \sqrt{277,58^2 - 275^2} = \mathbf{37,75}$$

ÁNGULO DEL VECTOR TENSIÓN CON LA NORMAL AL PLANO (ꞷ)

$$\cos(\omega) = \frac{\vec{u}s.\vec{\sigma}s}{|\sigma s|} = \frac{275}{277,58} = 0,9907053822 \qquad (\omega) = 7,818°$$

FIGURA 4.14
MÓDULO Y COMPONENTES INTRÍNSECAS

Tensiones y planos principales

Definido el estado tensional en un punto, mediante la matriz de tensiones (**T**), podemos calcular fácilmente el vector tensión para cualquier sección (**σ**s), determinada por su vector asociado (**u**), así como sus componentes intrínsecas: tensión normal **σn** y tensión cortante **τ**.

$\vec{u}_s$ = Vector asociado al plano **S** $\vec{u}_s$ = (α, β, γ)

T_{xyz} = Matriz de tensiones en la referencia **xyz**

$\vec{\sigma}_s$ = Vector tensión para el plano **S** $\vec{\sigma}_s$ = $(\sigma_{sx}, \sigma_{sy}, \sigma_{sz})$

$$\boxed{\vec{\sigma}_s = T_{xyz}.\vec{u}}$$

Nos planteamos ahora la siguiente cuestión: ¿Habrá alguna sección en la que el vector tensión sea perpendicular a la misma? ¿Una sección solicitada por una tensión normal, siendo nula la componente cortante? (**Fig 4.15**)

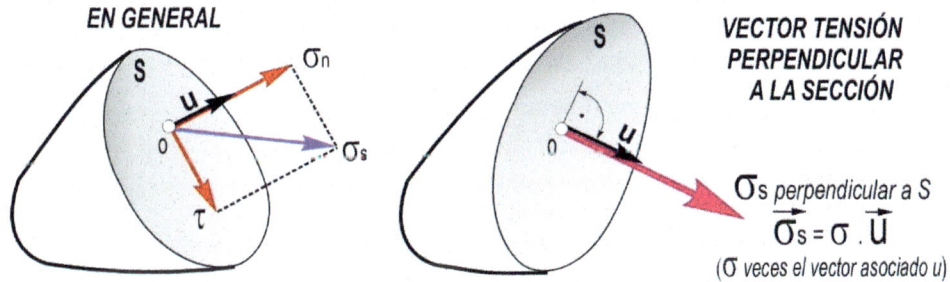

EN GENERAL

VECTOR TENSIÓN PERPENDICULAR A LA SECCIÓN

σs perpendicular a S

$$\vec{\sigma}_s = \sigma .\vec{u}$$

(σ veces el vector asociado u)

FIGURA 4.15
TENSIÓN PERPENDICULAR A LA SECCIÓN

La sección en cuestión tendría que satisfacer la siguiente condición:

$$\boxed{\vec{\sigma}_s = T_{xyz}.\vec{u} = \sigma .\vec{u}}$$

$\vec{\sigma}_s$ = Vector tensión para el plano **S**= σ veces el vector unitario del plano **S**

$$\begin{bmatrix} \sigma_{nx} & \tau_{xy} & \tau_{xz} \\ \tau_{yx} & \sigma_{ny} & \tau_{yz} \\ \tau_{zx} & \tau_{zy} & \sigma_{nz} \end{bmatrix} \cdot \begin{bmatrix} \alpha \\ \beta \\ \gamma \end{bmatrix} = \sigma . \begin{bmatrix} \alpha \\ \beta \\ \gamma \end{bmatrix}$$

Que, desarrollada, nos conduce al siguiente sistema de ecuaciones:

$$(\sigma_{nx} - \sigma)\alpha + \tau_{xy}\beta + \tau_{xz}\gamma = 0$$

$$\tau_{xy}\alpha + (\sigma_{ny} - \sigma)\beta + \tau_{yz}\gamma = 0$$

$$\tau_{xz}\alpha + \tau_{yz}\beta + (\sigma_{nz} - \sigma)\gamma = 0$$

Los valores α, β, y γ, solución de este sistema, serán los que definan las secciones que satisfacen la condición anterior (vector tensión perpendicular a la sección). En realidad, se trata de hallar los valores y vectores propios de la matriz de tensiones.

Condición necesaria para que el sistema tenga solución es que el determinante de los coeficientes sea nulo, que desarrollada conduce a la ecuación: (ecuación característica)

$$\boxed{-\sigma^3 + I_1\sigma^2 - I_2\sigma + I_3 = 0}$$

$I_1 = \sigma_{nx} + \sigma_{ny} + \sigma_{nz}$

$I_2 = \sigma_{nx}\sigma_{ny} + \sigma_{nx}\sigma_{nz} + \sigma_{ny}\sigma_{nz} - \tau_{xy}^2 - \tau_{xz}^2 - \tau_{yz}^2$

$I_3 = $ Determinante de la matriz de tensiones$|T|$

En el caso más general, la ecuación tendrá tres soluciones: σ_1, σ_2, σ_3. Llevando el valor σ_1 al sistema de ecuaciones, obtendremos una solución del mismo: α_1, β_1, γ_1 (u_1), que define una sección S_1 en la que la tensión es perpendicular al plano (tensión cortante nula). Lo mismo ocurre para σ_2, y σ_3, lo que da lugar a:

- Tres direcciones u_1, u_2, u_3, que determinan tres planos S_1, S_2, S_3 en los que el vector tensión es perpendicular al plano (componente cortante nula)

- Las tres direcciones y los correspondientes planos, son perpendiculares entre sí, recibiendo el nombre de direcciones y planos principales.

- Convenimos en llamar σ_1 a la mayor y σ_3 a la menor ($\sigma_1 >= \sigma_2 >= \sigma_3$). Para la sección S_1 tendremos la tensión máxima (σ_1) y para S_3 la tensión mínima. La tensión en el resto de los infinitos planos que podemos considerar, está comprendida entre estos límites.

Aunque no resulta de este proceso, también se localizan dos planos, llamados de cortadura máxima, que forman 45° con S_1 y S_3, en los que se produce la tensión cortante máxima:

$$\tau_{max} = (\sigma_1 - \sigma_3)/2$$

A diferencia de los principales, en los que se da la tensión normal máxima y la cortante es nula, en los de cortadura máxima, salvo en casos particulares, la tensión normal suele ser distinta de cero.

En la **Fig 4.16** se esquematiza el proceso para obtener los valores principales y en la **Fig 4.17** se consideran algunos casos particulares.

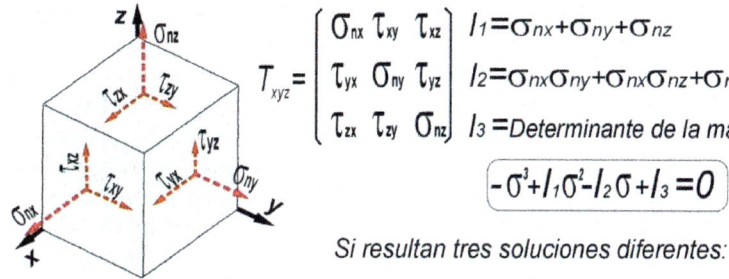

$$T_{xyz} = \begin{bmatrix} \sigma_{nx} & \tau_{xy} & \tau_{xz} \\ \tau_{yx} & \sigma_{ny} & \tau_{yz} \\ \tau_{zx} & \tau_{zy} & \sigma_{nz} \end{bmatrix}$$

$I_1 = \sigma_{nx} + \sigma_{ny} + \sigma_{nz}$

$I_2 = \sigma_{nx}\sigma_{ny} + \sigma_{nx}\sigma_{nz} + \sigma_{ny}\sigma_{nz} - \tau_{xy}^2 - \tau_{xz}^2 - \tau_{yz}^2$

$I_3 = $ Determinante de la matriz de tensiones $|T|$

$$-\sigma^3 + I_1\sigma^2 - I_2\sigma + I_3 = 0$$

Si resultan tres soluciones diferentes: $\sigma_1 > \sigma_2 > \sigma_3$

Para $\sigma = \sigma_1 \Rightarrow (\alpha_1, \beta_1, \gamma_1) \Rightarrow \overrightarrow{u_1}$
PLANO PRINCIPAL S_1
TENSIÓN PRINCIPAL σ_1

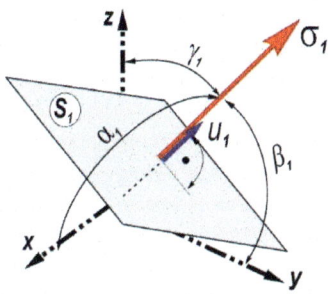

Para $\sigma = \sigma_2 \Rightarrow (\alpha_2, \beta_2, \gamma_2) \Rightarrow \overrightarrow{u_2}$
PLANO PRINCIPAL S_2
TENSIÓN PRINCIPAL σ_2

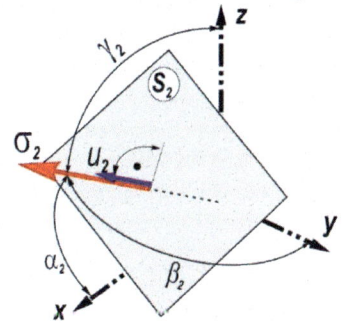

Para $\sigma = \sigma_3 \Rightarrow (\alpha_3, \beta_3, \gamma_3) \Rightarrow \overrightarrow{u_3}$
PLANO PRINCIPAL S_3
TENSIÓN PRINCIPAL σ_3

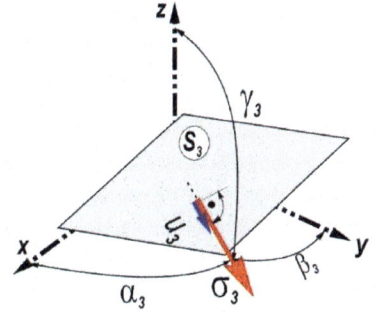

TENSIONES Y PLANOS
PRINCIPALES

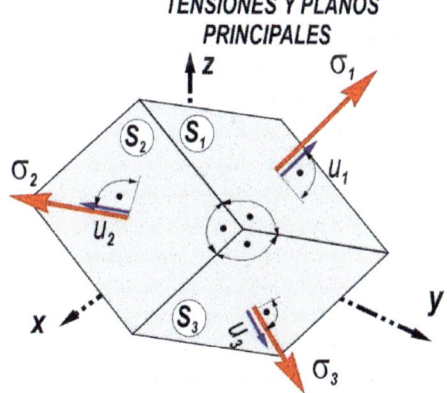

FIGURA 4.16
DIRECCIONES, PLANOS Y TENSIONES PRINCIPALES

Cuando la solución es única no se puede determinar ninguna dirección

Se puede interpretar como tres soluciones idénticas

$$\sigma_1 = \sigma_1 = \sigma_1$$

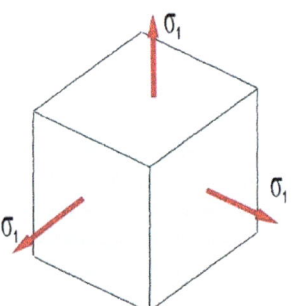

En todas las secciones hay la misma tensión. Además, en todas es perpendicular a la sección.

TODOS SON PLANOS PRINCIPALES

Cuando hay dos soluciones distintas, para una de ellas se puede determinar la dirección. No es posible determinar más direcciones.

Se puede interpretar como dos soluciones iguales y una diferente.

$$\sigma_1 = \sigma_1 > \sigma_3 \qquad\qquad \sigma_1 > \sigma_3 = \sigma_3$$

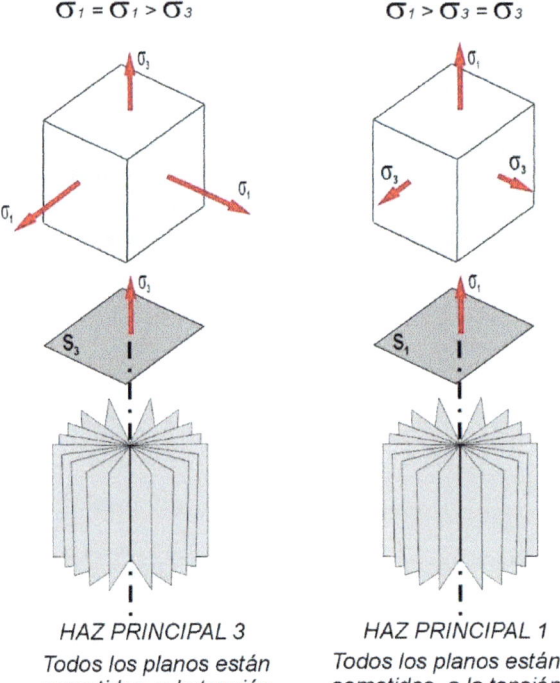

HAZ PRINCIPAL 3

Todos los planos están sometidos a la tensión σ_1 normal al plano.

HAZ PRINCIPAL 1

Todos los planos están sometidos a la tensión σ_3 normal al plano.

FIGURA 4.17
ALGUNOS ESTADOS TENSIONALES

EJERCICIO 4

En el estado tensional definido por la matriz indicada, determinar: **Fig 4,18**

Direcciones principales

Tensión máxima y mínima

Tensión cortante máxima

$$Txyz = \begin{bmatrix} 2 & 0 & 0 \\ 0 & 3 & 4 \\ 0 & 4 & 1 \end{bmatrix}$$

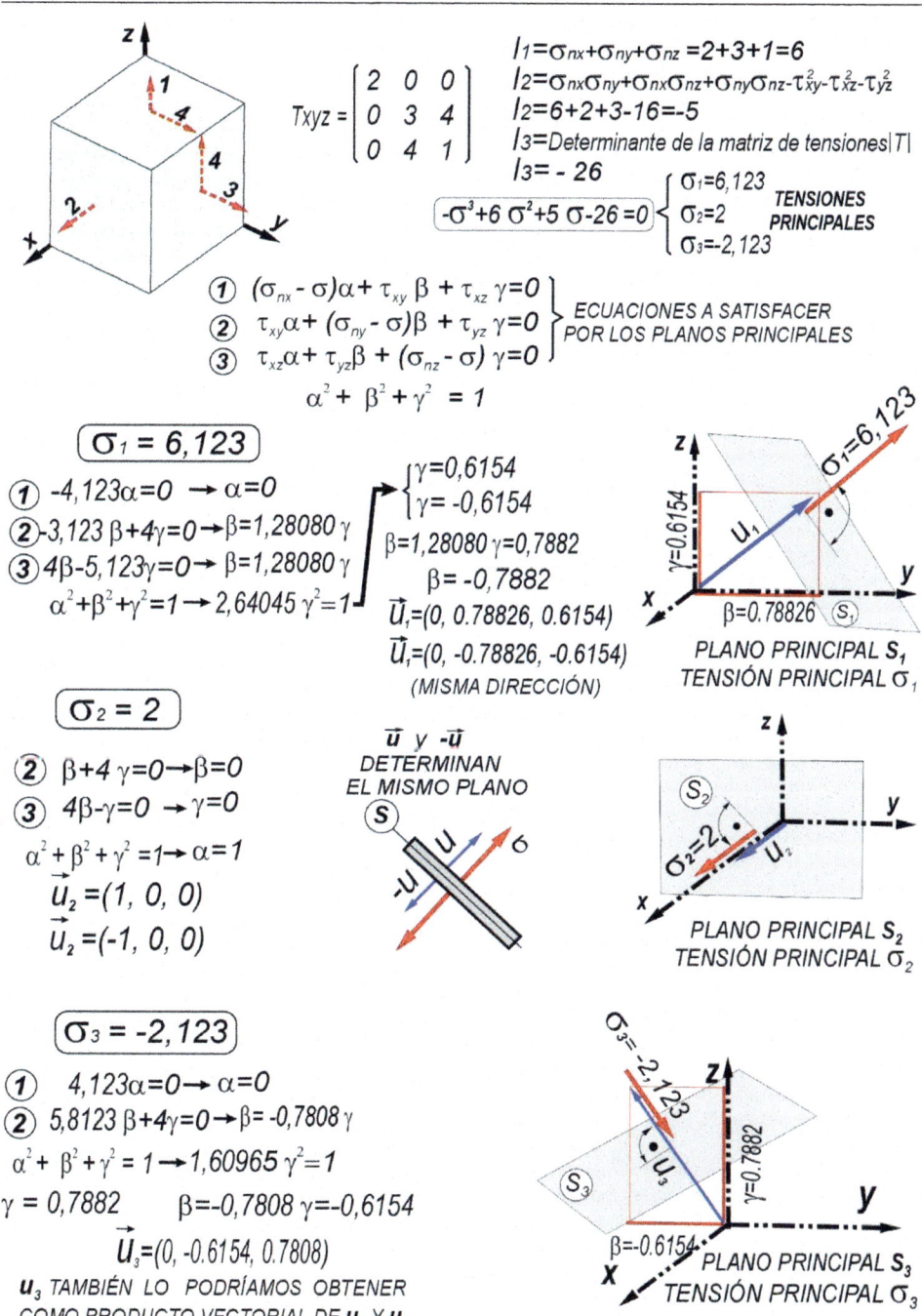

$$l_1 = \sigma_{nx} + \sigma_{ny} + \sigma_{nz} = 2+3+1 = 6$$

$$Txyz = \begin{bmatrix} 2 & 0 & 0 \\ 0 & 3 & 4 \\ 0 & 4 & 1 \end{bmatrix}$$

$$l_2 = \sigma_{nx}\sigma_{ny} + \sigma_{nx}\sigma_{nz} + \sigma_{ny}\sigma_{nz} - \tau_{xy}^2 - \tau_{xz}^2 - \tau_{yz}^2$$

$$l_2 = 6+2+3-16 = -5$$

$l_3 =$ Determinante de la matriz de tensiones $|T|$

$$l_3 = -26$$

$$\boxed{-\sigma^3 + 6\,\sigma^2 + 5\,\sigma - 26 = 0} \begin{cases} \sigma_1 = 6,123 \\ \sigma_2 = 2 \\ \sigma_3 = -2,123 \end{cases} \begin{array}{l}\text{TENSIONES} \\ \text{PRINCIPALES}\end{array}$$

① $(\sigma_{nx} - \sigma)\alpha + \tau_{xy}\,\beta + \tau_{xz}\,\gamma = 0$
② $\tau_{xy}\alpha + (\sigma_{ny} - \sigma)\beta + \tau_{yz}\,\gamma = 0$ } ECUACIONES A SATISFACER POR LOS PLANOS PRINCIPALES
③ $\tau_{xz}\alpha + \tau_{yz}\beta + (\sigma_{nz} - \sigma)\,\gamma = 0$

$$\alpha^2 + \beta^2 + \gamma^2 = 1$$

$$\boxed{\sigma_1 = 6,123}$$

① $-4,123\alpha = 0 \rightarrow \alpha = 0$
② $-3,123\,\beta + 4\gamma = 0 \rightarrow \beta = 1,28080\,\gamma$
③ $4\beta - 5,123\gamma = 0 \rightarrow \beta = 1,28080\,\gamma$

$$\alpha^2 + \beta^2 + \gamma^2 = 1 \rightarrow 2,64045\,\gamma^2 = 1$$

$\begin{cases} \gamma = 0,6154 \\ \gamma = -0,6154 \end{cases}$

$\beta = 1,28080\,\gamma = 0,7882$

$\beta = -0,7882$

$\vec{U}_1 = (0,\ 0.78826,\ 0.6154)$
$\vec{U}_1 = (0,\ -0.78826,\ -0.6154)$
(MISMA DIRECCIÓN)

PLANO PRINCIPAL S_1
TENSIÓN PRINCIPAL σ_1

$$\boxed{\sigma_2 = 2}$$

② $\beta + 4\,\gamma = 0 \rightarrow \beta = 0$
③ $4\beta - \gamma = 0 \rightarrow \gamma = 0$

$$\alpha^2 + \beta^2 + \gamma^2 = 1 \rightarrow \alpha = 1$$

$\vec{U}_2 = (1,\ 0,\ 0)$
$\vec{U}_2 = (-1,\ 0,\ 0)$

$\vec{u}$ y $-\vec{u}$
DETERMINAN
EL MISMO PLANO
(S)

PLANO PRINCIPAL S_2
TENSIÓN PRINCIPAL σ_2

$$\boxed{\sigma_3 = -2,123}$$

① $4,123\alpha = 0 \rightarrow \alpha = 0$
② $5,8123\,\beta + 4\gamma = 0 \rightarrow \beta = -0,7808\,\gamma$

$$\alpha^2 + \beta^2 + \gamma^2 = 1 \rightarrow 1,60965\,\gamma^2 = 1$$

$\gamma = 0,7882 \qquad \beta = -0,7808\,\gamma = -0,6154$

$\vec{U}_3 = (0,\ -0.6154,\ 0.7808)$

u_3 TAMBIÉN LO PODRÍAMOS OBTENER COMO PRODUCTO VECTORIAL DE u_1 Y u_2

PLANO PRINCIPAL S_3
TENSIÓN PRINCIPAL σ_3

FIGURA 4.18
EJERCICIO 4

Círculos de Mohr

Las expresiones que se utilizan en el análisis de tensiones admiten una interpretación gráfica, conocida como los *Círculos de Mohr*, que puede facilitar el análisis en muchos casos.

En esta construcción se utilizan las siguientes propiedades:

A cada sección considerada en el sólido le corresponde un vector tensión, es decir, dos componentes intrínsecas de la tensión σ_n y τ

Llevados estos valores sobre un sistema de ejes, σ_n en abscisas y τ en ordenadas, a cada sección le corresponde un punto; precisamente el que tiene por coordenadas las componentes de la tensión en esa sección (**Fig 4.19**). De acuerdo con esta construcción, a cada plano del sólido le corresponde un punto en la representación de Mohr y, a cada punto del gráfico, un plano en el sólido.

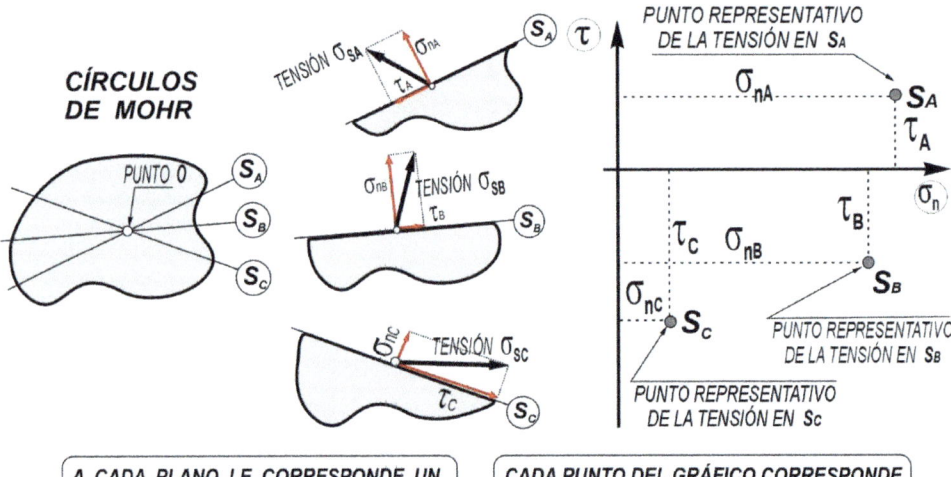

FIGURA 4.19
A CADA SECCIÓN LE CORRESPONDE UN PUNTO Y A CADA PUNTO UN PLANO, EN LA CONSTRUCCIÓN DE MOHR

Para ver cómo se establece la correspondencia entre planos del sólido y puntos de la representación gráfica, dividimos los infinitos planos posibles en cuatro categorías: el haz principal 1, formado por todos los planos que contienen la dirección principal 1; el haz principal 2, formado por todos los planos que contienen la dirección principal 2; el haz principal 3, formado por todos los planos que contienen la dirección principal 3 y el resto de planos no perteneciente a ninguno de los haces anteriores.

Se demuestra que todos los puntos correspondientes a los distintos planos del haz 1 se sitúan sobre una circunferencia con centro en el eje de las tensiones normales. Teniendo en cuenta que al **haz 1** pertenecen los planos principales S_2 y S_3, de componentes *(σ_2, 0)* y *(σ_3, 0)*, a los que les corresponden los puntos **S₂** y **S₃**, todos los puntos del **haz 1** se sitúan sobre una circunferencia de diámetro σ_2-σ_3. **(Fig 4.20).**

Por razonamientos similares, a los planos del **haz 2** les corresponden los puntos de la circunferencia de diámetro σ_1-σ_3. y a los del **haz 3**, los de la circunferencia de diámetro σ_1-σ_2. Al resto de planos, no pertenecientes a los haces principales, les corresponden puntos interiores de los círculos.

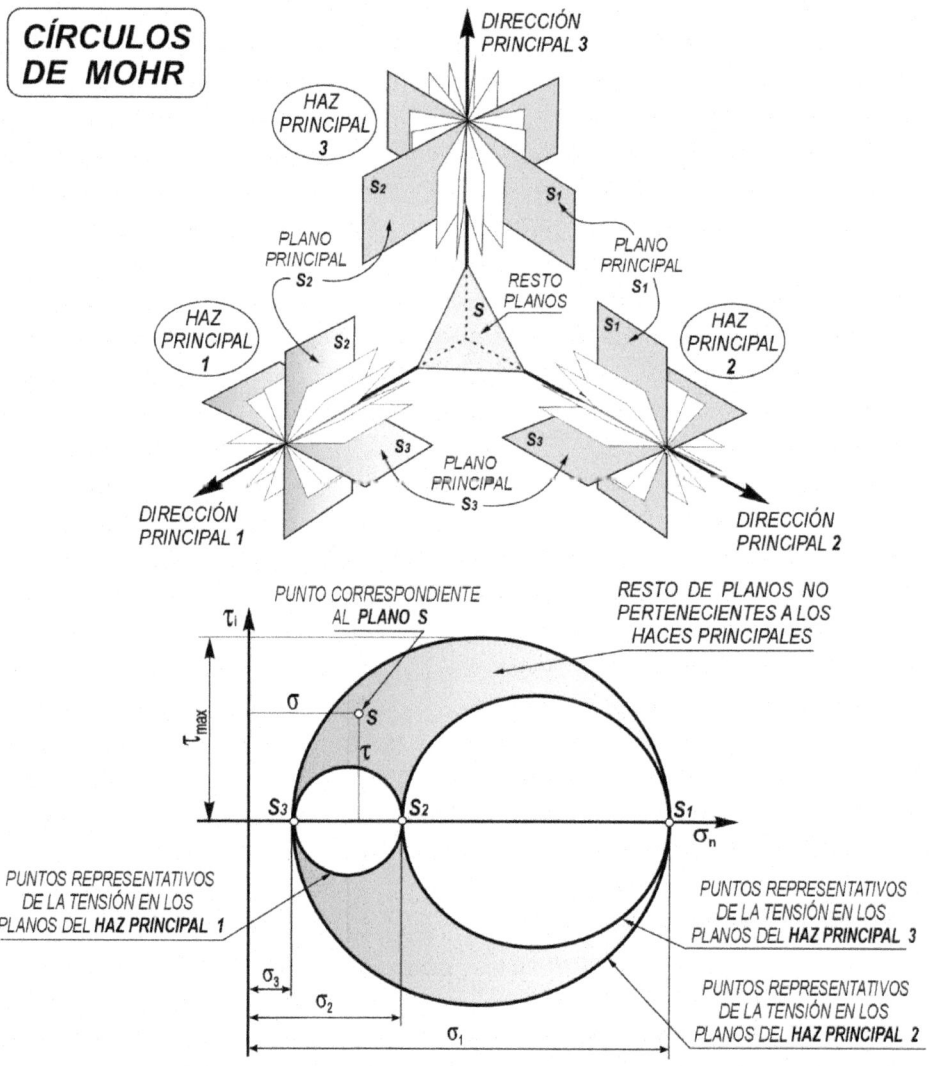

FIGURA 4.20
A LOS PLANOS DE LOS HACES PRINCIPALES, LES CORRESPONDEN PUNTOS SOBRE LAS CIRCUNFERENCIAS

Otra propiedad importante es la del ángulo doble: **si dos planos del sólido, pertenecientes a un haz principal, forman un determinado ángulo α, los puntos correspondientes sobre el círculo de Mohr forman un ángulo central 2α medido en el mismo sentido. (Fig 4.21)**

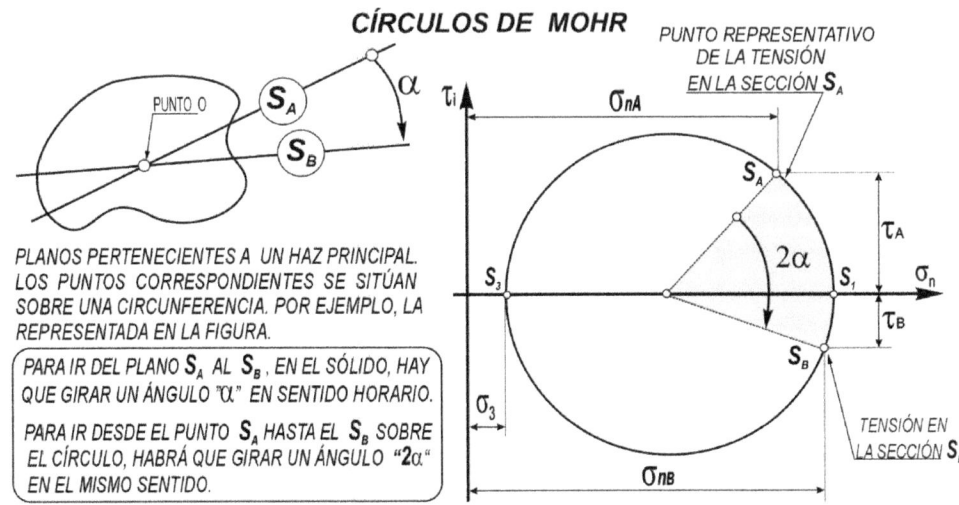

FIGURA 4.21
PROPIEDAD DEL ÁNGULO DOBLE

Finalmente, el convenio de signos para las tensiones, es coherente con el establecido en el tema anterior para los esfuerzos. **(Fig 4.22)**

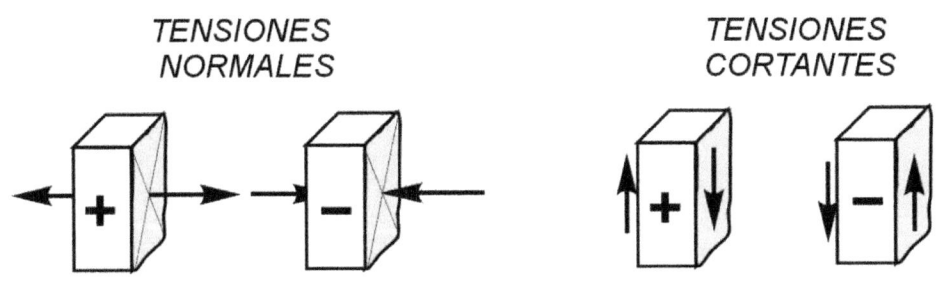

FIGURA 4.22
CONVENIO DE SIGNOS

En la **Fig 4.23** se muestran algunos estados tensionales y la correspondiente representación según Mohr.

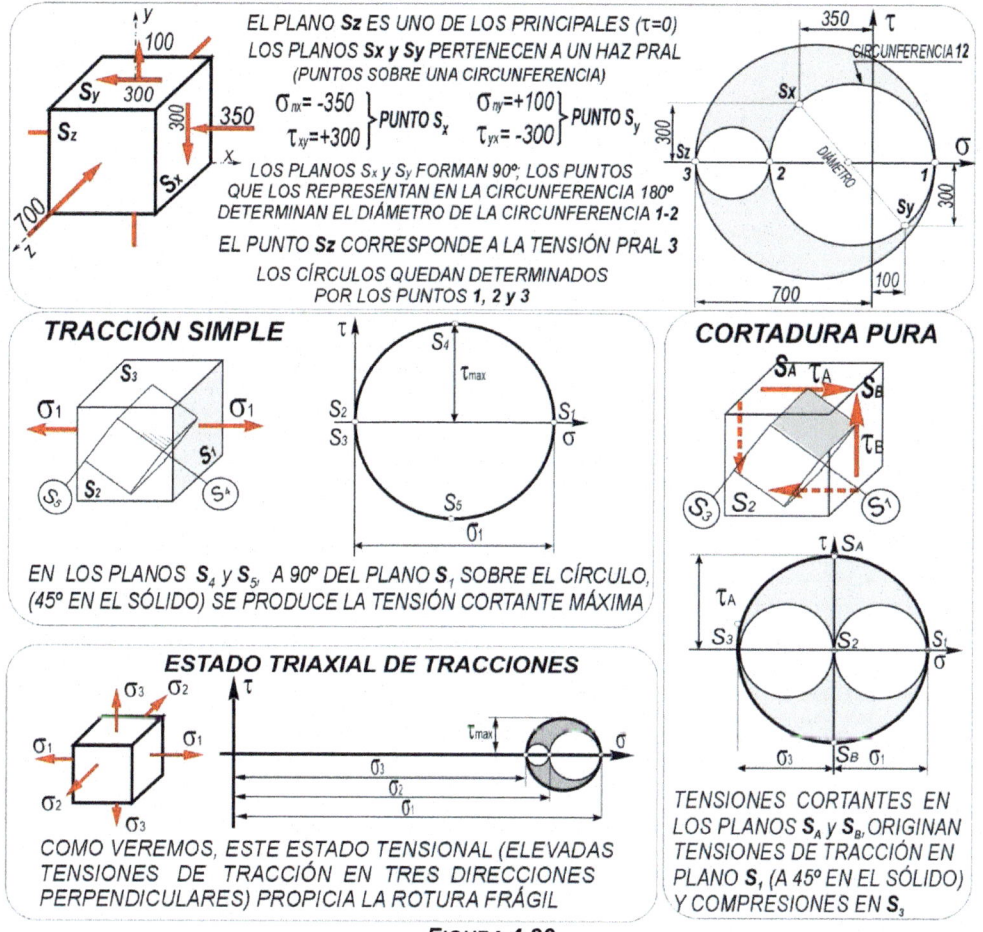

FIGURA 4.23

REPRESENTACIÓN, SEGÚN MOHR, DE ALGUNOS ESTADOS TENSIONALES

Para destacar la utilidad y el interés de la construcción de Mohr vamos a utilizarla en el ejercicio 4, resulto anteriormente de forma analítica. Aunque no siempre es aplicable, en muchos casos, como el que vamos a estudiar, puede facilitar el análisis de forma notable.

EJERCICIO 5

En el estado tensional definido por la matriz indicada, determinar: **Fig 4.24**

Direcciones principales

Tensión máxima y mínima

Tensión cortante máxima

$$Txyz = \begin{bmatrix} 2 & 0 & 0 \\ 0 & 3 & 4 \\ 0 & 4 & 1 \end{bmatrix}$$

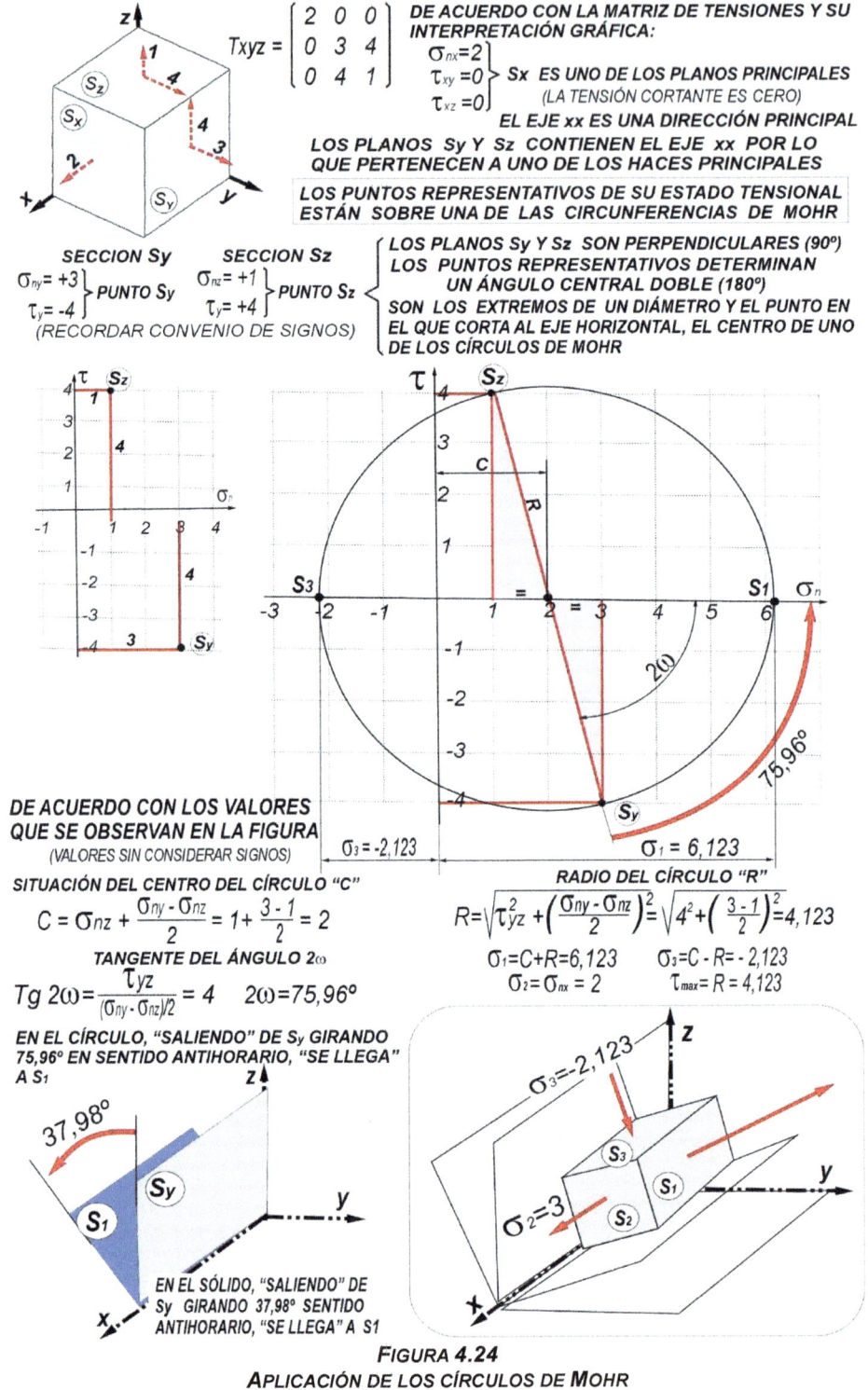

$$T_{xyz} = \begin{bmatrix} 2 & 0 & 0 \\ 0 & 3 & 4 \\ 0 & 4 & 1 \end{bmatrix}$$

DE ACUERDO CON LA MATRIZ DE TENSIONES Y SU INTERPRETACIÓN GRÁFICA:

$\left. \begin{array}{l} \sigma_{nx}=2 \\ \tau_{xy}=0 \\ \tau_{xz}=0 \end{array} \right\}$ **Sx ES UNO DE LOS PLANOS PRINCIPALES**
(LA TENSIÓN CORTANTE ES CERO)

EL EJE xx ES UNA DIRECCIÓN PRINCIPAL

LOS PLANOS Sy Y Sz CONTIENEN EL EJE xx POR LO QUE PERTENECEN A UNO DE LOS HACES PRINCIPALES

LOS PUNTOS REPRESENTATIVOS DE SU ESTADO TENSIONAL ESTÁN SOBRE UNA DE LAS CIRCUNFERENCIAS DE MOHR

$\left\{ \begin{array}{l} \text{\textbf{LOS PLANOS Sy Y Sz SON PERPENDICULARES (90°)}} \\ \text{\textbf{LOS PUNTOS REPRESENTATIVOS DETERMINAN}} \\ \text{\textbf{UN ÁNGULO CENTRAL DOBLE (180°)}} \\ \text{\textbf{SON LOS EXTREMOS DE UN DIÁMETRO Y EL PUNTO EN}} \\ \text{\textbf{EL QUE CORTA AL EJE HORIZONTAL, EL CENTRO DE UNO}} \\ \text{\textbf{DE LOS CÍRCULOS DE MOHR}} \end{array} \right.$

SECCION Sy

$\left. \begin{array}{l} \sigma_{ny}= +3 \\ \tau_y= -4 \end{array} \right\}$ **PUNTO Sy**

SECCION Sz

$\left. \begin{array}{l} \sigma_{nz}= +1 \\ \tau_y= +4 \end{array} \right\}$ **PUNTO Sz**

(RECORDAR CONVENIO DE SIGNOS)

DE ACUERDO CON LOS VALORES QUE SE OBSERVAN EN LA FIGURA
(VALORES SIN CONSIDERAR SIGNOS)

$\sigma_3 = -2,123$ $\sigma_1 = 6,123$

SITUACIÓN DEL CENTRO DEL CÍRCULO "C"

$$C = \sigma_{nz} + \frac{\sigma_{ny} - \sigma_{nz}}{2} = 1 + \frac{3-1}{2} = 2$$

RADIO DEL CÍRCULO "R"

$$R = \sqrt{\tau_{yz}^2 + \left(\frac{\sigma_{ny} - \sigma_{nz}}{2}\right)^2} = \sqrt{4^2 + \left(\frac{3-1}{2}\right)^2} = 4,123$$

$\sigma_1 = C + R = 6,123$ $\sigma_3 = C - R = -2,123$
$\sigma_2 = \sigma_{nx} = 2$ $\tau_{max} = R = 4,123$

TANGENTE DEL ÁNGULO 2ω

$$Tg\ 2\omega = \frac{\tau_{yz}}{(\sigma_{ny} - \sigma_{nz})/2} = 4 \quad 2\omega = 75,96°$$

EN EL CÍRCULO, "SALIENDO" DE Sy GIRANDO 75,96° EN SENTIDO ANTIHORARIO, "SE LLEGA" A S1

EN EL SÓLIDO, "SALIENDO" DE Sy GIRANDO 37,98° SENTIDO ANTIHORARIO, "SE LLEGA" A S1

FIGURA 4.24
APLICACIÓN DE LOS CÍRCULOS DE MOHR

EJERCICIO 6

Del estado tensional en las inmediaciones de un punto de un sólido elástico, se conocen los siguientes datos: **(Fig 4.25)**

La dirección **zz** es principal

No hay tensiones de compresión en ninguna dirección

La tensión cortante máxima es de **500** Kp/cm²

Las componentes intrínsecas de la tensión en las secciones S_A y S_B son de los valores y sentidos indicados en la figura

Determinar:

Tensiones y direcciones principales

Matriz de tensiones en **xyz**

Valor del ángulo α

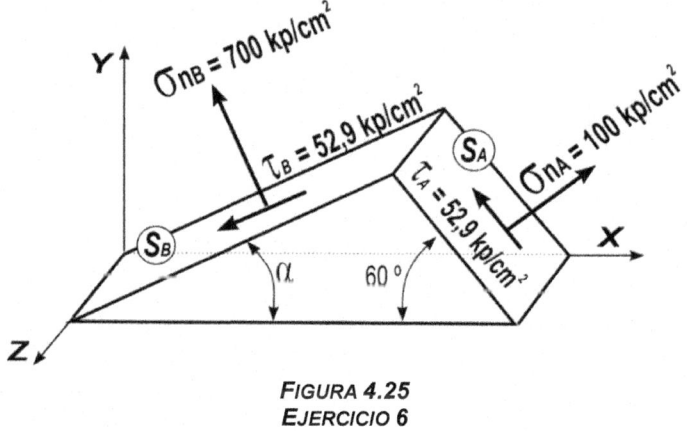

FIGURA 4.25
EJERCICIO 6

En general, para definir una circunferencia, es necesario conocer tres puntos de la misma. En el caso de los círculos de Mohr, como sabemos que el centro siempre está en el eje horizontal, la circunferencia queda determinada conociendo dos puntos.: **(Fig 4.26)**

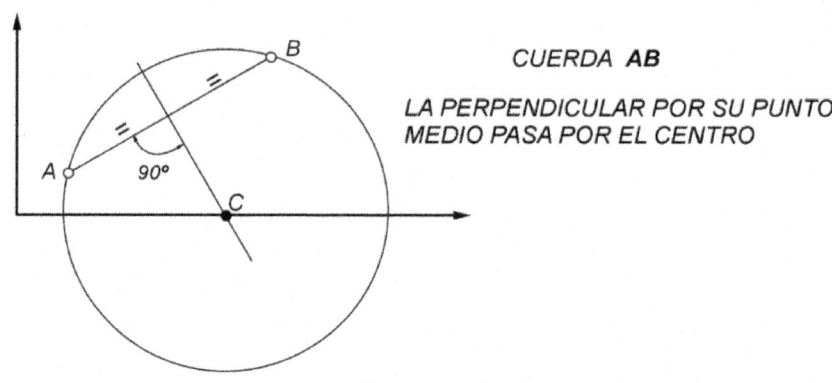

CUERDA **AB**

LA PERPENDICULAR POR SU PUNTO MEDIO PASA POR EL CENTRO

FIGURA 4.26
CUESTIÓN PREVIA

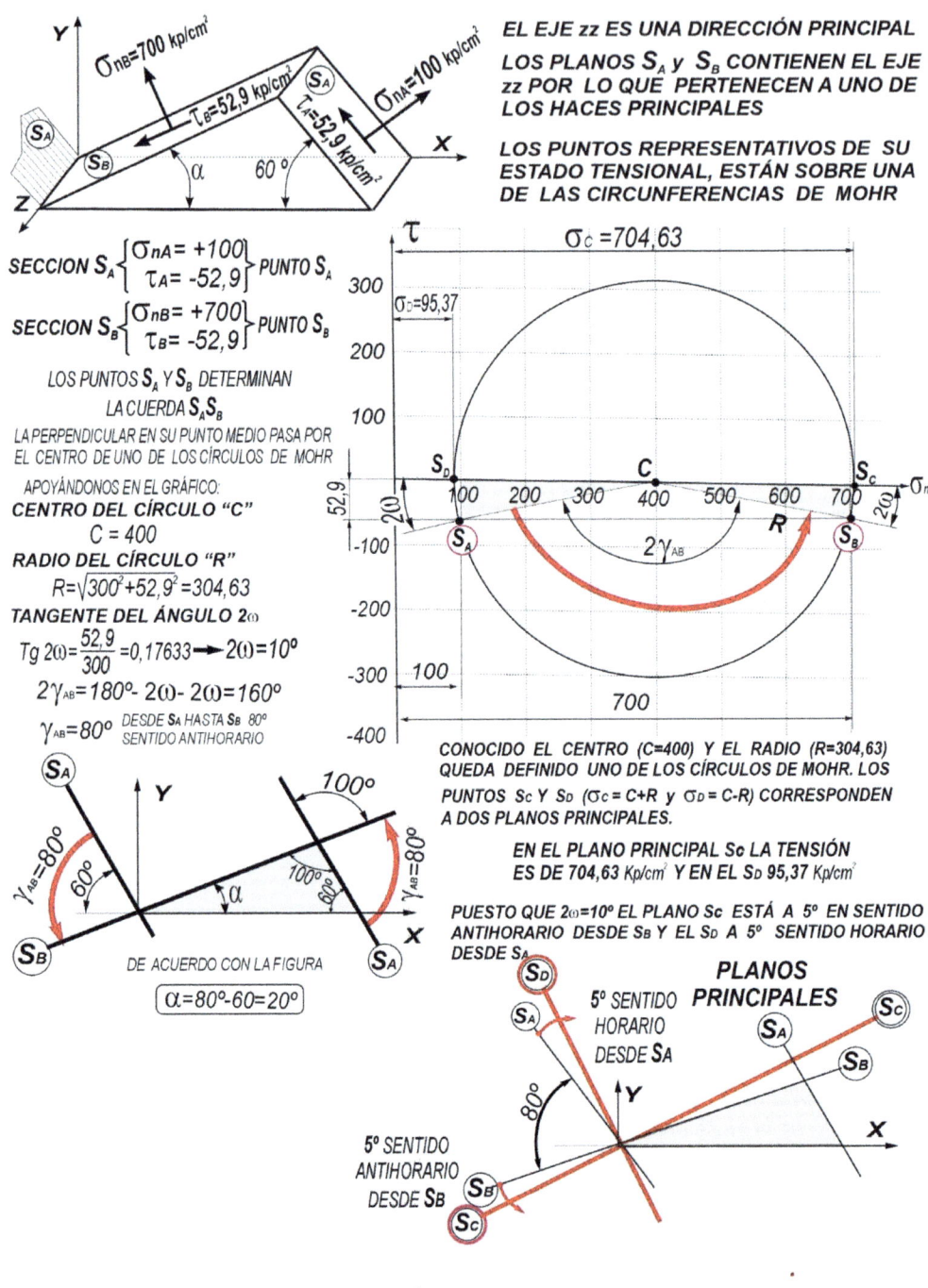

EL EJE zz ES UNA DIRECCIÓN PRINCIPAL

LOS PLANOS S_A y S_B CONTIENEN EL EJE zz POR LO QUE PERTENECEN A UNO DE LOS HACES PRINCIPALES

LOS PUNTOS REPRESENTATIVOS DE SU ESTADO TENSIONAL, ESTÁN SOBRE UNA DE LAS CIRCUNFERENCIAS DE MOHR

SECCION $S_A \begin{cases} \sigma_{nA}= +100 \\ \tau_A= -52,9 \end{cases}$ PUNTO S_A

SECCION $S_B \begin{cases} \sigma_{nB}= +700 \\ \tau_B= -52,9 \end{cases}$ PUNTO S_B

LOS PUNTOS S_A Y S_B DETERMINAN
LA CUERDA $S_A S_B$

LA PERPENDICULAR EN SU PUNTO MEDIO PASA POR EL CENTRO DE UNO DE LOS CÍRCULOS DE MOHR

APOYÁNDONOS EN EL GRÁFICO:
CENTRO DEL CÍRCULO "C"
$$C = 400$$
RADIO DEL CÍRCULO "R"
$$R = \sqrt{300^2 + 52,9^2} = 304,63$$
TANGENTE DEL ÁNGULO 2ω
$$Tg\ 2\omega = \frac{52,9}{300} = 0,17633 \longrightarrow 2\omega = 10°$$
$$2\gamma_{AB} = 180° - 2\omega - 2\omega = 160°$$
$$\gamma_{AB} = 80° \quad \substack{\text{DESDE } S_A \text{ HASTA } S_B\ 80° \\ \text{SENTIDO ANTIHORARIO}}$$

DE ACUERDO CON LA FIGURA

$$\boxed{\alpha = 80° - 60 = 20°}$$

CONOCIDO EL CENTRO (C=400) Y EL RADIO (R=304,63) QUEDA DEFINIDO UNO DE LOS CÍRCULOS DE MOHR. LOS PUNTOS S_C Y S_D (σ_C = C+R y σ_D = C-R) CORRESPONDEN A DOS PLANOS PRINCIPALES.

EN EL PLANO PRINCIPAL S_C LA TENSIÓN ES DE 704,63 Kp/cm² Y EN EL S_D 95,37 Kp/cm²

PUESTO QUE 2ω=10° EL PLANO S_C ESTÁ A 5° EN SENTIDO ANTIHORARIO DESDE S_B Y EL S_D A 5° SENTIDO HORARIO DESDE S_A

PLANOS PRINCIPALES

5° SENTIDO HORARIO DESDE S_A

5° SENTIDO ANTIHORARIO DESDE S_B

FIGURA 4.27
EJERCICIO 6

PARA DETERMINAR LA TENSIÓN PRINCIPAL CORRESPONDIENTE AL PLANO "Z"
$\tau_{max} = 500 \longrightarrow$ DIÁMETRO DEL CÍRCULO CORRESPONDIENTE = 1000

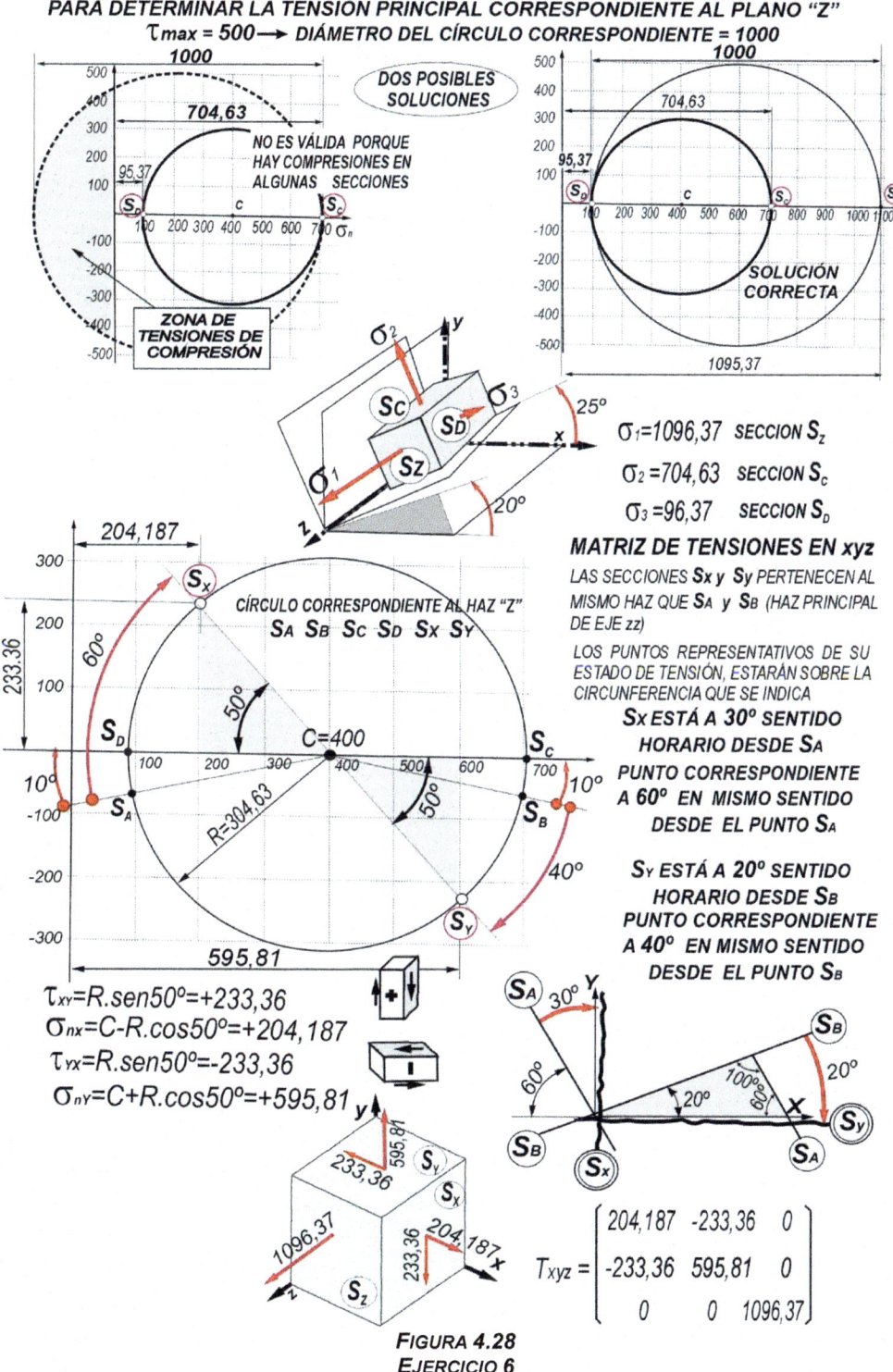

$\sigma_1 = 1096,37$ SECCION S_z

$\sigma_2 = 704,63$ SECCION S_c

$\sigma_3 = 96,37$ SECCION S_D

MATRIZ DE TENSIONES EN xyz

LAS SECCIONES S_x y S_y PERTENECEN AL MISMO HAZ QUE S_A y S_B (HAZ PRINCIPAL DE EJE zz)

LOS PUNTOS REPRESENTATIVOS DE SU ESTADO DE TENSIÓN, ESTARÁN SOBRE LA CIRCUNFERENCIA QUE SE INDICA

S_x ESTÁ A **30°** SENTIDO HORARIO DESDE S_A PUNTO CORRESPONDIENTE A **60°** EN MISMO SENTIDO DESDE EL PUNTO S_A

S_y ESTÁ A **20°** SENTIDO HORARIO DESDE S_B PUNTO CORRESPONDIENTE A **40°** EN MISMO SENTIDO DESDE EL PUNTO S_B

$\tau_{xy} = R.sen50° = +233,36$
$\sigma_{nx} = C - R.cos50° = +204,187$
$\tau_{yx} = R.sen50° = -233,36$
$\sigma_{ny} = C + R.cos50° = +595,81$

$$T_{xyz} = \begin{bmatrix} 204,187 & -233,36 & 0 \\ -233,36 & 595,81 & 0 \\ 0 & 0 & 1096,37 \end{bmatrix}$$

FIGURA 4.28
EJERCICIO 6

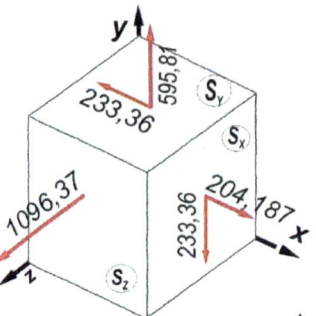

$$Txyz = \begin{bmatrix} 204,187 & -233,36 & 0 \\ -233,36 & 595,81 & 0 \\ 0 & 0 & 1096,37 \end{bmatrix}$$

COMO COMPROBACIÓN, CALCULAMOS, POR VÍA ANALÍTICA, LA TENSIÓN EN LAS SECCIONES S_A y S_B

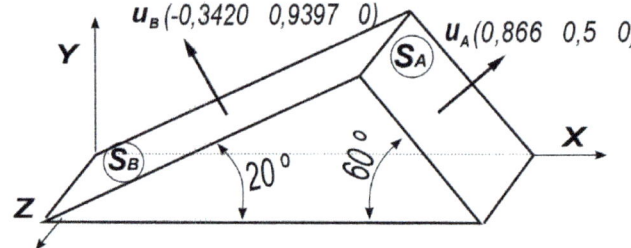

TENSIÓN EN PLANO S_A

$$\vec{\sigma}_{SA} = T.\vec{u}_A$$

$$\vec{\sigma}_{SA} = \begin{pmatrix} \sigma_{SAx} \\ \sigma_{SAy} \\ \sigma_{SAz} \end{pmatrix} \begin{bmatrix} 204,187 & -233,36 & 0 \\ -233,36 & 595,81 & 0 \\ 0 & 0 & 1096,37 \end{bmatrix} \cdot \begin{pmatrix} 0,866 \\ 0,5 \\ 0 \end{pmatrix} = \begin{pmatrix} 60,146 \\ 95,815 \\ 0 \end{pmatrix}$$

MÓDULO DEL VECTOR TENSIÓN $|\sigma_{SA}|$

$$|\sigma_{SA}| = \sqrt{60,146^2 + 95,815^2} = 113,128$$

TENSIÓN NORMAL σ_{nsA}

$$\sigma_{nsA} = \vec{u}_{SA}.\vec{\sigma}_{SA}$$

$$\sigma_{nsA} = 60,146.0,866 + 95,815.0,5 = 100$$

TENSIÓN CORTANTE τ_{SA}

$$\tau_{SA} = \sqrt{113,128^2 - 100^2} = 52,89$$

TENSIÓN EN PLANO S_B

$$\vec{\sigma}_{SB} = T.\vec{u}_B$$

$$\vec{\sigma}_{SB} = \begin{pmatrix} \sigma_{SBx} \\ \sigma_{SBy} \\ \sigma_{SBz} \end{pmatrix} \begin{bmatrix} 204,187 & -233,36 & 0 \\ -233,36 & 595,81 & 0 \\ 0 & 0 & 1096,37 \end{bmatrix} \begin{pmatrix} -0,342 \\ -0,9397 \\ 0 \end{pmatrix} = \begin{pmatrix} -289,12 \\ 639,69 \\ 0 \end{pmatrix}$$

MÓDULO DEL VECTOR TENSIÓN $|\sigma_{SB}|$

$$|\sigma_{SB}| = \sqrt{-289,12^2 + 639,69^2} = 702$$

TENSIÓN NORMAL σ_{nsB}

$$\sigma_{nsB} = \vec{u}_{SB}.\vec{\sigma}_{SB}$$

$$\sigma_{nsB} = -0,342.-289,12 + 0,9397.639,69 = 700$$

TENSIÓN CORTANTE τ_{SB}

$$\tau_{SB} = \sqrt{702^2 - 700^2} = 52,95$$

FIGURA 4.29
EJERCICIO 6

CAPÍTULO 5
ANÁLISIS DE DEFORMACIONES

DEFORMACIÓN EN LAS INMEDIACIONES DE UN PUNTO

Además de provocar fuerzas internas, las fuerzas exteriores dan lugar a deformaciones, que se manifiestan como:

- *Variaciones de longitud*
- *Cambios de forma (distorsiones)*
- *Desplazamientos de los diferentes puntos*

El estudio de estas deformaciones tiene interés porque suele constituir una exigencia de diseño y porque es el medio para llegar a conocer las tensiones.

Aunque los conceptos que vamos a recordar son perfectamente aplicables al caso más general de deformaciones en un sólido tridimensional, para su más fácil representación e interpretación, nos apoyamos en sistemas planos. En el ejemplo de la **Fig 5.01** la deformación de la placa, en su plano, trae consigo el cambio de posición de los distintos puntos que la que la integran, lo que da lugar a distorsiones (deformaciones angulares) y variaciones de longitud en las diferentes direcciones.

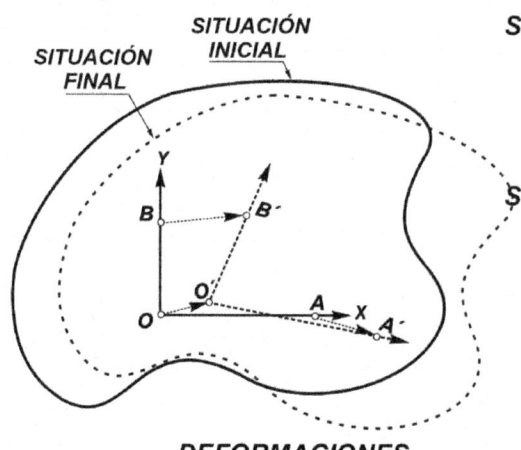

SITUACIÓN INICIAL
PUNTOS **O, A, B**
LONGITUD INICIAL DIRECCIÓN *XX* $L_{OX} = OA$
LONGITUD INICIAL DIRECCIÓN *YY* $L_{OY} = OB$
ÁNGULO DIRECCIONES *XX / YY* $\pi/2 \ (90^{\circ})$

SITUACIÓN FINAL
PUNTOS **O´, A´, B´**
OO´ = DESPLAZAMIENTO DEL PUNTO **O**
AA´ = DESPLAZAMIENTO DEL PUNTO **A**
BB´ = DESPLAZAMIENTO DEL PUNTO **B**
LONGITUD FINAL DIRECCIÓN *XX* $L_{FX} = O´A´$
LONGITUD FINAL DIRECCIÓN *YY* $L_{FY} = O´B´$
ÁNGULO DIRECCIONES *XX / YY* $(\pi/2) - \gamma$

DEFORMACIONES
$\delta_X = L_{FX} - L_{OX}$ = ALARGAMIENTO TOTAL EN DIRECCIÓN *XX*

$\delta_Y = L_{FY} - L_{OY}$ = ALARGAMIENTO TOTAL EN DIRECCIÓN *YY*

γ (Rad) = DEFORMACIÓN ANGULAR

FIGURA 5.01
DEFORMACIONES Y DESPLAZAMIENTOS

Tipos de deformación: componentes

Para valorar el grado de deformación se consideran las variaciones de longitud que se producen en diferentes direcciones, **deformaciones longitudinales**, y las distorsiones que experimentan pares de direcciones que inicialmente forman ángulos de 90°, **deformaciones transversales**. (deformaciones angulares)

Estos tipos de deformación están, lógicamente, relacionadas con los dos tipos de tensión **Fig 5.02**

Las tensiones normales provocan variaciones de longitud. Por ejemplo, una barra de una cierta longitud (L_0) experimenta un alargamiento (δ) cuando se solicita por un esfuerzo de tracción.

Las tensiones cortantes se asocian a deslizamientos de unas secciones con relación a otras, lo que provoca deformaciones angulares.

DEFORMACIONES LONGITUDINALES

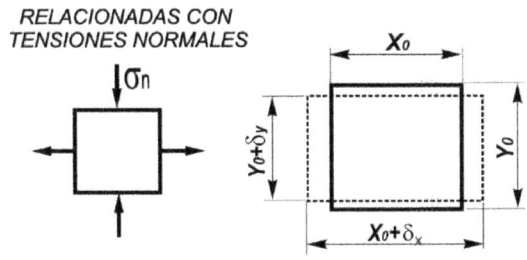

RELACIONADAS CON
TENSIONES NORMALES

VARIACIONES DE LONGITUD EN
DIFERENTES DIRECCIONES
PUEDEN SER POSITIVAS (ALARGAMIENTOS
O NEGATIVAS (ACORTAMIENTOS)

δx=ALARGAMIENTO (ACORTAMIENTO)
LONGITUDINAL EN DIRECCIÓN **X**

δy=ALARGAMIENTO (ACORTAMIENTO)
LONGITUDINAL EN DIRECCIÓN **Y**

PROVOCAN VARIACIONES DE VOLUMEN

DEFORMACIÓN TRANSVERSALES
(DEFORMACIÓN ANGULAR ó DISTORSIÓN)

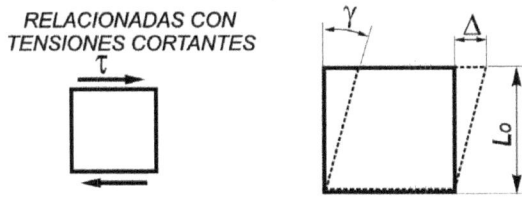

RELACIONADAS CON
TENSIONES CORTANTES

DESLIZAMIENTOS (Δ) DE UNOS PLANOS
CON RELACIÓN A OTROS

ESTO SUPONE DISTORSIONES.
ÁNGULOS INICIALMENTE RECTOS,

EXPERIMENTAN UNA VARIACIÓN (γ)

MODIFICAN LA FORMA SIN
AFECTAR AL VOLUMEN

FIGURA 5.02
TIPOS DE DEFORMACIÓN

Los alargamientos δ y los deslizamientos Δ no resultan medidas precisas para valorar el grado de deformación, por lo que tenemos que acudir a lo que llamaremos deformaciones unitarias (**Fig 5.03**).

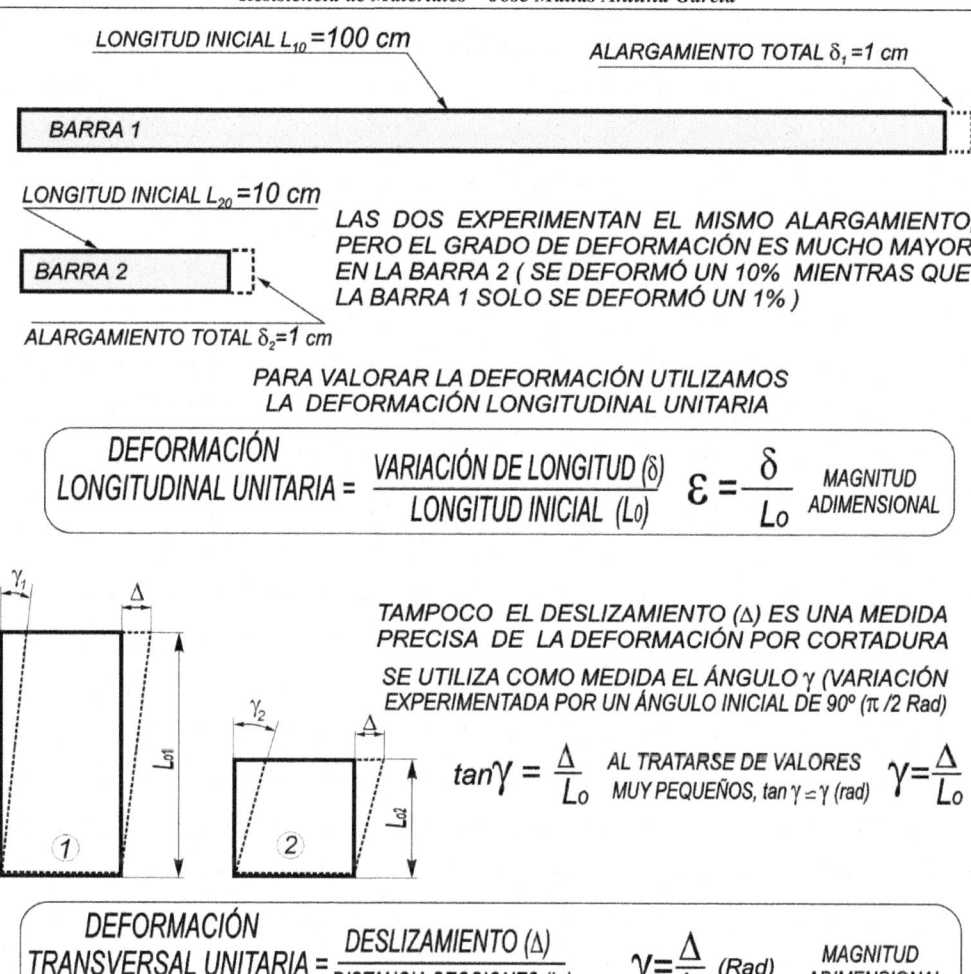

FIGURA 5.03
DEFORMACIONES UNITARIAS

Cuando hablamos de variaciones de longitud, se entiende perfectamente que nos referimos a una dirección determinada; por el contrario, para definir la distorsión γ_{xy} nos apoyamos en dos direcciones inicialmente perpendiculares y observamos la variación experimentada por este ángulo. Puesto que en el análisis de deformaciones vamos a estudiar la deformación en distintas direcciones, para que tenga sentido hablar de la deformación en una dirección dada, se asigna la mitad de la distorsión ($\gamma/2$) a cada una de las direcciones (dirección objeto de estudio y otra perpendicular).

En las **Fig 5.04 5.05 y 5.06** se presenta la interpretación vectorial de la deformación, las componentes longitudinal y transversal de la misma y la relación entre ellas.

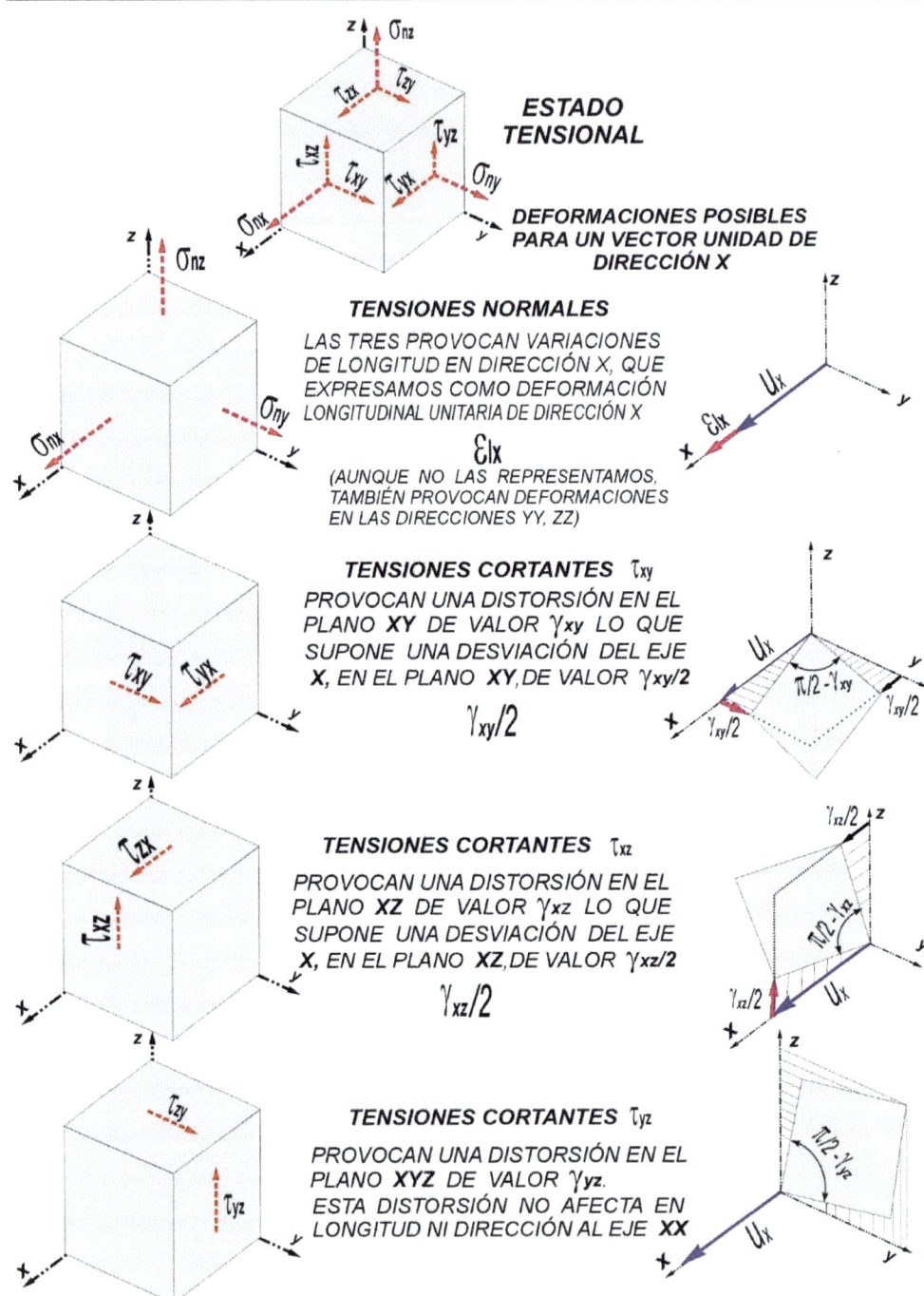

ESTADO TENSIONAL

DEFORMACIONES POSIBLES PARA UN VECTOR UNIDAD DE DIRECCIÓN X

TENSIONES NORMALES

LAS TRES PROVOCAN VARIACIONES DE LONGITUD EN DIRECCIÓN X, QUE EXPRESAMOS COMO DEFORMACIÓN LONGITUDINAL UNITARIA DE DIRECCIÓN X

ε_{lx}

(AUNQUE NO LAS REPRESENTAMOS, TAMBIÉN PROVOCAN DEFORMACIONES EN LAS DIRECCIONES YY, ZZ)

TENSIONES CORTANTES τ_{xy}

PROVOCAN UNA DISTORSIÓN EN EL PLANO **XY** DE VALOR γ_{xy} LO QUE SUPONE UNA DESVIACIÓN DEL EJE **X**, EN EL PLANO **XY**, DE VALOR $\gamma_{xy}/2$

$\gamma_{xy}/2$

TENSIONES CORTANTES τ_{xz}

PROVOCAN UNA DISTORSIÓN EN EL PLANO **XZ** DE VALOR γ_{xz} LO QUE SUPONE UNA DESVIACIÓN DEL EJE **X**, EN EL PLANO **XZ**, DE VALOR $\gamma_{xz}/2$

$\gamma_{xz}/2$

TENSIONES CORTANTES τ_{yz}

PROVOCAN UNA DISTORSIÓN EN EL PLANO **XYZ** DE VALOR γ_{yz}. ESTA DISTORSIÓN NO AFECTA EN LONGITUD NI DIRECCIÓN AL EJE **XX**

FIGURA 5.04
INTERPRETACIÓN VECTORIAL DE LA DEFORMACIÓN

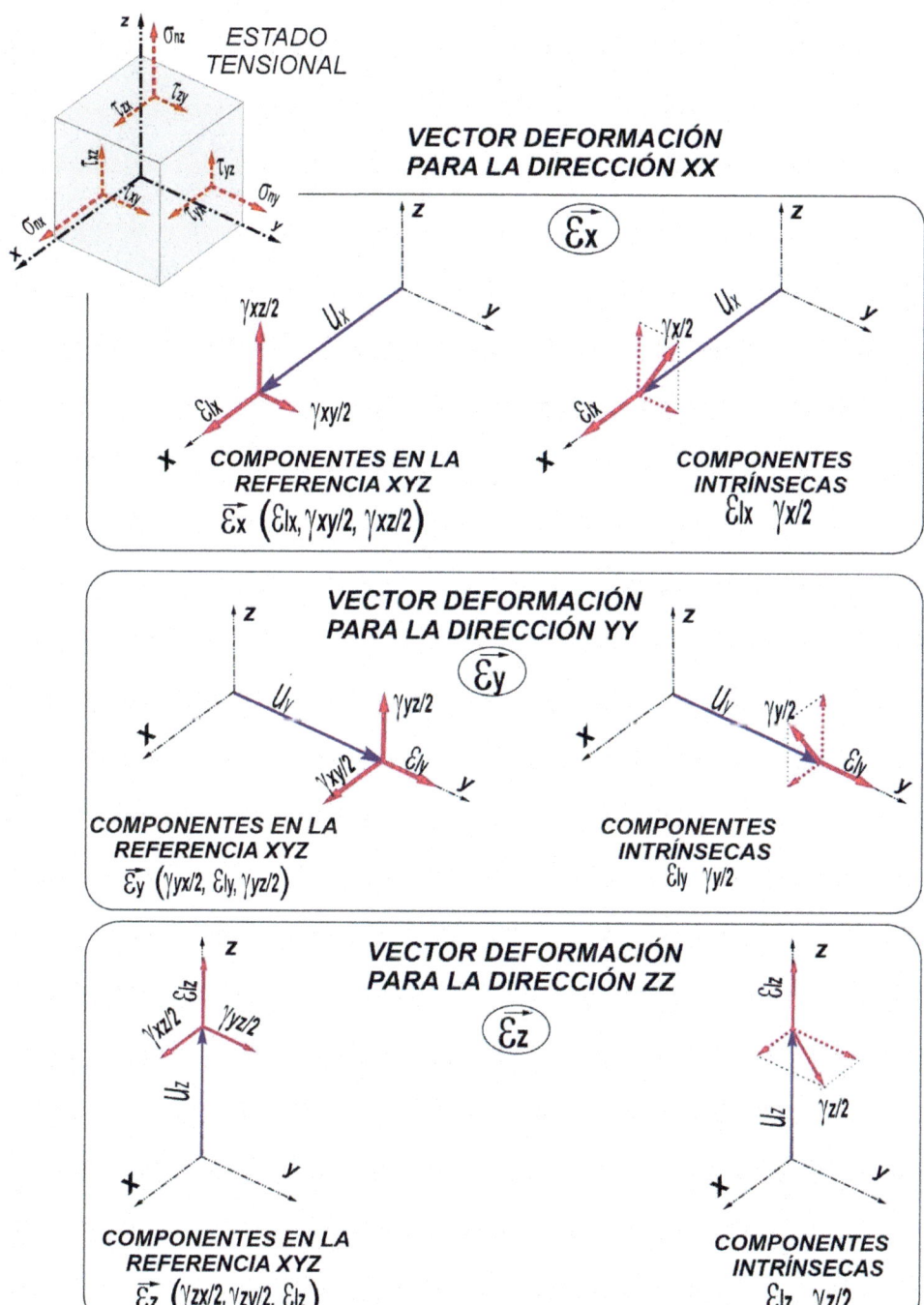

FIGURA 5.05
INTERPRETACIÓN VECTORIAL DE LA DEFORMACIÓN

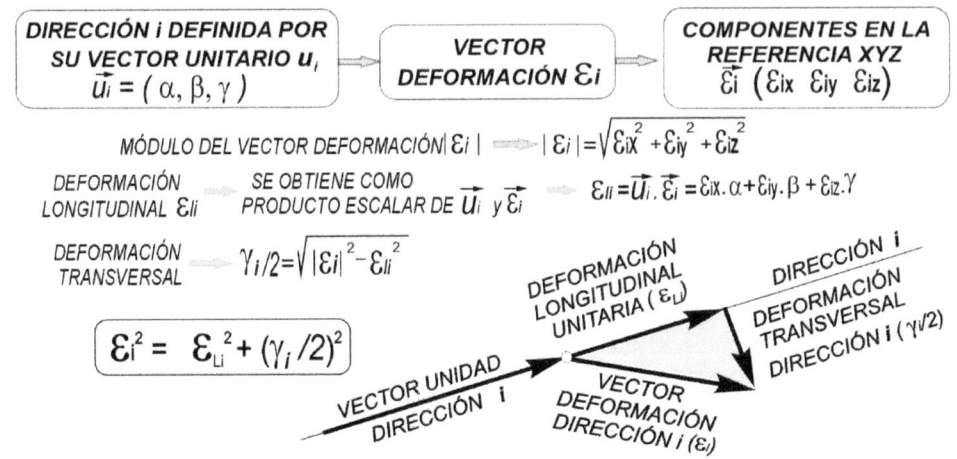

FIGURA 5.06
INTERPRETACIÓN VECTORIAL DE LA DEFORMACIÓN

Deformación en diferentes direcciones.

En general, la deformación varía según el punto que se considere. Además, la deformación en el entorno de un punto depende de la dirección. No obstante, también aquí, como en el caso de las tensiones, se dan una serie de particularidades que facilitan el análisis.

El estado de deformación en las inmediaciones de un punto queda determinado si se conoce la deformación para tres direcciones perpendiculares. A partir de estos valores se puede calcular la deformación para cualquier dirección.

Los vectores deformación ε_x, ε_y y ε_z, expresados por sus componentes en la referencia **xyz**, convenientemente ordenadas, constituyen la **matriz de deformaciones en la referencia xyz. (Fig 5.07)**

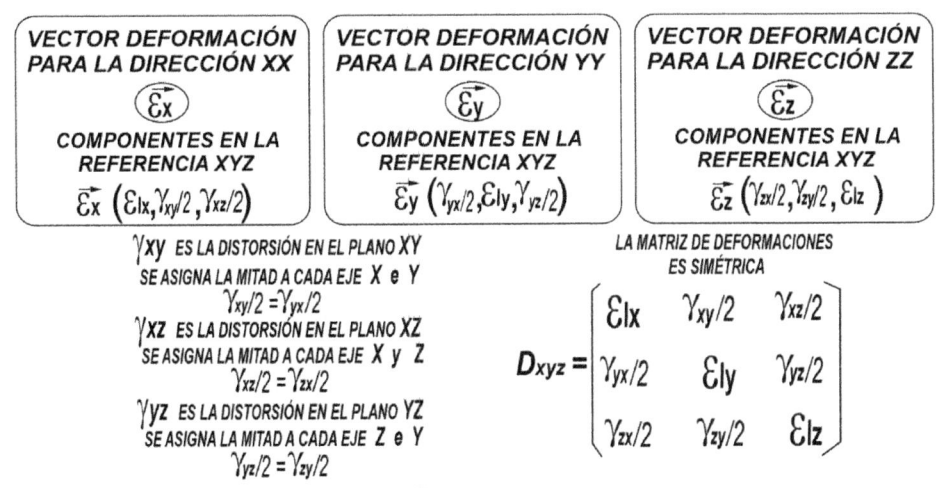

FIGURA 5.07
MATRIZ DE DEFORMACIONES

La matriz de deformaciones define el estado de deformación en un punto. El vector deformación para cualquier dirección, se obtiene multiplicando la matriz de deformaciones por el vector unitario (**u**) que determina la dirección.

$$\vec{u_i} = \text{Vector unitario de la dirección (i) a estudiar} \quad \vec{u_i} = (\alpha, \beta, \gamma)$$

$$D_{xyz} = \text{Matriz de defrormaciones en la referencia } \mathbf{xyz}$$

$$\vec{\varepsilon_i} = \text{Vector deformación para la dirección i} \quad \vec{\varepsilon_i} = (\varepsilon_{ix}, \varepsilon_{iy}, \varepsilon_{iz})$$

$$\boxed{\vec{\varepsilon_i} = D_{xyz}.\vec{u_i}}$$

Deformaciones y direcciones principales

Definido el estado de deformación en un punto, mediante la matriz de deformaciones (Dxyz), podemos calcular fácilmente el vector deformación (**&**), para cualquier dirección (**i**) determinada por su vector unitario (**ui**), así como sus componentes intrínsecas **&** y **γ/2.**

Nos planteamos ahora la siguiente cuestión: ¿Habrá alguna dirección en la que el vector deformación coincida con la dirección? ¿Una dirección en la que la deformación solo tenga la componente longitudinal, siendo nula la componente transversal?

Tal dirección tendría que satisfacer la condición:

$$\boxed{\vec{\varepsilon_i} = D_{xyz}.\vec{u_i} = \varepsilon.\vec{u_i}}$$

$\vec{\varepsilon_i}$ =Vector deformación para la dirección **i**= ε veces el vector unitario $\vec{u_i}$ de dirección **i**

$$\begin{bmatrix} \varepsilon_{lx} & \gamma_{xy}/2 & \gamma_{xz}/2 \\ \gamma_{yx}/2 & \varepsilon_{ly} & \gamma_{yz}/2 \\ \gamma_{zx}/2 & \gamma_{zy}/2 & \varepsilon_{lz} \end{bmatrix} \cdot \begin{bmatrix} \alpha \\ \beta \\ \gamma \end{bmatrix} = \varepsilon. \begin{bmatrix} \alpha \\ \beta \\ \gamma \end{bmatrix}$$

Que, desarrollada, nos conduce al siguiente sistema de ecuaciones:

$$(\varepsilon_{lx} - \varepsilon)\alpha + (\gamma_{xy}/2)\beta + (\gamma_{xz}/2)\gamma = 0$$

$$(\gamma_{yx}/2)\alpha + (\varepsilon_{ly} - \varepsilon)\beta + (\gamma_{yz}/2)\gamma = 0$$

$$(\gamma_{zx}/2)\alpha + (\gamma_{zy}/2)\beta + (\varepsilon_{lz} - \varepsilon)\gamma = 0$$

Los valores **α, β, y γ,** solución de este sistema, determinan las direcciones que satisfacen la condición anterior.

Condición necesaria para que el sistema tenga solución es que el determinante de los coeficientes sea nulo, que desarrollada conduce a la ecuación: (ecuación característica)

$$\boxed{-\varepsilon^3 + l_1\varepsilon^2 - l_2\varepsilon + l_3 = 0}$$

$l_1 = \varepsilon_{lx} + \varepsilon_{ly} + \varepsilon_{lz}$

$l_2 = \varepsilon_{lx}\varepsilon_{ly} + \varepsilon_{lx}\varepsilon_{lz} + \varepsilon_{ly}\varepsilon_{lz} - (\gamma_{xy}/2)^2 - (\gamma_{xz}/2)^2 - (\gamma_{yz}/2)^2$

l_3 =Determinante de la matriz de deformaciones D

En el caso más general, la ecuación tendrá tres soluciones: ε_1, ε_2, ε_3. Llevando el valor ε_1 al sistema de ecuaciones, obtendremos una solución del mismo: α_1, β_1, γ_1 (u_1), que define una dirección u_1 en la que el vector deformación es de la dirección u_1 (deformación transversal nula). Lo mismo ocurre para ε_2, y ε_3, lo que da lugar a:

* Tres direcciones u_1, u_2, u_3, en las que el vector deformación solo tiene componente longitudinal (componente transversal nula)
* Las tres direcciones son perpendiculares, recibiendo el nombre de direcciones principales.
* Convenimos en llamar ε_1 a la mayor y ε_3 a la menor ($\varepsilon_1 >= \varepsilon_2 >= \varepsilon_3$). Para la dirección u_1 tendremos la deformación máxima (ε_1) y para u_3 la mínima. La deformación para el resto de las infinitas direcciones que podemos considerar, está comprendida entre estos límites.

Las direcciones principales de tensión y deformación coinciden. Las direcciones principales de deformación son perpendiculares a los correspondientes planos principales

En la **Fig 5.08** se muestra una interpretación gráfica de los resultados.

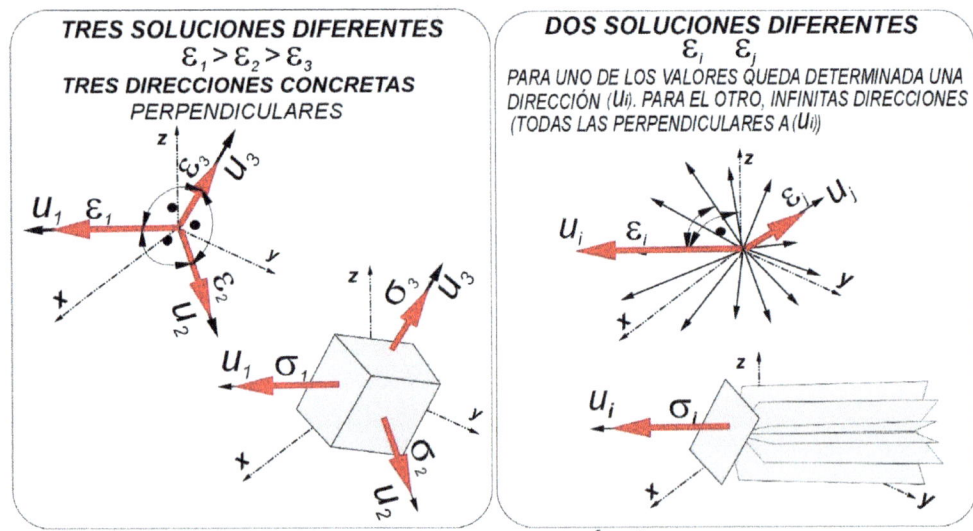

FIGURA 5.08
DEFORMACIONES PRINCIPALES

Círculos de Mohr de deformaciones

Las expresiones que se utilizan en el análisis de deformaciones también admiten una interpretación gráfica que se traduce en los Círculos de Mohr para deformaciones.

En esta construcción se utilizan las siguientes propiedades:

- A cada dirección le corresponde un vector deformación que podemos definir a través de sus componentes intrínsecas ε_i y $\gamma/2$

- Llevados estos valores sobre un sistema de ejes, ε_i en abscisas y $\gamma/2$ en ordenadas, a cada dirección le corresponde un punto; precisamente el que tiene por coordenadas las componentes de la deformación para esa dirección (**Fig 5.09**). De acuerdo con esta construcción, a cada dirección le corresponde un punto en la representación de Mohr y, a cada punto del gráfico, una dirección.

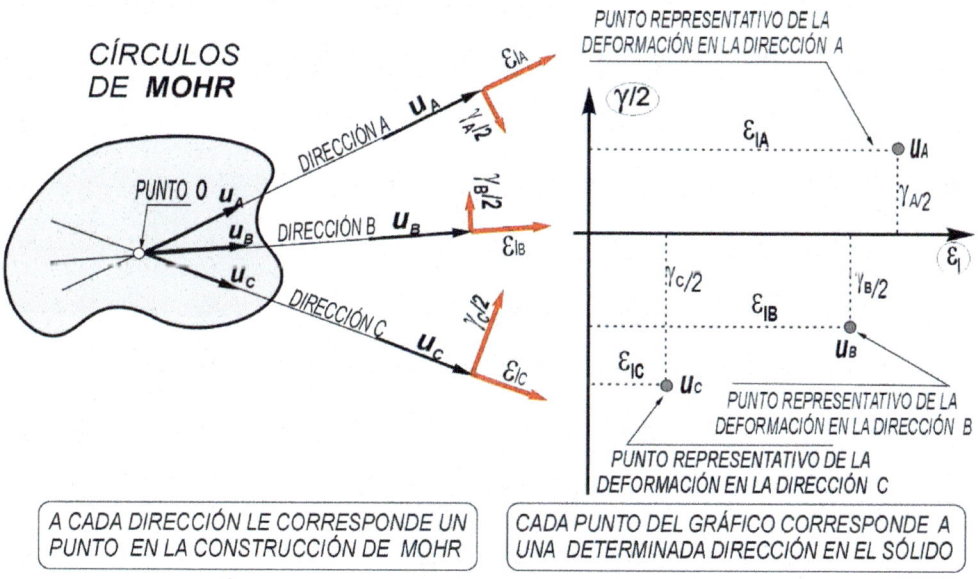

¿CÓMO SE ESTABLECE LA CORRESPONDENCIA?

FIGURA 5.09

A CADA DIRECCIÓN LE CORRESPONDE UN PUNTO Y A CADA PUNTO UNA DIRECCIÓN, EN LA CONSTRUCCIÓN DE MOHR

Para ver cómo se establece la correspondencia entre direcciones en el sólido y puntos de la representación gráfica, dividimos las infinitas direcciones posibles en cuatro categorías: el haz principal 1, formado por todas las direcciones perpendiculares a la dirección principal 1; el haz principal 2 formado por todas las direcciones perpendiculares a la dirección principal 2; el haz principal 3, formado por todas las direcciones perpendiculares a la dirección principal 3 y el resto de direcciones no pertenecientes a ninguno de los haces anteriores.

Se demuestra que todos los puntos correspondientes a las direcciones del haz 1 se sitúan sobre una circunferencia con centro en el eje de abscisas. Teniendo en cuenta que al **haz principal 1** pertenecen las direcciones u_2 y u_3, de componentes $(\varepsilon_2, 0)$ y $(\varepsilon_3, 0)$, a los que les corresponden los puntos u_2 y u_3, todos los puntos del **haz 1** se sitúan sobre una circunferencia de diámetro ε_2-ε_3. **(Fig 5.10).**

Por razonamientos similares, a las direcciones del **haz 2** les corresponden los puntos de la circunferencia de diámetro ε_1-ε_3, y a las del **haz 3**, los de la circunferencia de diámetro ε_1-ε_2. Al resto de direcciones, no pertenecientes a los haces principales, les corresponden puntos interiores de los círculos.

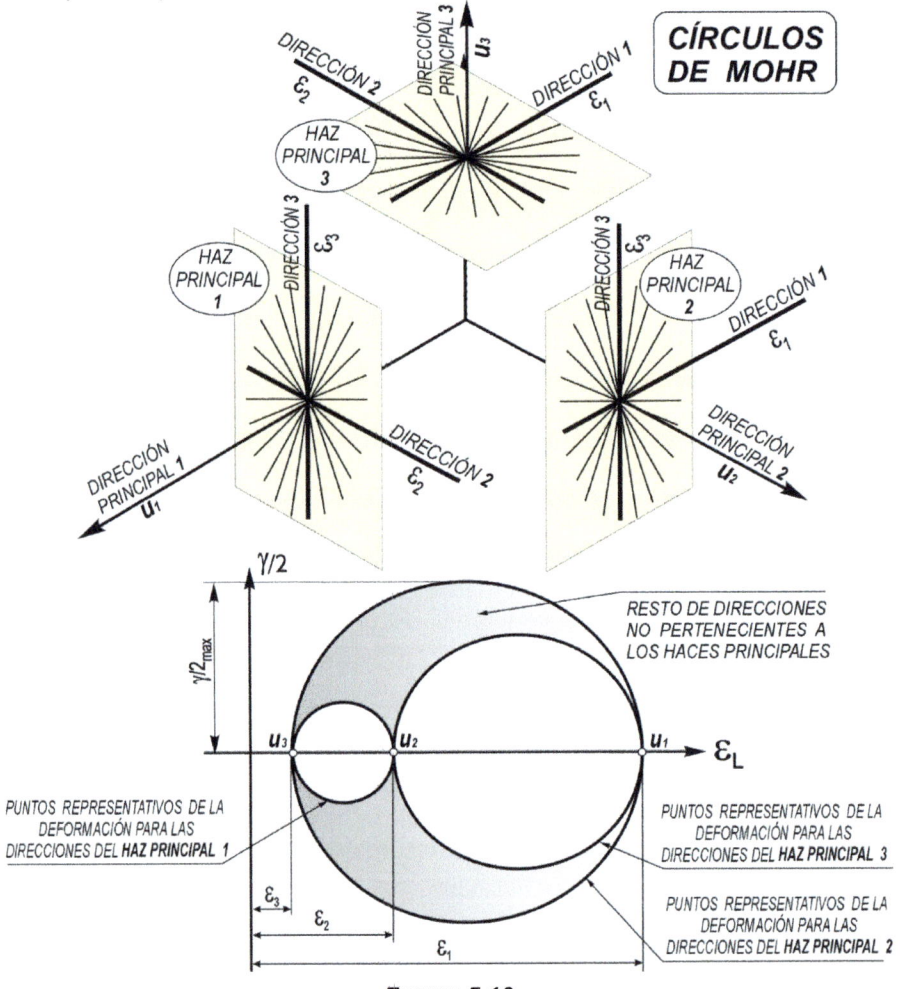

FIGURA 5.10
A LOS HACES PRINCIPALES, LES CORRESPONDEN PUNTOS SOBRE LAS CIRCUNFERENCIAS

Otra propiedad importante es que si dos direcciones pertenecientes a un haz principal, forman un determinado ángulo **α**, los puntos correspondientes sobre el círculo de Mohr forman un ángulo central **2α m**edido en el mismo sentido. *(Fig 5.11)*

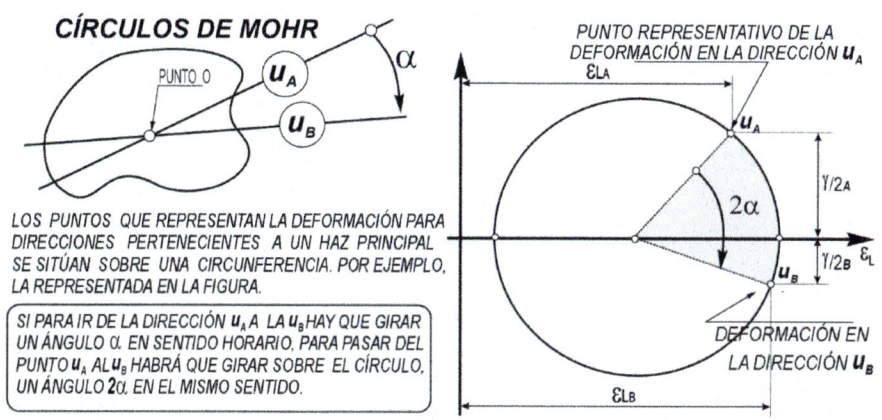

FIGURA 5.11
PROPIEDAD DEL ÁNGULO DOBLE

Finalmente, el convenio de signos para las deformaciones, es coherente con el establecido en el tema anterior para las tensiones. *(Fig 5.12)*

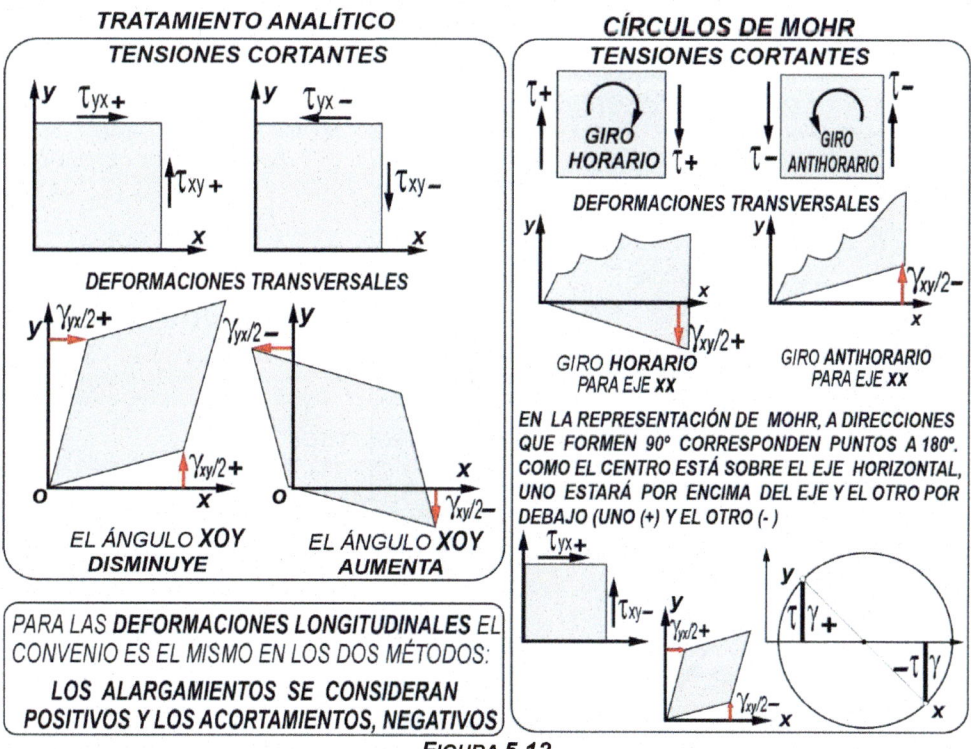

FIGURA 5.12
CONVENIO DE SIGNOS

Para destacar la utilidad y el interés de la construcción de Mohr vamos a resolver analítica y gráficamente el ejercicio 1. Aunque el método gráfico no siempre es aplicable, en muchos casos, como el que vamos a estudiar, puede facilitar el análisis de forma notable.

EJERCICIO 1

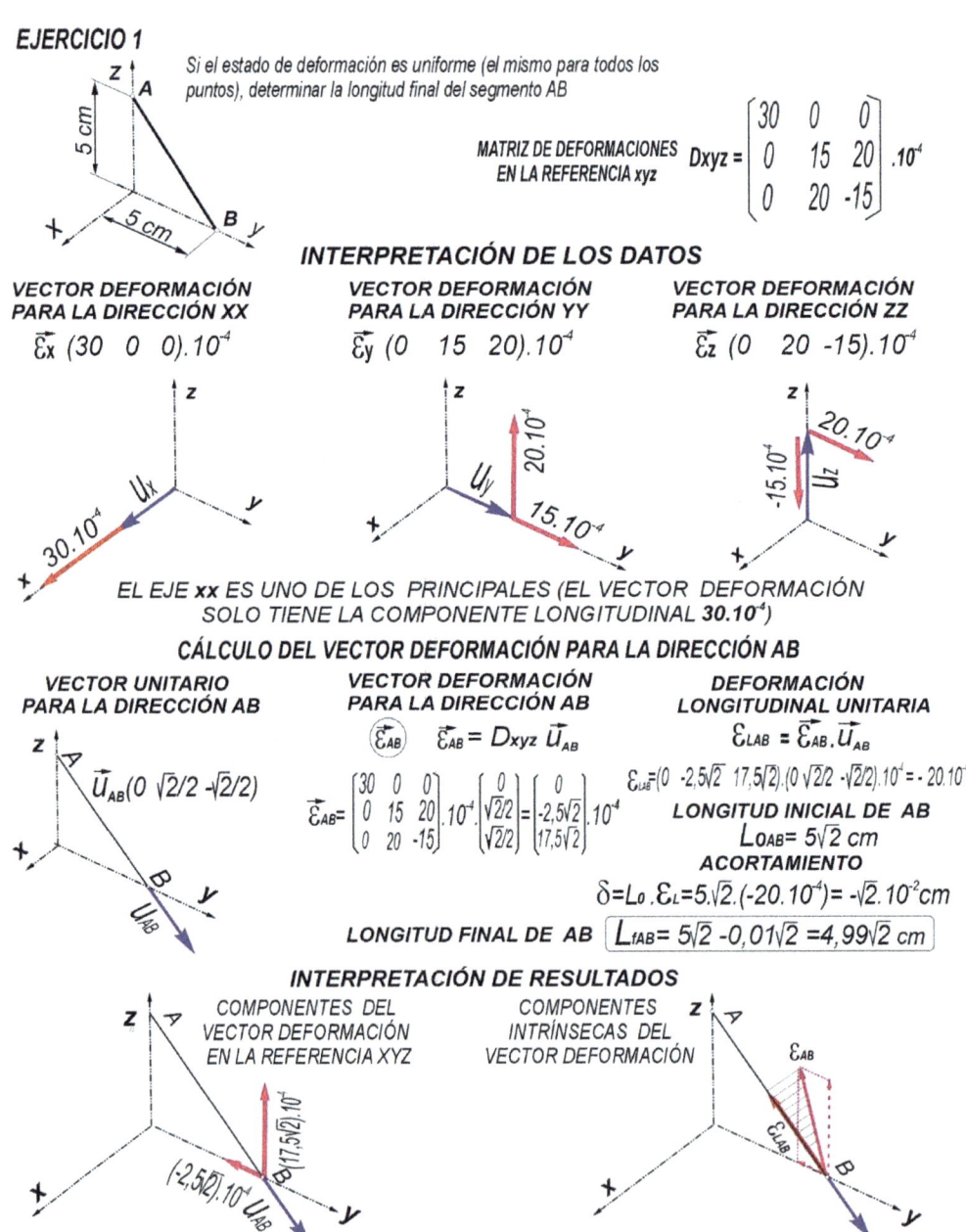

FIGURA 5.13
EJERCICIO 1. SOLUCIÓN ANALÍTICA

EL EJE x ES UNA DIRECCIÓN PRINCIPAL (γ=0)

TODAS LAS DIRECCIONES CONTENIDAS EN EL PLANO yz PERTENECEN A UNO DE LOS HACES PRINCIPALES (EJE y, EJE z, DIRECCIÓN AB, ...)

LOS PUNTOS REPRESENTATIVOS DE SU DEFORMACIÓN ESTÁN SOBRE UNA DE LAS CIRCUNFERENCIAS DE MOHR

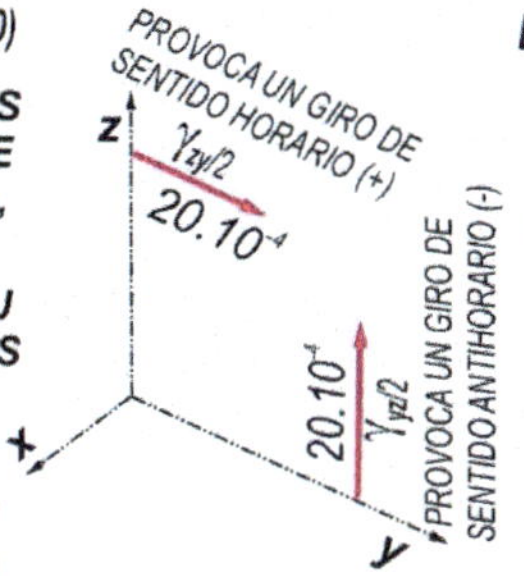

PROVOCA UN GIRO DE SENTIDO HORARIO (+)

$\gamma_{xy}/2$

20.10^{-4}

PROVOCA UN GIRO DE SENTIDO ANTIHORARIO (-)

20.10^{-4}

$\gamma_{yz}/2$

EJE y

ε_{Iy} =+15.10^{-4}
γ_{yz} /2= -20.10^{-4} } **PUNTO Y**

EJE z

ε_{Iz} = -15.10^{-4}
γ_{yz} /2=+20.10^{-4} } **PUNTO Z**

**LOS EJES Y Z ESTÁN A 90°
LOS PUNTOS Y Z ESTÁN A 180°
SOBRE EL CÍRCULO POR LO
QUE DETERMINAN UN DIÁMETRO**

SITUACIÓN DEL CENTRO DEL CÍRCULO "C"
A LA MITAD DEL SEGMENTO MN ➤ C = 0

RADIO DEL CÍRCULO "R"

$$R = \sqrt{20^2+15^2} = 25$$

TANGENTE DEL ÁNGULO 2ω

$$Tg\ 2\omega = \frac{20}{15} = 1,33333 \longrightarrow 2\omega = 53,13°$$

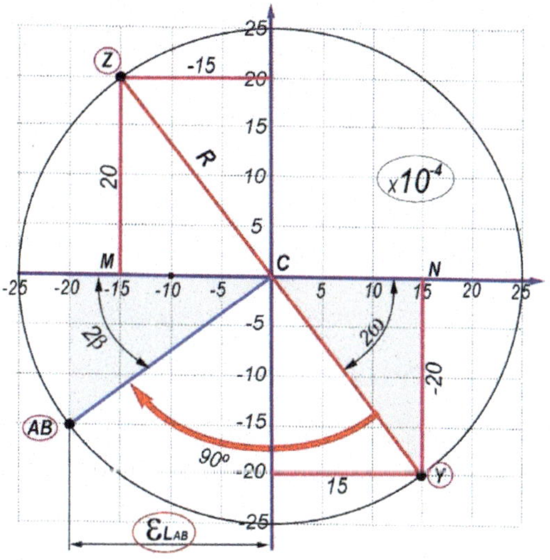

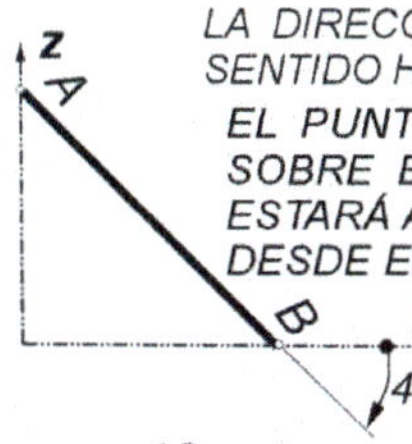

LA DIRECCIÓN **AB** ESTÁ A 45° EN SENTIDO HORARIO, DESDE EL EJE **Y**

EL PUNTO CORRESPONDIENTE SOBRE EL CÍRCULO (PUNTO **AB**) ESTARÁ A **90°** SENTIDO HORARIO DESDE EL PUNTO **Y**

$$2\beta = 180°-2\omega-90° = 36,87°$$

$$|\varepsilon_{LAB}| = R.\cos 2\beta = 25.0,8 = 20$$

$$\boxed{\varepsilon_{LAB} = -\ 20.10^{-4}}$$

FIGURA 5.14
SOLUCIÓN GRÁFICA

Tres deformaciones longitudinales unitarias definen la deformación en un plano

Conocida la deformación longitudinal en un punto para tres direcciones dadas, contenidas en un plano, queda determinado el estado de deformación en dicho plano. Puesto que las deformaciones longitudinales son relativamente fáciles de medir, por ejemplo, mediante bandas extensométricas, a partir de estas lecturas podemos calcular fácilmente las componentes de la deformación en el plano **Figs 5.15 y 5.16**.

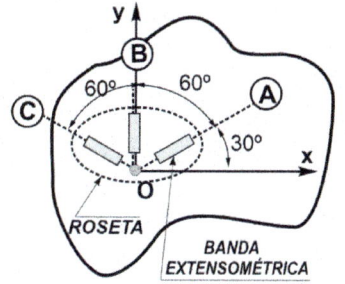

LAS BANDAS EXTENSOMÉTRICAS SE ADHIEREN AL SÓLIDO Y SE DEFORMAN CON ÉL, PERMITIENDO MEDIR **DEFORMACIONES LONGITUDINALES**, EN SU DIRECCIÓN, EN ZONAS REDUCIDAS.

UNA ROSETA DE DEFORMACIÓN, CONSTITUIDA POR TRES BANDAS DISPUESTAS FORMANDO ÁNGULOS CONOCIDOS, DA LA MEDIDA DE LA DEFORMACIÓN, EN LAS INMEDIACIONES DE UN PUNTO, EN TRES DIRECCIONES.

A PARTIR DE ESTAS LECTURAS PUEDEN CALCULARSE
$\varepsilon_x,\ \varepsilon_{y\ Y}\ \gamma_{xy}$
QUE DETERMINAN LA DEFORMACIÓN EN EL PLANO XY

FIGURA 5.15
TRES DEFORMACIONES LONGITUDINALES, DEFINEN LA DEFORMACIÓN EN UN PLANO

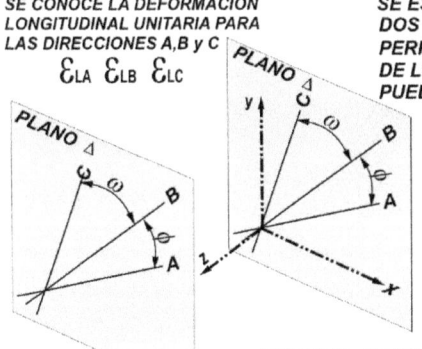

SE CONOCE LA DEFORMACIÓN LONGITUDINAL UNITARIA PARA LAS DIRECCIONES A,B y C

$\varepsilon_{LA} \ \varepsilon_{LB} \ \varepsilon_{LC}$

PLANO △

PLANO △

SE ESTABLECE UN SISTEMA DE REFERENCIA **xyz**, CON DOS EJES CONTENIDOS EN EL PLANO △ Y EL TERCERO PERPENDICULAR. AUNQUE NO ES NECESARIO, SI UNO DE LOS EJES COINCIDE CON UNA DE LAS DIRECCIONES, PUEDEN FACILITARSE LOS CÁLCULOS.

COMO SE CONOCEN LAS DIRECCIONES, QUEDAN DEFINIDOS LOS VECTORES UNITARIOS CORRESPONDIENTES:

$$\vec{u}_A \ (\alpha_A, \ \beta_A, \ 0)$$
$$\vec{u}_B \ (\alpha_B, \ \beta_B, \ 0)$$
$$\vec{u}_C \ (\alpha_C, \ \beta_C, \ 0)$$

LA COMPONENTE EN LA DIRECCIÓN Z ES CERO POR SER PERPENDICULAR AL PLANO △

VECTOR DEFORMACIÓN PARA LA DIRECCIÓN A

$$\vec{\varepsilon}_A = D_{xyz} \cdot \vec{u}_A = \begin{bmatrix} \varepsilon_{Lx} & \gamma_{xy}/2 & \gamma_{xz}/2 \\ \gamma_{xy}/2 & \varepsilon_{Ly} & \gamma_{yz}/2 \\ \gamma_{xz}/2 & \gamma_{yz}/2 & \varepsilon_{Lz} \end{bmatrix} \cdot \begin{bmatrix} \alpha_A \\ \beta_A \\ 0 \end{bmatrix} = \begin{bmatrix} \varepsilon_{Lx}\alpha_A + (\gamma_{xy}/2)\beta_A \\ (\gamma_{xy}/2)\alpha_A + \varepsilon_{Ly}\beta_A \\ (\gamma_{xz}/2)\alpha_A + (\gamma_{yz}/2)\beta_A \end{bmatrix}$$

DEFORMACIÓN LONGITUDINAL UNITARIA PARA LA DIRECCIÓN A

$$\varepsilon_{LA} = \vec{\varepsilon}_A \cdot \vec{u}_A = \big(\varepsilon_{Lx}\alpha_A + (\gamma_{xy}/2)\beta_A \big)\alpha_A + \big((\gamma_{xy}/2)\alpha_A + \varepsilon_{Ly}\beta_A \big)\beta_A = \varepsilon_{Lx}\alpha_A^2 + \varepsilon_{Ly}\beta_A^2 + \gamma_{xy}\alpha_A\beta_A$$

$\gamma_{xy}/2$

PROCEDIENDO DE LA MISMA FORMA PARA LAS DIRECCIONES B y C

$$\varepsilon_{LA} = \varepsilon_{Lx}\alpha_A^2 + \varepsilon_{Ly}\beta_A^2 + \gamma_{xy}\alpha_A\beta_A$$
$$\varepsilon_{LB} = \varepsilon_{Lx}\alpha_B^2 + \varepsilon_{Ly}\beta_B^2 + \gamma_{xy}\alpha_B\beta_B$$
$$\varepsilon_{LC} = \varepsilon_{Lx}\alpha_C^2 + \varepsilon_{Ly}\beta_C^2 + \gamma_{xy}\alpha_C\beta_C$$

LA SOLUCIÓN DEL SISTEMA

$$\varepsilon_{Lx} \quad \varepsilon_{Ly} \quad \gamma_{xy}$$

DETERMINA LA DEFORMACIÓN EN EL PLANO D (PLANO XY)

FIGURA 5.16
TRES DEFORMACIONES LONGITUDINALES, DEFINEN LA DEFORMACIÓN EN UN PLANO

EJERCICIO 2

Aplicada una roseta de deformación de 60°, como se indica en la **figura 5.17**, se registran las lecturas indicadas.

Teniendo en cuenta que no se producen deformaciones en el sentido del espesor, determinar:

Deformaciones principales
Direcciones principales
Deformación transversal máxima y dirección en la que se produce.

ROSETA EXTENSOMÉTRICA DE 60°

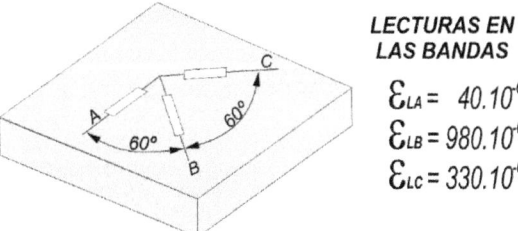

LECTURAS EN LAS BANDAS

$\varepsilon_{LA} = 40.10^{-6}$
$\varepsilon_{LB} = 980.10^{-6}$
$\varepsilon_{LC} = 330.10^{-6}$

FIGURA 5.17
EJERCICIO 2

ADOPTANDO EL SISTEMA DE REFERENCIA xyz QUE SE INDICA:

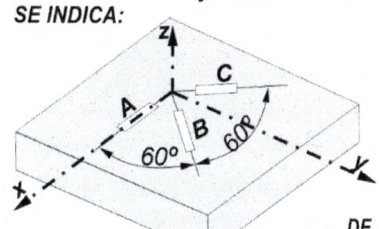

$\vec{u}_A$ (1, 0, 0)
$\vec{u}_B$ (1/2, √3/2, 0)
$\vec{u}_C$ (-1/2, √3/2, 0)

$\varepsilon_{LA} = 40.10^{-6}$
$\varepsilon_{LB} = 980.10^{-6}$
$\varepsilon_{LC} = 330.10^{-6}$

AL COINCIDIR LA DIRECCIÓN "A" CON EL EJE x:

$\varepsilon_{Lx} = \varepsilon_{LA} = 40.10^{-6}$

ADEMÁS, AL SER NULA LA DEFORMACIÓN EN DIRECCIÓN z:

$\varepsilon_{Lz} = \gamma_{xz}/2 = \gamma_{yz}/2 = 0$
UNA DIRECCIÓN PRINCIPAL ES LA DEL EJE z
UNA DEFORMACIÓN PRINCIPAL
$\varepsilon_{Lz} = 0$

DE ACUERDO CON LA PROPIEDAD VISTA EN EL APARTADO ANTERIOR:

$\varepsilon_{LA} = \varepsilon_{lx}\alpha_A^2 + \varepsilon_{ly}\beta_A^2 + \gamma_{xy}\alpha_A\beta_A$ $\quad \varepsilon_{Lx} = \varepsilon_{LA} = 40.10^{-6}$

$\varepsilon_{LB} = \varepsilon_{lx}\alpha_B^2 + \varepsilon_{ly}\beta_B^2 + \gamma_{xy}\alpha_B\beta_B$ $\quad \varepsilon_{LB} = 40.10^{-6}.1/4 + \varepsilon_{Ly}3/4 + \gamma_{xy}\sqrt{3}/4 = 980.10^{-6}$

$\varepsilon_{LC} = \varepsilon_{lx}\alpha_C^2 + \varepsilon_{ly}\beta_C^2 + \gamma_{xy}\alpha_C\beta_C$ $\quad \varepsilon_{LC} = 40.10^{-6}.1/4 + \varepsilon_{Ly}3/4 - \gamma_{xy}\sqrt{3}/4 = 330.10^{-6}$

$\varepsilon_{Lx} = 40.10^{-6}$
$\varepsilon_{Ly} = 860.10^{-6}$
$\gamma_{xy} = 750,6.10^{-6}$

PUESTO QUE EL EJE "z" ES UNA DIRECCIÓN PRINCIPAL, LAS DIRECCIONES "x", "y" ASÍ COMO LAS CONTENIDAS EN EL PLANO "xy" PERTENECEN A UN HAZ PRINCIPAL

LOS PUNTOS REPRESENTATIVOS DE SU DEFORMACIÓN ESTÁN SOBRE UNA DE LAS CIRCUNFERENCIAS DE MOHR

EJE x
$\varepsilon_{lx} = +40.10^{-6}$
$\gamma_{xy}/2 = -375,3^{-6}$ } PUNTO X

EJE y
$\varepsilon_{ly} = +860.10^{-6}$
$\gamma_{yx}/2 = +375,3.10^{-4}$ } PUNTO Y

LOS EJES X Y ESTÁN A 90°

LOS PUNTOS X e Y ESTÁN A **180°** SOBRE EL CÍRCULO, POR LO QUE DETERMINAN UN DIÁMETRO

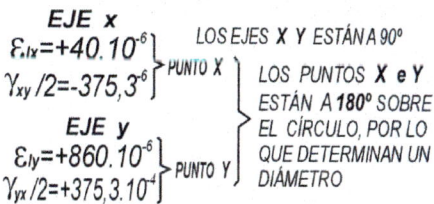

SITUACIÓN DEL CENTRO DEL CÍRCULO "C"

$OM + MC = 40 + \dfrac{860-40}{2} = 450 \quad C = 450$

RADIO DEL CÍRCULO "R"

$R = \sqrt{410^2 + 375,3^2} = 555,83$

DEFORMACIONES PRINCIPALES

$\varepsilon_1 = C+R = 450.10^{-6} + 555,83.10^{-6} = 1005,83.10^{-6}$
$\varepsilon_3 = C-R = 450.10^{-6} - 555,83.10^{-6} = -105,83.10^{-6}$

TANGENTE DEL ÁNGULO 2ω

$Tg\,2\omega = \dfrac{375,3}{410} = 0,9153 \longrightarrow 2\omega = 42,7°$

LA DIRECCIÓN PRINCIPAL 1 ESTÁ A **21,35°** EN SENTIDO HORARIO, DESDE EL EJE Y

DEFORMACIÓN TRANSVERSAL MÁXIMA

$\gamma/2_{max} = \dfrac{\varepsilon_1 - \varepsilon_3}{2} = R = 555,83.10^{-6}$

A 45° EN SENTIDO ANTIHORARIO, DESDE EL EJE 1

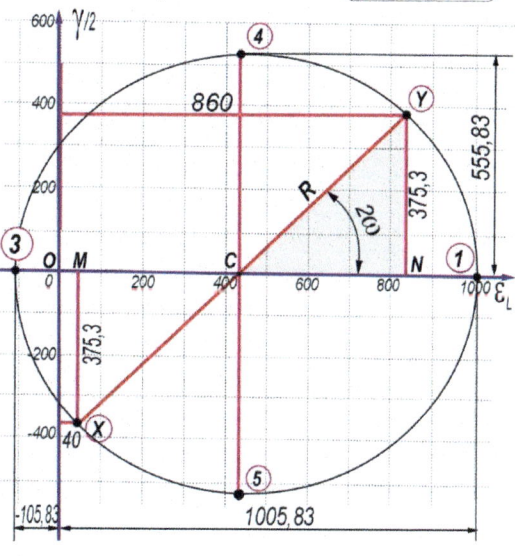

FIGURA 5.18
EJERCICIO 2

SOLUCIÓN ANALÍTICA

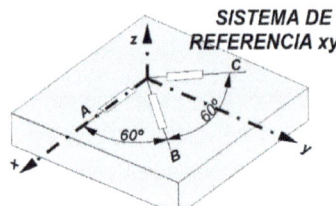

SISTEMA DE REFERENCIA xyz

PARTIENDO DE LAS LECTURAS DE LAS BANDAS A, B y C SE OBTIENE LA DEFORMACIÓN EN EL PLANO XY (PRIMERA PARTE Fig 5.18)

$$\varepsilon_{Lx} = 40.10^6$$
$$\varepsilon_{Ly} = 860.10^6$$
$$\gamma_{xy} = 750,6.10^6$$

MATRIZ DE DEFORMACIONES EN LA REFERENCIA xyz

$$D_{xyz} = \begin{vmatrix} 40 & 375,3 & 0 \\ 375,3 & 860 & 0 \\ 0 & 0 & 0 \end{vmatrix}.10^6$$

EL SISTEMA DE ECUACIONES QUE NOS PERMITE DETERMINAR LAS DIRECCIONES PRINCIPALES:

$$(\varepsilon_{Lx} - \varepsilon).\alpha + (\gamma_{xy}/2).\beta + (\gamma_{xz}/2).\gamma = 0$$
$$(\gamma_{xy}/2).\alpha + (\varepsilon_{Ly} - \varepsilon).\beta + (\gamma_{yz}/2).\gamma = 0$$
$$(\gamma_{xz}/2).\alpha + (\gamma_{yz}/2).\beta + (\varepsilon_{Lz} - \varepsilon).\gamma = 0$$

LA CONDICIÓN QUE NOS LLEVA A LA ECUACIÓN CARACTERÍSTICA, QUE NOS PERMITE OBTENER LAS DEFORMACIONES PRINCIPALES:

$$\begin{vmatrix} (\varepsilon_{Lx} - \varepsilon) & \gamma_{xy}/2 & \gamma_{xz}/2 \\ \gamma_{xy}/2 & (\varepsilon_{Ly} - \varepsilon) & \gamma_{yz}/2 \\ \gamma_{xz}/2 & \gamma_{yz}/2 & (\varepsilon_{Lz} - \varepsilon) \end{vmatrix} = 0$$

EN ESTE CASO, APROVECHANDO QUE LA DIRECCIÓN z ES UNA DE LAS PRINCIPALES, ($\gamma_{xz}/2 = 0$ y $\gamma_{yz}/2 = 0$) RESULTA MÁS CÓMODO DESARROLLAR EL DETERMINANTE POR LOS TÉRMINOS DE ESA FILA:

$$\begin{vmatrix} (40-\varepsilon) & 375,3 & 0 \\ 375,3 & (860-\varepsilon) & 0 \\ 0 & 0 & (0-\varepsilon) \end{vmatrix} = 0$$

$$(0-\varepsilon).[(40-\varepsilon).(860-\varepsilon) - 375,3^2] = 0 \begin{cases} (0-\varepsilon) = 0 \rightarrow \varepsilon = 0 \\ (40-\varepsilon).(860-\varepsilon) - 375,3^2 = 0 \end{cases} \begin{cases} \varepsilon = 1005,83.10^6 \\ \varepsilon = 0 \\ \varepsilon = -105,83.10^6 \end{cases} \begin{vmatrix} \varepsilon_1 = 1005,83.10^6 \\ \varepsilon_2 = 0 \\ \varepsilon_3 = -105,83.10^6 \end{vmatrix}$$

PARA ε_1 = 1005,83.10⁶ ← **DIRECCIONES PRINCIPALES** → **PARA ε_3 = -105,83.10⁶**

$$-965,83.\alpha + 375,3.\beta = 0 \begin{cases} \beta = 0,9321 \ (\cos \beta) \\ 375,3.\alpha - 145,83.\beta = 0 \end{cases} \alpha = 0,3621 \ (\cos \alpha)$$

$$\alpha^2 + \beta^2 = 1$$

$$\boxed{\alpha_1 = 68,77°}$$
$$\boxed{\beta_1 = 21,23°}$$

$$145,83.\alpha + 375,3.\beta = 0 \begin{cases} \alpha = 0,9321 \ (\cos \alpha) \\ 375,3.\alpha + 965,83.\beta = 0 \end{cases} \beta = -0,3621 \ (\cos \beta)$$

$$\alpha^2 + \beta^2 = 1$$

$$\boxed{\alpha_3 = 21,23°}$$
$$\boxed{\beta_3 = -68,77°}$$

FIGURA 5.19
EJERCICIO 2

EJERCICIO 3

La placa circular de la figura 5.20 tiene un diámetro inicial de 20 cm. Sometida a un estado de deformación en el que el eje del cilindro es una de las direcciones principales, se mide el diámetro en distintos puntos, obteniéndose los resultados que se indican.
Determinar:
   Valor final y situación del del diámetro que experimenta mayor alargamiento
   Valor final del ángulo AOD.   **FIGURA 5.20**
EJERCICIO 3

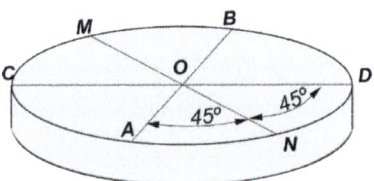

DIÁMETRO FINAL **AB = 20,010 cm**
DIÁMETRO FINAL **CD = 19,996 cm**
DIÁMETRO FINAL **MN = 20,000 cm**

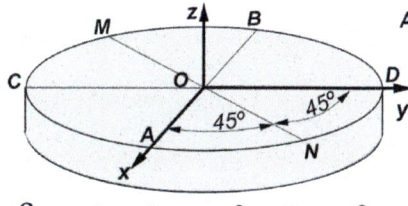

ADOPTANDO EL SISTEMA DE REFERENCIA xyz QUE SE INDICA:

$$\varepsilon_{LAB} = \varepsilon_{LX} = \frac{\delta_{AB}}{L_{0AB}} = \frac{+0,010}{20} = +5.10^{-4}$$

$$\varepsilon_{LCD} = \varepsilon_{LY} = \frac{\delta_{CD}}{L_{0CD}} = \frac{-0,004}{20} = -2.10^{-4}$$

$$\varepsilon_{LMN} = 0 \qquad \vec{u}_{MN} (\sqrt{2}/2, \sqrt{2}/2, 0)$$

UNA DIRECCIÓN PRINCIPAL ES LA DEL EJE z
UNA DEFORMACIÓN PRINCIPAL ε_{LZ}

$$\gamma_{xz}/2 = \gamma_{yz}/2 = 0$$

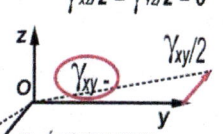

$$\varepsilon_{LMN} = \varepsilon_{LX} \alpha_{MN}^2 + \varepsilon_{LY} \beta_{MN}^2 + \gamma_{xy} \alpha_{MN} \beta_{MN}$$

$$\varepsilon_{LMN} = 5.10^{-4} 1/2 - 2.10^{-4} 1/2 + \gamma_{xy} 1/2 = 0$$

$$\gamma_{xy} = -3.10^{-4}$$

$$\boxed{\begin{array}{l} \varepsilon_{LX} = 5.10^{-4} \\ \varepsilon_{LY} = -2.10^{-4} \\ \gamma_{xy} = -3.10^{-4} \end{array}}$$

COMO γ_{XY} ES NEGATIVO, EL ÁNGULO "XOY" SE ABRE 3.10^{-4} RADIANES (0,0172°)

$$\boxed{\text{EL VALOR FINAL DEL ÁNGULO "XOY" ES DE 90,0171°}}$$

AL SER EL EJE "z" UNA DIRECCIÓN PRINCIPAL, LAS DIRECCIONES "x", "y" ASÍ COMO LAS CONTENIDAS EN EL PLANO "xy" PERTENECEN A UNO DE LOS HACES PRINCIPALES

LOS PUNTOS REPRESENTATIVOS DE SU DEFORMACIÓN ESTARÁN SOBRE UNO DE LOS CÍRCULOS DE MOHR

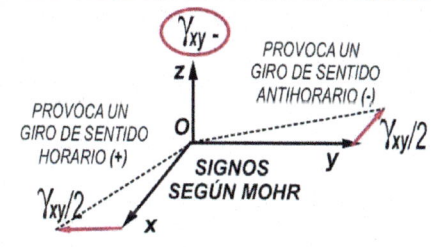

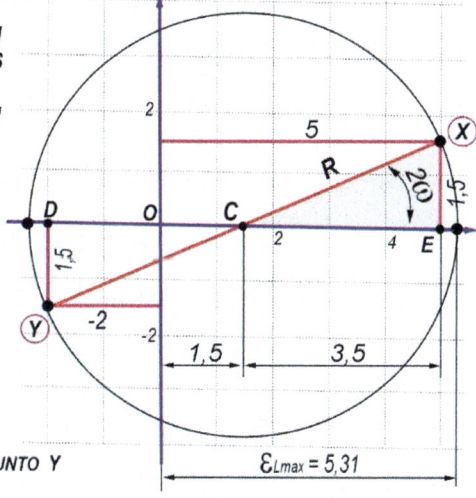

EJE **X**
$$\left. \begin{array}{l} \varepsilon_{lx} = +5.10^{-4} \\ \gamma_{xy}/2 = +1,5.10^{-4} \end{array} \right\} \text{PUNTO X}$$

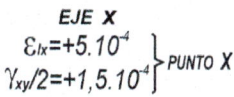

EJE **y**
$$\left. \begin{array}{l} \varepsilon_{ly} = -2.10^{-4} \\ \gamma_{yx}/2 = -1,5.10^{-4} \end{array} \right\} \text{PUNTO Y}$$

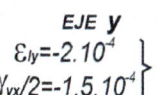

SITUACIÓN DEL CENTRO DEL CÍRCULO "C"

DE=7   CE=3,5   OC=1,5   C = + 1,5

RADIO DEL CÍRCULO "R"

$$R = \sqrt{3,5^2 + 1,5^2} = 3,81$$

DEFORMACIONES PRINCIPALES
(UNA ES ε_z, QUE DESCONOCEMOS)

$$\varepsilon_{max} = C + R = 1,5.10^{-4} + 3,81.10^{-4} = 5,31.10^{-4}$$

$$\varepsilon_{min} = C - R = 1,5.10^{-4} - 3,81.10^{-6} = -2,31.10^{-4}$$

QUE CORRESPONDEN A LOS DIFERENTES DIÁMETROS

DIÁMETRO MÁXIMO

$$D_0 = 20 \text{ cm} \qquad \delta = D_0 . \varepsilon_{max} = 20.5,31.10^{-4} = 0,01062 \text{ cm}$$

$$\boxed{D_{max} = D_0 + \delta = 20,01062 \text{ cm}}$$

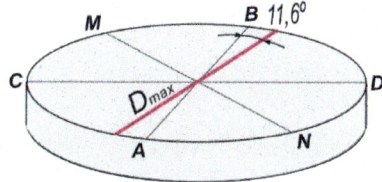

TANGENTE DEL ÁNGULO 2ω

$$Tg\ 2\omega = \frac{1,5}{3,5} = 0,42857 \longrightarrow 2\omega = 23,2°$$

EL **D_{max}** ESTÁ A **11,6°** EN SENTIDO HORARIO, DESDE EL DIÁMETRO **AB**

FIGURA 5.21
EJERCICIO 3

CAPÍTULO 6
RELACIÓN TENSIÓN DEFORMACIÓN

Apoyándose en los principios de la estática puede determinarse el valor del esfuerzo en diferentes secciones. Por otra parte, la elasticidad nos permite analizar la tensión y la deformación en las inmediaciones de un punto; pero queda un problema fundamental sin resolver:

¿Cómo responden los materiales reales a las solicitaciones?

¿Hasta qué punto son capaces de soportar tensiones y deformaciones?

La respuesta a estas cuestiones la encontramos en los ensayos de distintos tipos sobre probetas de materiales reales.

Ensayo de tracción

El más utilizado, por la relativa facilidad de realización, y por la gran cantidad de información que facilita sobre el comportamiento de los sólidos reales, es el ensayo de tracción. Se realiza sobre probetas normalizadas, como las de la **figura 6.01**, *que se someten a esfuerzos de tracción crecientes hasta provocar la rotura, midiendo en todo momento la fuerza aplicada y las deformaciones que experimenta.*

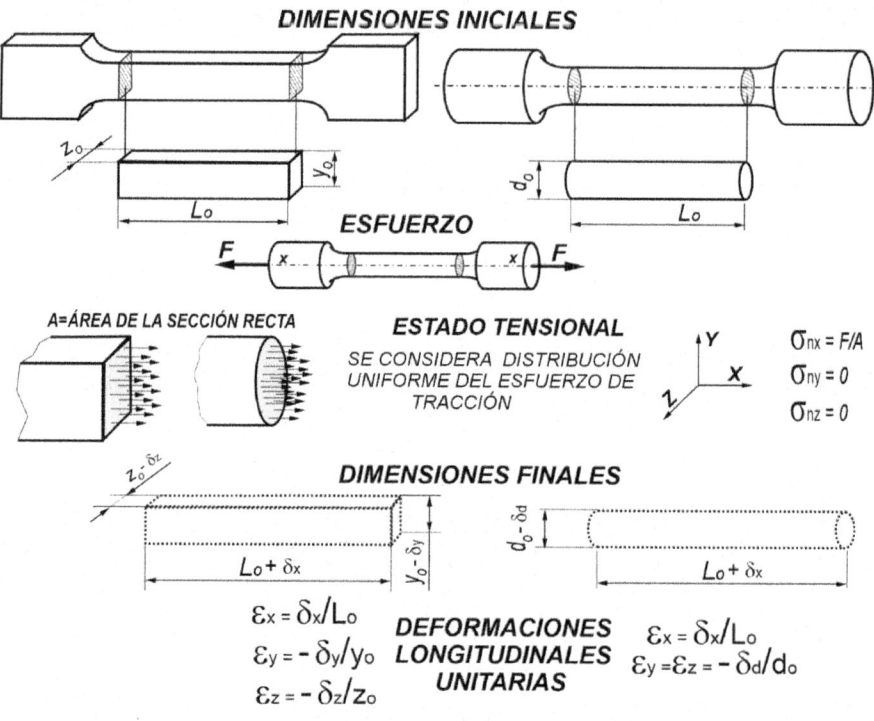

DIMENSIONES INICIALES

ESFUERZO

A=ÁREA DE LA SECCIÓN RECTA

ESTADO TENSIONAL

SE CONSIDERA DISTRIBUCIÓN UNIFORME DEL ESFUERZO DE TRACCIÓN

$\sigma_{nx} = F/A$
$\sigma_{ny} = 0$
$\sigma_{nz} = 0$

DIMENSIONES FINALES

$\varepsilon_x = \delta_x/L_0$
$\varepsilon_y = -\delta_y/y_0$
$\varepsilon_z = -\delta_z/z_0$

DEFORMACIONES LONGITUDINALES UNITARIAS

$\varepsilon_x = \delta_x/L_0$
$\varepsilon_y = \varepsilon_z = -\delta_d/d_0$

FIGURA 6.01
PROBETAS PARA ENSAYOS DE TRACCIÓN

Admitiendo que el esfuerzo de tracción se reparte uniformemente a lo largo de la sección recta, el estado tensional que se tiene es el de la **Fig 6.01**, es decir, una tensión uniaxial:

$$\sigma nx = F / A \qquad \sigma ny = 0 \qquad \sigma nz = 0$$

Si se localiza la medición de deformaciones en la zona indicada en la figura, comparando las dimensiones iniciales y finales podemos tener en todo momento los valores de las deformaciones longitudinales unitarias:

$$\varepsilon x = \delta x / L_0 \qquad \varepsilon y = \delta y / Y_0 \qquad \varepsilon z = \delta z / Z_0$$

Llevando sobre un sistema de ejes σ/ε los valores de σnx y εx registrados a lo largo del ensayo, se obtiene un diagrama como el de la **Fig 6.02** en el que, cada punto (pareja de valores σ/ε) representa un momento del ensayo. La forma del diagrama y las características medidas dependen del material ensayado. Diagramas típicos para materiales dúctiles y frágiles, se muestran en dicha figura.

En materiales dúctiles, como los aceros para construcciones metálicas, es característico el diagrama de la izquierda, en el que, en general, podemos destacar lo siguiente:

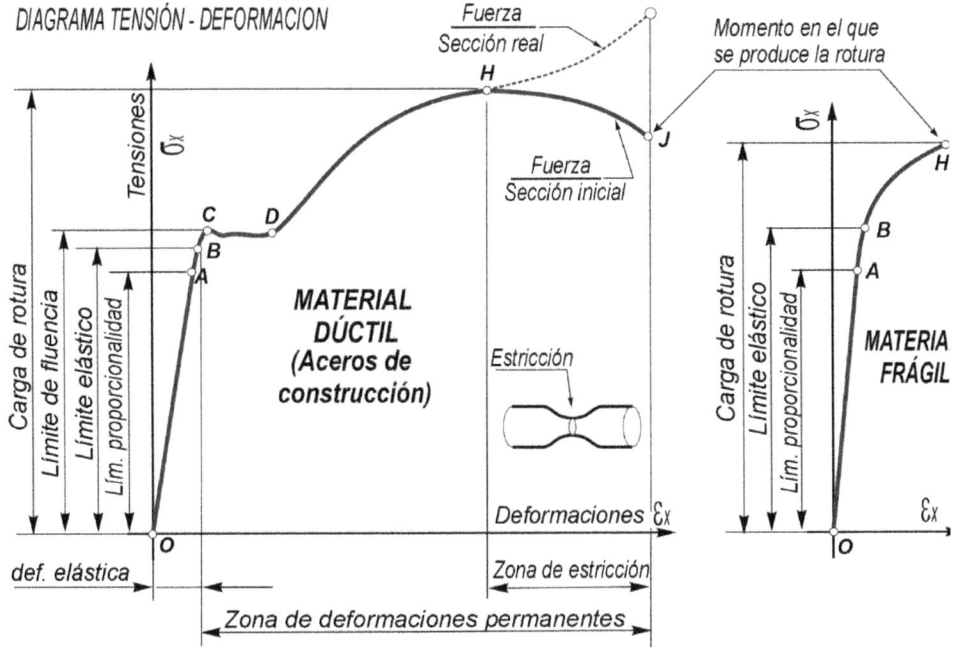

LOS MATERIALES FRÁGILES NO PRESENTAN EL ESCALÓN DE FLUENCIA.
ADEMÁS, LA DEFORMACIÓN EN EL MOMENTO DE LA ROTURA, ES MUCHO MENOR

FIGURA 6.02
DIAGRAMA DEL ENSAYO DE TRACCIÓN PARA DOS MATERIALES DIFERENTES

Zona OA. Proporcionalidad Tensión / Deformación

Zona lineal en la que se observa proporcionalidad entre tensiones longitudinales y las correspondientes deformaciones. Esta relación se conoce como **ley de Hooke** y constituye la base de la elasticidad y la resistencia de materiales.

σ_{nx}=Tensión normal en dirección x
ε_x=Deformación longitudinal unitaria
(Para un estado de tracción uniaxial, como en el ensayo)

$$\frac{\sigma}{\varepsilon} = CONSTANTE \qquad \boxed{\frac{\sigma}{\varepsilon} = E}$$

E = MÓDULO DE ELASTICIDAD DEL MATERIAL

La constante **E** recibe el nombre de módulo de Young o **módulo de Elasticidad longitudinal**. De la definición se deduce que tiene las dimensiones de una tensión (**F/L²**). Gráficamente, representa la pendiente de la recta tensión-deformación, en la zona de proporcionalidad. Constituye una medida de rigidez, por lo que, cuanto mayor es el módulo de elasticidad de un material, menores son las deformaciones que experimenta.

$$\varepsilon = \frac{\sigma}{E} \qquad DEFORMACIÓN = \frac{TENSIÓN}{MÓDULO\ DE\ ELASTICIDAD}$$

AL AUMENTAR EL MÓDULO DE ELASTICIDAD, DISMINUYE LA DEFORMACIÓN

A igual tensión aplicada, al aumentar **E** disminuye la deformación.
El módulo de elasticidad depende del material y de la temperatura a la que se realiza el ensayo, disminuyendo cuando ésta aumenta. Para los aceros toma un valor del orden de **205.000 N/mm²** a temperatura ambiente.

Al mismo tiempo que se alarga en la dirección de la carga, se observan pequeñas contracciones laterales en la probeta. La contracción transversal unitaria y el alargamiento longitudinal unitario se relacionan a través de un parámetro **ν** que recibe nombre de **coeficiente de Poisson**, siendo su valor del orden de **0,25 para la mayoría de los materiales y de 0,3 para los aceros estructurales**.

σ_{nx}=Tensión normal en dirección x
ε_x=Deformación longitudinal unitaria dirección x
ε_y=Deformación longitudinal unitaria dirección y
ε_z=Deformación longitudinal unitaria dirección z

$$\frac{-\varepsilon_y}{\varepsilon_x} = CONSTANTE$$
$$\frac{-\varepsilon_z}{\varepsilon_x} = CONSTANTE$$

$$\frac{-\varepsilon_y}{\varepsilon_x} = \frac{-\varepsilon_z}{\varepsilon_x} = \nu$$

ν = COEFICIENTE DE POISSON

La tensión correspondiente al punto **A**, en el que finaliza la zona lineal, recibe el nombre de **Límite de proporcionalidad**.

Zona OB. Comportamiento elástico

En esta región, el material tiene un comportamiento elástico; se deforma por la acción de las cargas, recuperando forma y dimensiones al descargarlo.
La tensión correspondiente al punto **B**, en el que finaliza el comportamiento elástico, recibe el nombre de **Límite de elasticidad**.
Si se interrumpe el ensayo sin rebasar esta tensión, y se descarga la probeta, ésta recupera su forma y dimensiones iniciales.

Zona BJ. Comportamiento no elástico

Rebasado el límite elástico, el material deja de comportarse elásticamente. Si se interrumpe el ensayo en esta zona, antes de llegar a la rotura, y se descarga la probeta, la deformación alcanzada en la fase de carga no se recupera totalmente, quedando una deformación remanente o plástica, como se indica en la **Fig 6.03,** aunque siempre se recupera una parte elástica. La pendiente de las líneas de carga y descarga es sensiblemente la misma, (módulo de Young definido anteriormente).

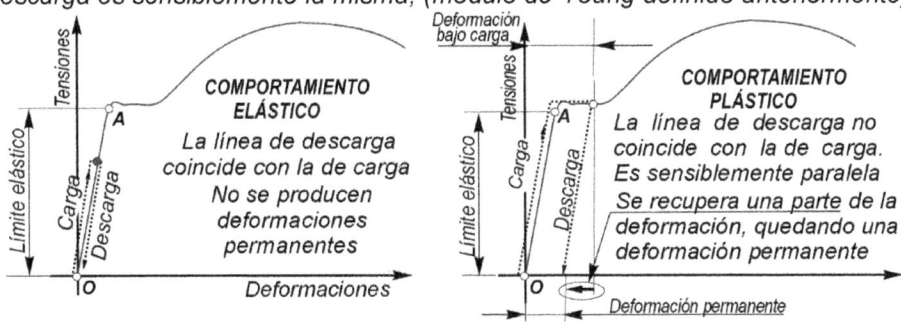

FIGURA 6.03
COMPORTAMIENTO ELÁSTICO Y PLÁSTICO

Volviendo al diagrama de la **Fig 6.02**, en algunos materiales (aceros de construcción) se observa un tramo prácticamente horizontal **CD** que se conoce como escalón de fluencia, en el cual hay un sensible aumento de la deformación sin que se incremente la tensión (corresponde con una reordenación interna del material). El escalón de fluencia o cedencia, no se presenta en todos los aceros. De hecho, el mismo acero ensayado, si se lleva por encima del límite elástico inicial y luego se descarga, cuando se somete a un nuevo ensayo de tracción repite una línea de carga similar hasta el punto **B**, pero no experimenta el fenómeno de fluencia.

Finalizado el fenómeno de fluencia, (en los materiales que lo experimentan), se observa un tramo ascendente, **DH**, de endurecimiento por deformación. El material recupera rigidez, de forma que, para seguir deformándolo, es necesario aumentar la carga.

En algunos materiales también se observa un tramo descendente final **HJ** en el que la carga aplicada disminuye produciéndose un alargamiento, localizado en una zona, que finaliza en la rotura. Durante todo este tramo se produce una disminución apreciable de la sección transversal en la zona en la que se acaba produciendo la rotura (fenómeno de estricción).

El tramo descendente requiere una explicación adicional. No es cierto que la tensión que soporta el material disminuya a partir de un cierto instante como aparentemente podría deducirse del diagrama. Lo que disminuye es la carga que se requiere para seguir alargando la probeta, pues, a partir del punto más elevado del diagrama, se produce una disminución sensible y progresiva de la sección transversal, de manera que, si representamos la fuerza dividida por el área instantánea, este valor siempre aumentaría hasta la separación de la probeta en dos partes. (Normalmente, la tensión que aparece en el diagrama es la que resulta de dividir la carga medida, entre el área de la sección inicial).

Naturalmente, se toma como tensión de rotura la correspondiente al comienzo de la estricción, dado que a partir de ahí el material puede considerarse perdido.

En los materiales capaces de experimentar el fenómeno de cedencia, las zonas que se utilizan en el diseño y en el análisis del comportamiento son las que limita precisamente este escalón, por lo que es frecuente encontrarse con diagramas simplificados, como el que se muestra en la **figura 6.04.** Se reduce a una zona de comportamiento elástico lineal, en la que se cumple la ley de Hooke, y una zona de grandes deformaciones a tensión constante.

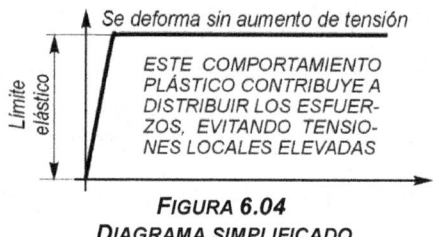

FIGURA 6.04
DIAGRAMA SIMPLIFICADO

Ley de Hooke en cortadura

Aunque son menos frecuentes, por presentar más dificultades para su realización y correspondientes mediciones, mediante ensayos de cortadura se comprueba que también hay proporcionalidad entre tensiones cortantes y deformaciones transversales, obteniéndose la ley de Hooke en cortadura, que se formula:

$$\gamma = \tau / G$$

La constante **G** recibe el nombre de **módulo de Elasticidad transversal, o módulo de elasticidad en cortadura**. También tiene las dimensiones de una tensión **(F/L^2)** y constituye una medida de rigidez a este tipo de esfuerzos, dependiendo del material y de la temperatura a la que se realiza el ensayo. Para los aceros toma un valor del orden de **80.000 N/mm^2** a temperatura ambiente.

Los módulos de elasticidad de un material y su coeficiente de Poisson se conocen como **constantes elásticas,** y están relacionadas por la expresión.

E = MÓDULO DE ELASTICIDAD LONGITUDINAL
G = MÓDULO DE ELASTICIDAD TRANSVERSAL
ν = COEFICIENTE DE POISSON

$$G = \frac{E}{2(1+\nu)}$$

Algunas características mecánicas de los materiales

σ_P: **tensión límite de proporcionalidad** entre σ_x y ε_x. Tensión máxima que se puede aplicar conservando el comportamiento lineal.

σ_e: **límite elástico**. Tensión máxima que puede soportar el material sin experimentar deformaciones permanentes. Aunque en algunos casos se utiliza la carga de rotura, el límite elástico es el valor más utilizado, en los cálculos y para caracterizar la resistencia de los materiales.

σ_F: **tensión de cedencia o fluencia**. Tensión a la que se produce el fenómeno de fluencia. En los materiales que experimentan este fenómeno, este valor y los dos anteriores, suelen ser bastante próximos, por lo que resulta frecuente hablar indistintamente de los tres para caracterizar elásticamente al material

σ_R: **carga de rotura**. Relación que existe entre la máxima carga que soporta el material y la sección inicial de la probeta. Aunque el término "carga" puede interpretarse como fuerza, se trata de la tensión que provoca la rotura. Algunas normas utilizan este valor, en lugar del límite elástico, para caracterizar el material y como referencia en los cálculos.

ε_e: deformación correspondiente al límite elástico.

ε_R: **alargamiento de rotura**. Es la relación que existe entre el incremento de longitud experimentado por una probeta que se somete a una carga de tracción hasta la rotura y su longitud inicial. Normalmente se expresa en %. Es una característica interesante, pues mide la capacidad para soportar deformaciones antes de la rotura.

E: **módulo de elasticidad**. Constante que relaciona tensiones uniaxiales de tracción y las correspondientes deformaciones longitudinales unitarias, dentro del campo de proporcionalidad. Medida de rigidez a las deformaciones longitudinales.

G: **módulo de elasticidad transversal**. Constante que relaciona tensiones cortantes y distorsiones. Medida de rigidez a las deformaciones transversales.

v: **coeficiente de Poisson**. Relación entre deformaciones longitudinales, en dirección transversal y axial.

EJERCICIO 1

Realizado un ensayo de tracción sobre una probeta cilíndrica cuyas dimensiones iniciales son: 10 mm de diámetro y 80 mm de longitud calibrada, se observan los siguientes resultados:

- Hasta una carga de 15800 N se observa un comportamiento lineal. Para esta carga, la probeta pasa a medir 80,07 mm de longitud por 9,998 de diámetro.
- Hasta una carga de 16500 N no se observan deformaciones permanentes. Para cargas superiores, sí.
- Para carga de 16800 N se produce una gran deformación sin aumento de carga
- Para una carga de 28000 N se inicia la estricción, que conduce a la rotura para una carga final de 24000 N
- El diámetro final en la zona de rotura es de 8,6 mm y la longitud final de la probeta (juntando los dos trozos) es de 96 mm

A partir de estos datos, determinar:

1. Módulo de elasticidad del material
2. Coeficiente de Poisson
3. Carga de rotura del material
4. Límite elástico
5. Alargamiento (%)
6. Estricción (%)
7. Diagrama del ensayo

SOLUCIÓN

ÁREA DE LA SECCIÓN RECTA $A = \pi R^2 = 78{,}54\ mm^2$

DEFORMACIÓN LONGITUDINAL UNITARIA CON COMPORTAMIENTO LINEAL $\varepsilon_l = 0{,}07 / 80$

TENSIÓN PARA ESTA DEFORMACIÓN $\sigma = 15800 / 78{,}54 = 201{,}17\ N / mm^2$

MÓDULO DE ELASTICIDAD $E = \sigma / \varepsilon_l = 201{,}17 / (0{,}07 / 80) = 229.910\ N / mm^2$

DEFORMACIÓN LATERAL UNITARIA CON COMPORTAMIENTO LINEAL $\varepsilon_t = -0{,}002 / 10$

COEFICIENTE DE POISSON $\nu = -\varepsilon_t / \varepsilon_l = (-0{,}002 / 10) / (0{,}07 / 80) = 0{,}23$

CARGA DE ROTURA $\sigma_R = 28000 / 78{,}54 = 356{,}5\ N / mm^2$

LÍMITE ELÁSTICO $\sigma_e = 16500 / 78{,}54 = 210\ N / mm^2$

ALARGAMIENTO $A = (16 / 80) \cdot 100 = 20\ \%$

ESTRICCIÓN $S = [(\pi\,5^2 - \pi\,4{,}3^2) / 78{,}54] \cdot 100 = 26\ \%$

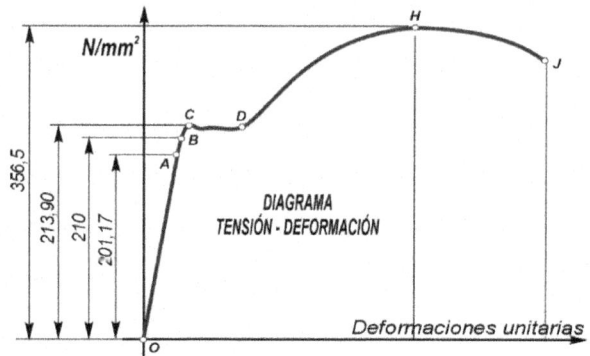

FIGURA 6.05
EJERCICIO 1

Ley de Hooke generalizada

La ley de Hooke observada en el ensayo de tracción se verifica, inicialmente, para las condiciones del ensayo, es decir, para un estado uniaxial de tensiones. No obstante, la propia ley nos da pie para el estudio de estados tensionales más complejos. Efectivamente, de la relación de linealidad entre solicitaciones y efectos se deriva la posibilidad de aplicación del principio de superposición, muy utilizado en elasticidad y resistencia de materiales para el análisis de esfuerzos, tensiones y deformaciones.

De acuerdo con este principio, el análisis de situaciones complejas puede realizarse descomponiéndolas, en otras más simples, estudiando los estados elementales y componiendo los resultados parciales.

Su aplicación al estudio del estado tensional recogido en la **Figura 6.06** nos conduce a la ley de Hooke generalizada que relaciona tensiones y deformaciones.

LAS TENSIONES NORMALES PRODUCEN VARIACIONES DE LONGITUD EN TODAS LAS DIRECCIONES NO DAN LUGAR A DISTORSIONES

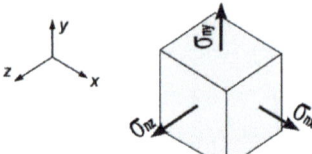

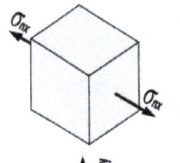

Alargamiento dirección **X** $\varepsilon_{Lxx}=\sigma_{nx}/E$

Acortamiento dirección **Y** $\varepsilon_{Lyx}=-\nu.\varepsilon_{Lxx}=-\nu.\sigma_{nx}/E$

Acortamiento dirección **Z** $\varepsilon_{Lzx}=-\nu.\varepsilon_{Lxx}=-\nu.\sigma_{nx}/E$

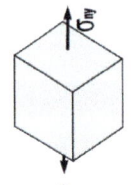

Alargamiento dirección **Y** $\varepsilon_{Lyy}=\sigma_{ny}/E$

Acortamiento dirección **X** $\varepsilon_{Lxy}=-\nu.\varepsilon_{Lyy}=-\nu.\sigma_{ny}/E$

Acortamiento dirección **Z** $\varepsilon_{Lzy}=-\nu.\varepsilon_{Lyy}=-\nu.\sigma_{ny}/E$

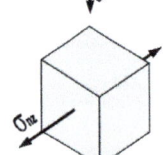

Alargamiento dirección **Z** $\varepsilon_{Lzz}=\sigma_{nz}/E$

Acortamiento dirección **X** $\varepsilon_{Lxz}=-\nu.\varepsilon_{Lzz}=-\nu.\sigma_{nz}/E$

Acortamiento dirección **Y** $\varepsilon_{Lyz}=-\nu.\varepsilon_{Lzz}=-\nu.\sigma_{nz}/E$

DEFORMACIÓN RESULTANTE

Dirección **X**
$$\varepsilon_{Lx}=\varepsilon_{Lxx}+\varepsilon_{Lxy}+\varepsilon_{Lxz}$$
$$\varepsilon_{Lx}=\sigma_{nx}/E-\nu.\sigma_{ny}/E-\nu.\sigma_{nz}/E$$
$$\boxed{\varepsilon_{Lx}=(\sigma_{nx}-\nu.(\sigma_{ny}+\sigma_{nz}))/E}$$

Dirección **Y**
$$\varepsilon_{Ly}=\varepsilon_{Lyx}+\varepsilon_{Lyy}+\varepsilon_{Lyz}$$
$$\varepsilon_{Ly}=-\nu.\sigma_{nx}/E+\sigma_{ny}/E-\nu.\sigma_{nz}/E$$
$$\boxed{\varepsilon_{Ly}=(\sigma_{ny}-\nu.(\sigma_{nx}+\sigma_{nz}))/E}$$

Dirección **Z**
$$\varepsilon_{Lz}=\varepsilon_{Lzx}+\varepsilon_{Lzy}+\varepsilon_{Lzz}$$
$$\varepsilon_{Lz}=-\nu.\sigma_{nx}/E-\nu.\sigma_{ny}/E+\sigma_{nz}/E$$
$$\boxed{\varepsilon_{Lz}=(\sigma_{nz}-\nu.(\sigma_{nx}+\sigma_{ny}))/E}$$

LAS TENSIONES CORTANTES NO PROVOCAN VARIACIONES DE LONGITUD SOLO PRODUCEN DISTORSIONES EN SU PLANO

LEY DE HOOKE GENERALIZADA

$$\varepsilon_{Lx}=(\sigma_{nx}-\nu.(\sigma_{ny}+\sigma_{nz}))/E$$
$$\varepsilon_{Ly}=(\sigma_{ny}-\nu.(\sigma_{nx}+\sigma_{nz}))/E$$
$$\varepsilon_{Lz}=(\sigma_{nz}-\nu.(\sigma_{nx}+\sigma_{ny}))/E$$
$$\gamma_{xy}=\tau_{xy}/G$$
$$\gamma_{yz}=\tau_{yz}/G$$
$$\gamma_{xz}=\tau_{xz}/G$$

$$\gamma_{xy}=\tau_{xy}/G$$
$$\gamma_{yz}=\tau_{yz}/G$$
$$\gamma_{xz}=\tau_{xz}/G$$

FIGURA 6.06
LEY DE HOOKE GENERALIZADA

EJERCICIO 2

Las fuerzas **N** y **3N** son las únicas que actúan, son normales a las caras (no provocan tensiones cortantes ni distorsiones) y se distribuyen uniformemente.

Como consecuencia de las mismas, en la arista **AC** se mide un acortamiento de **0,13 cm**, mientras que la **AB** experimenta un alargamiento de **0,085 cm**.

El módulo de elasticidad longitudinal del material es de **10^5 N/cm²**.

Determinar:

Valor de las fuerzas **N** y **3N**

Coeficiente de Poisson

Tensión cortante máxima y plano para el que se produce

Componentes intrínsecas de la tensión en el plano definido por **xx** y la arista **CD**.

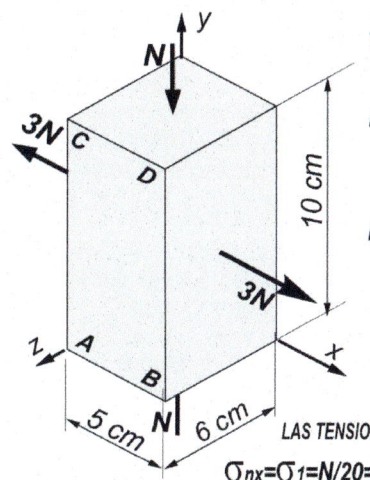

TENSIONES

$\sigma_{nx}=3N/6.10=N/20$ $\sigma_{ny}=-N/6.5=-N/30$ $\sigma_{nz}=0$

DEFORMACIONES UNITARIAS

$\varepsilon_{Lx}=\delta_x/L_{ox}=+0,085/5=17.10^{-3}$

$\varepsilon_{Ly}=\delta_y/L_{oy}=-0,13/10=-13.10^{-3}$

LEY DE HOOKE

$\varepsilon_{Lx}=(\sigma_{nx}-\nu.(\sigma_{ny}+\sigma_{nz}))/E$
$17.10^{-3}=10^{-5}(N/20-\nu.(-N/30))$ $\Big\}$ $1700=N/20+N.\nu/30$

$\boxed{N=30000\ N}$ $\boxed{\nu=0,2}$

$\varepsilon_{Ly}=(\sigma_{ny}-\nu.(\sigma_{nx}+\sigma_{nz}))/E$
$-13.10^{-3}=10^{-5}(-N/30-\nu.N/20)$ $\Big\}$ $-1300=-N/30-N.\nu/20$

LAS TENSIONES σ_{nx}, σ_{ny} y σ_{nz} SON LAS PRINCIPALES (NO HAY COMPONENTE CORTANTE)

$\sigma_{nx}=\sigma_1=N/20=1500$ N/cm^2 $\sigma_{ny}=\sigma_3=-N/30=-1000$ N/cm^2 $\sigma_{nz}=\sigma_2=0$

DETERMINAN LOS TRES CÍRCULOS DE MOHR

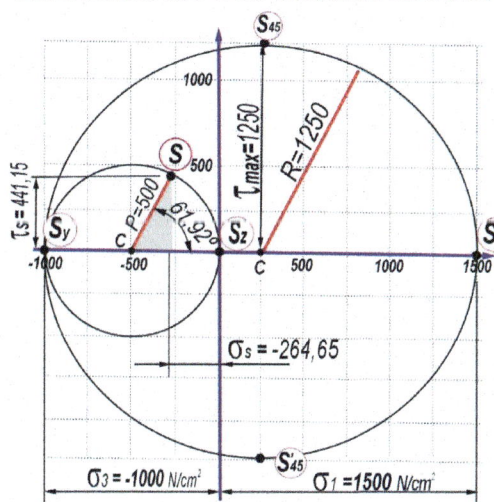

EL CÍRCULO DE MOHR DE RADIO 1250 CONTIENE LOS PUNTOS PERTENECIENTES A LOS PLANOS DEL HAZ PRINCIPAL DE EJE z: Sx, Sy, S45,...

S45 ES EL PLANO DE TENSIÓN CORTANTE MÁXIMA.

$\tau_{max}=1250$ N/cm^2

EN PLANOS A 45° CON Sx Y Sy

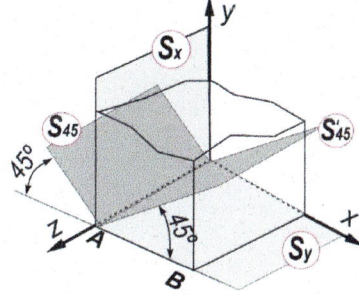

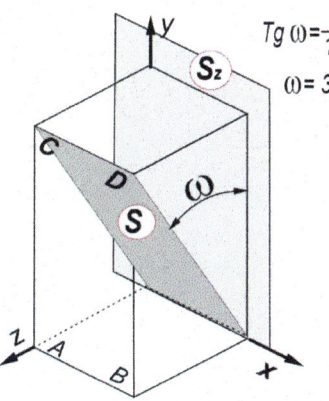

$Tg\ \omega=\dfrac{6}{10}=0,6$

$\omega=30,96°$

EL PLANO **XXCD**, PERTENECE AL HAZ PRINCIPAL DE EJE x, AL QUE TAMBIÉN PERTENECEN Sz y Sy

EL CÍRCULO DE MOHR DE RADIO 500 ES EL QUE CONTIENE LOS PUNTOS CORRESPONDIENTES A ESTOS PLANOS

EL PLANO "S" ESTÁ A **30,96°** EN SENTIDO ANTIHORARIO, DESDE "Sz"⟶ EL PUNTO "S" SOBRE EL CÍRCULO, ESTARÁ A **61,92°** EN SENTIDO ANTIHORARIO, DESDE EL PUNTO "Sz"

$\tau_s=R.sen\ 61,92=441,15$

$\sigma_{ns}=-500+R.cos\ 61,92=-264,65$

FIGURA 6.07
EJERCICIO 2

EJERCICIO 3

*El cubo de la figura, de **2 cm** de arista, está solicitado por las siguientes cargas: Sobre las caras Sy dos fuerzas iguales y opuestas, de **8000 N** perpendiculares a la sección.*

*Sobre Sx y Sz, fuerzas que originan tensiones en las que la componente cortante Τxz es de **200 N/cm²**, del sentido indicado, desconociendo las componentes normales.*

*Dispuestas dos bandas extensométricas "**a**" y "**b**", en las direcciones indicadas, se registran las lecturas:*

$$\varepsilon a = -0,01 \quad y \quad \varepsilon b = +0,19$$

*Si las constantes del material son: **E=10⁴** N/cm² y **ν=0,25** se pide:*
Matrices de tensiones y deformaciones
Dibujar sobre el cubo valor y sentido de las tensiones
Trazar los círculos de Mohr de tensiones
*Longitud final de la diagonal **OA***

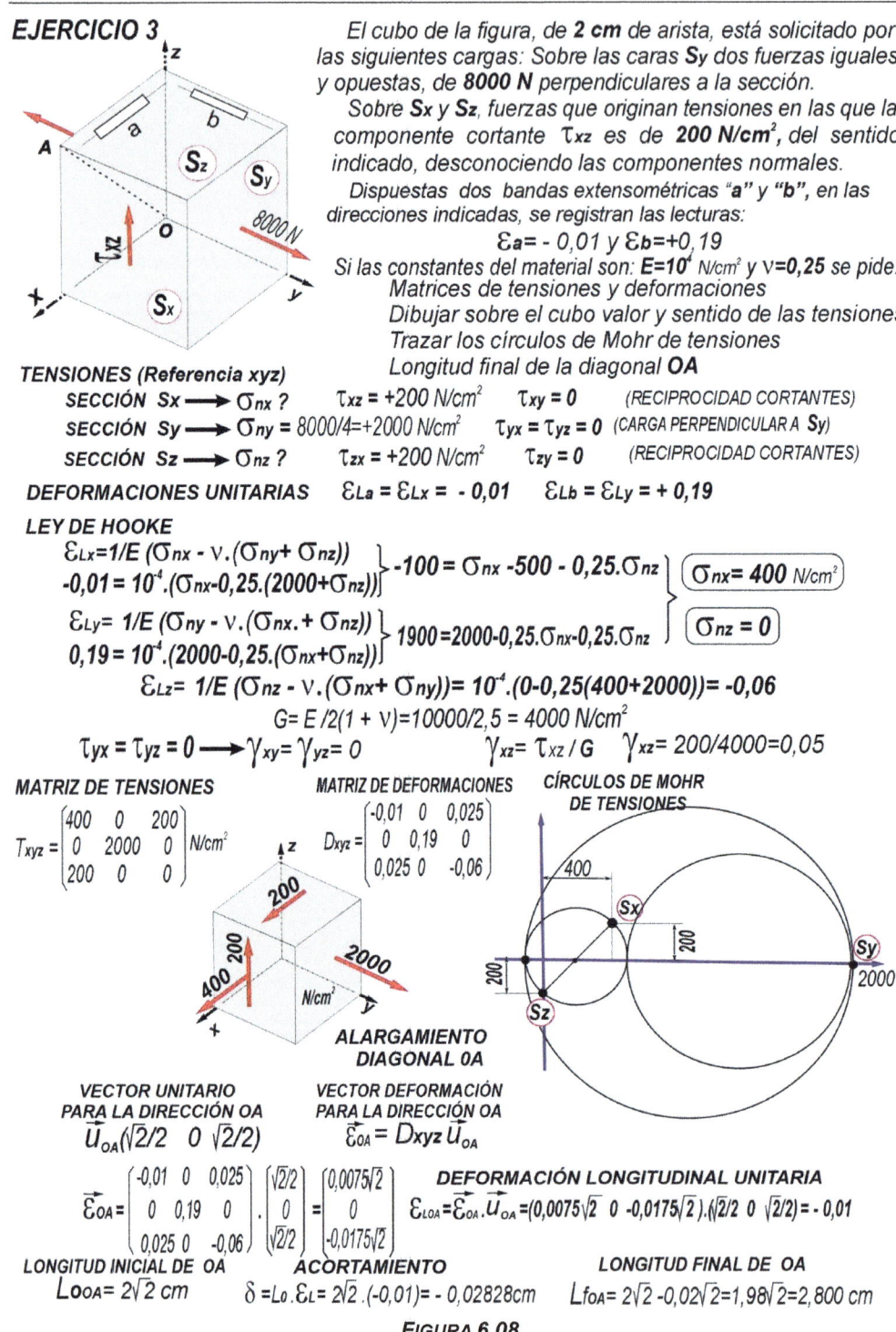

TENSIONES (Referencia xyz)

SECCIÓN Sx ⟶ σ_{nx} ? $\quad \tau_{xz} = +200 \ N/cm^2 \quad \tau_{xy} = 0 \quad$ *(RECIPROCIDAD CORTANTES)*

SECCIÓN Sy ⟶ $\sigma_{ny} = 8000/4 = +2000 \ N/cm^2 \quad \tau_{yx} = \tau_{yz} = 0 \quad$ *(CARGA PERPENDICULAR A Sy)*

SECCIÓN Sz ⟶ σ_{nz} ? $\quad \tau_{zx} = +200 \ N/cm^2 \quad \tau_{zy} = 0 \quad$ *(RECIPROCIDAD CORTANTES)*

DEFORMACIONES UNITARIAS $\quad \varepsilon_{La} = \varepsilon_{Lx} = -0,01 \quad \varepsilon_{Lb} = \varepsilon_{Ly} = +0,19$

LEY DE HOOKE

$\varepsilon_{Lx} = 1/E \ (\sigma_{nx} - \nu.(\sigma_{ny} + \sigma_{nz}))$ ⎫
$-0,01 = 10^{-4}.(\sigma_{nx} - 0,25.(2000 + \sigma_{nz}))$ ⎬ $-100 = \sigma_{nx} - 500 - 0,25.\sigma_{nz}$ ⎱ $\boxed{\sigma_{nx} = 400 \ N/cm^2}$

$\varepsilon_{Ly} = 1/E \ (\sigma_{ny} - \nu.(\sigma_{nx} + \sigma_{nz}))$ ⎫
$0,19 = 10^{-4}.(2000 - 0,25.(\sigma_{nx} + \sigma_{nz}))$ ⎬ $1900 = 2000 - 0,25.\sigma_{nx} - 0,25.\sigma_{nz}$ ⎰ $\boxed{\sigma_{nz} = 0}$

$$\varepsilon_{Lz} = 1/E \ (\sigma_{nz} - \nu.(\sigma_{nx} + \sigma_{ny})) = 10^{-4}.(0 - 0,25(400 + 2000)) = -0,06$$

$$G = E/2(1 + \nu) = 10000/2,5 = 4000 \ N/cm^2$$

$$\tau_{yx} = \tau_{yz} = 0 \longrightarrow \gamma_{xy} = \gamma_{yz} = 0 \qquad \gamma_{xz} = \tau_{xz}/G \quad \gamma_{xz} = 200/4000 = 0,05$$

MATRIZ DE TENSIONES

$$T_{xyz} = \begin{pmatrix} 400 & 0 & 200 \\ 0 & 2000 & 0 \\ 200 & 0 & 0 \end{pmatrix} N/cm^2$$

MATRIZ DE DEFORMACIONES

$$D_{xyz} = \begin{pmatrix} -0,01 & 0 & 0,025 \\ 0 & 0,19 & 0 \\ 0,025 & 0 & -0,06 \end{pmatrix}$$

CÍRCULOS DE MOHR DE TENSIONES

ALARGAMIENTO DIAGONAL 0A

VECTOR UNITARIO PARA LA DIRECCIÓN OA
$$\vec{U}_{OA}(\sqrt{2}/2 \quad 0 \quad \sqrt{2}/2)$$

VECTOR DEFORMACIÓN PARA LA DIRECCIÓN OA
$$\vec{\varepsilon}_{OA} = D_{xyz} \vec{U}_{OA}$$

$$\vec{\varepsilon}_{OA} = \begin{pmatrix} -0,01 & 0 & 0,025 \\ 0 & 0,19 & 0 \\ 0,025 & 0 & -0,06 \end{pmatrix} . \begin{pmatrix} \sqrt{2}/2 \\ 0 \\ \sqrt{2}/2 \end{pmatrix} = \begin{pmatrix} 0,0075\sqrt{2} \\ 0 \\ -0,0175\sqrt{2} \end{pmatrix}$$

DEFORMACIÓN LONGITUDINAL UNITARIA
$$\varepsilon_{LOA} = \vec{\varepsilon}_{OA}.\vec{U}_{OA} = (0,0075\sqrt{2} \quad 0 \quad -0,0175\sqrt{2}).(\sqrt{2}/2 \quad 0 \quad \sqrt{2}/2) = -0,01$$

LONGITUD INICIAL DE OA
$$Lo_{OA} = 2\sqrt{2} \ cm$$

ACORTAMIENTO
$$\delta = Lo.\varepsilon_L = 2\sqrt{2}.(-0,01) = -0,02828 cm$$

LONGITUD FINAL DE OA
$$Lf_{OA} = 2\sqrt{2} - 0,02\sqrt{2} = 1,98\sqrt{2} = 2,800 \ cm$$

FIGURA 6.08
EJERCICIO 3

EJERCICIO 4

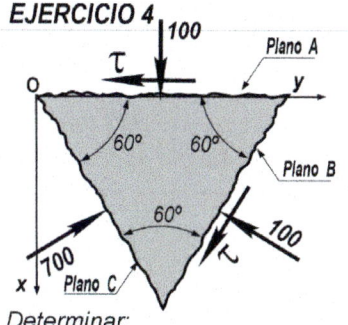

Del estado tensional en las inmediaciones de un punto se conocen los siguientes datos:

La tensión en los planos **A** y **B** tiene una componente de compresión de **100** kp/cm² y una componente cortante τ de los sentidos indicados.

La tensión en la sección **C** es una compresión de **700** kp/cm² normal al plano.

La dirección **ZZ** es una de las principales.

La longitud final en dirección **Z** es de 100,1 mm (longitud inicial 100)

Determinar:

Matriz de tensiones en **xyz**

Valor final del ángulo **XOY**, expresado en grados

E = 200.000 Kp/cm²
G = 80.000 Kp/cm²

EL EJE zz ES UNA DIRECCIÓN PRINCIPAL ⟶ **LOS PLANOS** S_A, S_B, S_C, S_X y S_Y **PERTENECEN A UN HAZ PRINCIPAL, (EL DE EJE Z). LOS PUNTOS REPRESENTATIVOS DE SU ESTADO TENSIONAL, SE SITÚAN SOBRE UNA CIRCUNFERENCIA EN LA CONSTRUCCIÓN DE MOHR.**

SECCION S_A (S_x)

$\sigma_{nA}= -100$ } PUNTO
$\tau_A = -\tau$ } S_A

SECCION S_B

$\sigma_{nB}= -100$ } PUNTO
$\tau_B= +\tau$ } S_B

SECCION S_C

$\sigma_{nc}= -700$ } PUNTO
$\tau_c= 0$ } S_C

S_B ⟶ S_A

60° EN SENTIDO HORARIO

DE ACUERDO CON LA FIGURA Y TRABAJANDO CON VALORES ABSOLUTOS:

$$R+R\cos 60° +100 =700 \longrightarrow R=400$$

ABSCISA DEL CENTRO ⟶ **C= -300**

TENSIÓN CORTANTE EN S_A, (S_x)

$\tau = R\sen 60° = 400\sqrt{3}/2 = 346,41$ kp/cm²
NEGATIVA SEGÚN MOHR

TENSIÓN CORTANTE EN S_Y
FORMA 90° CON S_x
EN EL CÍRCULO, A 180° DEL PUNTO S_x

$\tau = R\sen 60° = 400\sqrt{3}/2 = 346,41$ kp/cm²
POSITIVA SEGÚN MOHR

EN LA MATRIZ DE TENSIONES EN **XYZ** X

$$\tau_{xy}= +346,41 \text{ kp/cm}^2$$

$$\sigma_{ny}= -300 -R\cos 60° = -500 \text{ kp/cm}^2$$

MATRIZ DE TENSIONES

PARA CALCULAR σ_{nz} **UTILIZAMOS EL ALARGAMIENTO** ε_{Lz}

$G=E/2(1+\nu) \longrightarrow 80000=00000/2(1+\nu) \longrightarrow \nu=0,25$

$\varepsilon_{Lz}=(1/E).(\sigma_{nz} - \nu.(\sigma_{nx}+\sigma_{ny}))$

$0,001=(1/200000).(\sigma_{nz} -0,25.(-100-500))$

$$\sigma_{nz} = + 50 \text{ kp/cm}^2$$

$$T_{xyz} = \begin{pmatrix} -100 & +346,41 & 0 \\ +346,41 & -500 & 0 \\ 0 & 0 & +50 \end{pmatrix} \text{ N/cm}^2$$

VALOR FINAL DEL ÁNGULO XOY

$\gamma_{xy}=\tau_{xy}/G=346,41/80000=0,0043302$ Rad ⟶ $0,248°$ ⟶ γ_{xy} Positivo en la matriz de deformaciones ⟶ El ángulo XOY se cierra ⟶ **XOY final =89,752°**

FIGURA 6.09
EJERCICIO 4

EJERCICIO 5

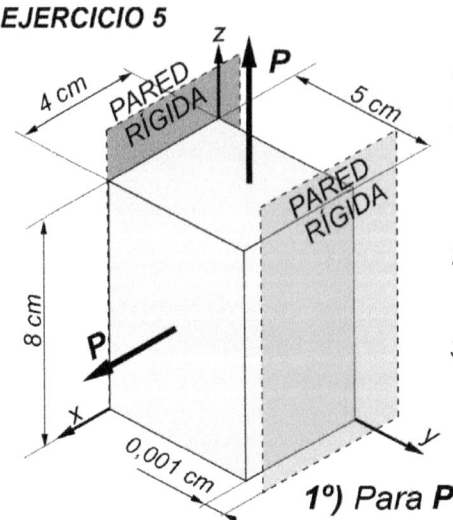

El prisma de la figura, de dimensiones iniciales **5 x 5 x 8** cm está dispuesto entre dos paredes rígidas, con una holgura de **0,001 cm**.

1º.- Para **P = 0** determinar el incremento de temperatura que hay que comunicar para provocar una tensión σ_{ny}= **-2000** N/cm²

2º.- A la temperatura anterior, valor de cargas **P** que hay que aplicar para que desparezca dicha tensión.

3º.- En estas últimas condiciones, alargamiento en dirección **z**.

$$E = 2,1.10^7 \ N/cm^2 \quad \nu = 0,3 \quad \alpha = 12.10^{-6} \, ^{\circ}C^{-1}$$

1º) Para **P = 0** ⟶ $\sigma_{nx} = \sigma_{nz} = 0$

Mientras la dilatación debida a Δt sea inferior a 0,001 cm $\sigma_{ny}=0$

$$\delta_T = \alpha.L.\Delta t < 0,001 \quad \longrightarrow \quad \Delta t < 16,66^{\circ}$$

Si Δt supera este valor, se origina una tensión de compresión σ_{ny} que aumenta con la temperatura. El acortamiento elástico debido a ésta compresión debe compensar una parte de la dilatación térmica, de forma que se cumpla la condición impuesta por las paredes rígidas.

UTILIZANDO VALORES ABSOLUTOS, **DILATACIÓN TÉRMICA - ACORTAMIENTO ELÁSTICO = 0,001**

$$\left.\begin{array}{l} \delta_T = \alpha.L.\Delta t \\ \delta_e = \mathcal{E}_{Ly}.L = (\sigma_{ny} / E).L \end{array}\right\} \ \alpha.L.\Delta t - (\sigma_{ny} / E).L = 0,001 \longrightarrow 12.10^{-6}.5.\Delta t - 5.2000 / 2,1.10^7 = 0,001$$

$$\boxed{\Delta t = 24,6^{\circ}}$$

2º) Al aplicar las tracciones **P** se producen acortamientos en dirección **y**, que descomprimen el prisma

AUNQUE SE MODIFIQUEN LAS CARGAS, LA CONDICIÓN QUE IMPONEN LAS PAREDES SIGUE SIENDO LA MISMA $\Big\}$ **DILATACIÓN TÉRMICA - ACORTAMIENTO ELÁSTICO = 0,001**

$$\left.\begin{array}{l} \Delta t = 24,6^{\circ} \\ \sigma_{nx} = P/40 \\ \sigma_{ny} = 0 \\ \sigma_{nz} = P/20 \end{array}\right\} \begin{array}{l} \delta_T = \alpha.L.\Delta t \\ \delta_e = \mathcal{E}_{Ly}.L = L.\nu.(\sigma_{nx} + \sigma_{nz})/E \end{array}\left.\begin{array}{l} (VALORES\ ABSOLUTOS) \\ \alpha.L.\Delta t - L.\nu.(\sigma_{nx} + \sigma_{nz}) / E = 0,001 \\ 12.10^{-6}.5.24,6 - 5.0,3.(P/40 + P/20)/2,1.10^7 = 0,001 \end{array}\right.$$

$$\boxed{P = 88853 \ N}$$

3º) Alargamiento en dirección **z**

$$\left.\begin{array}{l} \Delta t = 24,6^{\circ} \\ \sigma_{nx} = P/40 = 2221 \ N/cm^2 \\ \sigma_{ny} = 0 \\ \sigma_{nz} = P/20 = 4442 \ N/cm^2 \end{array}\right\} \begin{array}{l} \delta_T = \alpha.L.\Delta t \\ \delta_e = \mathcal{E}_{Lz}.L = L.(\sigma_{nz} - \nu.\sigma_{nx})/E \end{array}\left.\begin{array}{l} \delta = \alpha.L.\Delta t + L.(\sigma_{nz} - \nu.\sigma_{nx})/E \\ \delta = 12.10^{-6}.8.24,6 + 8.(4442 - 0,3.2221)/2,1.10^7 \end{array}\right.$$

$$\boxed{\delta z = 0,0038 \ cm}$$

FIGURA **6.10**
EJERCICIO 5

EJERCICIO 6

*Dos cubos idénticos **A** y **B**, que inicialmente tienen **10 cm** de arista, están encajados, inicialmente sin presión ni holgura, entre dos paredes rígidas, de manera que pueden deformarse libremente en las direcciones **XX, ZZ**; pero no en dirección **YY**.*

*Partiendo de esta situación, se calienta únicamente el cubo **A** ($\Delta t = 100°$ C) a la vez que se le aplica una tensión de compresión de **2500 N/cm²** en dirección **ZZ** (solo al cubo **A**)*

*Determinar las dimensiones finales del cubo **B** y la lectura que se tendría en una banda extensométrica dispuesta como se indica. (La banda mide deformaciones longitudinales unitarias)*

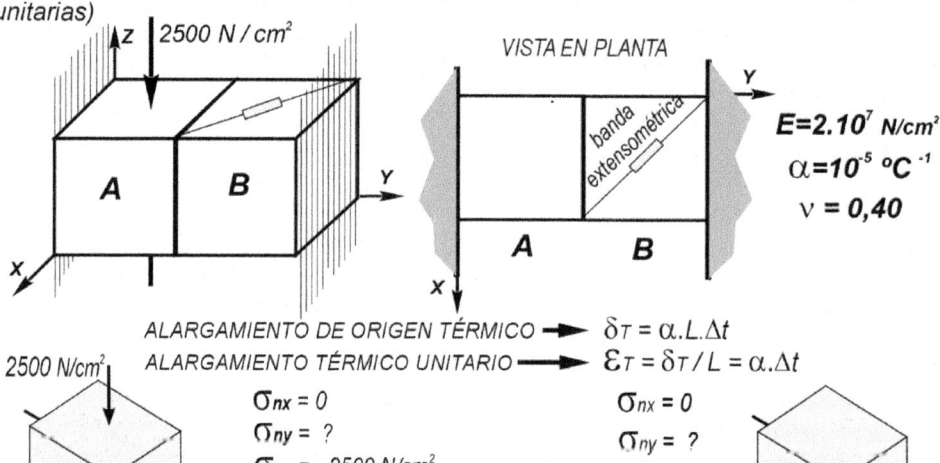

$$ALARGAMIENTO \ DE \ ORIGEN \ TÉRMICO \longrightarrow \delta_T = \alpha.L.\Delta t$$
$$ALARGAMIENTO \ TÉRMICO \ UNITARIO \longrightarrow \mathcal{E}_T = \delta_T / L = \alpha.\Delta t$$

$\sigma_{nx} = 0$
$\sigma_{ny} = ?$
$\sigma_{nz} = - 2500 \ N/cm^2$
$\Delta t = 100°c$
$\mathcal{E}_{LyA} = \dfrac{\sigma_{ny} - \nu.\sigma_{nz}}{E} + \alpha.\Delta t$

$\sigma_{nx} = 0$
$\sigma_{ny} = ?$
$\sigma_{nz} = 0$
$\mathcal{E}_{LyB} = \dfrac{\sigma_{ny}}{E}$

DEFORMACIÓN UNITARIA DEL CONJUNTO EN DIRECCIÓN Y=0 $\longrightarrow \mathcal{E}_{LyA} + \mathcal{E}_{LyB} = 0$

$$\frac{\sigma_{ny} - 0,4.(-2500)}{2.10^7} + 10^5.100 + \frac{\sigma_{ny}}{2.10^7} = 0 \longrightarrow \sigma_{ny} = - 10500 \ N/cm^2$$

DEFORMACIONES Y DIMENSIONES FINALES DE "B"

$$\mathcal{E}_{LyB} = \frac{\sigma_{ny}}{E} = \frac{-10500}{2.10^7} = -5,25.10^{-4} \qquad \mathcal{E}_{LxB} = \mathcal{E}_{LzB} = \frac{-\nu\sigma_{ny}}{E} = +2,1.10^{-4}$$

$$\delta_y = \mathcal{E}_{Ly}.L = -5,25.10^{-3} \qquad \delta_x = \delta_z = \mathcal{E}_{Lx}.L = +2,1.10^{-3}$$

$$\boxed{L_{finaly} = 10 + \delta_y = 9,99475 \ cm} \qquad \boxed{L_{finalx} = L_{finalz} = 10 + \delta_x = 10,0021 \ cm}$$

LECTURA DE LA BANDA EXTENSOMÉTRICA

$\mathcal{E}_{LxB} = +2,1.10^{-4}$
$\mathcal{E}_{LyB} = -5,25.10^{-4}$
$\mathcal{E}_{LzB} = +2,1.10^{-4}$
$\gamma_{ij} = 0$

MATRIZ DE DEFORMACIONES EN LA REFERENCIA xyz

$$Dxyz = \begin{pmatrix} 2,1 & 0 & 0 \\ 0 & -5,25 & 0 \\ 0 & 0 & 2,1 \end{pmatrix}.10^{-4}$$

VECTOR UNITARIO DIRECCIÓN BANDA

$$\vec{u}_B \left(\frac{\sqrt{2}}{2} \quad \frac{-\sqrt{2}}{2} \quad 0 \right)$$

VECTOR UNITARIO DEFORMACIÓN

$$\vec{\mathcal{E}}_B = Dxyz.\vec{u}_B$$
$$\vec{\mathcal{E}}_B = (1,05\sqrt{2} \quad 2,625\sqrt{2} \quad 0).10^{-4}$$

DEFORMACIÓN LONGITUDINAL UNITARIA (LECTURA BANDA)

$$\mathcal{E}_{LB} = \vec{u}_B.\vec{\mathcal{E}}_B = (1,05 - 2,625).10^{-4} \qquad \boxed{\mathcal{E}_{LB} = -1,575.10^{-4}}$$

FIGURA 6.11
EJERCICIO 6

TEORÍAS DE ROTURA

En el ensayo de tracción se aprecia que, en un estado uniaxial de tensiones, el sólido conserva el comportamiento elástico siempre que la tensión axial aplicada se mantenga por debajo del límite elástico del material.

¿Cómo aplicar la información recogida en el ensayo de tracción a la valoración de estados tensionales más complejos? ¿Cómo podemos comparar los resultados obtenidos en el ensayo, por ejemplo, el límite elástico, con un estado tensional definido por las tensiones principales σ_1, σ_2, σ_3?

Si se utiliza el comienzo de la plastificación como límite para valorar los estados tensionales, con vistas a satisfacer la hipótesis de comportamiento elástico lineal que se considera en las teorías fundamentales de la resistencia de materiales, surgen distintas teorías que tratan de dar respuesta a esta cuestión. Las más utilizadas, figura **6.12**, son las de la tensión normal máxima (Rankine), la de la tensión cortante máxima (Tresca) y la de la energía de distorsión máxima (Von Mises).

EL ESTADO TENSIONAL CONOCIDO
EN EL ENSAYO ES EL DEFINIDO POR

$$\sigma_e, 0, 0$$

EL ESTADO TENSIONAL A VALORAR
ES EL DEFINIDO POR

$$\sigma_1, \sigma_2, \sigma_3$$

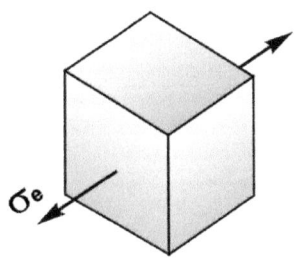

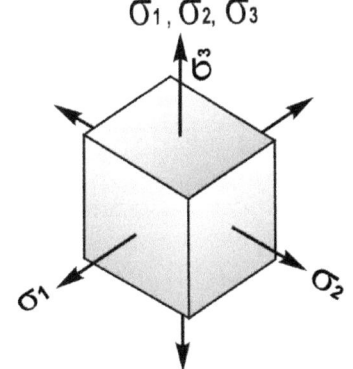

EN EL ENSAYO DE TRACCIÓN LA PLASTIFICACIÓN SE PRODUCE CUANDO LA TENSIÓN REBASA EL VALOR σ_e

¿ PARA QUÉ COMBINACIÓN DE VALORES SE PRODUCE LA PLASTIFICACIÓN ?

FIGURA 6.12
TEORÍAS DE FALLO

Teoría de la tensión normal máxima

Según la teoría de la tensión normal máxima, (teoría de Rankine) el sólido se comportará correctamente siempre que la tensión principal máxima, en tracción o en compresión, no rebase el límite elástico del material. En la figura **6.13** se presenta la formulación matemática de esta teoría y una interpretación gráfica de la misma.

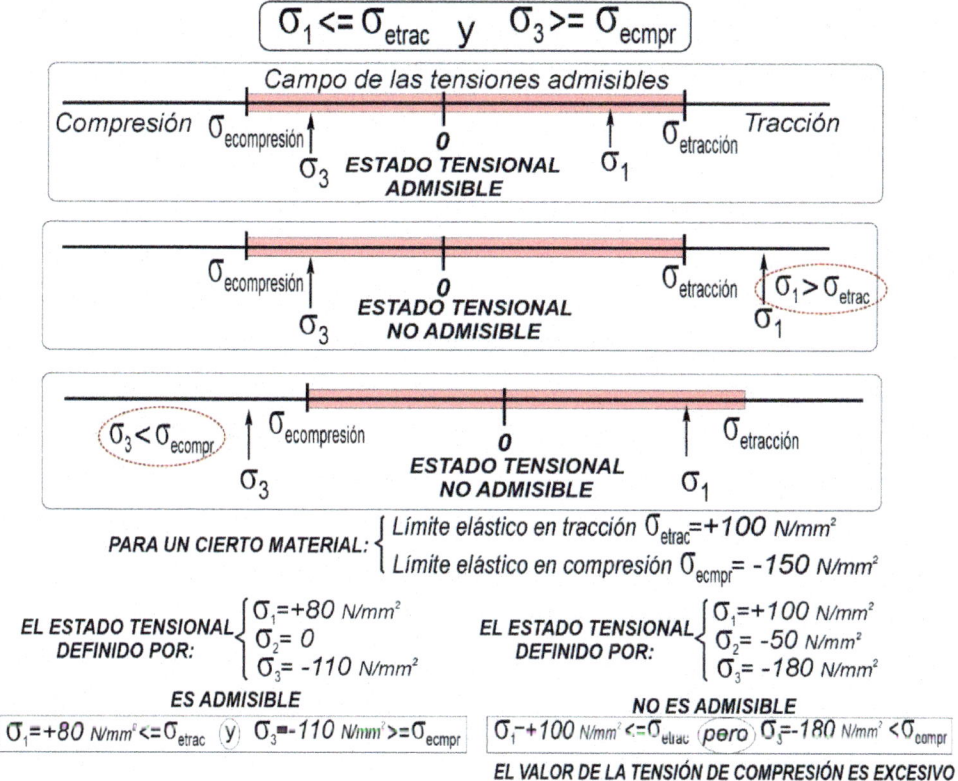

$$\boxed{\sigma_1 <= \sigma_{etrac} \quad y \quad \sigma_3 >= \sigma_{ecmpr}}$$

Campo de las tensiones admisibles

Compresión $\sigma_{ecompresión}$ 0 $\sigma_{etracción}$ Tracción
σ_3 **ESTADO TENSIONAL ADMISIBLE** σ_1

$\sigma_{ecompresión}$ 0 $\sigma_{etracción}$ $\sigma_1 > \sigma_{etrac}$
ESTADO TENSIONAL NO ADMISIBLE σ_3 σ_1

$\sigma_3 < \sigma_{ecompr.}$ $\sigma_{ecompresión}$ 0 $\sigma_{etracción}$
σ_3 **ESTADO TENSIONAL NO ADMISIBLE** σ_1

PARA UN CIERTO MATERIAL: $\begin{cases} \text{Límite elástico en tracción } \sigma_{etrac}=+100 \text{ N/mm}^2 \\ \text{Límite elástico en compresión } \sigma_{ecmpr}= -150 \text{ N/mm}^2 \end{cases}$

EL ESTADO TENSIONAL DEFINIDO POR: $\begin{cases} \sigma_1=+80 \text{ N/mm}^2 \\ \sigma_2= 0 \\ \sigma_3= -110 \text{ N/mm}^2 \end{cases}$ **EL ESTADO TENSIONAL DEFINIDO POR:** $\begin{cases} \sigma_1=+100 \text{ N/mm}^2 \\ \sigma_2= -50 \text{ N/mm}^2 \\ \sigma_3= -180 \text{ N/mm}^2 \end{cases}$

ES ADMISIBLE   **NO ES ADMISIBLE**

$\sigma_1=+80 \text{ N/mm}^2 <= \sigma_{etrac}$ (y) $\sigma_3=-110 \text{ N/mm}^2 >= \sigma_{ecmpr}$ $\sigma_1=+100 \text{ N/mm}^2 <= \sigma_{etrac}$ (pero) $\sigma_3=-180 \text{ N/mm}^2 < \sigma_{compr}$

EL VALOR DE LA TENSIÓN DE COMPRESIÓN ES EXCESIVO

FIGURA 6.13
TEORÍA DE LA TENSIÓN NORMAL MÁXIMA

Lógicamente, da buenos resultados en situaciones próximas al estado de tensiones uniaxiales del ensayo, que, por otra parte, es una situación relativamente frecuente.

En el ensayo estamos midiendo directamente las cargas aplicadas, que determinan la tensión normal, y observamos que, cuando ésta alcanza un cierto valor (límite elástico) se produce la plastificación. En ese momento hay otros parámetros, no medidos directamente, que toman determinados valores. Por ejemplo, la tensión cortante máxima o la energía de distorsión. También podríamos razonar que la plastificación se produce porque estos parámetros alcanzan ciertos valores.

Teoría de la tensión cortante máxima

*De acuerdo con el criterio de la tensión cortante máxima, o teoría de plastificación de Tresca, un material se mantiene en el dominio elástico siempre que la tensión cortante máxima no rebase la tensión cortante máxima que se da en el ensayo de tracción cuando el material alcanza el límite elástico, lo que conduce a la condición expresada en la figura **6.14**.*

EN EL ENSAYO DE TRACCIÓN, CUANDO LA TENSIÓN NORMAL ALCANZA EL LÍMITE ELÁSTICO, LA TENSIÓN CORTANTE MÁXIMA, QUE SE PRODUCE EN PLANOS A 45° CON LAS SECCIONES RECTAS, TOMA UN VALOR IGUAL A LA MITAD DEL LÍMITE ELÁSTICO

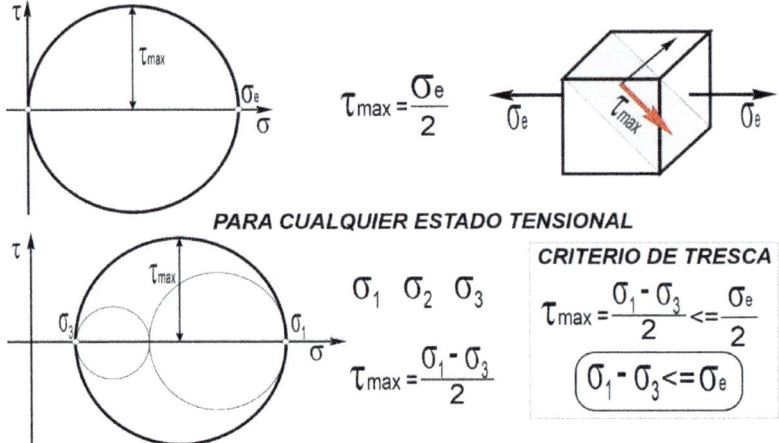

$$\tau_{max} = \frac{\sigma_e}{2}$$

PARA CUALQUIER ESTADO TENSIONAL

$$\sigma_1 \quad \sigma_2 \quad \sigma_3$$

$$\tau_{max} = \frac{\sigma_1 - \sigma_3}{2}$$

CRITERIO DE TRESCA

$$\tau_{max} = \frac{\sigma_1 - \sigma_3}{2} <= \frac{\sigma_e}{2}$$

$$\boxed{\sigma_1 - \sigma_3 <= \sigma_e}$$

FIGURA **6.14**
CRITERIO DE TRESCA

Teoría de Von Mises

Las cargas que actúan sobre los sólidos, provocan deformaciones, con el consiguiente desplazamiento de sus puntos de aplicación, por lo que realizan un trabajo. Este trabajo se invierte, una parte, en cambiar el volumen del sólido y otra en modificar su forma (energía de distorsión).

Según el criterio de Von Mises, el material se mantiene en el dominio elástico siempre que la energía de distorsión no rebase un cierto límite (el valor que toma cuando en el ensayo de tracción se alcanza el límite elástico).

Esta condición se traduce en la siguiente expresión:

$$\frac{1}{\sqrt{2}}\sqrt{(\sigma_1 - \sigma_2)^2 + (\sigma_1 - \sigma_3)^2 + (\sigma_2 - \sigma_3)^2} <= \sigma_e$$

Tanto el criterio de Tresca como el de von Mises dan resultados satisfactorios en estados tensionales en los que se produzcan tensiones cortantes importantes. Por el contrario, se ve claramente la limitación cuando las tres tensiones principales toman valores muy próximos.

La interpretación gráfica del criterio de Von Mises se muestra en la figura **6.15.**

En el espacio de las tensiones principales, el límite de los puntos en los que no se produce la plastificación es una superficie cilíndrica de longitud infinita, cuyo eje es la trisectriz de los ejes de referencia.

Aunque no tiene mucho sentido, por no considerar las tres tensiones principales, la representación plana de la **6.16** puede facilitar la interpretación.

A CADA ESTADO TENSIONAL, DEFINIDO POR LAS TENSIONES PRINCIPALES
(σ_1, σ_2, σ_3) LE CORRESPONDE UN PUNTO EN EL SISTEMA DE EJES DE LA FIGURA

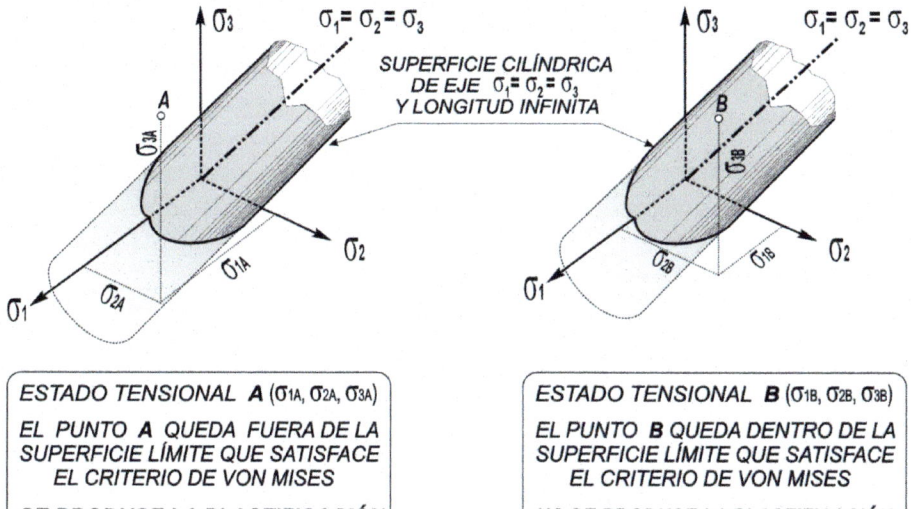

SUPERFICIE CILÍNDRICA
DE EJE σ_1= σ_2= σ_3
Y LONGITUD INFINITA

ESTADO TENSIONAL **A** (σ_{1A}, σ_{2A}, σ_{3A})

EL PUNTO **A** QUEDA FUERA DE LA
SUPERFICIE LÍMITE QUE SATISFACE
EL CRITERIO DE VON MISES

SE PRODUCE LA PLASTIFICACIÓN

ESTADO TENSIONAL **B** (σ_{1B}, σ_{2B}, σ_{3B})

EL PUNTO **B** QUEDA DENTRO DE LA
SUPERFICIE LÍMITE QUE SATISFACE
EL CRITERIO DE VON MISES

NO SE PRODUCE LA PLASTIFICACIÓN

FIGURA 6.15
INTERPRETACIÓN GRÁFICA DEL CRITERIO DE VON MISES

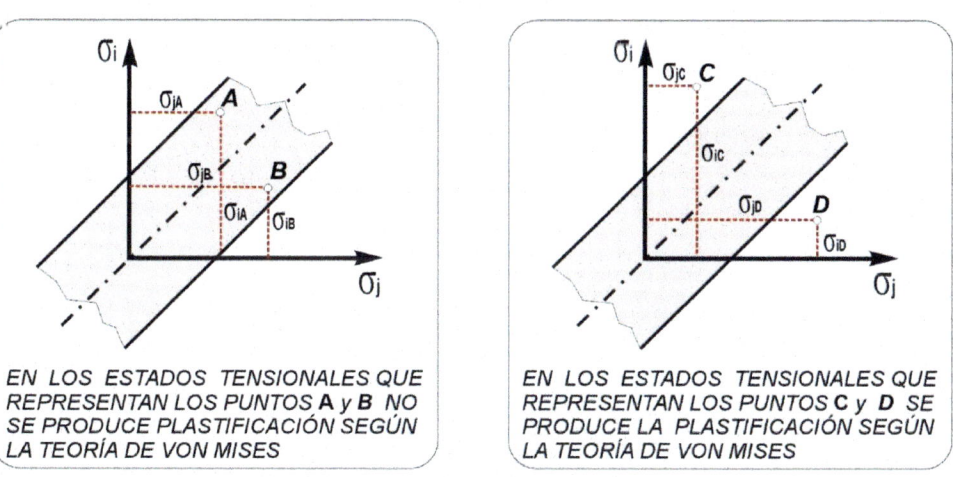

EN LOS ESTADOS TENSIONALES QUE
REPRESENTAN LOS PUNTOS **A** y **B** NO
SE PRODUCE PLASTIFICACIÓN SEGÚN
LA TEORÍA DE VON MISES

EN LOS ESTADOS TENSIONALES QUE
REPRESENTAN LOS PUNTOS **C** y **D** SE
PRODUCE LA PLASTIFICACIÓN SEGÚN
LA TEORÍA DE VON MISES

FIGURA 6.16
INTERPRETACIÓN GRÁFICA DEL CRITERIO DE VON MISES

Comportamientos dúctil y frágil

Consideramos que una rotura es de tipo dúctil cuando, antes de que se
produzca, el material experimenta deformaciones importantes; a diferencia de la rotura
frágil, que se presenta sin deformación apreciable. La diferencia estriba en la
presencia, o no, de grandes deformaciones plásticas previas a la rotura.

El comportamiento frágil o dúctil de un material depende de su naturaleza, lo
que nos lleva a clasificarlos como dúctiles o frágiles; pero el comportamiento en rotura

está condicionado por otros muchos factores. El material clasificado como frágil sólo puede romperse de esta manera, mientras que, el clasificado como dúctil, tiene capacidad para romperse frágil o dúctilmente. Por ejemplo, el vidrio es un material frágil por naturaleza; sin embargo, muchos aceros pueden experimentar roturas dúctiles o frágiles, dependiendo de las circunstancias.

Uno de los factores que influye sobre el comportamiento es el estado tensional. La explicación puede hacerse de manera intuitiva utilizando la representación en el espacio de tensiones principales en que han sido visualizados los criterios de plastificación.

El hecho de que los criterios de plastificación se representen, en algunos casos, por una superficie no acotada, no está relacionado con una resistencia ilimitada del sólido. Por ejemplo, de acuerdo con la teoría de Von Mises, el material no plastifica para un estado triaxial de tensiones iguales, por elevadas que éstas sean. Esto va contra la realidad, por lo que habrá que pensar que, sea cual sea el estado de tensiones, habrá una superficie cerrada en torno al origen que representa el lugar geométrico de los estados tensionales en los cuales se alcanza la rotura. Superficie límite de rotura, característica del material y su estado **(Figura 6.17)**.

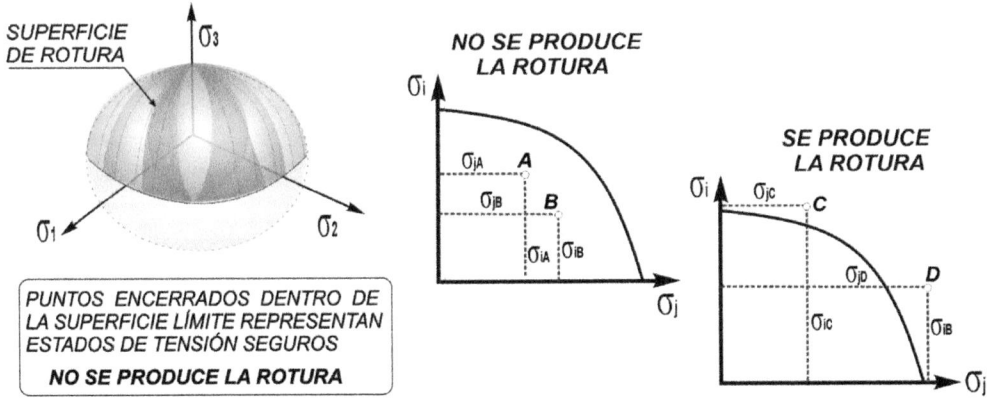

FIGURA 6.17
SUPERFICIE LÍMITE DE ROTURA

En la figura **6.18** se muestran la superficie que limita los estados tensionales que no provocan   plastificación, según Von Mises, y la que encierra las tensiones seguras ante la rotura. Puntos por afuera de estas superficies, representan estados de tensión que darán lugar a la rotura o a la plastificación.

- Si un punto se carga progresivamente siguiendo la evolución **A**, rebasará primero la superficie de plastificación, concretamente, para la combinación de tensiones definida por **A$_P$**, generando una **rotura dúctil.** (Plastifica y se deforma antes de romper)

- *Por el contrario, si se carga de acuerdo con la evolución **B**, alcanzará la superficie de rotura antes que la de plastificación, (combinación de tensiones definida por el punto **B_R**), por lo que su comportamiento hasta la rotura será elástico apareciendo una **rotura frágil**.*

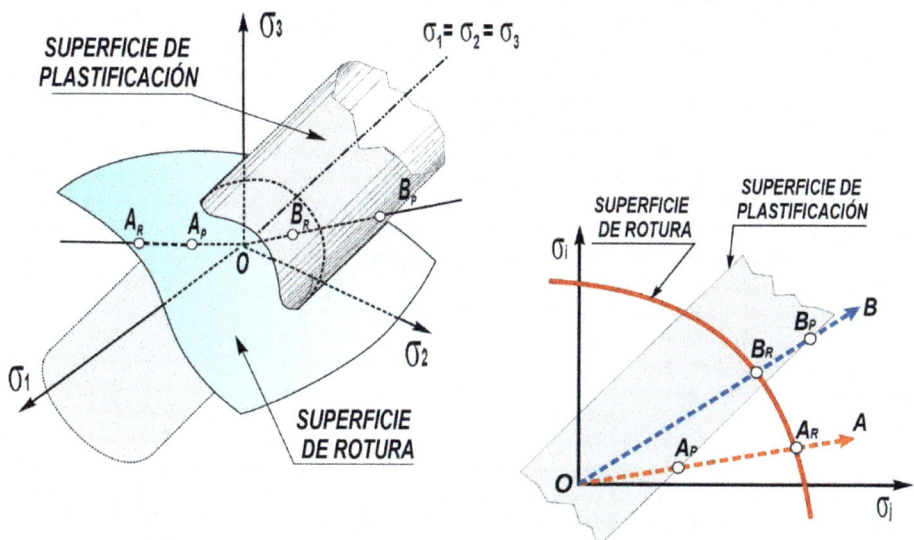

ESTADO TENSIONAL QUE EVOLUCIONA SEGÚN OA

PRIMERO PLASTIFICA, PARA LA TENSIÓN CORRESPONDIENTE AL PUNTO A_P

FINALMENTE ROMPE, PARA LA TENSIÓN CORRESPONDIENTE AL PUNTO A_R

ROTURA DÚCTIL

ESTADO TENSIONAL QUE EVOLUCIONA SEGÚN OB

SE PRODUCE LA ROTURA, PARA LA TENSIÓN CORRESPONDIENTE AL PUNTO B_R, SIN HABER PLASTIFICADO PREVIAMENTE

ROTURA FRÁGIL

FIGURA 6.18
COMPORTAMIENTOS DÚCTIL Y FRÁGIL

Un estado de tracción uniaxial equivale a moverse sobre uno de los ejes, por lo que se alcanza primero la superficie de plastificación (comportamiento dúctil). Ese mismo material, sin embargo, puede comportarse frágilmente si las tensiones evolucionan según la dirección de la diagonal principal (estado triaxial de tensiones en el que $\sigma_1 = \sigma_2 = \sigma_3$

Entre los factores a considerar para prevenir las roturas frágiles, siempre peligrosas, estará, por tanto, el de procurar evitar los diseños o situaciones que conduzcan a estados triaxiales **(Figura 6.19)**.

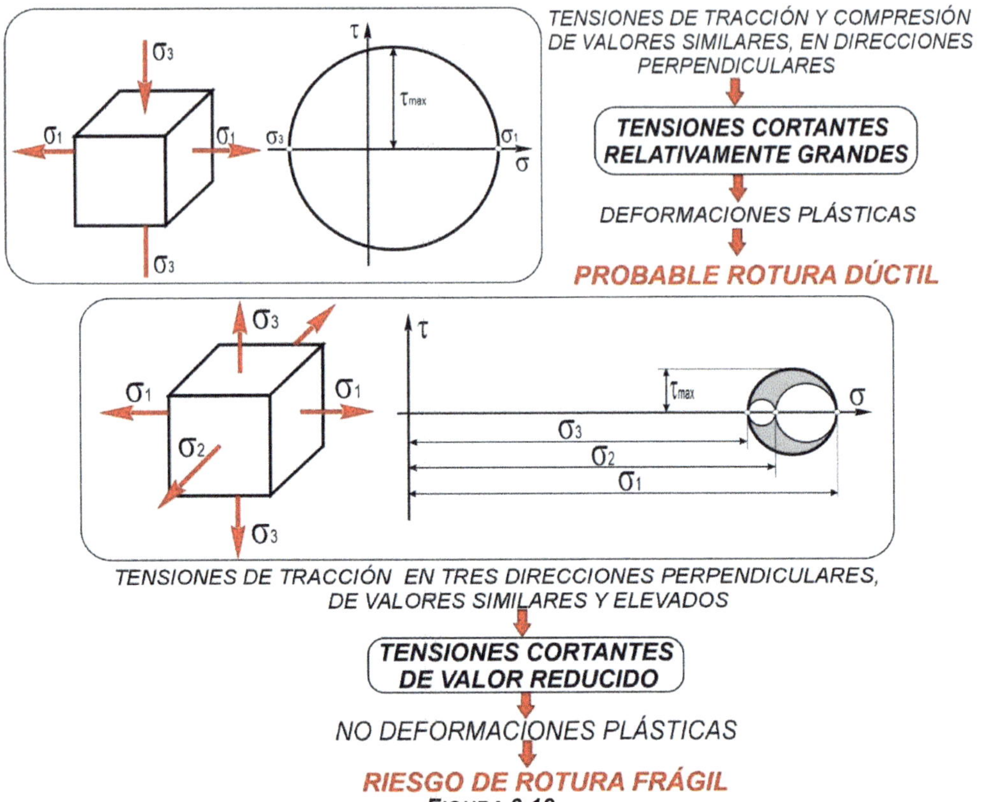

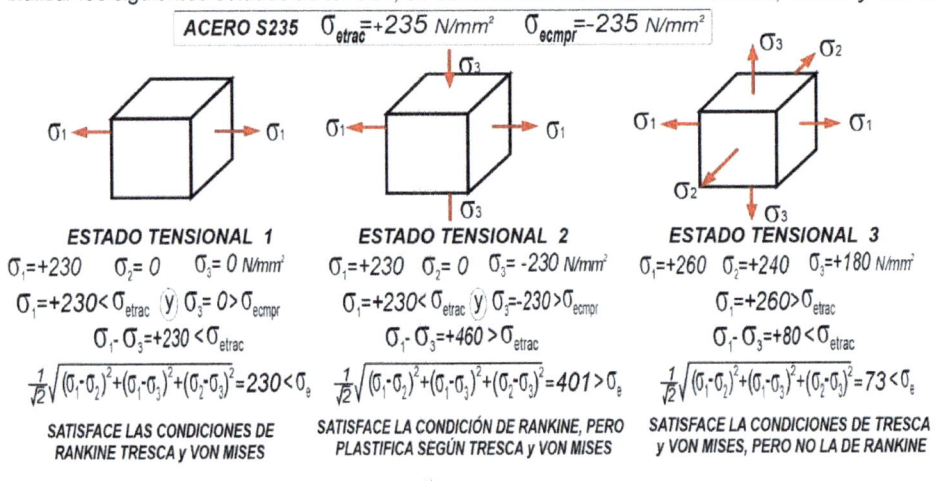

TENSIONES DE TRACCIÓN Y COMPRESIÓN DE VALORES SIMILARES, EN DIRECCIONES PERPENDICULARES

TENSIONES CORTANTES RELATIVAMENTE GRANDES

DEFORMACIONES PLÁSTICAS

PROBABLE ROTURA DÚCTIL

TENSIONES DE TRACCIÓN EN TRES DIRECCIONES PERPENDICULARES, DE VALORES SIMILARES Y ELEVADOS

TENSIONES CORTANTES DE VALOR REDUCIDO

NO DEFORMACIONES PLÁSTICAS

RIESGO DE ROTURA FRÁGIL

FIGURA 6.19

INFLUENCIA DEL ESTADO DE TENSIÓN, SOBRE EL COMPORTAMIENTO DÚCTIL O FRÁGIL

EJERCICIO 7

Analizar los siguientes estados de tensión, de acuerdo con las teorías de Rankine, Tresca y Von Mises

ACERO S235 $\sigma_{etrac} = +235$ N/mm² $\sigma_{ecmpr} = -235$ N/mm²

ESTADO TENSIONAL 1

$\sigma_1 = +230$ $\sigma_2 = 0$ $\sigma_3 = 0$ N/mm²

$\sigma_1 = +230 < \sigma_{etrac}$ ⓨ $\sigma_3 = 0 > \sigma_{ecmpr}$

$\sigma_1 - \sigma_3 = +230 < \sigma_{etrac}$

$\frac{1}{\sqrt{2}}\sqrt{(\sigma_1-\sigma_2)^2+(\sigma_1-\sigma_3)^2+(\sigma_2-\sigma_3)^2} = 230 < \sigma_e$

SATISFACE LAS CONDICIONES DE RANKINE TRESCA y VON MISES

ESTADO TENSIONAL 2

$\sigma_1 = +230$ $\sigma_2 = 0$ $\sigma_3 = -230$ N/mm²

$\sigma_1 = +230 < \sigma_{etrac}$ ⓨ $\sigma_3 = -230 > \sigma_{ecmpr}$

$\sigma_1 - \sigma_3 = +460 > \sigma_{etrac}$

$\frac{1}{\sqrt{2}}\sqrt{(\sigma_1-\sigma_2)^2+(\sigma_1-\sigma_3)^2+(\sigma_2-\sigma_3)^2} = 401 > \sigma_e$

SATISFACE LA CONDICIÓN DE RANKINE, PERO PLASTIFICA SEGÚN TRESCA y VON MISES

ESTADO TENSIONAL 3

$\sigma_1 = +260$ $\sigma_2 = +240$ $\sigma_3 = +180$ N/mm²

$\sigma_1 = +260 > \sigma_{etrac}$

$\sigma_1 - \sigma_3 = +80 < \sigma_{etrac}$

$\frac{1}{\sqrt{2}}\sqrt{(\sigma_1-\sigma_2)^2+(\sigma_1-\sigma_3)^2+(\sigma_2-\sigma_3)^2} = 73 < \sigma_e$

SATISFACE LA CONDICIONES DE TRESCA y VON MISES, PERO NO LA DE RANKINE

FIGURA 6.20
EJERCICIO 7

CAPÍTULO 7

SÓLIDOS SOLICITADOS POR ESFUERZOS AXIALES

PRINCIPIOS E HIPÓTESIS BASICAS DE LA RESISTENCIA DE MATERIALES

Si bien los conceptos de tensión y deformación que se utilizan en la elasticidad, así como las leyes que los relacionan, son relativamente sencillos, el análisis riguroso del problema elástico llevado a cada punto del sólido supone tal complejidad operativa que resulta de difícil aplicación, salvo en estados tensionales relativamente sencillos.

En la resistencia de materiales se establecen hipótesis simplificadoras, perfectamente válidas en muchos casos, que permiten abordar con relativa facilidad el estudio de tensiones y deformaciones del sólido elástico. A continuación se relacionan las hipótesis y principios en los que se apoya:

- *El material tiene un comportamiento **elástico y lineal** (ley de Hooke)*

- *Como consecuencia de la linealidad, en general, es aplicable el principio de **superposición,** que permite el estudio de situaciones complejas como combinación de varias simples.*

- *Principio de **Saint – Venant**: Salvo en las zonas próximas al punto de aplicación de las cargas, los estados tensionales producidos por dos sistemas equivalentes son iguales. En las proximidades del punto de aplicación de cargas puntuales se producen distribuciones irregulares de la tensión.*

- *Hipótesis de **Bernoulli** (conservación de las secciones planas): Las secciones planas de un sólido antes de la deformación, permanecen planas después de la misma*

- *Principio de pequeñez de las deformaciones. Las deformaciones son lo suficientemente pequeñas para que no modifiquen la forma de actuar de las cargas. (Rigidez relativa de los sólidos elásticos).*

TENSIONES Y DEFORMACIONES EN SÓLIDOS SOLICITADOS POR ESFUERZOS SIMPLES

El objetivo fundamental de la resistencia de materiales es la determinación de las tensiones y deformaciones que se producen en los sólidos cuando están solicitados por fuerzas. En lugar de afrontar el problema general del sólido solicitado por un sistema cualquiera de cargas, se estudian casos particulares, de los que se obtienen las correspondientes leyes de comportamiento. La aplicación posterior del principio de superposición permite el estudio de situaciones más complejas.

SÓLIDOS SOMETIDOS A ESFUERZOS AXIALES

El sólido está sometido a esfuerzo axial cuando, de las seis posibles componentes del esfuerzo, la única no nula es la de dirección del eje de la barra (Normal a las secciones rectas y centrada). Recibe el nombre de esfuerzo normal o axial y puede ser de tracción o compresión, según sea el sentido de las cargas. En el caso de compresión, es necesario, además, que la barra sea "poco esbelta".

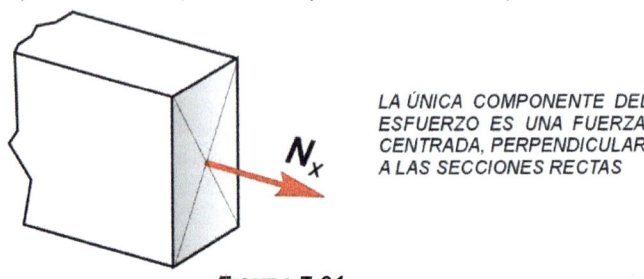

LA ÚNICA COMPONENTE DEL ESFUERZO ES UNA FUERZA CENTRADA, PERPENDICULAR A LAS SECCIONES RECTAS

FIGURA 7.01
SÓLIDO SOLICITADO POR UN ESFUERZO AXIAL

Si trazamos el contorno de dos secciones rectas y sometemos la barra a tracción, observaremos que se conservan rectas y paralelas. Admitiendo la hipótesis de conservación de las secciones planas, ocurrirá lo mismo para puntos interiores. De acuerdo con esto, si consideramos el sólido formado por un conjunto de fibras longitudinales, llegamos a la conclusión de que todas se alargan lo mismo.

El que fibras iguales experimenten el mismo alargamiento nos indica que el esfuerzo se reparte uniformemente a lo largo de la sección. La tensión en cualquier punto de las secciones rectas es de la dirección del esfuerzo, (normal a la sección), y se obtiene dividiendo el esfuerzo entre el área **(Figura 7.02)**

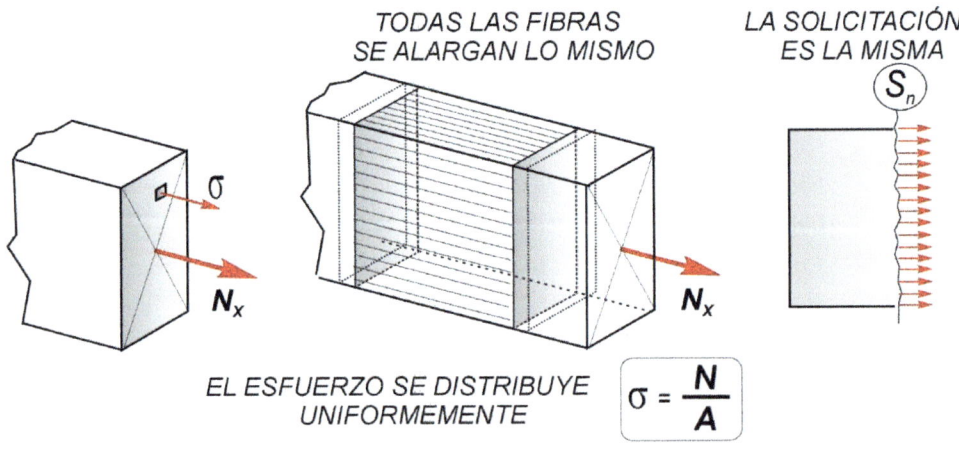

TODAS LAS FIBRAS SE ALARGAN LO MISMO

LA SOLICITACIÓN ES LA MISMA

EL ESFUERZO SE DISTRIBUYE UNIFORMEMENTE

$$\sigma = \frac{N}{A}$$

FIGURA 7.02
EL ESFUERZO SE REPARTE UNIFORMEMENTE

Análisis de tensiones

Los planos principales son las secciones rectas (tensión normal $\sigma_n = \sigma = N/A$ y tensión cortante cero) y cualquier sección longitudinal (tensión cero). De acuerdo con esto, el círculo de Mohr es el de la **figura 7.03**

De su observación llegamos a la conclusión de que la tensión normal máxima se da en las secciones rectas y la tensión cortante máxima vale la mitad y se produce en planos a 45° con el eje de la barra.

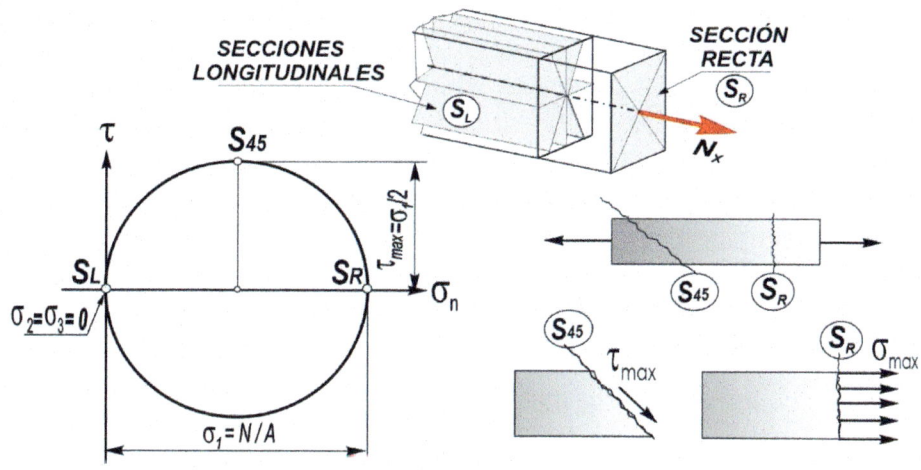

FIGURA 7.03
ANÀLISIS DE TENSIONES

Para los dimensionamientos y comprobaciones de resistencia suele aplicarse la condición de que la tensión normal máxima no rebase un valor que se considera admisible, **(tensión admisible)**, que suele ser una fracción del límite elástico o de la carga de rotura.

Deformaciones

Puesto que las tensiones principales son: σ_{nx} de un cierto valor en dirección longitudinal y $\sigma_{ny} = \sigma_{nz} = 0$ para cualquier dirección transversal, de acuerdo con la ley de Hooke, las deformaciones longitudinales unitarias serán:

$$\varepsilon_{Lx} = \sigma_{nx}/E \quad \text{en dirección longitudinal}$$

$$\varepsilon_{Ly} = \varepsilon_{Lz} = -V\sigma_{nx}/E \quad \text{en cualquier dirección transversal}$$

Teniendo en cuenta que tanto el área de la sección como el esfuerzo pueden variar a lo largo de una barra, para calcular el alargamiento (acortamiento) total de la misma, nos fijamos en un elemento de longitud inicial infinitamente pequeña **dx**, en el que tanto la sección como el esfuerzo pueden considerarse constantes, y sumamos para todos los elementos de la barra. (**Figura 7.04**)

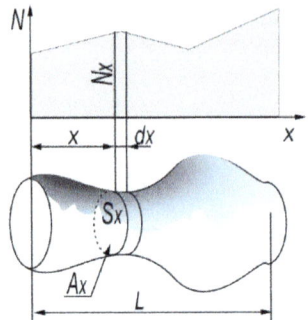

S_x = Sección distante "x" del origen
A_x = Área de la sección recta S_x
N_x = Esfuerzo axial en la sección S_x
σ_x = Tensión normal en la sección S_x

Tensión en **Sx** $\sigma_x = N_x/A_x$

Alargamiento unitario en esa zona

$$\varepsilon_x = \sigma_x/E = \frac{N_x}{EA_x}$$

Alargamiento del elemento **dx**

$$d\delta = \varepsilon_x.dx = \frac{N_x.dx}{EA_x}$$

ALARGAMIENTO TOTAL
DEL SÓLIDO

$$\delta = \int_L d\delta = \int_L \frac{N_x.dx}{EA_x}$$

PARA UNA BARRA DE **SECCIÓN CONSTANTE** SOLICITADA
POR UN **ESFUERZO CONSTANTE** A LO LARGO DE LA MISMA

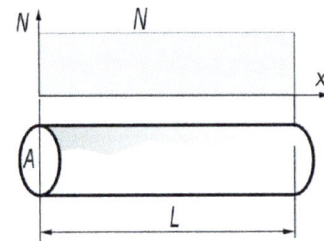

$$\delta = \int_L N_x.dx/EA_x$$

$$\delta = \int_L N.dx/EA = \frac{N}{E.A}\int_L dx$$

$$\boxed{\delta = \frac{N.L}{E.A}}$$

PARA UNA BARRA DE **SECCIÓN CONSTANTE**
SOLICITADA ÚNICAMENTE POR SU PROPIO PESO

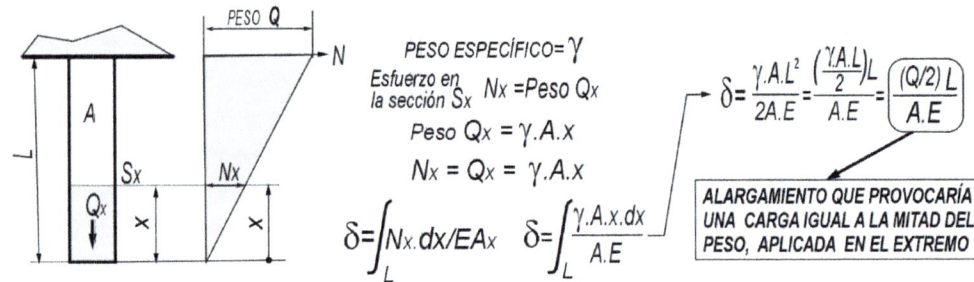

PESO ESPECÍFICO= γ

Esfuerzo en la sección S_x N_x =Peso Q_x

Peso $Q_x = \gamma.A.x$

$N_x = Q_x = \gamma.A.x$

$$\delta = \int_L N_x.dx/EA_x \qquad \delta = \int_L \frac{\gamma.A.x.dx}{A.E}$$

$$\delta = \frac{\gamma.A.L^2}{2A.E} = \frac{\left(\frac{\gamma.A.L}{2}\right)L}{A.E} = \boxed{\frac{(Q/2)L}{A.E}}$$

ALARGAMIENTO QUE PROVOCARÍA
UNA CARGA IGUAL A LA MITAD DEL
PESO, APLICADA EN EL EXTREMO

FIGURA 7.04
ALARGAMIENTO DE UNA BARRA

Además de las cargas exteriores, la carga debida al propio peso también influye sobre los esfuerzos en las diferentes secciones. En barras dispuestas verticalmente afecta a los esfuerzos axiales y para otras posiciones origina otras componentes del esfuerzo, como flexiones. Aunque de un caso concreto no se pueden sacar conclusiones generales, con los resultados del Ejercicio 1 (**Figura 7.05**) se resalta la pequeña influencia del peso propio, salvo para grandes longitudes o en materiales cuyo peso específico sea grande con relación a su resistencia.

EJERCICIO 1

Dimensionar la barra y calcular su alargamiento en diferentes supuestos

TENSIÓN ADMISIBLE $\sigma_{AD}=120$ N/mm²	PESO ESPECÍFICO $\gamma=90$ N/dm³	MÓDULO DE ELASTICIDAD $E=210000$ N/mm²

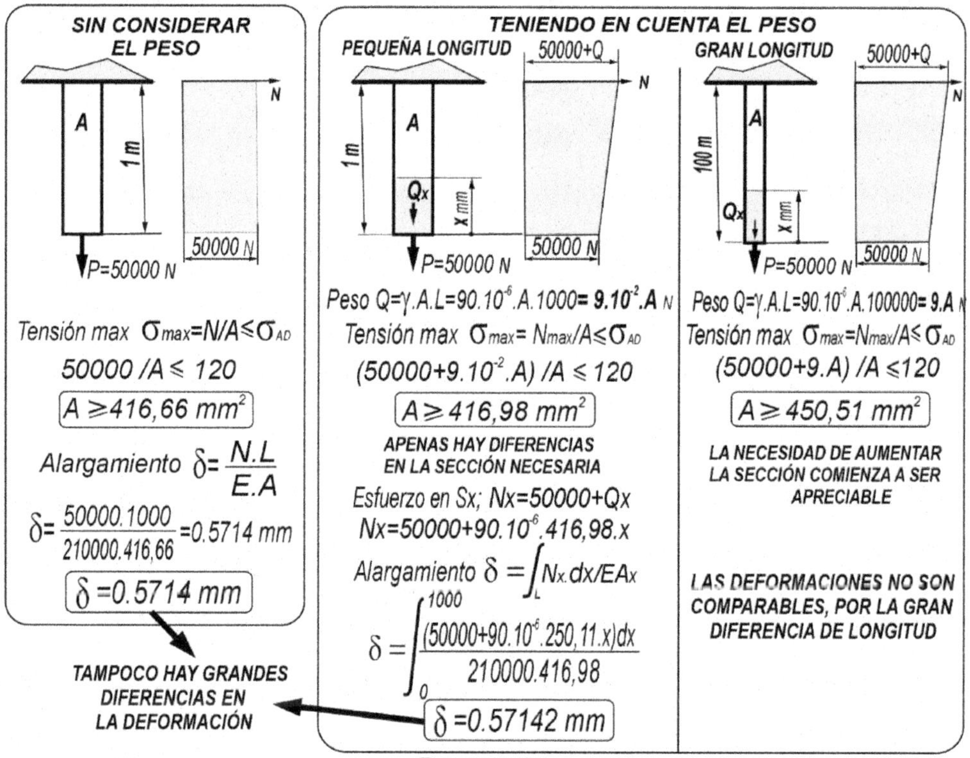

SIN CONSIDERAR EL PESO
A
1 m
N
50000 N
P=50000 N
Tensión max σmax=N/A≤σAD
50000 /A ≤ 120
A ≥416,66 mm²
Alargamiento δ= N.L / E.A
δ= 50000.1000 / 210000.416,66 =0.5714 mm
δ =0.5714 mm
TAMPOCO HAY GRANDES DIFERENCIAS EN LA DEFORMACIÓN
TENIENDO EN CUENTA EL PESO
PEQUEÑA LONGITUD
50000+Q
N
A
1 m
Qx
x mm
50000 N
P=50000 N
Peso Q=γ.A.L=90.10⁻⁶.A.1000= 9.10⁻².A N
Tensión max σmax= Nmax/A≤σAD
(50000+9.10⁻².A) /A ≤ 120
A≥416,98 mm²
APENAS HAY DIFERENCIAS EN LA SECCIÓN NECESARIA
Esfuerzo en Sx; Nx=50000+Qx
Nx=50000+90.10⁻⁶.416,98.x
Alargamiento δ = ∫L Nx.dx/EAx
δ = ∫0 1000 (50000+90.10⁻⁶.250,11.x)dx / 210000.416,98
δ =0.57142 mm
GRAN LONGITUD
50000+Q
N
A
100 m
Qx
x mm
50000 N
P=50000 N
Peso Q=γ.A.L=90.10⁻⁶.A.100000= 9.A N
Tensión max σmax=Nmax/A≤σAD
(50000+9.A) /A ≤120
A≥450,51 mm²
LA NECESIDAD DE AUMENTAR LA SECCIÓN COMIENZA A SER APRECIABLE
LAS DEFORMACIONES NO SON COMPARABLES, POR LA GRAN DIFERENCIA DE LONGITUD

FIGURA 7.05
INFLUENCIA DEL PESO PROPIO

EJERCICIO 2

*Teniendo en cuenta que el apoyo **C** no experimenta desplazamientos:*

- *Trazar diagrama de esfuerzos*
- *Calcular el desplazamiento del extremo **A***
- *En el tramo **DE**, ¿cuál es la sección que no experimenta desplazamiento?*
- *¿Qué variación de temperatura hay que aplicar a toda la barra para que el desplazamiento del extremo **E** sea nulo?*

E=10⁵ kp/cm²
α=5.10⁻⁵ ºC⁻¹
800 kp
A
PESA 200 Kp
2 cm²
80 cm
550 kp
B
PESA 300 Kp
3 cm²
60 cm
C
PESA 200 Kp
2 cm²
80 cm
D
PESA 100 Kp
1 cm²
50 cm
800 kp
E
800 kp

FIGURA 7.06
EJERCICIO 2

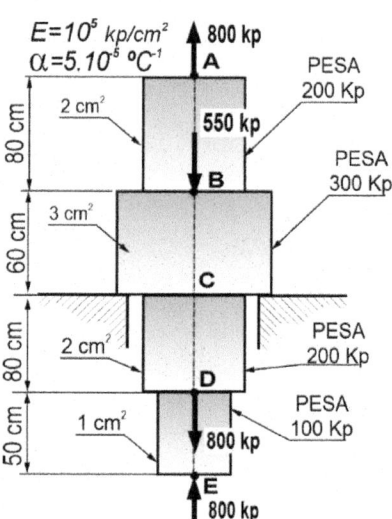

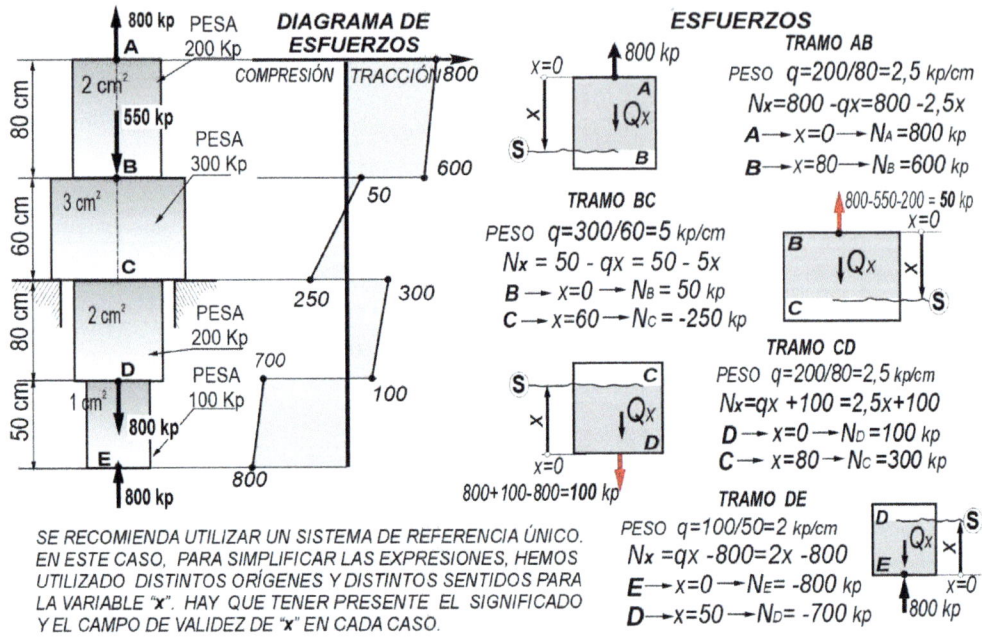

**SE RECOMIENDA UTILIZAR UN SISTEMA DE REFERENCIA ÚNICO.
EN ESTE CASO, PARA SIMPLIFICAR LAS EXPRESIONES, HEMOS
UTILIZADO DISTINTOS ORÍGENES Y DISTINTOS SENTIDOS PARA
LA VARIABLE "x". HAY QUE TENER PRESENTE EL SIGNIFICADO
Y EL CAMPO DE VALIDEZ DE "x" EN CADA CASO.**

**EN CUANTO A SIGNOS, SE CONSIDERAN POSITIVAS LAS ACCIONES QUE DAN
LUGAR A TRACCIONES Y NEGATIVAS LAS QUE ORIGINAN COMPRESIONES.**

**EN LAS SECCIONES A, B, C, D y E SE OBSERVA UNA VARIACIÓN BRUSCA DEL ESFUERZO, IGUAL
A LA CARGA APLICADA EN LA SECCIÓN. EN "C" EL APOYO EJERCE UNA REACCIÓN DE 550 kp
HACIA ARRIBA. NO SE CONSIDERÓ EN EL ANÁLISIS PORQUE PARA LAS SECCIONES ENTRE A y C
UTILIZAMOS LAS CARGAS DE ARRIBA Y PARA LAS SECCIONES ENTRE C y E, LAS DE ABAJO.**

DESPLAZAMIENTO DEL EXTREMO A   (DESPLAZAMIENTO DE C Δc = 0)

DESPLAZAMIENTO DE **B** Δ_B = DEFORMACIÓN BARRA **BC** (δ_BC)
DESPLAZAMIENTO DE **A** Δ_A = Δ_B + DEFORMACIÓN BARRA **AB** (δ_AB)

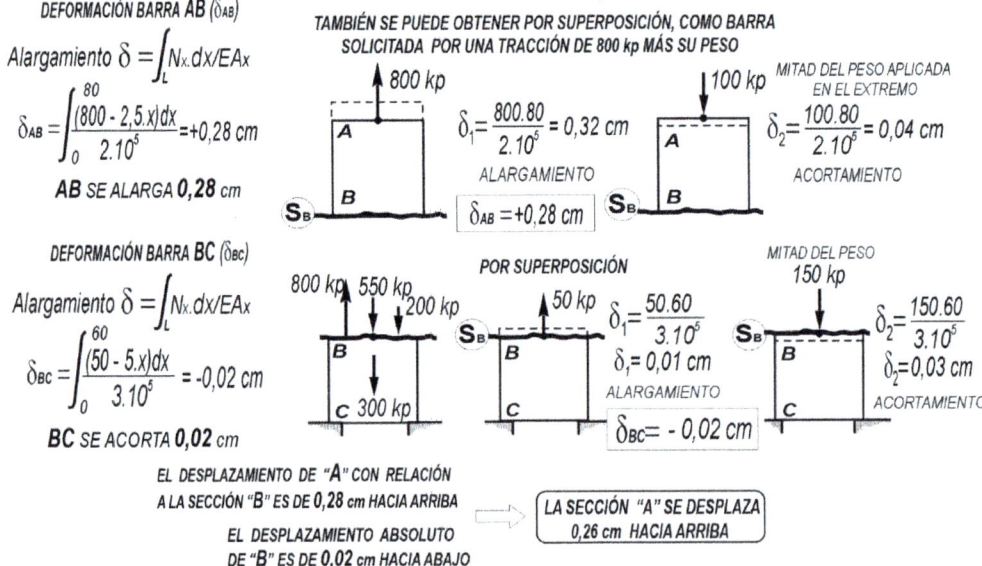

EL DESPLAZAMIENTO DE "**A**" CON RELACIÓN
A LA SECCIÓN "**B**" ES DE **0,28 cm** HACIA ARRIBA

EL DESPLAZAMIENTO ABSOLUTO
DE "**B**" ES DE **0,02 cm** HACIA ABAJO

⟹ **LA SECCIÓN "A" SE DESPLAZA
0,26 cm HACIA ARRIBA**

**FIGURA 7.07
EJERCICIO 2**

DESPLAZAMIENTO DE UNA SECCIÓN CUALQUIERA DEL TRAMO "DE"

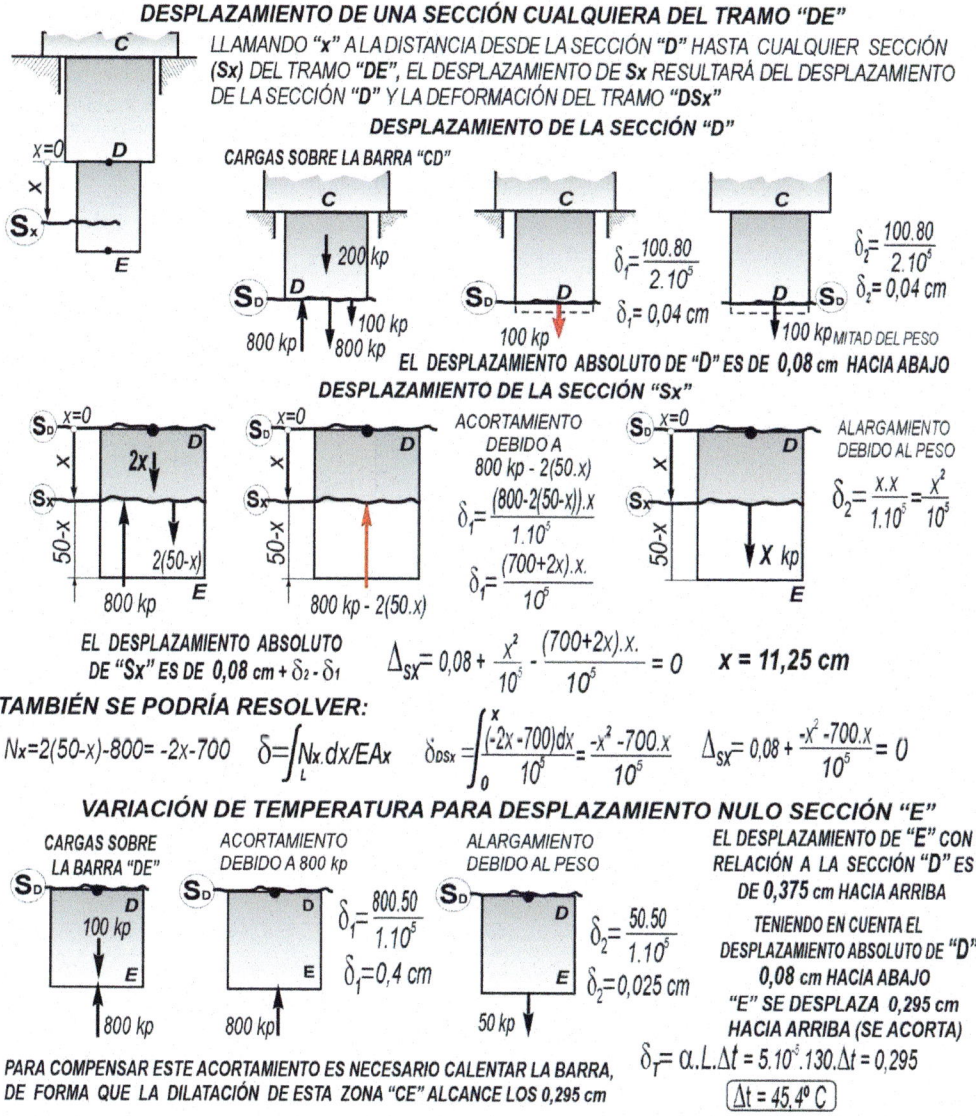

LLAMANDO **"x"** A LA DISTANCIA DESDE LA SECCIÓN **"D"** HASTA CUALQUIER SECCIÓN **(Sx)** DEL TRAMO **"DE"**, EL DESPLAZAMIENTO DE **Sx** RESULTARÁ DEL DESPLAZAMIENTO DE LA SECCIÓN **"D"** Y LA DEFORMACIÓN DEL TRAMO **"DSx"**

DESPLAZAMIENTO DE LA SECCIÓN "D"

CARGAS SOBRE LA BARRA "CD"

$\delta_1 = \dfrac{100.80}{2.10^5}$

$\delta_1 = 0,04 \ cm$

$\delta_2 = \dfrac{100.80}{2.10^5}$

$\delta_2 = 0,04 \ cm$

100 kp MITAD DEL PESO

EL DESPLAZAMIENTO ABSOLUTO DE "D" ES DE 0,08 cm HACIA ABAJO

DESPLAZAMIENTO DE LA SECCIÓN "Sx"

ACORTAMIENTO DEBIDO A 800 kp - 2(50.x)

$\delta_1 = \dfrac{(800-2(50-x)).x}{1.10^5}$

$\delta_1 = \dfrac{(700+2x).x.}{10^5}$

ALARGAMIENTO DEBIDO AL PESO

$\delta_2 = \dfrac{x.x}{1.10^5} = \dfrac{x^2}{10^5}$

EL DESPLAZAMIENTO ABSOLUTO DE "Sx" ES DE 0,08 cm + δ_2 - δ_1

$\Delta_{sx} = 0,08 + \dfrac{x^2}{10^5} - \dfrac{(700+2x).x.}{10^5} = 0 \qquad x = 11,25 \ cm$

TAMBIÉN SE PODRÍA RESOLVER:

$Nx=2(50-x)-800= -2x-700 \qquad \delta=\displaystyle\int_L Nx.dx/EAx \qquad \delta_{DSx}=\displaystyle\int_0^x \dfrac{(-2x-700)dx}{10^5}=\dfrac{-x^2-700.x}{10^5} \qquad \Delta_{sx}=0,08+\dfrac{-x^2-700.x}{10^5}=0$

VARIACIÓN DE TEMPERATURA PARA DESPLAZAMIENTO NULO SECCIÓN "E"

CARGAS SOBRE LA BARRA "DE"

ACORTAMIENTO DEBIDO A 800 kp

$\delta_1 = \dfrac{800.50}{1.10^5}$

$\delta_1 = 0,4 \ cm$

ALARGAMIENTO DEBIDO AL PESO

$\delta_2 = \dfrac{50.50}{1.10^5}$

$\delta_2 = 0,025 \ cm$

EL DESPLAZAMIENTO DE "E" CON RELACIÓN A LA SECCIÓN "D" ES DE 0,375 cm HACIA ARRIBA

TENIENDO EN CUENTA EL DESPLAZAMIENTO ABSOLUTO DE "D" 0,08 cm HACIA ABAJO "E" SE DESPLAZA 0,295 cm HACIA ARRIBA (SE ACORTA)

PARA COMPENSAR ESTE ACORTAMIENTO ES NECESARIO CALENTAR LA BARRA, DE FORMA QUE LA DILATACIÓN DE ESTA ZONA "CE" ALCANCE LOS 0,295 cm

$\delta_T = \alpha.L.\Delta t = 5.10^{-5}.130.\Delta t = 0,295$

$\boxed{\Delta t = 45,4° \ C}$

FIGURA 7.08
EJERCICIO 2

Estructuras de barras articuladas

Nos encontramos con frecuencia con estructuras formadas por barras rectas articuladas. En estos casos, si las cargas exteriores están aplicadas en los nudos y no consideramos el peso propio de las barras, (normalmente reducido con relación a las cargas), éstas resultan solicitadas por esfuerzos axiales (tracción o compresión) **(Figura 7.09)**

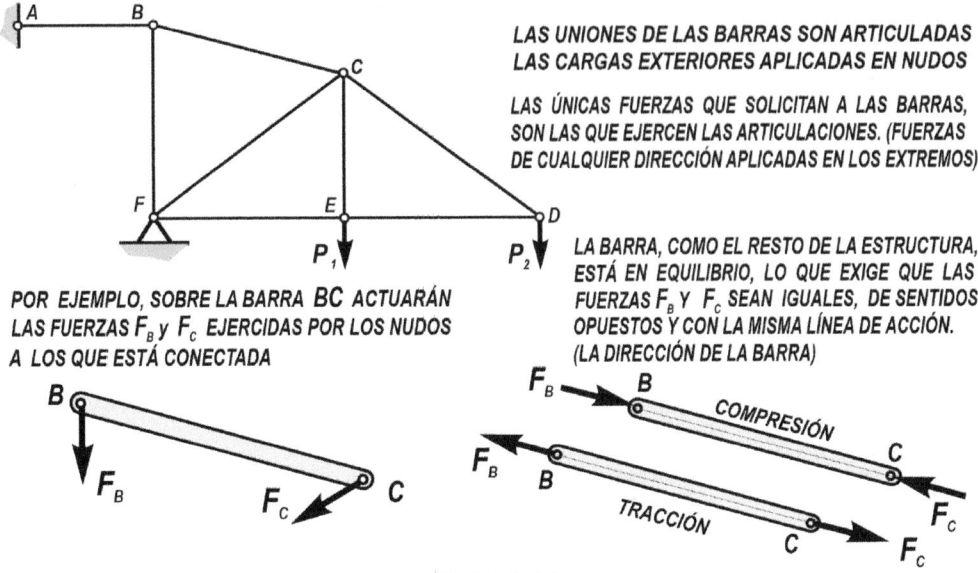

LAS UNIONES DE LAS BARRAS SON ARTICULADAS
LAS CARGAS EXTERIORES APLICADAS EN NUDOS

LAS ÚNICAS FUERZAS QUE SOLICITAN A LAS BARRAS,
SON LAS QUE EJERCEN LAS ARTICULACIONES. (FUERZAS
DE CUALQUIER DIRECCIÓN APLICADAS EN LOS EXTREMOS)

LA BARRA, COMO EL RESTO DE LA ESTRUCTURA,
ESTÁ EN EQUILIBRIO, LO QUE EXIGE QUE LAS
FUERZAS F_B Y F_C SEAN IGUALES, DE SENTIDOS
OPUESTOS Y CON LA MISMA LÍNEA DE ACCIÓN.
(LA DIRECCIÓN DE LA BARRA)

POR EJEMPLO, SOBRE LA BARRA BC ACTUARÁN
LAS FUERZAS F_B y F_C EJERCIDAS POR LOS NUDOS
A LOS QUE ESTÁ CONECTADA

FIGURA 7.09
ESTRUCTURAS DE BARRAS ARTICULADAS

Un método que nos permite determinar fácilmente los esfuerzos en las barras de estas estructuras es el que se conoce como método de los nudos. Considera el equilibrio de cada uno bajo la acción de las fuerzas que lo solicitan: las cargas exteriores y las acciones de las barras que concurren en el mismo. En la Figura **7.10** se muestra el principio del método y algunas recomendaciones para su aplicación.

MÉTODO DE LOS NUDOS

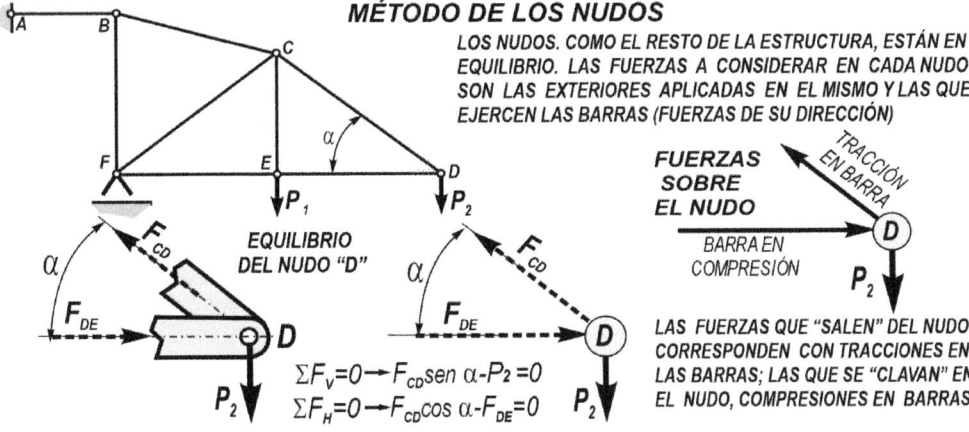

LOS NUDOS. COMO EL RESTO DE LA ESTRUCTURA, ESTÁN EN EQUILIBRIO. LAS FUERZAS A CONSIDERAR EN CADA NUDO SON LAS EXTERIORES APLICADAS EN EL MISMO Y LAS QUE EJERCEN LAS BARRAS (FUERZAS DE SU DIRECCIÓN)

FUERZAS SOBRE EL NUDO

BARRA EN COMPRESIÓN

LAS FUERZAS QUE "SALEN" DEL NUDO CORRESPONDEN CON TRACCIONES EN LAS BARRAS; LAS QUE SE "CLAVAN" EN EL NUDO, COMPRESIONES EN BARRAS

EQUILIBRIO
DEL NUDO "D"

$\Sigma F_V = 0 \rightarrow F_{cD} \text{sen } \alpha - P_2 = 0$

$\Sigma F_H = 0 \rightarrow F_{cD} \cos \alpha - F_{DE} = 0$

AUNQUE SE CONOCE LA DIRECCIÓN DE CADA FUERZA, (LA DE LA BARRA) SE DESCONOCE SU SENTIDO. UNA SOLUCIÓN PUEDE SER EL SUPONER UN DETERMINADO SENTIDO (POR EJEMPLO TRACCIÓN), FORMULAR LAS ECUACIONES DE EQUILIBRIO APOYÁNDONOS EN ESTOS SENTIDOS E INTERPRETAR LOS RESULTADOS (LOS POSITIVOS CONFIRMAN EL SENTIDO SUPUESTO)

PARA OBTENER DIRECTAMENTE LA SOLUCIÓN CONVIENE CONSIDERAR UN NUDO EN EL QUE SOLO TENGAMOS DOS FUERZAS INCÓGNITA. CASO CONTRARIO, SE LLEGA A UN SISTEMA DE ECUACIONES CUYA SOLUCIÓN RESULTA MÁS LABORIOSA.

FIGURA 7.10
MÉTODO DE LOS NUDOS

Para calcular el desplazamiento que experimentan los nudos como consecuencia de la deformación de la estructura:

1°.- Determinar esfuerzos en las barras

2°.- Calcular el alargamiento (acortamiento) de cada barra y su longitud final.

3°.- Hay que comenzar el proceso apoyándose en dos nudos cuya situación final se conozca (por ejemplo, apoyos fijos). Con centro en estos nudos y radio igual a la longitud final de la barra trazar arcos. El punto de corte de estos arcos determina la posición final del nudo en el que concurren estas barras. Para completar el análisis habría que repetir el proceso considerando los nudos cuya posición final se va conociendo. (Muy complejo en el caso de más de dos o tres barras, por lo que, en caso necesario, se acude a otros métodos). Teniendo en cuenta la pequeñez de los alargamientos con relación a la longitud de las barras, se pueden sustituir los arcos por perpendiculares a las direcciones iniciales, lo que facilita los cálculos y resulta suficientemente aproximado. *(Figura 7.11)*

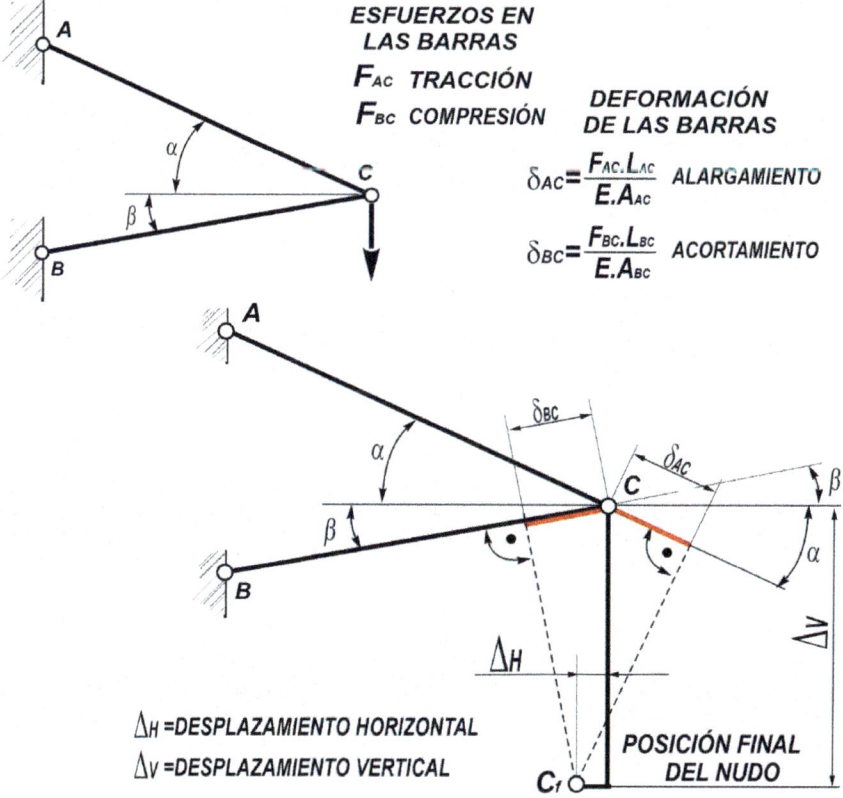

FIGURA 7.11
DESPLAZAMIENTO DE NUDOS

EJERCICIO 3

Determinar el desplazamiento del nudo **C**

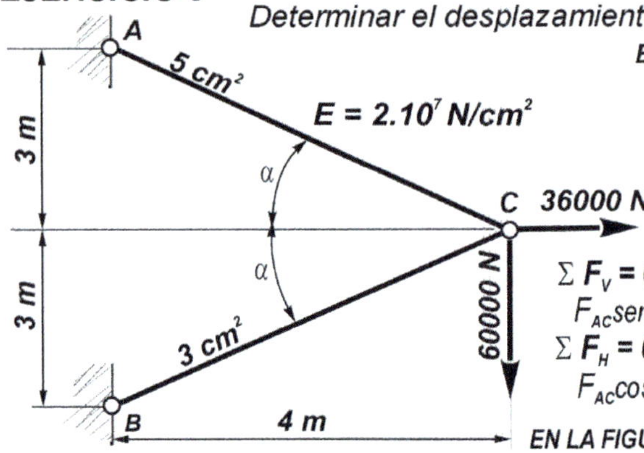

ESFUERZOS EN LAS BARRAS

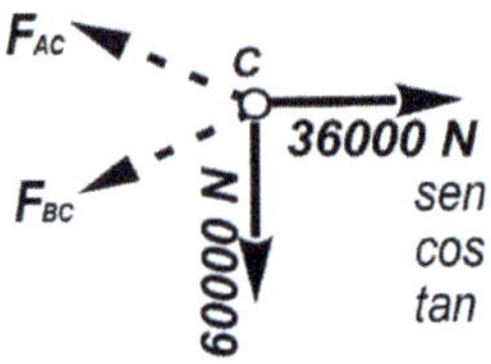

$E = 2 \cdot 10^7 \ N/cm^2$

5 cm²

3 m

3 m

α

α

3 cm²

B

4 m

A

C   36000 N

60000 N

F_{AC}

F_{BC}

C

36000 N

60000 N

sen $\alpha = 0,6$
cos $\alpha = 0,8$
tan $\alpha = 0,75$

$\Sigma F_v = 0$

$F_{AC} sen\alpha - F_{BC} sen\alpha - 60000 = 0$ } $F_{AC} = 72500 \ N$ TRACCIÓN

$\Sigma F_H = 0$

$F_{AC} cos\alpha + F_{BC} cos\alpha - 36000 = 0$ } $F_{BC} = -27500 \ N$ COMPRESIÓN

EN LA FIGURA Y LAS ECUACIONES SE CONSIDERARON DOS TRACCIONES. EL NEGATIVO DE F_{BC} NOS INDICA QUE ES UNA COMPRESIÓN

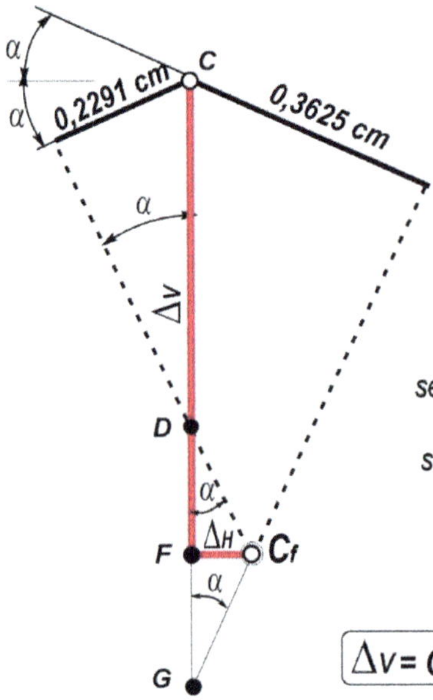

DEFORMACIÓN DE LAS BARRAS

$$\delta_{AC} = \frac{F_{AC} \cdot L_{AC}}{E \cdot A_{AC}} = \frac{72500 \cdot 500}{2 \cdot 10^7 \cdot 5} = 0,3625 \ cm \quad ALARGAMIENTO$$

$$\delta_{BC} = \frac{F_{BC} \cdot L_{BC}}{E \cdot A_{BC}} = \frac{-27500 \cdot 500}{2 \cdot 10^7 \cdot 3} = -0,2291 \ cm \quad ACORTAMIENTO$$

DESPLAZAMIENTO DEL NUDO

Δ_V =DESPLAZAMIENTO VERTICAL Δ_H =DESPLAZAMIENTO HORIZONTAL

α

α

0,2291 cm   C   0,3625 cm

α

Δ_V

D

α

F Δ_H C_f

α

G

$$segmento \ CG = \frac{\delta_{AC}}{sen \ \alpha} = \frac{0,3625}{0,60} = 0,6042 \ cm$$

$$segmento \ CD = \frac{\delta_{BC}}{sen \ \alpha} = \frac{0,2291}{0,60} = 0,3818 \ cm$$

} DG=CG -CD=0,2224 cm

$$segmento \ DF = \frac{\Delta_H}{tan \ \alpha} \qquad segmento \ FG = \frac{\Delta_H}{tan \ \alpha}$$

$$DF = FG = DG/2 = 0,1112 \ cm$$

$$\boxed{\Delta_V = CG\text{-}FG = 0,4930 \ cm \qquad \Delta_H = DF \cdot tan \ \alpha = 0,0834 \ cm}$$

FIGURA 7.12
EJERCICIO 3

EJERCICIO 4

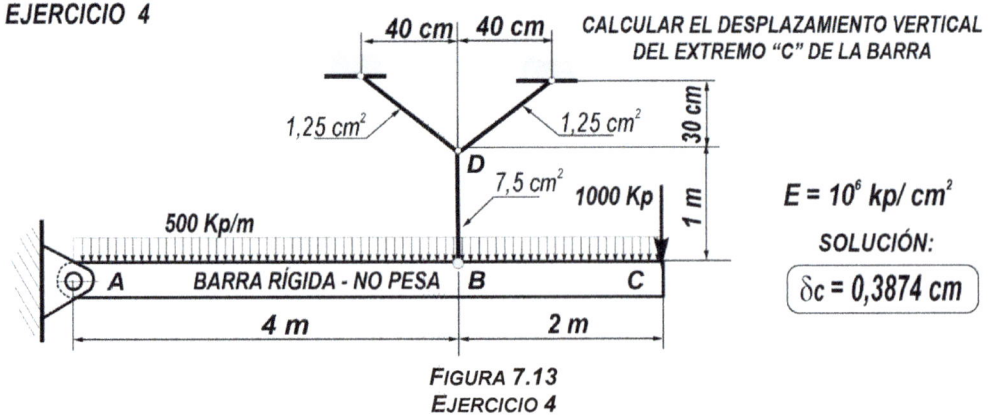

40 cm   40 cm

CALCULAR EL DESPLAZAMIENTO VERTICAL DEL EXTREMO "C" DE LA BARRA

1,25 cm²   1,25 cm²

30 cm

D

7,5 cm²   1000 Kp

1 m

500 Kp/m

A   BARRA RÍGIDA - NO PESA   B   C

4 m   2 m

$E = 10^6 \ kp/cm^2$

SOLUCIÓN:

$$\boxed{\delta_c = 0,3874 \ cm}$$

FIGURA 7.13
EJERCICIO 4

EJERCICIO 5

La barra de la **figura 7.14** gira alrededor del eje **xx**, a velocidad constante de ω radianes/seg.

Su módulo de elasticidad es **E**, el área de su sección recta **A** y su peso específico γ. Determinar su alargamiento.

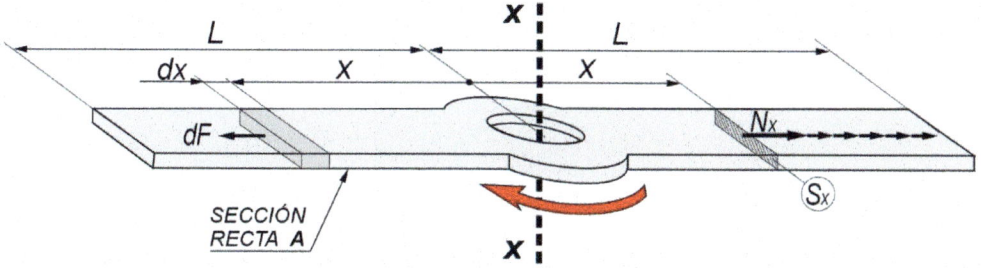

COMO CONSECUENCIA DE LA ROTACIÓN, CADA ELEMENTO DE MASA ESTÁ SOLICITADO POR UNA FUERZA RADIAL IGUAL A SU MASA POR LA ACELERACIÓN RADIAL

$$\text{MASA DEL ELEMENTO } dx \begin{cases} \text{VOLUMEN} & dV = A.dx \\ \text{PESO} & dQ = A.dx.\gamma \\ \text{MASA} & dm = \dfrac{A.\gamma.dx}{g} \end{cases}$$

FUERZA RADIAL SOBRE EL ELEMENTO **dx**

$$dF = dm.a$$

$$dF = \frac{A.\gamma.\omega^2}{g} x.dx$$

ACELERACIÓN RADIAL $a_x = R.\omega^2 \qquad a_x = x.\omega^2$

EL ESFUERZO DE TRACCIÓN EN LA SECCIÓN Sx ES LA SUMA DE TODAS LAS FUERZAS dF DE LA PARTE QUE QUEDA POR FUERA DE LA SECCIÓN

$$Nx = \text{SUMA DESDE } x \text{ HASTA } L \text{ DE LAS FUERZAS } dF$$

$$Nx. = \int_x^L dF \qquad Nx. = \int_x^L \frac{A.\gamma.\omega^2}{g} x.dx \qquad Nx. = \frac{A.\gamma.\omega^2}{2g}(L^2 - x^2)$$

EL ALARGAMIENTO DEL ELEMENTO DE LONGITUD **dx**

$$d\delta = \frac{ESFUERZO \times LONGITUD}{SECCIÓN \times E} \qquad d\delta = \frac{A.\gamma.\omega^2}{2g}(L^2 - x^2)\frac{dx}{AE} \qquad d\delta = \frac{\gamma.\omega^2}{2gE}(L^2 - x^2)dx$$

EL ALARGAMIENTO TOTAL SE OBTIENE SUMANDO LOS ALARGAMIENTOS ELEMENTALES A LO LARGO DE LA BARRA (2L)

$$\delta. = 2\int_0^L d\delta \qquad \delta. = 2\int_0^L \frac{\gamma.\omega^2}{2gE}(L^2 - x^2)dx \qquad \boxed{\delta. = \frac{2.\gamma.\omega^2.L^3}{3gE}}$$

FIGURA 7.14
EJERCICIO 5

EJERCICIO 6

La barra de la **figura 7.15** gira alrededor del eje vertical **xx**, a velocidad constante de **600 r.p.m.**

Módulo de elasticidad **E=2.10⁶ kg/cm²**; peso específico γ **=10 kg/dm³; g=9,8 m/seg²**

Determinar:

Tensión en la sección **S₁**

Alargamiento total de la barra

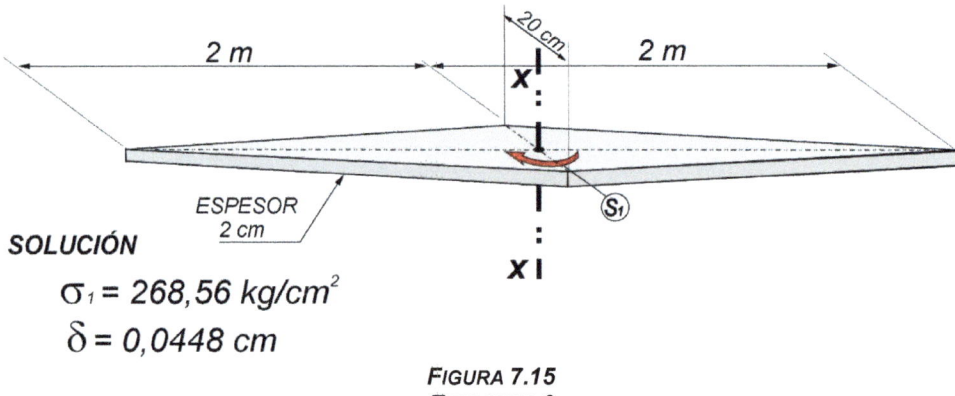

SOLUCIÓN

$$\sigma_1 = 268,56 \ kg/cm^2$$

$$\delta = 0,0448 \ cm$$

FIGURA 7.15
EJERCICIO 6

Envolventes de pared delgada

Aunque a primera vista puede parecer que no encajan en lo que clasificamos como sólidos sometidos a esfuerzos axiales, en las envolventes de pared delgada, solicitadas por presiones normales a la superficie, solo aparecen esfuerzos de tracción o compresión. Su reducida rigidez a otros tipos de esfuerzos facilita la deformación hasta obtener una geometría en la que solo caben los esfuerzos de tracción o compresión.

No existe un límite preciso, pero las envolventes cilíndricas o esféricas, se consideran de "**pequeño espesor**" cuando la relación entre su diámetro y el espesor es superior a 20.

Aplicaciones típicas son las de recipientes, solicitados por presiones interiores o exteriores, anillos giratorios, ajustes con apriete, etc

Anillo cilíndrico solicitado por una fuerza radial uniforme

En la **figura 7.16** se analizan esfuerzos, tensiones y deformaciones para un anillo solicitado por una fuerza radial uniforme, hacia afuera. Si actuase en sentido contrario, el esfuerzo sería de compresión. En este caso, habría que tener cuenta posibles inestabilidades dado el pequeño espesor de la lámina.

En la **figura 7.17** se analizan esfuerzos y tensiones para una envolvente esférica. Destacar como, para presiones y diámetros iguales, la tensión de membrana es la mitad de la que tenemos en la envolvente cilíndrica.

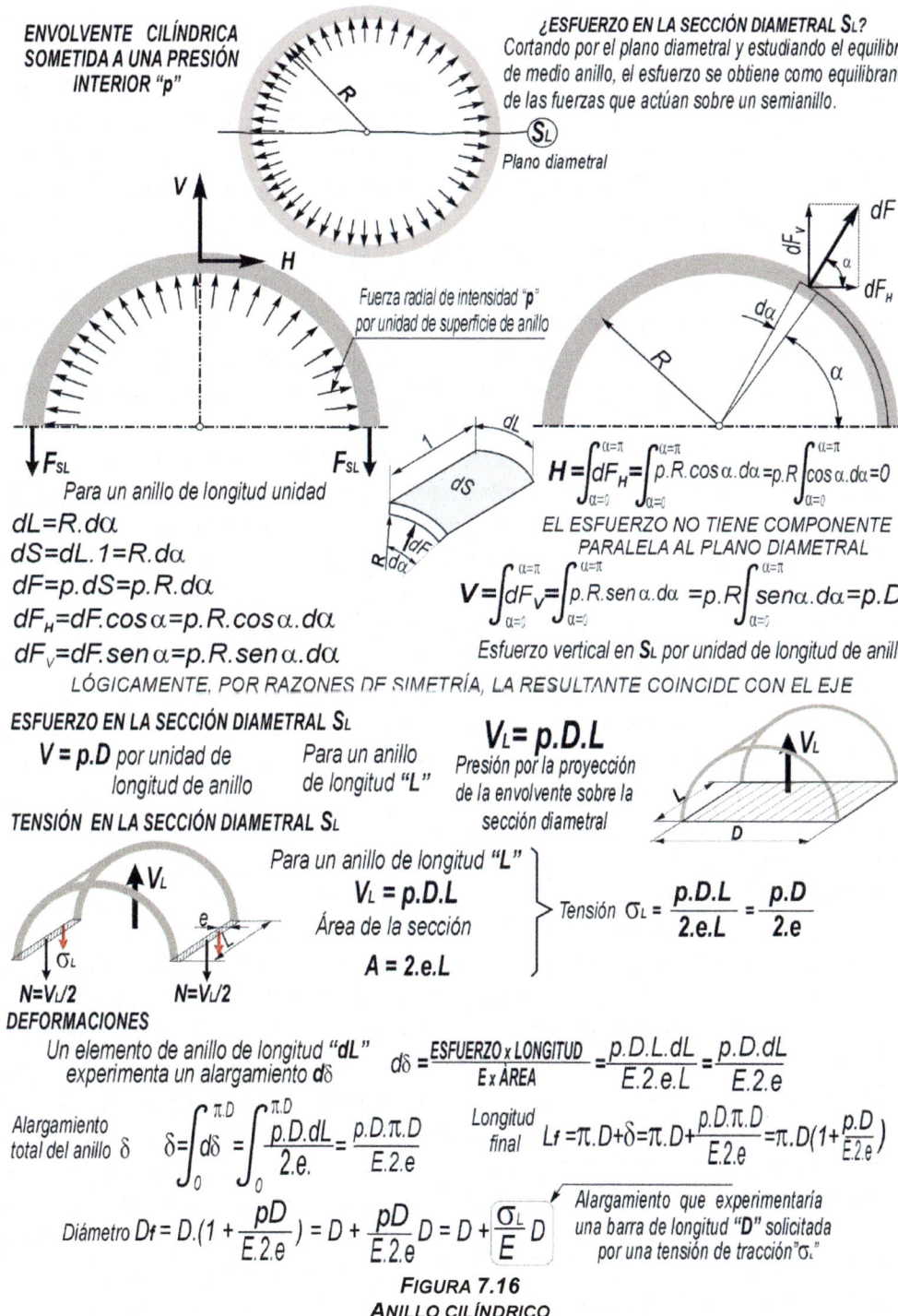

ENVOLVENTE CILÍNDRICA SOMETIDA A UNA PRESIÓN INTERIOR "p"

¿ESFUERZO EN LA SECCIÓN DIAMETRAL S_L?
Cortando por el plano diametral y estudiando el equilibrio de medio anillo, el esfuerzo se obtiene como equilibrante de las fuerzas que actúan sobre un semianillo.

S_L

Plano diametral

Fuerza radial de intensidad "p" por unidad de superficie de anillo

F_{SL} F_{SL}
Para un anillo de longitud unidad

$dL = R.d\alpha$
$dS = dL.1 = R.d\alpha$
$dF = p.dS = p.R.d\alpha$
$dF_H = dF.\cos\alpha = p.R.\cos\alpha.d\alpha$
$dF_V = dF.sen\,\alpha = p.R.sen\,\alpha.d\alpha$

$$H = \int_{\alpha=0}^{\alpha=\pi} dF_H = \int_{\alpha=0}^{\alpha=\pi} p.R.\cos\alpha.d\alpha = p.R\int_{\alpha=0}^{\alpha=\pi}\cos\alpha.d\alpha = 0$$

EL ESFUERZO NO TIENE COMPONENTE PARALELA AL PLANO DIAMETRAL

$$V = \int_{\alpha=0}^{\alpha=\pi} dF_V = \int_{\alpha=0}^{\alpha=\pi} p.R.sen\,\alpha.d\alpha = p.R\int_{\alpha=0}^{\alpha=\pi} sen\,\alpha.d\alpha = p.D$$

Esfuerzo vertical en S_L por unidad de longitud de anillo

LÓGICAMENTE, POR RAZONES DE SIMETRÍA, LA RESULTANTE COINCIDE CON EL EJE

ESFUERZO EN LA SECCIÓN DIAMETRAL S_L

$V = p.D$ por unidad de longitud de anillo

Para un anillo de longitud "L"

$V_L = p.D.L$
Presión por la proyección de la envolvente sobre la sección diametral

TENSIÓN EN LA SECCIÓN DIAMETRAL S_L

Para un anillo de longitud "L"

$V_L = p.D.L$
Área de la sección
$A = 2.e.L$

$$\text{Tensión } \sigma_L = \frac{p.D.L}{2.e.L} = \frac{p.D}{2.e}$$

$N = V_L/2$ $N = V_L/2$

DEFORMACIONES

Un elemento de anillo de longitud "dL" experimenta un alargamiento $d\delta$

$$d\delta = \frac{ESFUERZO \times LONGITUD}{E \times \text{Á}REA} = \frac{p.D.L.dL}{E.2.e.L} = \frac{p.D.dL}{E.2.e}$$

Alargamiento total del anillo δ

$$\delta = \int_0^{\pi.D} d\delta = \int_0^{\pi.D} \frac{p.D.dL}{2.e.} = \frac{p.D.\pi.D}{E.2.e}$$

Longitud final

$$L_f = \pi.D + \delta = \pi.D + \frac{p.D.\pi.D}{E.2.e} = \pi.D\left(1 + \frac{p.D}{E.2.e}\right)$$

$$\text{Diámetro } D_f = D.\left(1 + \frac{pD}{E.2.e}\right) = D + \frac{pD}{E.2.e}D = D + \frac{\sigma_L}{E}D$$

Alargamiento que experimentaría una barra de longitud "D" solicitada por una tensión de tracción "σ_L"

FIGURA 7.16
ANILLO CILÍNDRICO

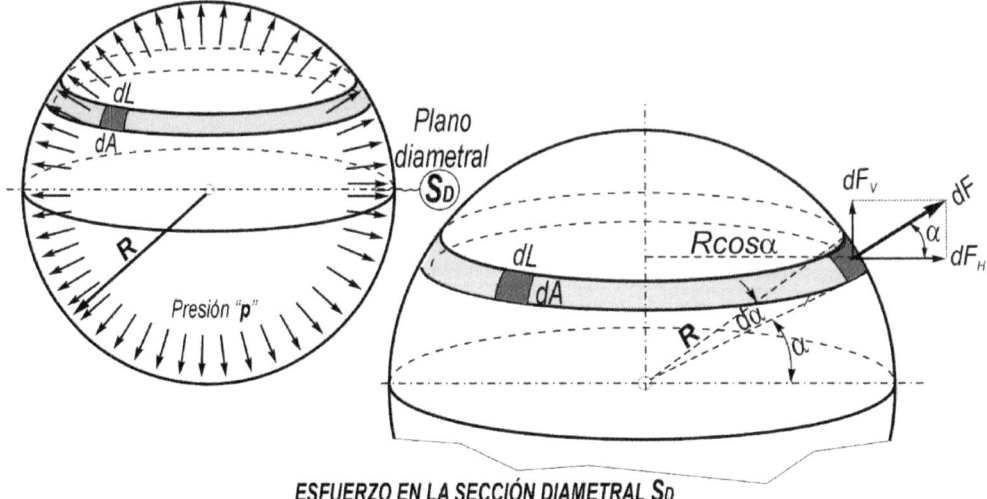

ESFUERZO EN LA SECCIÓN DIAMETRAL S_D

Equilibrante de las fuerzas que actúan sobre la semiesfera superior

Considerando el anillo sombreado de la figura y un elemento de superficie **dA** sobre el mismo:

$dA=ds.dL=R.d\alpha.dL$

$dF=p.dA=p.R.d\alpha.dL$

$dF_H=dF.cos\,\alpha=p.R.cos\,\alpha.d\alpha.dL$ $\left.\begin{array}{l}\end{array}\right\}$ La suma de estas fuerzas para todo el anillo $\left\{\begin{array}{l} dH=0 \rightarrow \left\{\begin{array}{l}\text{Cada fuerza horizontal}\\ \text{tiene una igual y opuesta}\\ \text{que la equilibra}\end{array}\right.\\ dV=\displaystyle\int_L p.R.sen\alpha.d\alpha.dL \end{array}\right.$

$dF_V=dF.sen\,\alpha=p.R.sen\,\alpha.d\alpha.dL$

Fuerza vertical sobre el anillo $dV = p.R.sen\alpha.d\alpha.2.\pi.R.cos\,\alpha$

Fuerza vertical total sobre una semiesfera
$$V=\int_{\alpha=0}^{\alpha=\pi/2}dV = \int_{\alpha=0}^{\alpha=\pi/2}2.\pi.p.R^2.sen\,\alpha.cos\,\alpha.d\alpha=2.\pi.p.R^2.\left.\frac{sen^2\alpha}{2}\right]_{\alpha=0}^{\alpha=\pi/2}$$

ESFUERZO EN LA SECCIÓN DIAMETRAL S_D

$\boxed{N=V= p.\pi.R^2}$ Presión por la proyección de la envolvente sobre el plano diametral

TENSIÓN EN LA SECCIÓN DIAMETRAL S_D

$\left.\begin{array}{l} N = p.\pi.R^2\\ \text{Área de la sección }\ A = 2.\pi.R.e \end{array}\right\}$ Tensión $\sigma = \dfrac{p.\pi.R^2}{2.\pi.R.e}=\boxed{\dfrac{p.D}{4.e}}$

(Dado el pequeño espesor, longitud de la circunferencia por el espesor)

Para la misma presión, la tensión es la mitad que en una envolvente cilíndrica

FIGURA 7.17
ENVOLVENTE ESFÉRICA

EJERCICIO 7

En la figura **7.18** se muestran dos recipientes; uno esférico, de diámetro **D** y otro cilíndrico, de diámetro **d**, fondos semiesféricos y longitud total **5d**.

Su capacidad es de **400 m³** y deben soportar una presión de **500 N/cm²**

Comparar el peso de ambas soluciones, teniendo en cuenta que se fabricarán en acero (peso específico **77,10 N/dm³**) y se considera una tensión máxima admisible de **150 N/mm²**

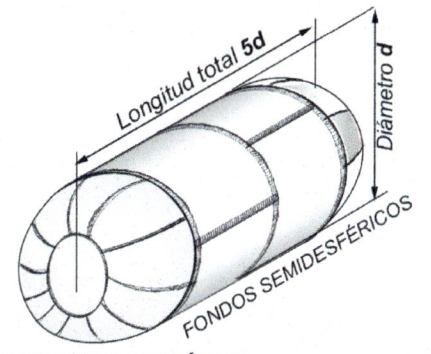

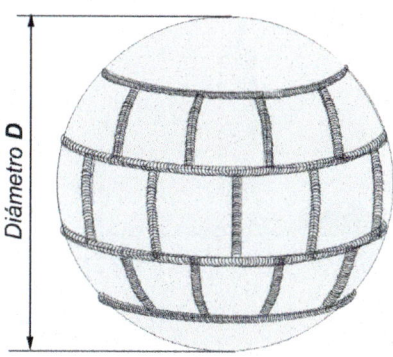

RECIPIENTE ESFÉRICO

CAPACIDAD=$400 \, m^3$ ➞ $V=4\pi R^3/3=400$ ➞ **R=4,57 m**

ESPESOR "e" ➞ $\sigma_{max}=p.D/4e=\sigma_{adm}$ ➞ $e=p.D/4\sigma_{adm}=500N/cm^2.914cm/4.15000N/cm^2=$**7,61** cm

SUPERFICIE ENVOLVENTE "S" ➞ $S=4\pi R^2=4\pi.4,57^2$ ➞ $S=262,4 \, m^2$ ➞ **S=26240** dm²

PESO "Q" ➞ $Q=S.e.\gamma= 26240.0,761.77,10=1539582 \, N$ $\boxed{Q=156,94 \, T}$

RECIPIENTE CILÍNDRICO

PARA UN ANILLO CILÍNDRICO SOMETIDO A PRESIÓN RADIAL, LA TENSIÓN EN UN PLANO DIAMETRAL LONGITUDINAL ES LA QUE SE INDICA EN LA FIGURA

AL TRATARSE DE UN RECIPIENTE CERRADO, LA PRESIÓN EN LOS FONDOS ORIGINA ESFUERZOS DE TRACCIÓN EN LAS SECCIONES TRANSVERSALES, QUE TAMBIÉN HAY QUE CONSIDERAR.

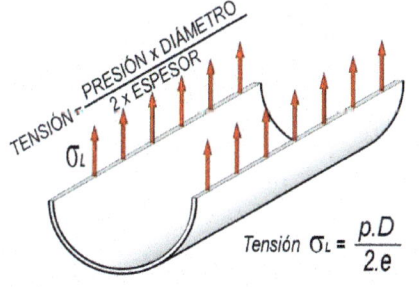

$$\text{Tensión } \sigma_L = \frac{p.D}{2.e}$$

SI UTILIZAMOS COMO CRITERIO DE ROTURA EL DE LA TENSIÓN NORMAL MÁXIMA, LA TENSIÓN A CONSIDERAR EN LOS CÁLCULOS ES LA QUE SE DA EN LAS SECCIONES LONGITUDINALES

$$\sigma_L = p.D/2e$$

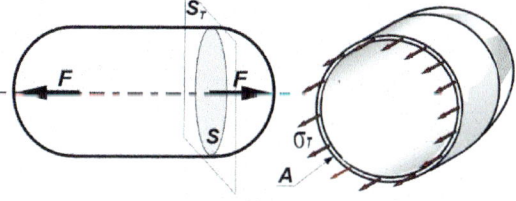

F =FUERZA DE LA PRESIÓN SOBRE EL FONDO
S =PROYECCIÓN DEL FONDO SOBRE SECCIÓN TRANSVERSAL $= \pi D^2/4$
$$F = p.S = p.\pi D^2/4$$
A = ÁREA DE LA SECCIÓN TRANSVERSAL$\approx \pi.D.e$
(CORONA CIRCULAR DE PEQUEÑO ESPESOR)

$$\text{Tensión } \sigma_T = \frac{F}{A} = \frac{p.\pi.D^2/4}{\pi.D.e} = \frac{p.D}{4.e}$$

CAPACIDAD $400 \, m^3$ ➞ $V= V_{FONDOS} + V_{CILINDRO}$ ➞ $V=4\pi R^3/3+\pi R^2.L=4\pi R^3/3+\pi R^2 8R=400$ **R=2,39 m**

ESPESOR "e"

   ENVOLVENTE CILÍNDRICA $\sigma_{max}=p.D/2e=\sigma_{adm}$ ➞ $e=500N/cm^2.478cm/2.15000N/cm^2=$**7,97** cm

   FONDOS SEMIESFÉRICOS $\sigma_{max}=p.D/4e=\sigma_{adm}$ ➞ $e=500N/cm^2.478cm/4.15000N/cm^2=$**3,99** cm

SUPERFICIE

   ENVOLVENTE CILÍNDRICA $S_1=2\pi.r.8.r=2\pi.2,39.(4.2.2,39)=287,12 \, m^2$ ➞ $S_1=$**28712** dm²

   FONDOS SEMIESFÉRICOS $S_2=4\pi r^2=4.\pi.2,39^2 =71,78 \, m^2$ ➞ $S_2=$ **7178** dm²

PESO "Q"

   ENVOLVENTE CILÍNDRICA $Q_1=S_1.e_1.\gamma=28712.0,797.77,10=1764315 \, N$ **Q_1=179,85 T**

   FONDOS SEMIESFÉRICOS $Q_2=S_2.e_2.\gamma=7178.0,399.77,10=220816 \, N$ **Q_2= 22,51 T**

PESO TOTAL $\boxed{Q = 202,36 \, T}$ 28,9 % MÁS QUE EL ESFÉRICO

FIGURA 7.18
EJERCICIO 7

EJERCICIO 8

El recipiente de la figura está constituido por dos semianillos, sujetos por los tornillos "A" y un fondo sujeto por los tornillos "B". Determinar la fuerza máxima (F) que se puede ejercer sobre el émbolo sin que falle la envolvente ni los elementos de unión.

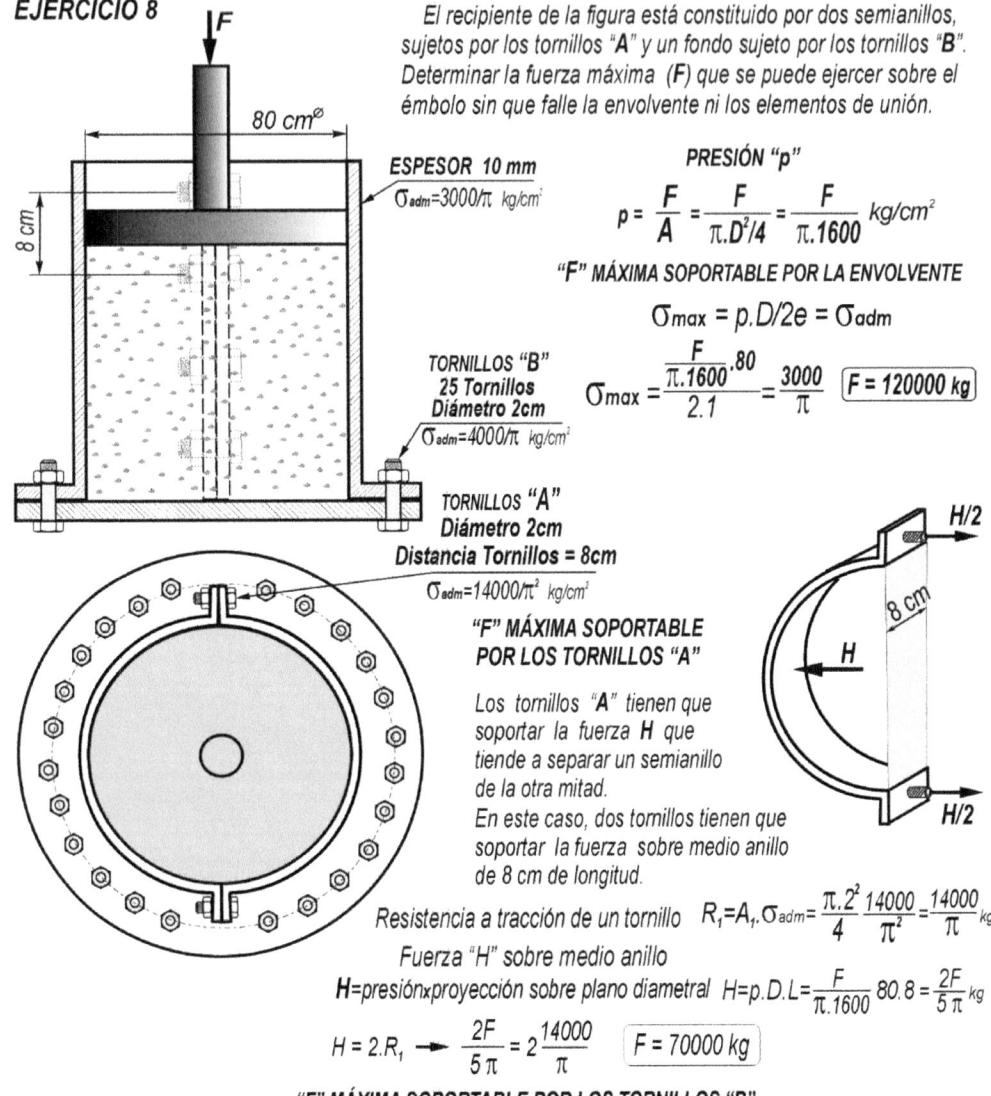

80 cm⌀

ESPESOR 10 mm
$\sigma_{adm} = 3000/\pi$ kg/cm²

8 cm

TORNILLOS "B"
25 Tornillos
Diámetro 2cm
$\sigma_{adm} = 4000/\pi$ kg/cm²

TORNILLOS "A"
Diámetro 2cm
Distancia Tornillos = 8cm
$\sigma_{adm} = 14000/\pi^2$ kg/cm²

PRESIÓN "p"

$$p = \frac{F}{A} = \frac{F}{\pi.D^2/4} = \frac{F}{\pi.1600} \ kg/cm^2$$

"F" MÁXIMA SOPORTABLE POR LA ENVOLVENTE

$$\sigma_{max} = p.D/2e = \sigma_{adm}$$

$$\sigma_{max} = \frac{\dfrac{F}{\pi.1600}.80}{2.1} = \frac{3000}{\pi} \quad \boxed{F = 120000 \ kg}$$

"F" MÁXIMA SOPORTABLE POR LOS TORNILLOS "A"

Los tornillos "A" tienen que soportar la fuerza **H** que tiende a separar un semianillo de la otra mitad.
En este caso, dos tornillos tienen que soportar la fuerza sobre medio anillo de 8 cm de longitud.

H/2

8 cm

H

H/2

Resistencia a tracción de un tornillo $R_1 = A_1.\sigma_{adm} = \dfrac{\pi.2^2}{4}\dfrac{14000}{\pi^2} = \dfrac{14000}{\pi} \ kg$

Fuerza "H" sobre medio anillo
H=presiónxproyección sobre plano diametral $H = p.D.L = \dfrac{F}{\pi.1600}80.8 = \dfrac{2F}{5\pi} \ kg$

$$H = 2.R_1 \longrightarrow \frac{2F}{5\pi} = 2\frac{14000}{\pi} \quad \boxed{F = 70000 \ kg}$$

"F" MÁXIMA SOPORTABLE POR LOS TORNILLOS "B"

Los tornillos "B" tienen que soportar la fuerza que actúa sobre el fondo.

Resistencia a tracción de un tornillo

$$R_1 = A_1.\sigma_{adm} = \frac{\pi.2^2}{4}.\frac{4000}{\pi} = 4000 \ kg$$

Fuerza sobre el fondo

$$V = p.A = \frac{F}{\pi.1600}\frac{\pi.80^2}{4} = F \ kg$$

$$V = F = 25.R_1 = 100000 \ kg \quad \boxed{F = 100000 \ kg}$$

LOS TORNILLOS "A" SON LOS QUE LIMITAN LA RESISTENCIA $\boxed{Fmax = 70000 \ kg}$

FIGURA 7.19
EJERCICIO 8

EJERCICIO 9

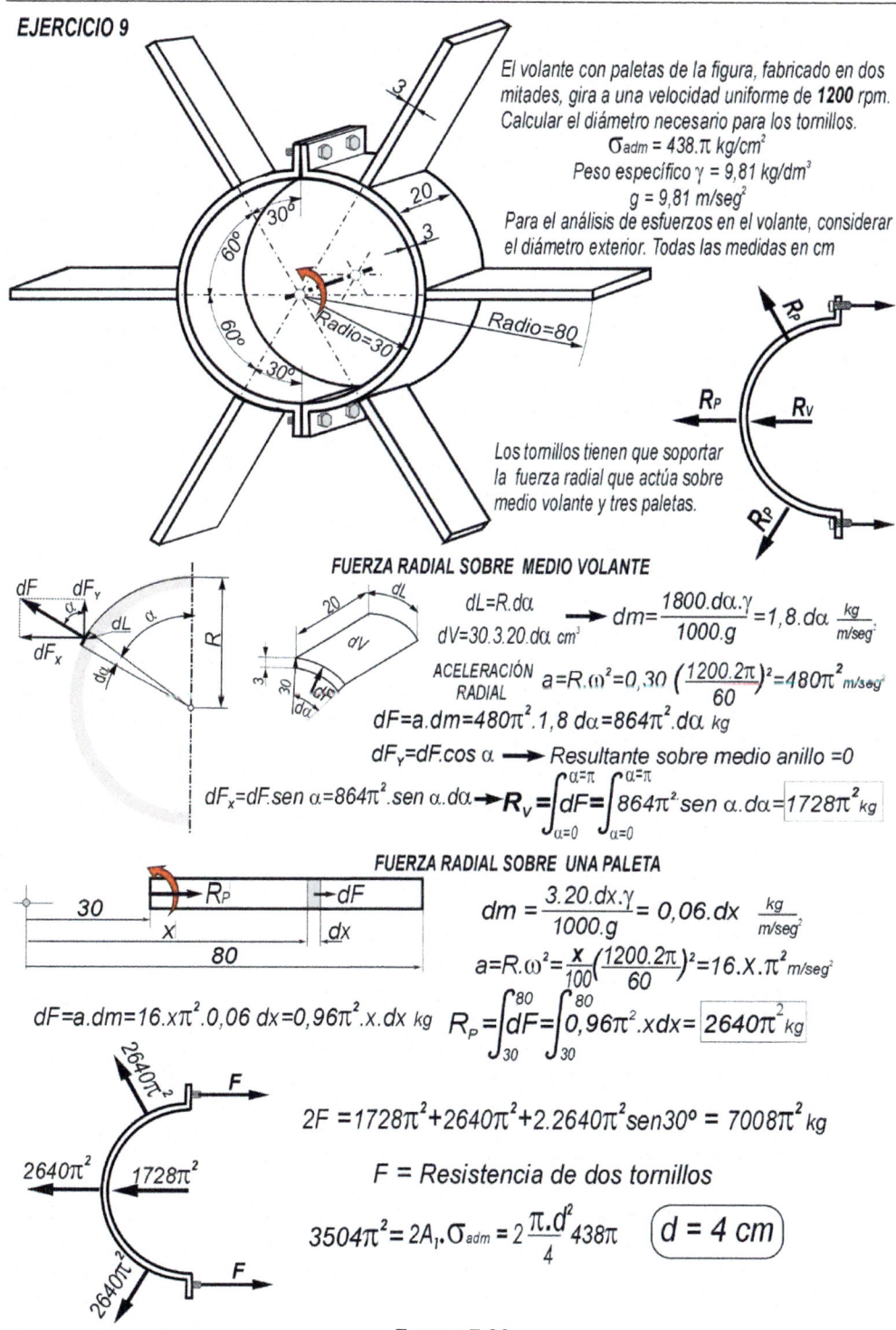

El volante con paletas de la figura, fabricado en dos mitades, gira a una velocidad uniforme de **1200** rpm. Calcular el diámetro necesario para los tornillos.

$\sigma_{adm} = 438.\pi$ kg/cm²

Peso específico $\gamma = 9,81$ kg/dm³

$g = 9,81$ m/seg²

Para el análisis de esfuerzos en el volante, considerar el diámetro exterior. Todas las medidas en cm

Los tornillos tienen que soportar la fuerza radial que actúa sobre medio volante y tres paletas.

FUERZA RADIAL SOBRE MEDIO VOLANTE

$dL=R.d\alpha$

$dV=30.3.20.d\alpha$ cm³

$\longrightarrow dm=\dfrac{1800.d\alpha.\gamma}{1000.g}=1,8.d\alpha \ \dfrac{kg}{m/seg²}$

ACELERACIÓN RADIAL $\quad a=R.\omega^2=0,30\left(\dfrac{1200.2\pi}{60}\right)^2=480\pi^2$ m/seg²

$dF=a.dm=480\pi^2.1,8\ d\alpha=864\pi^2.d\alpha$ kg

$dF_Y=dF.\cos\alpha \longrightarrow$ Resultante sobre medio anillo =0

$dF_x=dF.sen\ \alpha=864\pi^2.sen\ \alpha.d\alpha \longrightarrow R_V=\displaystyle\int_{\alpha=0}^{\alpha=\pi}dF=\int_{\alpha=0}^{\alpha=\pi}864\pi^2\ sen\ \alpha.d\alpha=\boxed{1728\pi^2\ kg}$

FUERZA RADIAL SOBRE UNA PALETA

$dm=\dfrac{3.20.dx.\gamma}{1000.g}=0,06.dx\ \dfrac{kg}{m/seg²}$

$a=R.\omega^2=\dfrac{x}{100}\left(\dfrac{1200.2\pi}{60}\right)^2=16.X.\pi^2$ m/seg²

$dF=a.dm=16.x\pi^2.0,06\ dx=0,96\pi^2.x.dx$ kg $\quad R_P=\displaystyle\int_{30}^{80}dF=\int_{30}^{80}0,96\pi^2.xdx=\boxed{2640\pi^2\ kg}$

$2F=1728\pi^2+2640\pi^2+2.2640\pi^2 sen30°=7008\pi^2$ kg

$F=$ Resistencia de dos tornillos

$3504\pi^2=2A_1.\sigma_{adm}=2\dfrac{\pi.d^2}{4}438\pi \quad \boxed{d=4\ cm}$

FIGURA 7.20
EJERCICIO 9

Sistemas estáticamente indeterminados (hiperestáticos)

Para estudiar el comportamiento de los distintos miembros que constituyen un sistema estructural es necesario determinar todas las fuerzas que solicitan a cada uno, lo que exige determinar:

- Las acciones que ejercen los apoyos o vínculos exteriores sobre la estructura (Reacciones)
- Las acciones que ejercen unos miembros sobre otros, a través de las conexiones internas.

Para determinar estas incógnitas se aplican las condiciones de equilibrio, tanto a cada uno de los elementos como a la estructura completa, lo que da lugar a un conjunto de ecuaciones. El número de condiciones es el que nos facilita la estática (tres en el plano y seis en el espacio para un sólido) y el número de incógnitas a determinar depende de la configuración de la estructura: número y tipo de apoyos exteriores y número y tipo de conexiones internas, cuando se trata de estructuras formadas por más de un elemento.

Cuando los apoyos y conexiones son los estrictamente necesarios para conseguir la inmovilización de la estructura y de cada uno de sus miembros, el número de incógnitas a determinar coincide con el número de ecuaciones que nos facilita la estática, y se dice que se trata de un caso **isostático o estáticamente determinado**; si los vínculos exteriores, o interiores, o ambos, son excesivos, el número de incógnitas a determinar es mayor que el de ecuaciones que nos facilita la estática y se dice que el caso es **hiperestático o estáticamente indeterminado**.

La diferencia entre el número de incógnitas y el de ecuaciones se conoce como grado de hiperestaticidad del sistema.

Para resolver este tipo de situaciones, originadas por vínculos superabundantes, hay que apoyarse en la resistencia de materiales, que nos facilita ecuaciones adicionales derivadas del estudio de las deformaciones del sistema. Se precisa un número de ecuaciones de compatibilidad de las deformaciones igual al grado de hiperestaticidad.

EJERCICIO 10

La barra **ABC**, articulada en el extremo **A** y sujeta por los cables **BD**, **CD** y **CE**, es rígida (permanece recta, aunque puede girar alrededor de la articulación **A**) y se supone que no pesa.

Dimensionar los cables, de secciones: **A** para el cable **BD**, **2A** para el cable **CD** y **1,5A** para el **CE**. (Figura 7.21)

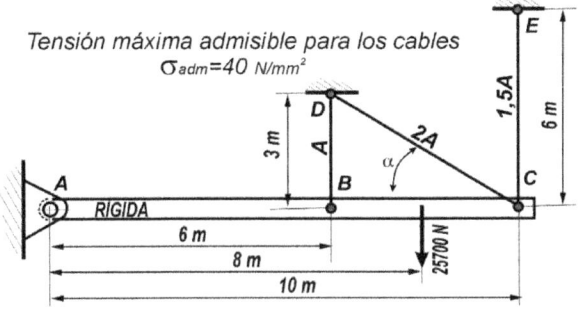

Tensión máxima admisible para los cables
$\sigma_{adm} = 40 \ N/mm^2$

FIGURA 7.21
EJERCICIO 10

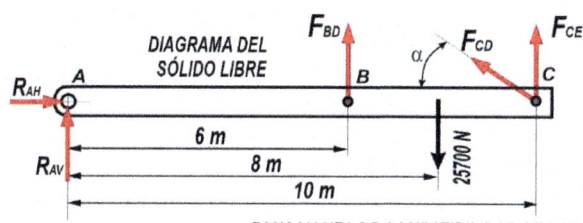

DIAGRAMA DEL SÓLIDO LIBRE

6 m
8 m
10 m
25700 N

CONDICIONES DE EQUILIBRIO
OBSERVAMOS 5 FUERZAS INCÓGNITA:
$$R_{AV} \quad R_{AH} \quad F_{BD} \quad F_{CD} \text{ y } F_{CE}$$

$\Sigma F_H = 0 \rightarrow R_{AH} - F_{CD} \cos \alpha = 0$

$\Sigma F_V = 0 \rightarrow R_{AV} + F_{BD} + F_{CE} + F_{CD} \operatorname{sen} \alpha - 25700 = 0$

$\Sigma M_A = 0 \rightarrow 6F_{BD} + 10F_{CE} + 10F_{CD} \operatorname{sen} \alpha - 8.25700 = 0$

HIPERESTÁTICO DE GRADO 2

ECUACIONES DE COMPATIBILIDAD DE LAS DEFORMACIONES

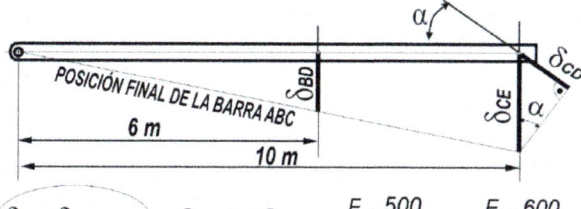

POSICIÓN FINAL DE LA BARRA ABC
6 m
10 m

Los cables se alargan δ_{BD}, δ_{CD} y δ_{CE}. La barra gira alrededor de **"A"**, conservándose recta. El giro de la barra y los alargamientos de los cables deben ser compatibles.

De la figura pueden obtenerse las relaciones entre las deformaciones de los cables y el giro de la barra. (Se sustituyen arcos por perpendiculares a las direcciones iniciales de las barras)

$\delta_{CD} = \delta_{CE} \operatorname{sen}\alpha \rightarrow \delta_{CD} = 0,6 \, \delta_{CE} \rightarrow \dfrac{F_{CD}.500}{2AE} = 0,6 \, \dfrac{F_{CE}.600}{1,5AE}$

$\boxed{F_{CD} = 0,96 \, F_{CE}}$

$\dfrac{\delta_{CE}}{10} = \dfrac{\delta_{BD}}{6} \rightarrow \delta_{BD} = 0,6 \, \delta_{CE} \rightarrow \dfrac{F_{BD}.300}{AE} = 0,6 \, \dfrac{F_{CE}.600}{1,5AE} \rightarrow \boxed{F_{BD} = 0,80 \, F_{CE}}$

Llevando estos valores a la ecuación $\Sigma M = 0$

SOLUCIÓN DEL SISTEMA

$\Sigma M_A = 0 \rightarrow 6.F_{BD} + 10.F_{CE} + 10.F_{CD} \operatorname{sen}\alpha - 8.25700 = 0$

$6.0,8F_{CE} + 10.F_{CE} + 10.0,96.F_{CE}.0,6 - 8.25700 = 0$

$\boxed{\begin{array}{l} F_{CE} = 10000 \text{ N} \\ F_{CD} = 9600 \text{ N} \\ F_{BD} = 8000 \text{ N} \end{array}}$

SECCIÓN NECESARIA PARA LOS CABLES

CONDICIÓN DE RESISTENCIA
$$\dfrac{F}{A} \le \sigma_{ADM} \rightarrow A \ge \dfrac{F}{\sigma_{ADM}}$$
ADEMÁS, HAY QUE RESPETAR LA RELACIÓN ENTRE SECCIONES

TIRANTE **BD** SECCIÓN A $\dfrac{8000}{A} \le 4000 \quad A \ge 2 \text{ cm}^2$

TIRANTE **CD** SECCIÓN 2A $\dfrac{9600}{2A} \le 4000 \quad A \ge 1,2 \text{ cm}^2$

TIRANTE **CE** SECCIÓN 1,5A $\dfrac{10000}{1,5A} \le 4000 \quad A \ge 1,66 \text{ cm}^2$

Para satisfacer las dos condiciones
$$A = 2 \text{ cm}^2$$

COMPROBACIÓN

TIRANTE **BD** F_{BD} = 8000 N SECCIÓN A= 200 mm² TENSIÓN= $\dfrac{8000}{200}$ = 40 N/mm²

TIRANTE **CD** F_{CD} = 9600 N SECCIÓN 2A= 400 mm² TENSIÓN= $\dfrac{9600}{400}$ = 24 N/mm²

TIRANTE **CE** F_{CE} = 10000 N SECCIÓN 1,5A = 300 mm² TENSIÓN= $\dfrac{10000}{300}$ = 33,3 N/mm²

En los tirantes **CD** y **CE** se podría reducir la sección. No obstante, un cambio de sección en los mismos modificaría el valor de los esfuerzos.

FIGURA 7.22
EJERCICIO 10

EJERCICIO 11

$E = 2.10^6 \text{ kp/cm}^2$
$\alpha = 10^{5} \, ^\circ C^{-1}$

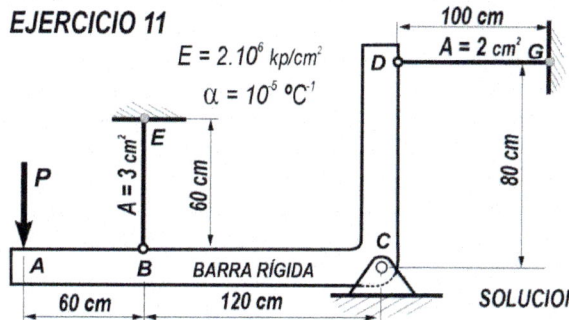

100 cm
$A = 2 \text{ cm}^2$
$A = 3 \text{ cm}^2$
60 cm
80 cm
BARRA RÍGIDA
60 cm
120 cm

La barra rígida **ABCD** está articulada en C y sujeta por los tirantes **BE** y **DG**.

A) Para P =3000 kp calcular esfuerzos en los tirantes

B) Si la tensión admisible para los tirantes es de 1500 kp/cm², calcular el valor máximo que puede tomar la carga P

C) Si P= 3000 kp determinar la variación de temperatura que debe experimentar el tirante DG para que la tensión en los tirantes sea la misma.

SOLUCIONES

A) T_{BE} = **3820,75 kp** T_{DG} = **1018,86 kp**

B) P_{MAX} = **3533,33 kp** C) Δt = **- 31,15 °C**

FIGURA 7.23
EJERCICIO 11

EJERCICIO 12

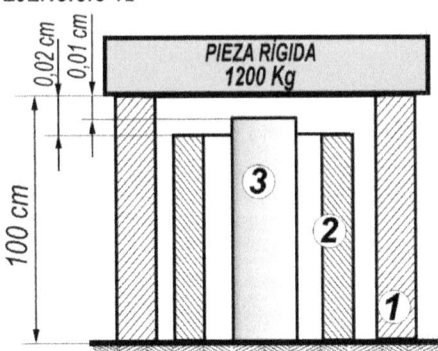

Los tubos **1** y **2** y la barra **3** de la figura tienen, inicialmente, las longitudes acotadas y descansan sobre una superficie rígida.

1º.- Si se apoya sobre el conjunto una pieza rígida, que pesa 1200 kp, calcular el esfuerzo en cada pieza.

2º.-Si, posteriormente, se eleva la temperatura del conjunto 200 ºC, determinar los nuevos esfuerzos.

$$\text{TUBO 1} \begin{cases} A_1 = 6 \ cm^2 \\ E_1 = 10^6 \ Kg/cm^2 \\ \alpha_1 = 3.10^{-6} \ ^\circ C^{-1} \end{cases}$$

$$\text{TUBO 2} \begin{cases} A_2 = 4 \ cm^2 \\ E_2 = 10^6 \ Kg/cm^2 \\ \alpha_2 = 15.10^{-6} \ ^\circ C^{-1} \end{cases}$$

$$\text{BARRA 3} \begin{cases} A_3 = 5 \ cm^2 \\ E_3 = 2.10^6 \ Kg/cm^2 \\ \alpha_3 = 5.10^{-6} \ ^\circ C^{-1} \end{cases}$$

Suponemos que las tres piezas están sometidas a compresión y utilizamos sus valores absolutos. Si alguna de las soluciones resulta negativa, indicaría tracción en esa pieza, lo que no tiene sentido. Habría que replantear el problema.

CONDICIONES DE EQUILIBRIO $\quad \Sigma F_v = 0 \rightarrow F_1 + F_2 + F_3 = 1200 \quad \overset{\text{UNA ECUACIÓN Y}}{\underset{\text{TRES INCÓGNITAS}}{}} \rightarrow$ HIPERESTÁTICO DE GRADO 2

ECUACIONES DE COMPATIBILIDAD DE LAS DEFORMACIONES Al final, las tres piezas tendrán la misma longitud

$$L_{f1} = L_{f2} = L_{f3}$$

ACORTAMIENTO TUBO 1 $\quad \delta_1 = \dfrac{F_1 L_1}{A_1 E_1} = \dfrac{100 F_1}{6.10^6} = \dfrac{F_1}{6.10^4}$

NOTA

Considerar 100 como longitud inicial en las tres barras en el cálculo del acortamiento, en lugar de la longitud inicial real de cada una, simplifica los cálculos y no da lugar a errores apreciables (del orden de 1 por 1000)

ACORTAMIENTO TUBO 2 $\quad \delta_2 = \dfrac{F_2 L_2}{A_2 E_2} = \dfrac{100 F_2}{4.10^6} = \dfrac{F_2}{4.10^4}$

ACORTAMIENTO BARRA 3 $\quad \delta_3 = \dfrac{F_3 L_3}{A_3 E_3} = \dfrac{100 F_3}{5.2.10^6} = \dfrac{F_3}{10.10^4}$

$$\left. \begin{array}{l} L_{f1} = 100 - \delta_1 = L_{f2} = 99,98 - \delta_2 \\ L_{f1} = 100 - \delta_1 = L_{f3} = 99,99 - \delta_3 \end{array} \right\} \left\{ \begin{array}{l} \delta_1 = 0,02 + \delta_2 \rightarrow \dfrac{F_1}{6.10^4} = 0,02 + \dfrac{F_2}{4.10^4} \rightarrow F_2 = \dfrac{F_1 - 1200}{1,5} \\ \delta_1 = 0,01 + \delta_3 \rightarrow \dfrac{F_1}{6.10^4} = 0,01 + \dfrac{F_3}{10.10^4} \rightarrow F_3 = \dfrac{F_1 - 600}{0,6} \end{array} \right.$$

SOLUCIÓN DEL SISTEMA

$$\Sigma F_v = 0 \rightarrow F_1 + F_2 + F_3 = 1200 \rightarrow F_1 + \dfrac{F_1 - 1200}{1,5} + \dfrac{F_1 - 600}{0,6} = 1200 \rightarrow F_1 = 900 \ kg \quad \boxed{F_2 = -200 \ kg} \quad F_3 = 500 \ kg$$

La solución negativa indica que el esfuerzo es contrario al previsto (tracción). Para que las longitudes finales fuesen las mismas, el tubo 2 tendría que estar sometido a tracción, lo que no tiene sentido en este caso. Sencillamente, el tubo 2 no trabaja ($F_2 = 0$) y se comprimen 1 y 3

SOLUCIÓN APARTADO 1º

$$\left. \begin{array}{ll} \text{EQUILIBRIO} \longrightarrow & F_1 + F_3 = 1200 \\ \underset{\text{LAS DEFORMACIONES}}{\text{COMPATIBILIDAD DE}} \longrightarrow & L_{f1} = 100 - \delta_1 = L_{f3} = 99,99 - \delta_3 \end{array} \right\} \rightarrow \boxed{F_1 = 825 \ kg \quad F_2 = 0 \quad F_3 = 375 \ kg}$$

CON UN CALENTAMIENTO DE 200º C EN LAS TRES PIEZAS

SUPUESTO 1 Compresión en los tres: $F_1 + F_2 + F_3 = 1200$

$$L_{f1} = 100 + \alpha_1 . L \Delta t - \delta_1 = L_{f2} = 99,98 + \alpha_2 . L \Delta t - \delta_2 \rightarrow 100 + 3.10^{-6} . 100.200 - \dfrac{F_1}{6.10^4} = 99,98 + 15.10^{-6} . 100.200 - \dfrac{F_2}{4.10^4}$$

$$L_{f1} = 100 + \alpha_1 . L \Delta t - \delta_1 = L_{f3} = 99,99 + \alpha_3 . L \Delta t - \delta_3 \rightarrow 100 + 3.10^{-6} . 100.200 - \dfrac{F_1}{6.10^4} = 99,99 + 5.10^{-6} . 100.200 - \dfrac{F_3}{10.10^4}$$

$$F_2 = \dfrac{2F_1}{3} + 8800 \qquad F_3 = \dfrac{5F_1}{3} + 3000 \qquad F_1 < 0 \quad \text{EL TUBO 1 NO TRABAJA A COMPRESIÓN} \quad F_1 = 0$$

SUPUESTO 2 Compresión en 2 y 3: $F_2 + F_3 = 1200 \quad F_1 = 0$

$$L_{f2} = 99,98 + \alpha_2 . L \Delta t - \delta_2 = L_{f3} = 99,99 + \alpha_3 . L \Delta t - \delta_3 \rightarrow 99,98 + 15.10^{-6} . 100.200 - \dfrac{F_2}{4.10^4} = 99,99 + 5.10^{-6} . 100.200 - \dfrac{F_3}{10.10^4}$$

$$F_2 = \dfrac{2F_3}{5} + 7600 \quad F_3 < 0 \quad \text{LA BARRA 3 NO TRABAJA A COMPRESIÓN} \quad F_3 = 0$$

SUPUESTO 3 Solo trabaja el tubo 2 $\quad \boxed{F_1 = 0 \quad F_2 = 1200 \ kg \quad F_3 = 0}$

LA GRAN DILATACIÓN TÉRMICA DEL TUBO 2, DEBIDA A SU ELEVADO COEFICIENTE DE DILATACIÓN, HACE QUE EL PESO DE 1200 kg DESCANSE ÚNICAMENTE SOBRE ÉL

FIGURA 7.24
EJERCICIO 12

EJERCICIO 13

El tablero de la mesa de la figura y el suelo sobre el que descansan sus patas son perfectamente rígidos (no se deforman).

Dimensionar las patas para soportar una carga de 1000 kg, aplicada en el punto "O"

Todas las patas son iguales (sección cuadrada de lado "a") $\sigma_{ADM} = 50$ kg/cm²

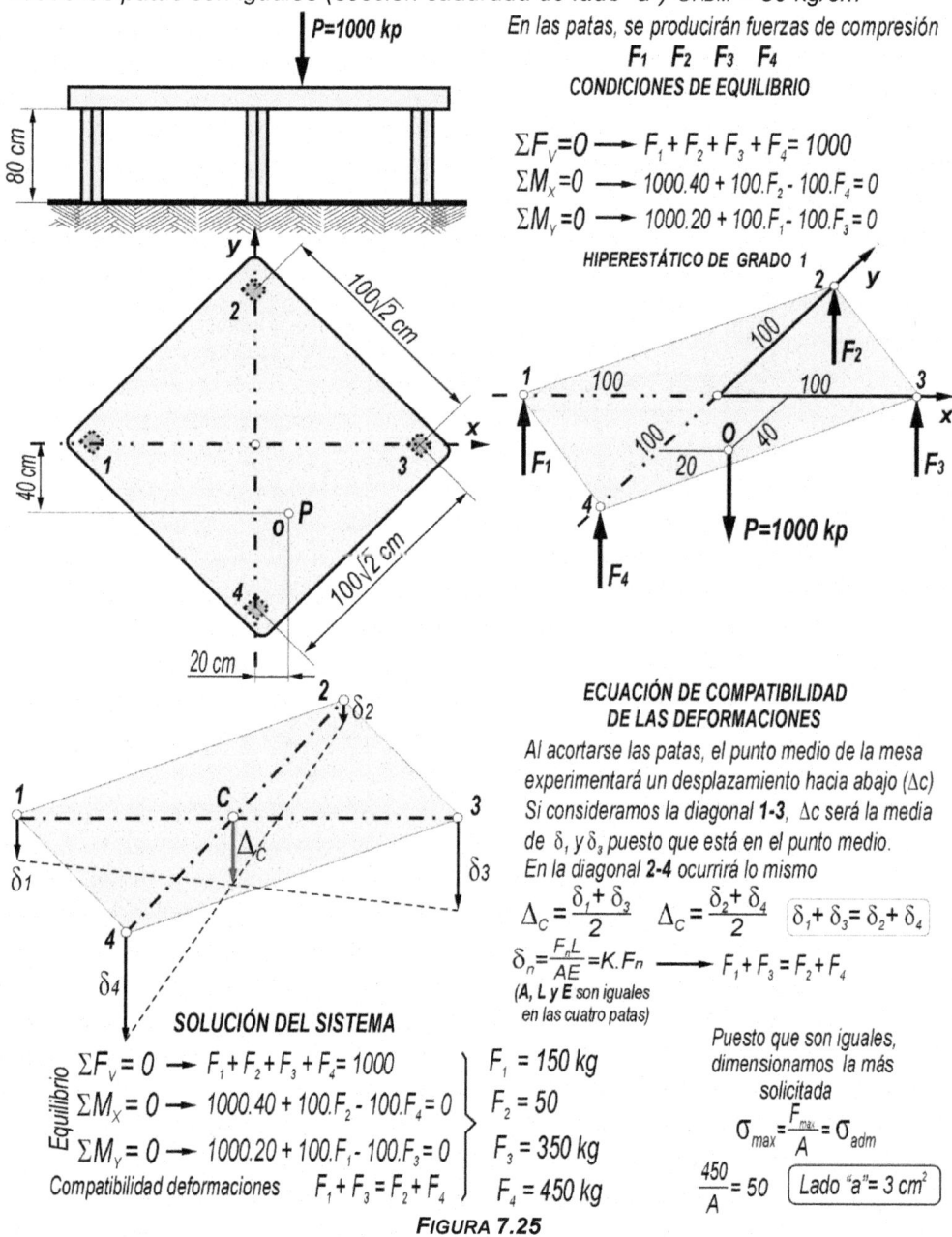

En las patas, se producirán fuerzas de compresión

$$F_1 \quad F_2 \quad F_3 \quad F_4$$

CONDICIONES DE EQUILIBRIO

$$\Sigma F_V = 0 \longrightarrow F_1 + F_2 + F_3 + F_4 = 1000$$
$$\Sigma M_X = 0 \longrightarrow 1000.40 + 100.F_2 - 100.F_4 = 0$$
$$\Sigma M_Y = 0 \longrightarrow 1000.20 + 100.F_1 - 100.F_3 = 0$$

HIPERESTÁTICO DE GRADO 1

ECUACIÓN DE COMPATIBILIDAD DE LAS DEFORMACIONES

Al acortarse las patas, el punto medio de la mesa experimentará un desplazamiento hacia abajo (Δc)
Si consideramos la diagonal **1-3**, Δc será la media de δ_1 y δ_3 puesto que está en el punto medio.
En la diagonal **2-4** ocurrirá lo mismo

$$\Delta_c = \frac{\delta_1 + \delta_3}{2} \quad \Delta_c = \frac{\delta_2 + \delta_4}{2} \quad \boxed{\delta_1 + \delta_3 = \delta_2 + \delta_4}$$

$$\delta_n = \frac{F_n L}{AE} = K.F_n \longrightarrow F_1 + F_3 = F_2 + F_4$$

(A, L y E son iguales en las cuatro patas)

SOLUCIÓN DEL SISTEMA

Equilibrio

$$\Sigma F_V = 0 \longrightarrow F_1 + F_2 + F_3 + F_4 = 1000$$
$$\Sigma M_X = 0 \longrightarrow 1000.40 + 100.F_2 - 100.F_4 = 0$$
$$\Sigma M_Y = 0 \longrightarrow 1000.20 + 100.F_1 - 100.F_3 = 0$$

Compatibilidad deformaciones $\quad F_1 + F_3 = F_2 + F_4$

$$F_1 = 150 \text{ kg}$$
$$F_2 = 50$$
$$F_3 = 350 \text{ kg}$$
$$F_4 = 450 \text{ kg}$$

Puesto que son iguales, dimensionamos la más solicitada

$$\sigma_{max} = \frac{F_{max}}{A} = \sigma_{adm}$$

$$\frac{450}{A} = 50 \quad \boxed{Lado \text{ "a"} = 3 \text{ cm}^2}$$

FIGURA 7.25
EJERCICIO 13

EJERCICIO 14

El tornillo y el tubo de la figura, se encuentran inicialmente en contacto y no están sometidos a esfuerzos.

1º.-Calcular los esfuerzos que se originan en tubo y tornillo, al apretar la tuerca un cuarto de vuelta.

2º.-Calcular esfuerzos en ambos elementos si, una vez apretada la tuerca, se somete el tornillo a un esfuerzo exterior de tracción de 2600 kg

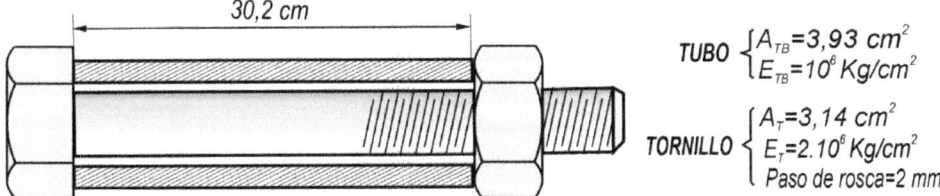

TUBO $\begin{cases} A_{TB}=3,93 \ cm^2 \\ E_{TB}=10^6 \ Kg/cm^2 \end{cases}$

TORNILLO $\begin{cases} A_T=3,14 \ cm^2 \\ E_T=2.10^6 \ Kg/cm^2 \\ \text{Paso de rosca=2 mm} \end{cases}$

Al apretar la tuerca, el tubo queda sometido a un esfuerzo de compresión y el tornillo a un esfuerzo de tracción. Por el principio de acción y reacción, ambos esfuerzos serán iguales (F)

ECUACIÓN DE COMPATIBILIDAD DE LAS DEFORMACIONES

Las longitudes finales de tubo y tornillo (distancia entre tuerca y cabeza) tienen que ser iguales

$\mathbf{L}_{Ftornillo}$ = Lo-Avance tuerca+Alargamiento $L_{FTOR}= 30,2 - 0,2/4 + \dfrac{FL}{A_TE_T}$

$\mathbf{L}_{ftubo}$ = Lo - Acortamiento $L_{FTUB}=30,2 - \dfrac{FL}{A_{TB}E_{TB}}$

$30,2-0,2/4+\dfrac{FL}{A_TE_T}=30,2-\dfrac{FL}{A_{TB}E_{TB}}$ $\quad$ $\dfrac{FL}{A_TE_T}+\dfrac{FL}{A_{TB}E_{TB}}=0,2/4$ $\quad$ $\dfrac{30,2F}{3,14.2.10^6}+\dfrac{30,2F}{3,93.10^6}=0,05$ $\quad$ $\boxed{F = 4002 \ kg}$

APLICANDO TRACCIÓN EXTERIOR AL TUBO

Se alarga el tornillo, por lo que disminuye la compresión en el tubo. (Aumentando la tracción exterior, podría incluso anularse totalmente). En el planteamiento suponemos que sigue existiendo una cierta compresión (**X**). Un resultado negativo supondría que **X=0**

ESFUERZOS

Tornillo $F_T = 2600 + X$ $\qquad\qquad$ Tubo $F_{TB} = X$

ECUACIÓN DE COMPATIBILIDAD DE LAS DEFORMACIONES

Las longitudes finales de tubo y tornillo (distancia entre tuerca y cabeza) tienen que ser iguales

$\mathbf{L}_{Ftornillo}$ = Lo-Avance tuerca+Alargamiento $L_{FTOR}=30,2 -0,2/4+\dfrac{F_TL}{A_TE_T}$

$\mathbf{L}_{ftubo}$ = Lo - Acortamiento $L_{FTUB}=30,2 - \dfrac{F_{TB}L}{A_{TB}E_{TB}}$

$30,2-0,2/4+\dfrac{F_TL}{A_TE_T}=30,2-\dfrac{F_{TB}L}{A_{TB}E_{TB}}$ $\quad$ $\dfrac{F_TL}{A_TE_T}+\dfrac{F_{TB}L}{A_{TB}E_{TB}}=0,2/4$ $\quad$ $\dfrac{30,2(2600+X)}{3,14.2.10^6}+\dfrac{30,2X}{3,93.10^6}=0,05$

$\boxed{X = 3001 \ kg}$ $\qquad$ $\boxed{\text{Tracción Tornillo } \mathbf{5601} \ kg \qquad \text{Compresión tubo } \mathbf{3001} \ kg}$

FIGURA 7.26
EJERCICIO 14

EJERCICIO 15

Para ajustar los casquillos 1 y 2 de la figura, se calienta el 1 en baño de aceite.

1°.-Calcular el incremento de temperatura necesario para realizar el ajuste sin esfuerzo.

2°.-Una vez ajustados y enfriados hasta temperatura ambiente, determinar la fuerza que habrá que aplicar en una prensa para separarlos. Coeficiente de rozamientos entre ambos u = 0,4

Coeficiente de dilatación térmica $\alpha = 10^{-6}$ °C-1

Módulo de elasticidad E = 2.10⁶ kp/cm²

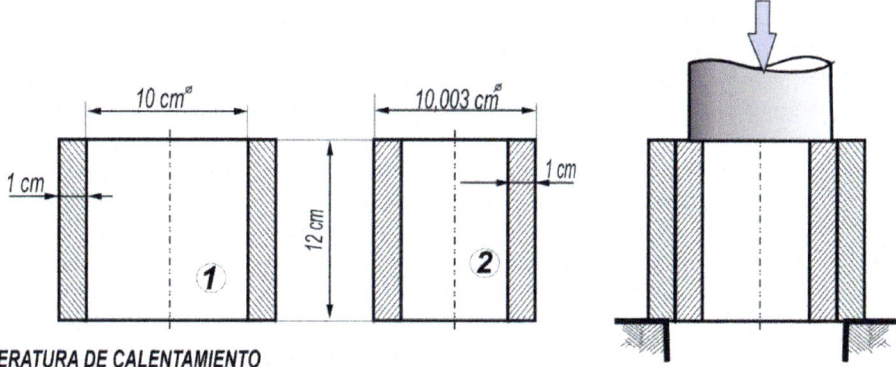

TEMPERATURA DE CALENTAMIENTO

Para realizar el montaje sin dificultad, el diámetro del casquillo 1 tiene que ser mayor de 10,003 cm

$$\Delta d = \alpha.d.\Delta t = 10^{5}.10.\Delta t > 0,003 \qquad \Delta t > 0,003/10^{4} \qquad \Delta t > 30 \text{ °C}$$

ESFUERZOS AL ENFRIAR

El tubo exterior (1) comprime al interior (2) con una cierta presión "p". El tubo 2 reacciona con una presión idéntica.

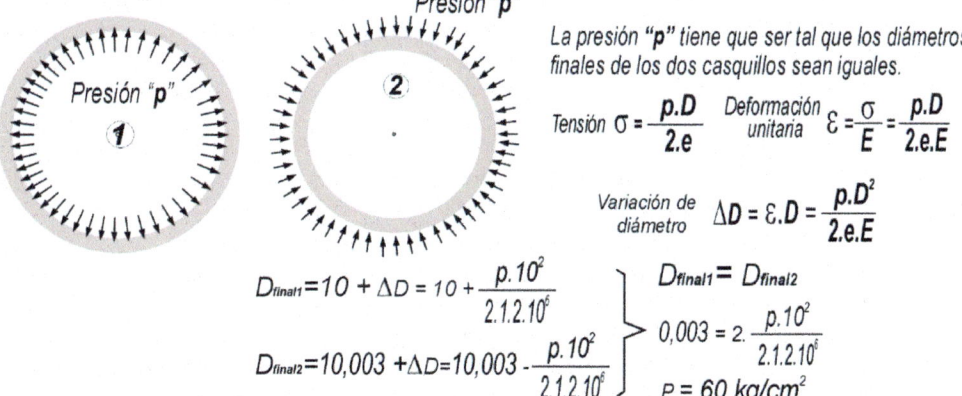

Presión "p"

La presión **"p"** tiene que ser tal que los diámetros finales de los dos casquillos sean iguales.

Tensión $\sigma = \dfrac{p.D}{2.e}$ Deformación unitaria $\varepsilon = \dfrac{\sigma}{E} = \dfrac{p.D}{2.e.E}$

Variación de diámetro $\Delta D = \varepsilon.D = \dfrac{p.D^{2}}{2.e.E}$

$D_{final1} = 10 + \Delta D = 10 + \dfrac{p.10^{2}}{2.1.2.10^{6}}$

$D_{final2} = 10,003 + \Delta D = 10,003 - \dfrac{p.10^{2}}{2.1.2.10^{6}}$

$D_{final1} = D_{final2}$

$0,003 = 2.\dfrac{p.10^{2}}{2.1.2.10^{6}}$

$P = 60 \text{ kg/cm}^{2}$

Esta fuerza por unidad de superficie de contacto, multiplicada por el coeficiente de rozamiento, da lugar a una fuerza de rozamiento por cm². Multiplicada por la superficie de contacto nos da la fuerza que se debe aplicar para provocar el deslizamiento de ambos casquillos.

$$F = 60.0,4. \pi. D.L = 60.0,4. \pi. 10.12 = 9048 \text{ kg}$$

FIGURA 7.27
EJERCICIO 15

EJERCICIO 16

Se trata de conseguir un ajuste con apriete entre los casquillos de la figura, que garantice una presión de contacto de, al menos, 4,90 N/mm².
Si las tolerancias para el diámetro interior de la pieza 1 son las indicadas, determinar las tolerancias de fabricación para el diámetro exterior del casquillo 2.

σ_{adm} = 255 N/mm²   E = 196200 N/mm².

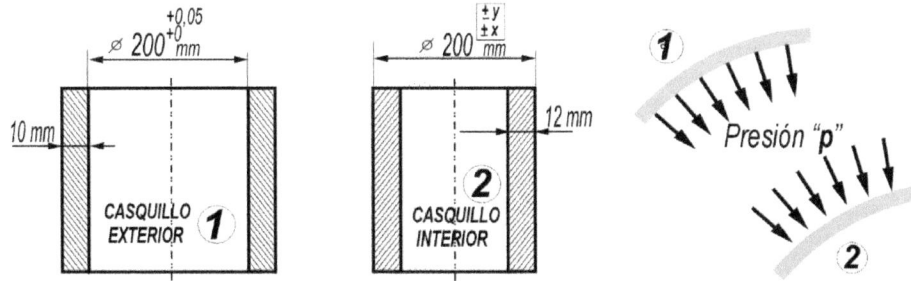

Las dimensiones del casquillo 2 deben ser tales que una vez realizado el montaje:
A: La presión "p" sea, al menos de 4,90 N/mm²
B: La presión máxima no de lugar a tensiones inadmisibles en los casquillos

CONDICIÓN "B"

$$\text{Tensión máxima} \quad \sigma = \frac{p_{max}.D}{2.e_{min}} <= \sigma_{adm} \qquad p_{max} <= \frac{2.e_{min}.\sigma_{adm}}{D} <= \frac{2.10.255}{200} \qquad p_{max} <= 25,5 \text{ N/mm}^2$$

PARA SATISFACER LAS DOS CONDICIONES:

(La mínima exigida) **4,90 <= p <= 25,5** N/mm² (Para valores mayores, tensión inadmisible en el casquillo 1)

RELACIÓN ENTRE APRIETE Y PRESIÓN

(Alargamiento)
$$D_{final1}=D_{inicial1}+\Delta D_1$$
$$D_{final2}=D_{inicial2}-\Delta D_2$$
(Acortamiento)

$$D_{final1}=D_{final2}$$
$$D_{final2}=D_{inicial2}-\Delta D_2=D_{inicial1}+\Delta D_1$$
$$D_{inicial2}-D_{inicial1}=\Delta D_1+\Delta D_2$$
(Valores absolutos)

$$\text{Tensión} \quad \sigma = \frac{p.D}{2.e}$$

$$\text{Deformación unitaria} \quad \varepsilon=\frac{\sigma}{E}=\frac{p.D}{2.e.E}$$

$$\text{Variación de diámetro} \quad \Delta D= \varepsilon.D=\frac{p.D^2}{2.e.E}$$

LA PRESIÓN MÍNIMA SE DARÁ CON EL APRIETE MÍNIMO
(MAYOR DIÁMETRO TOLERABLE EN EL CASQUILLO 1 Y MÍNIMO EN EL 2)

$$D_{MINIMO2}-200,05=\frac{4,9.200^2}{2.10.196200} + \frac{4,9.200^2}{2.12.196200} \qquad D_{MINIMO2}=200,141 \text{ mm}$$

LA PRESIÓN MÁXIMA SE DARÁ CON EL APRIETE MÁXIMO
(MENOR DIÁMETRO TOLERABLE EN EL CASQUILLO 1 Y MÁXIMO EN EL 2)

$$D_{MÁXIMO2}-200=\frac{25,5.200^2}{2.10.196200} + \frac{25,5.200^2}{2.12.196200} \qquad D_{MÁXIMO2}=200,476 \text{ mm}$$

CASQUILLO 2

$\varnothing 200 ^{+0,476}_{+0,141}$ mm

FIGURA 7.28
EJERCICIO 16

Concentración de tensiones

Cuando el sólido es de sección variable, lógicamente, las tensiones se calcularán en la sección en la que la tensión sea máxima. Además, hay que tener en cuenta que, si la variación de sección es brusca, pueden producirse aumentos locales de tensión conocidos como concentración de tensiones **(Fig 7.29)**.

La cuantificación de la concentración de tensiones se realiza a través del factor de concentración de tensiones, K_t, que se define como: $K_t = \sigma_{max}/\sigma_{nominal}$.

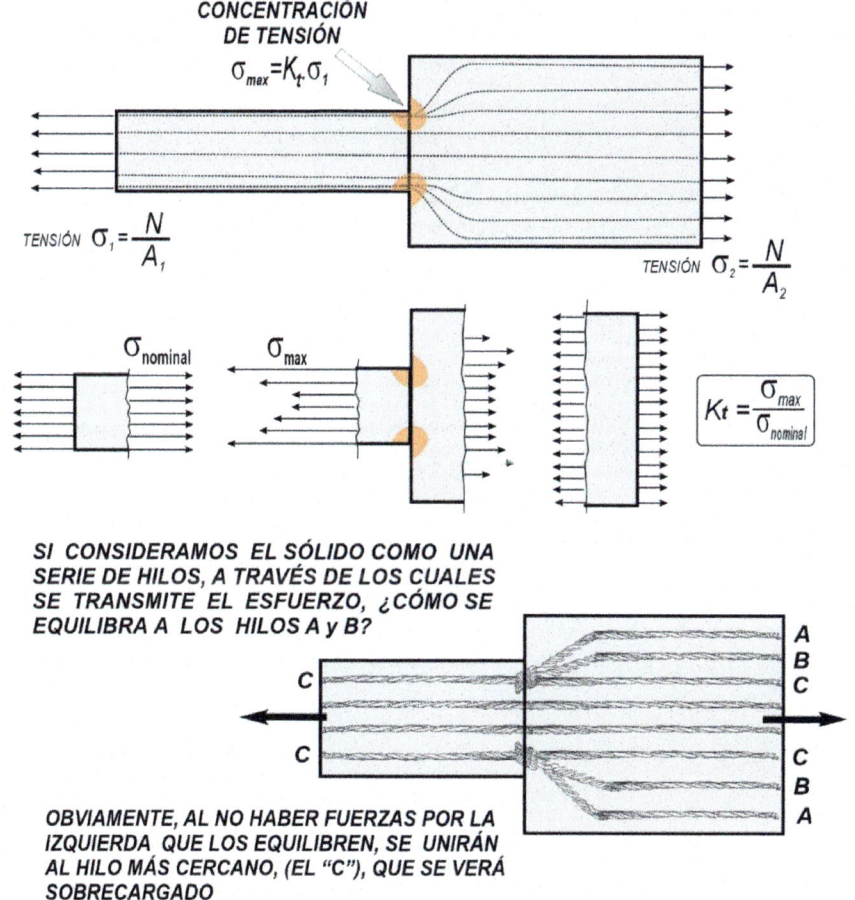

FIGURA 7.29
CONCENTRACIÓN DE TENSIONES

En presencia de entallas, además de la intensificación de tensiones en la dirección del esfuerzo, se originan tensiones en otras direcciones, que multiplican la gravedad del problema **(Fig 7.30)**

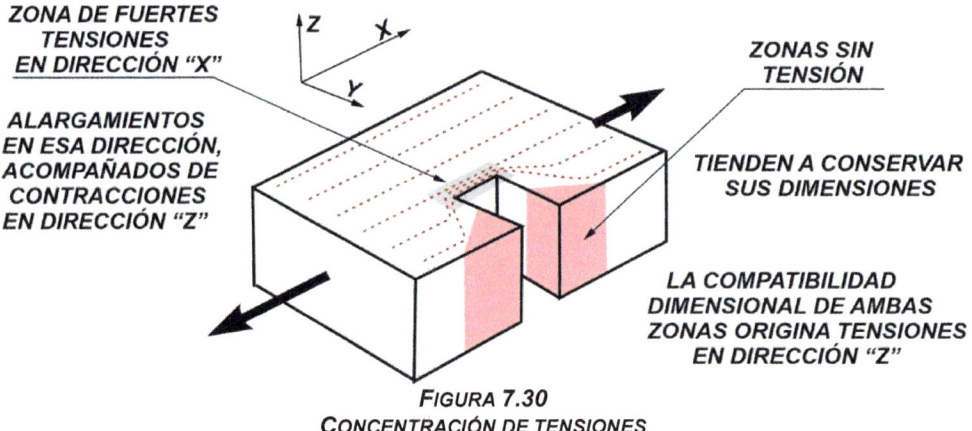

FIGURA 7.30
CONCENTRACIÓN DE TENSIONES

En la **figura 7.31** se muestran algunos concentradores típicos, unos por deficiencias de diseño y otros por imperfecciones de fabricación.

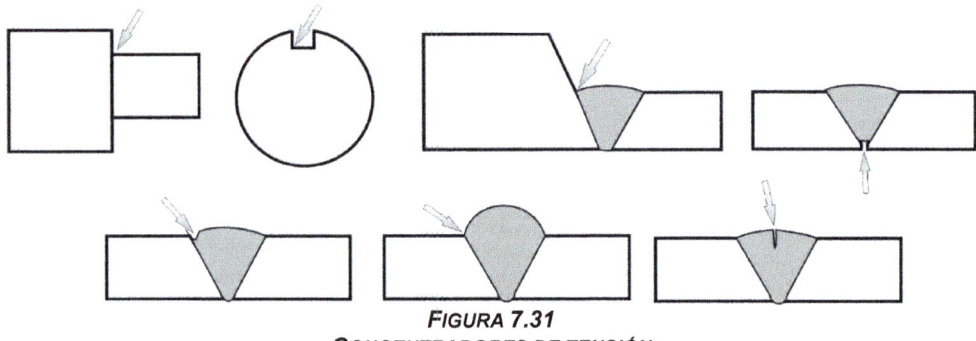

FIGURA 7.31
CONCENTRADORES DE TENSIÓN

Puesto que la causa radica en el cambio brusco de sección, para evitarlo hay que procurar transiciones suaves. (**Fig 7.32**).

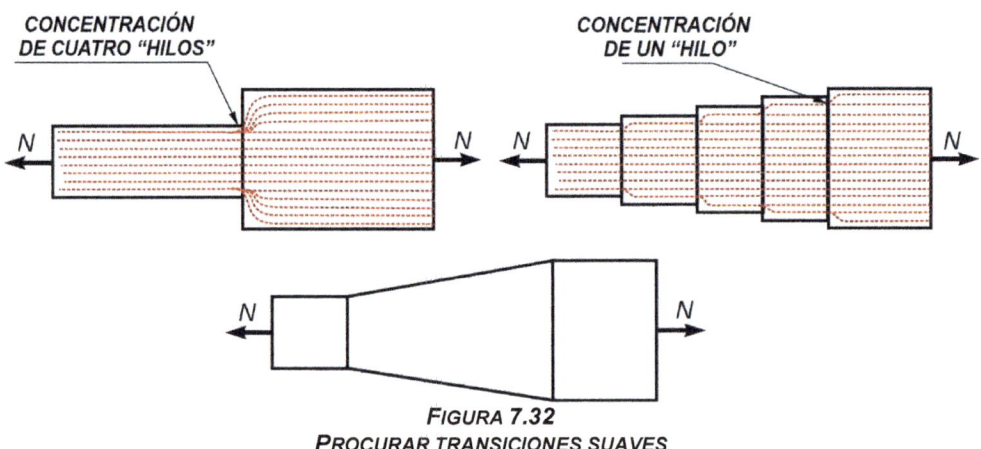

FIGURA 7.32
PROCURAR TRANSICIONES SUAVES

En los materiales dúctiles solicitados por cargas estáticas, los concentradores no afectan sensiblemente la resistencia del material, dado que la fluencia permite una redistribución de tensiones en el entorno del concentrador. *(Figura 7.33)* En los materiales frágiles, incluso en los sometidos a carga estática, el factor de concentración de tensiones es de obligado conocimiento para un correcto diseño del elemento.

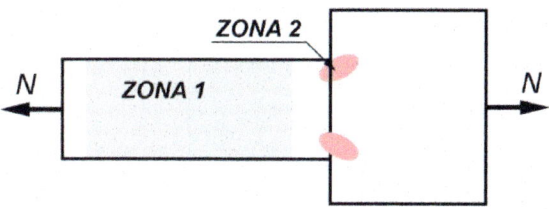

EVOLUCIÓN DE LA TENSIÓN EN AMBAS ZONAS AL PROGRESAR EL ESFUERZO

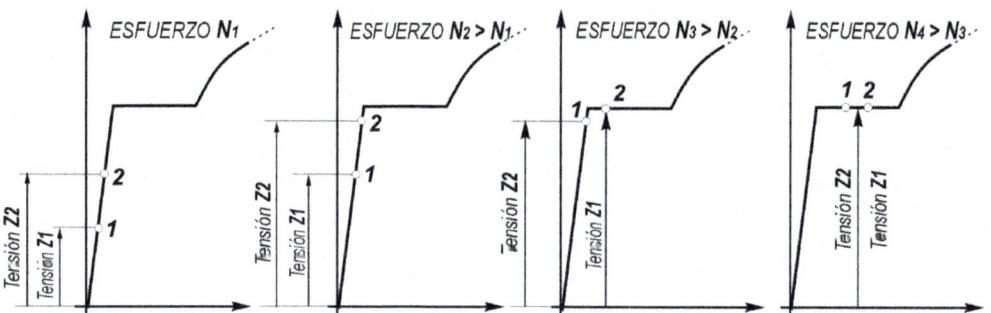

EL COMPORTAMIENTO PLÁSTICO EN LA ZONA DE FLUENCIA, CONTRIBUYE A DISTRIBUIR LOS ESFUERZOS, EVITANDO TENSIONES LOCALES ELEVADAS

EN LOS MATERIALES FRÁGILES NO SE DA ESTA REDISTRIBUCIÓN DE LAS TENSIONES, POR LO QUE RESULTAN MÁS SENSIBLES A ESTE PROBLEMA.

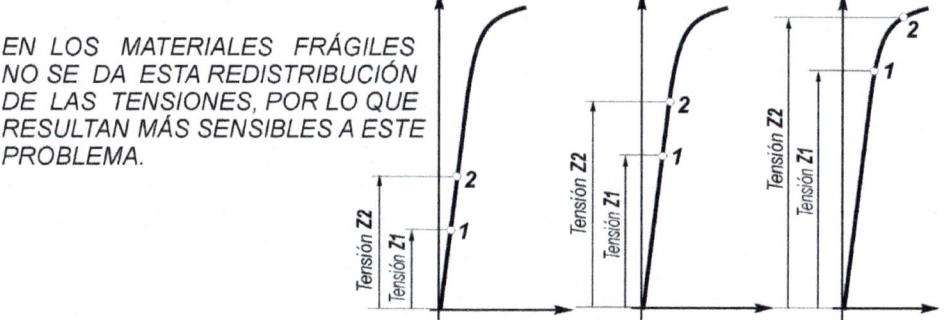

FIGURA 7.33
EFECTO DISTRIBUIDOR DEL FENÓMENO DE FLUENCIA

CAPÍTULO 8

SÓLIDOS SOMETIDOS A CORTADURA

Algunas características de las situaciones de cortadura

El sólido está sometido a cortadura cuando la única componente del esfuerzo en las secciones rectas es una fuerza contenida en el plano de la sección (Esfuerzo cortante) **(Figura 8.1)**.

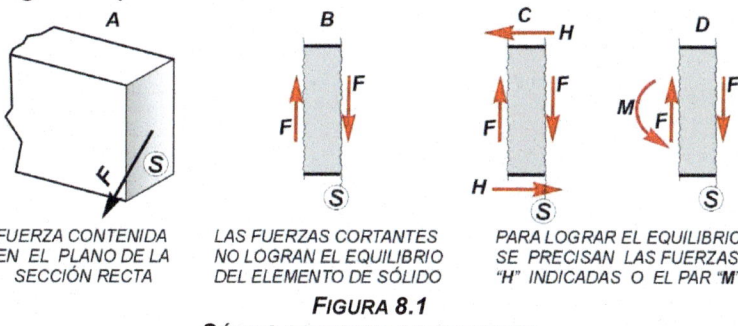

FUERZA CONTENIDA EN EL PLANO DE LA SECCIÓN RECTA	LAS FUERZAS CORTANTES NO LOGRAN EL EQUILIBRIO DEL ELEMENTO DE SÓLIDO	PARA LOGRAR EL EQUILIBRIO SE PRECISAN LAS FUERZAS "H" INDICADAS O EL PAR "M"	

FIGURA 8.1
SÓLIDO SOMETIDO A CORTADURA

De la observación de la figura se deduce que, para que haya equilibrio, los esfuerzos cortantes exigen la presencia de otros esfuerzos. La situación de la figura 8.1(C) no es frecuente en las aplicaciones prácticas, por lo que el caso típico es el de 8.1 (D).

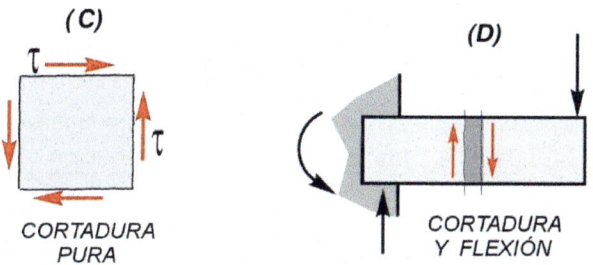

CORTADURA PURA

CORTADURA Y FLEXIÓN

FIGURA 8.2
CORTADURA Y OTROS ESFUERZOS

Los esfuerzos cortantes suelen venir acompañados de momentos flectores, como se muestra en **D**, de la figura **8.2**, entendiéndose como situación de cortadura pura la que se muestra en **C**.

Aunque un análisis riguroso obligaría a tener en cuenta los efectos de ambas componentes, normalmente suelen considerarse por separado, despreciando los de menor cuantía.

En la **figura 8.3** se da una idea, al menos cualitativa, de la importancia relativa de ambas componentes. En general, en las vigas, en las que la longitud es mucho mayor que la sección, predominan los efectos del momento flector, que es el que se *suele considerar en los cálculos. Por el contrario, muchos elementos de unión, cualitativamente sometidos al mismo tipo de esfuerzos, tienen longitudes mucho menores con relación a la sección, lo que da lugar a momentos flectores reducidos que no suelen influir en los cálculos.*

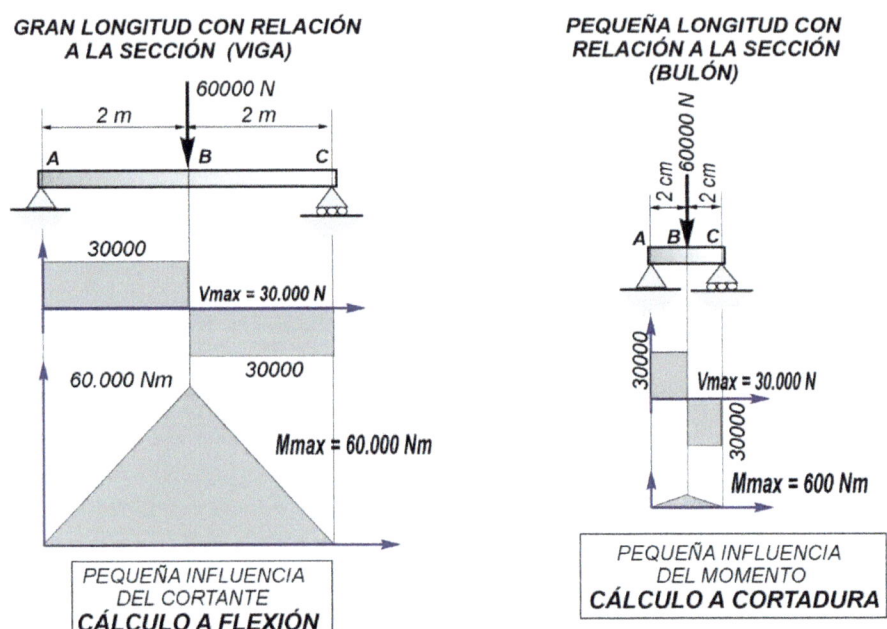

FIGURA 8.3
IMPORTANCIA RELATIVA DE CORTANTE Y FLECTOR

Tensiones en sólidos sometidos a cortadura

El estudio riguroso de cómo se reparte el cortante a lo largo de la sección, que veremos en el capítulo 10, nos indica que la distribución no es uniforme. El cumplimiento con el teorema de reciprocidad de las tensiones cortantes, no es compatible con una distribución uniforme de las tensiones cortantes (Figura 8.4).

FIGURA 8.4
LA DISTRIBUCIÓN DE LAS TENSIONES CORTANTES NO PUEDE SER UNIFORME

No obstante, una aproximación, que simplifica los cálculos y es válida en muchas aplicaciones, es la de considerar que el esfuerzo se reparte uniformemente a lo largo de la sección. De acuerdo con esto, la tensión cortante en cualquier punto de las secciones rectas se obtiene dividiendo el esfuerzo cortante entre el área. *(Fig 8.5)*

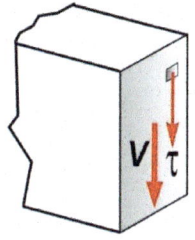

V = ESFUERZO CORTANTE EN LA SECCIÓN
τ = TENSIÓN CORTANTE

EN MUCHAS APLICACIONES, SE CONSIDERA DISTRIBUCIÓN UNIFORME DEL ESFUERZO

$$\tau = \frac{V}{A}$$

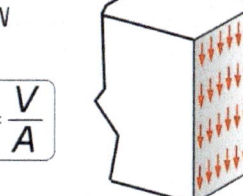

FIGURA 8.5
DISTRIBUCIÓN DEL ESFUERZO. TENSIONES CORTANTES

Análisis de tensiones. Tensiones principales

Utilizando el círculo de Mohr para realizar el análisis de tensiones llegamos a la conclusión de que la tensión cortante máxima se da en las secciones rectas y que las tensiones principales se presentan en planos a 45° con el eje de la barra, siendo de tracción en un plano; de compresión en el perpendicular y del mismo valor que la tensión cortante máxima. *(Figura 8.6)*

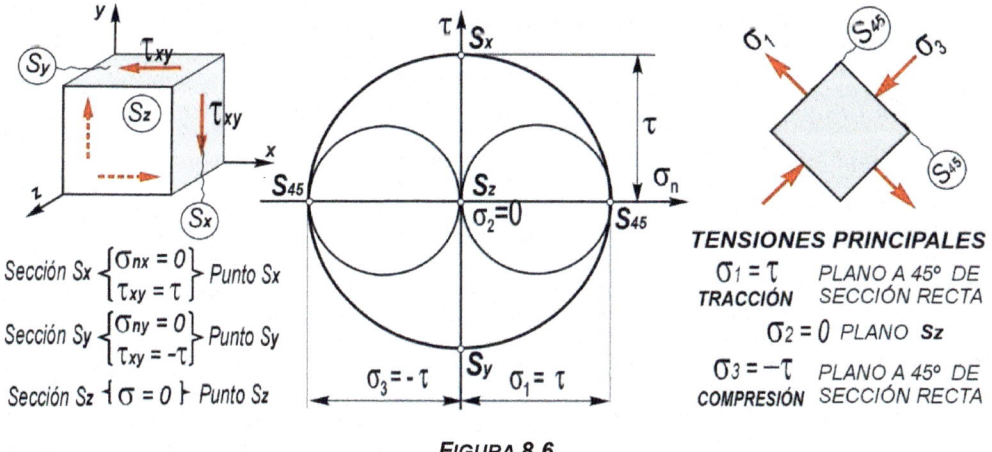

FIGURA 8.6
ANÁLISIS DE TENSIONES

Los estados tensionales de cortadura provocan tensiones de tracción y de compresión en secciones orientadas a 45°. Debe tenerse muy en cuenta en materiales de baja resistencia a tracción, como los hormigones, y en láminas de pequeño espesor, poco estables ante esfuerzos de compresión (posible pandeo) *(Figura 8.7)*

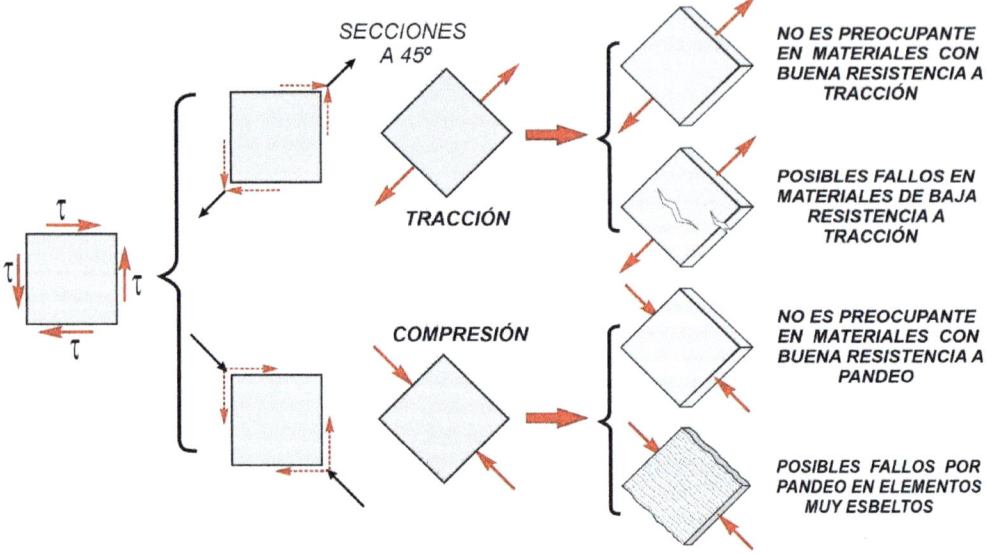

FIGURA 8.7
ANÁLISIS DE TENSIONES

Tensión admisible a cortadura

Si aplicamos el criterio de Tresca, el fallo por plastificación se produce cuando la tensión cortante máxima rebasa la mitad del límite elástico del material en tracción. Aplicando el criterio de plastificación de Von Mises llegamos a un valor parecido para la tensión cortante máxima admisible. (Del orden de la mitad del límite elástico del material en tracción) (**Figura 8.8**).

TENSIONES PRINCIPALES	CRITERIO DE TRESCA	CRITERIO DE VON MISES
$\sigma_1 = \tau$ $\sigma_2 = 0$ $\sigma_3 = -\tau$	$\sigma_1 - \sigma_3 = \sigma_e$ $\tau - (-\tau) = \sigma_e$ $2 \cdot \tau = \sigma_e$ $\boxed{\tau_{adm} = 0,5\,\sigma_e}$	$(\sigma_1 - \sigma_2)^2 + (\sigma_1 - \sigma_3)^2 + (\sigma_2 - \sigma_3)^2 = 2\sigma_e^2$ $\tau^2 + (2\tau)^2 + \tau^2 = 2 \cdot \sigma_e^2$ $\boxed{\tau_{adm} = 0,57\,\sigma_e}$

FIGURA 8.8
TENSIÓN CORTANTE ADMISIBLE

En el cálculo de muchos elementos de unión, sometidos básicamente a cortadura suele calcularse la tensión máxima con la hipótesis de distribución uniforme, aplicando la condición de que no rebase un valor admisible, del orden de la mitad del límite elástico del material.

Deformaciones en cortadura

La deformación se traduce en deslizamientos (Δ) de unas secciones con relación a otras. Como consecuencia, si nos fijamos en dos direcciones, inicialmente perpendiculares, se produce una variación del ángulo (distorsión γ). **(Figura 8.9)**

De acuerdo con la ley de Hooke en cortadura, también aquí hay proporcionalidad entre tensiones cortantes y las correspondientes deformaciones angulares.

DEFORMACIÓN POR CORTADURA
(DEFORMACIÓN ANGULAR ó DISTORSIÓN)

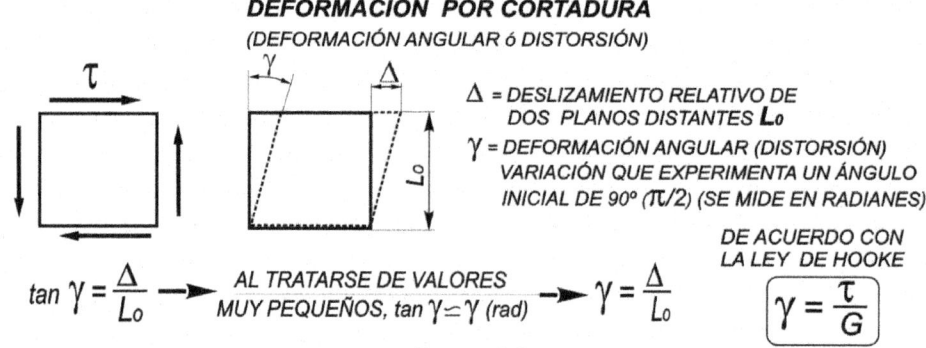

Δ = DESLIZAMIENTO RELATIVO DE DOS PLANOS DISTANTES L_0

γ = DEFORMACIÓN ANGULAR (DISTORSIÓN) VARIACIÓN QUE EXPERIMENTA UN ÁNGULO INICIAL DE 90° ($\pi/2$) (SE MIDE EN RADIANES)

DE ACUERDO CON LA LEY DE HOOKE

$$\tan \gamma = \frac{\Delta}{L_0} \longrightarrow \begin{array}{c} \text{AL TRATARSE DE VALORES} \\ \text{MUY PEQUEÑOS, } \tan \gamma \simeq \gamma \text{ (rad)} \end{array} \longrightarrow \gamma = \frac{\Delta}{L_0} \qquad \boxed{\gamma = \frac{\tau}{G}}$$

FIGURA 8.9
DEFORMACIÓN POR CORTADURA

APLICACIONES TÍPICAS

Determinación de fuerzas de corte en operaciones de cizallado. *(Fig 8.10)*

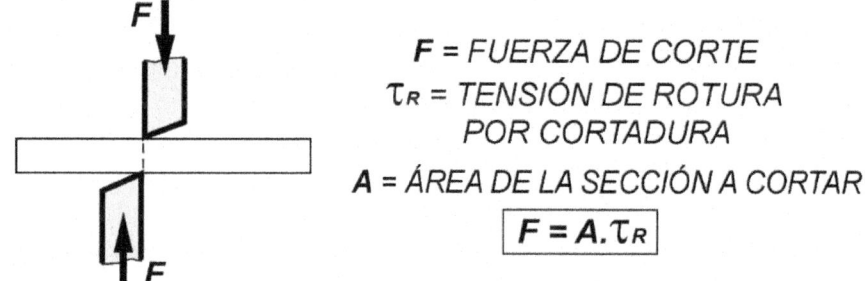

F = FUERZA DE CORTE

τ_R = TENSIÓN DE ROTURA POR CORTADURA

A = ÁREA DE LA SECCIÓN A CORTAR

$$\boxed{F = A.\tau_R}$$

FIGURA 8.10
FUERZA DE CORTE PARA EL CIZALLADO

Cálculo de chavetas

Las fuerzas que solicitan a la chaveta son las que se indican en la figura **8.11** Como consecuencia, pueden producirse dos tipos de fallo: la cortadura de la chaveta o el aplastamiento de ésta, o de las piezas que conecta, como consecuencia de la fuerza de contacto entre ambas.

Las dimensiones **"a"** y **"b"** vienen determinadas por el diámetro de los elementos a unir, por lo que el cálculo suele centrarse en determinar la longitud **"L"** para que no se produzca ninguno de los posibles fallos.

Cuando el material de la chaveta y el de las piezas a conectar son similares, se considera que la resistencia unitaria al aplastamiento es el doble de la resistencia a cortadura. En estos casos, las dimensiones **"a"** y **"b"** recomendadas para cada diámetro están en una relación que garantiza mayor resistencia al aplastamiento, por lo que basta con calcular a cortadura. En otros casos, es necesario hacer ambas comprobaciones y quedarse con la más segura.

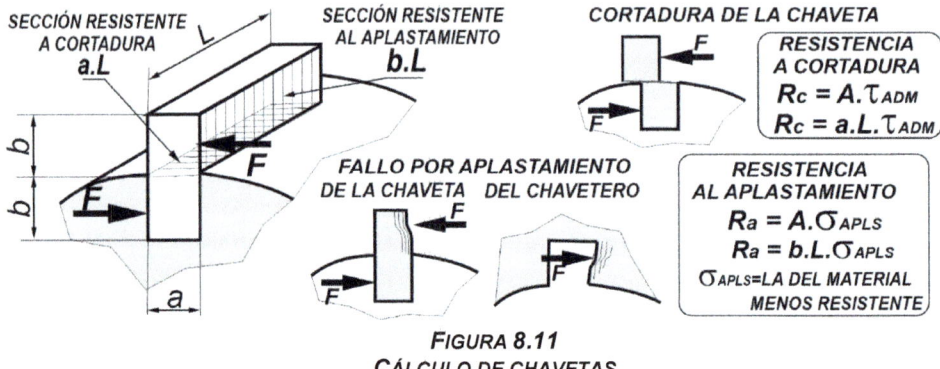

FIGURA 8.11
CÁLCULO DE CHAVETAS

Cálculo de tornillos ordinarios, remaches, pasadores y similares

En estos casos, el apriete de los elementos de unión origina unas fuerzas que comprimen las piezas a unir, dando lugar a fuerzas de rozamiento que se oponen al deslizamiento relativo y contribuyen a la resistencia de la junta. (**Figura 8.12**)

Este efecto favorable solo se tiene en cuenta en las uniones mediante tornillos de alta resistencia, que no vamos a considerar aquí. En nuestro caso, la resistencia de la junta depende, exclusivamente, de la que ofrezcan los elementos de unión, sin tener en cuenta el efecto favorable de las fuerzas de rozamiento.

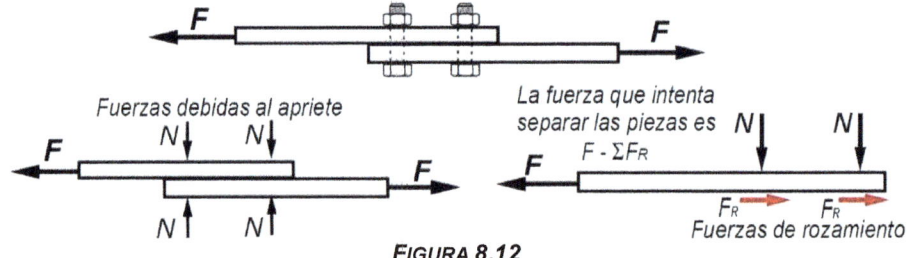

FIGURA 8.12
NO SE CONSIDERA EL EFECTO FAVORABLE DEL ROZAMIENTO

Resistencia de un elemento de unión (Figura 8.13)

En el cálculo hay que considerar dos fallos posibles:

- Por cortadura de los elementos de unión. La resistencia depende del diámetro y de la calidad del material. (τ_{adm})
- Por aplastamiento del propio elemento, o de las piezas a unir. Depende de los espesores de las piezas y de la resistencia unitaria al aplastamiento de ambos materiales. (σ_a).

Cuando las piezas a enlazar y los elementos de unión son de materiales similares, se considera que la resistencia unitaria al aplastamiento es el doble de la resistencia a cortadura ($\sigma_a = 2\tau_{adm}$) y el tipo de fallo depende de la relación entre el diámetro de *los elementos y los espesores a unir. Para materiales diferentes, la comprobación al aplastamiento hay que realizarla en el material más débil.*

Para el cálculo, hay que diferenciar dos tipos de junta:

- *Uniones a simple cortadura. Enlazan dos piezas y el elemento de unión presenta una sección resistente a cortadura.*
- *Uniones a doble cortadura. Enlazan tres piezas (una central y dos cubrejuntas) y el elemento de unión presenta dos secciones resistentes. **(Fig 8.13)***

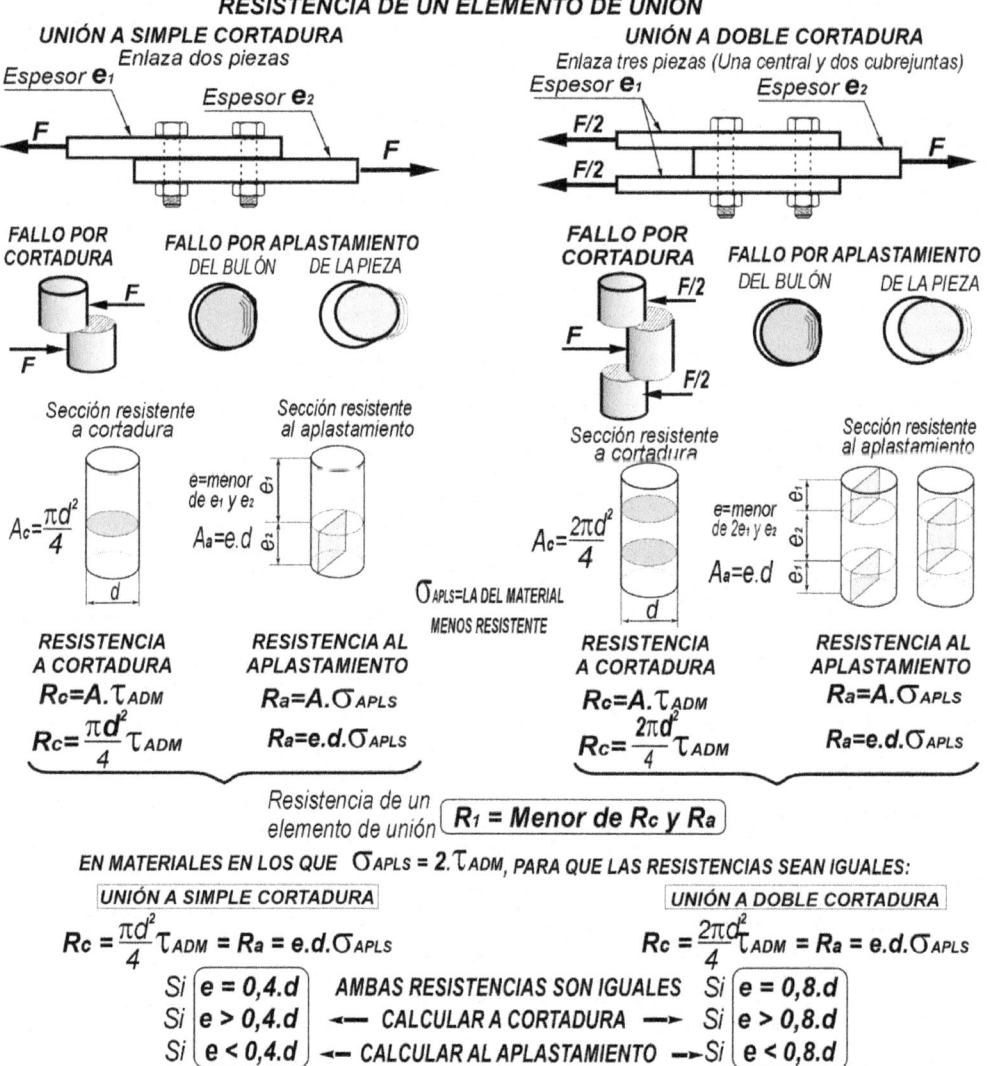

FIGURA 8.13
RESISTENCIA DE UN ELEMENTO DE UNIÓN

Identificación de las juntas *(Figura 8.14)*

La presencia de dos o más piezas, enlazadas mediante varios tornillos, no implica que se trate de una sola junta; puede tratarse de más de una unión. Es necesario identificar previamente la unión o uniones a estudiar. Como criterio hay que tener en cuenta que, en las uniones a simple cortadura participan únicamente dos piezas y, en las de doble cortadura, tres: una central y dos cubrejuntas.

Para determinar los esfuerzos también es importante diferenciar las dos partes de la estructura que se conectan a través de la junta.

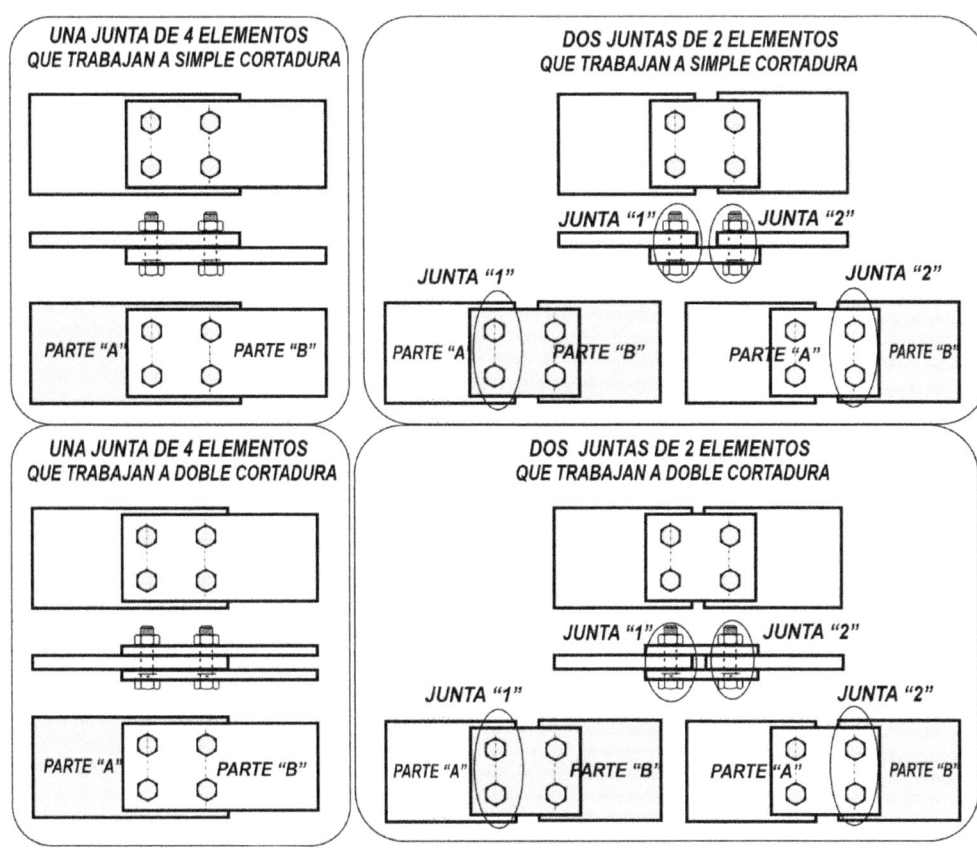

FIGURA 8.14
IDENTIFICACIÓN DE LA JUNTA

Esfuerzo a soportar por la junta

En general, se reduce a una fuerza resultante y un momento. Para expresarlos se utiliza como referencia el centro de gravedad de la distribución de elementos de unión *(Fig 8.15)*

La fuerza a soportar es la resultante de todas las fuerzas que actúan sobre una de las partes a unir (parte "A" o parte "B"). El momento se obtiene como suma de momentos, de todas las fuerzas que actúan sobre una parte, respecto al centro de gravedad de la junta. *(Fig 8.16)*

PARA DISTRIBUCIONES SIMÉTRICAS EL CENTRO DE GRAVEDAD DE LA JUNTA COINCIDE CON EL DE SIMETRÍA

EN OTROS CASOS, HAY QUE CALCULAR SU SITUACIÓN

EN EL EJEMPLO, PUESTO QUE LA DISTRIBUCIÓN ES SIMÉTRICA CON RELACIÓN AL EJE "XX", EL CDG ESTARÁ SITUADO SOBRE DICHO EJE. PARA SITUARLO EN HORIZONTAL, TOMAMOS MOMENTOS RESPECTO A UN EJE VERTICAL QUE PASE POR EL CENTRO DE LOS CÍRCULOS DE LA DERECHA

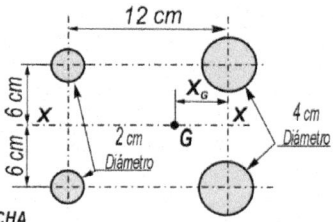

CÍRCULO Ø2 $A_1 = \pi . R_1^2 = \pi$ cm²   CÍRCULO Ø4 $A_2 = \pi . R_2^2 = 4\pi$ cm²

$$M = A . X_G = (2A_1 + 2A_2) . X_G = 2 . A_1 . 12 + 2A_2 . 0 \rightarrow \boxed{X_G = 2,4 \ cm}$$

FIGURA 8.15
CENTRO DE GRAVEDAD DE LA JUNTA

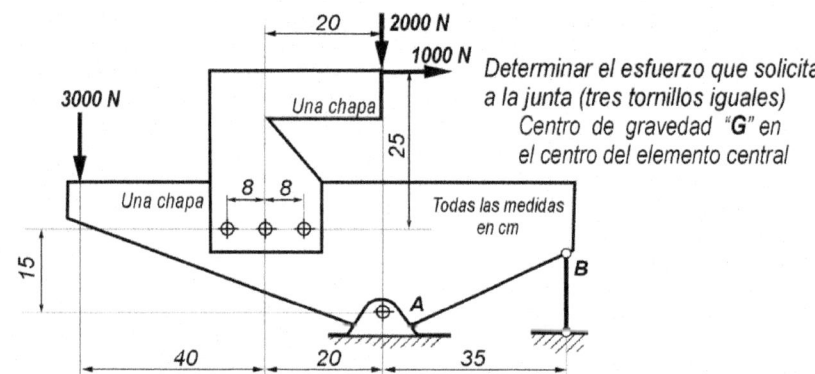

Determinar el esfuerzo que solicita a la junta (tres tornillos iguales) Centro de gravedad "**G**" en el centro del elemento central

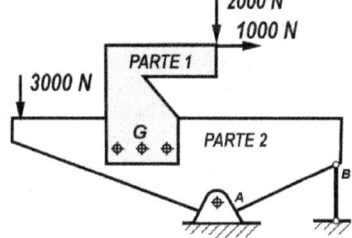

EN ESTE CASO, RESULTA MUY CÓMODO DETERMINAR EL ESFUERZO COMO RESULTANTE DE TODAS FUERZAS QUE ACTÚAN SOBRE LA **PARTE 1**

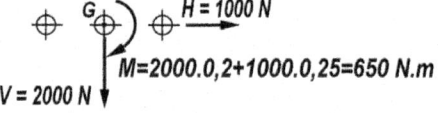

$$M = 2000.0,2 + 1000.0,25 = 650 \ N.m$$

$V = 2000 \ N$

AUNQUE MÁS LABORIOSO, TAMBIÉN SE PODRÍA OBTENER CONSIDERANDO LAS FUERZAS QUE ACTÚAN SOBRE LA PARTE 2.

EN ESTE CASO, ES NECESARIO CALCULAR LAS REACCIONES

$$3000.0,6 - 1000.0,4 - 0,35 R_B = 0 \qquad R_B = 4000 \ N$$
$$R_{AV} = 9000 \ N \qquad R_{AH} = 1000 \ N$$

ESFUERZO EN LA JUNTA:

$H = \Sigma$ FUERZAS HORIZONTALES SOBRE **PARTE 2** = 1000 N

$V = \Sigma$ FUERZAS VERTICALES SOBRE **PARTE 2** = 9000-4000-3000=2000 N

$M = \Sigma$ MOMENTOS RESPECTO A "**G**" DE FUERZAS SOBRE **PARTE 2**

M=3000.0,4+9000.0,2 -1000.0,15-4000.0,55=650 N.m

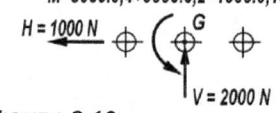

H = 1000 N   IGUAL Y OPUESTO AL CALCULADO ANTERIORMENTE

V = 2000 N

FIGURA 8.16
COMPONENTES DEL ESFUERZO

Solicitación en cada elemento de unión

En general, se trata de un problema hiperestático (determinar un conjunto de "n" fuerzas que equilibren a un sistema dado). Para resolverlo, nos apoyamos en la observación de las deformaciones.

Para cargas centradas, las piezas a unir tienden a desplazarse, una con relación a la otra, en la dirección del esfuerzo, provocando deformaciones idénticas en todos los elementos. Como consecuencia, la solicitación en cada uno es:

- De la dirección del esfuerzo
- Si todos son del mismo material, una fuerza proporcional a la sección recta de cada uno. **(Fig 8.17)**

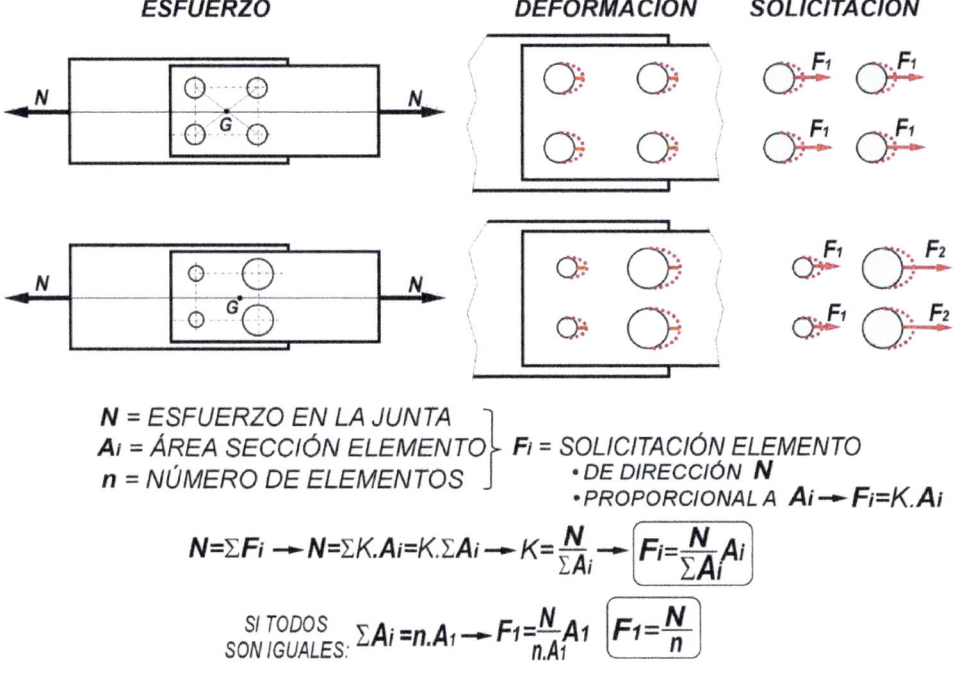

$$N = \text{ESFUERZO EN LA JUNTA}$$
$$A_i = \text{ÁREA SECCIÓN ELEMENTO}$$
$$n = \text{NÚMERO DE ELEMENTOS}$$

F_i = SOLICITACIÓN ELEMENTO
- DE DIRECCIÓN N
- PROPORCIONAL A $A_i \rightarrow F_i = K.A_i$

$$N = \Sigma F_i \rightarrow N = \Sigma K.A_i = K.\Sigma A_i \rightarrow K = \frac{N}{\Sigma A_i} \rightarrow \boxed{F_i = \frac{N}{\Sigma A_i}A_i}$$

SI TODOS SON IGUALES: $\Sigma A_i = n.A_1 \rightarrow F_1 = \frac{N}{n.A_1}A_1 \quad \boxed{F_1 = \frac{N}{n}}$

FIGURA 8.17
FUERZA EN CADA ELEMENTO, PARA CARGA CENTRADA

Para uniones solicitadas por un momento, se entiende que las piezas a unir tienden a girar, una con relación a la otra, alrededor del centro de gravedad de la junta, provocando deformaciones de dirección perpendicular al radio que une cada elemento con el centro y proporcionales a su distancia a dicho centro.

Como consecuencia, la solicitación en cada uno es:

- De dirección perpendicular al radio que lo une con el centro de la junta
- Si todos son del mismo material, una fuerza proporcional a la distancia y a la sección recta de cada uno. **(Fig 8.18)**

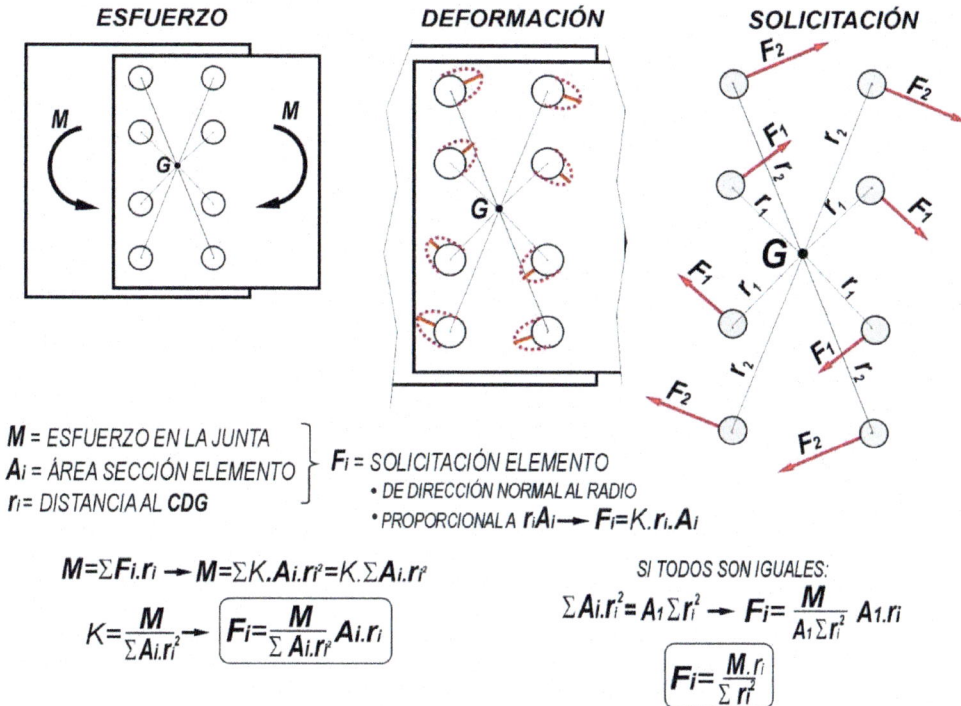

ESFUERZO   **DEFORMACIÓN**   **SOLICITACIÓN**

M = ESFUERZO EN LA JUNTA
Aᵢ = ÁREA SECCIÓN ELEMENTO   } *Fᵢ* = SOLICITACIÓN ELEMENTO
rᵢ = DISTANCIA AL **CDG**
  • DE DIRECCIÓN NORMAL AL RADIO
  • PROPORCIONAL A $r_i A_i$ → $F_i = K . r_i . A_i$

$$M = \Sigma F_i . r_i \longrightarrow M = \Sigma K . A_i . r_i^2 = K . \Sigma A_i . r_i^2$$

$$K = \frac{M}{\Sigma A_i . r_i^2} \longrightarrow \boxed{F_i = \frac{M}{\Sigma A_i . r_i^2} A_i . r_i}$$

SI TODOS SON IGUALES:

$$\Sigma A_i . r_i^2 = A_1 \Sigma r_i^2 \longrightarrow F_i = \frac{M}{A_1 \Sigma r_i^2} A_1 . r_i$$

$$\boxed{F_i = \frac{M . r_i}{\Sigma r_i^2}}$$

FIGURA 8.18
EFECTOS DE UN PAR

Si el esfuerzo es una combinación de carga centrada y momento, se calculan los efectos de cada componente por separado, obteniendo la solicitación resultante como composición de los efectos parciales. **(Fig 8.19)**

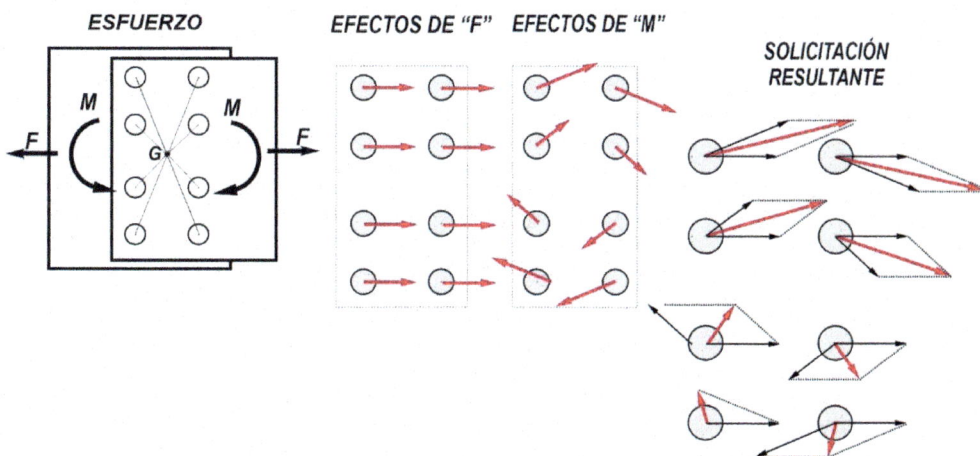

ESFUERZO   **EFECTOS DE "F"**   **EFECTOS DE "M"**   **SOLICITACIÓN RESULTANTE**

FIGURA 8.19
JUNTA SOLICITADA POR CARGA CENTRADA Y MOMENTO

Proceso a seguir para el diseño y cálculo de la junta

1. *Fijar el diámetro de los elementos de unión. Para chapas y perfiles normalizados hay tablas que proponen valores recomendables en función del espesor. Como orientación, el diámetro debe ser del orden de dos a dos con cinco veces el espesor mínimo a unir.*

2. *Calcular la resistencia de un elemento.*

3. *Diseñar la junta, fijando número y disposición de los elementos, de forma que se pueda determinar la situación de su centro de gravedad. Cuando se trate de cargas centradas y elementos iguales, su número puede calcularse conocidos el esfuerzo total soportar y la resistencia de cada uno.*

4. *Determinar el esfuerzo total sobre la junta.*

5. *Calcular la solicitación en cada elemento.*

6. *Aplicar la condición de resistencia. Solicitación menor o igual que resistencia.*

7. *Modificar diseño, si es preciso*

EJERCICIO 1

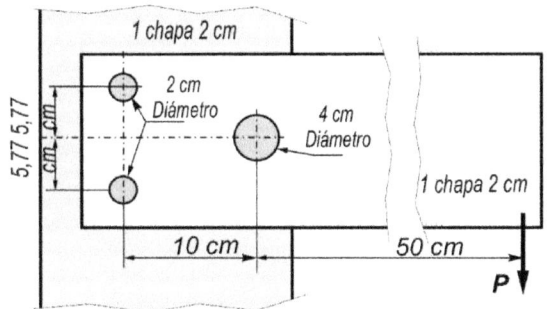

Determinar el valor máximo que puede tomar la carga "P" sin que fallen los elementos de unión. Se trata de una junta a simple cortadura

$$\tau_{adm} = 120 \ N/mm^2$$

$$\sigma_{adm} = 240 \ N/mm^2$$

SITUACIÓN DEL CENTRO DE GRAVEDAD DE LA JUNTA

POR SIMETRÍA, ESTARÁ SOBRE EL EJE xx

CÍRCULO $\emptyset$ 2 $A_1 = \pi \cdot R_1^2 = \pi \ cm^2$

CÍRCULO $\emptyset$ 4 $A_2 = \pi \cdot R_2^2 = 4 \ \pi \ cm^2$

$M = A.X_G = (2A_1 + A_2).X_G = 2.A_1.10 + A_2.0 \longrightarrow X_G = 3,33 \ cm$

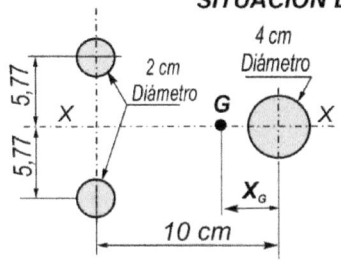

SITUACIÓN DE CADA ELEMENTO

ESFUERZO EN LA JUNTA

CARGA VERTICAL CENTRADA   **V=P**

MOMENTO RESPECTO AL CENTRO   **M=53,33.P**

FIGURA 8.20
EJERCICIO 1

EFECTOS DE LA CARGA CENTRADA
FUERZA VERTICAL, PROPORCIONAL A LA SECCIÓN

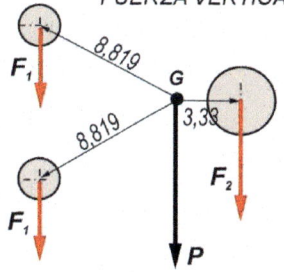

$$F_i = \frac{P}{\Sigma A_i} A_i$$

$$F_1 = \frac{P}{\Sigma A_i} \quad A_1 = \frac{P.\pi}{6\pi} = P/6$$

$$F_2 = \frac{P}{\Sigma A_i} \quad A_2 = \frac{P.4\pi}{6\pi} = 4P/6$$

EFECTOS DEL MOMENTO
FUERZA PERPENDICULAR AL RADIO
PROPORCIONAL A LA SECCIÓN
PROPORCIONAL A LA DISTANCIA

$$F_i = \frac{M}{\Sigma A_i.r_i^2} A_i.r_i$$

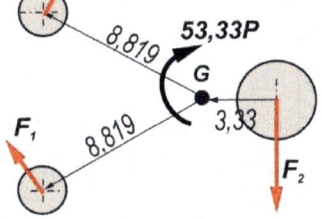

$$F_1 = \frac{M}{\Sigma A_i.r_i^2} A_1 r_1 = \frac{53,33P.8,819\pi}{199,90\pi} = 2,357P$$

$$F_2 = \frac{M}{\Sigma A_i.r_i^2} A_2 r_2 = \frac{53,33P.3,33.4\pi}{199,90\pi} = 3,553P$$

EFECTOS RESULTANTES
$$\alpha = 40,89°$$

$$\boxed{F_1 \text{ RESULTANTE} = 2,228P}$$

$$\boxed{F_2 \text{ RESULTANTE} = 4,222P}$$

RESISTENCIA ELEMENTOS

RESISTENCIA A CORTADURA	RESISTENCIA AL APLASTAMIENTO
$R_c = A.\tau_{ADM}$	$R_a = A.\sigma_{APLS}$
$R_c = \frac{\pi d^2}{4} \tau_{ADM}$	$R_a = e.d.\sigma_{APLS}$

$$\boxed{R_1 = \text{Menor de } R_c \text{ y } R_a}$$

$R_{1c} = 100.\pi.120 = 37.700 \, N$ $R_{2c} = 100.4\pi.120 = 150.797 \, N$

$R_{1a} = 100.2.2.240 = 96.000 \, N$ $R_{2a} = 100.2.4.240 = 192.000 \, N$

$$R_1 = 37.700 \, N \qquad R_2 = 150.797 \, N$$

CONDICIÓN DE RESISTENCIA

$$F_1 \leq R_1 \rightarrow 2,228P \leq 37700 \rightarrow P \leq 16.920 \, N$$

$$F_2 \leq R_2 \rightarrow 4,222P \leq 150797 \rightarrow P \leq 35.716 \, N$$

$$\boxed{P \text{ MÁXIMA ADMISIBLE} = 16.920 \, N}$$

(LIMITADA POR LOS ELEMENTOS "1")

FIGURA 8.21
EJERCICIO 1

EJERCICIO 2

Determinar la máxima potencia (en CV) que puede transmitir el mecanismo de la figura sin que falle ningún elemento. Velocidad de rotación 600 rpm

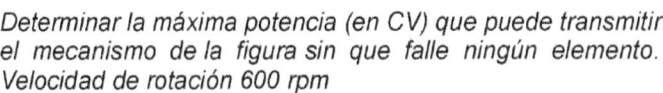

σ_a*chavetas=180 N/mm²* σ_a *tornillos=220 N/mm²*
τ_{adm}*chavetas=90 N/mm²* τ_{adm} *tornillos=110 N/mm²*
    σ_a*discos acoplamiento=160 N/mm²*
    σ_a*del eje=200 N/mm²*

DETALLE ACOPLAMIENTO

8 TORNILLOS DE **1,2** cm DIÀMETRO CIRCUNFERENCIA DE **10** cm RADIO

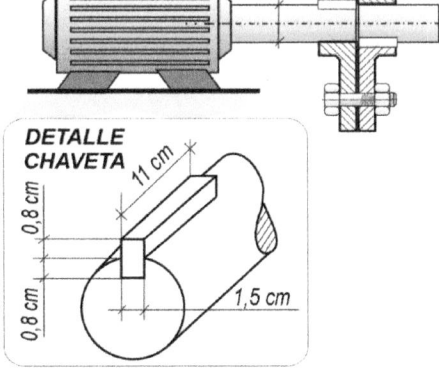

DETALLE CHAVETA

PAR QUE PUEDE TRANSMITIR LA CHAVETA

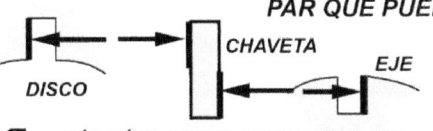

CHAVETA
EJE
DISCO

σ_{APLS}=MÁS DÉBIL DE EJE, DISCO Y CHAVETA

RESISTENCIA A CORTADURA
$$Rc = A.\tau_{ADM}$$
$Rc=100.11.1,5.90 =148500\ N$

RESISTENCIA AL APLASTAMIENTO
$$Ra = A.\sigma_{APLS}$$
$Ra=100.11.0,8.160=140800\ N$

RESISTENCIA DE LA CHAVETA
$R_{CH}= 140.800\ N$

$M=R_{CH}.Radio$
$M=140800.0,04=\mathbf{5632}\ Nm$

140800 N

M

PAR QUE PUEDE TRANSMITIR EL ACOPLAMIENTO

RESISTENCIA DE UN TORNILLO

A CORTADURA
$$Rc = A.\tau_{ADM}$$
$$Rc=\frac{\pi d^2}{4}\tau_{ADM}$$
$$Rc=\frac{\pi 12^2}{4}\ 110=12441\ N$$

AL APLASTAMIENTO
$$Ra = A.\sigma_{APLS}$$
$$Ra = e.d.\sigma_{APLS}$$
σ_{APLS}=MÁS DÉBIL DE TORNILLO Y DISCO
$Ra =100.1,2.0,4.160=7680\ N$

RESISTENCIA DE UN TORNILLO $R_{1T}= 7680\ N$

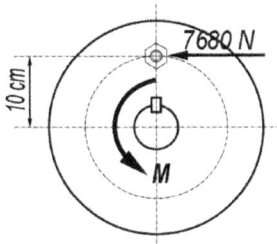

7680 N

M

$M=8.R_{1T}.Radio$
$M=8.7680.0,10=6144\ Nm$

POTENCIA

$P = M.\omega$
$\omega = 600.2\pi/60 = 20\pi$ rad/seg
$M = 5632\ Nm$ (LIMITADO POR LA CHAVETA)
$P = 5632.20\pi = 353870\ w$

$$P = \frac{353870\ w}{735,5} = \mathbf{481\ CV}$$

FIGURA 8.22
EJERCICIO 2

EJERCICIO 3

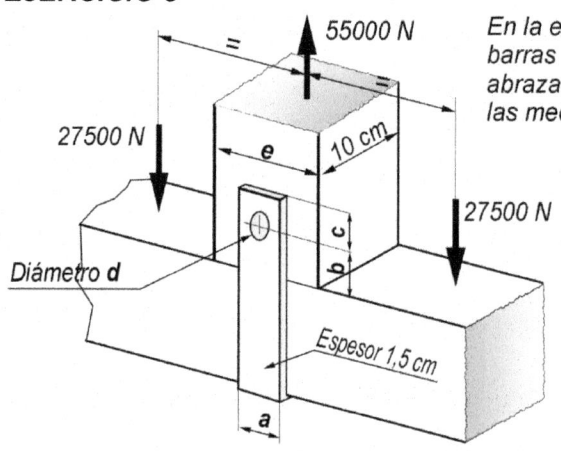

En la estructura de la figura, formada por dos barras de madera, enlazadas mediante una abrazadera de acero y un pasador, calcular las medidas **a, b, c, d** y **e**

σ_a acero = 75 N/mm^2
τ_{adm} acero = 60 N/mm^2

σ_a madera = 20 N/mm^2
τ_{adm} madera = 4 N/mm^2

DIÁMETRO DEL PASADOR (TRABAJA A DOBLE CORTADURA)

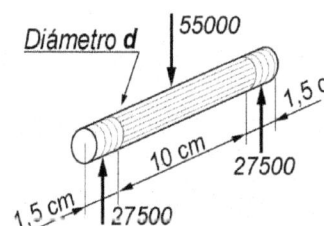

CÁLCULO A CORTADURA

$Rc = A.\tau_{ADM}$

$Rc = \dfrac{2\pi d^2}{4}\tau_{ADM}$

$55000 = \dfrac{2\pi d^2}{4} 60$

$d = 24,15\ mm$

CÁLCULO AL APLASTAMIENTO

$Ra = A.\sigma_{APLS} = e.d.\sigma_{APLS}$

ABRAZADERA	MADERA
$55000 = 2.15.d.75$	$55000 = 100.d.20$
$d = 24,44\ mm$	$d = 27,5\ mm$

Diámetro d = 27,5 mm

CÁLCULO DEL TIRANTE "e"

$T = A.\sigma_{ADM}$

$55000 = 100(e-d).20$

e = 55 mm

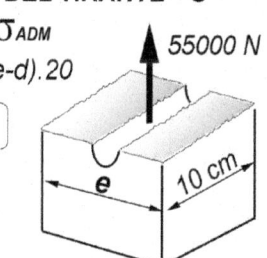

CÁLCULO DE ABRAZADERA "a"

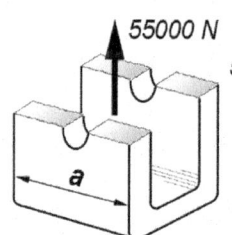

$T = A.\sigma_{ADM}$

$55000 = 2.15.(a-d).75$

a = 51,9 mm

PARA EVITAR EL DESGARRO

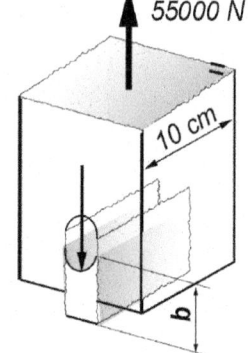

EN EL TIRANTE "b"

$Rc = A.\tau_{ADM}$

$55000 = 2.100.b.4$

b = 68,75 mm

EN LA ABRAZADERA "c"

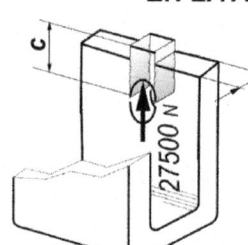

$Rc = A.\tau_{ADM}$

$27500 = 2.15.c.60$

c = 15,27 mm

FIGURA 8.23
EJERCICIO 3

EJERCICIO 4

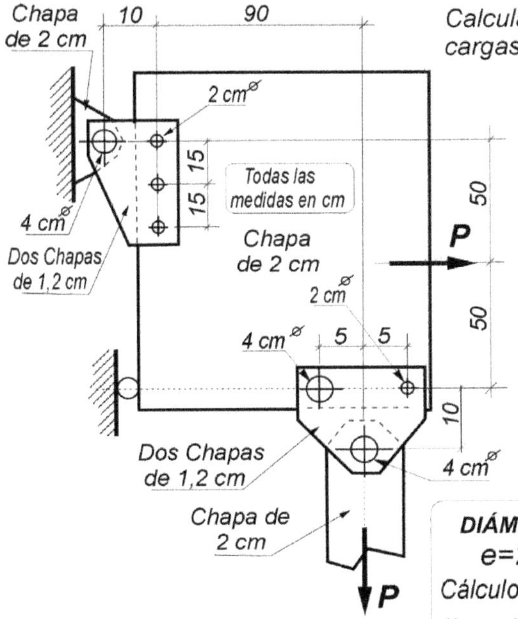

Chapa de 2 cm
10   90

2 cm$^\varnothing$

Todas las medidas en cm

4 cm$^\varnothing$

Dos Chapas de 1,2 cm

Chapa de 2 cm

2 cm$^\varnothing$

4 cm$^\varnothing$ 5   5

Dos Chapas de 1,2 cm

Chapa de 2 cm

15   15

50

50

P

10

P

Calcular el valor máximo que pueden tomar las cargas "**P**" sin fallo en los elementos de unión.

Para chapas y elementos de unión:

$$\sigma_a = 200 \ N/mm^2$$
$$\tau_{adm} = 100 \ N/mm^2$$

EN TODOS CASOS SE TRATA DE UNIONES A DOBLE CORTADURA

Chapa central $e_1 = 20$ mm
Cubrejuntas $e_2 = 12$ mm

e = menor de e_1 y $2e_2$ → **e = 20 mm**

doble cortadura
y $\sigma_a = 2\tau_{adm}$
$\left\{\begin{array}{l} \text{Si } e > 0,8d \\ \quad \textbf{Cálculo a cortadura} \\ \text{Si } e < 0,8d \\ \quad \textbf{Cálculo al aplastamiento} \end{array}\right.$

RESISTENCIA DE UN ELEMENTO

DIÁMETRO d=40 mm	DIÁMETRO d=20 mm
$e = 20 < 0,8.40$	$e = 20 > 0,8.20$
Cálculo al aplastamiento	Cálculo a cortadura
$R_1 = e.d.\sigma_{APLS} = 20.40.200$	$R_1 = \dfrac{2\pi d^2}{4}\tau_{ADM} = \dfrac{2\pi 20^2}{4} 100$
$\boxed{R_1 = 160.000 \ N}$	$\boxed{R_1 = 62.832 \ N}$

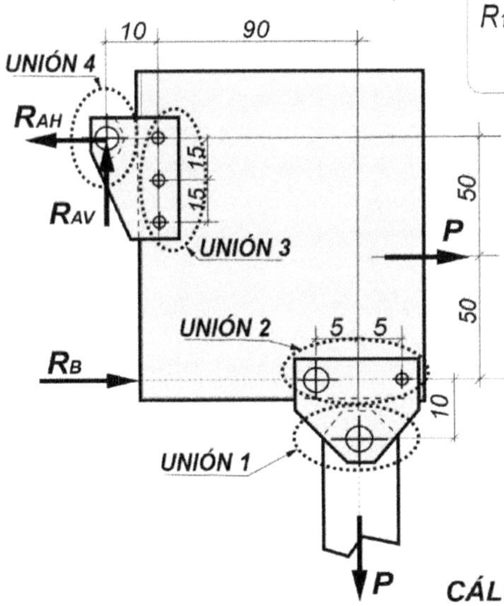

UNIÓN 4
10   90

R_{AH}

R_{AV}

UNIÓN 3

15   15

50

P

50

UNIÓN 2   5   5

R_B

UNIÓN 1

10

P

FUERZAS SOBRE LA ESTRUCTURA

$\Sigma M_A = 0$ $100.P - 50.P - 100.R_B = 0$ $\boxed{R_B = P/2}$

$\Sigma F_H = 0$ $P + R_B - R_{AH} = 0$ $\boxed{R_{AH} = 3P/2}$

$\Sigma F_V = 0$ $P - R_{AV} = 0$ $\boxed{R_{AV} = P}$

CÁLCULO UNIÓN 1
UN ELEMENTO DE 40 mm $\varnothing$ SOLICITADO POR UNA CARGA "P"

SOLICITACIÓN $F_1 = P$
RESISTENCIA $R_1 = 160000$
$R_1 = 160.000 >= F_1 = P$

$\boxed{P <= 160.000 \ N}$

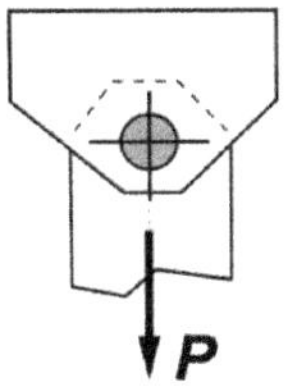

CÁLCULO UNIÓN 4
UN ELEMENTO DE 40 mm $\varnothing$ SOLICITADO POR UNA CARGA "1,8P"

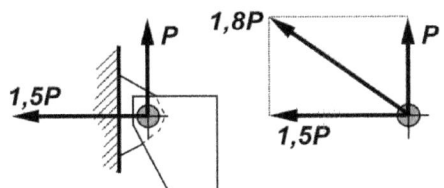

SOLICITACIÓN $F_1 = 1,8P$
RESISTENCIA $R_1 = 160000$
$R_1 = 160.000 >= F_1 = 1,8P$

$\boxed{P <= 88.889 \ N}$

FIGURA 8.24
EJERCICIO 4

CÁLCULO UNIÓN 2

DOS ELEMENTOS (40 mm Y 20 mm ⌀) SOLICITADOS POR UNA CARGA "P"

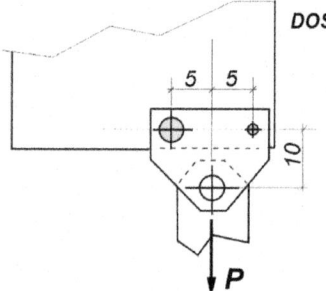

CENTRO GRAVEDAD DE LA JUNTA

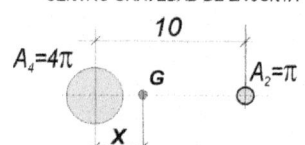

$$4\pi.0 + \pi.10 = 5\pi.x \rightarrow x = 2\ cm$$

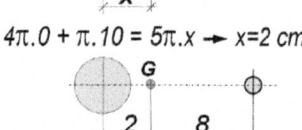

SOLICITACIÓN EN LA JUNTA

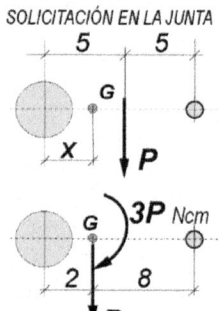

SOLICITACIÓN EN CADA ELEMENTO

EFECTOS "P"

$$\boxed{F_i = \frac{P}{\Sigma\,A_i}A_i}$$

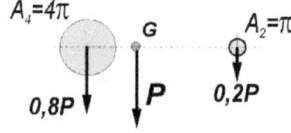

$$F_4 = \frac{P.4\pi}{5\pi} = 0,8P$$

$$F_2 = \frac{P.\pi}{5\pi} = 0,2P$$

EFECTOS "M"

$$\boxed{F_i = \frac{M}{\Sigma\,A_i.r_i^2}A_i.r_i}$$

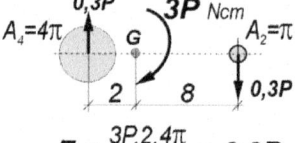

$$F_4 = \frac{3P.2.4\pi}{80\pi} = 0.3P$$

$$F_2 = \frac{3P.8.\pi}{80\pi} = 0,3P$$

SOLICITACIÓN RESULTANTE

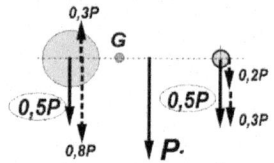

PUESTO QUE LA SOLICITACIÓN ES LA MISMA, LA RESISTENCIA DE LA JUNTA QUEDA LIMITADA POR EL ELEMENTO MÁS DÉBIL

SOLICITACIÓN $F_2 = 0,5P$
RESISTENCIA $R_1 = 62832$
$R_1 = 62832 >= F_2 = 0,5P$

$$\boxed{P <= 125.664\ N}$$

CÁLCULO UNIÓN 3

TRES ELEMENTOS DE 20 mm ⌀ SOLICITADOS POR LA REACCIÓN R_A

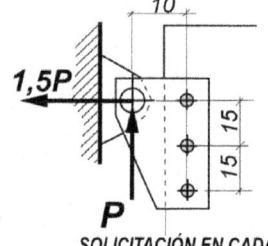

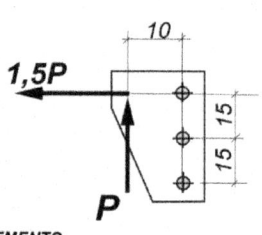

ESFUERZO EN LA JUNTA

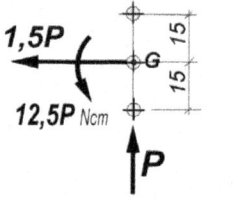

SOLICITACIÓN EN CADA ELEMENTO

EFECTOS "P" **EFECTOS "1,5P"** **EFECTOS "M"** **SOLICITACIÓN RESULTANTE**

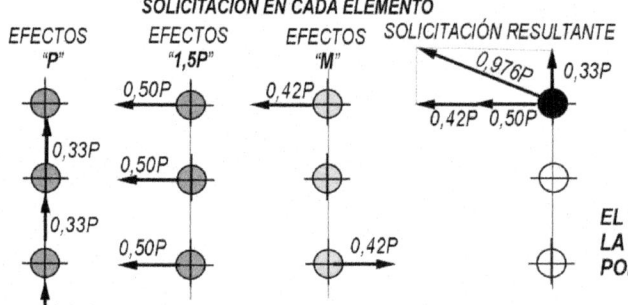

SOLICITACIÓN $F_{1MAX} = 0,976P$
RESISTENCIA $R_1 = 62832$
$R_1 = 62832 >= F_1 = 0,976P$

$$\boxed{P <= 64377\ N}$$

EL VALOR MÁXIMO QUE PUEDE TOMAR LA CARGA "P" ES DE 64377 N, LIMITADA POR LA RESISTENCIA DE LA JUNTA "3"

FIGURA 8.25
EJERCICIO 4

EJERCICIO 5

Determinar el máximo valor que puede tomar el par **M,** aplicado en la pieza **2**, sin que fallen los elementos de unión.

Los tornillos de las juntas son de **10** mm de diámetro.

$\tau_{adm} = 100$ N/mm^2

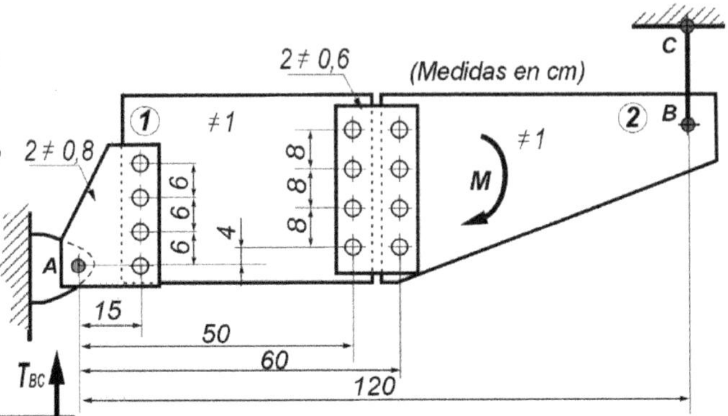

2 ≠ 0,6   (Medidas en cm)

FUERZAS SOBRE LA ESTRUCTURA
(M=N.cm)   (F=N)

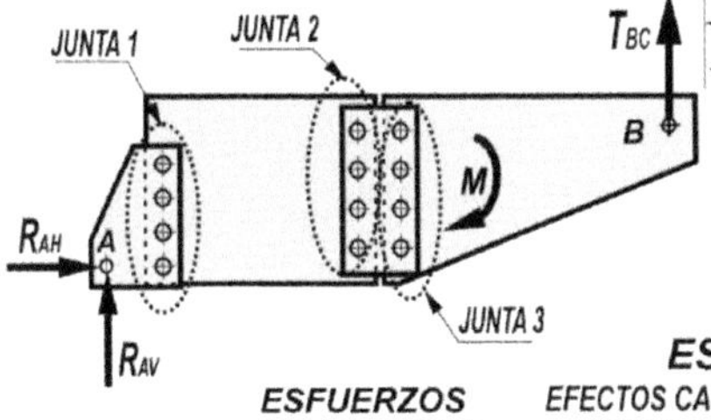

$\sum M_A = 0 \rightarrow M - 20 \cdot T_{BC} = 0 \rightarrow \boxed{T_{BC} = M/120}$

$\sum F_H = 0 \rightarrow \boxed{R_{AH} = 0}$

$\sum F_v = 0 \rightarrow T_{BC} + R_{AV} = 0 \rightarrow \boxed{R_{AV} = -M/120}$

(SENTIDO CONTRARIO AL PREVISTO EN EL DIAGRAMA DEL SÓLIDO LIBRE)

ESTUDIO DE LA JUNTA 1

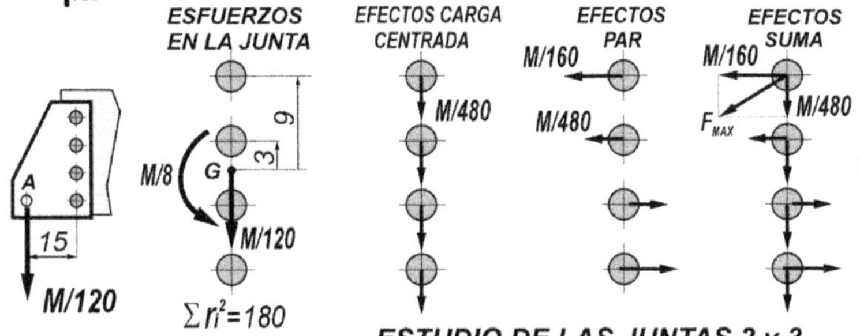

ESFUERZOS EN LA JUNTA   EFECTOS CARGA CENTRADA   EFECTOS PAR   EFECTOS SUMA

ESFUERZO EN EL ELEMENTO MÁS SOLICITADO

$F_{MAX} = \sqrt{(M/160)^2 + (M/480)^2}$

$F_{MAX} = 3,1622 M/480$

$\sum r_i^2 = 180$

ESTUDIO DE LAS JUNTAS 2 y 3
(PUESTO QUE SON IDÉNTICAS, CALCULAREMOS LA MÁS SOLICITADA)

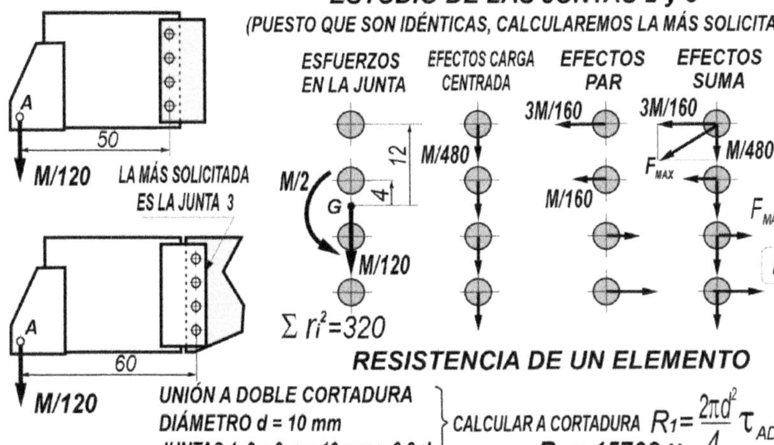

ESFUERZOS EN LA JUNTA   EFECTOS CARGA CENTRADA   EFECTOS PAR   EFECTOS SUMA

LA MÁS SOLICITADA ES LA JUNTA 3

ESFUERZO EN EL ELEMENTO MÁS SOLICITADO

$F_{MAX} = \sqrt{(3M/160)^2 + (M/480)^2}$

$\boxed{F_{MAX} = 9,055 \ M/480}$

$\sum r_i^2 = 320$

RESISTENCIA DE UN ELEMENTO

UNIÓN A DOBLE CORTADURA
DIÁMETRO d = 10 mm
JUNTAS 1, 2 y 3   e = 10 mm > 0,8.d

CALCULAR A CORTADURA $R_1 = \dfrac{2\pi d^2}{4} \tau_{ADM} = \dfrac{2\pi 10^2}{4} 100$

R$_1$ = 15708 N

CONDICIÓN DE RESISTENCIA

SOLICITACIÓN MAX = 9,055 M/480 <= RESISTENCIA R$_1$ = 15708

$$\boxed{M <= 832670 \ \text{N.cm}}$$

FIGURA 8.26
EJERCICIO 5

EJERCICIO 6

La barra rígida **ABCD**, articulada en el
extremo **A** y sujeta por dos tirantes **BF**
y **DK** está solicitada por la carga puntual
P de **10.000** kp y una carga distribuida
de **400** kp/m
Determinar:

a) Secciones de los tirantes (**A** y **1,2A**)

b) Diámetro bulón de la articulación **A**

c) Diámetros d_1 y d_F de los tornillos
   del soporte **F**

d) Diámetros d_2 y d_K de los tornillos
   del soporte **K**

(Todas las uniones a doble cortadura)
(No comprobar al aplastamiento)
(Para el desplazamiento de la barra **ABCD**
no considerar la deformación de los tornillos)

$\sigma_{adm}=2000$ kp/cm²

$\tau_{adm}=1000$ kp/cm²

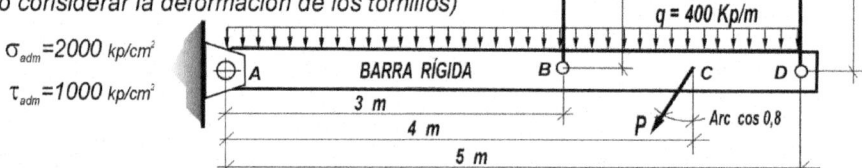

FUERZAS SOBRE LA BARRA

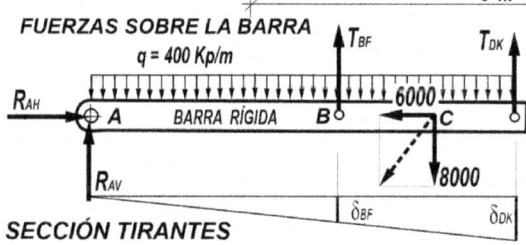

$\sum M_A=0 \quad 400.5.2,5+8000.4-3T_{BF}-5T_{DK}=0$

$\sum F_H=0 \quad R_{AH}-6000=0$

$\sum F_v=0 \quad 400.5+8000-R_{AV}-T_{BF}-T_{DK}=0$

3 ECUACIONES y 4 INCÓGNITAS (HIPERESTÁTICO GRADO 1)

COMPATIBILIDAD DEFORMACIONES

$$\frac{\delta_{BF}}{3}=\frac{\delta_{DK}}{5} \quad \frac{100.T_{BF}}{3.A.E}=\frac{120.T_{DK}}{5.1,2A.E} \quad T_{BF}=0,6T_{DK}$$

$\boxed{R_{AH}=6000 \text{ Kp} \quad T_{BF}=3265 \text{ Kp} \quad T_{DK}=5442 \text{ Kp} \quad R_{AV}=1293 \text{ Kp}}$

SECCIÓN TIRANTES

$A_{BF}\geq\dfrac{T_{BF}}{2000} \quad A_{BF}\geq 1,63 \text{ cm}^2 \quad A_{DK}\geq\dfrac{T_{DK}}{2000} \quad A_{DK}\geq 2,72 \text{ cm}^2$

$A_{DK}=1,2.A_{BF}=1,2.1,63=1,95 \text{ cm}^2$ INSUFICIENTE

$A_{BF}=A_{DK}/1,2=2,72/1,2=2,26 \text{ cm}^2$

$\boxed{A_{DK}=2,72 \text{ cm}^2} \quad \boxed{A_{BF}=2,26 \text{ cm}^2}$

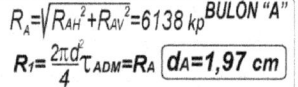

$R_A=\sqrt{R_{AH}^2+R_{AV}^2}=6138 \text{ kp}$ **BULÓN "A"**

$R_1=\dfrac{2\pi d^2}{4}\tau_{ADM}=R_A$ $\boxed{d_A=1,97 \text{ cm}}$

$T_{BF}=3265 \text{ kp}$ **BULÓN "F"**

$R_1=\dfrac{2\pi d^2}{4}\tau_{ADM}=T_{BF}$ $\boxed{d_F=1,44 \text{ cm}}$

$T_{DK}=5442 \text{ kp}$ **BULÓN "K"**

$R_1=\dfrac{2\pi d^2}{4}\tau_{ADM}=T_{DK}$ $\boxed{d_K=1,86 \text{ cm}}$

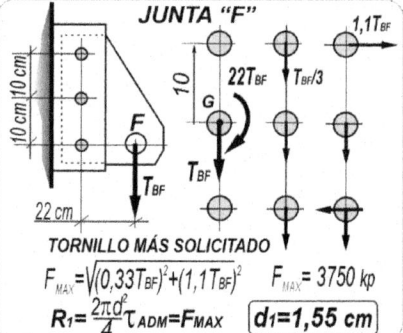

JUNTA "F"

$1,1T_{BF}$

$22T_{BF}$ $\quad T_{BF}/3$

TORNILLO MÁS SOLICITADO

$F_{MAX}=\sqrt{(0,33T_{BF})^2+(1,1T_{BF})^2} \quad F_{MAX}=3750 \text{ kp}$

$R_1=\dfrac{2\pi d^2}{4}\tau_{ADM}=F_{MAX}$ $\boxed{d_1=1,55 \text{ cm}}$

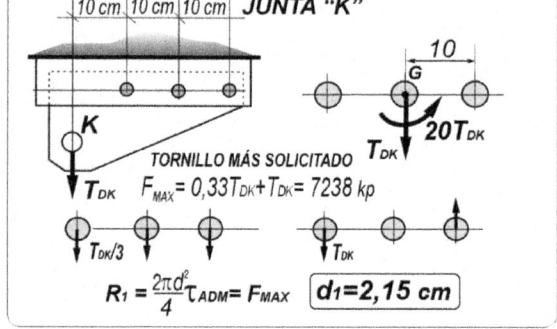

JUNTA "K"

$20T_{DK}$

TORNILLO MÁS SOLICITADO

$F_{MAX}=0,33T_{DK}+T_{DK}=7238 \text{ kp}$

$R_1=\dfrac{2\pi d^2}{4}\tau_{ADM}=F_{MAX}$ $\boxed{d_1=2,15 \text{ cm}}$

FIGURA 8.27
EJERCICIO 6

EJERCICIO 7

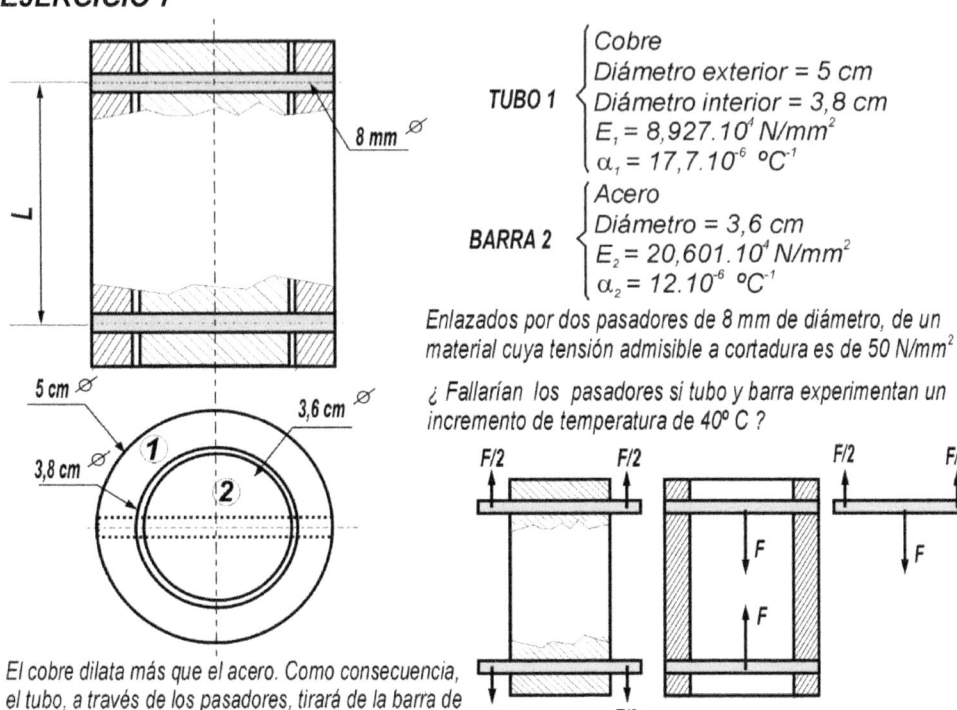

TUBO 1 $\begin{cases} Cobre \\ Diámetro\ exterior = 5\ cm \\ Diámetro\ interior = 3,8\ cm \\ E_1 = 8,927.10^4\ N/mm^2 \\ \alpha_1 = 17,7.10^{-6}\ °C^{-1} \end{cases}$

BARRA 2 $\begin{cases} Acero \\ Diámetro = 3,6\ cm \\ E_2 = 20,601.10^4\ N/mm^2 \\ \alpha_2 = 12.10^{-6}\ °C^{-1} \end{cases}$

Enlazados por dos pasadores de 8 mm de diámetro, de un material cuya tensión admisible a cortadura es de 50 N/mm²

¿ Fallarían los pasadores si tubo y barra experimentan un incremento de temperatura de 40° C ?

El cobre dilata más que el acero. Como consecuencia, el tubo, a través de los pasadores, tirará de la barra de acero con una cierta fuerza. Del mismo modo, la barra reaccionará con una fuerza igual, tratando de oponerse a la dilatación del tubo. Al final, la barra quedará sometida a un cierto esfuerzo de tracción, el tubo, a la misma fuerza, de compresión, y el pasador, a cortadura.

COMPATIBILIDAD DE LAS DEFORMACIONES

Prescindiendo de la pequeña deformación por cortadura que pueden experimentar los pasadores, la longitud final del tubo de cobre y la barra de acero tienen que ser iguales.

Longitud final del tubo = L + Dilatación térmica - Acortamiento elástico
Longitud final de la barra = L + Dilatación térmica + Alargamiento elástico

$$L_{f1}=L+\alpha_1.L.\Delta t - \frac{FL}{A_1E_1} \longrightarrow \boxed{L_{f1}= L_{f2}} \longleftarrow L_{f2}=L+\alpha_2.L.\Delta t + \frac{FL}{A_2E_2}$$

$$\alpha_1.L.\Delta t - \frac{FL}{A_1E_1} = \alpha_2.L.\Delta t + \frac{FL}{A_2E_2}$$

$$\alpha_1.L.\Delta t - \alpha_2.L.\Delta t = \frac{FL}{A_1E_1} + \frac{FL}{A_2E_2}$$

$$\Delta t.(\alpha_1 - \alpha_2) = F(\frac{1}{A_1E_1} + \frac{1}{A_2E_2})$$

$A_1=\pi.(25^2-19^2)=264\ \pi\ mm^2$
$A_2=\pi.18^2=324\ \pi\ mm^2$

$$40.5,5.10^{-6}=\frac{F}{10^4\pi}\left(\frac{1}{264.8,927}+\frac{1}{324.20,601}\right) \qquad \boxed{F = 12038\ N}$$

Teniendo en cuenta que el pasador trabaja a doble cortadura:

$$\tau=\frac{F}{2\pi r^2} = \frac{12038}{2\pi 4^2}= 119,7\ N/mm^2$$

Como la tensión admisible a cortadura es de 50 N/mm² es muy probable el fallo del pasador

FIGURA 8.28
EJERCICIO 7

CAPÍTULO 9

TORSIÓN SIMPLE

SÓLIDOS SOMETIDOS A TORSIÓN

Se dice que un sólido está sometido a torsión cuando la única componente no nula del esfuerzo es un momento respecto al eje de la barra, (Momento torsor). Para barras de sección circular, macizas o tubulares, es aplicable la teoría de la torsión simple, (ley de Coulomb), que vamos a estudiar; otras formas de sección no responden a esta teoría. **(Fig 9.1)**

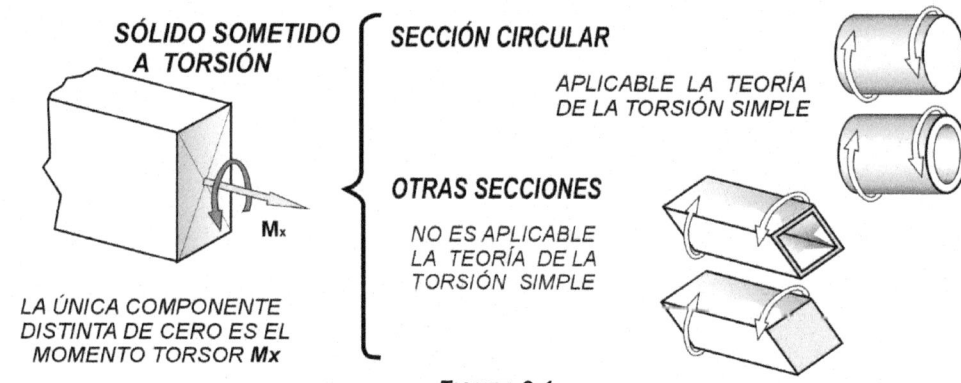

FIGURA 9.1
SÓLIDO SOMETIDO A TORSIÓN

Como consecuencia del esfuerzo, se producen giros de unas secciones rectas con relación a otras, (ángulo de torsión). Para valorar la intensidad de la deformación, también aquí se utiliza el concepto de deformación unitaria (giro relativo de dos secciones distantes la unidad). **(Fig 9.2)**

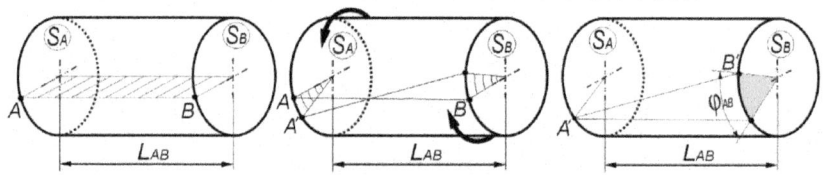

φ_{AB} = GIRO DE LA SECCIÓN **"A"** CON RELACIÓN A LA **"B"**
φ_{AB} = ÁNGULO DE TORSIÓN (RADIANES)

$$\theta = \text{ÁNGULO DE TORSIÓN UNITARIO} = \frac{\varphi_{AB}}{L_{AB}} \quad (Rad/m \quad Rad/cm)$$

θ = GIRO RELATIVO PARA DOS SECCIONES DISTANTES LA UNIDAD (Rad/m) (Rad/cm)

FIGURA 9.2
ÁNGULO DE TORSIÓN

Tensiones en la torsión simple (Teoría de Coulomb)

Puesto que las tensiones no resultan evidentes, sus características se deducen de la observación de las deformaciones. En este caso, se comprueba que unas secciones giran con relación a otras y se supone (contrastado en lo posible por la práctica):

- *Las secciones permanecen planas*
- *Todos los puntos de la sección experimentan el mismo giro (los radios se conservan rectos)*
- *No varía la distancia entre secciones (no hay tensiones normales en las secciones rectas)*

*Como consecuencia del giro $d\varphi$ de S_1 con relación a S_2, (**Fig 9.3**), los elementos **1** y **2** experimentan una deformación por cortadura. De las observaciones y razonamientos seguidos en dicha figura, se deduce que las tensiones cortantes en cada punto, asociadas a estas deformaciones: (**Fig 9.4**)*

- *Son perpendiculares al radio que une el punto con el centro*
- *Son proporcionales a la distancia al centro, por lo que la tensión máxima se dará en puntos de la periferia*
- *Su sentido es el del esfuerzo*

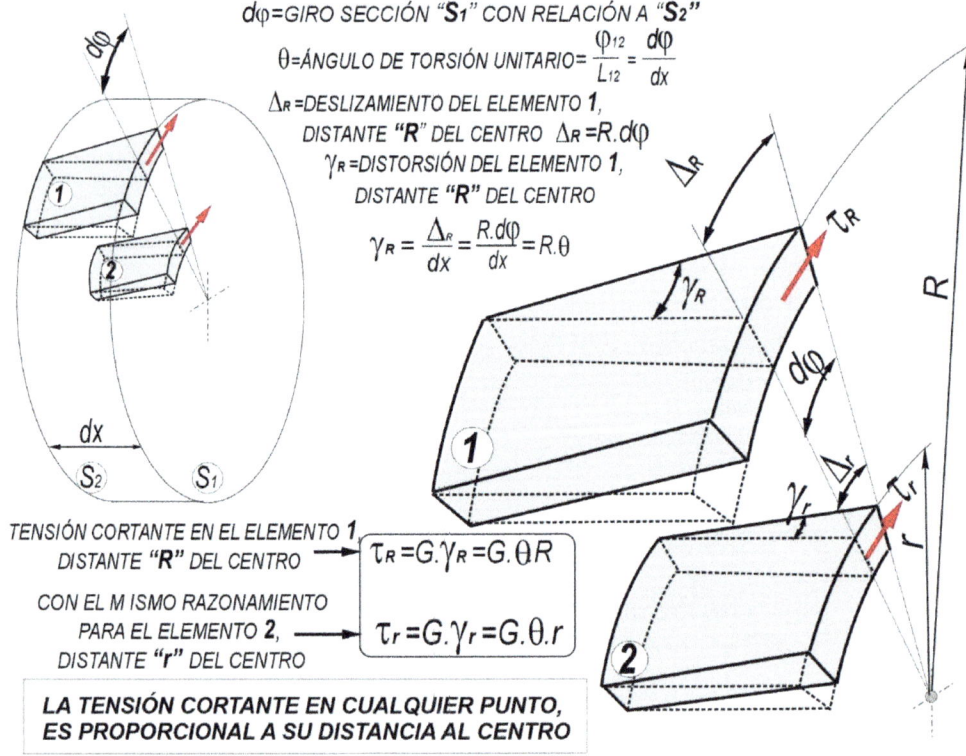

$d\varphi$=GIRO SECCIÓN "S_1" CON RELACIÓN A "S_2"

θ=ÁNGULO DE TORSIÓN UNITARIO=$\dfrac{\varphi_{12}}{L_{12}}=\dfrac{d\varphi}{dx}$

Δ_R=DESLIZAMIENTO DEL ELEMENTO **1**, DISTANTE "**R**" DEL CENTRO Δ_R=R.dφ

γ_R=DISTORSIÓN DEL ELEMENTO **1**, DISTANTE "**R**" DEL CENTRO

$$\gamma_R=\frac{\Delta_R}{dx}=\frac{R.d\varphi}{dx}=R.\theta$$

TENSIÓN CORTANTE EN EL ELEMENTO **1** DISTANTE "**R**" DEL CENTRO $\longrightarrow$ $\boxed{\tau_R=G.\gamma_R=G.\theta R}$

CON EL MISMO RAZONAMIENTO PARA EL ELEMENTO **2**, $\longrightarrow$ $\boxed{\tau_r=G.\gamma_r=G.\theta.r}$ DISTANTE "**r**" DEL CENTRO

LA TENSIÓN CORTANTE EN CUALQUIER PUNTO, ES PROPORCIONAL A SU DISTANCIA AL CENTRO

FIGURA 9.3
TENSIONES EN LA TORSIÓN SIMPLE

DE ACUERDO CON LA DEFORMACIÓN POR CORTADURA OBSERVADA, LA TENSIÓN EN CADA PUNTO, ES NORMAL AL RADIO

LA TENSIÓN EN CADA PUNTO, ES PROPORCIONAL AL RADIO

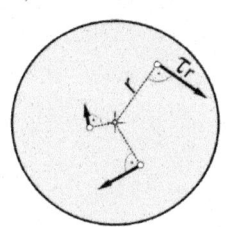
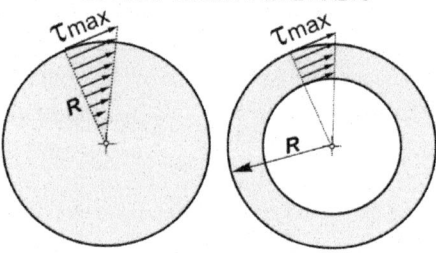

FIGURA 9.4
CARACTERÍSTICAS DE LAS TENSIONES

Teniendo en cuenta que la tensión es una medida de cómo se reparte el esfuerzo a lo largo de la sección, en la **Figura 9.5** se obtiene el valor de las tensiones cortantes, de acuerdo con el momento torsor y las dimensiones de la sección.

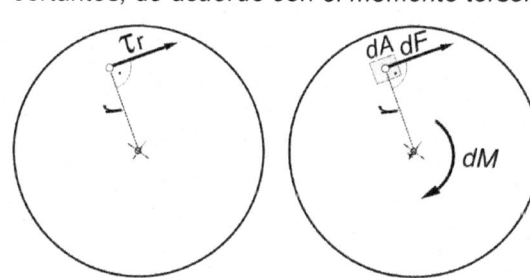

τ_r =TENSIÓN EN UN PUNTO A DISTANCIA "*r*" DEL CENTRO

dF = FUERZA SOBRE UN ELEMENTO DE ÁREA **dA**, DISTANTE "*r*" DEL CENTRO

dM = MOMENTO DE ESA FUERZA RESPECTO AL CENTRO

LA SUMA DE ESTOS MOMENTOS, EXTENDIDA A TODA LA SECCIÓN, ES IGUAL AL MOMENTO TORSOR EN LA MISMA

$$M_T = \int_A dM = \int_A r.dF = \int_A r.\tau_r.dA = \int_A r.G.\theta.r.dA \longrightarrow M_T = G.\theta \int_A r^2.dA$$

$$\int_A r^2.dA = I_0 = \text{MOMENTO DE INERCIA POLAR DE LA SECCIÓN RESPECTO AL CENTRO}$$

RELACIONA ESFUERZOS, DEFORMACIONES, DIMENSIONES Y CARACTERÍSTICAS DEL MATERIAL
$$\boxed{M_T = G.\theta.I_0}$$
(ECUACIÓN DE DEFORMACIONES)

TENIENDO EN CUENTA QUE $\tau_r = G.\theta.r \longrightarrow \dfrac{\tau_r}{M_T} = \dfrac{G.\theta.r}{G.\theta.I_0} = \dfrac{r}{I_0} \longrightarrow \boxed{\tau_r = \dfrac{M_T.r}{I_0}}$

$$\boxed{\tau_{max} = \dfrac{M_T.R}{I_0}}$$

I₀ y R SON CARACTERÍSTICAS GEOMÉTRICAS DE LA SECCIÓN

$$W_T = \dfrac{I_0}{R} = \text{MÓDULO DE TORSIÓN}$$

$$\boxed{\tau_{max} = \dfrac{M_T}{W_T}}$$

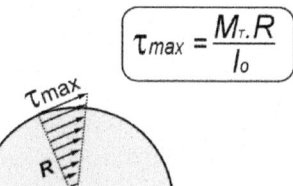
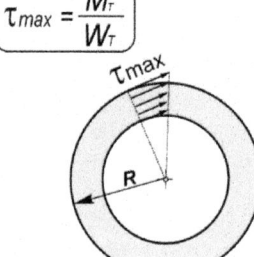

FIGURA 9.5
VALOR DE LA TENSIÓN CONOCIDO EL MOMENTO

De la observación de la distribución de tensiones en la sección recta se llega fácilmente a la siguiente conclusión: los elementos de sección próximos al centro, (tensiones y radios reducidos), apenas contribuyen a soportar el momento de torsión. En las secciones tubulares se obtiene un mejor aprovechamiento del material. En el ejercicio 1, **(Fig 9.6)** se destaca esta particularidad.

EJERCICIO 1

Para una barra cilíndrica, de radio **R**, solicitada por un esfuerzo de torsión **M**, determinar la fracción del momento soportada por un núcleo central cuya superficie sea la mitad de la sección.

NÚCLEO CENTRAL DE ÁREA MITAD

$A = \pi . R^2$
$I_0 = \pi . R^4 / 2$

$A_N = \pi . X^2 = A/2 = \pi . R^2 / 2$

$X = \dfrac{R}{\sqrt{2}}$

M_T = MOMENTO TORSOR SOPORTADO POR TODA LA SECCIÓN

M_N = PARTE DEL MOMENTO SOPORTADA POR EL NÚCLEO CENTRAL

$\tau_r = \dfrac{M_T}{I_0} r$

$M_N = \displaystyle\int_0^x dM = \int_0^x r.dF = \int_0^x r.\tau_r.dA = \dfrac{M_T}{I_0} \int_0^x r^2 dA$

$M_N = \dfrac{M_T}{I_0} \displaystyle\int_0^x r^2 dA = \dfrac{M_T}{I_0} I_N \qquad I_N = \pi . x^4 / 2$

LA MITAD CENTRAL DE LA SECCIÓN, SOLO TRANSMITE LA CUARTA PARTE DEL MOMENTO

$M_N = M_T \dfrac{\pi . x^4 / 2}{\pi . R^4 / 2} = M_T \dfrac{x^4}{R^4} = M_T \dfrac{(R/\sqrt{2})^4}{R^4} = M_T / 4$

FIGURA 9.6
EJERCICIO 1

Análisis de tensiones

Del análisis de tensiones de un elemento situado en la periferia de la barra, (los más solicitados) se llega a la conclusión de que las tensiones cortantes máximas se producen en las secciones rectas y en las longitudinales, de acuerdo con el teorema de reciprocidad de las tensiones cortantes.

También se observa que los planos principales están a 45° con el eje: para uno, tenemos tensiones de tracción y para el otro de compresión, del mismo valor que la tensión cortante máxima **(Figura 9.7)**.

Es importante considerar estos planos en materiales de reducida resistencia a tracción y en tubos de pared delgada, en los que las compresiones a 45° pueden provocar fenómenos de inestabilidad local.

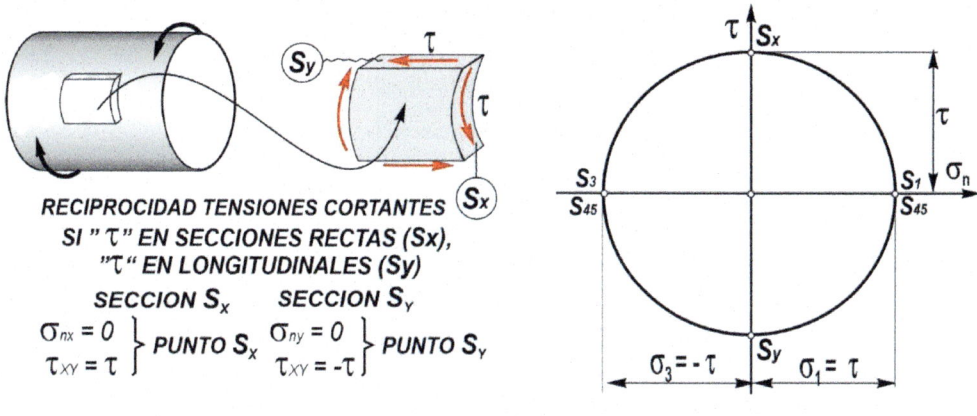

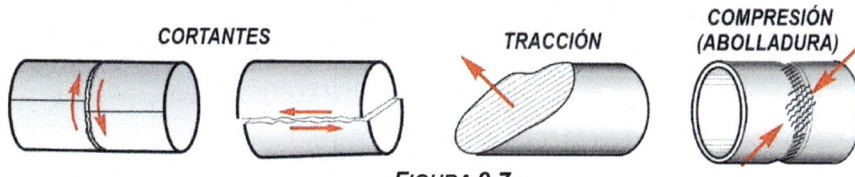

FIGURA 9.7
TENSIONES Y PLANOS PRINCIPALES

Deformaciones en la torsión simple

En cuanto a las deformaciones, giros de unas secciones con relación a otras, es necesario calcularlas para controlar que se mantienen dentro de ciertos límites. En muchos casos, una deformación excesiva puede comprometer el correcto funcionamiento del elemento estructural, por lo que, normalmente, además de la condición de resistencia deben satisfacerse limitaciones de deformación.

Según la teoría de la torsión simple, aplicable a barras rectas, de sección circular, las deformaciones por torsión se calculan de acuerdo con las expresiones de la **Figura 9.8**

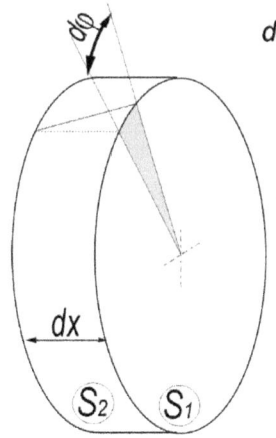

$d\varphi$=*GIRO SECCIÓN "S_1" CON RELACIÓN A "S_2"*

θ=*ÁNGULO DE TORSIÓN UNITARIO* $= \dfrac{\varphi_{12}}{L_{12}} = \dfrac{d\varphi}{dx}$

$M_T = G.\theta.I_0$ *(JUSTIFICACIÓN EN FIGURA 9.5)*

$d\varphi = \theta \ dx = \dfrac{M_T}{G.I_0} dx$ $\boxed{\varphi_{AB} = \int_A^B d\varphi = \int_A^B \dfrac{Mx.dx}{G.I_0}}$

$\int_A^B Mx.dx = $ *ÁREA DIAGRAMA DE MOMENTOS*
TORSORES, ENTRE A y B (A_{AB})

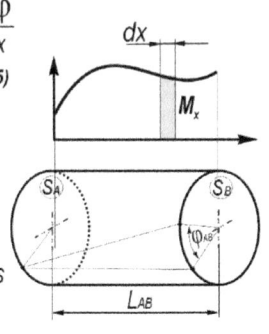

SI $G.I_0$ ES CONSTANTE   *SI M_T, G, I_0 CONSTANTES*

$\varphi_{AB} = \dfrac{A_{AB}}{G.I_0}$ $\varphi_{AB} = \dfrac{M.L_{AB}}{G.I_0}$

FIGURA 9.8
DEFORMACIONES

EJERCICIO 2

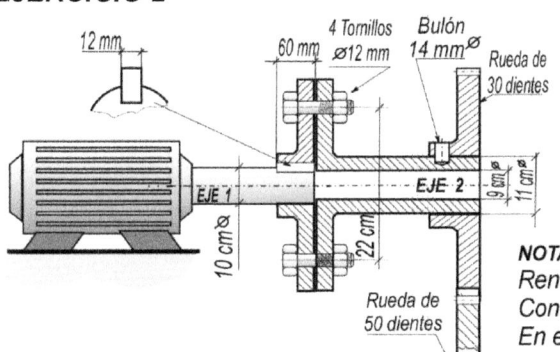

Determinar la máxima potencia (CV) que puede transmitir el mecanismo de la figura sin que falle ningún elemento. El motor gira a = 600 rpm

τ_{adm} *EJE 1 = 80 N/mm²*
τ_{adm} *EJE 2 y 3 = 60 N/mm²*
τ_{adm} *elementos de unión =75 N/mm²*

NOTAS
Rendimiento del mecanismo = 100 %
Considerar únicamente esfuerzos de torsión
En el cálculo de los elementos de unión, no considerar el fallo por aplastamiento

ACLARACIONES A LAS NOTAS
EN TRANSMISIONES MEDIANTE RUEDAS DENTADAS, EL PAR RESISTENTE CONSISTE EN UNA FUERZA "F", APLICADA A UNA DISTANCIA "d"

LA FUERZA "F" , ADEMÁS DEL MOMENTO DE TORSIÓN, PROVOCA ESFUERZOS CORTANTES Y DE FLEXIÓN SOBRE EL EJE
LOS CORTANTES SUELEN TENER POCA INFLUENCIA FRENTE A LOS DE TORSIÓN. LOS FLECTORES SON REDUCIDOS PARA PEQUEÑAS DISTANCIAS ENTRE SOPORTES.

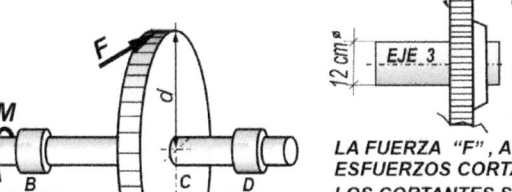

SI SE CONSIDERA EL EFECTO RESISTENTE DEL ROZAMIENTO M_{RB} Y M_{RD}

EN ESTE CASO, (RENDIMIENTO 100%) NO SE CONSIDERA EL ROZAMIENTO.
(ADEMÁS, SOLO SE CONSIDERAN LOS TORSORES)

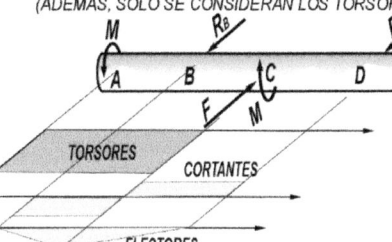

FIGURA 9.9
EJERCICIO 2

PAR QUE PUEDE TRANSMITIR EL EJE 1

$$\tau_{max} = \frac{M_T}{W_T}$$

$$W_T = \frac{I_o}{R} = \frac{\pi R^4/2}{R} = \pi R^3/2 = 62,5\pi \ cm^3$$

$$\boxed{M_1 = 8000.62,5\pi = 500000\pi \ Ncm}$$

PAR QUE PUEDE TRANSMITIR EL EJE 2

$$\tau_{max} = \frac{M_T}{W_T}$$

$$W_T = \frac{I_o}{R} = \frac{\pi(R^4 - r^4)/2}{R} = \frac{\pi(5,5^4 - 4,5^4)/2}{5,5} = 45,91\pi \ cm^3$$

$$\boxed{M_2 = 6000.45,91\pi = 275455\pi \ Ncm}$$

PAR QUE PUEDE TRANSMITIR EL BULÓN

$$R_c = A.\tau_{ADM}$$

$$R_c = \frac{\pi d^2}{4}\tau_{ADM}$$

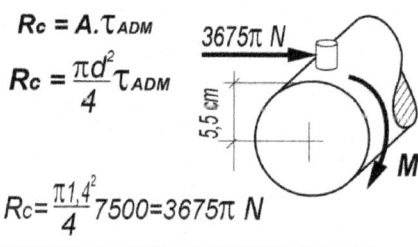

$$R_c = \frac{\pi 1,4^2}{4}7500 = 3675\pi \ N$$

$$\boxed{M_{CHV} = 3675\pi.5,5 = 20212.\pi \ Ncm}$$

PAR QUE PUEDE TRANSMITIR EL EJE 3

$$\tau_{max} = \frac{M_T}{W_T}$$

$$W_T = \frac{I_o}{R} = \frac{\pi R^4/2}{R} = \pi R^3/2 = 108\pi \ cm^3$$

$$\boxed{M_3 = 6000.108\pi = 648000\pi \ Ncm}$$

**PAR QUE PUEDE TRANSMITIR
LA CHAVETA (A CORTADURA)**

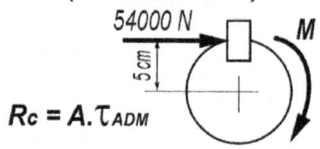

$$R_c = A.\tau_{ADM}$$

$$R_c = 6.1,2.7500 = 54000 \ N$$

$$\boxed{M_{CHV} = 54000.5 = 270000 \ Ncm}$$

**PAR QUE PUEDE TRANSMITIR EL
ACOPLAMIENTO DE 4 TORNILLOS**

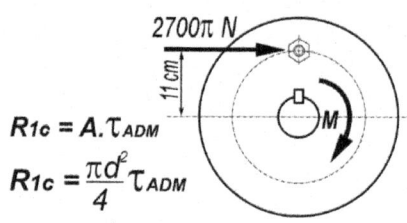

$$R_{1c} = A.\tau_{ADM}$$

$$R_{1c} = \frac{\pi d^2}{4}\tau_{ADM}$$

$$R_{1c} = \frac{\pi 1,2^2}{4}7500 = 2700\pi \ N$$

$$\boxed{M_A = 4.2700\pi.11 = 118800\pi \ Ncm}$$

EL PAR MÁXIMO QUE SE PUEDE TRANSMITIR
A TRAVÉS DEL EJE MOTOR ES DE $20212.\pi$ N.cm
LIMITADO POR EL BULÓN

VELOCIDAD ω = 600.2π/60 = 20π Rad/seg

LA VELOCIDAD, EN rpm, ES INVERSAMENTE
PROPORCIONAL AL NÚMERO DE DIENTES
DE LAS RUEDAS DE LA TRANSMISIÓN

$$\boxed{\frac{rpm_1}{rpm_3} = \frac{dientes_3}{dientes_1}} \quad rpm_3 = 600.30/50 = 360 \ rpm$$

VELOCIDAD ω = 360.2π/60 = 12π Rad/seg

POTENCIA = M.ω

EJE MOTOR = M.ω = 202,12.π.20.π = 4042,5 π^2 W

EJE 3 = M.ω = 6480.π.10.π = 77760 π^2 W

LA POTENCIA MÁXIMA, SIN FALLO, ES DE **4042,5 π^2 W**

POTENCIA en CV = 4042,5 π^2/735,5 = 54,24 CV

FIGURA 9.10
EJERCICIO 2

EJERCICIO 3

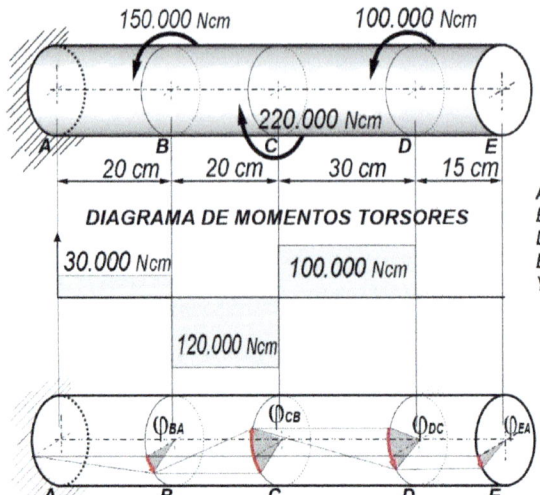

150.000 Ncm   100.000 Ncm

220.000 Ncm

| A | B | C | D | E |

20 cm   20 cm   30 cm   15 cm

DIAGRAMA DE MOMENTOS TORSORES

30.000 Ncm   100.000 Ncm

120.000 Ncm

φ_{BA} φ_{CB} φ_{DC} φ_{EA}

A   B   C   D   E

La barra, de **5 cm** de diámetro, está empotrada en el extremo **A** y libre en el extremo **E**. Determinar el giro de la sección **E**, si se aplican los momentos indicados.

$$G = 200.000 \ N/mm^2$$

AUNQUE NO SIEMPRE ES NECESARIO, EN ESTE CASO, CON MOMENTOS DE DISTINTOS SENTIDOS, RECORDAMOS EL CONVENIO DE SIGNOS PARA GIROS Y MOMENTOS

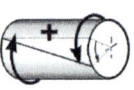

GIROS POR TORSIÓN

$$\varphi_{AB} = \int_A^B \frac{M_x \cdot dx}{G \cdot I_0} \qquad \begin{array}{c} \text{SI } M_T/G.I_0 \\ \text{ES CONSTANTE} \end{array} \qquad \varphi_{AB} = \frac{M.L_{AB}}{G.I_0}$$

DADO QUE LA SECCIÓN "A" NO GIRA, POR ESTAR EMPOTRADA, EL GIRO ABSOLUTO DE LA SECCIÓN "E" COINCIDE CON EL DE "E" CON RELACIÓN A LA SECCIÓN "A"

$$I_0 = \pi R^4/2 = 61,36 \ cm^4$$

$$\varphi_{BA} = \frac{M.L_{AB}}{G.I_0} = \frac{30000.20}{2.10^7.61,36} = 4,9.10^{-4} \ Rad \qquad \varphi_{CB} = \frac{M.L_{CB}}{G.I_0} = \frac{-120000.20}{2.10^7.61,36} = -19,6.10^{-4} \ Rad$$

$$\varphi_{DC} = \frac{M.L_{DC}}{G.I_0} = \frac{100000.30}{2.10^7.61,36} = 24,45.10^{-4} \ Rad \qquad \varphi_{ED} = 0 \qquad \boxed{\varphi_{EA} = \varphi_{BA} + \varphi_{CB} + \varphi_{DC} = +9,75.10^{-4} \ Rad}$$

DADO QUE LA RIGIDEZ A TORSIÓN, G.I_0, ES CONSTANTE A LO LARGO DE LA BARRA, TAMBIÉN PODEMOS CALCULAR LA DEFORMACIÓN CON LA EXPRESIÓN:

$$\varphi_{AE} = \frac{AREA \ DIAGRAMA \ ENTRE \ A \ y \ E}{G.I_0}$$

$$\varphi_{AE} = \frac{30000.20 - 120000.20 + 100000.30}{2.10^7.61,36} = +9,75.10^{-4} \ Rad$$

TAMBIÉN PUEDE APLICARSE EL PRINCIPIO DE SUPERPOSICIÓN

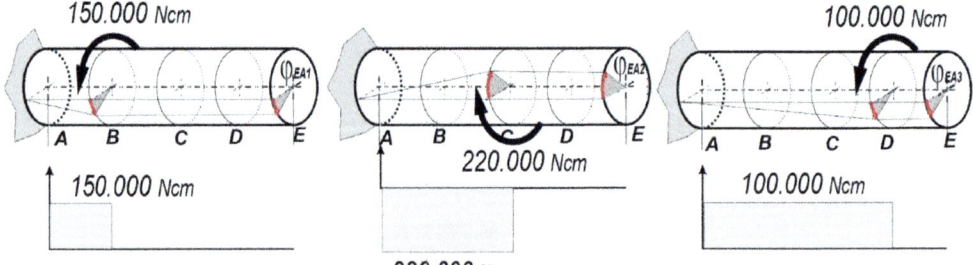

150.000 Ncm   100.000 Ncm

| A | B | C | D | E | | A | B | C | D | E | | A | B | C | D | E |

150.000 Ncm   220.000 Ncm   100.000 Ncm

- 220.000 Ncm

$$\varphi_{EA1} = \frac{150000.20}{2.10^7.61,36} = 24,43.10^{-4} \ Rad \qquad \varphi_{EA2} = \frac{-220000.40}{2.10^7.61,36} = -71,71.10^{-4} \ Rad \qquad \varphi_{EA3} = \frac{100000.70}{2.10^7.61,36} = 57,03.10^{-4} \ Rad$$

$$\boxed{\varphi_{EA} = +24,43.10^{-4} - 71,71.10^{-4} + 57,03.10^{-4} = +9,75.10^{-4} \ Rad}$$

FIGURA 9.11
EJERCICIO 3

EJERCICIO 4

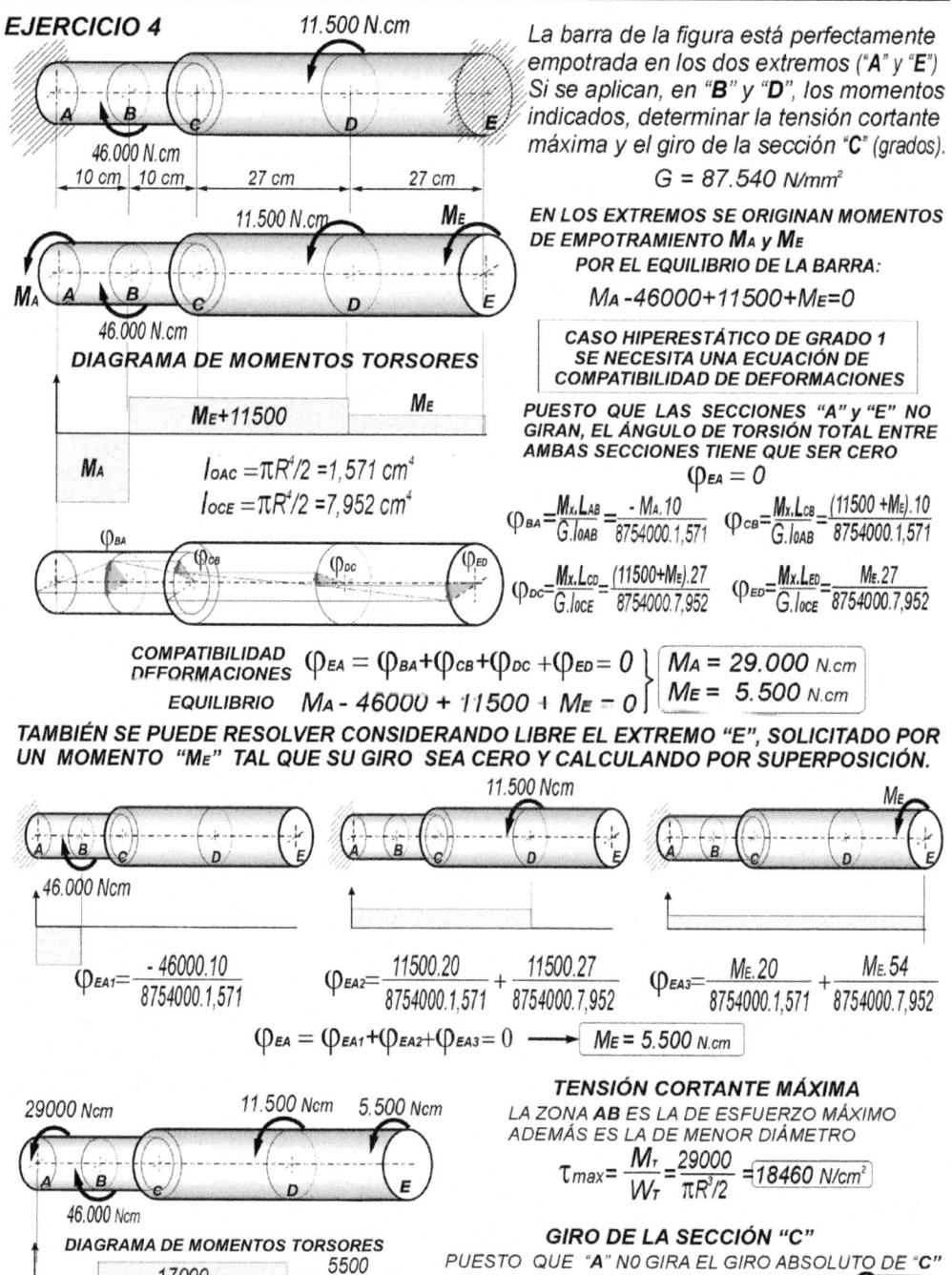

11.500 N.cm

La barra de la figura está perfectamente empotrada en los dos extremos ("A" y "E") Si se aplican, en "B" y "D", los momentos indicados, determinar la tensión cortante máxima y el giro de la sección "C" (grados).

$$G = 87.540 \ N/mm^2$$

46.000 N.cm

10 cm | 10 cm | 27 cm | 27 cm

EN LOS EXTREMOS SE ORIGINAN MOMENTOS DE EMPOTRAMIENTO M_A y M_E

POR EL EQUILIBRIO DE LA BARRA:

$$M_A - 46000 + 11500 + M_E = 0$$

CASO HIPERESTÁTICO DE GRADO 1 SE NECESITA UNA ECUACIÓN DE COMPATIBILIDAD DE DEFORMACIONES

DIAGRAMA DE MOMENTOS TORSORES

$M_E + 11500$ M_E

PUESTO QUE LAS SECCIONES "A" y "E" NO GIRAN, EL ÁNGULO DE TORSIÓN TOTAL ENTRE AMBAS SECCIONES TIENE QUE SER CERO

$$\varphi_{EA} = 0$$

M_A

$$I_{OAC} = \pi R^4/2 = 1,571 \ cm^4$$
$$I_{OCE} = \pi R^4/2 = 7,952 \ cm^4$$

$$\varphi_{BA} = \frac{M_x.L_{AB}}{G.I_{OAB}} = \frac{-M_A.10}{8754000.1,571} \qquad \varphi_{CB} = \frac{M_x.L_{CB}}{G.I_{OAB}} = \frac{(11500 + M_E).10}{8754000.1,571}$$

$$\varphi_{DC} = \frac{M_x.L_{CD}}{G.I_{OCE}} = \frac{(11500 + M_E).27}{8754000.7,952} \qquad \varphi_{ED} = \frac{M_x.L_{ED}}{G.I_{OCE}} = \frac{M_E.27}{8754000.7,952}$$

COMPATIBILIDAD DEFORMACIONES $\quad \varphi_{EA} = \varphi_{BA} + \varphi_{CB} + \varphi_{DC} + \varphi_{ED} = 0$ | $M_A = 29.000$ N.cm

EQUILIBRIO $\quad M_A - 46000 + 11500 + M_E = 0$ | $M_E = 5.500$ N.cm

TAMBIÉN SE PUEDE RESOLVER CONSIDERANDO LIBRE EL EXTREMO "E", SOLICITADO POR UN MOMENTO "M_E" TAL QUE SU GIRO SEA CERO Y CALCULANDO POR SUPERPOSICIÓN.

11.500 Ncm M_E

46.000 Ncm

$$\varphi_{EA1} = \frac{-46000.10}{8754000.1,571}$$

$$\varphi_{EA2} = \frac{11500.20}{8754000.1,571} + \frac{11500.27}{8754000.7,952}$$

$$\varphi_{EA3} = \frac{M_E.20}{8754000.1,571} + \frac{M_E.54}{8754000.7,952}$$

$$\varphi_{EA} = \varphi_{EA1} + \varphi_{EA2} + \varphi_{EA3} = 0 \longrightarrow \boxed{M_E = 5.500 \ N.cm}$$

29000 Ncm   11.500 Ncm   5.500 Ncm

46.000 Ncm

DIAGRAMA DE MOMENTOS TORSORES

17000   5500

29000

TENSIÓN CORTANTE MÁXIMA

*LA ZONA **AB** ES LA DE ESFUERZO MÁXIMO ADEMÁS ES LA DE MENOR DIÁMETRO*

$$\tau_{max} = \frac{M_T}{W_T} = \frac{29000}{\pi R^3/2} = \boxed{18460 \ N/cm^2}$$

GIRO DE LA SECCIÓN "C"

PUESTO QUE "A" NO GIRA EL GIRO ABSOLUTO DE "C" COINCIDE CON φ_{CA}

$$\varphi_{CA} = \frac{-29000.10}{8754000.1,571} + \frac{17000.10}{8754000.1,571} = \boxed{-0,008726 \ Rad \quad (-0,5°)}$$

FIGURA 9.12
EJERCICIO 4

EJERCICIO 5

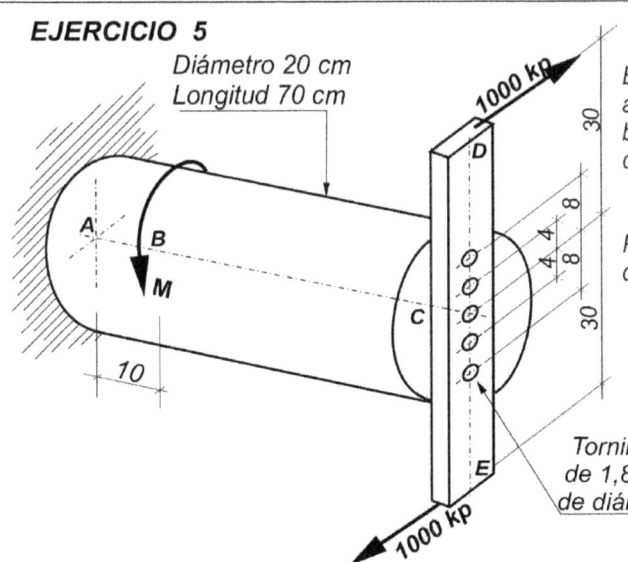

Diámetro 20 cm
Longitud 70 cm

En el sistema de la figura:
a) Calcular el esfuerzo en cada tornillo
b) Comprobar tornillos a cortadura
c) Determinar el valor del par **M** que es
 necesario aplicar en **B** para que no
 gire la sección **C** de la barra **ABC**
Para ese valor de M:
d) Calcular la tensión cortante máxima
 en **ABC**

Todas las medidas en cm
$G = 8.10^5$ kp/cm²
$\tau_{ADM\ Tornillos} = 1400$ kp/cm²

Tornillos
de 1,8 cm
de diámetro

ESFUERZO EN LOS TORNILLOS

El conjunto de tornillos está solicitado por un momento

M = 2.1000.30 = 60000 kp.cm

El esfuerzo en cada uno viene dado por la expresión:

$$F_i = \frac{M.r_i}{\sum r_i^2} = \frac{60000.r_i}{\sum r_i^2} \qquad \sum r_i^2 = 2(4^2 + 8^2) = 160\ cm^3$$

$$F_1 = \frac{60000.8}{160} = 3000\ kp \qquad F_2 = \frac{60000.4}{160} = 1500\ kp$$

El tornillo central no está sometido a esfuerzo

COMPROBACIÓN TORNILLOS

Se trata de tornillos de 1,8 cm de diámetro, solicitados a simple cortadura
El tornillo más solicitado recibe un esfuerzo de **3000** kp

Resistencia de
un tornillo $R_1 = \dfrac{\pi d^2 \tau_{adm}}{4} = \dfrac{\pi 1,8^2.1400}{4} = 3.562\ kp$ | Los tornillos trabajan en
condiciones aceptables |

PAR "M" PARA QUE NO GIRE LA SECCIÓN "C"

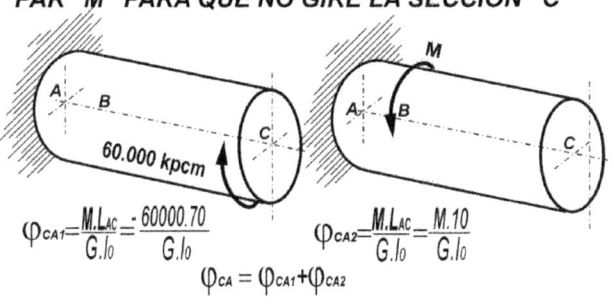

$$\varphi_{CA1} = \frac{M.L_{AC}}{G.I_0} = \frac{-60000.70}{G.I_0}$$

$$\varphi_{CA2} = \frac{M.L_{AC}}{G.I_0} = \frac{M.10}{G.I_0}$$

$$\varphi_{CA} = \varphi_{CA1} + \varphi_{CA2}$$

$$\frac{-60000.70}{G.I_0} + \frac{M.10}{G.I_0} = 0 \qquad \boxed{M = 420.000\ kpcm}$$

TENSIÓN CORTANTE MÁXIMA

LA ZONA **AB** ES LA DE ESFUERZO MÁXIMO

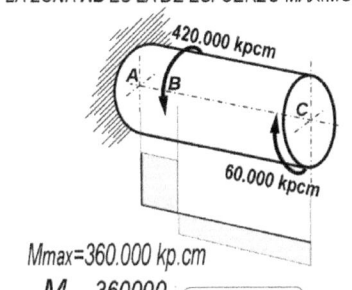

Mmax = 360.000 kp.cm

$$\tau_{max} = \frac{M_T}{W_T} = \frac{360000}{\pi 10^3/2} = \boxed{229\ kp/cm^2}$$

FIGURA 9.13
EJERCICIO 5

EJERCICIO 6

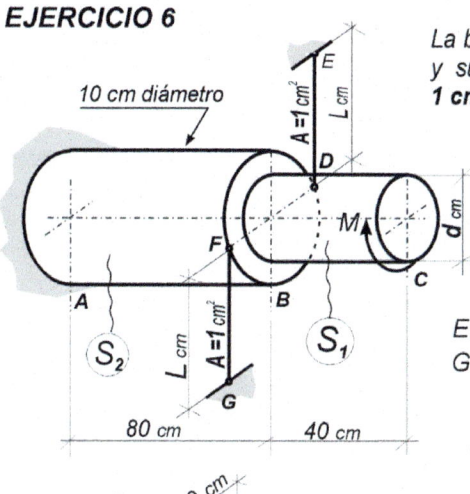

10 cm diámetro

La barra de la figura está empotrada en el extremo **A** y sujeta en la sección **B** por dos tirantes **DE** y **FG** de **1 cm²** de sección y longitud **L**.

Aplicado el momento M=40.000 kp.cm en el extremo **C**, la tensión en el punto **"P"** de la sección **S₁** es de **300 kp/cm²** y la tensión máxima en la sección **S₂** es de **160 kp/cm²**

$E = 2.10^6$ kp/cm²
$G = 8.10^5$ kp/cm²

Determinar:
1.- Diámetro de la zona BC **(d)**
2.- Longitud de los tirantes **(L)**
3.- Giro de la sección C

SOLICITACIONES Y ESFUERZOS

AL APLICAR **"M"**, EN **"C"**, LAS DISTINTAS SECCIONES DE LA BARRA GIRAN EN EL SENTIDO DEL PAR. LOS TIRANTES **"GF"** y **"DE"** QUEDAN SOMETIDOS A UNA TRACCIÓN **"T"**

LA BARRA QUEDA SOLICITADA POR FUERZAS IGUALES Y OPUESTAS, QUE ORIGINAN UN MOMENTO REACCIÓN DE VALOR **"10.T"** kp.cm

ADEMÁS, HABRÁ UN MOMENTO REACCIÓN **"MA"** EN EL EMPOTRAMIENTO DE LA IZQUIERDA.

ATENDIENDO AL EQUILIBRIO DE LA BARRA:

40000=MA+10T   UNA ECUACIÓN Y DOS INCÓGNITAS (HIPERESTÁTICO DE GRADO 1)

(EL EMPOTRAMIENTO ES SUFICIENTE PARA CONSEGUIR EL EQUILIBRIO, POR LO QUE, LOS TIRANTES, SUPONEN UN VÍNCULO SUPERABUNDANTE.)

LA ECUACIÓN DE COMPATIBILIDAD DE LAS DEFORMACIONES, QUE RELACIONA EL GIRO DE "B" CON EL ALARGAMIENTO DE LOS TIRANTES, NO ES SUFICIENTE EN ESTE CASO AL NO CONOCER LA LONGITUD "L".

TENSIÓN MÁXIMA EN S₂

PARA DETERMINAR **MA** NOS APOYAMOS EN EL CONOCIMIENTO DE LA TENSIÓN MÁXIMA EN LA SECCIÓN **S2**

$$\tau_{max} = \frac{M_A}{W_T} \qquad 160 = \frac{M_A}{\pi 10^3/16} \qquad \boxed{M_A = 31416 \text{ kp.cm}}$$

$$40000 = M_A + 10T \qquad \boxed{T = 858,4 \text{ kp}}$$

LONGITUD DE LOS TIRANTES

La longitud de los tirantes debe ser tal que su deformación sea compatible con el giro de la sección **B**

ALARGAMIENTO TIRANTE = GIRO DE "B" POR EL RADIO

$$\delta = \varphi_B . R$$

$$\delta = \frac{T.L}{AE} = \frac{858,4.L}{2.10^6} \qquad \varphi_B = \varphi_{BA} = \frac{M_A.L_{AB}}{GI_o} = \frac{31416.80}{8.10^5.\pi 10^4/32}$$

$$\boxed{L = 37,29 \text{ cm}}$$

DIÁMETRO ZONA "BC"
TENSIÓN EN S₁

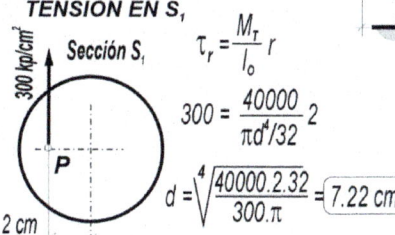

$$\tau_r = \frac{M_T}{I_o} r$$

$$300 = \frac{40000}{\pi d^4/32} 2$$

$$d = \sqrt[4]{\frac{40000.2.32}{300.\pi}} = \boxed{7.22 \text{ cm}}$$

GIRO DE LA SECCIÓN C

$$\varphi_C = \varphi_{AC} = \varphi_{AB} + \varphi_{BC} = \frac{M_{AB}.L_{AB}}{GI_{oAB}} + \frac{M_{BC}.L_{BC}}{GI_{oCB}}$$

$$\varphi_C = \frac{-31416.80}{8.10^5.\pi.10^4/32} + \frac{-40000.40}{8.10^5.\pi.7,22^4/32} = \boxed{-0,0106969 \text{ rad}}$$

FIGURA 9.14
EJERCICIO 6

215

EJERCICIO 7

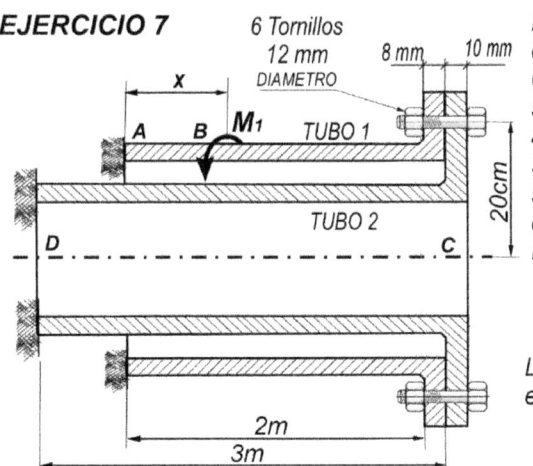

6 Tornillos
12 mm
8 mm   10 mm
DIAMETRO

x

A B M_1 TUBO 1

TUBO 2

D ————————————— C

20cm

2m

3m

Los tubos **1** y **2**, están empotrados en un extremo y conectados en el otro mediante **6** tornillos ajustados, de **12 mm** de diámetro, situados sobre una circunferencia de **40 cm** de diámetro.

Si se aplica un momento **M₁=100.000** Nm sobre el tubo 1, determinar el máximo valor que puede tomar la distancia "**x**" sin que se rebase la carga admisible en los tornillos.

(Se considera que los tubos aguantan)

τ_{adm} tornillos = 80 N/mm²

σ_{adm} aplastamiento = 160 N/mm²

Los dos tubos son del mismo material y el momento de inercia polar de la sección del tubo 1 es el doble que la del tubo 2

$$I_{o1} = 2I_{o2}$$

SOLICITACIONES Y ESFUERZOS

AL APLICAR EL MOMENTO DE **100.000 N.m** SOBRE EL **TUBO 1**, LAS SECCIONES DEL MISMO, GIRAN EN EL SENTIDO DEL PAR, ARRASTRANDO AL **TUBO 2**. EL TUBO "**1**" EJERCE UN MOMENTO "**M**" SOBRE EL "2", QUE REACCIONA CON UN MOMENTO IGUAL Y OPUESTO. ESTAS ACCIONES SE EJERCEN A TRAVÉS DE LA UNIÓN ATORNILLADA

EQUILIBRIO DEL TUBO 1

$$M_A+M=100000 \quad ①$$

CON ESTA ECUACIÓN Y LA DE COMPATIBILIDAD DE LAS DEFORMACIONES, OBTENEMOS **M** y **M_A** EN FUNCIÓN DE LA POSICIÓN "**x**"

ADMITIENDO QUE LA CONEXIÓN ES RÍGIDA (TORNILLOS SIN HOLGURA), EL GIRO DE LA SECCIÓN "**C**" SERÁ LA MISMA EN LOS DOS TUBOS.

COMPATIBILIDAD DEFORMACIONES

$$\varphi_{C1}=\varphi_{C2} \quad \varphi_{CA\,TUBO1}=\varphi_{CD\,TUBO2}$$

$$\frac{M_A.x}{GI_{o1}} - \frac{M.(2-x)}{GI_{o1}} = \frac{M.3}{GI_{o2}} \quad ②$$

DE LAS ECUACIONES ① y ②   M= 12500x Nm

"**x**" TIENE QUE SER TAL QUE EL MOMENTO "**M**" SEA SOPORTABLE POR LA JUNTA ATORNILLADA

PAR QUE PUEDE TRANSMITIR EL ACOPLAMIENTO DE 6 TORNILLOS

$$R_{1c} = A.\tau_{ADM} \quad R_{1c}=\frac{\pi d^2}{4}\tau_{ADM}$$

$$R_{1c}=\frac{\pi 12^2}{4}80 = 9048\,N$$

$$R_{1a} = A.\sigma_{ADM} \quad R_{1a}=e.d.\sigma_{ADM}$$

$$R_{1a}=8.12.160=15260\,N$$

$$\boxed{R_1 = 9048\,N}$$

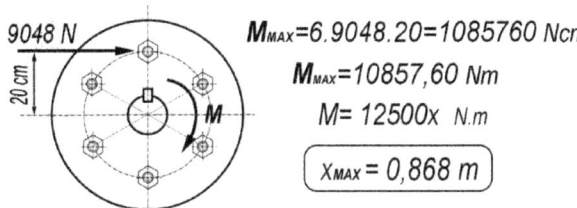

9048 N

20cm

M

$M_{MAX}=6.9048.20=1085760\,Ncm$

$M_{MAX}=10857,60\,Nm$

$M= 12500x\,N.m$

$$\boxed{X_{MAX} = 0,868\,m}$$

FIGURA 9.15
EJERCICIO 7

EJERCICIO 8

*Determinar el giro, en grados, de la sección "**A**" con relación a la "**F**" (Los discos de las secciones B,C,D y E, se consideran rígidos)* **M= 593.700 N.cm**   **G = 63.662 N/mm²**

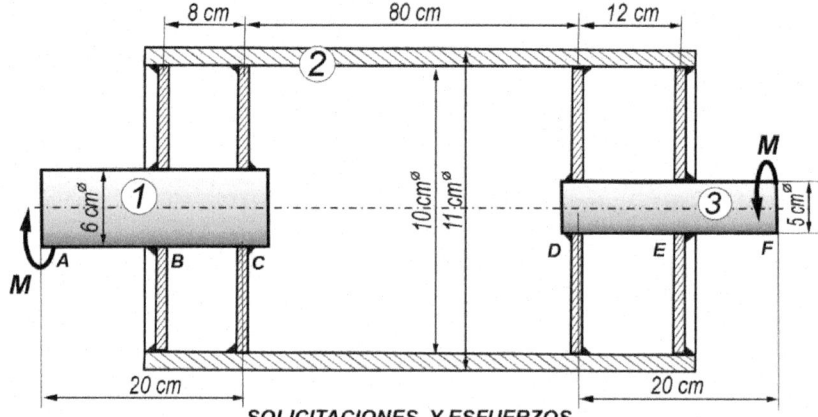

SOLICITACIONES Y ESFUERZOS

AL APLICAR LOS MOMENTOS "**M**" SOBRE LOS CILINDROS **1** y **3**, SUS SECCIONES GIRAN, ARRASTRANDO AL **TUBO 2**, A TRAVÉS DE LOS DISCOS **B.C.D** y **E** QUE LOS ENLAZAN. LA BARRA "**1**" EJERCE MOMENTOS "**M_B y M_C**" SOBRE EL **TUBO 2** Y LA BARRA **3**, "**M_D y M_E**". EL **TUBO** REACCIONA CON MOMENTO IGUALES Y OPUESTOS.

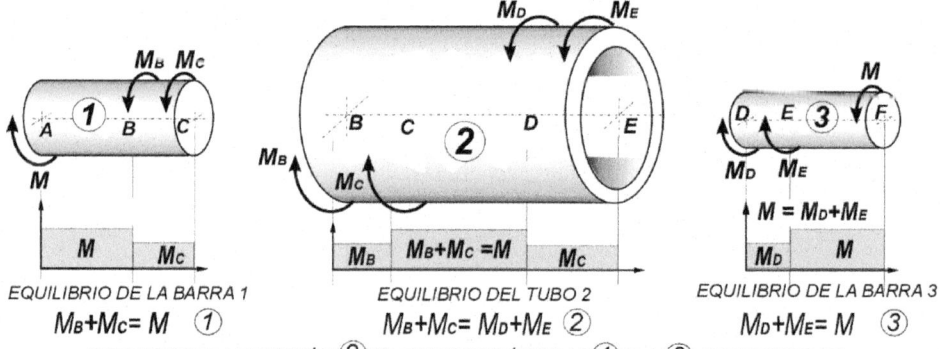

EQUILIBRIO DE LA BARRA 1   EQUILIBRIO DEL TUBO 2   EQUILIBRIO DE LA BARRA 3
$M_B+M_C= M$ ① $M_B+M_C= M_D+M_E$ ② $M_D+M_E= M$ ③

PUESTO QUE LA ECUACIÓN ②ES COMBINACIÓN DE LA①Y LA ③. SE DISPONE DE
DOS ECUACIONES CON **CUATRO** INCÓGNITAS
SE NECESITAN DOS ECUACIONES DE COMPATIBILIDAD DE LAS DEFORMACIONES

PUESTO QUE LOS DISCOS NO SE DEFORMAN, EL GIRO DE "B" CON RELACIÓN A "C" ES EL MISMO EN LAS PIEZAS 1 Y 2 (DE LA MISMA FORMA, EL GIRO DE "D" CON RELACIÓN A "E" ES EL MISMO EN 2 Y 3)

$$\varphi_{BC\ EJE1}=\varphi_{BC\ TUBO2} \qquad\qquad \varphi_{DE\ TUBO2}=\varphi_{DE\ EJE3}$$

$$\frac{\overset{\varphi_{BC\ EJE1}}{M_C.8}}{GI_{o1}}=\frac{\overset{\varphi_{BC\ TUBO2}}{M_B.8}}{GI_{o2}} \longrightarrow \frac{M_C.8}{G.\pi6^4/32}=\frac{(M-M_C).8}{G.\pi(11^4-10^4)/32} \qquad \frac{\overset{\varphi_{DE\ TUBO2}}{M_E.12}}{GI_{o2}}=\frac{\overset{\varphi_{DE\ EJE3}}{M_D.12}}{GI_{o3}} \longrightarrow \frac{M_E.12}{G.\pi(11^4-10^4)/32}=\frac{(M-M_E).12}{G.\pi5^4/32}$$

$$M_C= 0,2183M \qquad \varphi_{AF} = \varphi_{AB\ EJE1}+\varphi_{BC\ EJE1}+\varphi_{CD\ TUBO2}+\varphi_{DE\ EJE3}+\varphi_{EF\ EJE3} \qquad M_E= 0,8813M$$
$$(\varphi_{BC\ TUBO2}) \qquad (\varphi_{DE\ TUBO2})$$

$$\varphi_{AF}= \frac{M.12}{GI_{o1}}+\frac{M_C.8}{GI_{o1}}+\frac{M.80}{GI_{o2}}+\frac{(M-M_E).12}{GI_{o3}}+\frac{M.8}{GI_{o3}}$$

$$\varphi_{AF}= \frac{M.12}{G.\pi6^4/32}+\frac{0,2183M.8}{G.\pi6^4/32}+\frac{M.80}{G.\pi(11^4-10^4)/32}+\frac{0,1187M.12}{G.\pi5^4/32}+\frac{M.8}{G.\pi5^4/32} \qquad \varphi_{AF}= 0,0407\ Rad \qquad \boxed{\varphi_{AF}= 2,33^o}$$

FIGURA 9.16
EJERCICIO 8

EJERCICIO 9

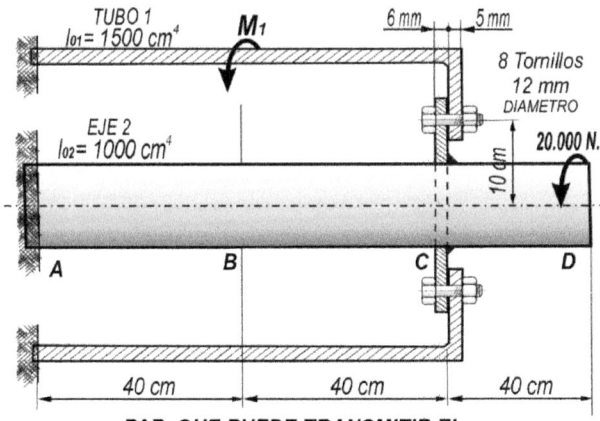

El tubo 1 y el eje 2 están empotrados en el extremo izquierdo y conectados entre si mediante 8 tornillos de 12 mm, dispuestos sobre una circunferencia de 20 cm de diámetro.

Si se aplica un momento de 20.000 Nm en el extremo "D" del eje 2, determinar el momento M_1 que habrá que aplicar en el centro del tubo 1 para no rebasar la carga admisible en los tornillos.

El tubo y el eje son del mismo material
τ_{adm} tornillos = 80 N/mm²

PAR QUE PUEDE TRANSMITIR EL ACOPLAMIENTO DE 8 TORNILLOS

$$R_{1c} = A.\tau_{ADM}$$

$$R_{1c} = \frac{\pi d^2}{4}\tau_{ADM} \qquad R_{1c} = \frac{\pi 12^2}{4}\,80 = 9048\ N$$

$$R_{1a} = A.\sigma_{ADM}$$

$$R_{1a} = e.d.\sigma_{ADM} \qquad R_{1a} = 5.12.160 = 9600\ N$$

$$\boxed{R_1 = 9048\ N}$$

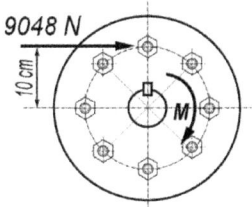

$$M_{MAX} = 8.9048.10 = 723.840\ Ncm$$

SOLICITACIONES Y ESFUERZOS

AL APLICAR EL MOMENTO DE 20.000 N.m SOBRE EL EJE 2, LAS SECCIONES DEL MISMO, GIRAN, EN EL SENTIDO DEL PAR, ARRASTRANDO AL TUBO 1 MEDIANTE UN MOMENTO DE VALOR "M". ESTA ACCIÓN SE EJERCE A TRAVÉS DE LA UNIÓN ATORNILLADA. EL VALOR DE "M" VIENE LIMITADO POR LA RESISTENCIA DE LA JUNTA; EN ESTE CASO, "M" NO PUEDE REBASAR LOS 723.840 N.cm

EL MOMENTO M_1 TIENE QUE SER TAL QUE:

→ EL MOMENTO M NO REBASE LOS 723.840 N.cm

→ LAS PIEZAS ESTÉN EN EQUILIBRIO $\begin{cases}\Sigma M_{TUBO=0}\ \ M_{A1} = 723840 + M_1 \\ \Sigma M_{EJE=0}\ \ M_{A2} = 2000000 - 723840\end{cases}$

→ LAS DEFORMACIONES DE 1 y 2 SEAN COMPATIBLES

SUPONIENDO QUE LA CONEXIÓN ES RÍGIDA (TORNILLOS SIN HOLGURA), EL GIRO DE LA SECCIÓN "C" SERÁ LA MISMA EN LAS DOS PIEZAS.

$$\varphi_{C\ TUBO1} = \varphi_{C\ EJE2}$$
$$\varphi_{CA\ TUBO1} = \varphi_{CA\ EJE2}$$

$$\frac{\overbrace{1276160.80}^{\varphi_{CA\ EJE\ 2}}}{GI_{o2}} = \frac{\overbrace{(723840 + M_1).40}^{\varphi_{CA\ TUBO1}}}{GI_{o1}} + \frac{723840.40}{GI_{o1}}$$

$$\boxed{M_1 = 23.808\ N.m}$$

FIGURA 9.17
EJERCICIO 9

Torsión de secciones no circulares

En barras de sección no circular, la deformación es más compleja; las secciones rectas, además de girar, experimentan alabeos. Como consecuencia, las tensiones cortantes en las secciones rectas ya no siguen la ley de Coulomb, adoptando distintas distribuciones de acuerdo con la forma de la sección.

Con vistas a comparar la resistencia y la rigidez a torsión de distintas secciones, a continuación se muestran: la distribución de las tensiones, las leyes que nos permiten calcular su valor y las ecuaciones de deformación para distintas familias de secciones.

Sección rectangular (Fig 9.18)

No se ajusta a la teoría de la torsión simple. Las secciones rectas no se conservan planas; además de girar, experimentan un alabeo. Las tensiones cortantes, aunque crecen al alejarse del centro, no alcanzan el máximo valor en el punto más alejado. Por otra parte, en general, no son perpendiculares al radio.

Cuando la relación entre los lados mayor y menor es superior 10, se consideran como flejes.

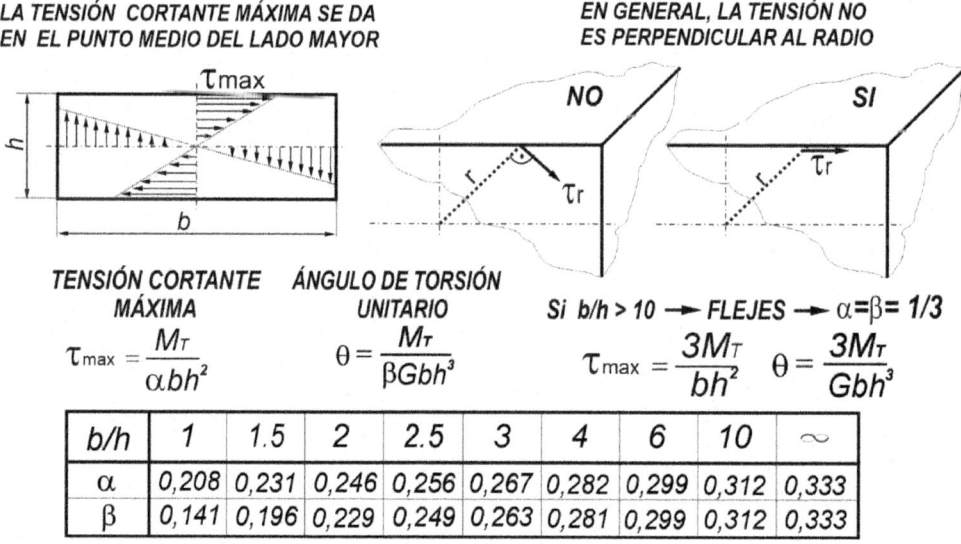

b/h	1	1.5	2	2.5	3	4	6	10	∞
α	0,208	0,231	0,246	0,256	0,267	0,282	0,299	0,312	0,333
β	0,141	0,196	0,229	0,249	0,263	0,281	0,299	0,312	0,333

FIGURA 9.18
BARRAS DE SECCIÓN RECTANGULAR

Perfiles de pared delgada, cerrados (Fig 9.19)

La dirección de la tensión cortante, en cada punto, es la de la tangente a la línea media en ese punto. Además, se distribuye uniformemente en el sentido del espesor. Por otra parte, el producto de la tensión por el espesor, (flujo de cortadura), es constante a lo largo de la sección. De acuerdo con esto, la tensión máxima la tendremos en las zonas de menor espesor.

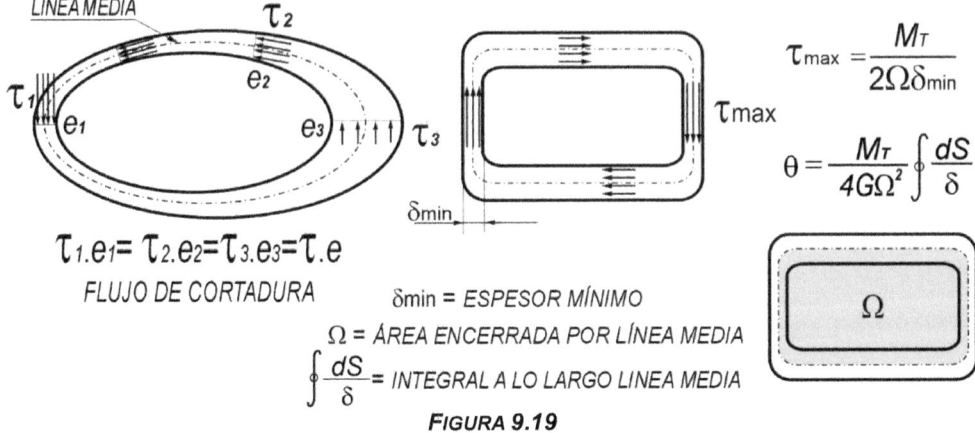

$\tau_1.e_1 = \tau_2.e_2 = \tau_3.e_3 = \tau.e$

FLUJO DE CORTADURA

δ_{min} = ESPESOR MÍNIMO

Ω = ÁREA ENCERRADA POR LÍNEA MEDIA

$\oint \dfrac{dS}{\delta}$ = INTEGRAL A LO LARGO LINEA MEDIA

FIGURA 9.19
PERFILES DE PARED DELGADA, CERRADOS

Perfiles abiertos de pared delgada (Fig 9.20)

Las tensiones son nulas en los puntos de la línea media, aumentando de forma lineal al alejarse de la misma, hasta alcanzar su máximo valor en los bordes. En los puntos comprendidos entre la línea media y uno de los bordes, tienen un sentido y hacia el otro lado de dicha línea media, toman sentido contrario. En perfiles de espesor variable, la tensión máxima se produce en la zona de menor espesor.

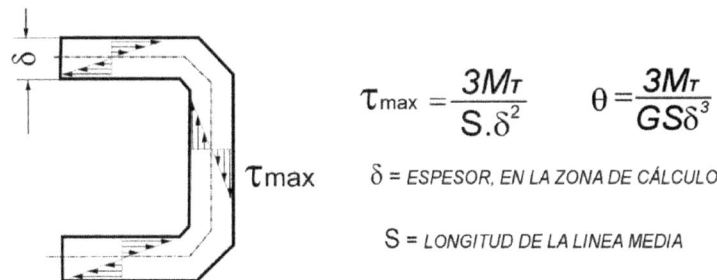

$$\tau_{max} = \frac{3M_T}{S.\delta^2} \qquad \theta = \frac{3M_T}{GS\delta^3}$$

δ = ESPESOR, EN LA ZONA DE CÁLCULO

S = LONGITUD DE LA LINEA MEDIA

FIGURA 9.20
PERFILES DE PARED DELGADA, ABIERTOS

En la **Figura 9.21** se comparan la resistencia y la rigidez de algunas geometrías, (el área de la sección recta y el material, son los mismos en todos los casos). Los tubulares, cerrados, son los que ofrecen mejores prestaciones, especialmente los de sección circular.

Hay que destacar el mal comportamiento a torsión, tanto en resistencia como en rigidez, de los perfiles abiertos de pared delgada. La relación de resistencias entre el tubo cerrado y el abierto, (tubo con un corte longitudinal) es de 33 y la relación de rigideces entre los mismos elementos es del orden de 400.

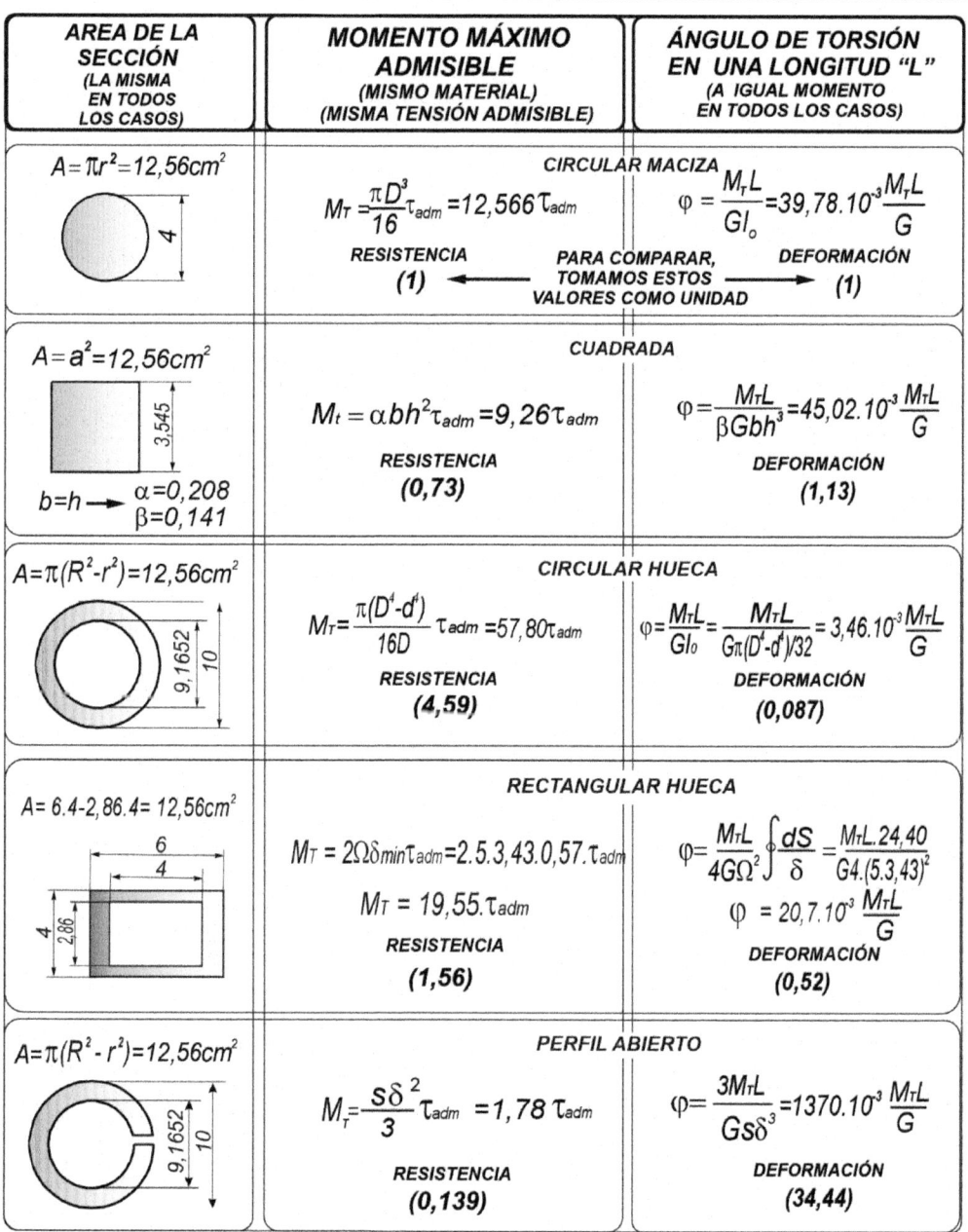

ÁREA DE LA SECCIÓN (LA MISMA EN TODOS LOS CASOS)	MOMENTO MÁXIMO ADMISIBLE (MISMO MATERIAL) (MISMA TENSIÓN ADMISIBLE)	ÁNGULO DE TORSIÓN EN UNA LONGITUD "L" (A IGUAL MOMENTO EN TODOS LOS CASOS)
$A=\pi r^2=12,56cm^2$	**CIRCULAR MACIZA** $M_T=\dfrac{\pi D^3}{16}\tau_{adm}=12,566\,\tau_{adm}$ RESISTENCIA **(1)**	$\varphi=\dfrac{M_T L}{GI_o}=39,78.10^{-3}\dfrac{M_T L}{G}$ DEFORMACIÓN **(1)**
	PARA COMPARAR, TOMAMOS ESTOS VALORES COMO UNIDAD	
$A=a^2=12,56cm^2$ $b=h\to\begin{array}{l}\alpha=0,208\\\beta=0,141\end{array}$	**CUADRADA** $M_t=\alpha bh^2\tau_{adm}=9,26\,\tau_{adm}$ RESISTENCIA **(0,73)**	$\varphi=\dfrac{M_T L}{\beta Gbh^3}=45,02.10^{-3}\dfrac{M_T L}{G}$ DEFORMACIÓN **(1,13)**
$A=\pi(R^2-r^2)=12,56cm^2$	**CIRCULAR HUECA** $M_T=\dfrac{\pi(D^4-d^4)}{16D}\tau_{adm}=57,80\tau_{adm}$ RESISTENCIA **(4,59)**	$\varphi=\dfrac{M_T L}{GI_o}=\dfrac{M_T L}{G\pi(D^4-d^4)/32}=3,46.10^{-3}\dfrac{M_T L}{G}$ DEFORMACIÓN **(0,087)**
$A=6.4-2,86.4=12,56cm^2$	**RECTANGULAR HUECA** $M_T=2\Omega\delta_{min}\tau_{adm}=2.5.3,43.0,57.\tau_{adm}$ $M_T=19,55.\tau_{adm}$ RESISTENCIA **(1,56)**	$\varphi=\dfrac{M_T L}{4G\Omega^2}\oint\dfrac{dS}{\delta}=\dfrac{M_T L.24,40}{G4.(5.3,43)^2}$ $\varphi=20,7.10^{-3}\dfrac{M_T L}{G}$ DEFORMACIÓN **(0,52)**
$A=\pi(R^2-r^2)=12,56cm^2$	**PERFIL ABIERTO** $M_T=\dfrac{s\delta^2}{3}\tau_{adm}=1,78\,\tau_{adm}$ RESISTENCIA **(0,139)**	$\varphi=\dfrac{3M_T L}{Gs\delta^3}=1370.10^{-3}\dfrac{M_T L}{G}$ DEFORMACIÓN **(34,44)**

FIGURA 9.21
RESISTENCIA Y RIGIDEZ DE DISTINTOS PERFILES

CAPÍTULO 10

FLEXIÓN PLANA

SÓLIDOS SOMETIDOS A FLEXIÓN

Un sólido está sometido a flexión cuando las componentes M_y ó (y) M_z del esfuerzo son distintas de cero, siendo yy, zz los ejes principales de inercia de la sección recta. Los momentos **M_y, M_z** reciben el nombre de momentos flectores y suelen venir acompañados de otras componentes del esfuerzo, dando lugar a distintos tipos de flexión (**Figura 10.1)**).

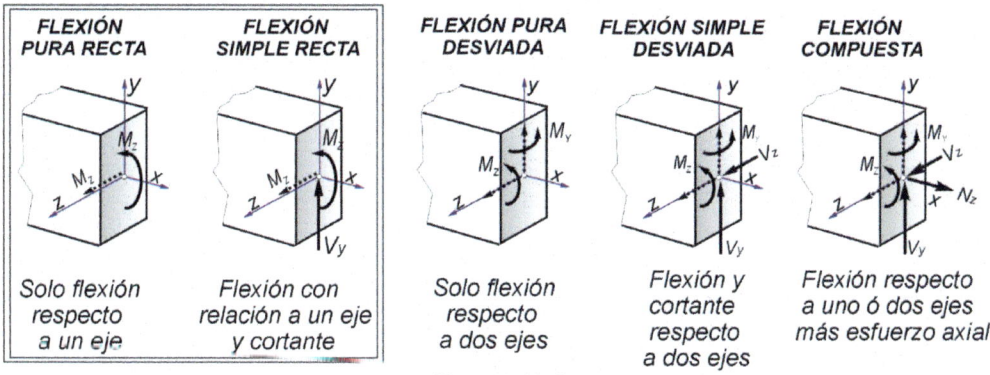

FIGURA 10.1
SÓLIDO SOMETIDO A FLEXIÓN

En nuestro caso estudiaremos algunos aspectos importantes de la flexión recta simple, en la que el esfuerzo en las secciones rectas se reduce a un cortante, de la dirección de las cargas, y un momento flector respecto al eje perpendicular al plano de las cargas (eje de flexión). (**Figura 10.2**)

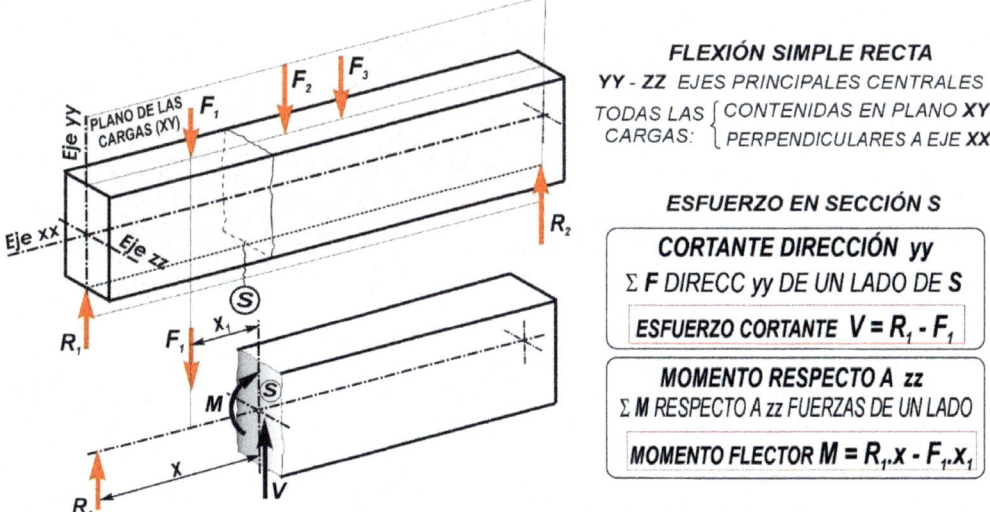

FIGURA 10.2
FLEXIÓN RECTA SIMPLE

EJERCICIO 1

Aunque ya se vio con detenimiento en el capítulo 3, en este ejercicio se trata de recordar el proceso para la determinación de esfuerzos, como paso inicial para el estudio de los efectos de la flexión.

Se trata de determinar los esfuerzos, cortantes y flectores, para una barra solicitada por dos cargas puntuales y dispuesta sobre un lecho que presenta una reacción uniformemente distribuida en toda su longitud. **(Figura 10.3)**

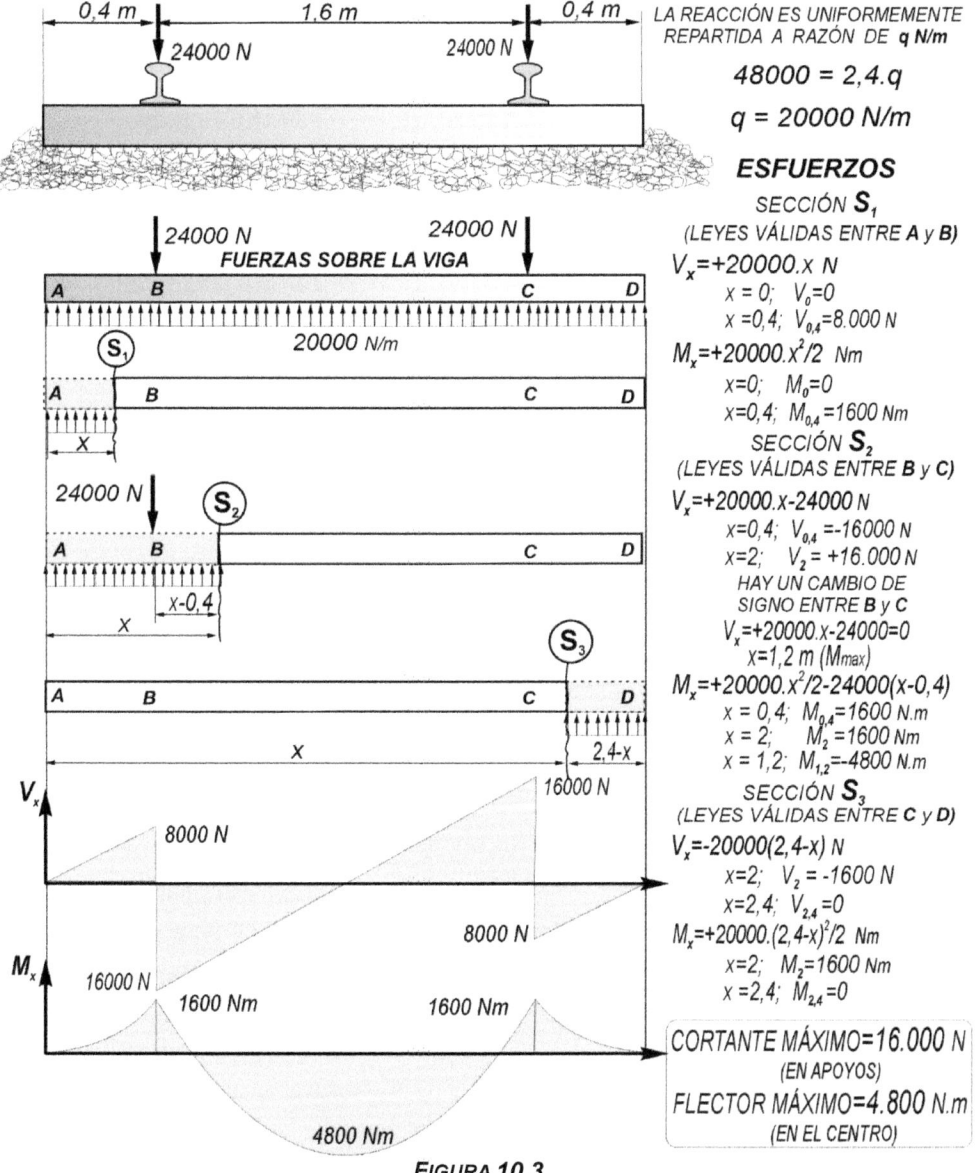

LA REACCIÓN ES UNIFORMEMENTE REPARTIDA A RAZÓN DE **q N/m**

$$48000 = 2,4.q$$

$$q = 20000 \, N/m$$

ESFUERZOS

SECCIÓN S_1
(LEYES VÁLIDAS ENTRE **A** y **B**)

$V_x = +20000.x \, N$
$x = 0; \quad V_0 = 0$
$x = 0,4; \quad V_{0,4} = 8.000 \, N$

$M_x = +20000.x^2/2 \, Nm$
$x = 0; \quad M_0 = 0$
$x = 0,4; \quad M_{0,4} = 1600 \, Nm$

SECCIÓN S_2
(LEYES VÁLIDAS ENTRE **B** y **C**)

$V_x = +20000.x - 24000 \, N$
$x = 0,4; \quad V_{0,4} = -16000 \, N$
$x = 2; \quad V_2 = +16.000 \, N$
HAY UN CAMBIO DE SIGNO ENTRE **B** y **C**
$V_x = +20000.x - 24000 = 0$
$x = 1,2 \, m \, (M_{max})$

$M_x = +20000.x^2/2 - 24000(x-0,4)$
$x = 0,4; \quad M_{0,4} = 1600 \, N.m$
$x = 2; \quad M_2 = 1600 \, Nm$
$x = 1,2; \quad M_{1,2} = -4800 \, N.m$

SECCIÓN S_3
(LEYES VÁLIDAS ENTRE **C** y **D**)

$V_x = -20000(2,4-x) \, N$
$x = 2; \quad V_2 = -1600 \, N$
$x = 2,4; \quad V_{2,4} = 0$

$M_x = +20000.(2,4-x)^2/2 \, Nm$
$x = 2; \quad M_2 = 1600 \, Nm$
$x = 2,4; \quad M_{2,4} = 0$

CORTANTE MÁXIMO=**16.000** N
(EN APOYOS)

FLECTOR MÁXIMO=**4.800** N.m
(EN EL CENTRO)

FIGURA **10.3**
ESFUERZOS EN LA FLEXIÓN RECTA SIMPLE

Tensiones debidas al momento flector

Para obtener las tensiones que resultan de la distribución del momento flector a lo largo de la sección, observamos la deformación que experimenta una barra solicitada por este tipo de esfuerzos.

Si trazamos el contorno de dos secciones rectas, (inicialmente paralelas), y consideramos las fibras longitudinales comprendidas entre ellas, (inicialmente de la misma longitud), al aplicar el momento flector, observamos: (Figuras 10.4 y 10.5)

- *El eje de la barra se curva*
- *Se produce un giro relativo de las secciones, que se conservan rectas (el contorno)*
- *Las fibras situadas hacia la parte cóncava, se acortan. Este acortamiento es máximo en el borde de la barra y disminuye al aproximarse al centro.*
- *Las fibras situadas hacia la parte convexa, se alargan. Este alargamiento es máximo en el borde de la barra y disminuye al aproximarse al centro.*

De acuerdo con esto, habrá una fibra intermedia que no experimenta deformación longitudinal (fibra neutra). Considerando la hipótesis de conservación de las secciones planas, este comportamiento también lo tendremos en las fibras interiores que se escapan a nuestra observación. Habrá, por tanto, una capa de fibras neutras y su intersección con las secciones rectas vamos a llamarla eje neutro.

La sección recta queda dividida en dos zonas: hacia la parte convexa tendremos tracciones crecientes al alejarnos del eje neutro y hacia la parte cóncava, compresiones, de valor creciente hacia el borde.

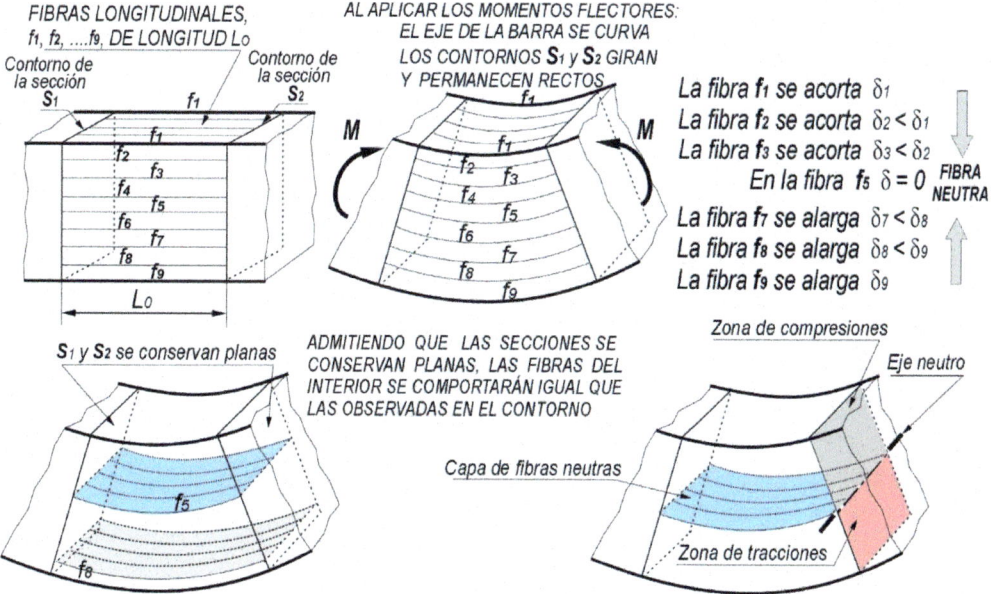

FIGURA 10.4
OBSERVACIÓN DE LAS DEFORMACIONES DEBIDAS AL MOMENTO FLECTOR

Aplicando la ley de Hooke a las deformaciones observadas, se deducen fácilmente algunas propiedades sobre las tensiones debidas al momento flector. Si tomamos como referencia el eje neutro (puntos de la sección en los que la tensión es nula):

- En los puntos situados hacia la zona cóncava de la barra, habrá tensiones de compresión cuyo valor es proporcional a la distancia desde el punto al eje. (crecen linealmente al alejarnos del eje)

- Hacia la zona convexa, tensiones de tracción, que también crecen de forma lineal con la distancia al eje neutro.

- Las tensiones máximas se producen en los puntos más alejados del eje.

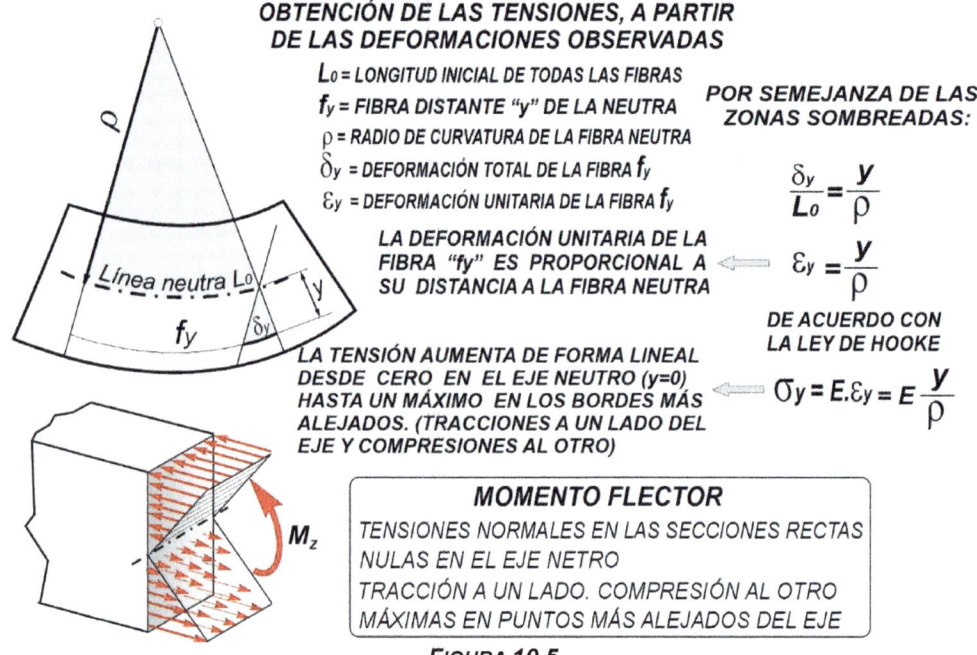

OBTENCIÓN DE LAS TENSIONES, A PARTIR DE LAS DEFORMACIONES OBSERVADAS

L_0 = LONGITUD INICIAL DE TODAS LAS FIBRAS
f_y = FIBRA DISTANTE "y" DE LA NEUTRA
ρ = RADIO DE CURVATURA DE LA FIBRA NEUTRA
δ_y = DEFORMACIÓN TOTAL DE LA FIBRA f_y
ε_y = DEFORMACIÓN UNITARIA DE LA FIBRA f_y

POR SEMEJANZA DE LAS ZONAS SOMBREADAS:

$$\frac{\delta_y}{L_0} = \frac{y}{\rho}$$

LA DEFORMACIÓN UNITARIA DE LA FIBRA "fy" ES PROPORCIONAL A SU DISTANCIA A LA FIBRA NEUTRA

$$\varepsilon_y = \frac{y}{\rho}$$

DE ACUERDO CON LA LEY DE HOOKE

LA TENSIÓN AUMENTA DE FORMA LINEAL DESDE CERO EN EL EJE NEUTRO (y=0) HASTA UN MÁXIMO EN LOS BORDES MÁS ALEJADOS. (TRACCIONES A UN LADO DEL EJE Y COMPRESIONES AL OTRO)

$$\sigma_y = E.\varepsilon_y = E\frac{y}{\rho}$$

M_z

MOMENTO FLECTOR

TENSIONES NORMALES EN LAS SECCIONES RECTAS
NULAS EN EL EJE NETRO
TRACCIÓN A UN LADO. COMPRESIÓN AL OTRO
MÁXIMAS EN PUNTOS MÁS ALEJADOS DEL EJE

FIGURA 10.5
TENSIONES DEBIDAS AL MOMENTO FLECTOR

Para completar este análisis, hasta ahora cualitativo, habrá que determinar la situación del eje neutro, que delimita las zonas de tracción y compresión, y el valor de las tensiones en función del momento.

Si consideramos la fuerza que actúa sobre cada elemento de superficie, sabemos que la resultante de esta distribución de fuerzas se reduce a un par, de valor **M**, respecto al eje **zz**.

Esto implica:

1. La fuerza resultante de la distribución es nula
2. El momento resultante respecto al eje **yy** es cero
3. El momento resultante respecto al eje **zz** es igual al momento flector **M (Figura 10.6)**

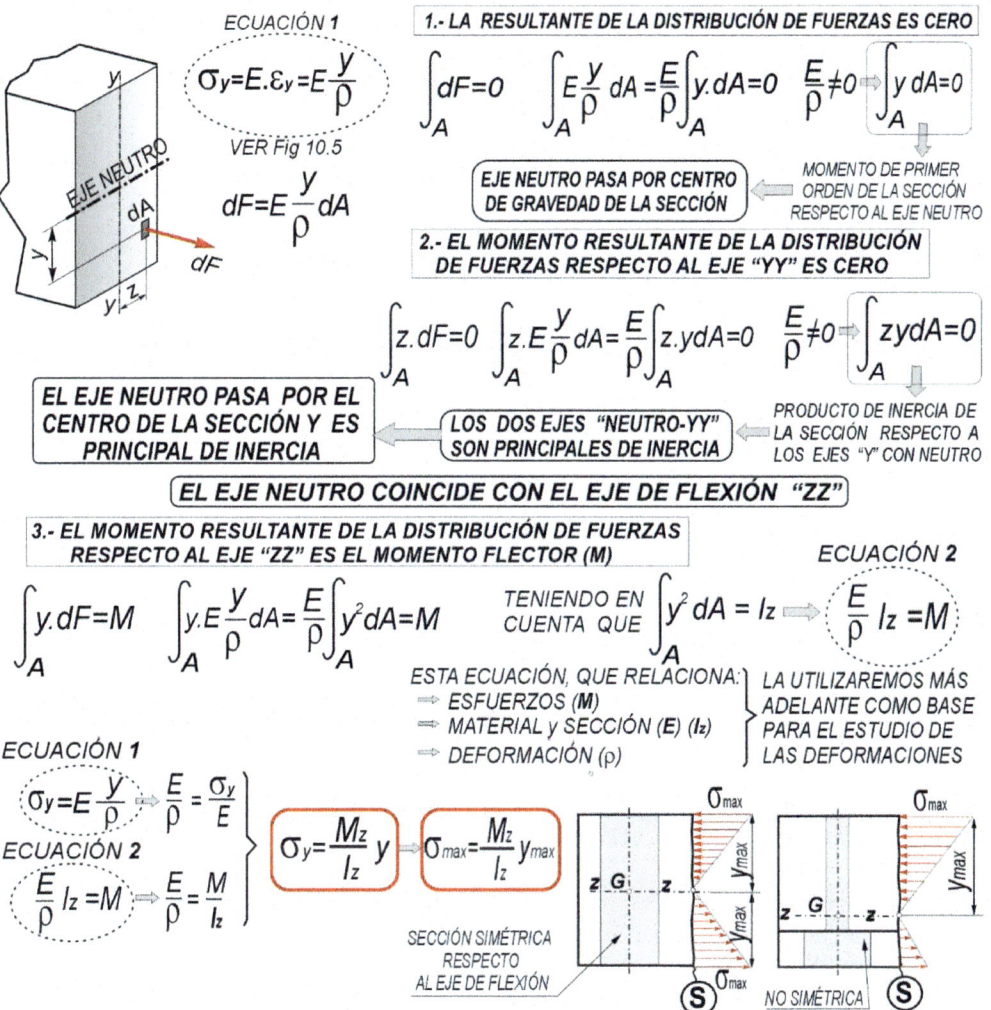

FIGURA 10.6
TENSIONES DEBIDAS AL MOMENTO FLECTOR

Teniendo en cuenta que el momento flector es la suma de momentos de todas las fuerzas internas que actúan a lo largo de la sección, de acuerdo con esta distribución de las tensiones normales, los elementos de sección próximos al eje de flexión, (tensiones y distancias reducidas), apenas contribuyen a soportar el momento flector. En los ejercicios 2 y 3 se trata de cuantificar esta particularidad.

EJERCICIO 2

Para una barra de sección rectangular, solicitada por un momento flector **M**, determinar la parte del esfuerzo soportada por la zona central, de área mitad de la sección total.

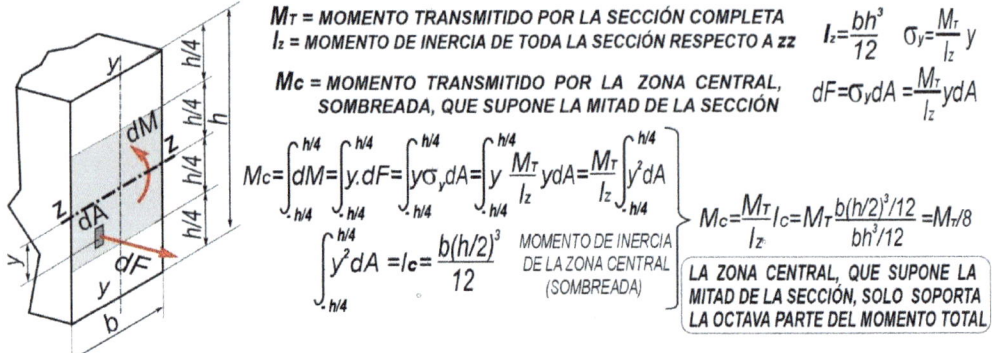

M_T = MOMENTO TRANSMITIDO POR LA SECCIÓN COMPLETA $\qquad I_z=\dfrac{bh^3}{12}\quad \sigma_y=\dfrac{M_T}{I_z}\,y$

I_z = MOMENTO DE INERCIA DE TODA LA SECCIÓN RESPECTO A **zz**

M_c = MOMENTO TRANSMITIDO POR LA ZONA CENTRAL, SOMBREADA, QUE SUPONE LA MITAD DE LA SECCIÓN $\qquad dF=\sigma_y dA =\dfrac{M_T}{I_z}y\,dA$

$$M_c=\int_{-h/4}^{h/4}dM=\int_{-h/4}^{h/4}y.dF=\int_{-h/4}^{h/4}y\sigma_y dA=\int_{-h/4}^{h/4}y\,\frac{M_T}{I_z}y\,dA=\frac{M_T}{I_z}\int_{-h/4}^{h/4}y^2 dA$$

$$\int_{-h/4}^{h/4}y^2 dA =I_c=\frac{b(h/2)^3}{12}$$

MOMENTO DE INERCIA DE LA ZONA CENTRAL (SOMBREADA)

$$M_c=\frac{M_T}{I_z}I_c=M_T\frac{b(h/2)^3/12}{bh^3/12}=M_T/8$$

LA ZONA CENTRAL, QUE SUPONE LA MITAD DE LA SECCIÓN, SOLO SOPORTA LA OCTAVA PARTE DEL MOMENTO TOTAL

FIGURA 10.7
EJERCICIO2

Para conseguir una buena resistencia, interesa que la mayor parte de la sección esté relativamente lejos del eje de flexión (**I_z** elevado, como en los perfiles doble T). También influye la distancia desde la fibra más alejada (**y_max**). El cociente de estos factores recibe el nombre de **Módulo de flexión** y constituye la característica que determina la resistencia a flexión de una sección.

I_z= MOMENTO DE INERCIA DE LA SECCIÓN RESPECTO AL EJE DE FLEXIÓN $\qquad W_z=\dfrac{I_z}{y_{max}}$ MÓDULO DE FLEXIÓN DE LA SECCIÓN, RESPECTO AL EJE "Z"

y_{max}= DISTANCIA DEL EJE DE FLEXIÓN A LA FIBRA MÁS ALEJADA

$$\sigma_{MAX}=\frac{M_{MAX}}{I_z}y_{MAX}=\frac{M_{MAX}}{I_z/y_{MAX}}=\frac{M_{MAX}}{W_z}$$

ES UNA CARACTERÍSTICA DE LA SECCIÓN, QUE DEPENDE DE SU FORMA Y DIMENSIONES, Y DETERMINA SU RESISTENCIA A FLEXIÓN

M_{MAX}= MOMENTO MÁXIMO QUE PUEDE SOPORTAR UNA SECCIÓN

σ_{ADM}= TENSIÓN MÁXIMA ADMISIBLE PARA EL MATERIAL (NORMALMENTE, EL LÍMITE ELÁSTICO DEL MATERIAL REDUCIDO POR UN COEFICIENTE DE MINORACIÓN)

CONDICIÓN DE RESISTENCIA $\qquad \sigma_{MAX}=\dfrac{M_{MAX}}{W_z}<=\sigma_{ADM}$

EJERCICIO 3

Comparar la resistencia a flexión de las siguientes secciones (**Figura 10.8**):

- Barra de sección circular de 7,06 cm de diámetro
- Sección rectangular de 3,26 por 12 cm
- Doble T de caras paralelas IPE 240
- Viga aligerada obtenida por corte y soldadura de IPE 240 (según figura)
- Viga de celosía, obtenida por corte y armado de IPE240

El área de la sección recta es la misma en todos los casos y todas son del mismo material. Las características de la IPE240 son las indicadas.

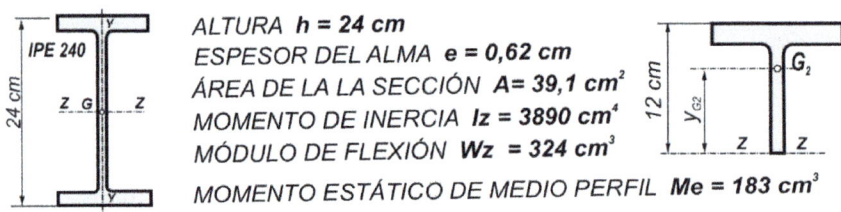

ALTURA **h = 24 cm**
ESPESOR DEL ALMA **e = 0,62 cm**
ÁREA DE LA LA SECCIÓN **A= 39,1 cm²**
MOMENTO DE INERCIA **Iz = 3890 cm⁴**
MÓDULO DE FLEXIÓN **Wz = 324 cm³**
MOMENTO ESTÁTICO DE MEDIO PERFIL **Me = 183 cm³**

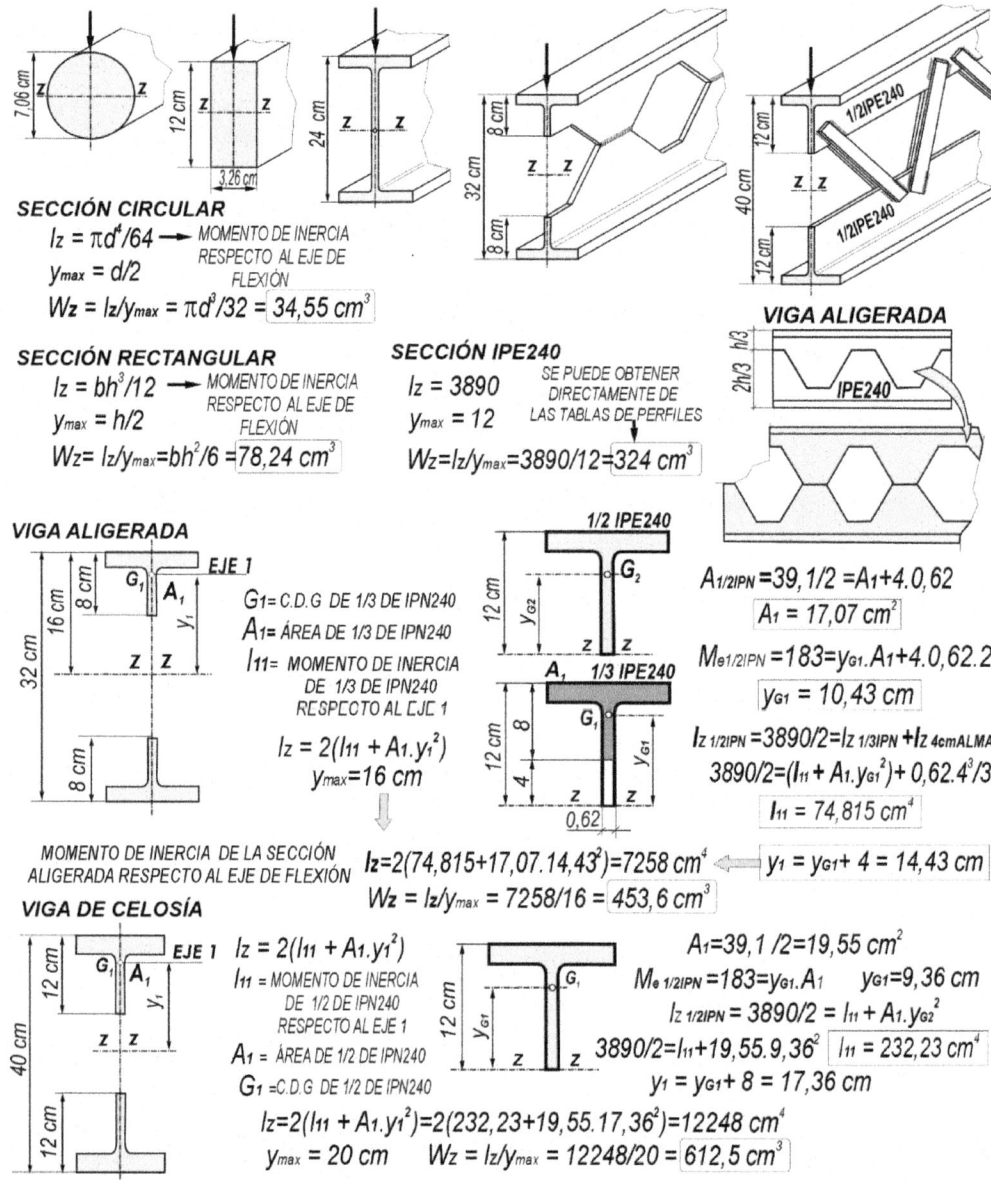

SECCIÓN CIRCULAR

$Iz = \pi d^4/64$ → MOMENTO DE INERCIA RESPECTO AL EJE DE FLEXIÓN

$y_{max} = d/2$

$Wz = Iz/y_{max} = \pi d^3/32 = \boxed{34,55 \ cm^3}$

SECCIÓN RECTANGULAR

$Iz = bh^3/12$ → MOMENTO DE INERCIA RESPECTO AL EJE DE FLEXIÓN

$y_{max} = h/2$

$Wz = Iz/y_{max} = bh^2/6 = \boxed{78,24 \ cm^3}$

SECCIÓN IPE240

$Iz = 3890$

$y_{max} = 12$

SE PUEDE OBTENER DIRECTAMENTE DE LAS TABLAS DE PERFILES

$Wz = Iz/y_{max} = 3890/12 = \boxed{324 \ cm^3}$

VIGA ALIGERADA

VIGA ALIGERADA

EJE 1

G_1 = C.D.G DE 1/3 DE IPN240
A_1 = ÁREA DE 1/3 DE IPN240
I_{11} = MOMENTO DE INERCIA DE 1/3 DE IPN240 RESPECTO AL EJE 1

$Iz = 2(I_{11} + A_1 . y_1^2)$
$y_{max} = 16 \ cm$

1/2 IPE240

1/3 IPE240

$A_{1/2IPN} = 39,1/2 = A_1 + 4.0,62$
$\boxed{A_1 = 17,07 \ cm^2}$

$M_{e1/2IPN} = 183 = y_{G1} . A_1 + 4.0,62.2$
$\boxed{y_{G1} = 10,43 \ cm}$

$Iz_{1/2IPN} = 3890/2 = Iz_{1/3IPN} + Iz_{4cmALMA}$
$3890/2 = (I_{11} + A_1 . y_{G1}^2) + 0,62.4^3/3$
$\boxed{I_{11} = 74,815 \ cm^4}$

MOMENTO DE INERCIA DE LA SECCIÓN ALIGERADA RESPECTO AL EJE DE FLEXIÓN

$Iz = 2(74,815 + 17,07.14,43^2) = 7258 \ cm^4$ ← $\boxed{y_1 = y_{G1} + 4 = 14,43 \ cm}$

$Wz = Iz/y_{max} = 7258/16 = \boxed{453,6 \ cm^3}$

VIGA DE CELOSÍA

EJE 1

$Iz = 2(I_{11} + A_1 . y_1^2)$

I_{11} = MOMENTO DE INERCIA DE 1/2 DE IPN240 RESPECTO AL EJE 1

A_1 = ÁREA DE 1/2 DE IPN240

G_1 = C.D.G DE 1/2 DE IPN240

$A_1 = 39,1/2 = 19,55 \ cm^2$

$M_{e1/2IPN} = 183 = y_{G1} . A_1$ $y_{G1} = 9,36 \ cm$

$Iz_{1/2IPN} = 3890/2 = I_{11} + A_1 . y_{G2}^2$

$3890/2 = I_{11} + 19,55.9,36^2$ $\boxed{I_{11} = 232,23 \ cm^4}$

$y_1 = y_{G1} + 8 = 17,36 \ cm$

$Iz = 2(I_{11} + A_1 . y_1^2) = 2(232,23 + 19,55.17,36^2) = 12248 \ cm^4$

$y_{max} = 20 \ cm$ $Wz = Iz/y_{max} = 12248/20 = \boxed{612,5 \ cm^3}$

SECCIÓN CIRCULAR	$Wz = 34,55 \ cm^3$	
SECCIÓN RECTANGULAR	$Wz = 78,24 \ cm^3$	
SECCIÓN IPE240	$Wz = 324 \ cm^3$	TODAS DEL
VIGA ALIGERADA	$Wz = 453,6 \ cm^3$	MISMO PESO
VIGA DE CELOSÍA	$Wz = 612,5 \ cm^3$	

COMO LA RESISTENCIA DE LA VIGA ES PROPORCIONAL AL MÓDULO DE FLEXIÓN DE LA SECCIÓN RECTA, A IGUALDAD DE LUZ Y TIPO DE CARGA, LA IPE240 PUEDE SOPORTAR UNA CARGA 9,37 VECES MAYOR QUE LA BARRA DE SECCIÓN CIRCULAR DEL MISMO PESO; LA VIGA ALIGERADA 13,12 VECES MÁS Y LA DE CELOSÍA 17,72

FIGURA 10.8
EJERCICIO 3

Tensiones debidas al esfuerzo cortante

El esfuerzo cortante **Vy**, da lugar a tensiones cortantes en las secciones rectas de la viga. Además, de acuerdo con el teorema de reciprocidad de las tensiones cortantes, la presencia de tensiones de cortadura en las secciones rectas exige la existencia de tensiones del mismo valor en las secciones longitudinales de la viga (tensiones cortantes longitudinales o rasantes).

Si bien las tensiones tangenciales de dirección vertical se pueden esperar, por la existencia de un esfuerzo cortante vertical en las secciones rectas, las longitudinales (tensiones rasantes) resultan menos evidentes. En la **Figura 10.9** se intenta ponerlas de manifiesto por los deslizamientos longitudinales que se observan al flexar una viga formada por varias piezas independientes, sin rozamiento entre las superficies de contacto. En las barras de una sola pieza, esta tendencia se traduce en fuerzas longitudinales de unas partes sobre las contiguas.

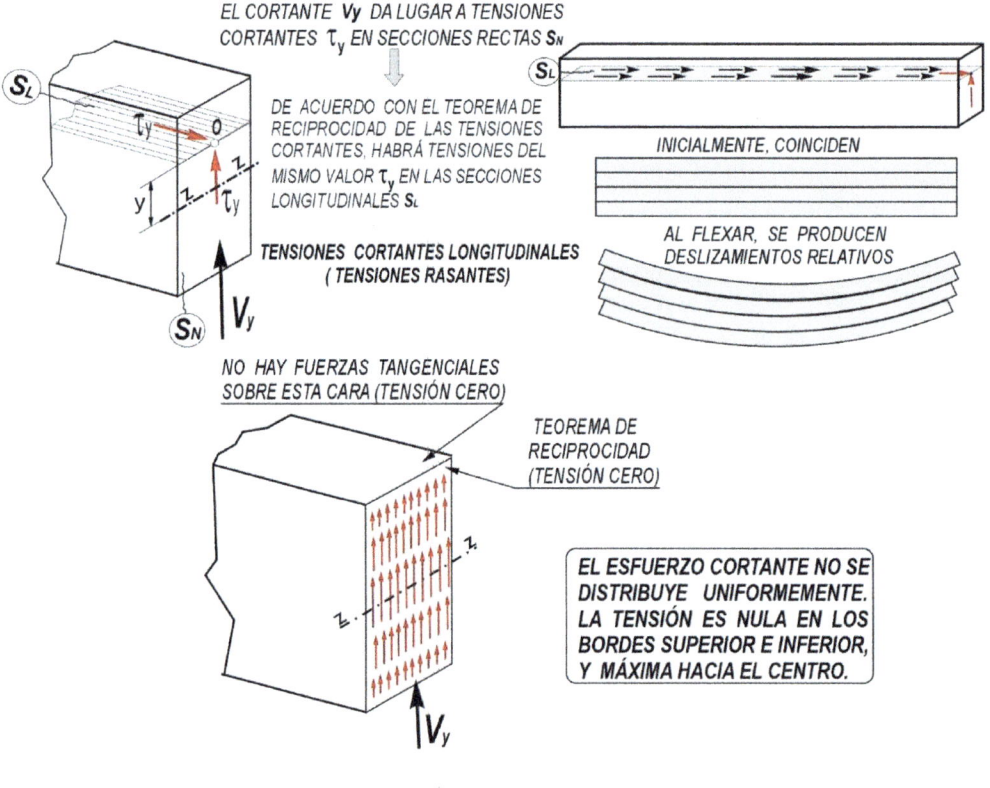

FIGURA 10.9
TENSIONES CORTANTES

El valor de las tensiones cortantes viene definido por la ley de Colignón (**Figura 10.10**). Aunque la distribución, e incluso su dirección, dependen de la forma de la sección, como veremos en algunos ejemplos, el proceso a seguir es siempre el que se muestra en dicha figura.

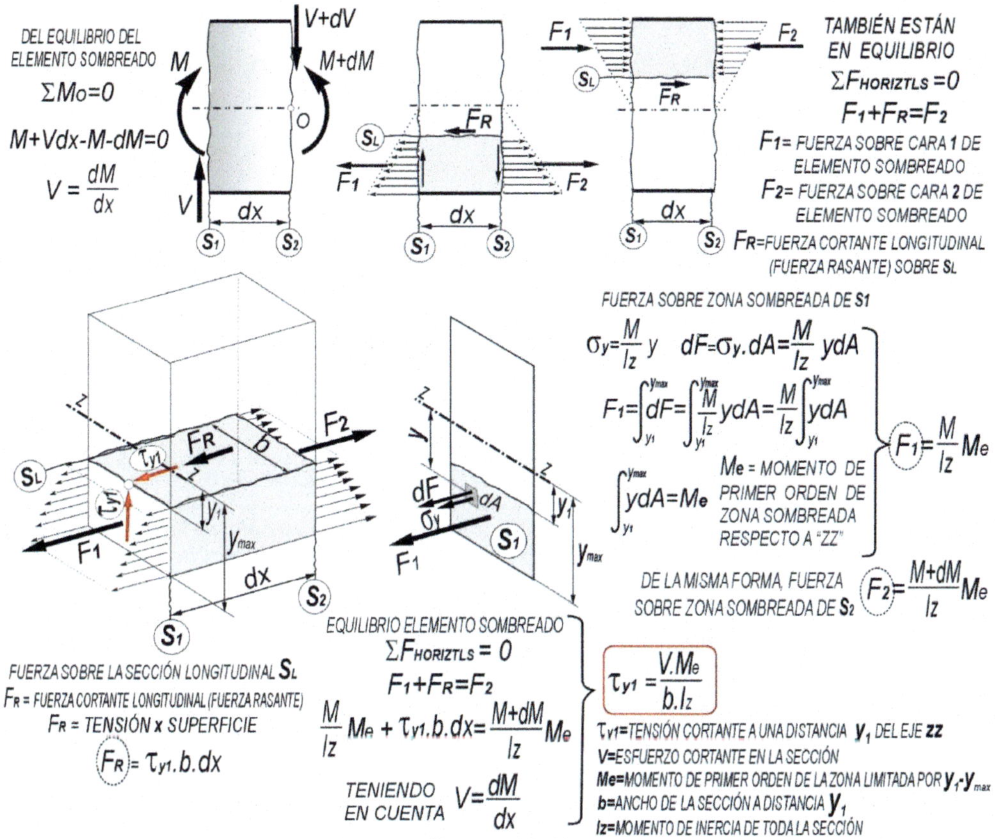

Figura 10.10

DEL EQUILIBRIO DEL ELEMENTO SOMBREADO

$\Sigma M_O = 0$

$M + V dx - M - dM = 0$

$V = \dfrac{dM}{dx}$

TAMBIÉN ESTÁN EN EQUILIBRIO

$\Sigma F_{HORIZTLS} = 0$

$F_1 + F_R = F_2$

F_1 = FUERZA SOBRE CARA 1 DE ELEMENTO SOMBREADO

F_2 = FUERZA SOBRE CARA 2 DE ELEMENTO SOMBREADO

F_R = FUERZA CORTANTE LONGITUDINAL (FUERZA RASANTE) SOBRE S_L

FUERZA SOBRE ZONA SOMBREADA DE S_1

$\sigma_y = \dfrac{M}{I_z} y \qquad dF = \sigma_y \cdot dA = \dfrac{M}{I_z} y\, dA$

$F_1 = \int dF = \int_{y_1}^{y_{max}} \dfrac{M}{I_z} y\, dA = \dfrac{M}{I_z} \int_{y_1}^{y_{max}} y\, dA$

$\boxed{F_1 = \dfrac{M}{I_z} M_e}$

M_e = MOMENTO DE PRIMER ORDEN DE ZONA SOMBREADA RESPECTO A "ZZ"

$\int_{y_1}^{y_{max}} y\, dA = M_e$

DE LA MISMA FORMA, FUERZA SOBRE ZONA SOMBREADA DE S_2 $\boxed{F_2 = \dfrac{M + dM}{I_z} M_e}$

FUERZA SOBRE LA SECCIÓN LONGITUDINAL S_L

F_R = FUERZA CORTANTE LONGITUDINAL (FUERZA RASANTE)

F_R = TENSIÓN x SUPERFICIE

$\boxed{F_R = \tau_{y1} \cdot b \cdot dx}$

EQUILIBRIO ELEMENTO SOMBREADO

$\Sigma F_{HORIZTLS} = 0$

$F_1 + F_R = F_2$

$\dfrac{M}{I_z} M_e + \tau_{y1} \cdot b \cdot dx = \dfrac{M + dM}{I_z} M_e$

TENIENDO EN CUENTA $V = \dfrac{dM}{dx}$

$\boxed{\tau_{y1} = \dfrac{V \cdot M_e}{b \cdot I_z}}$

τ_{y1} = TENSIÓN CORTANTE A UNA DISTANCIA y_1 DEL EJE zz

V = ESFUERZO CORTANTE EN LA SECCIÓN

M_e = MOMENTO DE PRIMER ORDEN DE LA ZONA LIMITADA POR y_1-y_{max}

b = ANCHO DE LA SECCIÓN A DISTANCIA y_1

I_z = MOMENTO DE INERCIA DE TODA LA SECCIÓN

FIGURA 10.10
LEY DE COLIGNON

En la **Figura 10.11** se trata de aclarar el significado de los factores **b** y **Me** que aparecen en la expresión de Colignón.

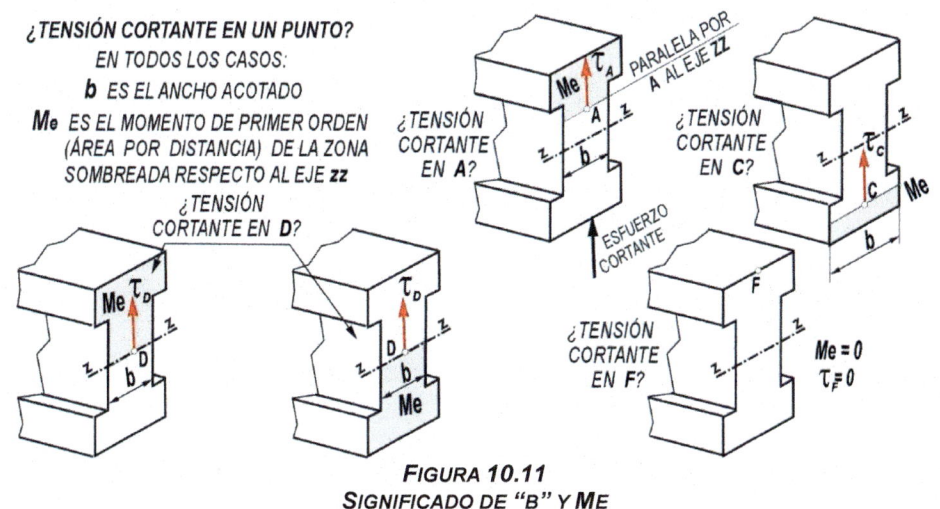

FIGURA 10.11
SIGNIFICADO DE "B" Y ME

Las tablas de perfiles en doble T facilitan, entre otras características, el momento de primer orden (Me) de media sección respecto al eje de flexión. Ver **Figura 10.12**

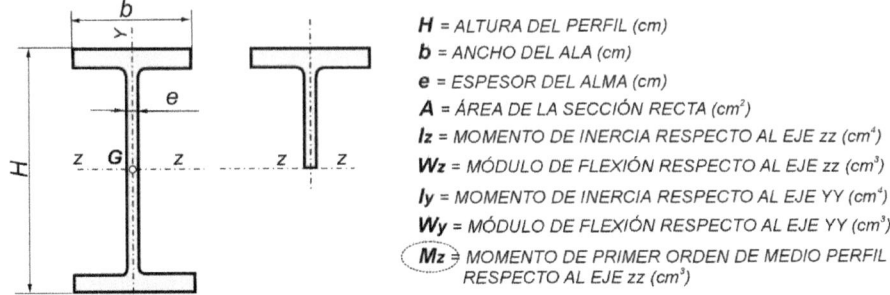

H = ALTURA DEL PERFIL (cm)

b = ANCHO DEL ALA (cm)

e = ESPESOR DEL ALMA (cm)

A = ÁREA DE LA SECCIÓN RECTA (cm²)

Iz = MOMENTO DE INERCIA RESPECTO AL EJE zz (cm⁴)

Wz = MÓDULO DE FLEXIÓN RESPECTO AL EJE zz (cm³)

Iy = MOMENTO DE INERCIA RESPECTO AL EJE YY (cm⁴)

Wy = MÓDULO DE FLEXIÓN RESPECTO AL EJE YY (cm³)

Mz = MOMENTO DE PRIMER ORDEN DE MEDIO PERFIL RESPECTO AL EJE zz (cm³)

NOTA: LA TABLA NO ES COMPLETA, PUES NO RECOGE MÁS QUE ALGUNOS DATOS DE LOS PERFILES Y SOLO PARA UN GRUPO REDUCIDO DE ÉSTOS

IPE	H (cm)	b (cm)	e (cm)	A (cm²)	Iz (cm⁴)	Wz (cm³)	Iy (cm⁴)	Wy (cm³)	Mz (cm³)
IPE 100	10	5,5	0,41	10,3	171	34,2	15,9	5,79	19,7
IPE 140	14	7,3	0,47	16,4	541	77,3	44,9	12,3	44,2
IPE 200	20	10	0,56	28,5	1940	194	142	28,5	110
IPE 220	22	11	0,59	33,4	2770	252	205	37,3	143
IPE 240	24	12	0,62	39,1	3890	324	284	47,3	183
IPE 300	30	15	0,71	53,8	8360	557	604	80,5	314
IPE 400	40	18	0,86	84,5	23130	1160	1320	146	654
IPE 500	50	20	1,02	116	48200	1930	2140	214	1100
IPE 600	60	22	1,20	156	92080	3O70	3390	308	1760

FIGURA 10.12
MOMENTO ESTÁTICO PARA PERFILES LAMINADOS *IPE*

A diferencia de las normales, las tensiones cortantes son nulas en los bordes superior e inferior de la sección y máximas hacia el centro de la misma. En la **Figura 10.13** se dan las distribuciones de la tensión cortante y sus valores máximos, para secciones rectangulares y en doble T. Destacar que, en las secciones en doble T, las alas apenas contribuyen a soportar el cortante, entendiéndose, de forma aproximada, que lo soporta exclusivamente el alma y que se reparte uniformemente a lo largo de la misma.

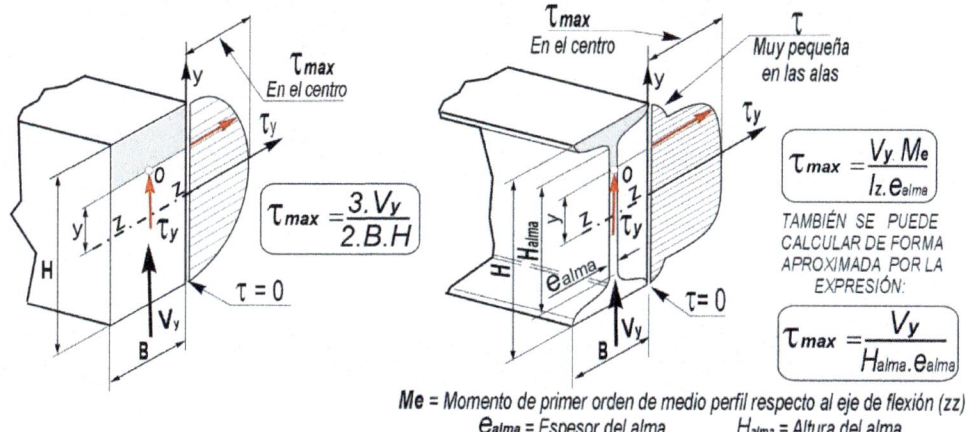

$$\tau_{max} = \frac{3 . V_y}{2 . B . H}$$

$$\tau_{max} = \frac{V_y . M_e}{I_z . e_{alma}}$$

TAMBIÉN SE PUEDE CALCULAR DE FORMA APROXIMADA POR LA EXPRESIÓN:

$$\tau_{max} = \frac{V_y}{H_{alma} . e_{alma}}$$

Me = Momento de primer orden de medio perfil respecto al eje de flexión (zz)
e_{alma} = Espesor del alma H_{alma} = Altura del alma

FIGURA 10.13
TENSIONES CORTANTES EN ALGUNAS SECCIONES

*Aislando un trozo de ala y considerando su equilibrio, llegamos a la conclusión de que, además de las tensiones cortantes de dirección vertical, existen tensiones cortantes en la dirección de las alas, como se muestra en la **Figura 10.14**. Tanto estas tensiones, como las de dirección vertical, no alcanzan valores apreciables, por lo que nos limitamos a señalar su presencia.*

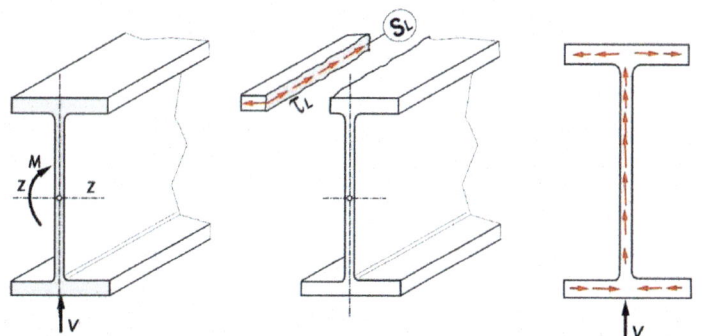

FIGURA 10.14
TENSIONES CORTANTES EN PERFILES DOBLE T

*Aunque el esfuerzo cortante sea de dirección vertical, si los bordes laterales de la sección recta de la viga no tienen esta dirección, las tensiones cortantes no toman la dirección vertical que podríamos esperar, sino que resultan tangentes a los bordes. De no ser así, la tensión tendría una componente normal al borde, lo que exigiría, por el teorema de reciprocidad, unas tensiones iguales sobre la superficie exterior, que no existen. En la **Figura 10.15** se muestra la distribución de las tensiones para una sección circular.*

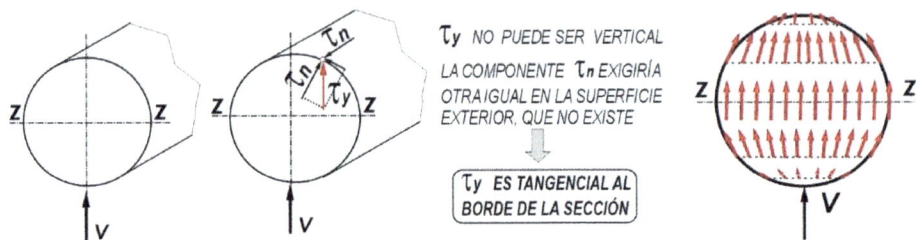

FIGURA 10.15
TENSIONES CORTANTES EN SECCIONES CIRCULARES

Si las cargas exteriores actúan en un plano que contiene a uno de los ejes principales centrales de inercia de la sección recta, pero éste no es de simetría, la distribución de las tensiones cortantes es tal que originan un momento de torsión respecto al eje longitudinal de la viga. Este efecto, que puede ser especialmente peligroso en algunas secciones, debe compensarse aplicando las cargas con un cierto descentramiento. En lugar de pasar por el c.d.g. de la sección, pasaría por otro punto denominado *centro de cortadura*. (**Figura 10.16**)

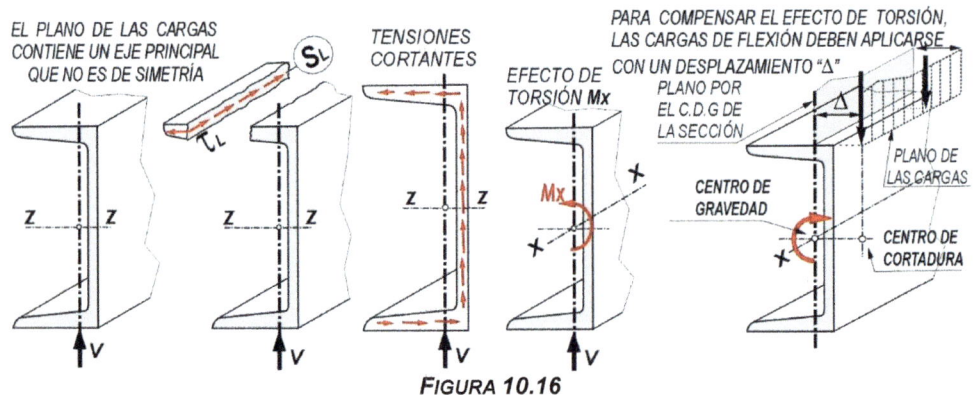

FIGURA 10.16
EFECTO DE TORSIÓN EN PERFILES EN U

Análisis de tensiones

Puesto que, en general, los cortantes y los flectores actúan simultáneamente en las distintas secciones, habría que determinar en cada punto el efecto combinado de ambas tensiones, con el cálculo de las correspondientes tensiones principales. Sin embargo, casi nunca es preciso este análisis por una serie de razones:

- En muchos casos, los flectores máximos se presentan en secciones de cortante reducido
- Para una sección dada, en los puntos de tensión normal máxima, (los más alejados del eje de flexión), la tensión cortante es nula y viceversa
- En vigas de longitud "razonable" las tensiones normales debidas al momento flector suelen ser mucho mayores que las cortantes

Aunque se trata de un simple ejemplo numérico, del que no se pueden sacar conclusiones generales, algunos cálculos sobre el ejemplo de la **Figura 10.17** pueden ayudar a precisar esta idea.

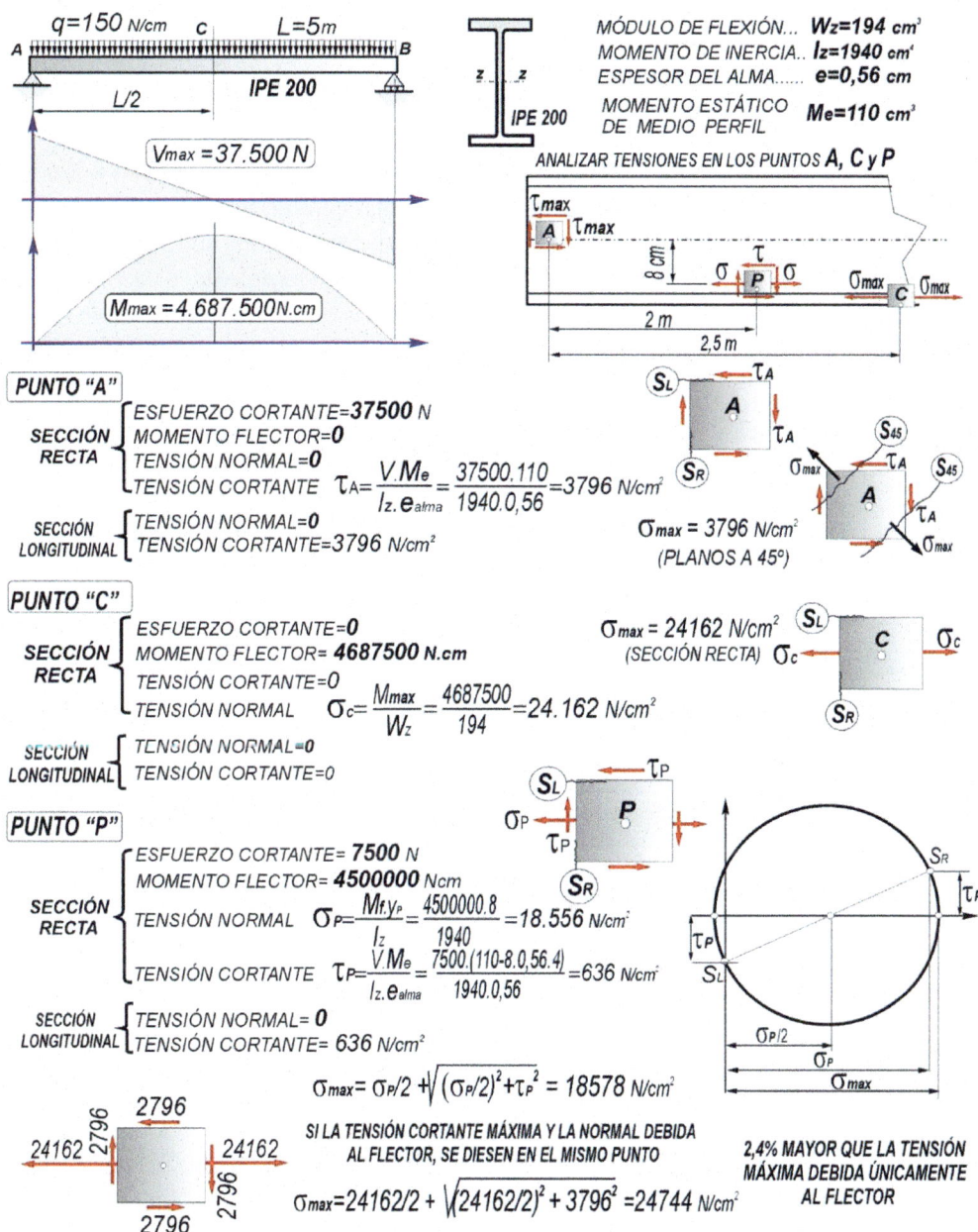

$q=150$ N/cm   C $L=5m$

IPE 200

$L/2$

$V_{max} = 37.500\ N$

$M_{max} = 4.687.500$ N.cm

MÓDULO DE FLEXIÓN... $W_z=194\ cm^3$
MOMENTO DE INERCIA.. $I_z=1940\ cm^4$
ESPESOR DEL ALMA...... $e=0,56\ cm$
MOMENTO ESTÁTICO $M_e=110\ cm^3$
DE MEDIO PERFIL

IPE 200

ANALIZAR TENSIONES EN LOS PUNTOS **A**, **C** y **P**

PUNTO "A"

SECCIÓN RECTA
- ESFUERZO CORTANTE=**37500** N
- MOMENTO FLECTOR=**0**
- TENSIÓN NORMAL=**0**
- TENSIÓN CORTANTE $\tau_A = \dfrac{V.M_e}{I_z.e_{alma}} = \dfrac{37500.110}{1940.0,56} = 3796$ N/cm²

SECCIÓN LONGITUDINAL
- TENSIÓN NORMAL=**0**
- TENSIÓN CORTANTE=3796 N/cm²

$\sigma_{max} = 3796$ N/cm²
(PLANOS A 45°)

PUNTO "C"

SECCIÓN RECTA
- ESFUERZO CORTANTE=**0**
- MOMENTO FLECTOR= **4687500** N.cm
- TENSIÓN CORTANTE=0
- TENSIÓN NORMAL $\sigma_c = \dfrac{M_{max}}{W_z} = \dfrac{4687500}{194} = 24.162$ N/cm²

SECCIÓN LONGITUDINAL
- TENSIÓN NORMAL=0
- TENSIÓN CORTANTE=0

$\sigma_{max} = 24162$ N/cm²
(SECCIÓN RECTA)

PUNTO "P"

SECCIÓN RECTA
- ESFUERZO CORTANTE= **7500** N
- MOMENTO FLECTOR= **4500000** Ncm
- TENSIÓN NORMAL $\sigma_P = \dfrac{M_f.y_P}{I_z} = \dfrac{4500000.8}{1940} = 18.556$ N/cm²
- TENSIÓN CORTANTE $\tau_P = \dfrac{V.M_e}{I_z.e_{alma}} = \dfrac{7500.(110-8.0,56.4)}{1940.0,56} = 636$ N/cm²

SECCIÓN LONGITUDINAL
- TENSIÓN NORMAL= **0**
- TENSIÓN CORTANTE= 636 N/cm²

$\sigma_{max} = \sigma_P/2 + \sqrt{(\sigma_P/2)^2 + \tau_P^2} = 18578$ N/cm²

SI LA TENSIÓN CORTANTE MÁXIMA Y LA NORMAL DEBIDA
AL FLECTOR, SE DIESEN EN EL MISMO PUNTO

$\sigma_{max} = 24162/2 + \sqrt{(24162/2)^2 + 3796^2} = 24744$ N/cm²

2796   2796   24162   24162   2796   2796

2,4% MAYOR QUE LA TENSIÓN
MÁXIMA DEBIDA ÚNICAMENTE
AL FLECTOR

FIGURA 10.17
PEQUEÑA INFLUENCIA DEL CORTANTE

Incluso considerando que las tensiones máximas, obtenidos en puntos distintos, (**A** para la cortante máxima y **C** para la normal máxima) se diesen en el mismo punto, la tensión principal máxima sería muy próxima a la calculada considerando únicamente los momentos flectores.

De acuerdo con esto, para dimensionar vigas a flexión, suele atenderse a los momentos flectores, utilizando el cortante para comprobaciones posteriores.

Una excepción importante la constituyen las ménsulas cortas, en las que se dan circunstancias que modifican notablemente los razonamientos anteriores:

- En muchos casos, el momento flector y el esfuerzo cortante toman sus valores máximos en la misma sección
- La pequeña longitud de la viga da lugar a que las tensiones debidas a las dos componentes del esfuerzo tomen valores relativamente próximos.

En el ejemplo de la **Figura 10.18** se destaca cómo, en un punto de la zona de acuerdo ala-alma, si tenemos en cuenta las tensiones normales y las cortantes presentes en este punto, el estado tensional es claramente más desfavorable que el que se produce en las zonas más alejadas del eje, como consecuencia únicamente de momento flector.

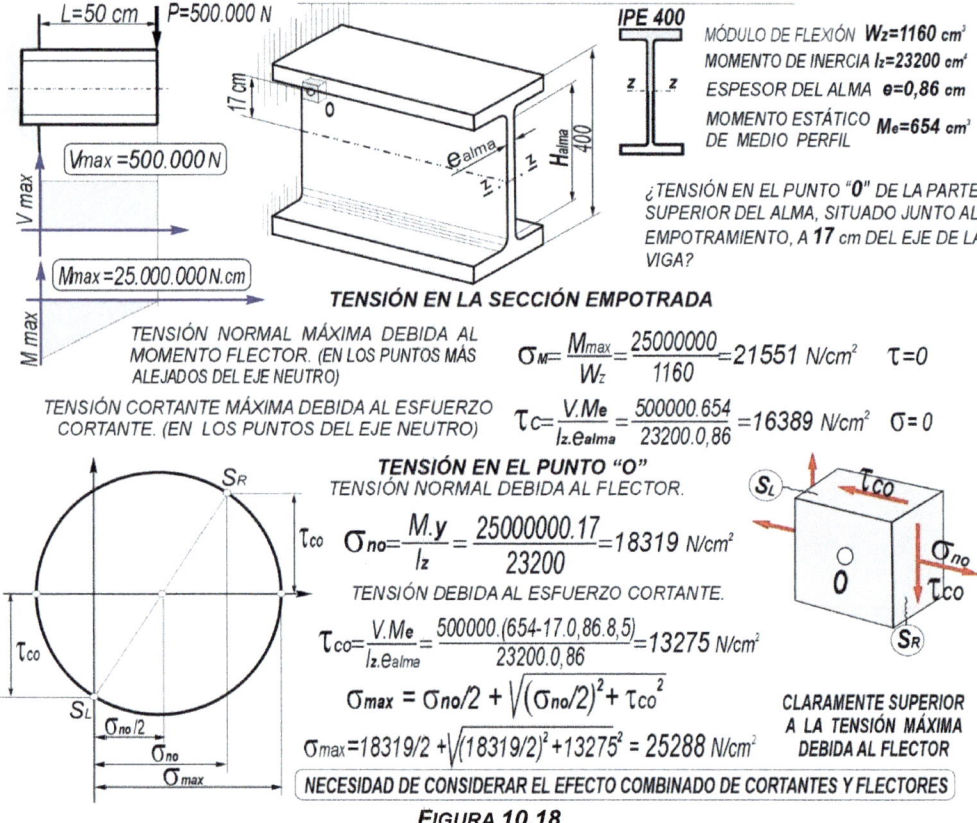

IPE 400
MÓDULO DE FLEXIÓN $W_z = 1160$ cm³
MOMENTO DE INERCIA $I_z = 23200$ cm⁴
ESPESOR DEL ALMA $e = 0,86$ cm
MOMENTO ESTÁTICO $M_e = 654$ cm³ DE MEDIO PERFIL

¿TENSIÓN EN EL PUNTO "**0**" DE LA PARTE SUPERIOR DEL ALMA, SITUADO JUNTO AL EMPOTRAMIENTO, A **17** cm DEL EJE DE LA VIGA?

TENSIÓN EN LA SECCIÓN EMPOTRADA

TENSIÓN NORMAL MÁXIMA DEBIDA AL MOMENTO FLECTOR. (EN LOS PUNTOS MÁS ALEJADOS DEL EJE NEUTRO)
$$\sigma_M = \frac{M_{max}}{W_z} = \frac{25000000}{1160} = 21551 \ N/cm^2 \qquad \tau = 0$$

TENSIÓN CORTANTE MÁXIMA DEBIDA AL ESFUERZO CORTANTE. (EN LOS PUNTOS DEL EJE NEUTRO)
$$\tau_C = \frac{V.M_e}{I_z.e_{alma}} = \frac{500000.654}{23200.0,86} = 16389 \ N/cm^2 \qquad \sigma = 0$$

TENSIÓN EN EL PUNTO "O"
TENSIÓN NORMAL DEBIDA AL FLECTOR.
$$\sigma_{no} = \frac{M.y}{I_z} = \frac{25000000.17}{23200} = 18319 \ N/cm^2$$

TENSIÓN DEBIDA AL ESFUERZO CORTANTE.
$$\tau_{co} = \frac{V.M_e}{I_z.e_{alma}} = \frac{500000.(654-17.0,86.8,5)}{23200.0,86} = 13275 \ N/cm^2$$

$$\sigma_{max} = \sigma_{no}/2 + \sqrt{(\sigma_{no}/2)^2 + \tau_{co}^2}$$

$$\sigma_{max} = 18319/2 + \sqrt{(18319/2)^2 + 13275^2} = 25288 \ N/cm^2$$

CLARAMENTE SUPERIOR A LA TENSIÓN MÁXIMA DEBIDA AL FLECTOR

NECESIDAD DE CONSIDERAR EL EFECTO COMBINADO DE CORTANTES Y FLECTORES

FIGURA 10.18
EFECTO COMBINADO DE CORTANTE Y FLECTOR, EN MÉNSULAS CORTAS

En la mayoría de los casos, las tensiones normales debidas a los momentos flectores son mucho mayores que las cortantes, por lo que la influencia de estas últimas es relativamente pequeña. No obstante, en algunos casos, hay que tenerlas muy en cuenta por resultar decisivas en el comportamiento de las vigas. A continuación, se mencionan algunas situaciones en las que las tensiones cortantes cobran especial importancia:

Vigas de hormigón armado

Las tensiones cortantes, que toman su mayor valor hacia el centro de la sección, (donde la viga no suele estar armada), dan lugar a tensiones de tracción, orientadas a 45°, que pueden provocar roturas en el hormigón. Para soportarlas se disponen barras inclinadas y estribos. **(Figura 10.19)**

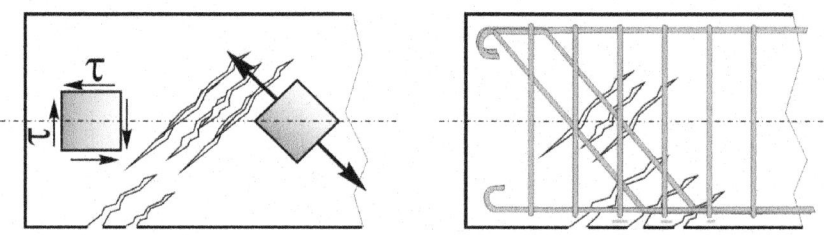

FIGURA 10.19
VIGAS DE HORMIGÓN ARMADO

Posibles inestabilidades por pandeo en vigas de alma muy esbelta

Las tensiones cortantes, que son soportadas fundamentalmente por el alma, dan lugar a tensiones de compresión orientadas a 45° con el eje de la viga. En vigas doble T soldadas y vigas cajón, que suelen tener almas muy esbeltas, estas compresiones pueden provocar pandeos locales si se rebasa la tensión crítica. (Figura 10.20)

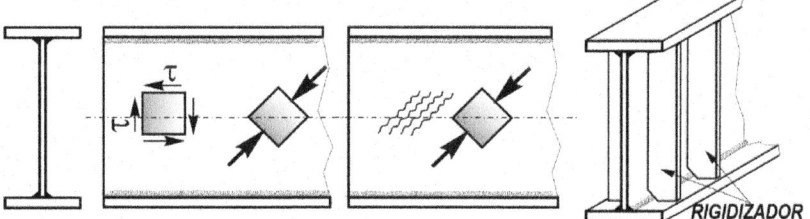

FIGURA 10.20
INESTABILIDAD EN ALMAS DE VIGA MUY ESBELTAS

Posibles efectos de torsión en vigas de sección abierta de pared delgada

Las tensiones cortantes pueden dar lugar a efectos de torsión en algunas secciones, para determinados estados de carga, aparentemente de solo flexión. Teniendo en cuenta la pequeña resistencia y rigidez a torsión, de los perfiles abiertos de pared delgada, la presencia de esta componente puede resultar muy peligrosa si no se toman las medidas adecuadas para para evitarla **(Figura 10.21)**

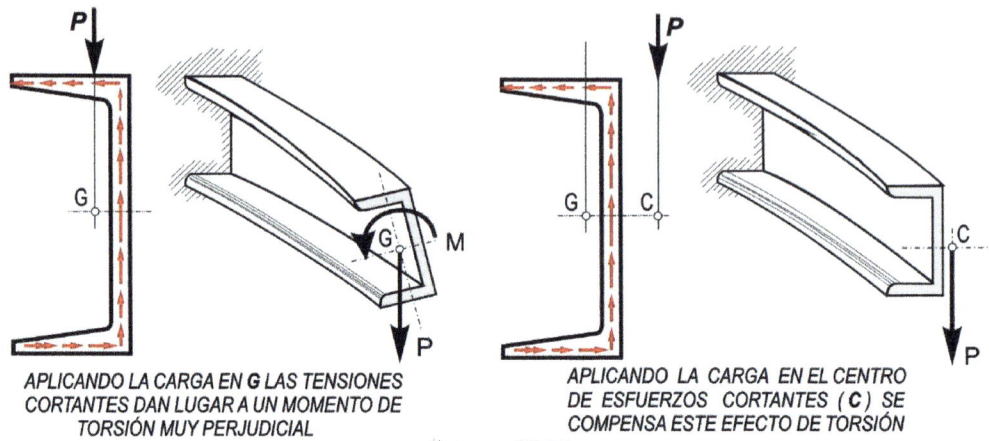

APLICANDO LA CARGA EN **G** LAS TENSIONES CORTANTES DAN LUGAR A UN MOMENTO DE TORSIÓN MUY PERJUDICIAL

APLICANDO LA CARGA EN EL CENTRO DE ESFUERZOS CORTANTES (**C**) SE COMPENSA ESTE EFECTO DE TORSIÓN

FIGURA 10.21
EFECTO DE TORSIÓN EN ALGUNAS SECCIONES

Cálculo de elementos de unión en vigas compuestas

Cuando los esfuerzos a soportar son importantes, rebasando la capacidad resistente de los perfiles disponibles, se acude a vigas formadas por dos o más piezas. En este caso, para que la viga ofrezca su máxima resistencia, es necesario que se comporte como una sola pieza, evitando los deslizamientos longitudinales relativos debidos al cortante, mediante la utilización de elementos de conexión adecuados. **(Figura 10.22)**

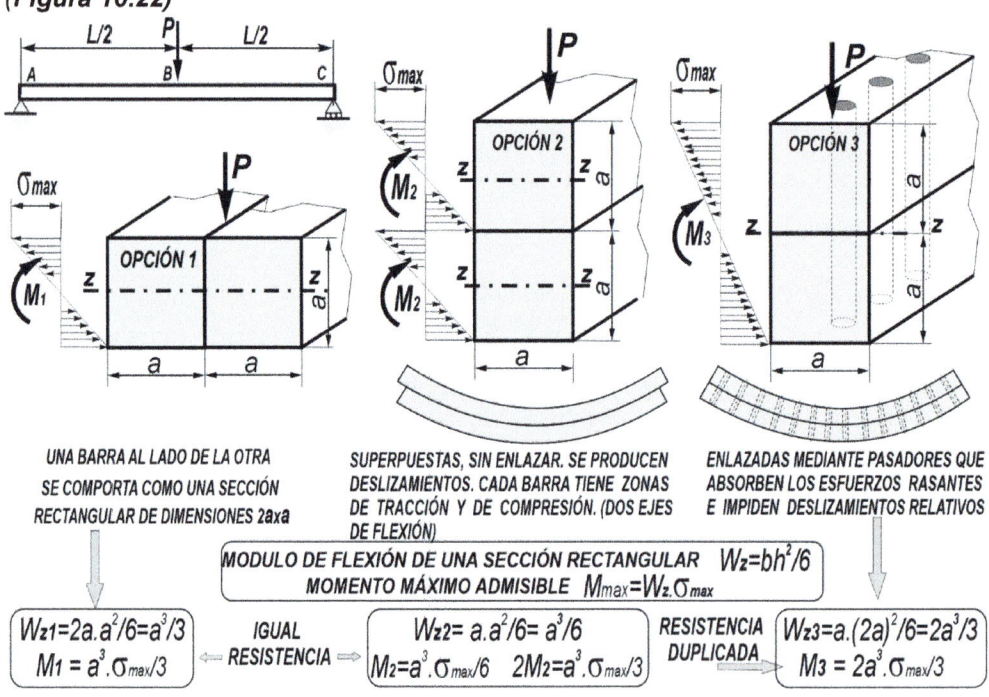

UNA BARRA AL LADO DE LA OTRA SE COMPORTA COMO UNA SECCIÓN RECTANGULAR DE DIMENSIONES 2a**x**a

SUPERPUESTAS, SIN ENLAZAR. SE PRODUCEN DESLIZAMIENTOS. CADA BARRA TIENE ZONAS DE TRACCIÓN Y DE COMPRESIÓN. (DOS EJES DE FLEXIÓN)

ENLAZADAS MEDIANTE PASADORES QUE ABSORBEN LOS ESFUERZOS RASANTES E IMPIDEN DESLIZAMIENTOS RELATIVOS

MODULO DE FLEXIÓN DE UNA SECCIÓN RECTANGULAR $W_z = bh^2/6$
MOMENTO MÁXIMO ADMISIBLE $M_{max} = W_z.\sigma_{max}$

$W_{z1} = 2a.a^2/6 = a^3/3$
$M_1 = a^3.\sigma_{max}/3$

IGUAL RESISTENCIA

$W_{z2} = a.a^2/6 = a^3/6$
$M_2 = a^3.\sigma_{max}/6 \quad 2M_2 = a^3.\sigma_{max}/3)$

RESISTENCIA DUPLICADA

$W_{z3} = a.(2a)^2/6 = 2a^3/3$
$M_3 = 2a^3.\sigma_{max}/3$

FIGURA 10.22
IMPORTANCIA DE LA UNIÓN ENTRE LAS PARTES, EN VIGAS COMPUESTAS

Las uniones deben soportar los esfuerzos rasantes debidos a las tensiones cortantes longitudinales. Los elementos de unión se sitúan a lo largo de las secciones longitudinales, con distancias y dimensiones tales que, los que se disponen en una longitud **c** de viga, sean capaces de soportar el rasante que se origina en dicha longitud, que se calcula de acuerdo con las expresiones de la **Figura 10.23**.

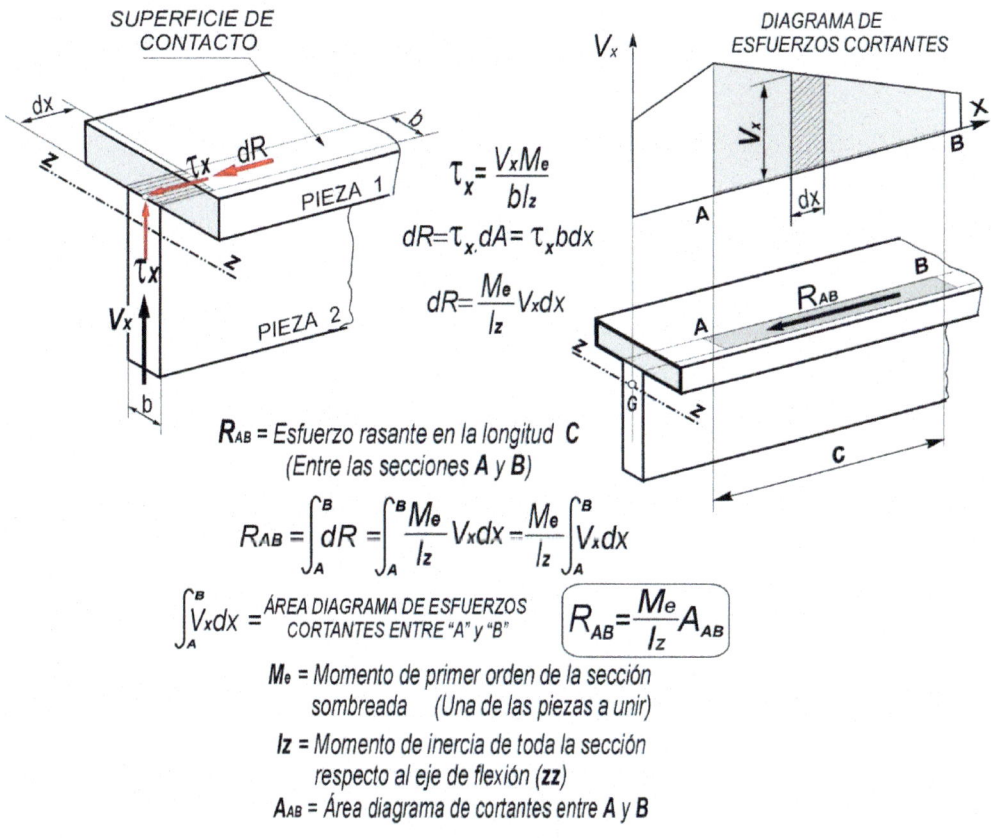

$$\tau_x = \frac{V_x M_e}{b I_z}$$

$$dR = \tau_x \cdot dA = \tau_x b \, dx$$

$$dR = \frac{M_e}{I_z} V_x \, dx$$

R_{AB} = Esfuerzo rasante en la longitud **C**
(Entre las secciones **A** y **B**)

$$R_{AB} = \int_A^B dR = \int_A^B \frac{M_e}{I_z} V_x \, dx = \frac{M_e}{I_z} \int_A^B V_x \, dx$$

$$\int_A^B V_x \, dx = \frac{\text{ÁREA DIAGRAMA DE ESFUERZOS}}{\text{CORTANTES ENTRE "A" y "B"}} \qquad \boxed{R_{AB} = \frac{M_e}{I_z} A_{AB}}$$

M_e = Momento de primer orden de la sección
sombreada   (Una de las piezas a unir)

I_z = Momento de inercia de toda la sección
respecto al eje de flexión (**zz**)

A_{AB} = Área diagrama de cortantes entre **A** y **B**

EL ESFUERZO RASANTE R_{AB} ES EL QUE TENDRÁN QUE SOPORTAR
LOS ELEMENTOS DE UNIÓN QUE SE DISPONGAN ENTRE **A** y **B**

FIGURA 10.23
ESFUERZO A SOPORTAR POR LOS ELEMENTOS DE UNIÓN

Cuando el esfuerzo cortante no es constante a lo lago de la viga, hay que estudiar el esfuerzo rasante en cada zona y disponer en ella los elementos de unión adecuados. También se puede dimensionar la zona de máximo esfuerzo y aplicar a toda la viga. En zonas de cortantes de distinto signo también debemos estudiar cada zona por separado. **(Figura 10.24)**

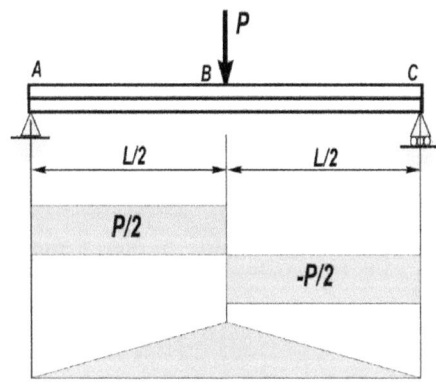

ESFUERZO RASANTE ENTRE *"A" y "C"*

$$R_{AC}=\frac{M_e}{I_z}A_{AC} \quad A_{AC}=\frac{P}{2}\frac{L}{2}-\frac{P}{2}\frac{L}{2}=0 \quad R_{AC}=0$$

¿*NO HAY ESFUERZO RASANTE ENTRE "A" y "C"* ?

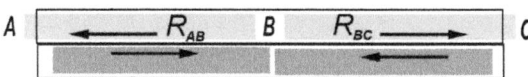

HAY QUE ANALIZAR POR ZONAS

$$R_{AB}=\frac{M_e}{I_z}A_{AB} \quad A_{AB}=\frac{P}{2}\cdot\frac{L}{2}=\frac{PL}{4} \quad R_{AB}=\frac{M_ePL}{4I_z}$$

ESFUERZO A SOPORTAR POR LOS ELEMENTOS DE UNIÓN QUE SE DISPONGAN ENTRE "A" y "B". PARA LA ZONA "BC", APLICAR LA MISMA SOLUCIÓN.

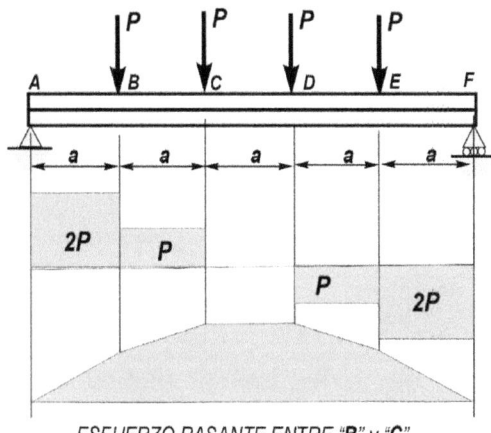

ANALIZAR LA ZONA DE MAYOR ESFUERZO

ESFUERZO RASANTE ENTRE "A" y "B"

$$R_{AB}=\frac{M_e}{I_z}A_{AB} \quad A_{AB}=2P.a \quad R_{AB}=\frac{M_e2Pa}{I_z}$$

LOS ELEMENTOS DE UNIÓN QUE SE DISPONGAN ENTRE "A" y "B", DEBEN SER CAPACES DE SOPORTAR ESTE ESFUERZO

PARA EL RESTO DE LA VIGA, DOS OPCIONES:

→ *APLICAR LA MISMA SOLUCIÓN EN TODOS LOS TRAMOS (LOS ELEMENTOS DE UNIÓN QUEDAN SOBREDIMENSIONADOS)*

→ *REPETIR EL ANÁLISIS ANTERIOR PARA CADA TRAMO, ADECUANDO LOS ELEMENTOS DE UNIÓN AL ESFUERZO A SOPORTAR*

ESFUERZO RASANTE ENTRE "B" y "C"

$$R_{BC}=\frac{M_e}{I_z}A_{BC} \quad A_{BC}=P.a \quad R_{BC}=\frac{M_ePa}{I_z}$$

MENOS ELEMENTOS, O MENOS RESISTENTES

ESFUERZO RASANTE ENTRE "C" y "D"

$$A_{CD}=0 \quad R_{CD}=0$$

NO SE PRECISAN ELEMENTOS DE UNIÓN

FIGURA 10.24
LOS ELEMENTOS DE UNIÓN DEBEN ADECUARSE AL ESFUERZO EN CADA ZONA

EJERCICIO 4

En la viga de la **Figura 10.25**, constituida por una **IPN180**, reforzada con dos platabandas soldadas, de 100 por 12 mm, determinar:

- Diagramas de esfuerzos
- Tensión normal máxima
- Tensión cortante máxima
- Esfuerzo rasante entre **A** y **C**, en la superficie de contacto ala-platabanda de refuerzo

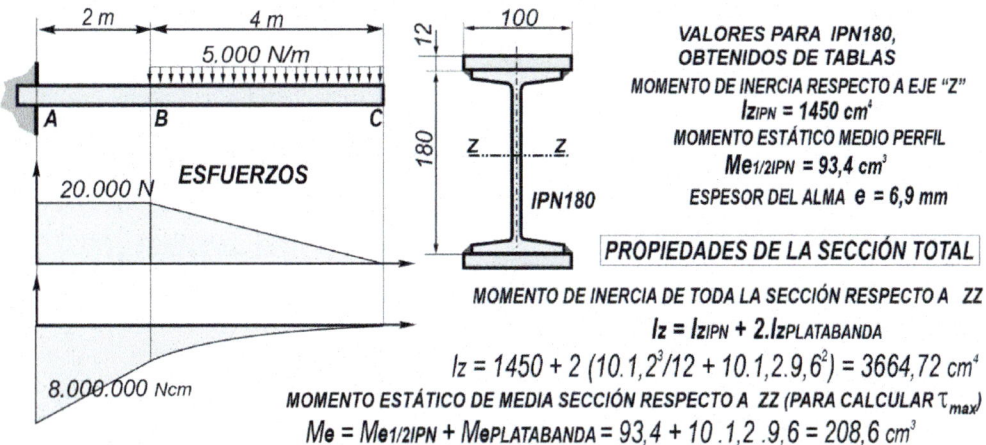

MOMENTO ESTÁTICO DE UNA PLATABANDA RESPECTO A ZZ (PARA CALCULAR ESFUERZO RASANTE)

$$Me_{PLATABANDA} = 10.1,2.9,6 = 115,2 \ cm^3$$

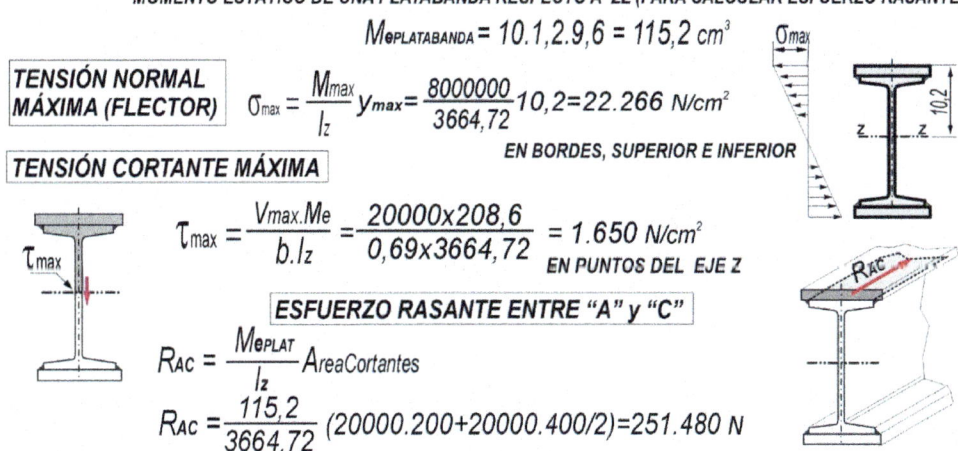

$$R_{AC} = \frac{115,2}{3664,72} \ (20000.200+20000.400/2)=251.480 \ N$$

FIGURA 10.25
EJERCICIO 4

EJERCICIO 5

En la viga de la **Fig 10.26**, determinar el máximo valor que puede tomar "**P**" atendiendo a:

- Resistencia a flexión del material
- Resistencia a cortadura
- Resistencia de los cordones de soldadura

Límite elástico del material $\sigma_e = 27500 \ N/cm^2$; *Carga de rotura* $\sigma_R = 43000 \ N/cm^2$

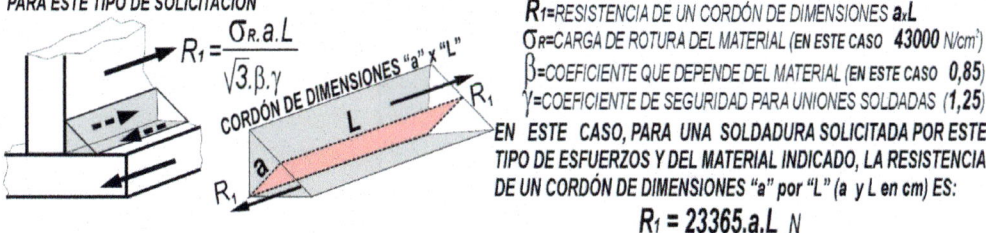

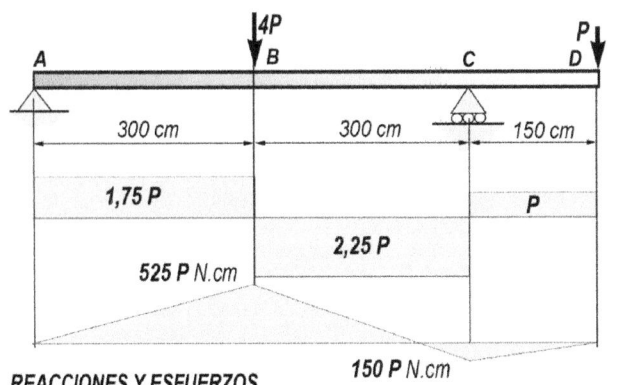

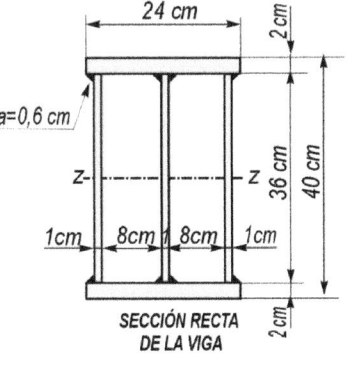

SECCIÓN RECTA
DE LA VIGA

REACCIONES Y ESFUERZOS

$\sum M_A = 0$; $4P.3 + P.7,5 - R_c.6 = 0$; $R_{c^.} = 3,25\ P$ $\sum F_v = 0$; $R_A - 4P + 3,25\ P - P = 0$; $R_{A^.} = 1,75\ P$

*ESFUERZO CORTANTE MÁXIMO = **2,25 P** (EN ZONA **BC**)*   *MOMENTO FLECTOR MÁXIMO = **525 P** N.cm (EN **B**)*

CARACTERÍSTICAS DE LA SECCIÓN RECTA

MOMENTO DE INERCIA RESPECTO AL EJE DE FLEXIÓN (zz) $I_z = 3.I_{ZALMAS} + 2.I_{ZPLATBS} = 3\frac{1.36^3}{12} + 2\left(\frac{24.2^3}{12} + 24.2.19^2\right)$

MÓDULO DE FLEXIÓN $W_z = \dfrac{I_z}{y_{max}} = \dfrac{46352}{20} = 2.317,6\ cm^3$ $I_z. = 46.352\ cm^4$

MOMENTO ESTÁTICO DE MEDIA SECCIÓN
(PARA CALCULAR LA TENSIÓN CORTANTE MÁXIMA)

MOMENTO ESTÁTICO DE UNA PLATABANDA
(PARA CALCULAR EL ESFUERZO RASANTE A
SOPORTAR POR LOS CORDONES DE SOLDADURA)

$M_{E\ MEDIA} = 24.2.19 + 3.18.1.9 = 1398\ cm^3$

$M_{EPLATABANDA} = 24.2.19 = 912\ cm^3$

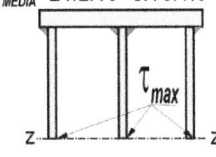

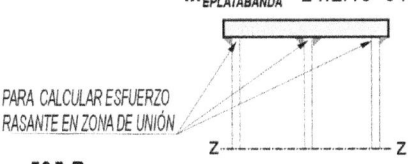

PARA CALCULAR ESFUERZO
RASANTE EN ZONA DE UNIÓN

COMPROBACIONES

A FLEXIÓN $\sigma_{max} = \dfrac{M_{max}}{W_z} <= \sigma_{adm}$ $\sigma_{max} = \dfrac{525\ P}{2317,6} <= 27.500$ $\boxed{P <= 121.398\ N}$

A CORTADURA   *LA TENSIÓN CORTANTE MÁXIMA SE DA EN LA SECCIÓN DE*
ESFUERZO MÁXIMO, A LA ALTURA DEL EJE DE FLEXIÓN $\tau_{max} = \dfrac{V_{max}\ M_{E\ MEDIA}}{b\ .\ I_z} <= \tau_{adm}$

TOMANDO COMO TENSIÓN CORTANTE
ADMISIBLE LA MTAD DEL LÍMITE ELÁSTICO: $\tau_{max} = \dfrac{2,25\ P.1398}{3.\ 46352} <= 13750$ $\boxed{P <= 607.858\ N}$

RESISTENCIA DE LAS SOLDADURAS

*EN UN TRAMO DE VIGA DE LONGITUD "L", LOS **CUATRO** CORDONES*
DISPUESTOS EN ESTA ZONA TIENEN QUE SOPORTAR EL ESFUERZO
RASANTE GENERADO EN LA SUPERFICIE DE UNIÓN ALMAS/PLATABANDA

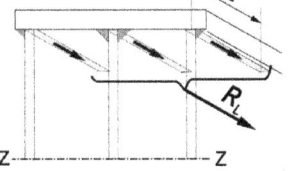

$R_L = \dfrac{M_{E\ PLATABANDA}}{I_z} A_L$ $A_L = ÁREA\ DIAGRAMA\ CORTANTES$

CONSIDERANDO LA LONGITUD "L" EN
LA ZONA DE MAYORES ESFUERZOS: $R_L = \dfrac{912}{46352}\ (2,25\ P.L)$

R_L=ESFUERZO RASANTE EN ZONA DE UNIÓN
ALMAS-PLATABANDA, EN UNA LONGITUD L

RESISTENCIA DE UN CORDÓN DE DIMENSIONES "a" por "L" $R_1 = 23365.a.L$

FUERZA RASANTE A SOPORTAR POR
*CUATRO CORDONES DE DIMENSIONES **a**.L*

ESFUERZO RASANTE <= RESISTENCIA DE CUATRO CORDONES $R_L = \dfrac{912}{46352}\ (2,25\ P.L) <= 4.23365.0,6.L$

$\boxed{P <= 1.266.683\ N}$

"P" MÁXIMA APLICABLE SIN FALLO $\boxed{P <= 121.398\ N}$ **(LIMITADA POR LA RESISTENCIA A FLEXIÓN)**

FIGURA 10.26
EJERCICIO 5

EJERCICIO 6

*La sección recta de la viga **ABCD**, de la **Figura 10.27**, es un cajón soldado, de las dimensiones indicadas. Está solicitado por una carga fija de **12000 kp**, aplicada en **B**, y otra carga **P**, aplicada en el extremo **D**, que puede tomar distintos valores.*

*Si la tensión máxima admisible para el material es **σadm=1800 kp/cm²**, determinar:*

- *Entre qué valores debe estar comprendida la carga del extremo (**P**), para que la viga no falle por flexión*
- *Para **P=8000 kp**, matriz de tensiones correspondiente al punto **M**, en la referencia **xyz** (Punto perteneciente a una de las almas)*

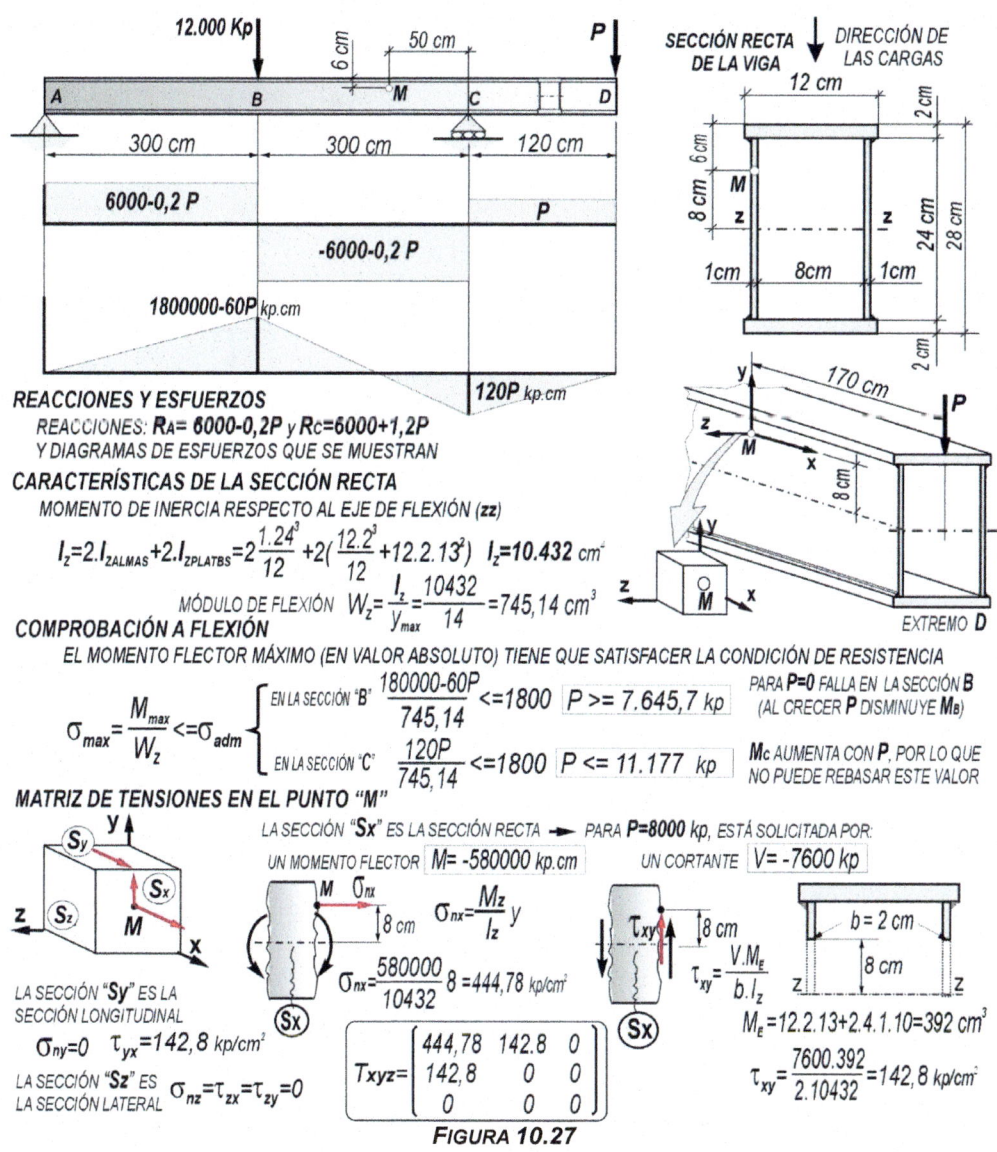

REACCIONES Y ESFUERZOS

REACCIONES: R_A= 6000-0,2P y R_C=6000+1,2P
Y DIAGRAMAS DE ESFUERZOS QUE SE MUESTRAN

CARACTERÍSTICAS DE LA SECCIÓN RECTA

MOMENTO DE INERCIA RESPECTO AL EJE DE FLEXIÓN (zz)

$$I_z=2.I_{ZALMAS}+2.I_{ZPLATBS}=2\frac{1.24^3}{12}+2(\frac{12.2^3}{12}+12.2.13^2)\quad I_z=10.432\ cm^4$$

MÓDULO DE FLEXIÓN $W_z=\frac{I_z}{y_{max}}=\frac{10432}{14}=745,14\ cm^3$

COMPROBACIÓN A FLEXIÓN

EL MOMENTO FLECTOR MÁXIMO (EN VALOR ABSOLUTO) TIENE QUE SATISFACER LA CONDICIÓN DE RESISTENCIA

$$\sigma_{max}=\frac{M_{max}}{W_z}<=\sigma_{adm}$$

EN LA SECCIÓN "B" $\frac{180000-60P}{745,14}<=1800$ $\boxed{P >= 7.645,7\ kp}$ PARA P=0 FALLA EN LA SECCIÓN B (AL CRECER P DISMINUYE M_B)

EN LA SECCIÓN "C" $\frac{120P}{745,14}<=1800$ $\boxed{P <= 11.177\ kp}$ M_C AUMENTA CON P, POR LO QUE NO PUEDE REBASAR ESTE VALOR

MATRIZ DE TENSIONES EN EL PUNTO "M"

LA SECCIÓN "Sx" ES LA SECCIÓN RECTA ➡ PARA P=8000 kp, ESTÁ SOLICITADA POR:

UN MOMENTO FLECTOR $\boxed{M= -580000\ kp.cm}$ UN CORTANTE $\boxed{V= -7600\ kp}$

M σ_{nx}

8 cm

$\sigma_{nx}=\frac{M_z}{I_z}y$

$\sigma_{nx}=\frac{580000}{10432}8=444,78\ kp/cm^2$

LA SECCIÓN "Sy" ES LA SECCIÓN LONGITUDINAL

$\sigma_{ny}=0$ $\tau_{yx}=142,8\ kp/cm^2$

LA SECCIÓN "Sz" ES LA SECCIÓN LATERAL $\sigma_{nz}=\tau_{zx}=\tau_{zy}=0$

τ_{xy}

8 cm

$\tau_{xy}=\frac{V.M_E}{b.I_z}$

$b=2\ cm$

8 cm

$M_E=12.2.13+2.4.1.10=392\ cm^3$

$\tau_{xy}=\frac{7600.392}{2.10432}=142,8\ kp/cm^2$

$$T_{xyz}=\begin{bmatrix} 444,78 & 142.8 & 0 \\ 142,8 & 0 & 0 \\ 0 & 0 & 0 \end{bmatrix}$$

FIGURA 10.27
EJERCICIO 6

243

EJERCICIO 7

Dimensionar la viga de la **figura 10.28** σadm tracción = 240 kp/cm²; σadm compresión = 270 kp/cm²

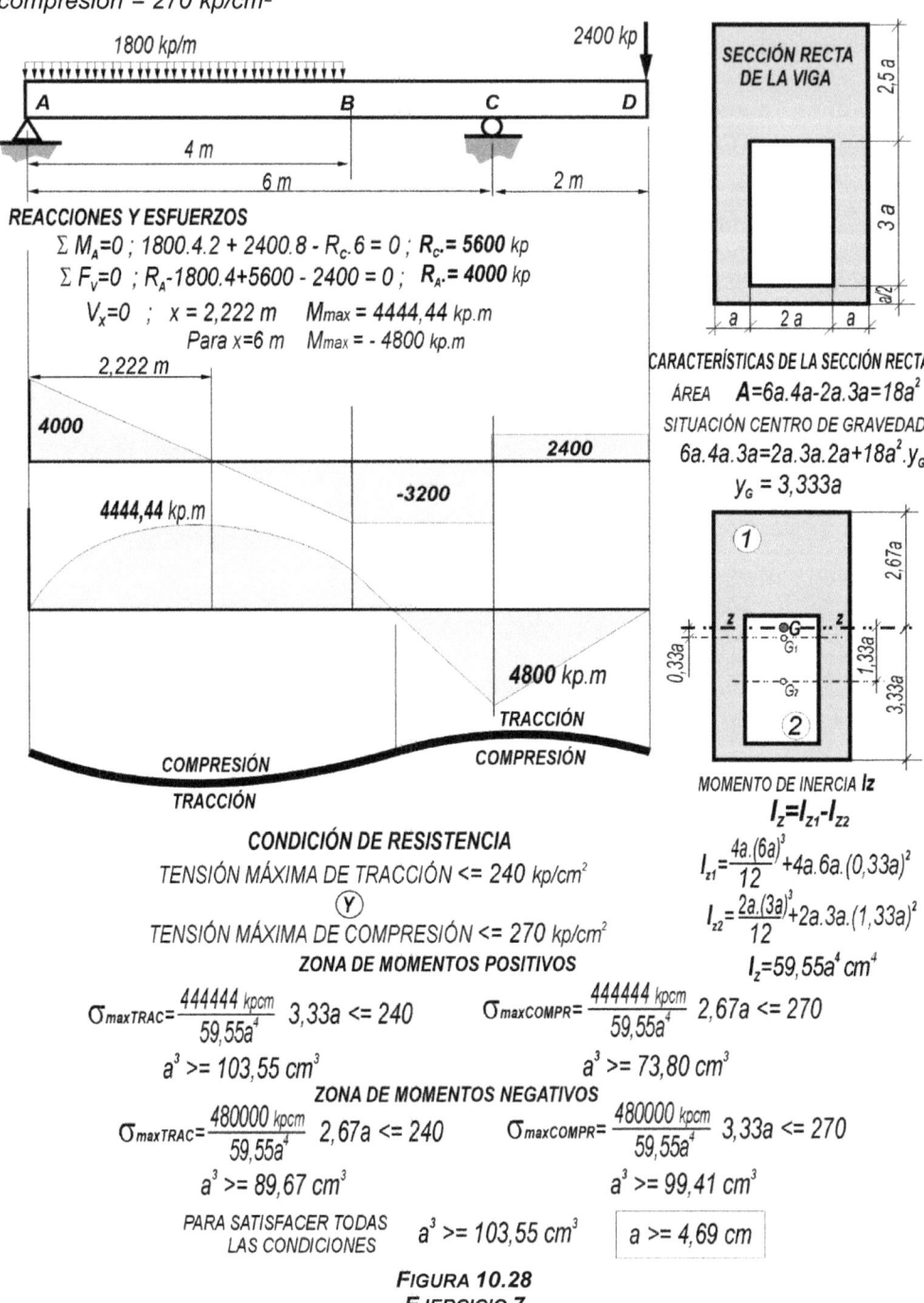

REACCIONES Y ESFUERZOS

$\Sigma M_A = 0$; $1800.4.2 + 2400.8 - R_C.6 = 0$; $R_C = 5600$ kp

$\Sigma F_V = 0$; $R_A - 1800.4 + 5600 - 2400 = 0$; $R_A = 4000$ kp

$V_x = 0$; $x = 2,222$ m $M_{max} = 4444,44$ kp.m

Para $x=6$ m $M_{max} = -4800$ kp.m

CARACTERÍSTICAS DE LA SECCIÓN RECTA

ÁREA $A = 6a.4a - 2a.3a = 18a^2$

SITUACIÓN CENTRO DE GRAVEDAD

$6a.4a.3a = 2a.3a.2a + 18a^2.y_G$

$y_G = 3,333a$

MOMENTO DE INERCIA Iz

$$I_z = I_{z1} - I_{z2}$$

$$I_{z1} = \frac{4a.(6a)^3}{12} + 4a.6a.(0,33a)^2$$

$$I_{z2} = \frac{2a.(3a)^3}{12} + 2a.3a.(1,33a)^2$$

$$I_z = 59,55a^4 \ cm^4$$

CONDICIÓN DE RESISTENCIA

TENSIÓN MÁXIMA DE TRACCIÓN <= 240 kp/cm²

Ⓨ

TENSIÓN MÁXIMA DE COMPRESIÓN <= 270 kp/cm²

ZONA DE MOMENTOS POSITIVOS

$\sigma_{maxTRAC} = \dfrac{444444 \ kpcm}{59,55a^4}$ $3,33a <= 240$ $\sigma_{maxCOMPR} = \dfrac{444444 \ kpcm}{59,55a^4}$ $2,67a <= 270$

$a^3 >= 103,55 \ cm^3$ $a^3 >= 73,80 \ cm^3$

ZONA DE MOMENTOS NEGATIVOS

$\sigma_{maxTRAC} = \dfrac{480000 \ kpcm}{59,55a^4}$ $2,67a <= 240$ $\sigma_{maxCOMPR} = \dfrac{480000 \ kpcm}{59,55a^4}$ $3,33a <= 270$

$a^3 >= 89,67 \ cm^3$ $a^3 >= 99,41 \ cm^3$

PARA SATISFACER TODAS LAS CONDICIONES $a^3 >= 103,55 \ cm^3$ $\boxed{a >= 4,69 \ cm}$

FIGURA 10.28
EJERCICIO 7

EJERCICIO 8

La viga de la **figura 10.29** está formada por dos piezas rectangulares, de 12x4 cm, unidas con un adhesivo.

Si está solicitada por las cargas que se indican, determinar:

- Posición en la que puede soportar mayores cargas (**A** ó **B**)
- Valor máximo que puede tomar **P** para la posición adoptada.

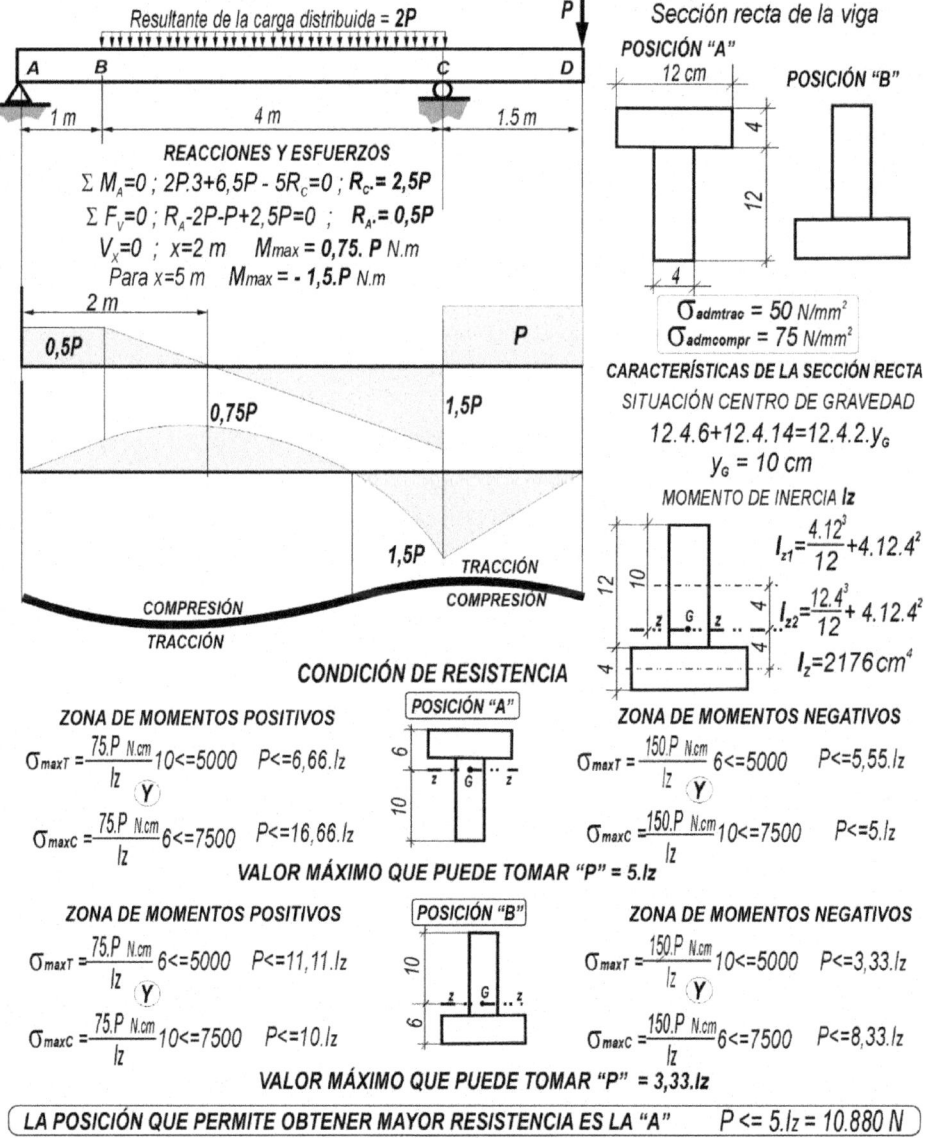

EJERCICIO 9

Calcular la carga máxima que puede soportar la viga de la figura.

Tensión admisible perfiles σ_{ad}= 1400 kp/cm²; Tensión cortante admisible para los elementos de unión τ_{ad}= 1000 kp/cm²

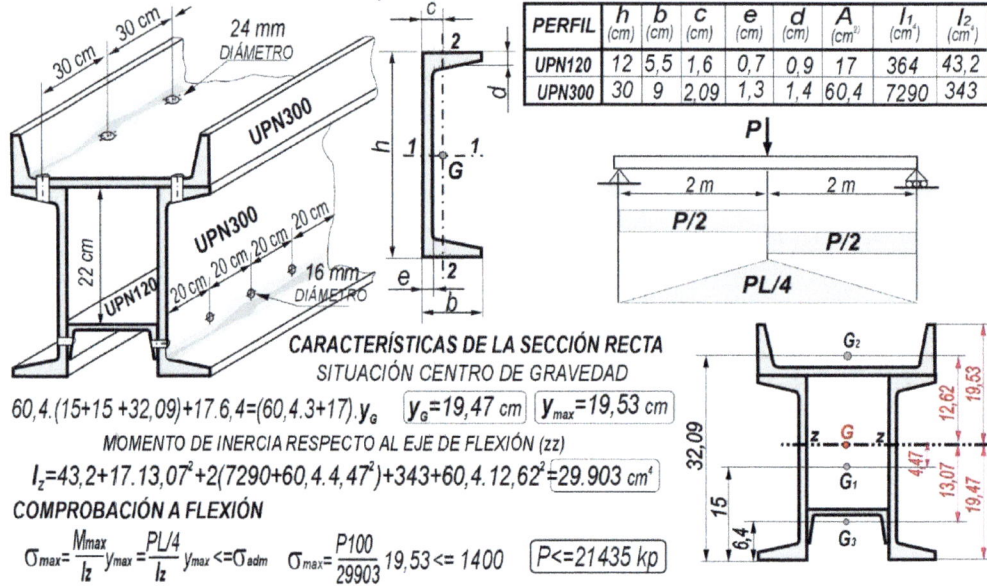

PERFIL	h (cm)	b (cm)	c (cm)	e (cm)	d (cm)	A (cm²)	I_1 (cm⁴)	I_2 (cm⁴)
UPN120	12	5,5	1,6	0,7	0,9	17	364	43,2
UPN300	30	9	2,09	1,3	1,4	60,4	7290	343

CARACTERÍSTICAS DE LA SECCIÓN RECTA
SITUACIÓN CENTRO DE GRAVEDAD

$60,4.(15+15+32,09)+17.6,4=(60,4.3+17).y_G$ $\boxed{y_G=19,47\ cm}$ $\boxed{y_{max}=19,53\ cm}$

MOMENTO DE INERCIA RESPECTO AL EJE DE FLEXIÓN (zz)

$I_z=43,2+17.13,07^2+2(7290+60,4.4,47^2)+343+60,4.12,62^2=\boxed{29.903\ cm^4}$

COMPROBACIÓN A FLEXIÓN

$\sigma_{max}=\dfrac{M_{max}}{I_z}y_{max}=\dfrac{PL/4}{I_z}y_{max}<=\sigma_{adm}$ $\sigma_{max}=\dfrac{\frac{P100}{4}}{29903}19,53<=1400$ $\boxed{P<=21435\ kp}$

COMPROBACIÓN UNIONES

LLAMANDO "S" A LA DISTANCIA ENTRE ELEMENTOS DE UNIÓN, EL ESFUERZO RASANTE GENERADO EN UNA LONGITUD "S" (F_{RS}) TIENE QUE SER SOPORTADO POR DOS ELEMENTOS $\boxed{F_{RS} <= 2R_1}$

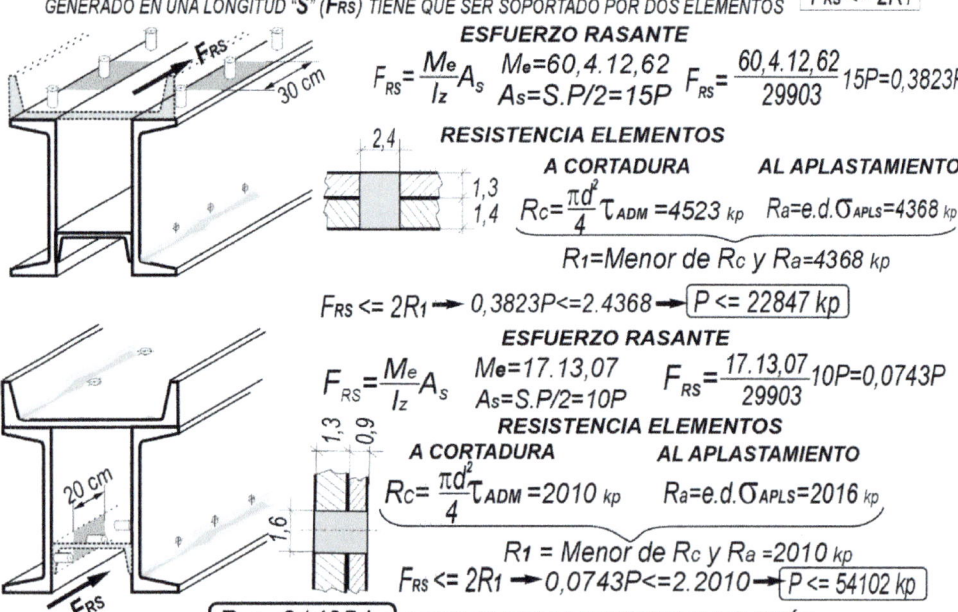

ESFUERZO RASANTE

$F_{RS}=\dfrac{M_e}{I_z}A_s$ $\begin{array}{l}M_e=60,4.12,62\\A_s=S.P/2=15P\end{array}$ $F_{RS}=\dfrac{60,4.12,62}{29903}15P=0,3823P$

RESISTENCIA ELEMENTOS

A CORTADURA   AL APLASTAMIENTO

$R_c=\dfrac{\pi d^2}{4}\tau_{ADM}=4523\ kp$ $R_a=e.d.\sigma_{APLS}=4368\ kp$

R_1=Menor de R_c y R_a=4368 kp

$F_{RS} <= 2R_1 \rightarrow 0,3823P<=2.4368 \rightarrow \boxed{P <= 22847\ kp}$

ESFUERZO RASANTE

$F_{RS}=\dfrac{M_e}{I_z}A_s$ $\begin{array}{l}M_e=17.13,07\\A_s=S.P/2=10P\end{array}$ $F_{RS}=\dfrac{17.13,07}{29903}10P=0,0743P$

RESISTENCIA ELEMENTOS

A CORTADURA   AL APLASTAMIENTO

$R_c=\dfrac{\pi d^2}{4}\tau_{ADM}=2010\ kp$ $R_a=e.d.\sigma_{APLS}=2016\ kp$

R_1 = Menor de R_c y R_a =2010 kp

$F_{RS} <= 2R_1 \rightarrow 0,0743P<=2.2010 \rightarrow \boxed{P <= 54102\ kp}$

$\boxed{P <= 21435\ kp}$ *LIMITADO POR LA RESISTENCIA A FLEXIÓN*

FIGURA 10.30
EJERCICIO 9

Deformaciones

Vamos a estudiar las deformaciones en sólidos sometidos a flexión simple recta, (el eje de la barra, una vez deformada, se conserva en el plano de las cargas). Además, puesto que, en general, los esfuerzos cortantes no tienen una gran influencia sobre la deformación total, solo vamos a considerar los efectos del momento flector. Por otra parte, aunque las leyes que vamos a manejar serían aplicables a otras posiciones, consideramos barras horizontales.

Inicialmente, el eje de la barra es recto y las secciones rectas, perpendiculares al eje, son todas paralelas y están en posición vertical. Al aplicar los momentos de flexión, las secciones rectas se conservan planas y perpendiculares al eje, pero experimentan giros. Como consecuencia, el eje longitudinal de la barra se curva y sus puntos experimentan desplazamientos verticales. La forma final adoptada por el eje recibe el nombre de **curva elástica o deformada de la viga**. Los desplazamientos verticales reciben el nombre de **flechas,** aunque algunos autores aplican este término únicamente al desplazamiento máximo. También es importante resaltar que, aunque en los ejemplos y demostraciones nos apoyamos en figuras con curvaturas y pendientes muy pronunciadas (para que resulten evidentes), en la realidad se trata de curvas "muy planas". Como orientación, para una viga de 5 metros de longitud, la flecha máxima admisible es del orden de 1 centímetro. (Si dibujamos la elástica, a escala 1:50, para un segmento de 10 cm de longitud, el desplazamiento vertical máximo sería de dos décimas de mm)

En el estudio de las deformaciones, trataremos de determinar los giros de las diferentes secciones rectas y los desplazamientos verticales experimentados por los puntos del eje. Teniendo en cuenta que las secciones rectas se conservan perpendiculares al eje, el giro de las mismas coincide con el ángulo que forma la tangente a la elástica con la horizontal. Además, puesto que los giros son muy reducidos, la tangente y el ángulo, expresado en radianes, son sensiblemente iguales, por lo que hablaremos indistintamente de giro de una sección y pendiente de la elástica en ese punto. (**Figura 10.31**)

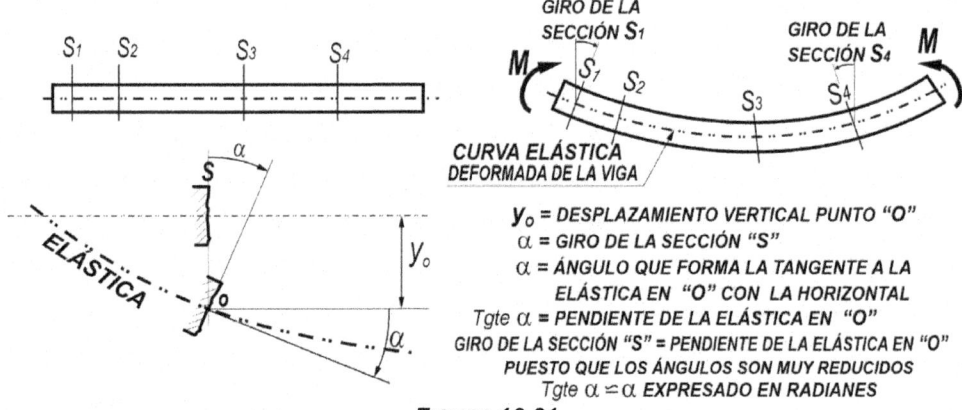

FIGURA 10.31
DEFORMACIONES POR FLEXIÓN

Al estudiar las tensiones debidas al flector, encontramos una relación entre los momentos flectores, el módulo de elasticidad del material, el momento de inercia de la sección recta de la viga y el radio de curvatura de la elástica, como medida de la deformación. (Ver ecuación 2 de Figura 10.6)

Esta relación es la ecuación básica de deformaciones, de la que se deducen distintos métodos para el cálculo de los parámetros que determinan la deformación. **(Figura 10.32)**

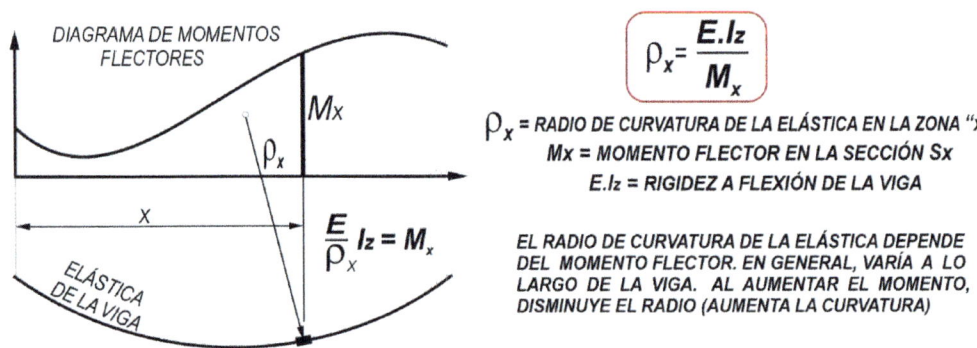

$$\rho_x = \frac{E.Iz}{M_x}$$

ρ_x = RADIO DE CURVATURA DE LA ELÁSTICA EN LA ZONA "x"
Mx = MOMENTO FLECTOR EN LA SECCIÓN Sx
E.Iz = RIGIDEZ A FLEXIÓN DE LA VIGA

EL RADIO DE CURVATURA DE LA ELÁSTICA DEPENDE DEL MOMENTO FLECTOR. EN GENERAL, VARÍA A LO LARGO DE LA VIGA. AL AUMENTAR EL MOMENTO, DISMINUYE EL RADIO (AUMENTA LA CURVATURA)

FIGURA 10.32
RADIO DE CURVATURA DE LA ELÁSTICA

En los ejemplos de la **Figura 10.33** se destaca cómo, conocidos el radio de curvatura y las condiciones de contorno, como puntos de paso, puntos de tangente horizontal, etc, queda perfectamente definida la curva elástica.

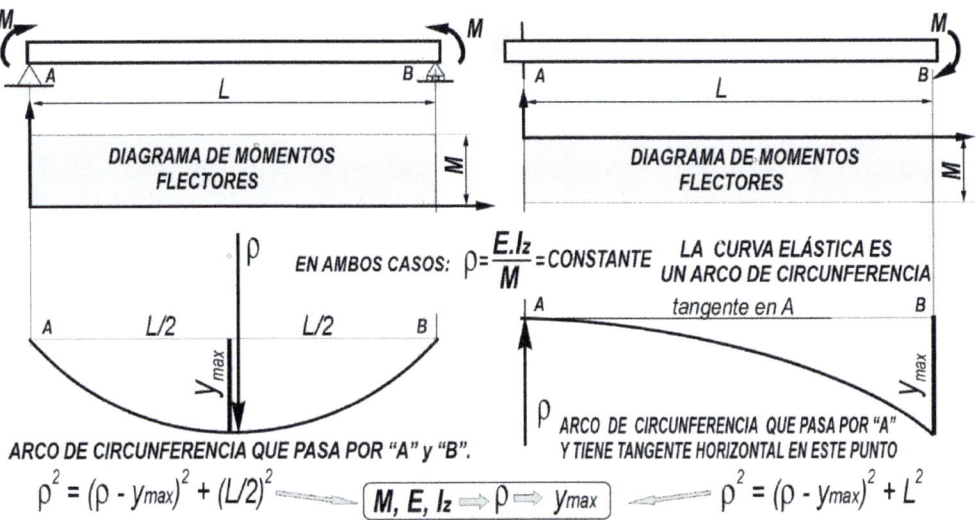

FIGURA 10.33
LA ELÁSTICA QUEDA DEFINIDA POR SU CURVATURA Y LAS CONDICIONES DE CONTORNO

Método de doble integración

La principal dificultad para obtener la curva elástica a partir del radio de curvatura, radica en que, en general, el momento flector varía a lo largo de la viga y con él, su radio, de lo que resulta una curvatura variable.

En este método nos apoyamos en la relación matemática existente entre el radio de curvatura de una función y sus derivadas, que nos permite plantear una ecuación diferencial cuya solución nos determina la ecuación de la deformada de la viga.

$y=f(x)$ FUNCIÓN "Y" DE LA VARIABLE "X"
$y'=g(x)$ DERIVADA PRIMERA DE LA FUNCIÓN
$y''=h(x)$ DERIVADA SEGUNDA DE LA FUNCIÓN
ρ_x = RADIO DE CURVATURA EN LA ZONA "x"

$$\rho_x = \pm\frac{[1+(y')^2]^{3/2}}{y''} = \frac{E.Iz}{M_x} \implies y=f(x) \quad \text{ECUACIÓN DE LA ELÁSTICA}$$

Para facilitar la solución de esta ecuación, sin cometer errores apreciables, tenemos en cuenta que la curva cuya ecuación tratamos de obtener, es casi una recta horizontal (para una viga de 4 a 6 metros de longitud, del orden de un centímetro de desplazamiento máximo), por lo que su derivada primera, indicadora de la pendiente en distintos puntos, es prácticamente nula.

$$y'=g(x) \text{ (PENDIENTE DE LA CURVA) ES CASI NULA}$$
$$y'\simeq 0 \longrightarrow (y')^2 \simeq 0 \longrightarrow [1+(y')^2]^{3/2} \simeq 1 \qquad \rho_x = \pm\frac{1}{y''} = \frac{E.Iz}{M_x}$$

La ecuación diferencial que resulta, la resolvemos mediante dos integraciones: en la primera obtenemos la ecuación que nos da la pendiente en distintos puntos y, en la segunda, la ecuación de la curva elástica.

En cada integración se genera una constante, por lo que, en realidad, se obtiene una familia de curvas (todas las que tienen la curvatura que corresponde a la ley de momentos). Para obtener la deformada de la viga hay que considerar las condiciones de contorno aplicables (puntos de paso, pendiente en algún punto, etc).
(Figura 10.34)

Se trata de un método sencillo y de aplicación universal, aunque puede resultar muy laborioso cuando la ley de momentos no es única para toda la viga. La existencia de varias leyes de momentos, cada una aplicable a un tramo de viga, obliga a multiplicar las integraciones y da lugar numerosas constantes, a determinar por la condición de continuidad.

En los ejercicios siguientes se muestra la forma de aplicación del método y se trata de apuntar hacia su principal limitación.

EN GENERAL, PARA CUALQUIER FUNCIÓN

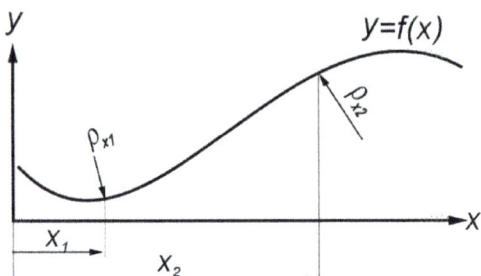

$y=f(x)$

$y=f(x)$ *FUNCIÓN "Y" DE LA VARIABLE "X"*

$y'=g(x)$ *DERIVADA PRIMERA DE LA FUNCIÓN*

$y''=\zeta(x)$ *DERIVADA SEGUNDA DE LA FUNCIÓN*

$\rho_x =$ *RADIO DE CURVATURA EN LA ZONA "x"*

$$\rho_x = \pm \frac{[1+(y')^2]^{3/2}}{y''}$$

EN EL CASO DE LA CURVA EL.ASTICA

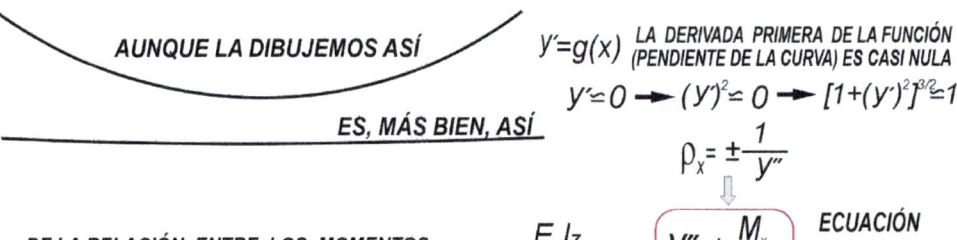

AUNQUE LA DIBUJEMOS ASÍ

ES, MÁS BIEN, ASÍ

$y'=g(x)$ LA DERIVADA PRIMERA DE LA FUNCIÓN (PENDIENTE DE LA CURVA) ES CASI NULA

$$y' \simeq 0 \longrightarrow (y')^2 \simeq 0 \longrightarrow [1+(y')^2]^{3/2} \simeq 1$$

$$\rho_x = \pm \frac{1}{y''}$$

DE LA RELACIÓN ENTRE LOS MOMENTOS FLECTORES Y LA CURVATURA DE LA ELÁSTICA: $\rho_x = \dfrac{E.Iz}{M_x} \Longrightarrow$ $\boxed{y'' = \pm \dfrac{M_x}{E.Iz}}$ ECUACIÓN DIFERENCIAL DE LA ELÁSTICA

PARA EXPRESAR LA ECUACIÓN DE LA ELÁSTICA SUELE UTILIZARSE LA REFERENCIA INDICADA

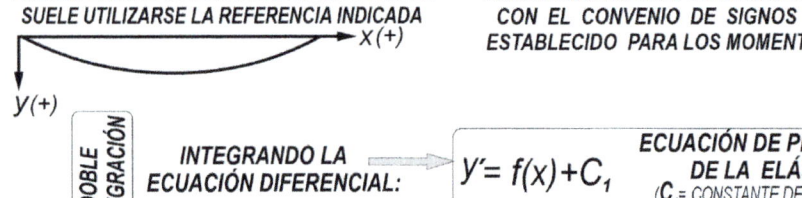

$x(+)$

$y(+)$

PARA ARMONIZAR ESTA REFERENCIA CON EL CONVENIO DE SIGNOS ESTABLECIDO PARA LOS MOMENTOS: $\boxed{y'' = -\dfrac{M_x}{E.Iz}}$

DOBLE INTEGRACIÓN

INTEGRANDO LA ECUACIÓN DIFERENCIAL: $\Longrightarrow$ $\boxed{y' = f(x) + C_1}$ **ECUACIÓN DE PENDIENTES DE LA ELÁSTICA** (C_1= *CONSTANTE DE INTEGRACIÓN*)

INTEGRANDO LA FUNCIÓN ANTERIOR: $\Longrightarrow$ $\boxed{y = F(x) + C_1 x + C_2}$ **ECUACIÓN DE LA ELÁSTICA** (C_2= *CONSTANTE DE INTEGRACIÓN*)

EN REALIDAD, LO QUE SE OBTIENE ES LA ECUACIÓN DE UNA FAMILIA DE CURVAS CON LA MISMA CURVATURA

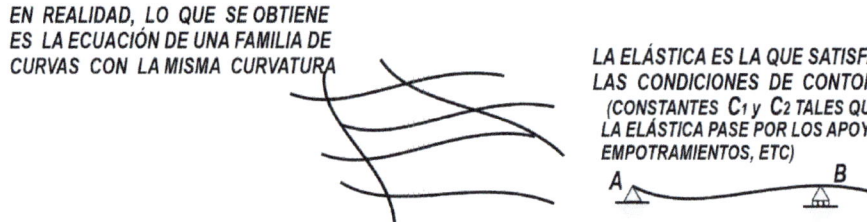

LA ELÁSTICA ES LA QUE SATISFACE LAS CONDICIONES DE CONTORNO (CONSTANTES C_1 y C_2 TALES QUE LA ELÁSTICA PASE POR LOS APOYOS, EMPOTRAMIENTOS, ETC)

A   B

FIGURA 10.34
MÉTODO DE DOBLE INTEGRACIÓN

EJERCICIO 10

Determinar la ecuación de la elástica y la flecha máxima.

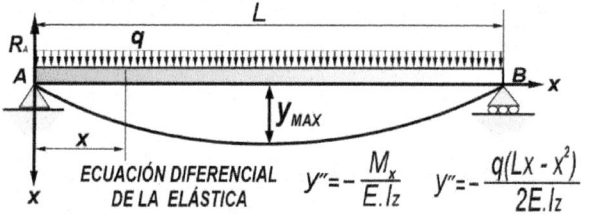

MOMENTOS FLECTORES

$M_x = R_A x - qx^2/2 = qLx/2 - qx^2/2$

$$\boxed{M_x = q(Lx - x^2)/2} \quad \begin{array}{l}\text{APLICABLE A}\\\text{TODA LA VIGA}\end{array}$$

ECUACIÓN DIFERENCIAL DE LA ELÁSTICA $\quad y'' = -\dfrac{M_x}{E.Iz} \quad y'' = -\dfrac{q(Lx - x^2)}{2E.Iz} \quad \dfrac{2E.Iz}{q} y'' = x^2 - Lx \quad \dfrac{2E.Iz}{q} = CONSTANTE$

INTEGRANDO: $\dfrac{2E.Iz}{q} y' = x^3/3 - Lx^2/2 + C_1$ ECUACIÓN DE PENDIENTES

INTEGRANDO: $\dfrac{2E.Iz}{q} y = x^4/12 - Lx^3/6 + C_1 x + C_2$ ECUACIÓN DE LA ELÁSTICA

C_1 y C_2 TIENEN QUE SER TALES QUE LA ELÁSTICA PASE POR LOS APOYOS "A" y "B":

APOYO "A" PARA $x=0$ $y=0$ $\implies C_2 = 0$

APOYO "B" PARA $x=L$ $y=0$ $\quad L^4/12 - L^4/6 + C_1 L = 0 \implies C_1 = L^3/12$

$$\boxed{\begin{array}{ll}\text{ECUACIÓN DE PENDIENTES} & \dfrac{2E.Iz}{q} y' = x^3/3 - Lx^2/2 + L^3/12 \\ \text{ECUACIÓN DE LA ELÁSTICA} & \dfrac{2E.Iz}{q} y = x^4/12 - Lx^3/6 + L^3 x/12\end{array}}$$

EN EL PUNTO DE FLECHA MÁXIMA LA PENDIENTE SERÁ NULA

$y' = 0 \longrightarrow x^3/3 - Lx^2/2 + L^3/12 = 0 \longrightarrow \boxed{x = L/2}$

PARA $x = L/2$ SE PRODUCE LA FLECHA MÁXIMA $\quad \dfrac{2E.Iz}{q} y_{max} = (L/2)^4/12 - L(L/2)^3/6 + L^3(L/2)12$

$$\boxed{y_{max} = \dfrac{5qL^4}{384E.Iz}} \quad \begin{array}{l}\text{EN EL CENTRO}\\\text{DE LA VIGA}\end{array}$$

FIGURA 10.35
EJERCICIO 10

EJERCICIO 11

Determinar la ecuación de la elástica y la flecha máxima.

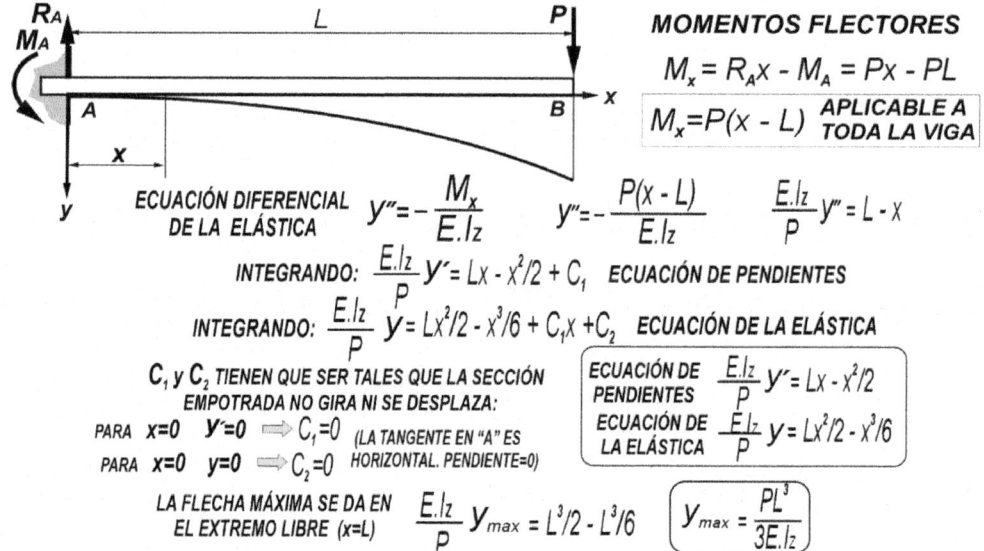

MOMENTOS FLECTORES

$M_x = R_A x - M_A = Px - PL$

$$\boxed{M_x = P(x - L)} \quad \begin{array}{l}\text{APLICABLE A}\\\text{TODA LA VIGA}\end{array}$$

ECUACIÓN DIFERENCIAL DE LA ELÁSTICA $\quad y'' = -\dfrac{M_x}{E.Iz} \quad y'' = -\dfrac{P(x - L)}{E.Iz} \quad \dfrac{E.Iz}{P} y'' = L - x$

INTEGRANDO: $\dfrac{E.Iz}{P} y' = Lx - x^2/2 + C_1$ ECUACIÓN DE PENDIENTES

INTEGRANDO: $\dfrac{E.Iz}{P} y = Lx^2/2 - x^3/6 + C_1 x + C_2$ ECUACIÓN DE LA ELÁSTICA

C_1 y C_2 TIENEN QUE SER TALES QUE LA SECCIÓN EMPOTRADA NO GIRA NI SE DESPLAZA:

PARA $x=0$ $y'=0$ $\implies C_1 = 0$ (LA TANGENTE EN "A" ES

PARA $x=0$ $y=0$ $\implies C_2 = 0$ HORIZONTAL. PENDIENTE=0)

$$\boxed{\begin{array}{ll}\text{ECUACIÓN DE PENDIENTES} & \dfrac{E.Iz}{P} y' = Lx - x^2/2 \\ \text{ECUACIÓN DE LA ELÁSTICA} & \dfrac{E.Iz}{P} y = Lx^2/2 - x^3/6\end{array}}$$

LA FLECHA MÁXIMA SE DA EN EL EXTREMO LIBRE ($x=L$) $\quad \dfrac{E.Iz}{P} y_{max} = L^3/2 - L^3/6 \quad \boxed{y_{max} = \dfrac{PL^3}{3E.Iz}}$

FIGURA 10.36
EJERCICIO 11

EJERCICIO 12

Determinar la ecuación de la elástica y la flecha máxima.

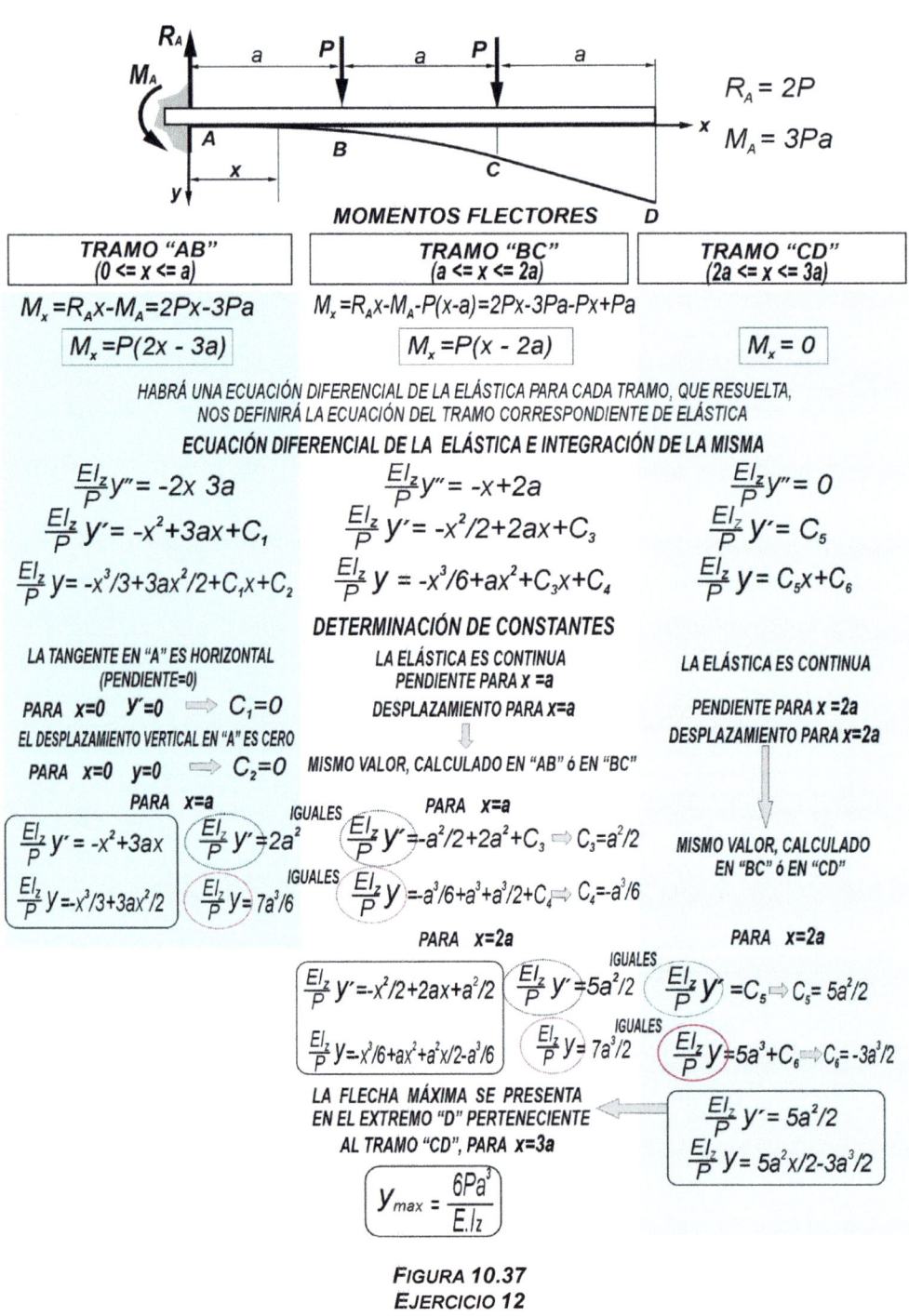

MOMENTOS FLECTORES

TRAMO "AB" ($0 <= x <= a$)	TRAMO "BC" ($a <= x <= 2a$)	TRAMO "CD" ($2a <= x <= 3a$)
$M_x = R_A x - M_A = 2Px - 3Pa$	$M_x = R_A x - M_A - P(x-a) = 2Px - 3Pa - Px + Pa$	
$\boxed{M_x = P(2x - 3a)}$	$\boxed{M_x = P(x - 2a)}$	$\boxed{M_x = 0}$

HABRÁ UNA ECUACIÓN DIFERENCIAL DE LA ELÁSTICA PARA CADA TRAMO, QUE RESUELTA,
NOS DEFINIRÁ LA ECUACIÓN DEL TRAMO CORRESPONDIENTE DE ELÁSTICA

ECUACIÓN DIFERENCIAL DE LA ELÁSTICA E INTEGRACIÓN DE LA MISMA

$$\frac{EI_z}{P}y'' = -2x\ 3a \qquad \frac{EI_z}{P}y'' = -x+2a \qquad \frac{EI_z}{P}y'' = 0$$

$$\frac{EI_z}{P}y' = -x^2+3ax+C_1 \qquad \frac{EI_z}{P}y' = -x^2/2+2ax+C_3 \qquad \frac{EI_z}{P}y' = C_5$$

$$\frac{EI_z}{P}y = -x^3/3+3ax^2/2+C_1x+C_2 \qquad \frac{EI_z}{P}y = -x^3/6+ax^2+C_3x+C_4 \qquad \frac{EI_z}{P}y = C_5x+C_6$$

DETERMINACIÓN DE CONSTANTES

LA TANGENTE EN "A" ES HORIZONTAL (PENDIENTE=0)

LA ELÁSTICA ES CONTINUA PENDIENTE PARA $x = a$ DESPLAZAMIENTO PARA $x=a$

LA ELÁSTICA ES CONTINUA

PARA $x=0$ $Y'=0$ $\Rightarrow$ $C_1=0$

EL DESPLAZAMIENTO VERTICAL EN "A" ES CERO

PENDIENTE PARA $x = 2a$ DESPLAZAMIENTO PARA $x=2a$

PARA $x=0$ $y=0$ $\Rightarrow$ $C_2=0$

MISMO VALOR, CALCULADO EN "AB" ó EN "BC"

PARA $x=a$

PARA $x=a$

$$\frac{EI_z}{P}y' = -x^2+3ax \qquad \frac{EI_z}{P}y' = 2a^2 \qquad \frac{EI_z}{P}y' = -a^2/2+2a^2+C_3 \Rightarrow C_3=a^2/2$$

IGUALES

$$\frac{EI_z}{P}y = -x^3/3+3ax^2/2 \qquad \frac{EI_z}{P}y = 7a^3/6 \qquad \frac{EI_z}{P}y = -a^3/6+a^3+a^3/2+C_4 \Rightarrow C_4=-a^3/6$$

IGUALES

MISMO VALOR, CALCULADO EN "BC" ó EN "CD"

PARA $x=2a$

PARA $x=2a$

$$\frac{EI_z}{P}y' = -x^2/2+2ax+a^2/2 \qquad \frac{EI_z}{P}y' = 5a^2/2 \qquad \frac{EI_z}{P}y' = C_5 \Rightarrow C_5=5a^2/2$$

IGUALES

$$\frac{EI_z}{P}y = -x^3/6+ax^2+a^2x/2-a^3/6 \qquad \frac{EI_z}{P}y = 7a^3/2 \qquad \frac{EI_z}{P}y = 5a^3+C_6 \Rightarrow C_6=-3a^3/2$$

IGUALES

LA FLECHA MÁXIMA SE PRESENTA EN EL EXTREMO "D" PERTENECIENTE AL TRAMO "CD", PARA $x=3a$

$$\frac{EI_z}{P}y' = 5a^2/2$$

$$\frac{EI_z}{P}y = 5a^2x/2-3a^3/2$$

$$\boxed{y_{max} = \frac{6Pa^3}{E.I_z}}$$

FIGURA 10.37
EJERCICIO 12

Teoremas de Mohr

En muchas situaciones, más que definir totalmente la curva elástica, solo necesitamos conocer el desplazamiento de un punto concreto, o la flecha máxima. En estos casos, el método de doble integración resulta muy laborioso y cobran especial interés los teoremas de Mohr, que pasamos a enunciar.

Aunque en su formulación más general serían aplicables a otras situaciones, vamos a limitarnos al caso de vigas de rigidez constante. (EI = Cte)

Primer teorema de Mohr

El ángulo que forman las tangentes a la elástica, trazadas por dos puntos cualesquiera de la misma, es igual al área del diagrama de momentos flectores comprendida entre estos dos puntos, dividida entre la rigidez a flexión. Fig 10.38

A = PUNTO CUALQUIERA DE LA ELÁSTICA
B = OTRO PUNTO CUALQUIERA DE LA ELÁSTICA
T_A = TANGENTE POR EL PUNTO **A** DE LA ELÁSTICA
T_B = TANGENTE POR EL PUNTO **B** DE LA ELÁSTICA
α_{AB} = ÁNGULO FORMADO POR T_A y T_B
A_{AB} = ÁREA DEL DIAGRAMA DE MOMENTOS FLECTORES ENTRE A y B
$E.I_z$ = RIGIDEZ A FLEXIÓN

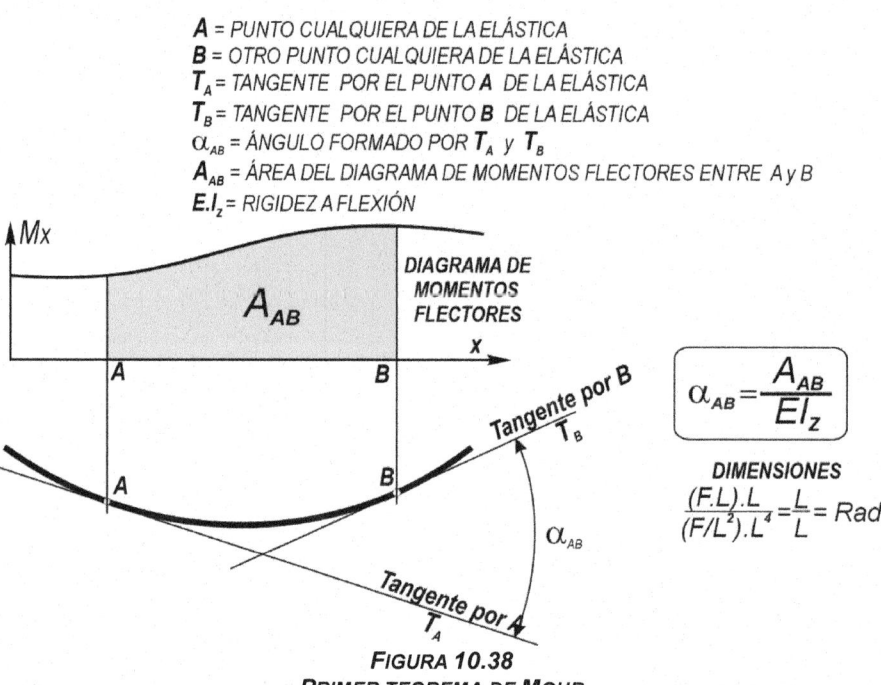

$$\alpha_{AB} = \frac{A_{AB}}{EI_z}$$

DIMENSIONES
$$\frac{(F.L).L}{(F/L^2).L^4} = \frac{L}{L} = Rad$$

FIGURA 10.38
PRIMER TEOREMA DE MOHR

Segundo teorema de Mohr

La distancia, en vertical, desde un punto "B" de la elástica, hasta la tangente trazada por otro punto "A" de la misma, es igual al momento de primer orden respecto a la vertical que pasa por "B", de la superficie del diagrama de momentos flectores comprendida entre estos dos puntos, dividida entre la rigidez a flexión. (Fig 10.39)

A = PUNTO CUALQUIERA DE LA ELÁSTICA
B = OTRO PUNTO CUALQUIERA DE LA ELÁSTICA
T_A = TANGENTE POR EL PUNTO **A** DE LA ELÁSTICA
A_{AB} = ÁREA DEL DIAGRAMA DE MOMENTOS FLECTORES ENTRE A y B
$E.I_z$ = RIGIDEZ A FLEXIÓN
Δ_{BTA} = DISTANCIA (EN VERTICAL) DESDE EL PUNTO **B** HASTA T_A
G = CENTRO DE GRAVEDAD DE LA ZONA A_{AB}
d_B = DISTANCIA DESDE **G** HASTA LA VERTICAL QUE PASA POR **B**

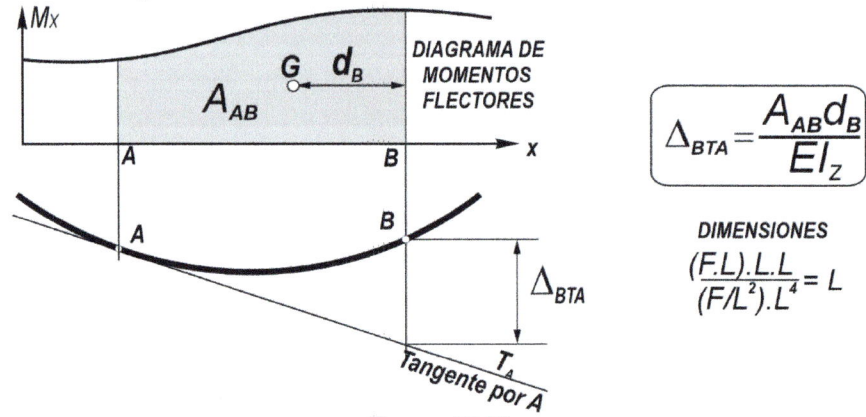

DIAGRAMA DE MOMENTOS FLECTORES

$$\Delta_{BTA} = \frac{A_{AB} d_B}{EI_z}$$

DIMENSIONES

$$\frac{(F.L).L.L}{(F/L^2).L^4} = L$$

FIGURA 10.39
SEGUNDO TEOREMA DE MOHR

Aunque no nos determinan directamente la pendiente ni la flecha, son muy útiles cuando se dispone de alguna tangente de referencia; por ejemplo, en vigas empotradas (la tangente en el empotramiento es horizontal) y en casos de simetría. En la **Figura 10.40** se indican algunos ejemplos de fácil aplicación.

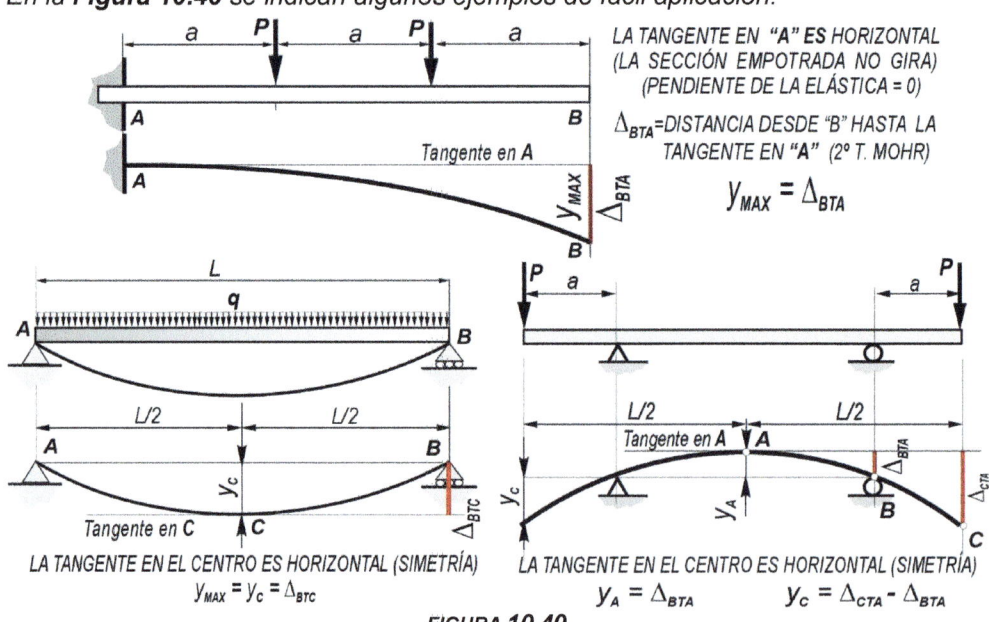

LA TANGENTE EN **"A" ES** HORIZONTAL
(LA SECCIÓN EMPOTRADA NO GIRA)
(PENDIENTE DE LA ELÁSTICA = 0)

Δ_{BTA}=DISTANCIA DESDE "B" HASTA LA TANGENTE EN "A" (2° T. MOHR)

$$y_{MAX} = \Delta_{BTA}$$

LA TANGENTE EN EL CENTRO ES HORIZONTAL (SIMETRÍA)
$$y_{MAX} = y_C = \Delta_{BTC}$$

LA TANGENTE EN EL CENTRO ES HORIZONTAL (SIMETRÍA)
$$y_A = \Delta_{BTA} \qquad y_C = \Delta_{CTA} - \Delta_{BTA}$$

FIGURA 10.40
APLICACIONES TÍPICAS

Las áreas de los diagramas siempre se pueden calcular por integración, conocida la ley de momentos. No obstante, para facilitar los cálculos, resulta muy cómodo manejar algunas recetas sobre superficies que encontraremos con bastante frecuencia. (**Figura 10.41**)

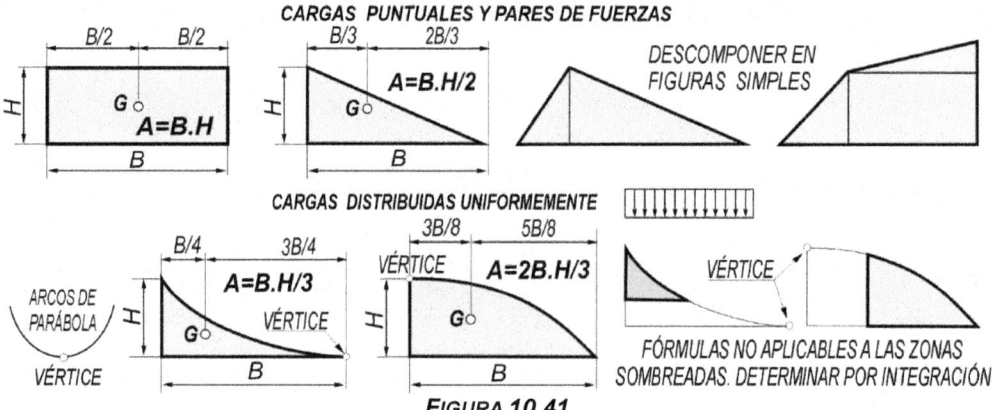

FIGURA 10.41
ÁREAS Y CENTROS DE GRAVEDAD DE ALGUNAS SUPERFICIES

En los ejercicios 13, 14 y 15 se presentan algunas posibilidades de aplicación de los teoremas de Mohr. En algunos casos se resuelve por superposición, para facilitar el cálculo de áreas y centros de gravedad.

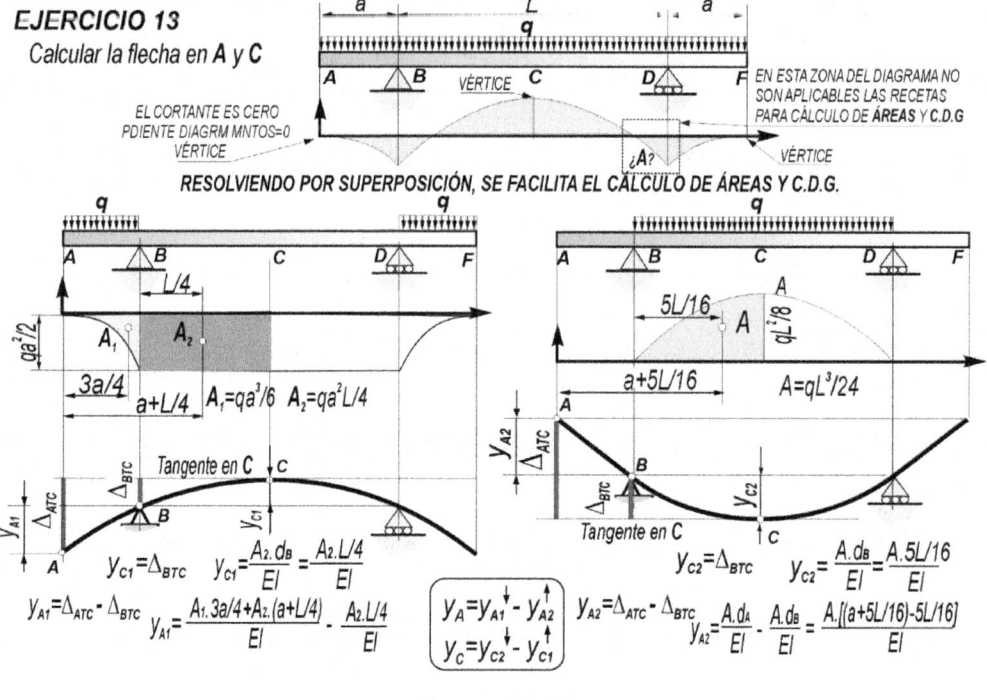

FIGURA 10.42
EJERCICIO 13

EJERCICIO 14

Calcular la flecha en C

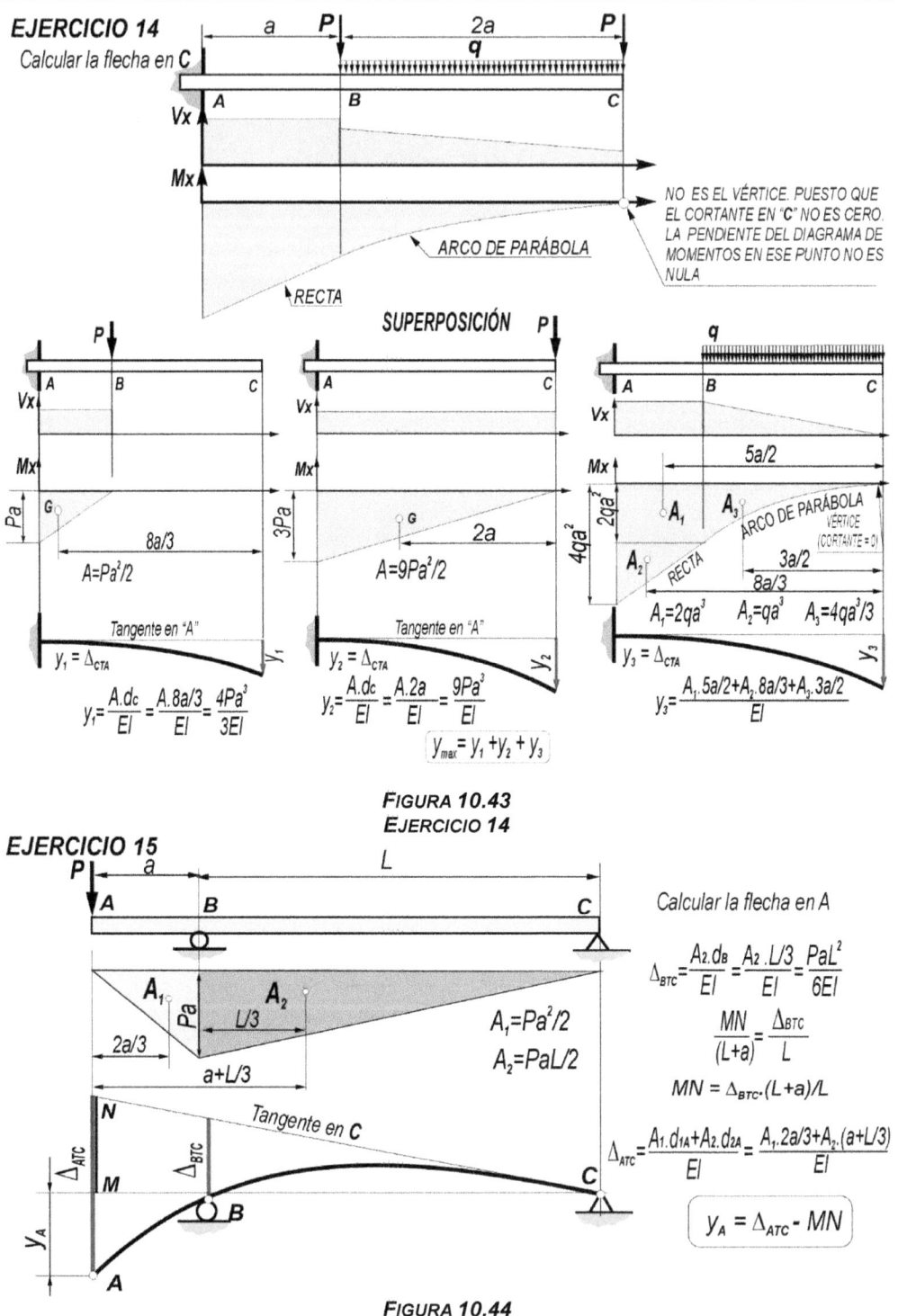

NO ES EL VÉRTICE. PUESTO QUE EL CORTANTE EN "C" NO ES CERO. LA PENDIENTE DEL DIAGRAMA DE MOMENTOS EN ESE PUNTO NO ES NULA

ARCO DE PARÁBOLA

RECTA

SUPERPOSICIÓN

$A = Pa^2/2$

$y_1 = \Delta_{CTA}$

$$y_1 = \frac{A.dc}{EI} = \frac{A.8a/3}{EI} = \frac{4Pa^3}{3EI}$$

$A = 9Pa^2/2$

$y_2 = \Delta_{CTA}$

$$y_2 = \frac{A.dc}{EI} = \frac{A.2a}{EI} = \frac{9Pa^3}{EI}$$

$$\boxed{y_{max} = y_1 + y_2 + y_3}$$

$A_1 = 2qa^3 \qquad A_2 = qa^3 \qquad A_3 = 4qa^3/3$

$y_3 = \Delta_{CTA}$

$$y_3 = \frac{A_1.5a/2 + A_2.8a/3 + A_3.3a/2}{EI}$$

FIGURA 10.43
EJERCICIO 14

EJERCICIO 15

Calcular la flecha en A

$$\Delta_{BTC} = \frac{A_2.d_B}{EI} = \frac{A_2.L/3}{EI} = \frac{PaL^2}{6EI}$$

$$\frac{MN}{(L+a)} = \frac{\Delta_{BTC}}{L}$$

$$MN = \Delta_{BTC}.(L+a)/L$$

$A_1 = Pa^2/2$

$A_2 = PaL/2$

$$\Delta_{ATC} = \frac{A_1.d_{1A} + A_2.d_{2A}}{EI} = \frac{A_1.2a/3 + A_2.(a+L/3)}{EI}$$

$$\boxed{y_A = \Delta_{ATC} - MN}$$

FIGURA 10.44
EJERCICIO 15

Una vez señalados los aspectos de la deformación que interesa analizar y algunos métodos para calcularlos, omitimos el estudio de otros métodos, pasando a considerar algunas aplicaciones. En la **Figura 10.45** *se recogen expresiones para el cálculo de la flecha máxima en algunos casos.*

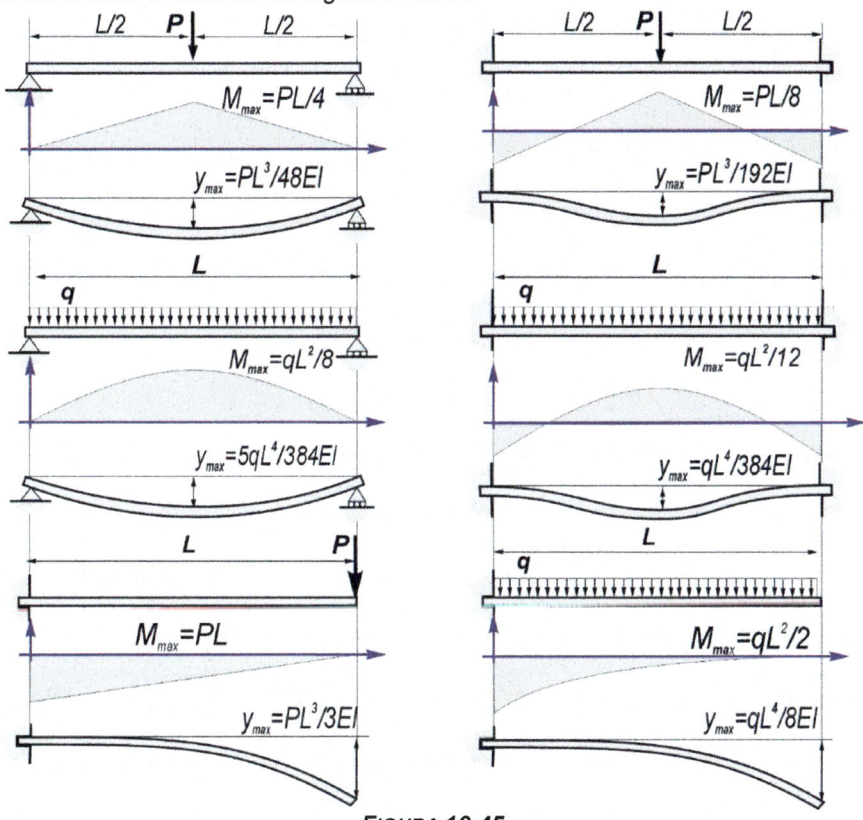

FIGURA 10.45
MOMENTO Y FLECHA MÁXIMOS EN ALGUNOS CASOS

Para que la viga cumpla con las exigencias de diseño, además de satisfacer la condición de resistencia, es necesario controlar las deformaciones. Normalmente, interesa el desplazamiento máximo, que debe mantenerse por debajo de ciertos límites. Por ejemplo, Luz/400, Luz/800, de acuerdo con la función a desempeñar por la viga.

EJERCICIO 16

En la estructura de **la Figura 10.46:**

- *Dimensionar las viguetas que soportan el suelo. Elegir el perfil mínimo posible (IPN)*
- *Dimensionar las vigas principales. Utilizar el mismo perfil que el utilizado para las viguetas, reforzándolo, si es necesario, con platabandas de 12 mm de espesor (calcular "b")*

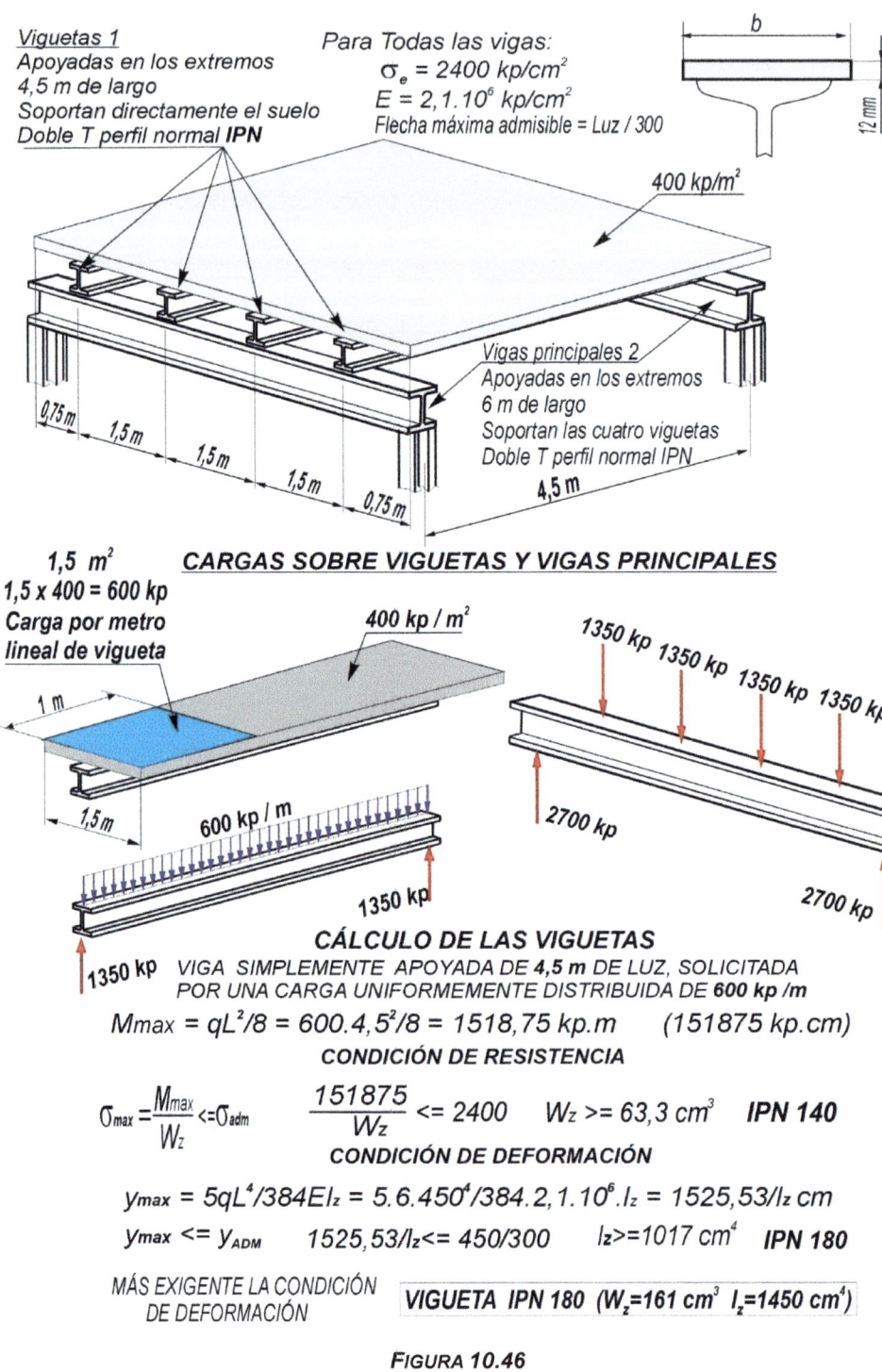

Viguetas 1
Apoyadas en los extremos
4,5 m de largo
Soportan directamente el suelo
Doble T perfil normal **IPN**

Para Todas las vigas:
σ_e = 2400 kp/cm²
E = 2,1.10⁶ kp/cm²
Flecha máxima admisible = Luz / 300

400 kp/m²

Vigas principales 2
Apoyadas en los extremos
6 m de largo
Soportan las cuatro viguetas
Doble T perfil normal IPN

4,5 m

0,75 m 1,5 m 1,5 m 1,5 m 0,75 m

1,5 m²
1,5 x 400 = 600 kp
Carga por metro
lineal de vigueta

400 kp / m²

1 m

1,5 m

600 kp / m

1350 kp

1350 kp 1350 kp 1350 kp 1350 kp

2700 kp

2700 kp

1350 kp

CÁLCULO DE LAS VIGUETAS

1350 kp *VIGA SIMPLEMENTE APOYADA DE 4,5 m DE LUZ, SOLICITADA POR UNA CARGA UNIFORMEMENTE DISTRIBUIDA DE 600 kp /m*

$$Mmax = qL^2/8 = 600.4,5^2/8 = 1518,75 \ kp.m \quad (151875 \ kp.cm)$$

CONDICIÓN DE RESISTENCIA

$$\sigma_{max} = \frac{Mmax}{W_z} <= \sigma_{adm} \qquad \frac{151875}{W_z} <= 2400 \quad W_z >= 63,3 \ cm^3 \quad \textbf{IPN 140}$$

CONDICIÓN DE DEFORMACIÓN

$$y_{max} = 5qL^4/384EI_z = 5.6.450^4/384.2,1.10^6.I_z = 1525,53/I_z \ cm$$

$$y_{max} <= y_{ADM} \qquad 1525,53/I_z <= 450/300 \qquad I_z >= 1017 \ cm^4 \quad \textbf{IPN 180}$$

MÁS EXIGENTE LA CONDICIÓN
DE DEFORMACIÓN

VIGUETA IPN 180 (W_z=161 cm³ I_z=1450 cm⁴)

FIGURA **10.46**
EJERCICIO **16**

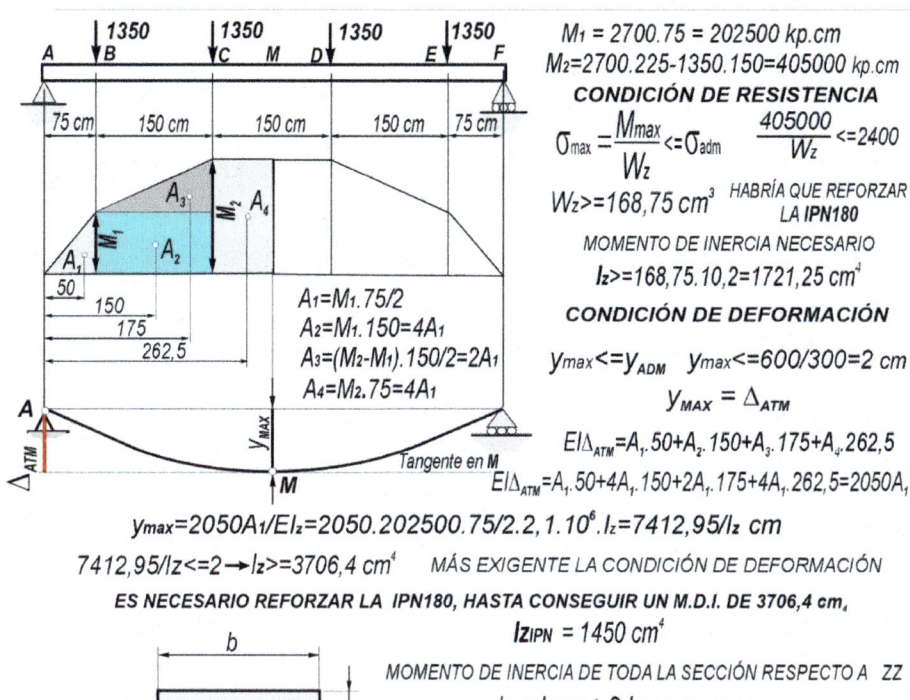

$M_1 = 2700.75 = 202500 \ kp.cm$

$M_2 = 2700.225 - 1350.150 = 405000 \ kp.cm$

CONDICIÓN DE RESISTENCIA

$\sigma_{max} = \dfrac{M_{max}}{W_z} <= \sigma_{adm}$ 　　$\dfrac{405000}{W_z} <= 2400$

$W_z >= 168,75 \ cm^3$ 　*HABRÍA QUE REFORZAR LA **IPN180***

MOMENTO DE INERCIA NECESARIO

$I_z >= 168,75 . 10,2 = 1721,25 \ cm^4$

CONDICIÓN DE DEFORMACIÓN

$y_{max} <= y_{ADM}$ 　$y_{max} <= 600/300 = 2 \ cm$

$$y_{MAX} = \Delta_{ATM}$$

$A_1 = M_1.75/2$
$A_2 = M_1.150 = 4A_1$
$A_3 = (M_2 - M_1).150/2 = 2A_1$
$A_4 = M_2.75 = 4A_1$

$EI\Delta_{ATM} = A_1.50 + A_2.150 + A_3.175 + A_4.262,5$

$EI\Delta_{ATM} = A_1.50 + 4A_1.150 + 2A_1.175 + 4A_1.262,5 = 2050A_1$

$y_{max} = 2050A_1 / EI_z = 2050 . 202500 . 75 / 2,2,1.10^6 . I_z = 7412,95 / I_z \ cm$

$7412,95 / I_z <= 2 \rightarrow I_z >= 3706,4 \ cm^4$ 　*MÁS EXIGENTE LA CONDICIÓN DE DEFORMACIÓN*

ES NECESARIO REFORZAR LA IPN180, HASTA CONSEGUIR UN M.D.I. DE 3706,4 cm.

$I_{ZIPN} = 1450 \ cm^4$

MOMENTO DE INERCIA DE TODA LA SECCIÓN RESPECTO A ZZ

$I_z = I_{ZIPN} + 2.I_{ZPLATABANDA}$

$I_z = 1450 + 2 \ (b.1,2^3 / 12 + b.1,2.9,6^2) = 3.706,4 \ cm^4$

$$\boxed{b = 10,2 \ cm}$$

FIGURA 10.47
EJERCICIO 16

Casos hiperestáticos

Se presentan cuando, para inmovilizar la viga, se utilizan más vínculos de los estrictamente necesarios. Como consecuencia, el número de reacciones incógnita es superior al que se puede resolver por aplicación de las condiciones de equilibrio.

El proceso aplicable a la solución de estos casos se puede resumir como sigue:

- Eliminar los vínculos superabundantes, sustituyéndolos por la acción que ejercen sobre la viga.

- Estudiar deformaciones, teniendo en cuenta estas acciones incógnita, y aplicar las condiciones de contorno impuestas por el vínculo eliminado.

En la **Figura 10.48** se proponen algunos ejemplos de aplicación.

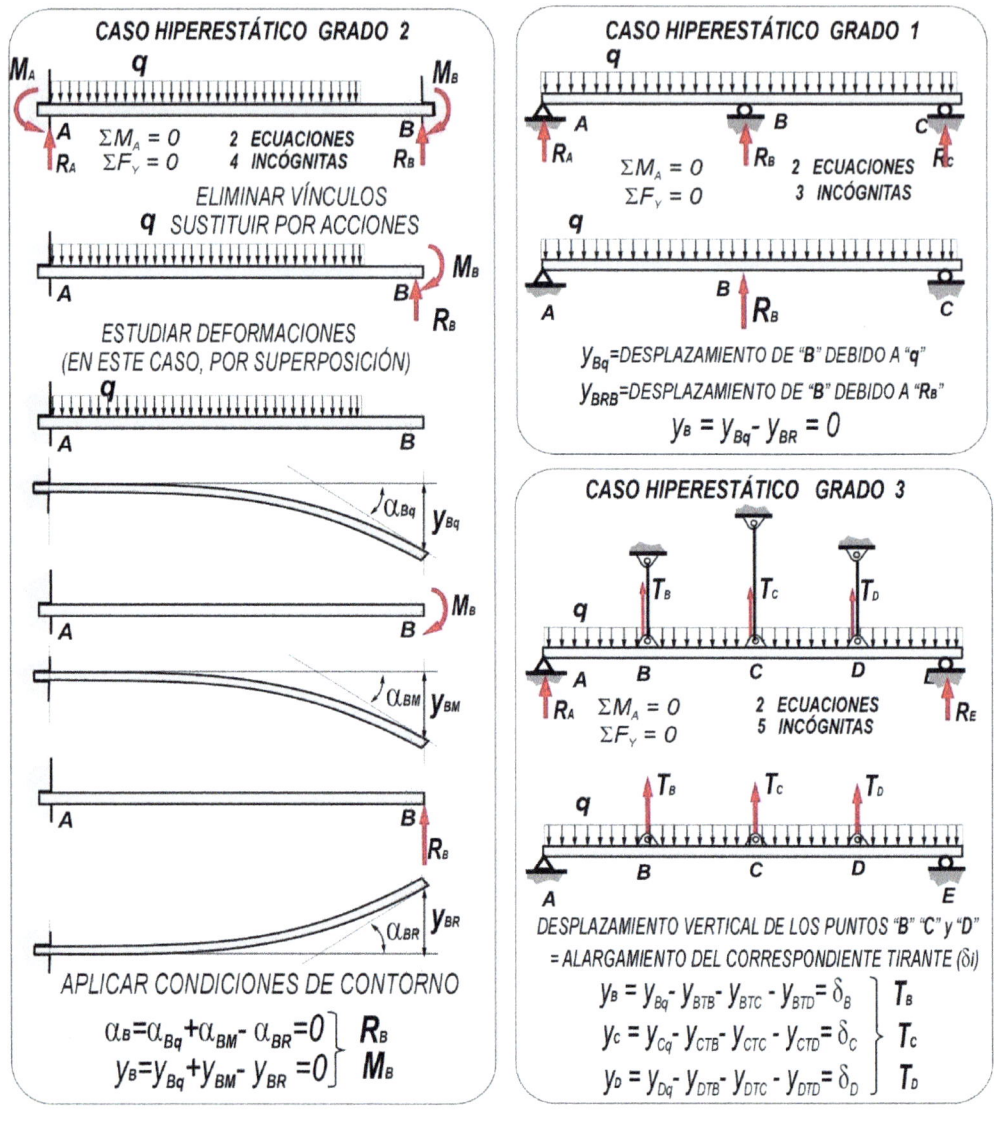

FIGURA 10.48
CASOS HIPERESTÁTICOS

EJERCICIO 17

Calcular la tensión máxima en la viga y los tirantes de la estructura de la **Figura 10.49**. La viga es una **IPN 180** y los dos tirantes son iguales, de longitud **1,5 m** y sección **2cm²**. El módulo de elasticidad para viga y tirantes es de **2,10⁶ kp/cm²**.

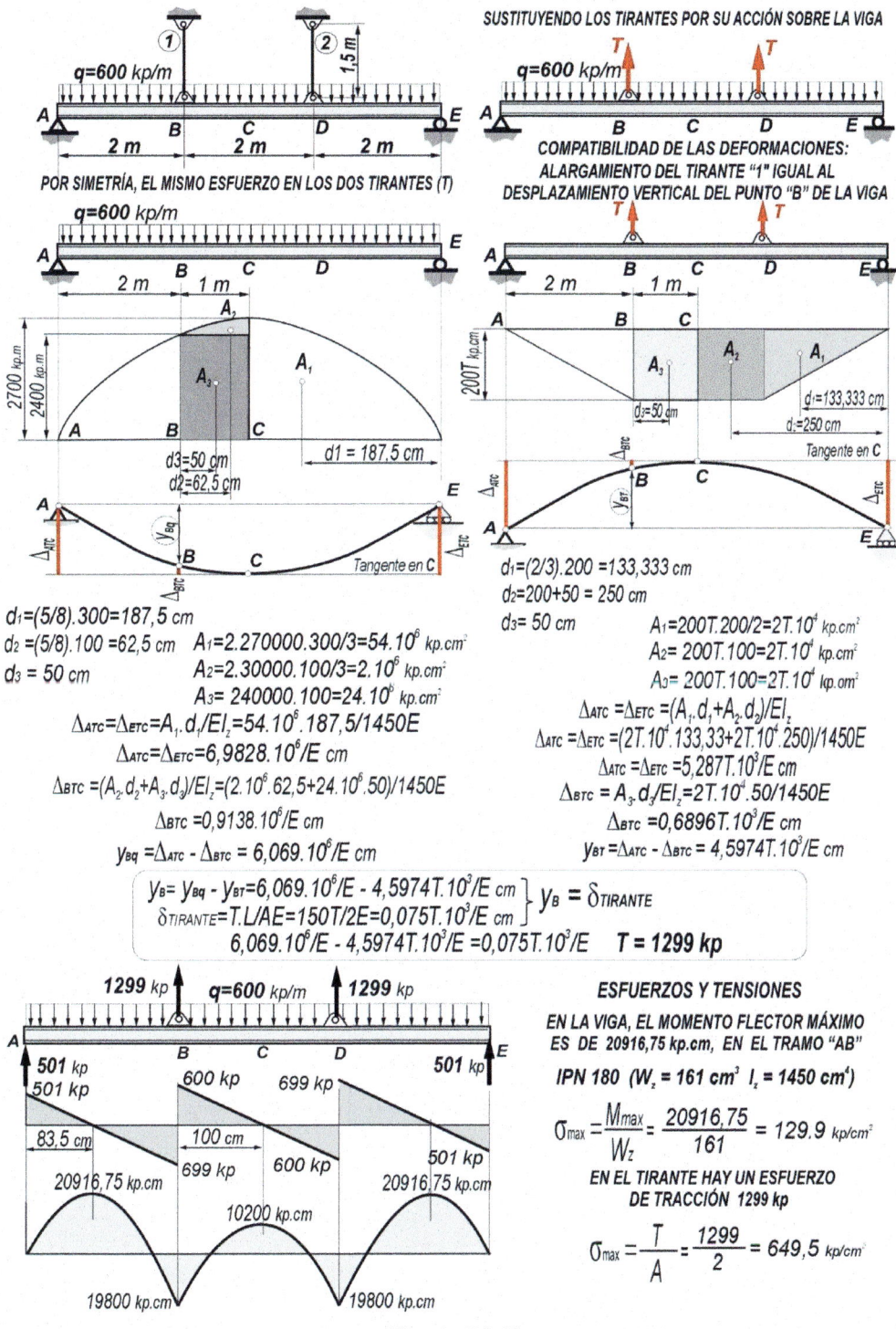

$d_1=(5/8).300=187,5$ cm
$d_2=(5/8).100=62,5$ cm $A_1=2.270000.300/3=54.10^6$ kp.cm²
$d_3=50$ cm $A_2=2.30000.100/3=2.10^6$ kp.cm²
  $A_3=240000.100=24.10^6$ kp.cm²
$\Delta_{ATC}=\Delta_{ETC}=A_1.d_1/EI_z=54.10^6.187,5/1450E$
$\Delta_{ATC}=\Delta_{ETC}=6,9828.10^6/E$ cm
$\Delta_{BTC}=(A_2.d_2+A_3.d_3)/EI_z=(2.10^6.62,5+24.10^6.50)/1450E$
$\Delta_{BTC}=0,9138.10^6/E$ cm
$y_{Bq}=\Delta_{ATC}-\Delta_{BTC}=6,069.10^6/E$ cm

$d_1=(2/3).200=133,333$ cm
$d_2=200+50=250$ cm
$d_3=50$ cm $A_1=200T.200/2=2T.10^4$ kp.cm²
  $A_2=200T.100=2T.10^4$ kp.cm²
  $A_3=200T.100=2T.10^4$ kp.cm²
$\Delta_{ATC}=\Delta_{ETC}=(A_1.d_1+A_2.d_2)/EI_z$
$\Delta_{ATC}=\Delta_{ETC}=(2T.10^4.133,33+2T.10^4.250)/1450E$
$\Delta_{ATC}=\Delta_{ETC}=5,287T.10^3/E$ cm
$\Delta_{BTC}=A_3.d_3/EI_z=2T.10^4.50/1450E$
$\Delta_{BTC}=0,6896T.10^3/E$ cm
$y_{BT}=\Delta_{ATC}-\Delta_{BTC}=4,5974T.10^3/E$ cm

$y_B=y_{Bq}-y_{BT}=6,069.10^6/E-4,5974T.10^3/E$ cm $y_B=\delta_{TIRANTE}$
$\delta_{TIRANTE}=T.L/AE=150T/2E=0,075T.10^3/E$ cm
$6,069.10^6/E-4,5974T.10^3/E=0,075T.10^3/E$ **T = 1299 kp**

ESFUERZOS Y TENSIONES

EN LA VIGA, EL MOMENTO FLECTOR MÁXIMO ES DE 20916,75 kp.cm, EN EL TRAMO "AB"

IPN 180 (W_z = 161 cm³ I_z = 1450 cm⁴)

$\sigma_{max}=\dfrac{M_{max}}{W_z}=\dfrac{20916,75}{161}=129.9$ kp/cm²

EN EL TIRANTE HAY UN ESFUERZO DE TRACCIÓN 1299 kp

$\sigma_{max}=\dfrac{T}{A}=\dfrac{1299}{2}=649,5$ kp/cm²

FIGURA 10.49
EJERCICIO 17

261

EJERCICIO 18

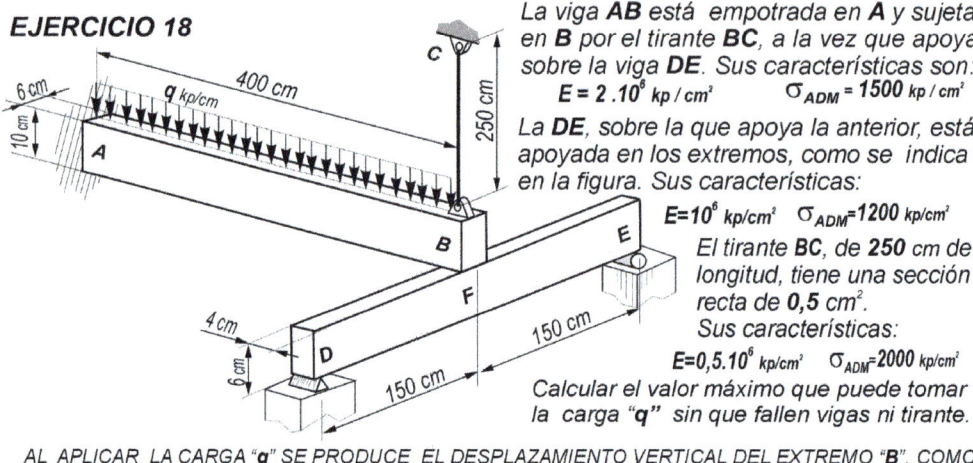

La viga **AB** está empotrada en **A** y sujeta en **B** por el tirante **BC**, a la vez que apoya sobre la viga **DE**. Sus características son:
$$E = 2 . 10^6 \ kp/cm^2 \qquad \sigma_{ADM} = 1500 \ kp/cm^2$$

La **DE**, sobre la que apoya la anterior, está apoyada en los extremos, como se indica en la figura. Sus características:
$$E = 10^6 \ kp/cm^2 \qquad \sigma_{ADM} = 1200 \ kp/cm^2$$

El tirante **BC**, de *250* cm de longitud, tiene una sección recta de *0,5* cm². Sus características:
$$E = 0,5.10^6 \ kp/cm^2 \qquad \sigma_{ADM} = 2000 \ kp/cm^2$$

Calcular el valor máximo que puede tomar la carga "**q**" sin que fallen vigas ni tirante.

AL APLICAR LA CARGA "*q*" SE PRODUCE EL DESPLAZAMIENTO VERTICAL DEL EXTREMO "*B*". COMO CONSECUENCIA, LA VIGA "*AB*" TIRA DEL TIRANTE "*BC*" CON UNA FUERZA "*T*" A LA VEZ QUE EMPUJA A LA VIGA "*DE*" CON OTRA FUERZA "*N*". ESTAS FUERZAS TIENEN QUE SER TALES QUE:

DESPLAZAMIENTO VERTICAL DE "B" IGUAL AL ALARGAMIENTO DEL TIRANTE E IGUAL AL DESPLAZAMIENTO VERTICAL DE "F" $\boxed{\delta_{BC} = y_B = y_F}$

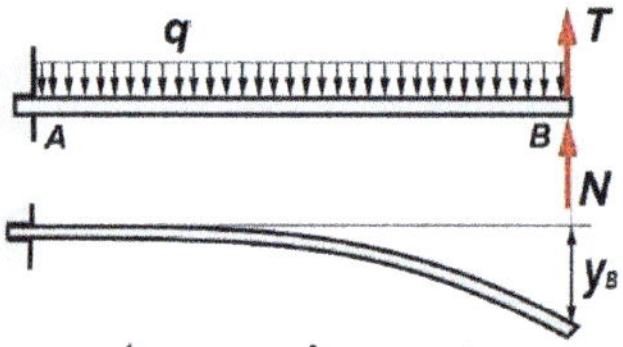

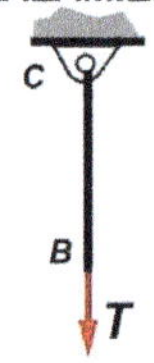

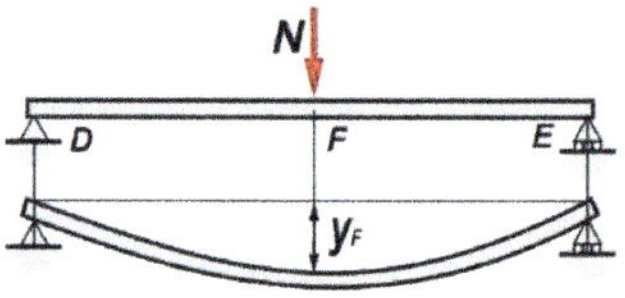

$$y_B = \frac{qL^4}{8EI} - \frac{(T+N)L^3}{3EI} = \frac{3q400^4 - 8(T+N)400^3}{24.2.10^6.(6.10^3/12)}$$

$$y_B = \frac{64}{10^3}(50q - (T+N)/3) \longrightarrow \delta_{BC} = y_B$$

$$\delta_{BC} = \frac{TL}{AE} = \frac{250T}{0,5.0,5.10^6} = \frac{T}{10^3}$$

$$\delta_{BC} = y_B$$

$$y_F = \frac{NL^3}{48EI} = \frac{N.300^3}{48.10^6.(4.6^3/12)}$$

$$\delta_{BC} = y_F \longleftarrow y_F = \frac{N}{128}$$

$$N = 0,128 \ T$$

$$\boxed{T = 127,673q \quad N = 16,342q}$$

VALOR MÁXIMO DE "q", ATENDIENDO A LA RESISTENCIA DE VIGAS Y TIRANTE

TIRANTE

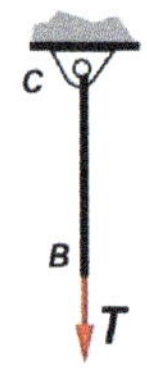

$$\sigma_{max} = \frac{T}{A} <= \sigma_{ADM}$$

$$\frac{127,673q}{0,5} <= 2000 \ kp/cm^2$$

$$q <= 7,832 \ kp/cm$$

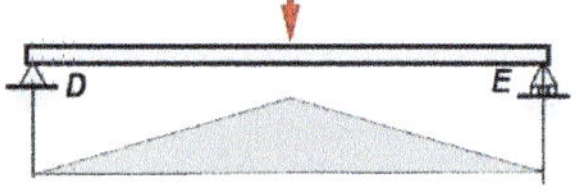

$$M_{MAX} = N.L/4 = 1225,65q \ kp.cm$$
$$W_z = b.h^2/6 = 4.6^2/6 = 24 \ cm^3$$

VIGA "DE"

$$\sigma_{max} = \frac{M_{MAX}}{W_z} <= \sigma_{ADM}$$

$$\frac{1225,65q}{24} <= 1200 \ kp/cm^2$$

$$q <= 23,49 \ kp/cm$$

VIGA "AB"

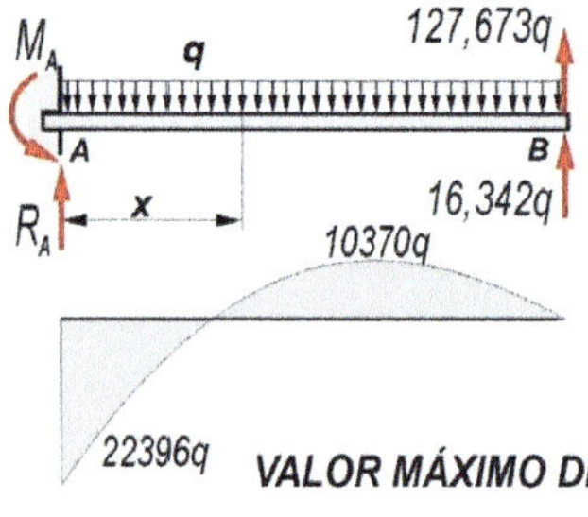

$$R_A = 400q - 127,673q - 16,342q = 255,98q$$
$$M_A = 400q.200 - (127,673q + 16,342q).400$$
$$M_A = 22396q$$
$$W_z = b.h^2/6 = 6.10^2/6 = 100 \ cm^3$$

$$\sigma_{max} = \frac{M_{MAX}}{W_z} <= \sigma_{ADM} \qquad \frac{22396q}{100} <= 1500 \ kp/cm^2 \qquad q <= 6,7 \ kp/cm$$

$$V_x = R_A - q.x = 0 \qquad x = 255,985 \ m$$
EL MOMENTO MÁXIMO SE DARÁ PARA
x= 255,985 cm O EN EL EMPOTRAMIENTO
$$M_x = -M_A + R_A.x - qx^2/2 = 10370,16q \ kp.cm$$
$$M_{MAX} = M_A = 22396q \ kp.cm$$

VALOR MÁXIMO DE "q" 6,7 kp/cm, LIMITADO POR LA RESISTENCIA DE LA VIGA "AB"
FIGURA 10.50
EJERCICIO 18

CAPÍTULO 11

PANDEO

FLEXIÓN LATERAL O PANDEO

En el estudio de la compresión simple se suponía:

- Sólido de eje recto
- Material homogéneo
- Cargas de la dirección del eje, aplicadas en el centro de gravedad de las secciones.

En la práctica, es muy difícil que se cumplan exactamente estas condiciones. Además, incluso cumpliéndose, cualquier perturbación exterior podría provocar su incumplimiento.

En sólidos de pequeña esbeltez, pequeñas desviaciones en alguna condición no presentan gran influencia en el comportamiento del sólido, tanto desde el punto de vista resistente como en el de las deformaciones.

Por el contrario, en sólidos esbeltos, el incumplimiento de alguna condición, da lugar a un efecto de flexión lateral, que puede provocar el fallo bajo cargas muy inferiores a las que podría soportar a compresión.

El comportamiento de una barra recta solicitada por cargas de compresión centrada, crecientes hasta provocar el fallo, depende decisivamente de su esbeltez.

En barras poco esbeltas, el fallo se produce por aplastamiento, cuando la tensión de compresión rebasa el límite elástico del material. La carga última, relativamente elevada, queda definida por el área de la sección recta de la barra y el límite elástico del material.

Sin embargo, si la barra es esbelta, se observa que el fallo se produce bajo cargas menores, tanto menores cuanto mayor sea la esbeltez, y de otra manera; no se produce el aplastamiento del material, sino que la barra se desvía lateralmente de su posición inicial, fallando por flexión (flexión lateral o pandeo). La capacidad de carga de la barra se ve muy reducida al aumentar la esbeltez. En realidad, se trata de un problema de estabilidad más que de resistencia. (**Figura 11.1**)

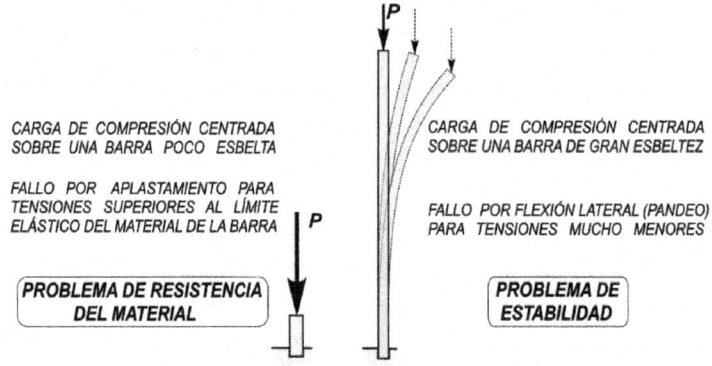

FIGURA 11.1
INFLUENCIA DE LA ESBELTEZ EN BARRAS COMPRIMIDAS

*Aunque no se trata de una situación de pandeo, en el ejemplo de la **Figura 11.2** se indica la diferencia entre comportamiento estable e inestable y se define la carga crítica como la que establece el límite entre ambas formas de comportamiento.*

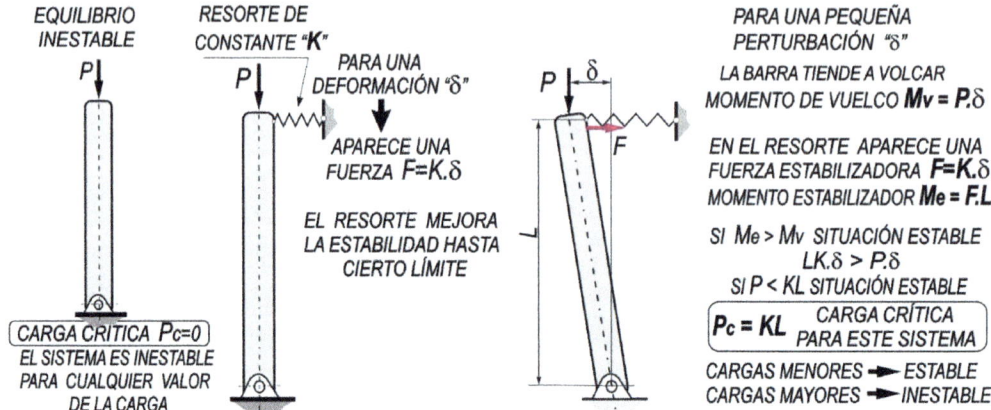

SI LA BARRA TIENE UNA SECCIÓN RECTA DE **5** cm² Y SU LÍMITE ELÁSTICO
ES DE **2000** kp/cm² SU RESISTENCIA A COMPRESIÓN ES DE **10000** kp

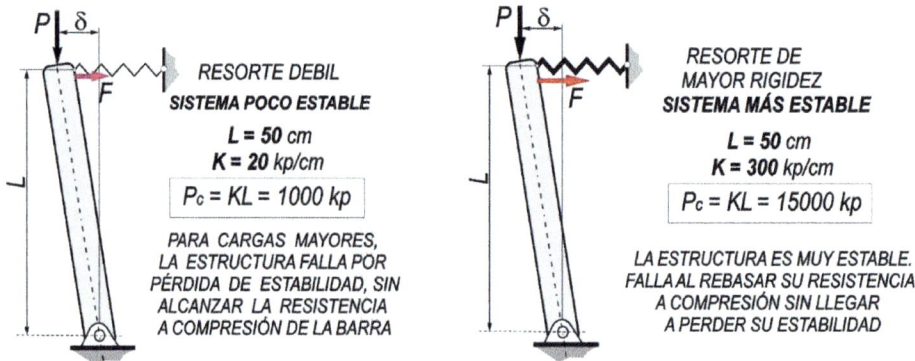

FIGURA 11.2
COMPORTAMIENTOS ESTABLE E INESTABLE

Carga crítica de pandeo

Para una barra esbelta de unas determinadas características, solicitada por una carga de compresión, el comportamiento, estable o inestable, ante el fenómeno de pandeo, depende del valor de la carga.

Una barra homogénea, perfectamente recta, solicitada por una carga de compresión centrada, que no rebase el límite elástico del material, inicialmente estará en equilibrio.

Si se provoca cualquier tipo de pequeña perturbación, que la desvíe de la posición de equilibrio inicial, se origina un momento flector y la correspondiente deformación por flexión.

*La respuesta de la barra depende de su rigidez a flexión y queda determinada por el valor de la carga de compresión aplicada (**Figura 11.3**):*

- *Para cargas inferiores a un cierto límite, al cesar la perturbación la barra vuelve a su posición inicial de equilibrio. El comportamiento es estable para este valor de la carga y no se observa riesgo de pandeo.*

- *Para un determinado valor de la carga, **carga crítica de pandeo**, al cesar la perturbación la barra no recupera la situación inicial, permaneciendo con la deformación provocada, aunque ésta no progresa. Situación de equilibrio límite.*

- *Por último, para cargas superiores a la crítica, la perturbación, aunque cese, desencadena un proceso de deformación progresiva que finaliza con el fallo por flexión de la barra.*

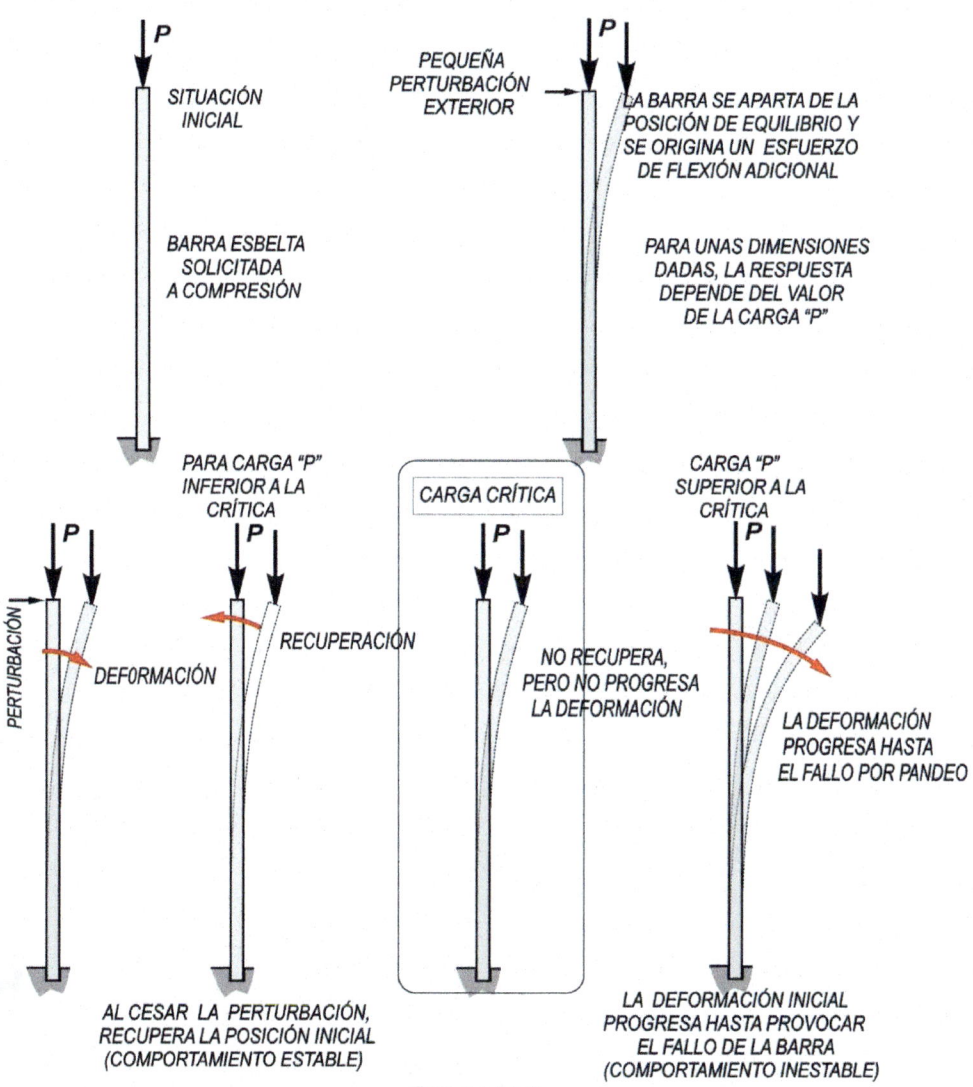

FIGURA 11.3
CARGA CRÍTICA DE PANDEO

En lo visto hasta ahora, apoyándonos en el principio de pequeñez de las deformaciones, siempre planteamos el equilibrio en la situación sin deformar, considerando que las pequeñas deformaciones no influían sobre la forma de actuar de las cargas y, como consecuencia, los esfuerzos antes y después de la deformación eran sensiblemente iguales.

En el caso que estamos estudiando, las deformaciones dan lugar a nuevos esfuerzos, lo que nos obliga a considerar el equilibrio sobre la barra deformada, relacionando los esfuerzos en este estado, con las correspondientes deformaciones, como veremos posteriormente en el planteamiento de Euler.

El ejemplo de la **Figura 11.4** puede servir de aclaración a lo que acabamos de comentar.

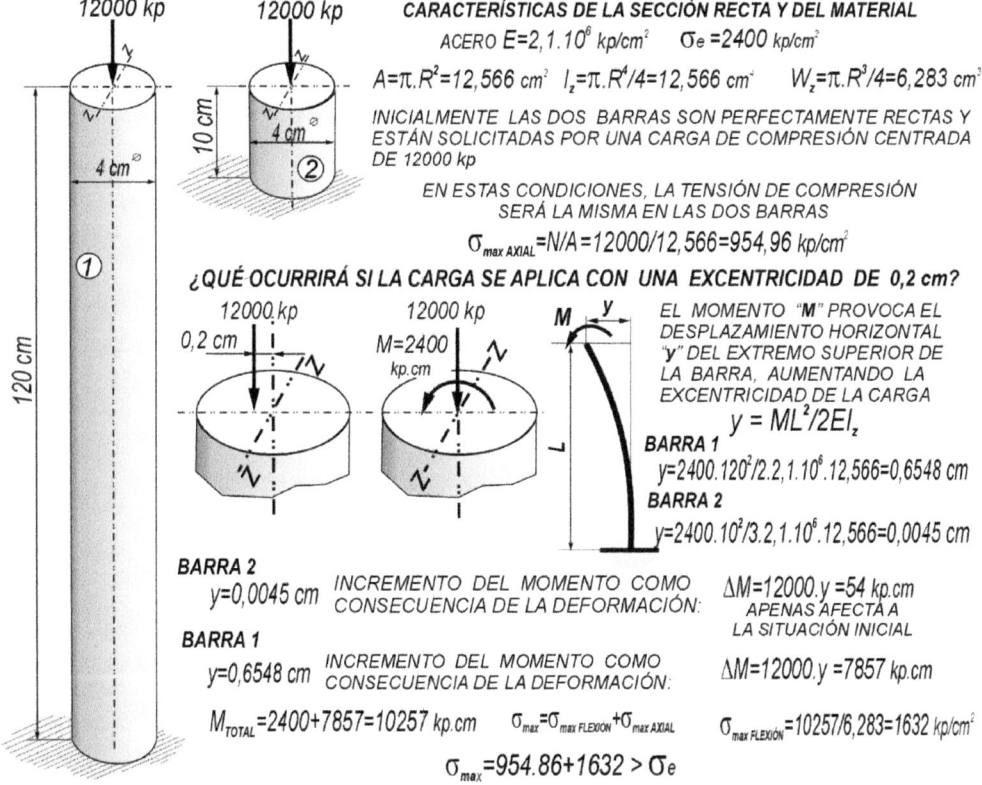

NECESIDAD DE CONSIDERAR LA DEFORMACIÓN EN EL ANÁLISIS DE ESFUERZOS

Carga crítica según Euler

Estudiando la relación entre los momentos flectores originados por la carga crítica y la deformada por flexión, Euler llega a relacionar las características geométricas y de rigidez de la barra con la correspondiente carga crítica. Para una barra articulada en los dos extremos, la carga crítica de pandeo viene dada por la expresión de la **Figura 11.5**

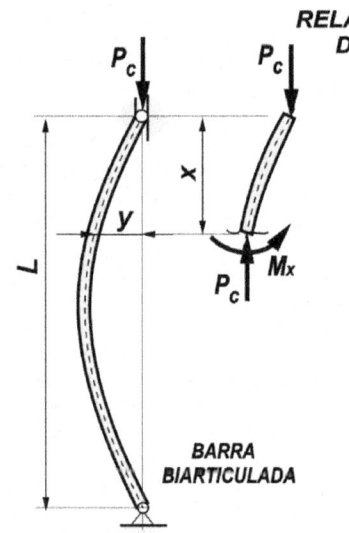

RELACIÓN ENTRE ESFUERZOS EN LA CONDICIÓN DEFORMADA Y LA PROPIA DEFORMACIÓN

LEY DE MOMENTOS FLECTORES

$$M_x = P_c \cdot y$$

ECUACIÓN DIFERENCIAL DE LA ELÁSTICA

$$E.I.y'' = M_x = -P_c \cdot y$$

RESOLVIENDO ESTA ECUACIÓN DIFERENCIAL, SE OBTIENE UNA RELACIÓN ENTRE LA CARGA CRÍTICA Y LAS CARACTERÍSTICAS DE LA BARRA

$$P_c = \frac{\pi^2 E.I}{L^2}$$

P_c = CARGA CRÍTICA DE PANDEO
E = MÓDULO DE ELASTICIDAD
I = MOMENTO DE INERCIA DE LA SECCIÓN
(EN PRINCIPIO, M.D.I. MÍNIMO)
L = LONGITUD DE LA BARRA

BARRA BIARTICULADA

FIGURA 11.5
CARGA CRÍTICA DE PANDEO, DE EULER

P_c es la carga crítica de pandeo de Euler (Para cargas mayores la barra es inestable), **E** *es el módulo de elasticidad del material,* **I** *es el momento de inercia de la sección recta de la barra respecto al eje alrededor del que se produce la flexión (Inicialmente, el de m.d.i. mínimo) y* **L** *es la longitud.*

En la teoría de Euler se consideran dos hipótesis fundamentales:

- *Inicialmente, la barra es perfectamente recta y la carga axial y centrada (condiciones muy difíciles de cumplir en la práctica)*
- *Las tensiones son tales que el material sigue la ley de Hooke (la relación entre esfuerzos y deformada supone proporcionalidad)*

De la observación de la expresión de Euler se deducen las siguientes consecuencias:

- *La carga crítica no depende del límite elástico del material, sino de su módulo de elasticidad. En realidad, se trata de un problema de rigidez a flexión y no de resistencia a compresión. Puesto que los aceros de alta resistencia tienen, sensiblemente, el mismo módulo elástico que los aceros ordinarios, ambas calidades ofrecen prestaciones similares ante situaciones de pandeo.*

- *En cuanto a la sección recta de la barra, más que la cantidad de material, definida por el área de la misma, influye el cómo está distribuida con relación a los distintos ejes. En general, interesan secciones en las que el momento de inercia mínimo, que es el que determina la rigidez a flexión lateral, sea lo mayor posible. De acuerdo con esto, los perfiles óptimos para trabajar a pandeo son los tubulares de distintas formas. (**Figura 11.6**)*

- *La capacidad de carga es inversamente proporcional al cuadrado de la longitud. Esta expresión es aplicable a barras articuladas en los dos extremos. En el apartado siguiente veremos la gran influencia del tipo de sustentación. Al aumentar el grado de libertad de desplazamiento lateral en cualquier dirección, disminuye notablemente la carga crítica.*

Señalar, finalmente, que la carga crítica es la que determina el límite del comportamiento estable, por lo que la carga aplicable, con un cierto grado de seguridad, será siempre una fracción de la misma.

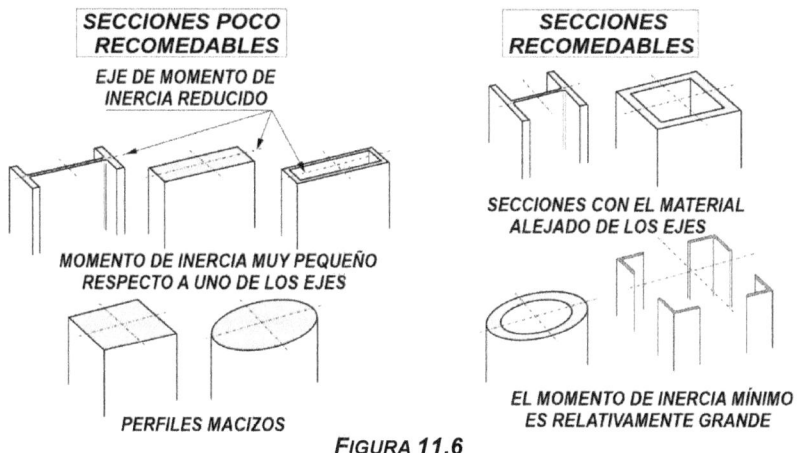

FIGURA 11.6
SECCIONES MÁS O MENOS RECOMENDABLES

Influencia del grado de libertad de los extremos. Longitud de pandeo

*Al tratarse de un problema de **estabilidad**, la resistencia al pandeo está muy influenciada por el grado de libertad para la flexión lateral. El tipo y número de vínculos, extremos o intermedios, determinan la capacidad de carga de la barra. En la **Figura 11.7** se recogen las fórmulas de Euler para determinar la carga crítica en algunos casos particulares.*

Estas expresiones son aplicables a las cuatro situaciones especificadas, pero las posibilidades de vinculación, con apoyos más o menos rígidos, o acudiendo a apoyos intermedios, son infinitas, lo que exigiría una fórmula de cálculo para cada uno de los casos posibles.

Para evitarlo, se toma como referencia la barra biarticulada y, para estudiar los diferentes casos, se traducen a barras biarticuladas equivalentes (Que tengan la misma carga crítica).

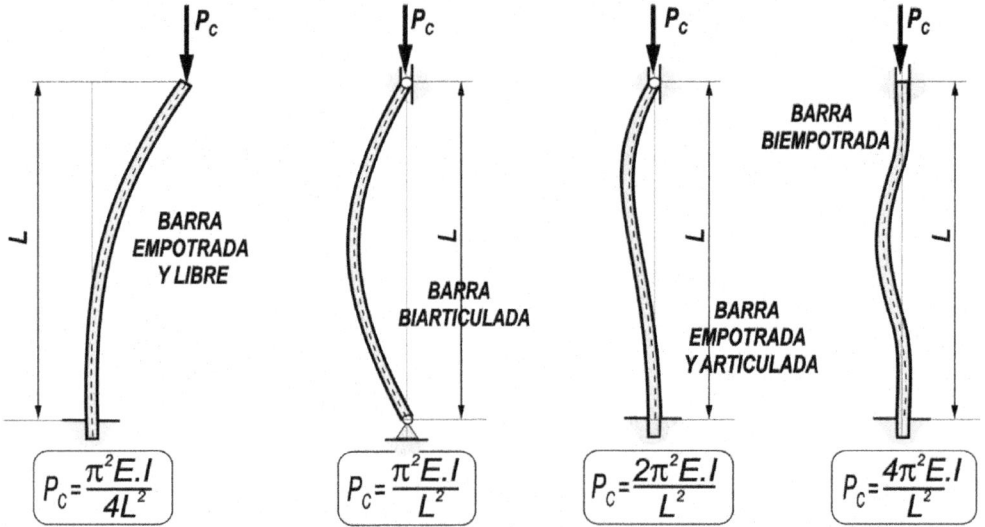

AL DISMINUIR EL GRADO DE LIBERTAD PARA EL DESPLAZAMIENTO
LATERAL, AUMENTAN LA ESTABILIDAD Y LA CAPACIDAD DE CARGA

FIGURA 11.7
INFLUENCIA DEL TIPO DE VÍNCULOS EXTREMOS

En la **Figura 11.8** observamos que la carga crítica para una barra empotrada en un extremo y libre en el otro, es la misma que la de una barra biarticulada de longitud doble. Para calcularla, utilizamos la fórmula aplicable a la biarticulada, considerando el doble de longitud. También se muestra la barra articulada equivalente para otras situaciones.

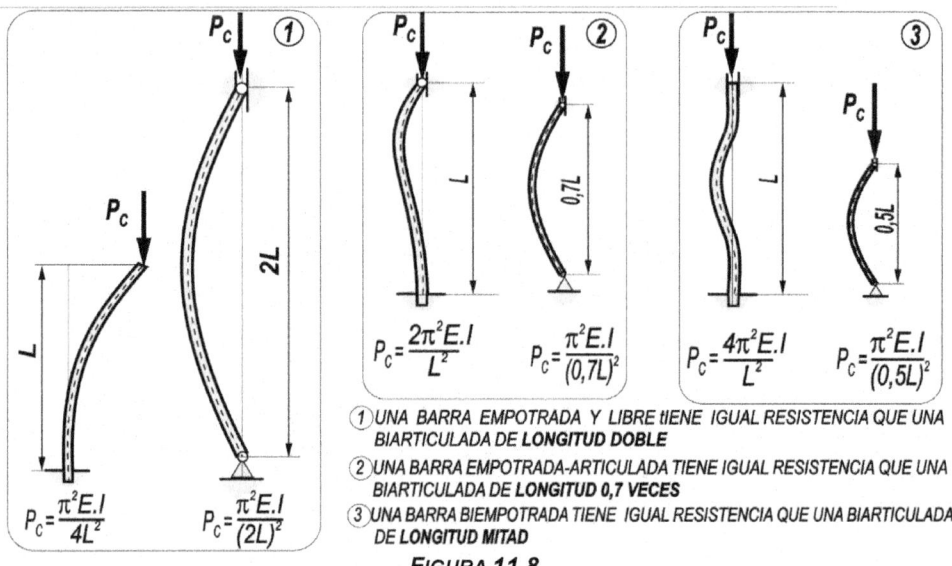

① UNA BARRA EMPOTRADA Y LIBRE TIENE IGUAL RESISTENCIA QUE UNA BIARTICULADA DE **LONGITUD DOBLE**

② UNA BARRA EMPOTRADA-ARTICULADA TIENE IGUAL RESISTENCIA QUE UNA BIARTICULADA DE **LONGITUD 0,7 VECES**

③ UNA BARRA BIEMPOTRADA TIENE IGUAL RESISTENCIA QUE UNA BIARTICULADA DE **LONGITUD MITAD**

FIGURA 11.8
INFLUENCIA DEL TIPO DE VÍNCULOS EXTREMOS

*A esta longitud ficticia, que tiene en cuenta la longitud real y las condiciones de sustentación, la definimos como **Longitud de pandeo (Figura 11.9)**. En el análisis de estructuras nos encontramos con barras comprimidas conectadas a nudos cuya rigidez y grado de libertad pueden variar entre límites muy amplios, lo que dificulta el cálculo preciso de la longitud de pandeo. Por otra parte, para una barra de una determinada longitud, su longitud de pandeo puede tomar diferentes valores según el plano que se considere **(Figura 11.10)**. Manuales y normas suelen recomendar la longitud de pandeo a considerar en cada caso.*

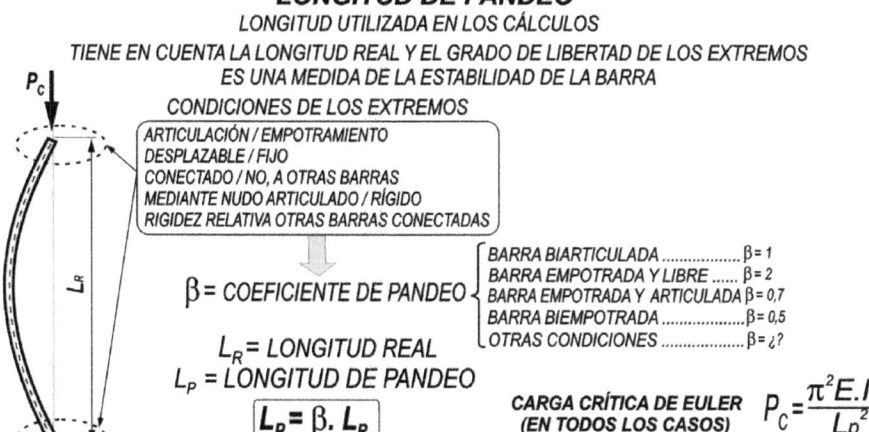

FIGURA 11.9
LONGITUD DE PANDEO

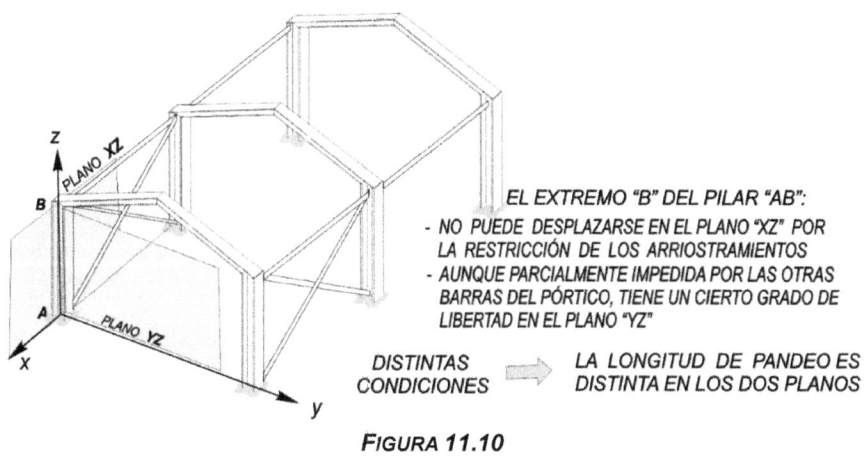

FIGURA 11.10
LONGITUD DE PANDEO

Esbeltez mecánica

*Un parámetro que recoge las distintas variables que afectan a la estabilidad geométrica de la barra es el que se conoce como **esbeltez mecánica**, o simplemente esbeltez. Podemos hablar de esbeltez de pandeo en un plano, o esbeltez respecto a* un eje. Resulta de dividir la longitud de pandeo en un determinado plano, entre el radio de giro de la sección recta respecto al eje perpendicular a dicho plano. (*Figura 11.11*)

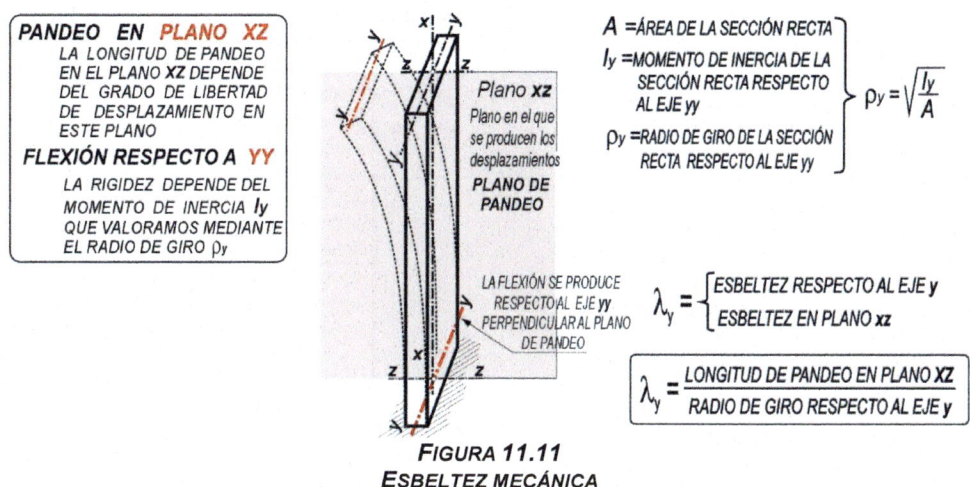

FIGURA 11.11
ESBELTEZ MECÁNICA

La esbeltez depende del eje que se considere y, lógicamente, el pandeo se producirá respecto al eje de mayor esbeltez (*Figura 11.12*).

El grado de libertad puede ser diferente en distintos planos, por lo que, para una determinada longitud real, la longitud de pandeo, que es la que determina la carga crítica, puede ser diferente según el plano considerado. Como consecuencia, el pandeo no siempre se producirá respecto al eje de inercia mínimo, sino respecto al de mayor esbeltez.

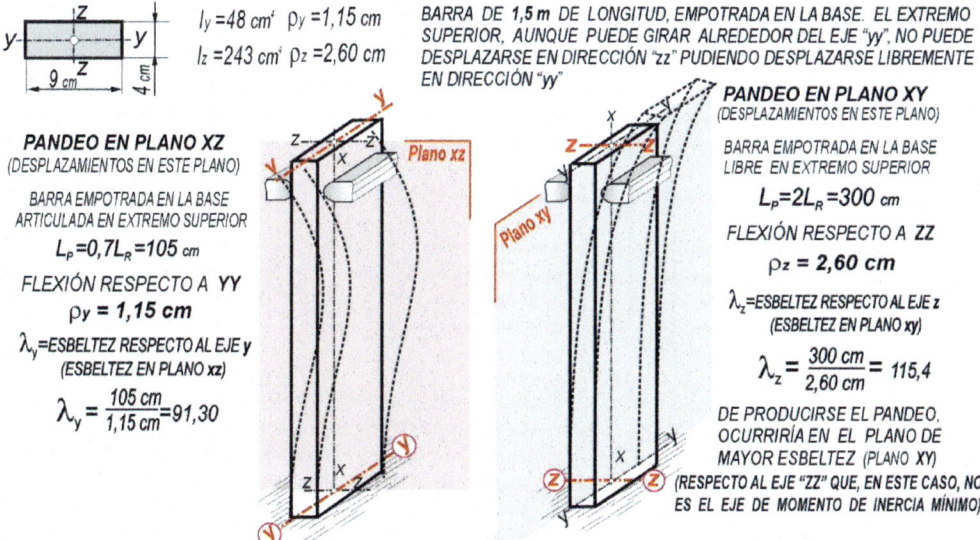

FIGURA 11.12
ESBELTEZ EN DISTINTOS PLANOS (RESPECTO A DISTINTOS EJES)

EJERCICIO 1

La barra de la **Figura 11.13** está empotrada en la base y libre en su extremo superior. Para mejorar la estabilidad, se disponen unos apoyos intermedios en la sección "B", que no permiten el desplazamiento en dirección "z" ni el giro respecto al eje "yy" de dicha sección, no imponiendo ninguna restricción en el plano "xy". Calcular la carga crítica de pandeo. $E=2.10^6$ kp/cm²

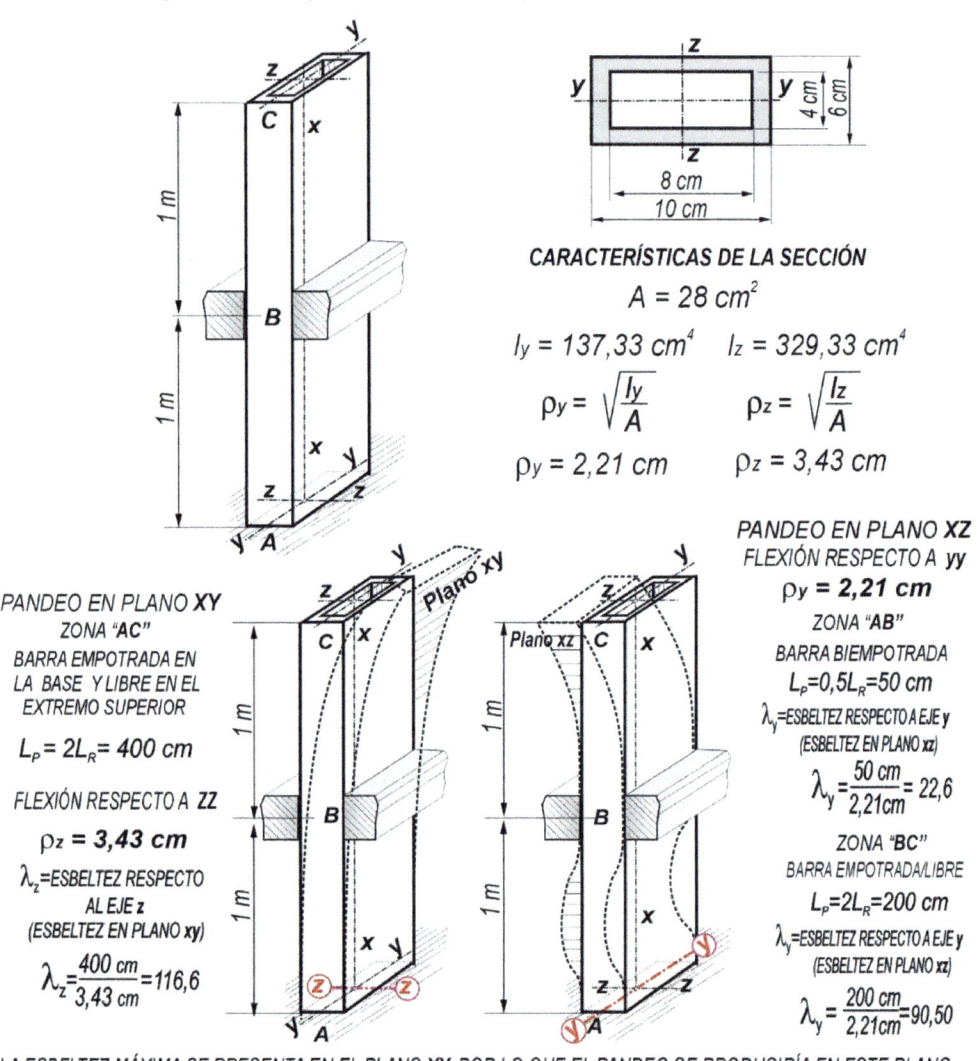

CARACTERÍSTICAS DE LA SECCIÓN

$$A = 28 \ cm^2$$

$$I_y = 137,33 \ cm^4 \qquad I_z = 329,33 \ cm^4$$

$$\rho_y = \sqrt{\frac{I_y}{A}} \qquad \rho_z = \sqrt{\frac{I_z}{A}}$$

$$\rho_y = 2,21 \ cm \qquad \rho_z = 3,43 \ cm$$

PANDEO EN PLANO XY
ZONA "AC"
BARRA EMPOTRADA EN LA BASE Y LIBRE EN EL EXTREMO SUPERIOR

$L_P = 2L_R = 400 \ cm$

FLEXIÓN RESPECTO A ZZ

$\rho_z = 3,43 \ cm$

λ_z=ESBELTEZ RESPECTO AL EJE z
(ESBELTEZ EN PLANO xy)

$\lambda_z = \dfrac{400 \ cm}{3,43 \ cm} = 116,6$

PANDEO EN PLANO XZ
FLEXIÓN RESPECTO A yy

$\rho_y = 2,21 \ cm$

ZONA "AB"
BARRA BIEMPOTRADA
$L_P = 0,5 L_R = 50 \ cm$

λ_y=ESBELTEZ RESPECTO A EJE y
(ESBELTEZ EN PLANO xz)

$\lambda_y = \dfrac{50 \ cm}{2,21 cm} = 22,6$

ZONA "BC"
BARRA EMPOTRADA/LIBRE
$L_P = 2L_R = 200 \ cm$

λ_y=ESBELTEZ RESPECTO A EJE y
(ESBELTEZ EN PLANO xz)

$\lambda_y = \dfrac{200 \ cm}{2,21 cm} = 90,50$

LA ESBELTEZ MÁXIMA SE PRESENTA EN EL PLANO **XY**, POR LO QUE EL PANDEO SE PRODUCIRÍA EN ESTE PLANO
(EN ESTE CASO, POR LOS DIFERENTES GRADOS DE LIBERTAD, EL PANDEO NO SE PRODUCE RESPECTO AL EJE DE INERCIA MÍNIMA)

$$P_c = \frac{\pi^2 E.I_z}{L_p^2} = \frac{\pi^2 . 2.10^6 . 329,33}{400^2} = 40629 \ kp$$

FIGURA 11.13
EJERCICIO 1

Validez de las fórmulas de Euler

La carga crítica de Euler es inversamente proporcional al cuadrado de la longitud. Si la aplicamos a barras de pequeña esbeltez resultarán valores de carga muy superiores a la resistencia a compresión. De acuerdo con esto, la teoría de Euler solo sería aplicable a partir de una cierta esbeltez.

Para realizar este análisis, en la **Figura 11.14** consideramos la carga por unidad de sección, (tensión crítica de pandeo), que resulta inversamente proporcional al cuadrado de la esbeltez mecánica.

Esta expresión admite una representación gráfica (hipérbola de Euler), en la que se observa que la tensión crítica disminuye rápidamente al aumentar la esbeltez. Si se dobla la esbeltez la tensión necesaria para provocar el pandeo se divide entre cuatro.

Por el contrario, para esbelteces reducidas, la tensión puede tomar valores muy altos; incluso muy superiores al límite elástico del material. Como entendemos que el fallo se presenta cuando se rebasa este límite, no tiene mucho sentido esta zona de la curva, por lo que la teoría de Euler solo es aplicable para valores de esbeltez superiores a un cierto límite, que depende del material. Concretamente, cuando la tensión crítica rebase el límite de proporcionalidad, pues la teoría de Euler se apoya, entre otras hipótesis, en la ley de Hooke.

Esta esbeltez, por encima de la cual es válida la teoría de Euler, recibe el nombre de esbeltez de Euler y toma valores entre 75 y 100 para aceros de distintos tipos.

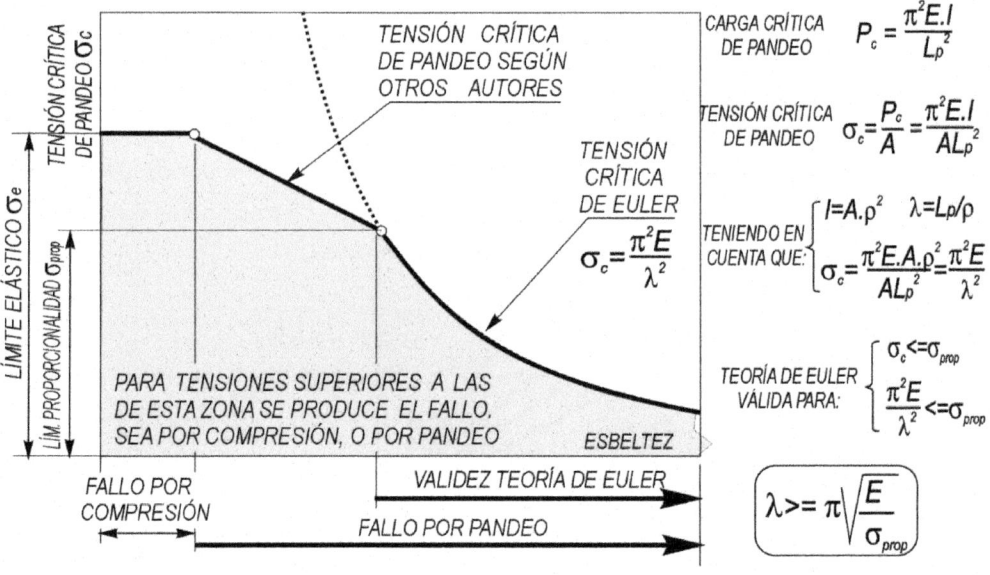

FIGURA 11.14
ESBELTEZ DE EULER

Teniendo en cuenta que el módulo de elasticidad de los aceros es de unos 210000 MPa, la esbeltez de Euler para un acero S235 es del orden de 95 y la de un S355, de 77. (**Figura 11.15**)

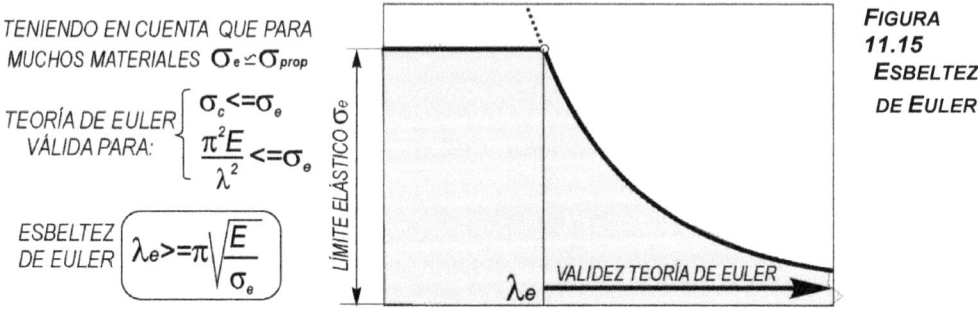

TENIENDO EN CUENTA QUE PARA MUCHOS MATERIALES $\sigma_e \cong \sigma_{prop}$

TEORÍA DE EULER VÁLIDA PARA:
$$\begin{cases} \sigma_c <= \sigma_e \\ \dfrac{\pi^2 E}{\lambda^2} <= \sigma_e \end{cases}$$

ESBELTEZ DE EULER $\boxed{\lambda_e >= \pi\sqrt{\dfrac{E}{\sigma_e}}}$

FIGURA 11.15 ESBELTEZ DE EULER

Según Euler, para esbelteces inferiores a estos límites no habría problemas de pandeo y el fallo se produciría por compresión, cuando la tensión alcance el límite elástico del material.

Sin embargo, la experiencia acumulada indica que el fallo por compresión solo se produce para esbelteces muy reducidas, (hasta unos 20), por lo que hay una zona intermedia, entre este límite y la esbeltez de Euler, en la que también es necesario contemplar el fallo por pandeo.

Esto se debe a que, en la teoría de Euler, se considera un sistema ideal solicitado a compresión (barra homogénea recta y carga centrada), prácticamente imposible de conseguir con total precisión.

Fórmula de la secante

Un estudio teórico similar al de Euler, pero contemplando una pequeña excentricidad en la aplicación de la carga, conduce a la fórmula de la secante, que ofrece una solución más cercana al comportamiento real. (**Figura 11.16**)

Las imperfecciones, más o menos importantes, en la rectitud y homogeneidad de la barra; en las condiciones de los extremos; o en la axialidad y centrado de la carga, pueden valorarse como una excentricidad equivalente.

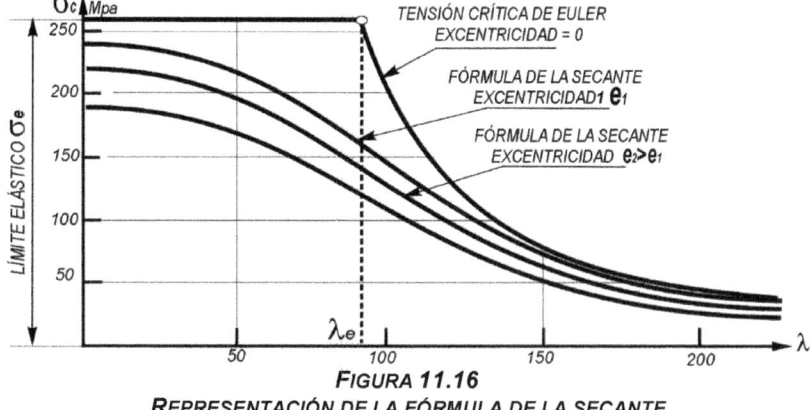

FIGURA 11.16
REPRESENTACIÓN DE LA FÓRMULA DE LA SECANTE

Método de los coeficientes "ω"

Este método, de fácil aplicación, se apoya en las teorías anteriores y en numerosos ensayos sobre piezas reales. Como base de cálculo se considera la resistencia a compresión del material, (área de la sección recta multiplicada por la tensión admisible del material a compresión).

El riesgo de pandeo se valora mediante un coeficiente reductor de la tensión admisible, (coeficiente de pandeo "ω"), mayor que la unidad, que depende de la esbeltez y del tipo de material. (**Figura 11.17**)

Aunque actualmente ha sido sustituido en las normas sobre cálculo de estructuras por otros métodos más precisos, considero interesante su comentario porque pone claramente de manifiesto dos aspectos importantes del pandeo:

- Que la resistencia disminuye rápidamente al aumentar la esbeltez
- Que se trata de un problema de estabilidad y no de resistencia. Veremos como el empleo de aceros de alto límite elástico no mejora las prestaciones de forma notable.

Al tratarse de un método en desuso, la designación de las distintas clases de acero no se ajusta al sistema de designación actual. En el método se citan los aceros A37, A42 y A52 que, aproximadamente, pueden traducirse como sigue:

Acero A37 .... Acero S235

Acero A42 ....Acero S275

Acero A52 ....…Acero S355

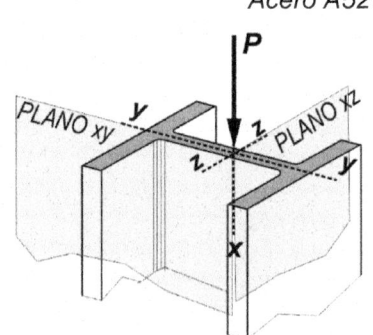

A = ÁREA DE LA SECCIÓN RECTA

σ_{ADM} = TENSIÓN ADMISIBLE A COMPRESIÓN

CARGA ADMISIBLE A COMPRESIÓN

$$P = A.\sigma_{ADM}$$

λ = ESBELTEZ MÁXIMA (PLANO xy ó PLANO xz)

$\left.\begin{array}{l} \text{CLASE DE MATERIAL} \\ \text{ESBELTEZ } \lambda \end{array}\right\}$ COEFICIENTE "ω"

POR EJEMPLO, PARA UN ACERO A42 (≈S275)

$\left\{\begin{array}{l} \text{PARA } \lambda < 20 \quad \omega = 1 \\ \text{PARA } \lambda = 20 \quad \omega = 1{,}02 \\ \text{PARA } \lambda = 130 \quad \omega = 3{,}01 \end{array}\right.$

CARGA ADMISIBLE A PANDEO	$P = \dfrac{A.\sigma_{ADM}}{\omega}$

AL AUMENTAR LA ESBELTEZ, AUMENTA EL COEFICIENTE "ω" DISMINUYENDO LA CAPACIDAD DE CARGA

FIGURA 11.17
MÉTODO DE LOS COEFICIENTES OMEGA

COEFICIENTE ω DE PANDEO PARA EL ACERO A 42 (≈S275)									
λ	0	1	2	3	4	5	6	7	8	9
20	1,02	1,02	1,02	1,02	1,02	1,03	1,03	1,03	1,03	1,04
30	1,04	1,04	1,04	1,05	1,05	1,05	1,06	1,06	1,07	1,07
40	1,07	1,08	1,08	1,09	1,09	1,10	1,10	1,11	1,12	1,12
50	1,13	1,14	1,14	1,15	1,16	1,17	1,18	1,19	1,20	1,21
60	1,22	1,23	1,24	1,25	1,26	1,27	1,29	1,30	1,31	1,33
70	1,34	1,36	1,37	1,39	1,40	1,42	1,44	1,46	1,47	1,49
80	1,51	1,53	1,55	1,57	1,60	1,62	1,64	1,66	1,69	1,71
90	1,74	1,76	1,79	1,81	1,84	1,86	1,89	1,92	1,95	1,98
100	2,01	2,03	2,06	2,09	2,13	2,16	2,19	2,22	2,25	2,29
110	2,32	2,35	2,39	2,42	2,46	2,49	2,53	2,56	2,60	2,64
120	2,67	2,71	2,75	2,79	2,82	2,86	2,90	2,94	2,98	3,02
130	3,06	3,11	3,15	3,19	3,23	3,27	3,32	3,36	3,40	3,45
140	3,49	3,54	3,58	3,63	3,67	3,72	3,77	3,81	3,86	3,91
150	3,96	4,00	4,05	4,10	4,15	4,20	4,25	4,30	4,35	4,40
160	4,45	4,51	4,56	4,61	4,66	4,72	4,77	4,82	4,88	4,93
170	4,99	5,04	5,10	5,15	5,21	5,26	5,32	5,38	5,44	5,49
180	5,55	5,61	5,67	5,73	5,79	5,85	5,91	5,97	6,03	6,09
190	6,15	6,21	6,27	6,34	6,40	6,46	6,53	6,59	6,65	6,72
200	6,78	6,85	6,91	6,98	7,05	7,11	7,18	7,25	7,31	7,38
210	7,45	7,52	7,59	7,66	7,72	7,79	7,86	7,93	8,01	8,08
220	8,15	8,22	8,29	8,36	8,44	8,51	8,58	8,66	8,73	8,80
230	8,88	8,95	9,03	9,11	9,18	9,26	9,33	9,41	9,49	9,57
240	9,64	9,72	9,80	9,88	9,96	10,04	10,12	10,20	10,28	10,36
250	10,44									

ESBELTEZ $\lambda = 20$ ($\lambda = 20 + 0$) $\omega = 1,02$
ESBELTEZ $\lambda = 120$ ($\lambda = 120 + 0$) $\omega = 2,67$
ESBELTEZ $\lambda = 143$ ($\lambda = 140 + 3$) $\omega = 3,63$
FIGURA 11.18
MÉTODO DE LOS COEFICIENTES OMEGA

Si consideramos distintos tipos de acero, para una esbeltez dada, el coeficiente "ω" es mayor en los aceros de más resistencia. Como consecuencia, el empleo de aceros de alto límite elástico apenas mejora la resistencia al pandeo. En el ejemplo de la **Figura 11.19** queda de manifiesto cómo los aceros de alto límite elástico mejoran notablemente la resistencia a compresión, pero no suponen mejora apreciable en la resistencia al pandeo.

ACEROS A COMPARAR

ACERO A 37	ACERO A 42	ACERO A 52
σ_e = 2400 kp/cm^2	σ_e = 2600 kp/cm^2	σ_e = 3600 kp/cm^2
($\simeq$S235)	($\simeq$S275)	($\simeq$S355)

RESISTENCIA A COMPRESIÓN SIMPLE
(Utilizando el mismo coeficiente de seguridad "K")

$$P = \frac{A.\sigma_e}{k}$$

ACERO A 37	ACERO A 42	ACERO A 52
P = 2400.A/k	P = 2600.A/k	P = 3600.A/k
Tomando como referencia este acero	La resistencia mejora un **8,33%**	La resistencia mejora un **50%**

LA UTILIZACIÓN DE ACEROS DE MAYOR RESISTENCIA, PUEDE ALIGERAR DE FORMA NOTABLE EL PESO DE ELEMENTOS SOMETIDOA A COMPRESIÓN SIMPLE

RESISTENCIA A PANDEO
(Utilizando el mismo coeficiente de seguridad "K")

$$P = \frac{A.\sigma_e/k}{\omega}$$

PARA UNA BARRA DE ESBELTEZ λ =150

ACERO A 37	ACERO A 42	ACERO A 52
ω = **3,68**	ω = **3,96**	ω = **5,35**
P = 652,18.A/k	P = 656,56.A/k	P = 672,8.A/k
Tomando como referencia este acero	La resistencia mejora un **0,6%**	La resistencia mejora un **3%**

LA UTILIZACIÓN DE ACEROS DE MAYOR RESISTENCIA, NO RESULTA RENTABLE EN ESTRUCTURAS CON ELEMENTOS ESBELTOS SUSCEPTIBLES DE FALLAR POR PANDEO

FIGURA 11.19
INFLUENCIA DEL TIPO DE ACERO

Para la aplicación del método, si se conocen las dimensiones del pilar puede calcularse fácilmente la carga máxima admisible. Cuando se trata de dimensionar la barra, conocida la carga a soportar, que suele ser el problema habitual, hay que proceder por tanteos (fijar una sección, comprobar resistencia y modificar, si es preciso, hasta conseguir la sección adecuada.

EJERCICIO 2

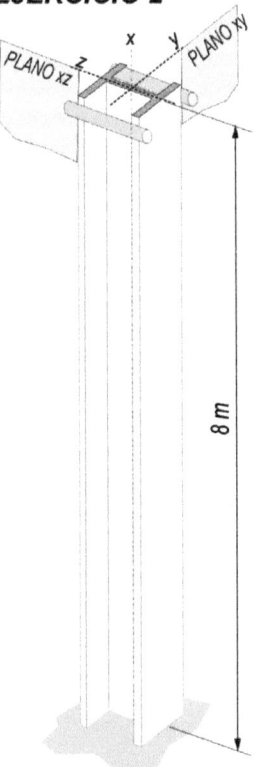

Determinar la carga máxima que puede soportar la columna de la figura, formada por una HEB300 de acero A42

Está empotrada en la base y su extremo superior:
→ no puede desplazarse en dirección "y" aunque puede girar alrededor del eje "z"
→ tiene total libertad en el plano "xz"

Tensión admisible para el acero:
$$\sigma_{adm} = 140 \; MPa$$

Caracter.isticas del perfil HEB300
$$A = 149,1 \; cm^2$$
$$I_y = 25170 \; cm^4$$
$$I_z = 8563 \; cm^4$$

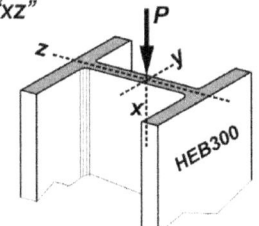

ESBELTEZ EN EL PLANO xy

SE TRATA DE UNA BARRA EMPOTRADA EN LA BASE Y ARTICULADA EN SU EXTREMO SUPERIOR

LONGITUD DE PANDEO $L_p = 0,7.L_R$ $L_p = 0,7.800 = 560 \; cm$

RADIO DE GIRO RESPECTO AL EJE "zz" $\rho_z = \sqrt{\dfrac{I_z}{A}} = \sqrt{\dfrac{8563}{149,1}} = 7,58 \; cm$

$$\lambda_z = \frac{L_{pxy}}{\rho_z} = \frac{560 \; cm}{7,58 \; cm} = 74$$

ESBELTEZ EN EL PLANO xz

SE TRATA DE UNA BARRA EMPOTRADA EN LA BASE Y LIBRE EN SU EXTREMO SUPERIOR

LONGITUD DE PANDEO $L_p = 2.L_R$ $L_p = 2.800 = 1600 \; cm$

RADIO DE GIRO RESPECTO AL EJE "yy" $\rho_y = \sqrt{\dfrac{I_y}{A}} = \sqrt{\dfrac{25170}{149,1}} = 13 \; cm$

$$\lambda_y = \frac{L_{pxz}}{\rho_y} = \frac{1600 \; cm}{13 \; cm} = 123$$

EL RIESGO DE PANDEO ES MAYOR EN EL PLANO "xz"

$$\left.\begin{array}{l} \lambda_y = 123 \\ \\ ACERO \; A42 \end{array}\right\} COEFICIENTE \; \omega = 2,79$$

$$\boxed{\begin{array}{c} CARGA \\ ADMISIBLE \\ A \; PANDEO \end{array} \quad P = \frac{A.\sigma_{ADM}}{\omega} = \frac{149,1.10^{-4}.140}{2,79} = 0,7481 \; MN}$$

FIGURA 11.20
EJERCICIO 2

EJERCICIO 3

Se trata de sustituir la columna de la izquierda (**Figura 11.21**) por otra de la misma resistencia (tolerancia + - 500 kp).

La de la izquierda es de acero A37, de sección tubular, de las dimensiones indicadas. La nueva (a la derecha), de acero A42, estará formada por dos UPN de altura H, distantes D. Determinar H y D.

Las condiciones de sustentación son las mismas en los dos casos:

- Empotramiento en la base.
- El extremo superior:
  - Tiene libertad de giro respecto a los ejes "yy" y "zz".
  - Libertad de desplazamiento en dirección "yy".
  - No puede desplazarse en dirección "zz"

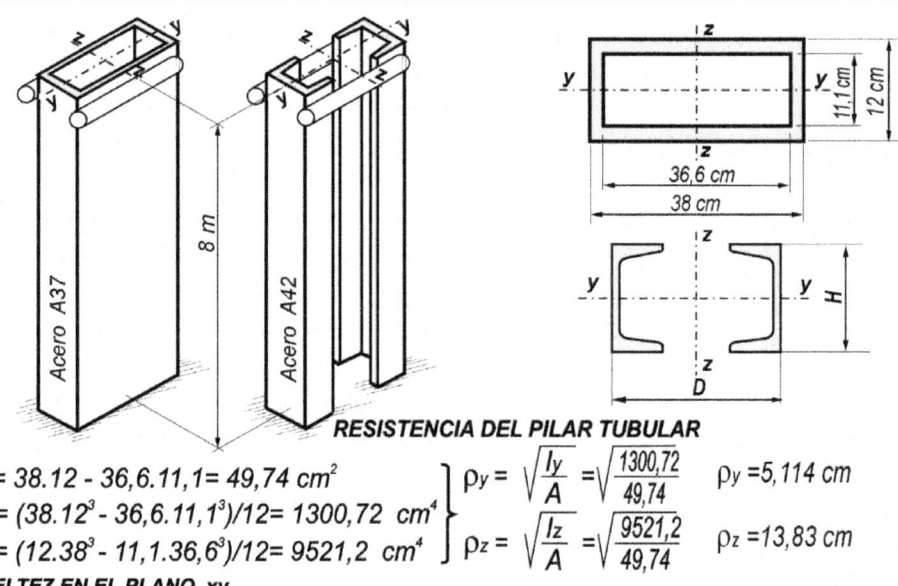

RESISTENCIA DEL PILAR TUBULAR

$$A = 38.12 - 36,6.11,1 = 49,74 \ cm^2$$
$$I_y = (38.12^3 - 36,6.11,1^3)/12 = 1300,72 \ cm^4$$
$$I_z = (12.38^3 - 11,1.36,6^3)/12 = 9521,2 \ cm^4$$

$$\left.\begin{array}{l}\end{array}\right\}$$

$$\rho_y = \sqrt{\frac{I_y}{A}} = \sqrt{\frac{1300,72}{49,74}} \qquad \rho_y = 5,114 \ cm$$
$$\rho_z = \sqrt{\frac{I_z}{A}} = \sqrt{\frac{9521,2}{49,74}} \qquad \rho_z = 13,83 \ cm$$

ESBELTEZ EN EL PLANO xy

BARRA EMPOTRADA EN LA BASE Y
LIBRE EN SU EXTREMO SUPERIOR

LONGITUD DE PANDEO $L_P = 2.L_R$
$$L_p = 2.800 = 1600 \ cm$$

$$\lambda_z = \frac{L_{pxy}}{\rho_z} = \frac{1600}{13,83} = 115,7$$

ESBELTEZ EN EL PLANO xz

BARRA EMPOTRADA EN LA BASE Y
ARTICULADA EXTREMO SUPERIOR

LONGITUD DE PANDEO $Lp = 0,7.L_R$
$$Lp = 0,7.800 = 560 \ cm$$

$$\lambda_y = \frac{L_{pxz}}{\rho_y} = \frac{560}{5,114} = 109,5$$

EI RIESGO DE PANDEO ES MAYOR EN EL PLANO "xy"

$$\left.\begin{array}{l}\lambda_z = 115,7 \\ ACERO \ A \ 37\end{array}\right] \begin{array}{l} COEFICIENTE \ \omega = 2,36 \\ \sigma e = 2400 \ kp/cm^2 \end{array}$$

$$\boxed{\begin{array}{l} CARGA \\ MÁXIMA \end{array} \quad P = \frac{A.\sigma_e}{\omega} = \frac{49,74.2400}{2,36} = 50583 \ kp}$$

PILAR FORMADO POR LAS DOS "U"

SE TRATA DE DIMENSIONAR UN PILAR, FORMADO POR **DOS UPN**, CAPAZ DE SOPORTAR UNA CARGA DE 50583 kp
PRIMERO CALCULAMOS RESPECTO AL EJE "yy" PARA ELEGIR LOS PERFILES ADECUADOS.
(EL MDI, QUE DETERMINA LA RESISTENCIA NO DEPENDEN DE LA DISTANCIA "D")
POSTERIORMENTE, RESPECTO AL EJE **"zz"** PARA DETERMINAR LA DISTANCIA "D"

$$A \geq \frac{P}{\sigma_e} \geq \frac{50583}{2600} \geq 19,5 \ cm^2$$

LA SECCIÓN SERÁ MAYOR QUE LA NECESARIA PARA SOPORTAR ESTA CARGA A COMPRESIÓN

PRIMER TANTEO 2 PERFILES UPN120

$$A_1 = 17cm^2 \quad A = 2A_1 = 34 \ cm^2$$
$$\rho_y = 4,62 \ cm$$

$$\lambda_y = \frac{L_{pxz}}{\rho_y} = \frac{560}{4,62} = 121$$

$$\left.\begin{array}{l} COEFICIENTE \ \omega = 2,71 \\ ACERO \ A \ 42 \quad \sigma e = 2600 \ kp/cm^2 \end{array}\right]$$

CARGA MÁXIMA
$$P = \frac{A.\sigma_e}{\omega} = \frac{34.2600}{2,71} = 32620 \ kp$$

INSUFICIENTE

SEGUNDO TANTEO 2 PERFILES UPN140

$$A_1 = 20,4 \ cm^2 \quad A = 2A_1 = 40,8 \ cm^2$$
$$\rho_y = 5,45 \ cm$$

$$\lambda_y = \frac{L_{pxz}}{\rho_y} = \frac{560}{5,45} = 102,8$$

COEFICIENTE
$\omega = 2,09$

$$\boxed{\begin{array}{l} P = \frac{A.\sigma_e}{\omega} = \frac{40,8.2600}{2,09} = 50756 \ kp \\ \text{2 PERFILES UPN140} \end{array}}$$

LA DISTANCIA "D" TIENE QUE SER TAL QUE LA ESBELTEZ RESPECTO AL EJE "zz" SEA, MENOR O IGUAL A 102,8

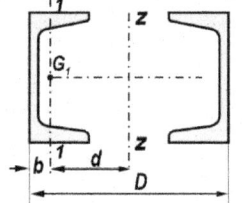

UPN140
$$A_1 = 20,4 \ cm^2$$
$$I_{11} = 62,7 \ cm^4$$
$$b = 1,75cm$$

$$\lambda_z = \frac{L_{pxy}}{\rho_z} = \frac{1600}{\rho_z} = 102,8 \quad \rho_z = 15,56 \ cm \quad I_z = A\rho_z^2 = 9883,57 \ cm^2$$

$$I_z = 2(I_{11} + A_1 d^2) \quad 9883,57 = 2(62,7 + 20,4d^2) \quad d = 15,465 \ cm$$

$$\boxed{D = 2(b + d) = 2(1,75 + 15,465) \ 34,43 \ cm}$$

FIGURA 11.21
EJERCICIO 3

EJERCICIO 4 La torre de la figura, formada por cuatro angulares **80x80x8**, de acero **A42**, dispuestos como indica la figura, tiene que soportar una carga vertical, centrada, de **25** Toneladas. Coeficiente de seguridad = **1,6**

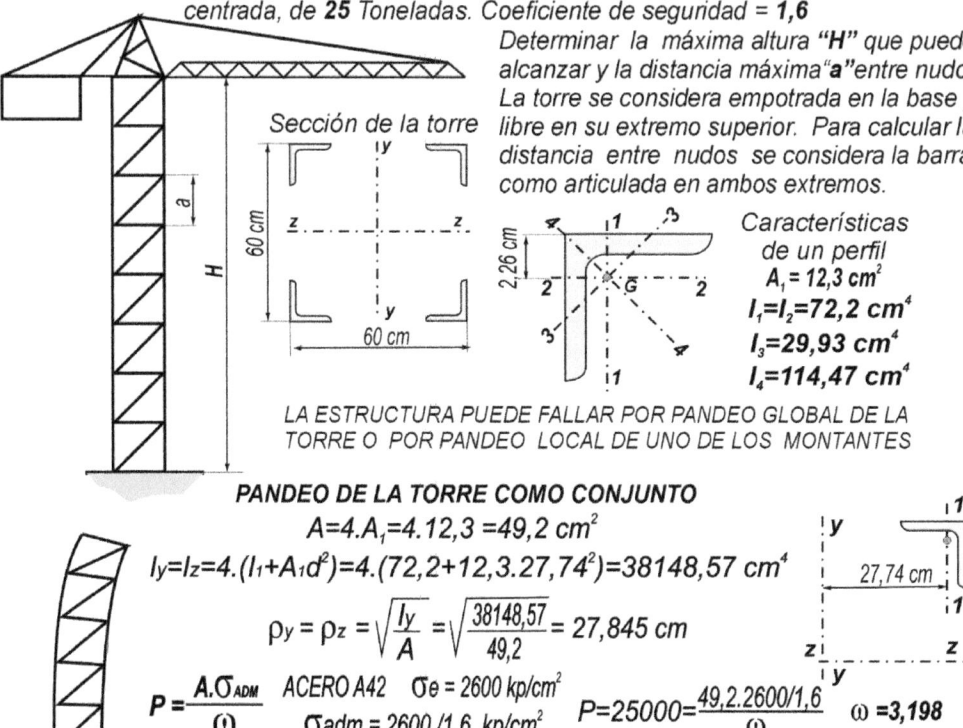

Determinar la máxima altura **"H"** que puede alcanzar y la distancia máxima **"a"** entre nudos. La torre se considera empotrada en la base y libre en su extremo superior. Para calcular la distancia entre nudos se considera la barra como articulada en ambos extremos.

Sección de la torre

Características de un perfil
$A_1 = 12,3\ cm^2$
$I_1 = I_2 = 72,2\ cm^4$
$I_3 = 29,93\ cm^4$
$I_4 = 114,47\ cm^4$

LA ESTRUCTURA PUEDE FALLAR POR PANDEO GLOBAL DE LA TORRE O POR PANDEO LOCAL DE UNO DE LOS MONTANTES

PANDEO DE LA TORRE COMO CONJUNTO

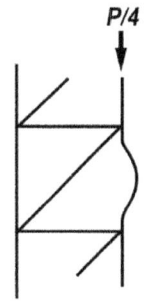

$$A = 4 \cdot A_1 = 4 \cdot 12,3 = 49,2\ cm^2$$

$$I_y = I_z = 4 \cdot (I_1 + A_1 d^2) = 4 \cdot (72,2 + 12,3 \cdot 27,74^2) = 38148,57\ cm^4$$

27,74 cm

$$\rho_y = \rho_z = \sqrt{\frac{I_y}{A}} = \sqrt{\frac{38148,57}{49,2}} = 27,845\ cm$$

$$P = \frac{A \cdot \sigma_{ADM}}{\omega}$$

ACERO A42 $\sigma_e = 2600\ kp/cm^2$
$\sigma_{adm} = 2600/1,6\ kp/cm^2$

$$P = 25000 = \frac{49,2 \cdot 2600/1,6}{\omega} \qquad \omega = 3,198$$

ACERO A42
$\omega = 3,198$ $\Big\}$ $\lambda_z = 133$ LONGITUD DE PANDEO $L_p = 2 \cdot L_R$ $\lambda_z = \frac{2 L_R}{\rho_z} = \frac{2 L_R}{27,845} = 133$

$$\boxed{H_{max} = 18,51\ m}$$

$L_R = 1851\ cm$

PANDEO LOCAL DE UNO DE LOS ANGULARES

CADA ANGULAR TIENE QUE SOPORTAR LA CUARTA PARTE DE LA CARGA. AUNQUE EL PERFIL ES CONTINUO Y LOS NUDOS NO OFRECEN EL MISMO GRADO DE LIBERTAD QUE UNA ARTICULACIÓN, ESTANDO DEL LADO DE LA SEGURIDAD, PODEMOS CONSIDERAR CADA TRAMO DE LONGITUD "a" COMO UNA BARRA BIARTICULADA.

P/4

EL EJE DE MENOR MOMENTO DE INERCIA ES EL 3

$$I_3 = 29,93\ cm^4$$
$$A = A_1 = 12,3\ cm^2 \qquad \rho_3 = \sqrt{\frac{I_3}{A_1}} = \sqrt{\frac{29,93}{12,3}} = 1,56\ cm$$

$$P = \frac{A \cdot \sigma_{ADM}}{\omega}$$

ACERO A42
$\sigma_e = 2600\ kp/cm^2$
$\sigma_{adm} = 2600/1,6\ kp/cm^2$

$$P/4 = 25000/4 = \frac{12,3 \cdot 2600/1,6}{\omega} \qquad \omega = 3,198$$

ACERO A42
$\omega = 3,198$ $\Big\}$ $\lambda_3 = 133$ LONGITUD DE PANDEO $L_p = L_R = a$ $\lambda_3 = \frac{L_R}{\rho_3} = \frac{a}{1,56} = 133$

$$\boxed{a_{max} = 2,07\ m}$$

$a = 207,48\ cm$

FIGURA 11.22
EJERCICIO 4

EJERCICIO 5

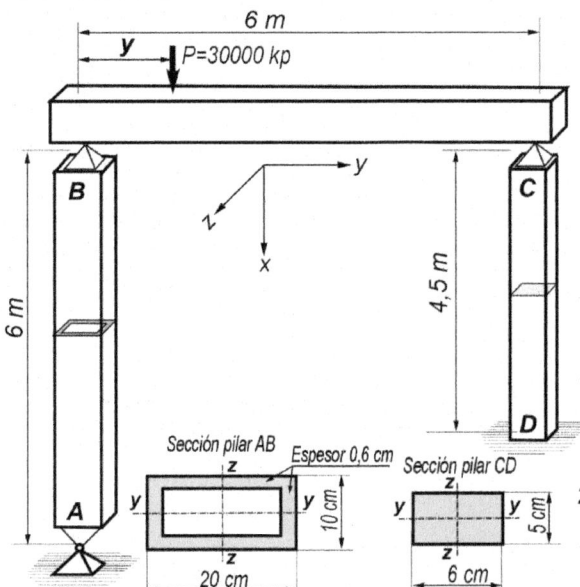

6 m

y ↓P=30000 kp

6 m

B

A

4,5 m

C

D

Sección pilar AB Espesor 0,6 cm Sección pilar CD

z 10 cm z 5 cm

20 cm 6 cm

La barra **BC**, rígida y sin peso, se apoya sobre los pilares **AB** y **CD**. Sobre ella se desplaza una carga **P** de **30** Toneladas.

El pilar tubular **AB**, se considera biarticulado, en cualquier plano.

El **CD**, está empotrado en la base; su extremo "C":

→ No puede desplazarse en dirección **y** ni en dirección **z**.

→ Puede girar respecto al eje **zz**

→ No puede girar respecto a **yy**

1)-Acotar la zona en la que se puede mover la carga P, sin riesgo de pandeo en los pilares. (valores de la cota "**y**")

2)-Calcular la altura máxima que pueden tomar los pilares para que la carga pueda moverse en todo el recorrido **BC**, sin que fallen por pandeo. (Resolver por el método de los coeficientes ω   Acero A42

LA POSICIÓN DE LA CARGA TIENE QUE SER TAL QUE LAS REACCIONES DE LA BARRA EN LOS EXTREMOS **B** y **C** NO REBASEN LA CARGA CRÍTICA DE PANDEO DE LOS PILARES

$R_B = P.(6-y)/6 <= P_{C\ PILAR\ AB}$ $R_C = P.y/6 <= P_{C\ PILAR\ CD}$

CARGA CRÍTICA PILAR **AB**

$A = 20.10 - 18,8.8,8 = 34,56\ cm^2$

LONGITUD DE PANDEO EN CUALQUIER PLANO $L_p = 600\ cm$

$I_{MIN} = I_y = (20.10^3 - 18,8.8,8^3)/12$

$I_{MIN} = I_y = 599,02\ cm^4$

$\rho_y = \sqrt{I_y/A} = 4,16\ cm$

$\lambda_y = \dfrac{Lpxz}{\rho_y} = \dfrac{600}{4,16} = 144,11$

$\left.\begin{array}{l}\lambda_y = 144,11 \\ ACERO\ A42\end{array}\right\}$ $\omega = 3,67$ $\sigma_e = 2600\ kp/cm^2$

CARGA MÁXIMA $P = \dfrac{A.\sigma_e}{\omega} = \dfrac{34,56.2600}{3,67} = 24484\ kp$

$R_B = 30000.(6-y)/6 <= 24484$

CARGA CRÍTICA PILAR **AD**

$A = 6.5 = 30\ cm^2$

EN EL PLANO **xz**
BARRA BIEMPOTRADA
LONGITUD DE PANDEO $L_p = 225\ cm$

$I_y = 6.5^3/12 = 62,5\ cm^4$

$\rho_y = \sqrt{I_y/A} = 1,44\ cm$

$\lambda_y = \dfrac{Lpxz}{\rho_y} = \dfrac{225}{1,44} = 156,25$

PANDEO EN PLANO **xy** $\lambda_z = 182$
(RESPECTO AL EJE **zz**)   ACERO A42

EN EL PLANO **xy**
BARRA EMPTR/ARCLDA
LONGITUD DE PANDEO $L_p = 315\ cm$

$I_z = 5.6^3/12 = 90\ cm^4$

$\rho_z = \sqrt{I_z/A} = 1,73\ cm$

$\lambda_z = \dfrac{Lpxy}{\rho_z} = \dfrac{315}{1,73} = 182$

$\left.\begin{array}{l}\end{array}\right\}$ $\omega = 5,67$ $\sigma_e = 2600\ kp/cm^2$

CARGA MÁXIMA $P = \dfrac{A.\sigma_e}{\omega} = \dfrac{30.2600}{5,67} = 13756\ kp$

$R_C = 30000.y/6 <= 13756$

| **y >= 1,10 m** PARA QUE NO FALLE EL PILAR **AB** | **1,10 <= y <= 2,75 m** | **y <= 2,75 m** PARA QUE NO FALLE EL PILAR **CD** |

PARA QUE LA CARGA PUEDA MOVERSE EN TODO EL RECORRIDO, CADA PILAR DEBE SOPORTAR LOS 30000 kp (POSICIONES **B** y **C**)

PILAR **AB** $P = \dfrac{A.\sigma_e}{\omega} = \dfrac{34,56.2600}{\omega} = 30000$ $\omega = 2,99$

$\left.\begin{array}{l}\omega = 2,99 \\ ACERO\ A42\end{array}\right\}$ $\lambda_y = 128,5$ $\lambda_y = \dfrac{Lpxz}{\rho_y} = \dfrac{Lpxz}{4,16} = 128,5$

$Lpxz = Lreal = 128,5.4,16 = \boxed{534,5\ cm}$

LONGITUD MÁXIMA PARA EL PILAR **AB**

PILAR **CD** $P = \dfrac{A.\sigma_e}{\omega} = \dfrac{30.2600}{\omega} = 30000$ $\omega = 2,60$

$\left.\begin{array}{l}\omega = 2,60 \\ ACERO\ A42\end{array}\right\}$ $\lambda_z = 118$ $\lambda_z = \dfrac{Lpxy}{\rho_z} = \dfrac{Lpxy}{1,73} = 118$

$Lpxy = 0,7.Lreal = 118.1,73$ $Lreal = \boxed{291,6\ cm}$

LONGITUD MÁXIMA PARA EL PILAR **CD**

FIGURA 11.23
EJERCICIO 5

Cálculo a pandeo según el Eurocódigo

El Eurocódigo 3 establece el método de cálculo aplicable a perfiles de acero solicitados a compresión, en los que la esbeltez pueda originar riesgo de pandeo.

Teniendo en cuenta que muchos de los perfiles estructurales pueden considerarse como una serie de chapas enlazadas y que éstas suelen ser de pequeño espesor con relación a otras dimensiones, en los elementos comprimidos pueden darse inestabilidades locales anteriores al fallo global de la barra. (**Figura 11.24**). Estos fenómenos pueden reducir notablemente la capacidad de carga, que puede tenerse en cuenta utilizando una sección reducida en lugar de la real.

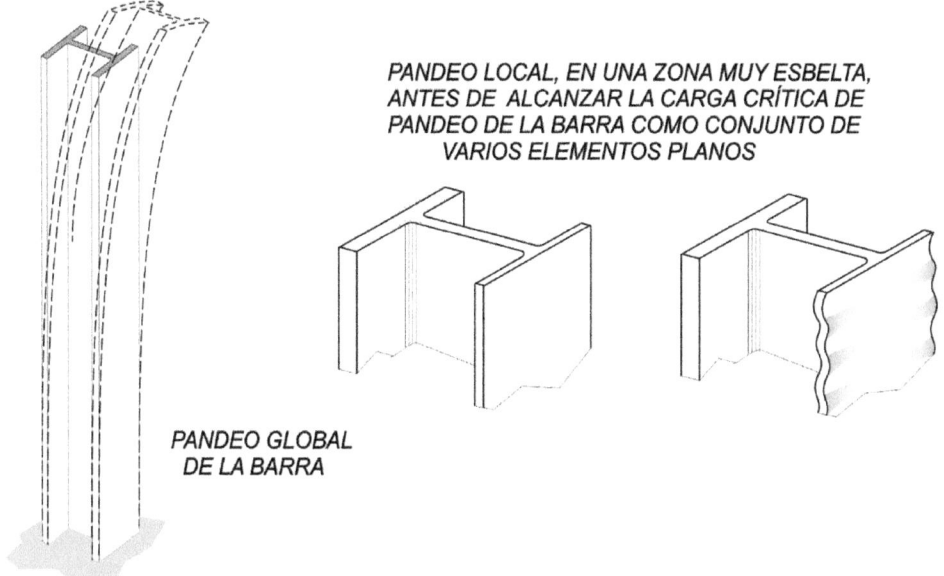

PANDEO LOCAL, EN UNA ZONA MUY ESBELTA, ANTES DE ALCANZAR LA CARGA CRÍTICA DE PANDEO DE LA BARRA COMO CONJUNTO DE VARIOS ELEMENTOS PLANOS

PANDEO GLOBAL DE LA BARRA

FIGURA 11.24
PANDEO LOCAL EN ZONAS ESBELTAS DE LA SECCIÓN

Atendiendo al comportamiento de las distintas zonas de la sección ante compresiones originadas por esfuerzos de flexión o axiales, el Eurocódigo clasifica las secciones en cuatro clases.

- **Clase 1:** Secciones capaces de soportar elevadas tensiones y grandes deformaciones plásticas, sin riesgo de pandeos locales.

- **Clase 2:** También pueden llegar a la plastificación sin riesgo de pandeo local, pero con menor capacidad de deformación plástica.

- **Clase 3:** La tensión máxima puede alcanzar el límite elástico, pero la inestabilidad aparece antes que la plastificación de la sección.

- **Clase 4:** Secciones incapaces de alcanzar el límite elástico, debido a la desestabilización de una o varias de sus paredes.

Para la clasificación de la sección hay que tener en cuenta la relación entre la anchura y el espesor de las distintas paredes de la misma, el límite elástico del acero y las solicitaciones a las que va a estar sometida.

Como ejemplo, en la **Figura 11.25** se muestran los criterios de clasificación para vigas en doble T soldadas. Si alguna de las partes de la viga, alma o alas, no satisface las condiciones exigidas para la clase 3, se clasificará como clase 4.

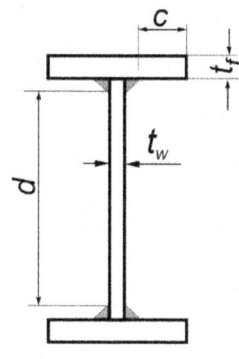

$$\varepsilon = \sqrt{235/\sigma_e}$$

ACERO	S235	S275	S355
LÍMITE ELÁSTICO σ_e	235	275	355
ε	1	0,92	0,81

MÁXIMAS RELACIONES ANCHURA/ESPESOR
EN PIEZAS COMPRIMIDAS

CLASE DE SECCIÓN	ALMA COMPRIMIDA	ALA COMPRIMIDA
1	$d/t_w <= 33.\varepsilon$	$c/t_f <= 9.\varepsilon$
2	$d/t_w <= 38.\varepsilon$	$c/t_f <= 10.\varepsilon$
3	$d/t_w <= 42.\varepsilon$	$c/t_f <= 14.\varepsilon$

SI ALGUNA DE LAS PARTES NO CUMPLE CON LAS EXIGENCIAS
DEL NIVEL "3", SE CONSIDERA, TODA LA SECCIÓN, DE CLASE 4

FIGURA 11.25
EJEMPLO DE CLASIFICACIÓN DE SECCIONES

Para calcular la resistencia al pandeo se sigue un modelo similar al de los coeficientes "ω". Se toma como base la resistencia a compresión simple y se reduce, multiplicando por un coeficiente de reducción por pandeo, menor que la unidad y tanto menor cuanto mayor es la esbeltez.

Para el cálculo, en secciones de clases 1 a 3, se considera el área de la sección recta de la barra. En las de clase 4 se utiliza una sección reducida, descontando una parte de las zonas susceptibles de pandeo local, de acuerdo con un método propuesto por la norma.

Como medida de riesgo de pandeo, se utiliza la **esbeltez adimensional** o **esbeltez reducida**, que tiene en cuenta la influencia de la esbeltez mecánica (longitud, sección y tipo de apoyos) y la clase de acero. (**Figura 11.26**)

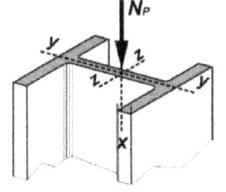

CAPACIDAD DE CARGA A PANDEO, PARA UNA BARRA DE SECCIÓN CONSTANTE, SOLICITADA A COMPRESIÓN CENTRADA

$$N_p = \chi \frac{A.\sigma_e}{\gamma_m}$$

N_p = CAPACIDAD DE CARGA A PANDEO

A = ÁREA DE LA SECCIÓN RECTA (SECCIÓN REDUCIDA EN SECCIONES CLASE 4)

$\dfrac{\sigma_e}{\gamma_m}$ = LÍMITE ELÁSTICO MINORADO (γ_m=1,05= COEFICIENTE DE MINORACIÓN DE RESISTENCIA DEL ACERO)

$\dfrac{A.\sigma_e}{\gamma_m}$ = CAPACIDAD DE CARGA A COMPRESIÓN SIMPLE

χ =COEFICIENTE DE REDUCCIÓN POR PANDEO $\begin{cases} - \text{MENOR QUE LA UNIDAD} \\ - \text{DISMINUYE AL AUMENTAR LA ESBELTEZ} \end{cases}$

EL COEFICIENTE DE REDUCCIÓN POR PANDEO DEPENDE DE LA ESBELTEZ REDUCIDA O ESBELTEZ ADIMENSIONAL ($\overline{\lambda}$)

$\overline{\lambda}$ = ESBELTEZ REDUCIDA (ESBELTEZ ADIMENSIONAL)

$$\overline{\lambda} = \sqrt{\frac{\text{CARGA DE AGOTAMIENTO PLÁSTICO A COMPRESIÓN}}{\text{CARGA CRÍTICA DE PANDEO DE EULER}}} = \sqrt{\frac{A.\sigma_e}{\pi^2 E.I / L_p^2}}$$

TENIENDO EN CUENTA QUE:

(PARA SECCIONES CLASE 1 a 3)

$$I = A.\rho^2$$

ESBELTEZ MECÁNICA $\lambda = L_p/\rho$

ESBELTEZ DE EULER $\lambda_e = \pi\sqrt{\dfrac{E}{\sigma_e}}$

$$\overline{\lambda} = \sqrt{\frac{A.\sigma_e}{\pi^2 E.I / L_p^2}} = \sqrt{\frac{L_p^2 A.\sigma_e}{A.\rho^2 \pi^2 E}} = \lambda\sqrt{\frac{\sigma_e}{\pi^2 E}} = \frac{\lambda}{\lambda_e}$$

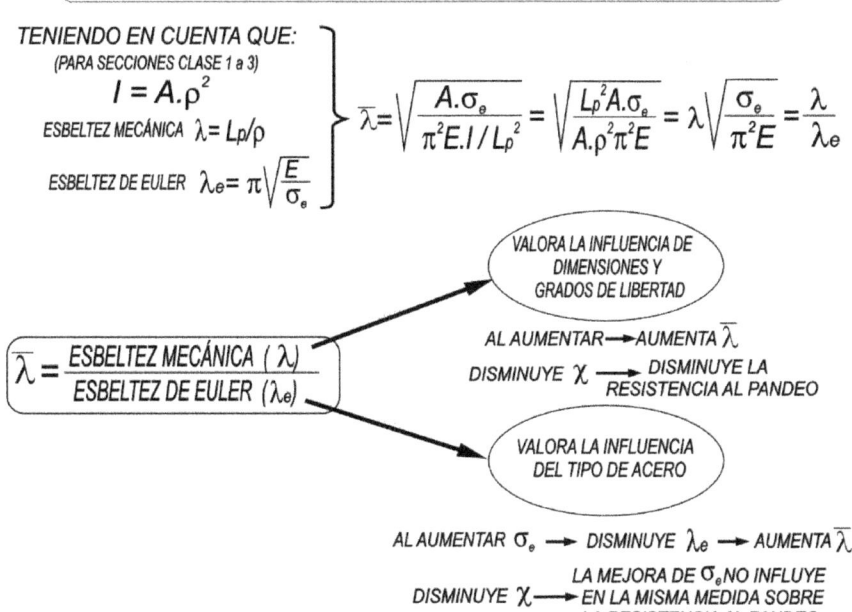

$$\overline{\lambda} = \frac{\text{ESBELTEZ MECÁNICA } (\lambda)}{\text{ESBELTEZ DE EULER } (\lambda_e)}$$

VALORA LA INFLUENCIA DE DIMENSIONES Y GRADOS DE LIBERTAD

AL AUMENTAR $\longrightarrow$ AUMENTA $\overline{\lambda}$

DISMINUYE χ $\longrightarrow$ DISMINUYE LA RESISTENCIA AL PANDEO

VALORA LA INFLUENCIA DEL TIPO DE ACERO

AL AUMENTAR σ_e $\longrightarrow$ DISMINUYE λ_e $\longrightarrow$ AUMENTA $\overline{\lambda}$

DISMINUYE χ $\longrightarrow$ LA MEJORA DE σ_e NO INFLUYE EN LA MISMA MEDIDA SOBRE LA RESISTENCIA AL PANDEO

FIGURA 11.26
RESISTENCIA AL PANDEO SEGÚN EL EUROCÓDIGO

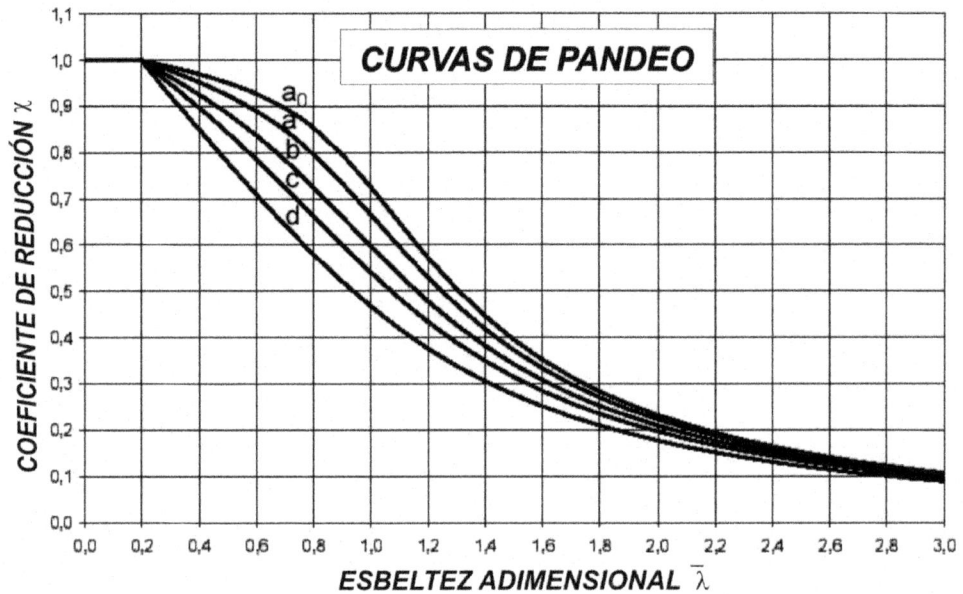

FIGURA *11.27*
CURVAS DE PANDEO

Los valores del coeficiente de reducción por pandeo dependen de la esbeltez reducida, de la geometría de la sección y del método de fabricación (laminación, soldadura…). Pueden calcularse a partir de estas variables y se recogen en las denominadas "curvas de pandeo" (**Figura 11.27**) o en las tablas de la **Figura 11.28**

Para la elección del tipo de curva aplicable hay que tener en cuenta factores como: la forma de la sección, dimensiones, eje de pandeo, elaboración y acabado. Ver **Figura 11.29**

Esbelteces adimensionales iguales o superiores a 2 no son aceptables en elementos principales. Esbelteces iguales o mayores a 2,5 no son aceptables ni siquiera en elementos de arriostramiento.

FIGURA 11.28
COEFICIENTES DE REDUCCIÓN POR PANDEO

COEFICIENTES DE REDUCCIÓN POR PANDEO "χ"

$\overline{\lambda}$	CURVA DE PANDEO				
	a_0	a	b	c	d
<=0,2	1	1	1	1	1
0,3	0,99	0,98	0,96	0,95	0,92
0,4	0,97	0,95	0,93	0,90	0,85
0,5	0,95	0,92	0,88	0,84	0,78
0,6	0,93	0,89	0,84	0,79	0,71
0,7	0,90	0,85	0,78	0,72	0,64
0,8	0,85	0,80	0,72	0,66	0,58
0,9	0,80	0,73	0,66	0,60	0,52
1,0	0,73	0,67	0,60	0,54	0,47
1,1	0,65	0,60	0,54	0,48	0,42
1,2	0,57	0,53	0,48	0,43	0,38
1,3	0,51	0,47	0,43	0,39	0,34
1,4	0,45	0,42	0,38	0,35	0,31
1,5	0,40	0,37	0,34	0,31	0,28
1,6	0,35	0,32	0,31	0,28	0,25
1,7	0,31	0,30	0,28	0,26	0,23
1,8	0,28	0,27	0,25	0,23	0,21
1,9	0,25	0,24	0,23	0,21	0,19
2,0	0,23	0,22	0,21	0,20	0,18
2,1	0,21	0,20	0,19	0,18	0,16
2,2	0,19	0,19	0,18	0,17	0,15
2,3	0,18	0,17	0,16	0,15	0,14
2,4	0,16	0,16	0,15	0,14	0,13
2,5	0,15	0,15	0,14	0,13	0,12

SECCIÓN TRANSVERSAL		LIMITACIONES	PANDEO RESPECTO AL EJE	CURVA DE PANDEO	
				S235 S275 S355 S420	S460
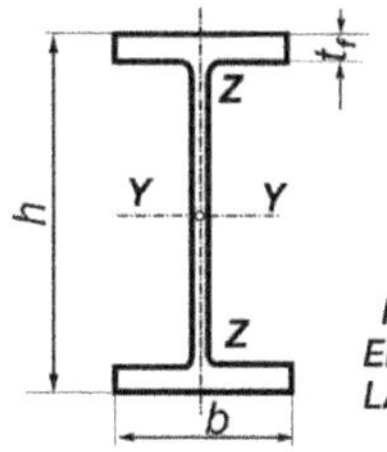 **PERFILES EN DOBLE T LAMINADOS**	$h/b > 1,2$	$t_f <= 40\ mm$	y - y	a	a_0
			z - z	b	a_0
		$40\ mm < t_f <= 100\ mm$	y - y	b	a
			z - z	c	a
	$h/b <= 1,2$	$t_f <= 100\ mm$	y - y	b	a
			z - z	c	a
		$t_f > 100\ mm$	y - y	d	c
			z - z	d	c
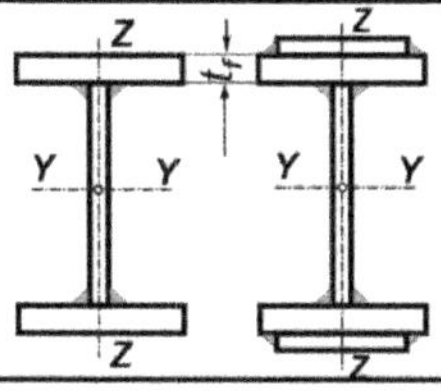 **PERFILES EN DOBLE T SOLDADOS**		$t_f <= 40\ mm$	y - y	b	b
			z - z	c	c
		$t_f > 40\ mm$	y - y	c	c
			z - z	d	d
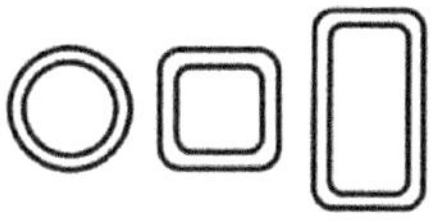 **PERFILES HUECOS**		ACABADO EN CALIENTE	CUALQUIERA	a	a_0
		ACABADO EN FRIO	CUALQUIERA	c	c
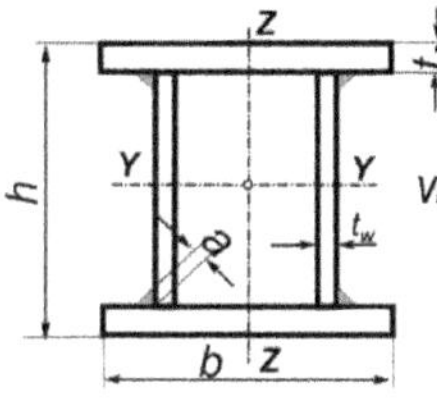 **VIGAS EN CAJÓN SOLDADAS**		EN GENERAL (EXCEPTO CASO RECUADRO INFERIOR)	CUALQUIERA	b	b
		SOLDADURA GRUESA $a > 0,5\ t_f$ $b / t_f < 30$ $h / t_w < 30$	CUALQUIERA	c	c
PERFILES EN "U", EN "T" Y OTROS 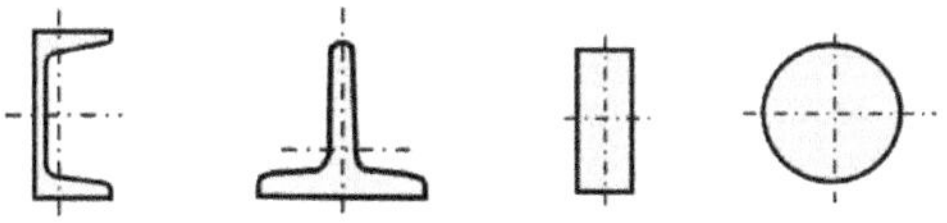			CUALQUIERA	c	c
ANGULARES 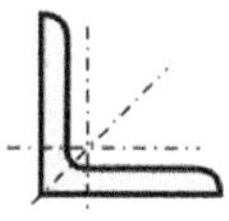			CUALQUIERA	b	b

FIGURA **11.29**
SELECCIÓN DE LA CURVA DE PANDEO

Insistiendo en que se trata de un problema de estabilidad, cuya solución no pasa por la utilización de aceros de gran resistencia, en el ejercicio 6 se aplica el Eurocódigo al cálculo de un pilar, resuelto con tres tipos de acero. (**Figura 11.30**)

EJERCICIO 6

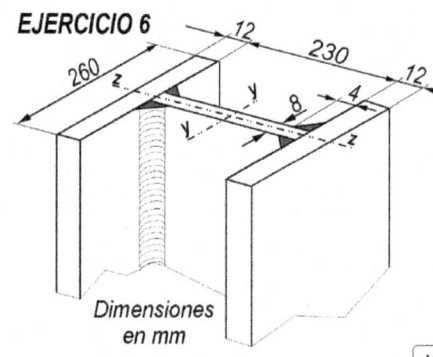

Dimensiones en mm

Aplicando el método propuesto en el Eurocódigo, determinar la carga máxima de compresión centrada, que puede soportar una columna en doble T soldada, de las dimensiones de la figura, en tres clases de acero: S235, S275 y S355
Su longitud es de 6 metros y se comporta como biarticulada Para el pandeo en cualquier plano.

CLASIFICACIÓN DE LA SECCIÓN (Tabla Figura 11.25)

$$\left.\begin{array}{l} d=222\ mm \\ t_w=8\ mm \end{array}\right\} d/t_w=27,75 \qquad \left.\begin{array}{l} c=122\ mm \\ t_f=12\ mm \end{array}\right\} c/t_f=10,16$$

$$\boxed{ACERO\ S235}\ \mathcal{E}=\sqrt{235/\sigma_e}=1 \left\{\begin{array}{l} d/t_w=27,75<33.\mathcal{E}\ \text{CLASE 1} \\ c/t_f=10,16<14.\mathcal{E}\ \text{CLASE 3} \end{array}\right\} CLASE\ 3$$

$$\boxed{ACERO\ S275}\ \mathcal{E}=\sqrt{235/\sigma_e}=0,92 \left\{\begin{array}{l} d/t_w=27,75<33.\mathcal{E}\ \text{CLASE 1} \\ c/t_f=10,16<14.\mathcal{E}\ \text{CLASE 3} \end{array}\right\} CLASE\ 3$$

$$\boxed{ACERO\ S355}\ \mathcal{E}=\sqrt{235/\sigma_e}=0,81 \left\{\begin{array}{l} d/t_w=27,75<38.\mathcal{E}\ \text{CLASE 3} \\ c/t_f=10,16<14.\mathcal{E}\ \text{CLASE 3} \end{array}\right\} CLASE\ 3$$

CARACTERÍSTICAS DE LA SECCIÓN

$A=80,8\ cm^2$ RADIO DE GIRO MÍNIMO

$I_y=9954,6\ cm^4$ $\rho_z=\sqrt{\dfrac{I_z}{A}}$ $\rho_z=6,6\ cm$

$I_z=3516,2\ cm^4$

ESBELTEZ MECÁNICA MÀXIMA

PANDEO EN PLANO PERPENDICULAR
AL EJE DE MENOR INERCIA

$L_P=L_R=600\ cm$
$\rho_z=6,6\ cm$

$\lambda_z=\dfrac{600\ cm}{6,6\ cm}=90,91$

ESBELTEZ DE EULER

$\boxed{ACERO\ S235}$	$\boxed{ACERO\ S275}$	$\boxed{ACERO\ S355}$

$$\lambda_e=\pi\sqrt{\dfrac{E}{\sigma_e}} \qquad \lambda_e=\pi\sqrt{\dfrac{210000}{235}}=93,92 \qquad \lambda_e=\pi\sqrt{\dfrac{210000}{275}}=86,81 \qquad \lambda_e=\pi\sqrt{\dfrac{210000}{355}}=76,41$$

ESBELTEZ ADIMENSIONAL

$$\overline{\lambda}=\dfrac{ESBELTEZ\ MECÁNICA\ (\lambda)}{ESBELTEZ\ DE\ EULER\ (\lambda_e)} \qquad \overline{\lambda}=\dfrac{90,91}{93,92}=0,97 \qquad \overline{\lambda}=\dfrac{90,91}{86.81}=1,05 \qquad \overline{\lambda}=\dfrac{90,91}{76,41}=1,19$$

ELECCIÓN DE LA CURVA DE PANDEO

DOBLE T SOLDADA $t_f=12<40\ mm$ PANDEO RESPECTO AL EJE **ZZ**   PARA LOS TRES ACEROS, CURVA **C**

CAPACIDAD DE CARGA A PANDEO

$\boxed{ACERO\ S235}$ $\sigma_e=235$	$\boxed{ACERO\ S275}$ $\sigma_e=275$	$\boxed{ACERO\ S355}$ $\sigma_e=355$

$$N_p=\chi\dfrac{A.\sigma_e}{\gamma_m}$$
$A=8080\ mm^2$
$\gamma_m=1,05$

$\overline{\lambda}=0,97 \quad \chi=0,56$

$\overline{\lambda}=1,05 \quad \chi=0,51$

$\overline{\lambda}=1,19 \quad \chi=0,43$

$$N_p=0,56\dfrac{8080.235}{1,05} \qquad N_p=0,51\dfrac{8080.275}{1,05} \qquad N_p=0,43\dfrac{8080.355}{1,05}$$

$$\boxed{N_p=1012,7\ kN \qquad N_p=1079,2\ kN \qquad N_p=1174,6\ kN}$$

INFLUENCIA DEL LÍMITE ELÁSTICO SOBRE LA RESISTENCIA AL PANDEO
TOMANDO COMO REFERENCIA EL ACERO S235

$\boxed{ACERO\ S235}$	$\boxed{ACERO\ S275}$	$\boxed{ACERO\ S355}$
$\sigma_e=235$ (1)	$\sigma_e=275$ (1,17)	$\sigma_e=355$ (1,51)
$N_p=1012,7\ kN$ (1)	$N_p=1079,2\ kN$ (1,06)	$N_p=1174,6\ kN$ (1,15)

*LA UTILIZACIÓN DE ACEROS DE ALTO LÍMITE ELÁSTICO, NO
MEJORA DE FORMA APRECIABLE LA RESISTENCIA AL PANDEO*

FIGURA 11.30
EJERCICIO 6

El análisis del comportamiento a pandeo no solo debe aplicarse al estudio global de la barra, sino que también hay que tenerlo muy en cuenta para el diseño de zonas de la estructura en las que la presencia de compresiones sobre elementos esbeltos, pueda provocar fenómenos de inestabilidad local (**Figura 11.31**)). Estas situaciones pueden darse, en muchos casos, en elementos solicitados por esfuerzos cortantes en los que, a primera vista, no se observa la presencia de compresiones.

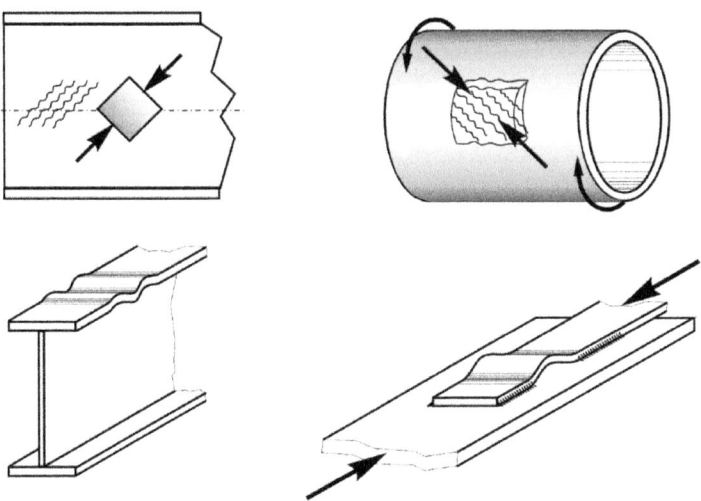

FIGURA *11.31*
ALGUNOS EJEMPLOS DE POSIBLES INESTABILIDADES LOCALES

CAPÍTULO 12

COMBINACIONES DE ESFUERZOS

Sólidos solicitados por combinaciones de esfuerzos

En muchos casos se presentan combinaciones de esfuerzos, más o menos complejas, no recogidas en los apartados anteriores. Siempre que el comportamiento sea elástico lineal, se acude al principio de superposición, determinando por separado los efectos debidos a cada componente del esfuerzo, pasando posteriormente a la composición de resultados. En la **Figura 12.1** se muestra el proceso a seguir para estudiar tensiones en una sección solicitada por una combinación de esfuerzos axiales, cortantes, flectores y torsores.

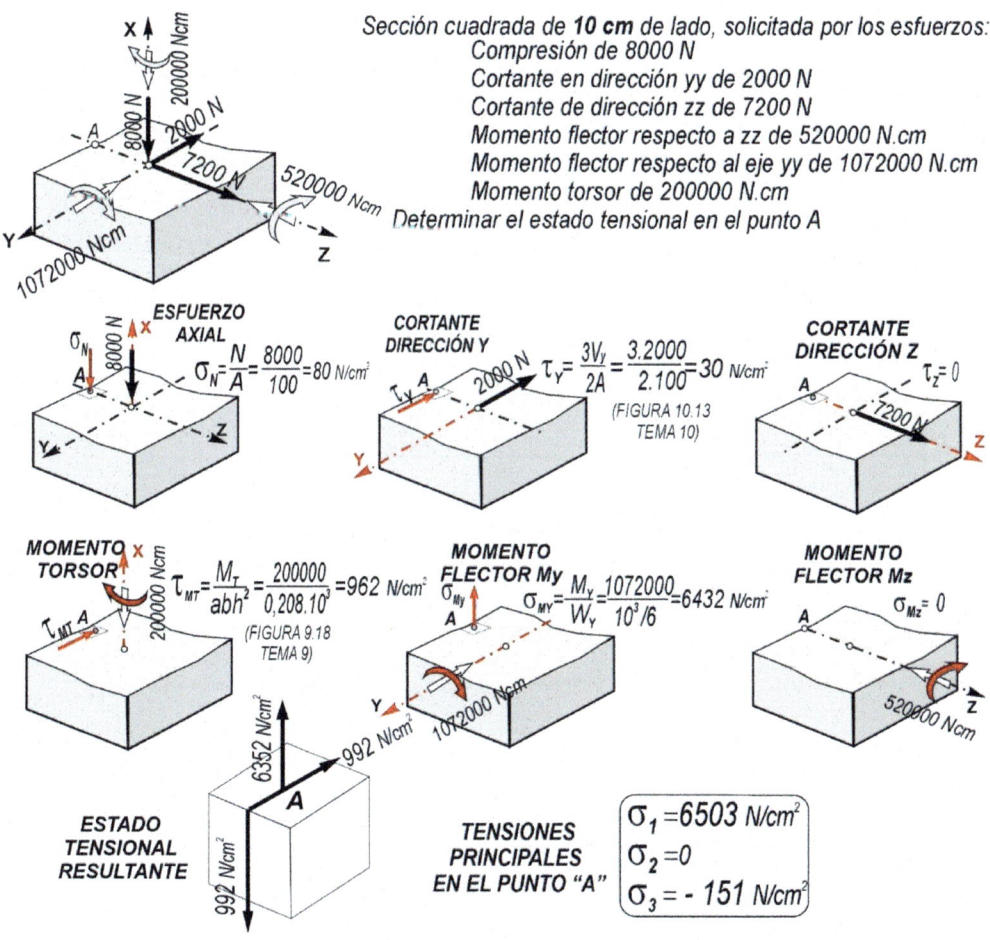

FIGURA 12.1
DETERMINACIÓN DE TENSIONES EN UNA COMBINACIÓN DE ESFUERZOS

Principio de superposición

Un sistema de fuerzas en equilibrio puede descomponerse en suma de otros sistemas más simples.

El principio de superposición establece que, los efectos provocados por un sistema de fuerzas, más o menos complejo, puede obtenerse como combinación de los efectos parciales consecuencia de sistemas más simples en los que pueda descomponerse.

Implica que, reacciones, esfuerzos, tensiones, deformaciones y desplazamientos provocados por un sistema de fuerzas, pueden obtenerse como "suma" de los efectos debidos a sistemas en los que éste se descompone, con independencia del orden de aplicación.

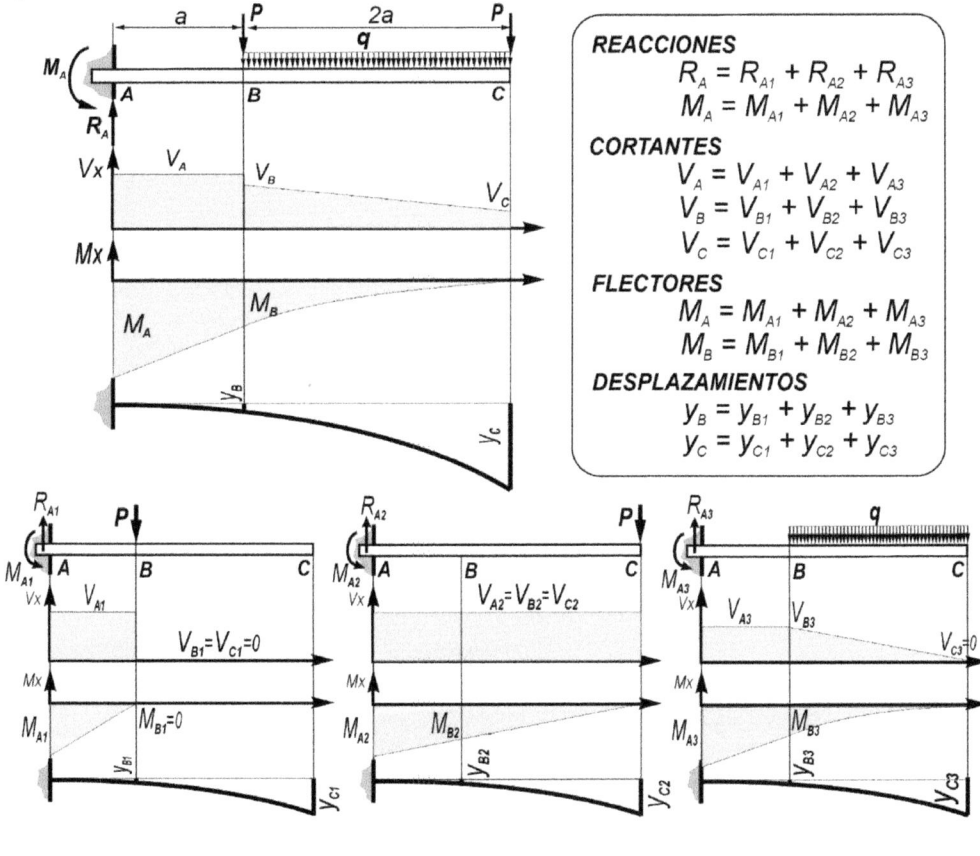

REACCIONES
$$R_A = R_{A1} + R_{A2} + R_{A3}$$
$$M_A = M_{A1} + M_{A2} + M_{A3}$$

CORTANTES
$$V_A = V_{A1} + V_{A2} + V_{A3}$$
$$V_B = V_{B1} + V_{B2} + V_{B3}$$
$$V_C = V_{C1} + V_{C2} + V_{C3}$$

FLECTORES
$$M_A = M_{A1} + M_{A2} + M_{A3}$$
$$M_B = M_{B1} + M_{B2} + M_{B3}$$

DESPLAZAMIENTOS
$$y_B = y_{B1} + y_{B2} + y_{B3}$$
$$y_C = y_{C1} + y_{C2} + y_{C3}$$

FIGURA 12.2
PRINCIPIO DE SUPERPOSICIÓN

Para que pueda aplicarse el principio de superposición es necesario que la relación entre las cargas y los efectos a determinar sea lineal y que las deformaciones provocadas por unas cargas no modifiquen significativamente la forma de actuar de las otras.

En el ejemplo de la **Figura 12.3** se comparan dos situaciones aparentemente similares. No obstante, vemos como, en una de ellas, no sería aplicable el principio de superposición. En este caso habría que estudiar el equilibrio y los correspondientes esfuerzos en la situación deformada.

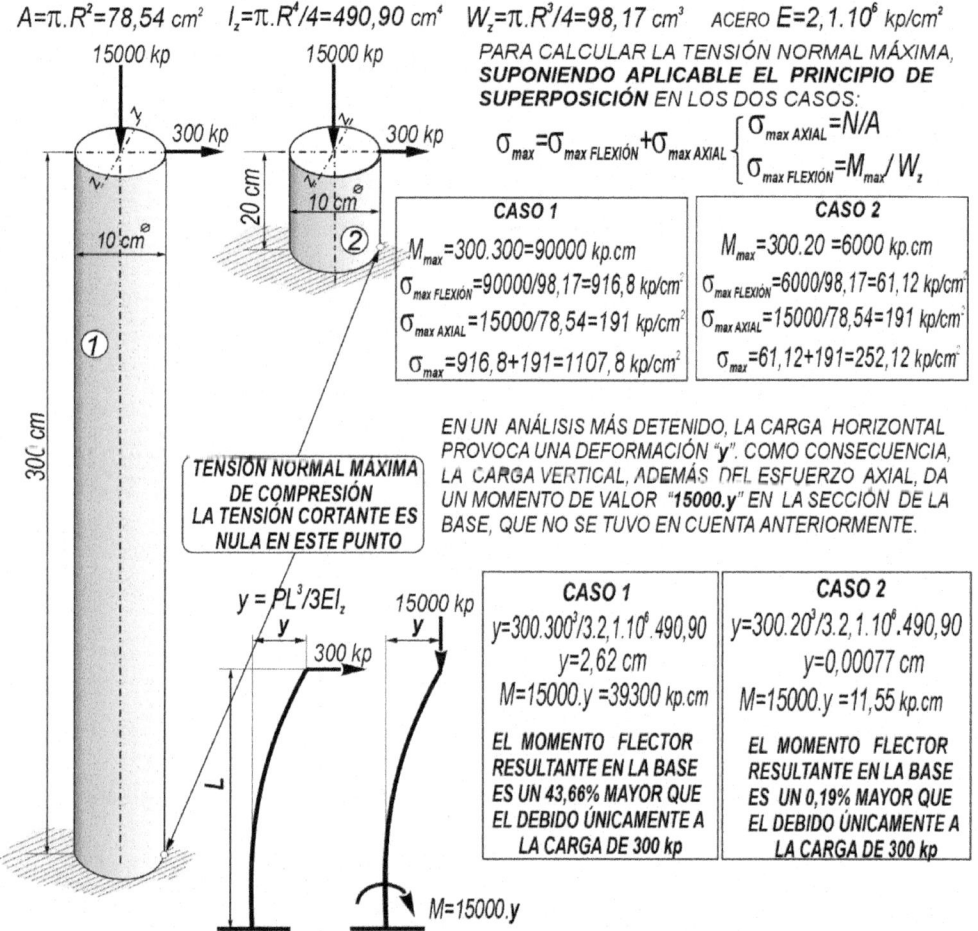

EN PRINCIPIO, EN LOS DOS CASOS, LA BARRA ESTÁ SOMETIDA A UNA COMBINACIÓN DE ESFUERZOS DE COMPRESIÓN, FLEXIÓN Y CORTANTE
CARACTERÍSTICAS DE LA SECCIÓN RECTA

$A=\pi.R^2=78,54$ cm^2 $I_z=\pi.R^4/4=490,90$ cm^4 $W_z=\pi.R^3/4=98,17$ cm^3 ACERO $E=2,1.10^6$ kp/cm^2

15000 kp   15000 kp

PARA CALCULAR LA TENSIÓN NORMAL MÁXIMA, **SUPONIENDO APLICABLE EL PRINCIPIO DE SUPERPOSICIÓN** EN LOS DOS CASOS:

$$\sigma_{max}=\sigma_{max\,FLEXIÓN}+\sigma_{max\,AXIAL}\begin{cases}\sigma_{max\,AXIAL}=N/A\\\sigma_{max\,FLEXIÓN}=M_{max}/W_z\end{cases}$$

CASO 1	CASO 2
$M_{max}=300.300=90000$ kp.cm	$M_{max}=300.20=6000$ kp.cm
$\sigma_{max\,FLEXIÓN}=90000/98,17=916,8$ kp/cm^2	$\sigma_{max\,FLEXIÓN}=6000/98,17=61,12$ kp/cm^2
$\sigma_{max\,AXIAL}=15000/78,54=191$ kp/cm^2	$\sigma_{max\,AXIAL}=15000/78,54=191$ kp/cm^2
$\sigma_{max}=916,8+191=1107,8$ kp/cm^2	$\sigma_{max}=61,12+191=252,12$ kp/cm^2

TENSIÓN NORMAL MÁXIMA DE COMPRESIÓN
LA TENSIÓN CORTANTE ES NULA EN ESTE PUNTO

EN UN ANÁLISIS MÁS DETENIDO, LA CARGA HORIZONTAL PROVOCA UNA DEFORMACIÓN "**y**". COMO CONSECUENCIA, LA CARGA VERTICAL, ADEMÁS DEL ESFUERZO AXIAL, DA UN MOMENTO DE VALOR "**15000.y**" EN LA SECCIÓN DE LA BASE, QUE NO SE TUVO EN CUENTA ANTERIORMENTE.

$y = PL^3/3EI_z$

15000 kp   300 kp

CASO 1	CASO 2
$y=300.300^3/3.2,1.10^6.490,90$	$y=300.20^3/3.2,1.10^6.490,90$
$y=2,62$ cm	$y=0,00077$ cm
$M=15000.y=39300$ kp.cm	$M=15000.y=11,55$ kp.cm
EL MOMENTO FLECTOR RESULTANTE EN LA BASE ES UN 43,66% MAYOR QUE EL DEBIDO ÚNICAMENTE A LA CARGA DE 300 kp	EL MOMENTO FLECTOR RESULTANTE EN LA BASE ES UN 0,19% MAYOR QUE EL DEBIDO ÚNICAMENTE A LA CARGA DE 300 kp

$M=15000.y$

EN EL CASO "1" LA DEFORMACIÓN DEBIDA A UNA DE LAS CARGAS MODIFICA SENSIBLEMENTE LA FORMA DE ACTUAR DE LA OTRA. A LA CARGA AXIAL HAY QUE SUMAR UN MOMENTO IMPORTANTE. ADEMÁS, LA PRESENCIA DE ESTE MOMENTO AUMENTA EL VALOR DE "y" CON EL CONSIGUIENTE AUMENTO DEL MOMENTO RESULTANTE.

EN ESTE CASO NO ES APLICABLE EL PRINCIPIO DE SUPERPOSICIÓN

FIGURA 12.3
INCUMPLIMIENTO DE LA CONDICIÓN DE PEQUEÑAS DEFORMACIONES

En general resulta difícil establecer unos límites que determinen la posibilidad de aplicación. A continuación estudiamos algunas combinaciones de esfuerzos típicas, en las que resulta muy útil el principio de superposición.

Pilares de peña esbeltez sometidos a compresión no centrada

Situación bastante frecuente, de la que resulta una combinación de esfuerzo axial y flexión. Sin perjuicio de otros efectos, interesa determinar la tensión máxima resultante, para controlar que no rebasa los valores admisibles para el material.

*En la **Figura 12.4** para una carga aplicada en un punto de uno de los ejes principales de la sección, se aplica el principio de superposición para calcular la tensión resultante en cualquier punto.*

Para una excentricidad "e" reducida, las tensiones debidas al flector son relativamente pequeñas, predominando el efecto de la compresión axial, de lo que resultan tensiones de compresión en cualquier punto de la sección. Para excentricidad creciente, aumentan los efectos de flexión, permaneciendo constante el esfuerzo axial, de lo que pueden resultar tensiones de tracción en algunos puntos.

En materiales que no pueden soportar tracciones, interesa conocer la excentricidad máxima que puede tomar la carga sin que aparezcan tensiones de este tipo.

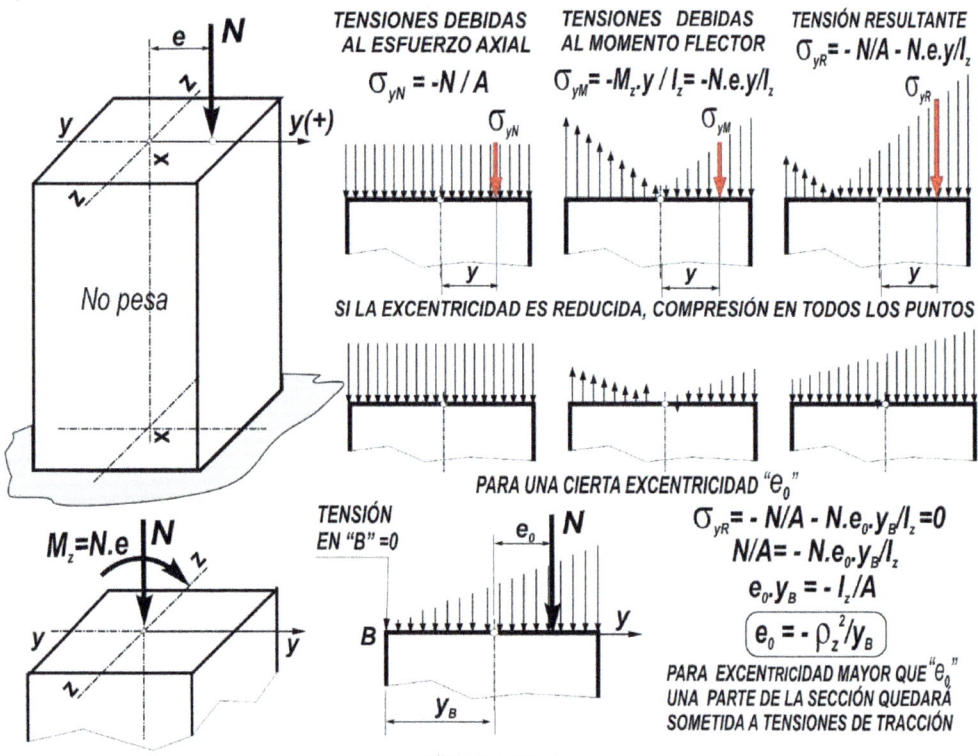

FIGURA 12.4
TENSIONES EN COMPRESIÓN NO CENTRADA

*Cuando la carga no está aplicada sobre uno de los ejes principales, resultará una combinación de esfuerzo axial y momentos respecto a los dos ejes. La tensión en cualquier punto, resultará de "sumar" a la de compresión, las de flexión debidas a cada uno de los momentos. (**Figura 12.5**)*

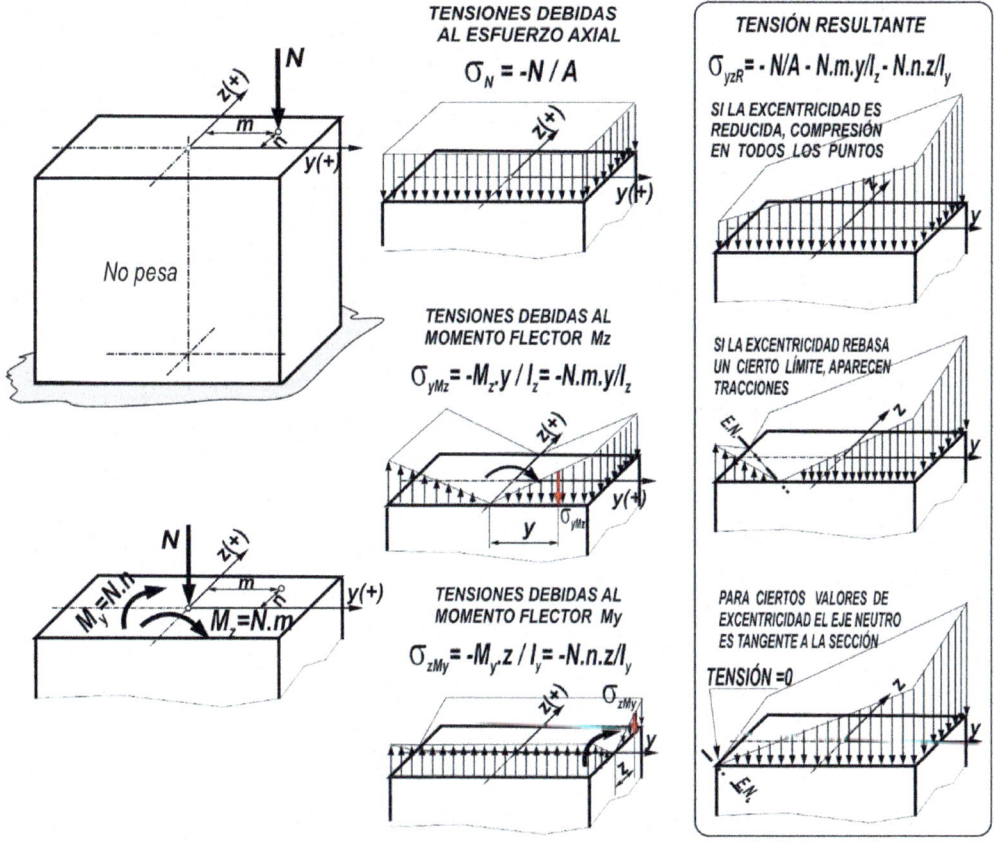

FIGURA 12.5
TENSIONES EN COMPRESIÓN NO CENTRADA

Núcleo central de la sección

Observamos que, cuando la carga se aplica cerca del centro, predomina el efecto de compresión, resultando tensiones de este tipo en todos los puntos de la sección. Cuando se aplica lejos del eje, crecen los momentos flectores y las tensiones debidas a los mismos, pudiendo aparecer tensiones resultantes de tracción en algún punto.

*Cuando se utilizan materiales poco adecuados para soportar tracciones, resulta interesante conocer la zona en la que puede aplicarse la carga sin que se produzcan tracciones en ningún punto. **Núcleo central de la sección**.*

En las siguientes figuras se muestran algunas relaciones que permiten determinar con facilidad el núcleo de la sección para diferentes geometrías.

*Cuando la carga actúa sobre uno de los ejes principales, el eje neutro es perpendicular a dicho eje. La excentricidad máxima, que determina uno de los puntos del núcleo de la sección, es el que corresponde a un eje neutro tangente a la sección. **(Figura 12.6)***

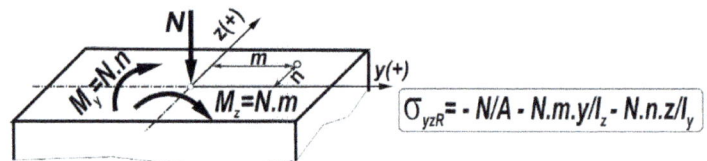

$$\boxed{\sigma_{yzR}= - N/A - N.m.y/I_z - N.n.z/I_y}$$

CARGA APLICADA SOBRE EL EJE"Y"

$$M_y= 0 \quad \sigma_y= - N/A - N.m.y/I_z$$

EJE NEUTRO PERPENDICULAR AL EJE "Y"
A UNA DISTANCIA "y_0" TAL QUE $\sigma = 0$

$$\sigma_{y0}= - N/A - N.m.y_0/I_z =0 \longrightarrow y_0 = - \rho_z^2/m$$

EXCENTRICIDAD MÁXIMA SOBRE EL EJE "Y"
PARA QUE NO HAYA TRACCIONES, $y_0 = - y_A$

CARGA APLICADA SOBRE EL EJE"Z"

$$M_z= 0 \quad \sigma_z= - N/A - N.n.z/I_y$$

EJE NEUTRO PERPENDICULAR AL EJE "Z"
A UNA DISTANCIA "z_0" TAL QUE $\sigma = 0$

$$\sigma_{z0}= - N/A - N.n.z_0/I_y =0 \longrightarrow z_0 = - \rho_y^2/n$$

PARA QUE NO HAYA TRACCIONES, $z_0 = - z_A$
EXCENTRICIDAD MÁXIMA SOBRE EL EJE "Z"

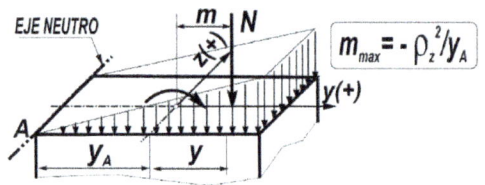

$$\boxed{m_{max}= - \rho_z^2/y_A}$$

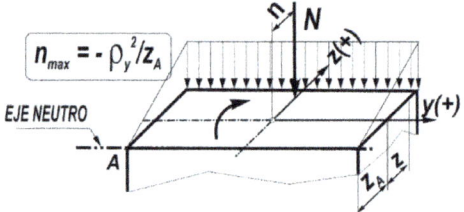

$$\boxed{n_{max} = - \rho_y^2/z_A}$$

FIGURA 12.6
PUNTOS DEL NÚCLEO SOBRE LOS EJES PRINCIPALES

*Conocidos los ejes neutros correspondientes a dos puntos "A" y "B" de aplicación de la carga y el punto "P" en el que se cortan, si la carga se desplaza sobre la recta "AB", el eje neutro correspondiente gira alrededor del punto "P". (**Figura 12.7**)*

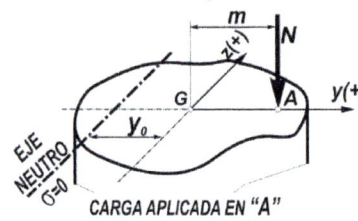

"YY" y "ZZ" EJES
PRINCIPALES DE INERCIA

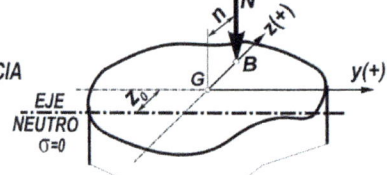

CARGA APLICADA EN "A"
EJE NEUTRO PERPENDICULAR A EJE "y"
DISTANCIA y_0 TAL QUE $\sigma=0$ $y_0 = - \rho_z^2/m$

CARGA APLICADA EN "B"
EJE NEUTRO PERPENDICULAR A EJE "z"
DISTANCIA z_0 TAL QUE $\sigma=0$ $z_0 = - \rho_y^2/n$

LOS EJES NEUTROS CORRESPONDIENTES A LOS PUNTOS DE APLICACIÓN "A" y "B" SE CORTAN EN EL PUNTO "P"

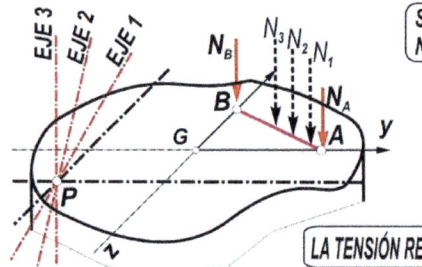

SI LA CARGA "N" SE MUEVE SOBRE LA RECTA "AB", EL EJE
NEUTRO CORRESPONDIENTE, PASA POR EL PUNTO "P"

LA CARGA N_1 (N_2, N_3 ..) PUEDE SUSTITUIRSE POR UN SISTEMA
EQUIVALENTE "N_A" y "N_B" APLICADAS EN "A" y "B".
TENSIÓN DEBIDA A N_1 = SUMA DE LAS DEBIDAS A N_A y N_B
LA TENSIÓN EN "P" DEBIDA A "N_A" ES CERO.
LO MISMO OCURRE PARA LA DEBIDA A "N_B"

LA TENSIÓN RESULTANTE EN EL PUNTO "P" ES NULA ⟶ EL EJE NEUTRO PASA POR "P"

FIGURA 12.7
CARGA SOBRE PUNTOS DE AB, EJE NEUTRO PASA POR "P"

En la **Figura 12.8** se muestra la reciprocidad que existe entre las coordenadas del punto de aplicación de la carga y los puntos de corte del eje neutro sobre los ejes.

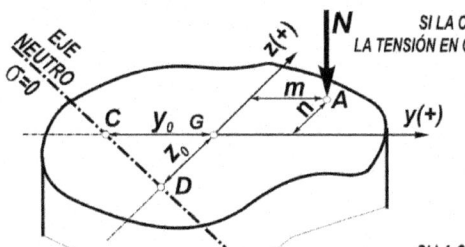

SI LA CARGA ESTÁ APLICADA EN EL PUNTO "A" DE COORDENADAS m,n
LA TENSIÓN EN CUALQUIER PUNTO, DE COORDENADAS y,z VIENE DADA POR LA EXPRESIÓN:

$$\sigma_{yz} = -N/A - N.m.y/I_z - N.n.z/I_y$$

LA ECUACIÓN DEL EJE NEUTRO: $\sigma_{yz} = 0$

$$1 + m.y/\rho_z^2 + n.z/\rho_y^2 = 0$$

RECTA QUE CORTA A LOS EJES EN LOS PUNTOS "C" y "D":

$$\boxed{y_0 = -\rho_z^2/m \qquad z_0 = -\rho_y^2/n}$$

SI LA CARGA ESTÁ APLICADA EN EL PUNTO "F" DE COORDENADAS y_0, z_0
LA TENSIÓN EN CUALQUIER PUNTO, DE COORDENADAS y,z VIENE DADA POR LA EXPRESIÓN:

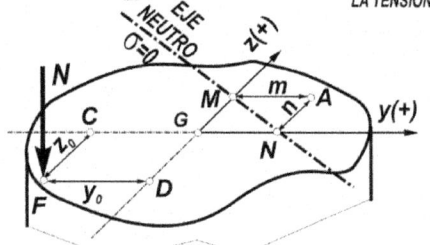

$$\sigma_{yz} = -N/A - N.y_0.y/I_z - N.z_0.z/I_y$$

LA ECUACIÓN DEL EJE NEUTRO: $\sigma_{yz} = 0$

$$1 + y_0.y/\rho_z^2 + z_0.z/\rho_y^2 = 0$$

ESTA RECTA CORTA A LOS EJES EN LOS PUNTOS "M" y "N":
EFECTIVAMENTE:

PARA $y = 0 \longrightarrow z = -\rho_y^2/z_0 = n$
PARA $z = 0 \longrightarrow y = -\rho_z^2/y_0 = m$

CARGA APLICADA EN "A" DE COORDENADAS m,n $\longrightarrow$ EJE NEUTRO CORTA A LOS EJES EN "C" y "D" (y_0, z_0)
EJE NEUTRO CORTA A LOS EJES EN "M" y "N" (m ,n) $\longleftarrow$ CARGA APLICADA EN "F" DE COORDENADAS y_0, z_0

FIGURA 12.8
RECIPROCIDAD ENTRE PUNTO DE APLICACIÓN DE LA CARGA Y PUNTOS DE CORTE DEL EJE NEUTRO

EJERCICIO 1

Determinar el núcleo de la sección para la sección en T de la **Figura 12.9**

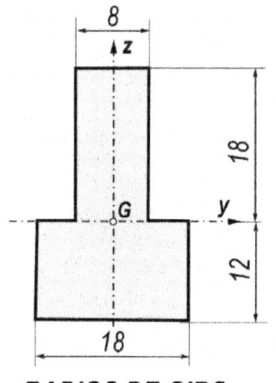

ÁREA DE LA SECCIÓN
$$A = 18.12 + 8.18 = 360 \ cm^2$$

SITUACIÓN DEL CENTRO DE GRAVEDAD
POR SIMETRÍA, EL C.D.G SE SITÚA SOBRE EL EJE "z"
PARA VER LA SITUACIÓN EN ALTURA
$$(18.12).6 + (8.18).21 = [(18.12) + (8.18)].\ z_G$$
$$z_G = 12 \ cm$$

MOMENTOS DE INERCIA RESPECTO A LOS EJES PRINCIPALES
$$I_z = 12.18^3/12 + 18.8^3/12 = 6600 \ cm^4$$
$$I_y = 18.12^3/3 + 8.18^3/3 = 25920 \ cm^4$$

RADIOS DE GIRO
$$\rho_z^2 = I_z/A = 6600/360 = 18,33 \ cm^2 \qquad \rho_y^2 = I_y/A = 25920/360 = 72 \ cm^2$$

FIGURA 12.9
EJERCICIO 1

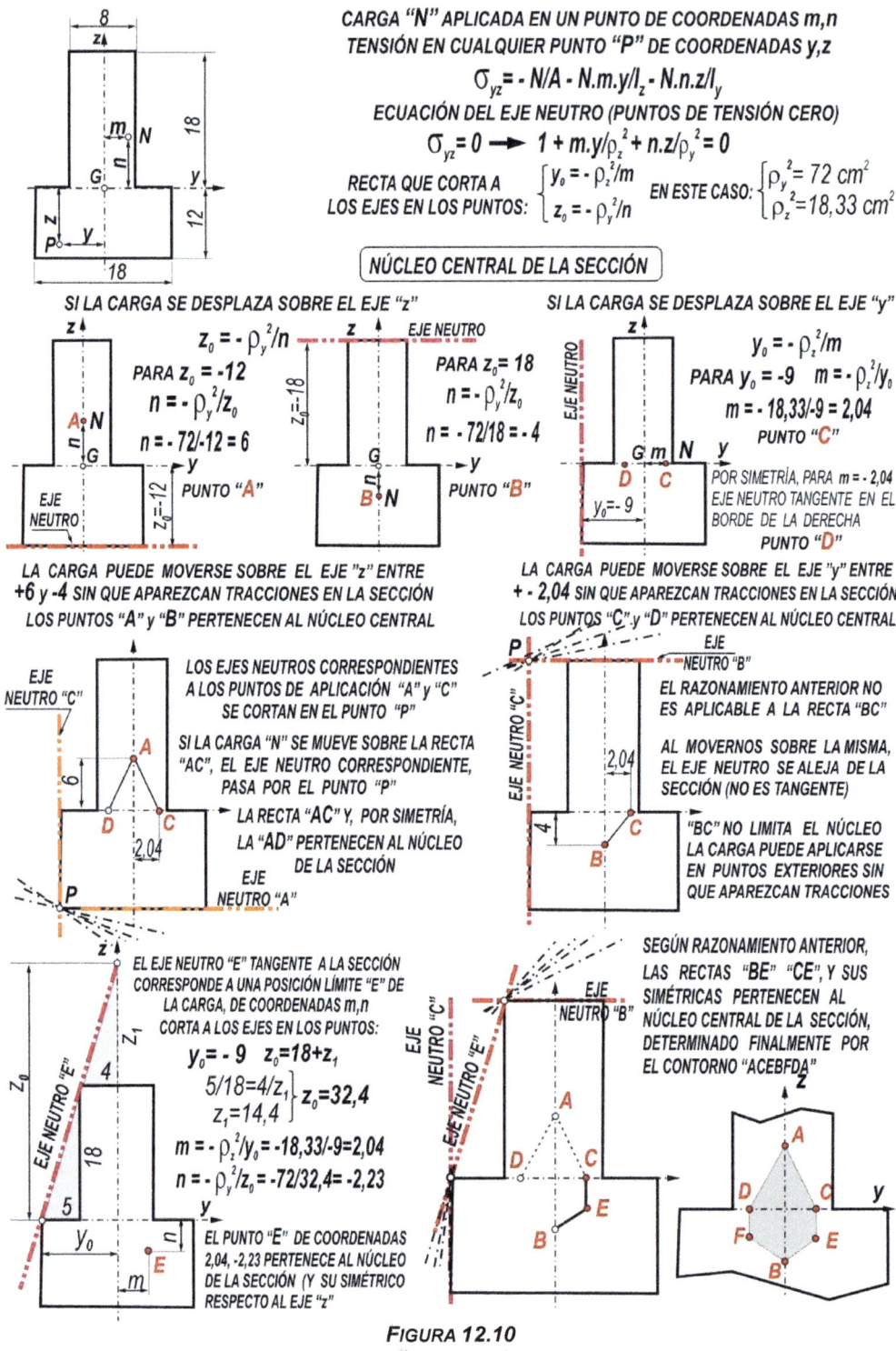

CARGA *"N"* APLICADA EN UN PUNTO DE COORDENADAS m,n
TENSIÓN EN CUALQUIER PUNTO *"P"* DE COORDENADAS y,z

$$\sigma_{yz} = -N/A - N.m.y/I_z - N.n.z/I_y$$

ECUACIÓN DEL EJE NEUTRO (PUNTOS DE TENSIÓN CERO)

$$\sigma_{yz} = 0 \rightarrow 1 + m.y/\rho_z^2 + n.z/\rho_y^2 = 0$$

RECTA QUE CORTA A LOS EJES EN LOS PUNTOS: $\begin{cases} y_0 = -\rho_z^2/m \\ z_0 = -\rho_y^2/n \end{cases}$ EN ESTE CASO: $\begin{cases} \rho_y^2 = 72\ cm^2 \\ \rho_z^2 = 18,33\ cm^2 \end{cases}$

NÚCLEO CENTRAL DE LA SECCIÓN

SI LA CARGA SE DESPLAZA SOBRE EL EJE *"z"*

$$z_0 = -\rho_y^2/n$$

PARA $z_0 = -12$

$$n = -\rho_y^2/z_0$$

$$n = -72/-12 = 6$$

PUNTO *"A"*

PARA $z_0 = 18$

$$n = -\rho_y^2/z_0$$

$$n = -72/18 = -4$$

PUNTO *"B"*

LA CARGA PUEDE MOVERSE SOBRE EL EJE *"z"* ENTRE
+6 y -4 SIN QUE APAREZCAN TRACCIONES EN LA SECCIÓN
LOS PUNTOS *"A"* y *"B"* PERTENECEN AL NÚCLEO CENTRAL

SI LA CARGA SE DESPLAZA SOBRE EL EJE *"y"*

$$y_0 = -\rho_z^2/m$$

PARA $y_0 = -9$ $m = -\rho_z^2/y_0$

$$m = -18,33/-9 = 2,04$$

PUNTO *"C"*

POR SIMETRÍA, PARA m = - 2,04
EJE NEUTRO TANGENTE EN EL
BORDE DE LA DERECHA
PUNTO *"D"*

LA CARGA PUEDE MOVERSE SOBRE EL EJE *"y"* ENTRE
+ - 2,04 SIN QUE APAREZCAN TRACCIONES EN LA SECCIÓN
LOS PUNTOS *"C"* y *"D"* PERTENECEN AL NÚCLEO CENTRAL

LOS EJES NEUTROS CORRESPONDIENTES
A LOS PUNTOS DE APLICACIÓN *"A"* y *"C"*
SE CORTAN EN EL PUNTO *"P"*

SI LA CARGA *"N"* SE MUEVE SOBRE LA RECTA
"AC", EL EJE NEUTRO CORRESPONDIENTE,
PASA POR EL PUNTO *"P"*

LA RECTA *"AC"* Y, POR SIMETRÍA,
LA *"AD"* PERTENECEN AL NÚCLEO
DE LA SECCIÓN

EL RAZONAMIENTO ANTERIOR NO
ES APLICABLE A LA RECTA *"BC"*

AL MOVERNOS SOBRE LA MISMA,
EL EJE NEUTRO SE ALEJA DE LA
SECCIÓN (NO ES TANGENTE)

"BC" NO LIMITA EL NÚCLEO
LA CARGA PUEDE APLICARSE
EN PUNTOS EXTERIORES SIN
QUE APAREZCAN TRACCIONES

EL EJE NEUTRO *"E"* TANGENTE A LA SECCIÓN
CORRESPONDE A UNA POSICIÓN LÍMITE *"E"* DE
LA CARGA, DE COORDENADAS m,n
CORTA A LOS EJES EN LOS PUNTOS:

$$y_0 = -9 \quad z_0 = 18 + z_1$$

$$\left. \begin{array}{l} 5/18 = 4/z_1 \\ z_1 = 14,4 \end{array} \right\} z_0 = 32,4$$

$$m = -\rho_z^2/y_0 = -18,33/-9 = 2,04$$

$$n = -\rho_y^2/z_0 = -72/32,4 = -2,23$$

EL PUNTO *"E"* DE COORDENADAS
2,04, -2,23 PERTENECE AL NÚCLEO
DE LA SECCIÓN (Y SU SIMÉTRICO
RESPECTO AL EJE *"z"*

SEGÚN RAZONAMIENTO ANTERIOR,
LAS RECTAS *"BE"* *"CE"*, Y SUS
SIMÉTRICAS PERTENECEN AL
NÚCLEO CENTRAL DE LA SECCIÓN,
DETERMINADO FINALMENTE POR
EL CONTORNO *"ACEBFDA"*

FIGURA 12.10
EJERCICIO 1

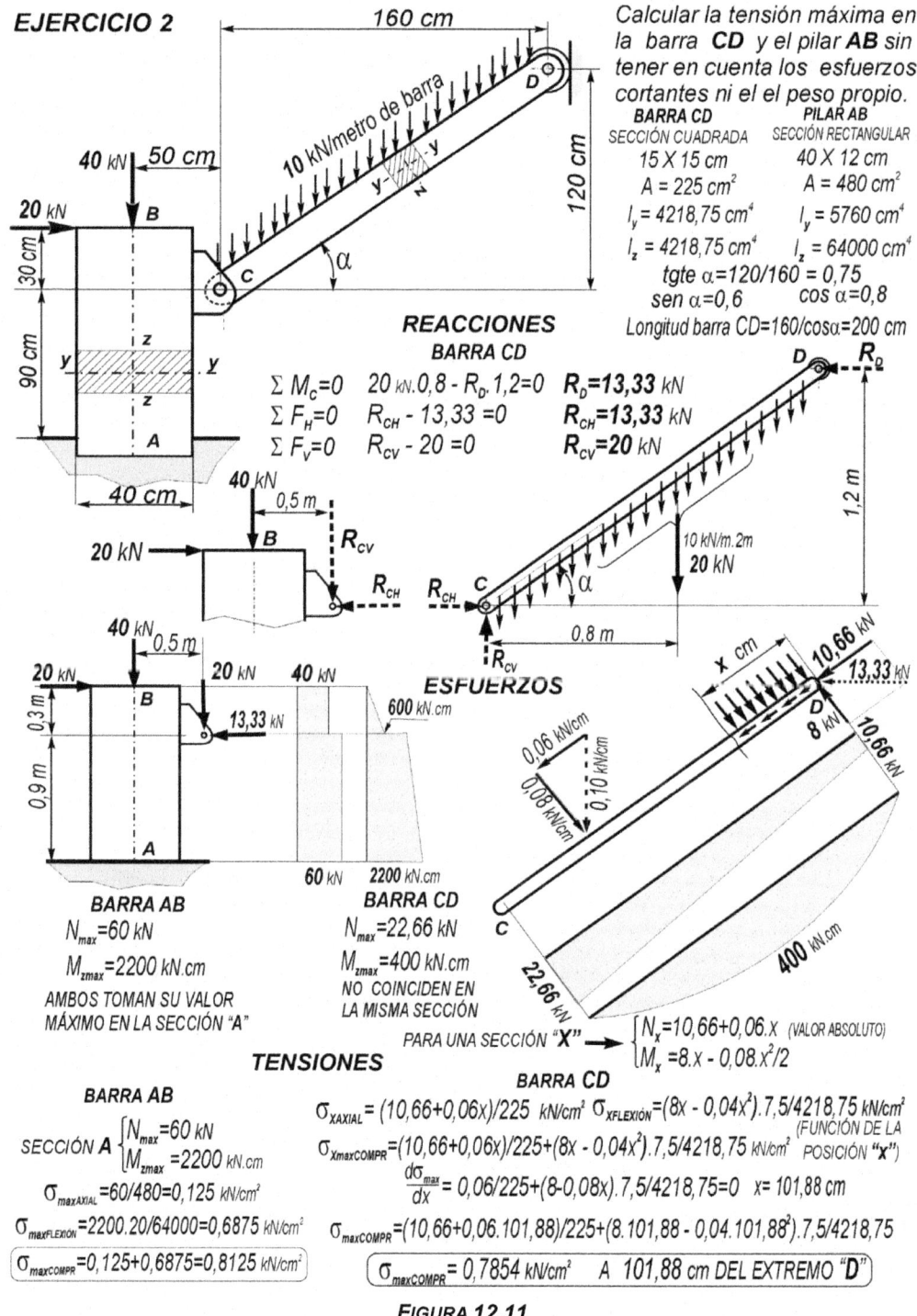

EJERCICIO 2

Calcular la tensión máxima en la barra **CD** y el pilar **AB** sin tener en cuenta los esfuerzos cortantes ni el el peso propio.

FIGURA 12.11
EJERCICIO 2

297

Flexión asimétrica

En el estudio de la flexión simple recta, se considera que todas las cargas son perpendiculares al eje longitudinal de la barra y están contenidas en un plano definido por este eje y uno de los principales centrales de inercia de la sección.

Como consecuencia, el momento flector respecto al eje contenido en el plano de las cargas es nulo, la flexión se produce respecto al otro eje principal, (eje neutro, perpendicular al plano de las cargas), la tensión normal en cualquier punto es proporcional a la distancia a dicho eje y los desplazamientos de los distintos puntos del eje longitudinal se producen en el plano de las cargas (curva elástica contenida en dicho plano) (*Figura 12,12(*

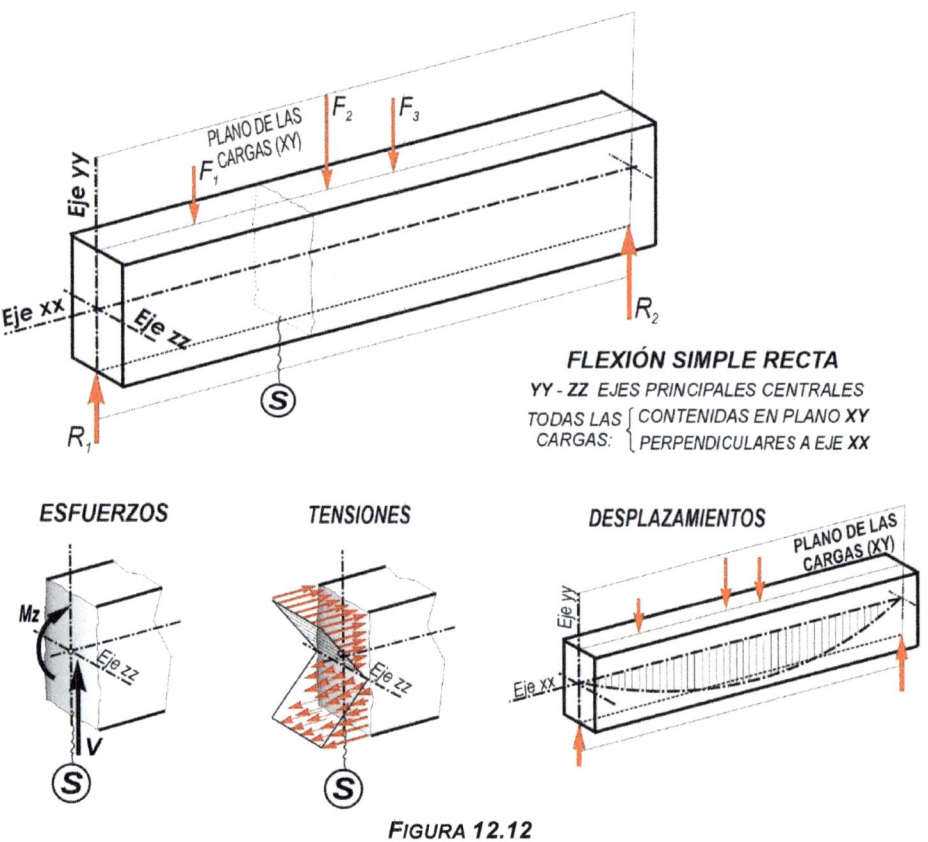

FLEXIÓN SIMPLE RECTA

YY - ZZ EJES PRINCIPALES CENTRALES

TODAS LAS CARGAS: { *CONTENIDAS EN PLANO XY* / *PERPENDICULARES A EJE XX* }

FIGURA 12.12
FLEXIÓN SIMPLE RECTA

Cuando las cagas, siendo perpendiculares y cortando al eje longitudinal, no son de la dirección de uno de los ejes principales centrales de la sección, se originan momentos flectores respecto a los dos ejes. La flexión se produce, simultáneamente, respecto a los dos, el eje neutro no coincide con ninguno de ellos y los desplazamientos de los puntos del eje de la barra se producen en la dirección de los dos ejes principales, dando lugar a una curva elástica alabeada. Flexión asimétrica, desviada o alabeada. (*Figura 12.13*)

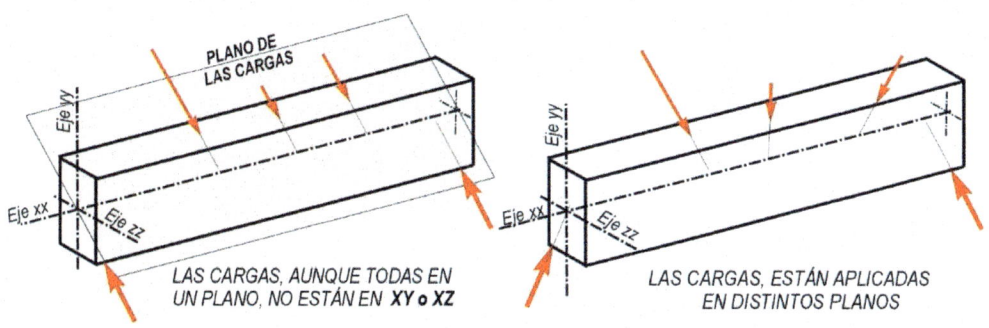

YY - ZZ *EJES PRINCIPALES CENTRALES*
FLEXIÓN ASIMÉTRICA

AUNQUE TODAS LAS CARGAS ACTÚAN EN
UN PLANO, ÉSTE NO CONTIENE A **XY o XZ**

CARGAS SIMULTÁNEAS
EN DISTINTOS PLANOS

FIGURA 12.13
FLEXIÓN ASIMÉTRICA

Para determinar esfuerzos, tensiones y deformaciones, proyectaremos las cargas en las direcciones de los ejes principales y aplicaremos el principio de superposición.

EJERCICIO 3

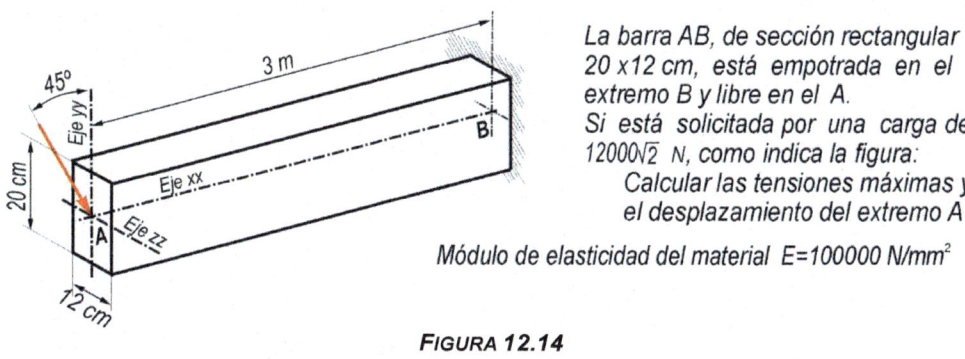

La barra AB, de sección rectangular 20 x12 cm, está empotrada en el extremo B y libre en el A.
Si está solicitada por una carga de $12000\sqrt{2}$ N, como indica la figura:
Calcular las tensiones máximas y el desplazamiento del extremo A

Módulo de elasticidad del material $E=100000$ N/mm²

FIGURA 12.14
EJERCICIO 3

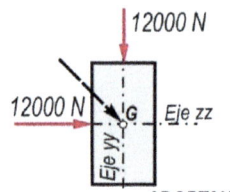

12000 N

SUSTITUIMOS LA CARGA POR UN SISTEMA
EQUIVALENTE FORMADO POR DOS CARGAS,
COINCIDIENDO CON LOS EJES PRINCIPALES

$$I_z = 12.20^3/12 = 8000 \text{ cm}^4$$
$$I_y = 20.12^3/12 = 2880 \text{ cm}^4$$

ADOPTANDO EL SISTEMA DE REFERENCIA y(+) z(+) QUE SE INDICA:

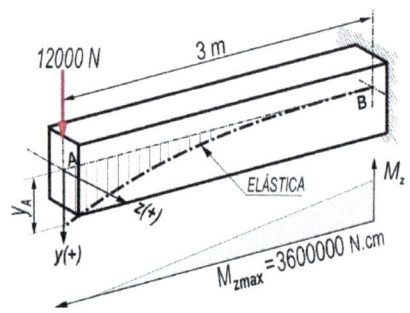

EFECTOS PARCIALES $M_{zmax} = 3600000$ N.cm

$$\sigma_y = - M_z . y / I_z \quad \text{PARA y(+) (POR ABAJO) TENSIONES NEGATIVAS (COMPRESIONES)}$$

$$\sigma_y = - 360000. y/8000 = - 45.y \text{ N/cm}^2$$

y = +10 (BORDE INFERIOR) → $\sigma_{maxCompr} = - 450$ N/cm²
y = -10 (BORDE SUPERIOR) → $\sigma_{maxTrac} = + 450$ N/cm²

DESPLAZAMIENTO VERTICAL DEL EXTREMO 'A'

$$y_A = P.L^3/3EI_z = 12000.300^3/3.10^7.8000 = 1,35 \text{ cm}$$

$M_{ymax} = - 3600000$ N.cm

$$\sigma_z = M_y . z / I_y \quad \text{PARA z(+) (A LA DERECHA) TENSIONES NEGATIVAS (COMPRESIONES)}$$

$$\sigma_z = -360000. z/2880 = -125.z \text{ N/cm}^2$$

y = +6 (BORDE DERECHO) → $\sigma_{maxCompr} = - 750$ N/cm²
z = - 6 (BORDE IZQUIERDO) → $\sigma_{maxTrac} = + 750$ N/cm²

DESPLAZAMIENTO HORIZONTAL DEL EXTREMO "A"

$$z_A = P.L^3/3EI_y = 12000.300^3/3.10^7.2880 = 3,75 \text{ cm}$$

TENSIONES RESULTANTES

$M_{zmax} = 3600000$ N.cm $M_{ymax} = - 3600000$ N.cm

TENSIÓN RESULTANTE EN "P" (y,z)

$$\sigma_{yz} = - M_z . y/I_z + M_y . z/I_y$$

TENSIÓN RESULTANTE EN "T" (10 ; 6)

$$\sigma_T = -(360000).10/8000 + (-360000).6/2880 = -1200 \text{ N/cm}^2$$

TENSIÓN RESULTANTE EN "M" (-10 ;-6)

$$\sigma_M = -(360000).(-10)/8000 + (-360000).(-6)/288 = +1200 \text{ N/cm}^2$$

EJE NEUTRO

PUNTOS DE TENSIÓN NULA

$$\sigma_{yz} = - M_z . y / I_z + M_y . z / I_y = 0$$
$$-(36.10^4). y/8000 + (-36.10^4). z/2880 = 0$$
$$\boxed{y + 2,78 .z = 0} \text{ ECUACIÓN EJE NEUTRO}$$

PARA z=0 → y=0 PASA POR EL CENTRO
PARA z=1 → y= - 2,77 tgte α=2,77
α=70,15°
NO ES PERPENDICULAR A LA CARGA

DESPLAZAMIENTO DEL EXTREMO "A"

EL DESPLAZAMIENTO RESULTANTE
DEL EXTREMO LIBRE "A" NO ES DE
LA DIRECCIÓN DE LA CARGA

$z_A = 3,75$ cm

19,79°

$y_A = 1,35$ cm

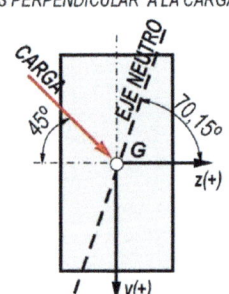

FIGURA 12.15
EJERCICIO 3

EJERCICIO 4

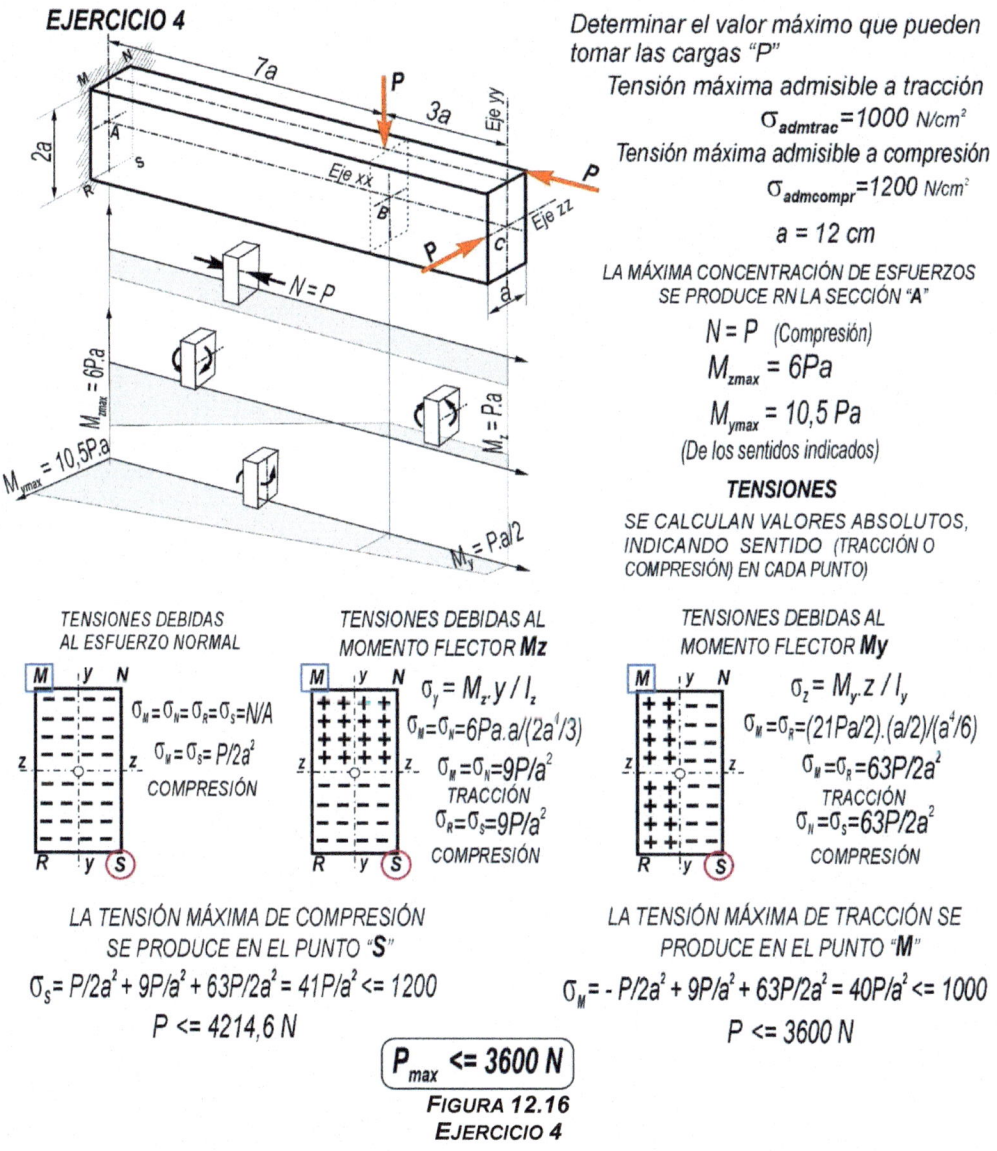

Determinar el valor máximo que pueden tomar las cargas "P"

Tensión máxima admisible a tracción
$$\sigma_{admtrac}=1000 \text{ N/cm}^2$$

Tensión máxima admisible a compresión
$$\sigma_{admcompr}=1200 \text{ N/cm}^2$$

$$a = 12 \text{ cm}$$

LA MÁXIMA CONCENTRACIÓN DE ESFUERZOS SE PRODUCE RN LA SECCIÓN "A"

$$N = P \quad (Compresión)$$

$$M_{zmax} = 6Pa$$

$$M_{ymax} = 10,5 Pa$$

(De los sentidos indicados)

TENSIONES

SE CALCULAN VALORES ABSOLUTOS, INDICANDO SENTIDO (TRACCIÓN O COMPRESIÓN) EN CADA PUNTO

TENSIONES DEBIDAS AL ESFUERZO NORMAL

$$\sigma_M=\sigma_N=\sigma_R=\sigma_S=N/A$$
$$\sigma_M=\sigma_S=P/2a^2$$
COMPRESIÓN

TENSIONES DEBIDAS AL MOMENTO FLECTOR Mz

$$\sigma_y = M_z \cdot y / I_z$$
$$\sigma_M=\sigma_N=6Pa.a/(2a^4/3)$$
$$\sigma_M=\sigma_N=9P/a^2$$
TRACCIÓN
$$\sigma_R=\sigma_S=9P/a^2$$
COMPRESIÓN

TENSIONES DEBIDAS AL MOMENTO FLECTOR My

$$\sigma_z = M_y \cdot z / I_y$$
$$\sigma_M=\sigma_R=(21Pa/2).(a/2)/(a^4/6)$$
$$\sigma_M=\sigma_R=63P/2a^2$$
TRACCIÓN
$$\sigma_N=\sigma_S=63P/2a^2$$
COMPRESIÓN

LA TENSIÓN MÁXIMA DE COMPRESIÓN SE PRODUCE EN EL PUNTO "S"

$$\sigma_S= P/2a^2 + 9P/a^2 + 63P/2a^2 = 41P/a^2 <= 1200$$

$$P <= 4214,6 \text{ N}$$

LA TENSIÓN MÁXIMA DE TRACCIÓN SE PRODUCE EN EL PUNTO "M"

$$\sigma_M= - P/2a^2 + 9P/a^2 + 63P/2a^2 = 40P/a^2 <= 1000$$

$$P <= 3600 \text{ N}$$

$$\boxed{P_{max} <= 3600 \text{ N}}$$

FIGURA 12.16
EJERCICIO 4

Flexión y torsión combinadas

La combinación de esfuerzos de flexión, torsión y cortante, aunque puede darse en distintas situaciones, es normal en los árboles de transmisión de potencia. En general, también aplicaremos el principio de superposición, determinando efectos parciales y combinando estos resultados. A diferencia de la flexión compuesta y la flexión asimétrica, en las que las tensiones parciales eran ambas normales y bastaba con sumarlas, en este caso, tenemos una combinación de tensiones normales y cortantes, por lo que habrá que acudir al análisis de tensiones para obtener el efecto resultante.

También es importante destacar la importancia del cortante con relación al flector. En general, en las vigas, la relación entre la longitud y la sección es relativamente grande. Como consecuencia, los efectos del cortante son pequeños frente a los del flector, por lo que no se consideran en la mayoría de los casos. Por el contrario, en los árboles de transmisión de potencia se manejan longitudes relativamente pequeñas, lo que aumenta la importancia del cortante, que siempre habrá que tener en cuenta.

Si todas las cargas de flexión están contenidas en un plano, los puntos más solicitados son los que se indican en la **figura 12.17**. Habrá que calcular la tensión en estos puntos como consecuencia de cada componente del esfuerzo y aplicar el análisis de tensiones para obtener la tensión principal y la cortante máximas en cada punto. (**Figura 12.18**)

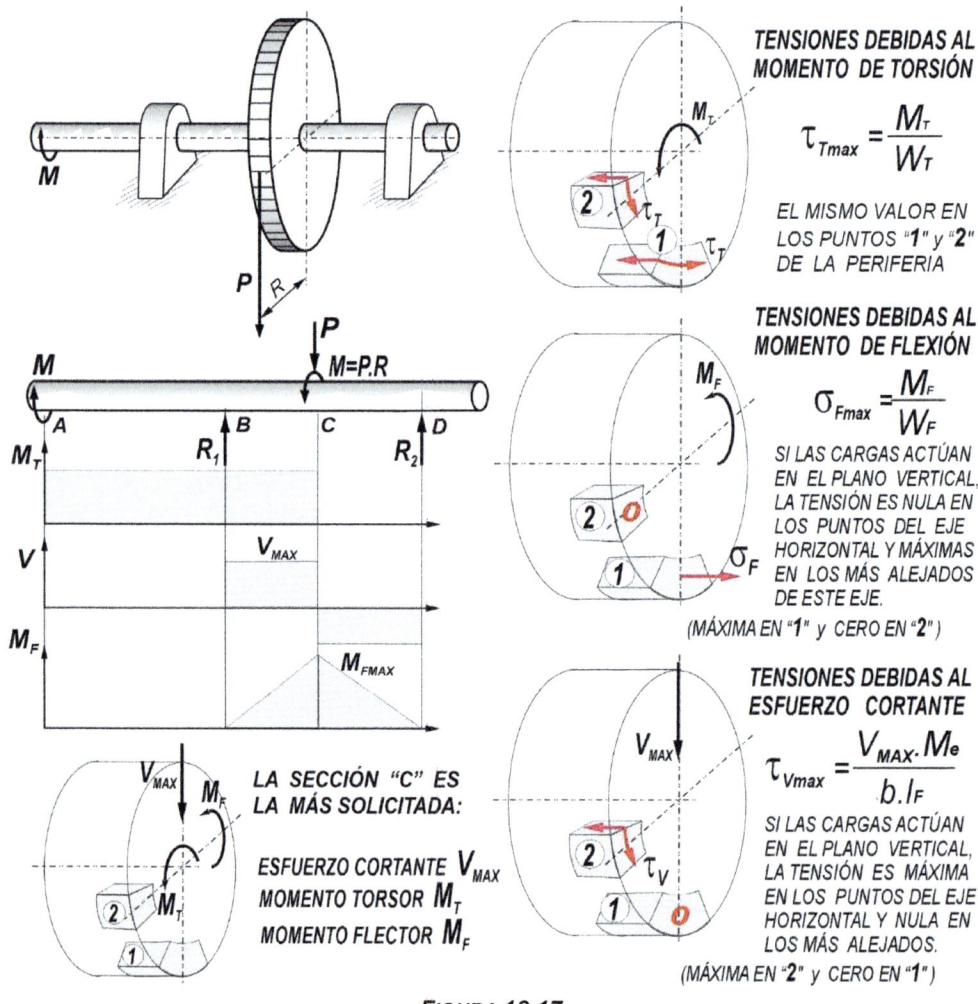

TENSIONES DEBIDAS AL
MOMENTO DE TORSIÓN

$$\tau_{Tmax} = \frac{M_T}{W_T}$$

EL MISMO VALOR EN
LOS PUNTOS "**1**" y "**2**"
DE LA PERIFERIA

TENSIONES DEBIDAS AL
MOMENTO DE FLEXIÓN

$$\sigma_{Fmax} = \frac{M_F}{W_F}$$

SI LAS CARGAS ACTÚAN
EN EL PLANO VERTICAL,
LA TENSIÓN ES NULA EN
LOS PUNTOS DEL EJE
HORIZONTAL Y MÁXIMAS
EN LOS MÁS ALEJADOS
DE ESTE EJE.

(MÁXIMA EN "**1**" y CERO EN "**2**")

TENSIONES DEBIDAS AL
ESFUERZO CORTANTE

$$\tau_{Vmax} = \frac{V_{MAX} \cdot M_e}{b \cdot I_F}$$

SI LAS CARGAS ACTÚAN
EN EL PLANO VERTICAL,
LA TENSIÓN ES MÁXIMA
EN LOS PUNTOS DEL EJE
HORIZONTAL Y NULA EN
LOS MÁS ALEJADOS.

(MÁXIMA EN "**2**" y CERO EN "**1**")

LA SECCIÓN "C" ES
LA MÁS SOLICITADA:

ESFUERZO CORTANTE V_{MAX}
MOMENTO TORSOR M_T
MOMENTO FLECTOR M_F

FIGURA **12.17**
FLEXIÓN Y TORSIÓN

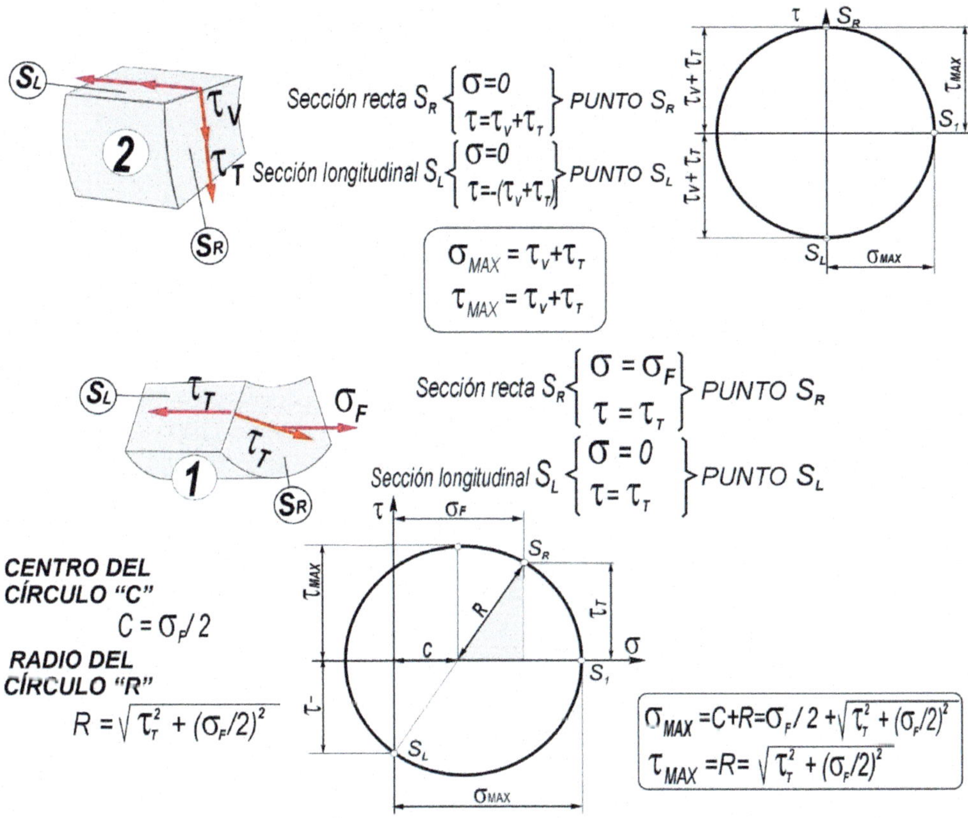

Sección recta S_R $\{\sigma=0;\ \tau=\tau_V+\tau_T\}$ PUNTO S_R
Sección longitudinal S_L $\{\sigma=0;\ \tau=-(\tau_V+\tau_T)\}$ PUNTO S_L
$\sigma_{MAX}=\tau_V+\tau_T$
$\tau_{MAX}=\tau_V+\tau_T$
Sección recta S_R $\{\sigma=\sigma_F;\ \tau=\tau_T\}$ PUNTO S_R
Sección longitudinal S_L $\{\sigma=0;\ \tau=\tau_T\}$ PUNTO S_L
CENTRO DEL CÍRCULO "C"
$C=\sigma_F/2$
RADIO DEL CÍRCULO "R"
$R=\sqrt{\tau_T^2+(\sigma_F/2)^2}$
$\sigma_{MAX}=C+R=\sigma_F/2+\sqrt{\tau_T^2+(\sigma_F/2)^2}$
$\tau_{MAX}=R=\sqrt{\tau_T^2+(\sigma_F/2)^2}$

FIGURA 12.18
FLEXIÓN Y TORSIÓN

EJERCICIO 5

30 cm
30 cm
15 cm
Diámetro 70 cm
Peso 1200 N
Diámetro 50 cm
Peso 600 N
Diámetro 10 cm
A
B
C
D
2000 N
7000 N
9800 N
2800 N

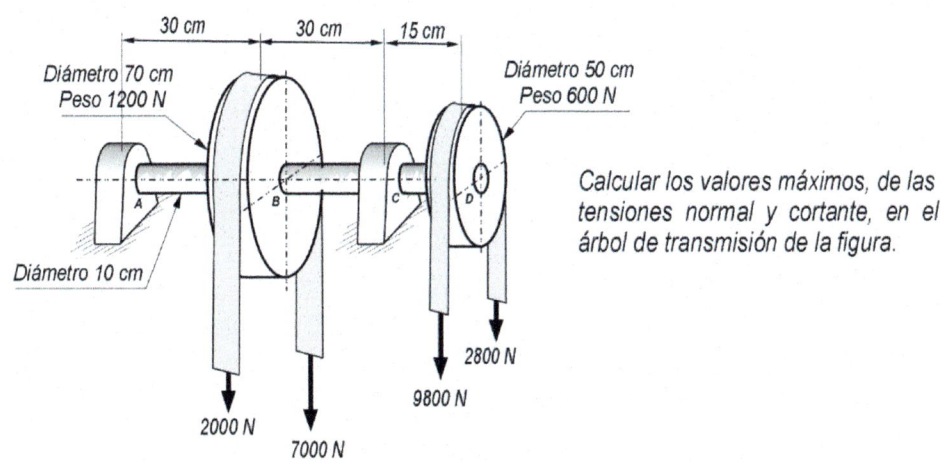

Calcular los valores máximos, de las tensiones normal y cortante, en el árbol de transmisión de la figura.

FIGURA 12.19
EJERCICIO 5

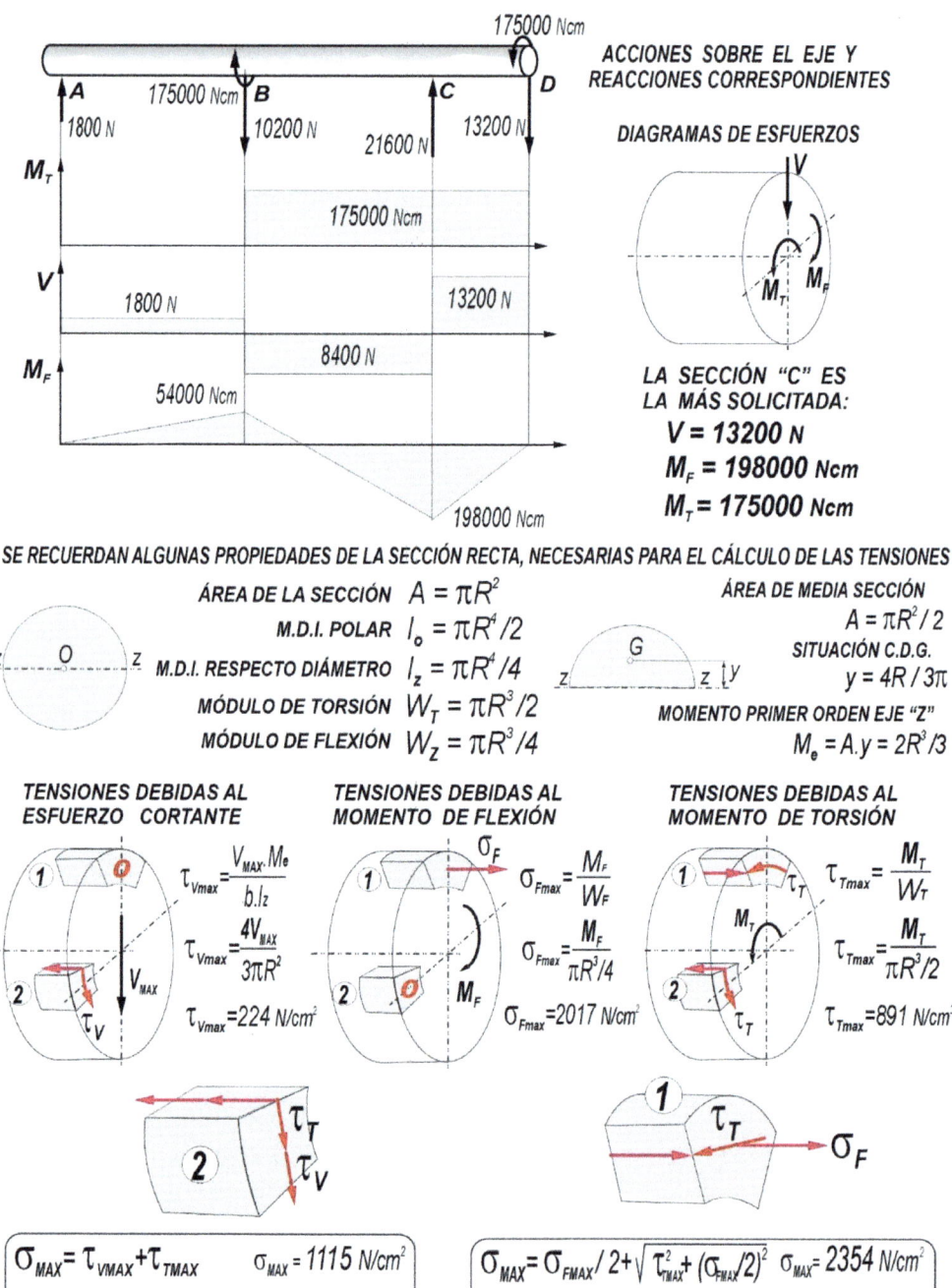

175000 Ncm

ACCIONES SOBRE EL EJE Y
REACCIONES CORRESPONDIENTES

DIAGRAMAS DE ESFUERZOS

175000 Ncm
1800 N
10200 N
21600 N
13200 N

M_T

175000 Ncm

V

1800 N

13200 N

M_F

8400 N

54000 Ncm

198000 Ncm

LA SECCIÓN "C" ES
LA MÁS SOLICITADA:

$V = 13200$ N

$M_F = 198000$ Ncm

$M_T = 175000$ Ncm

SE RECUERDAN ALGUNAS PROPIEDADES DE LA SECCIÓN RECTA, NECESARIAS PARA EL CÁLCULO DE LAS TENSIONES

ÁREA DE LA SECCIÓN $\quad A = \pi R^2$

M.D.I. POLAR $\quad I_o = \pi R^4 / 2$

M.D.I. RESPECTO DIÁMETRO $\quad I_z = \pi R^4 / 4$

MÓDULO DE TORSIÓN $\quad W_T = \pi R^3 / 2$

MÓDULO DE FLEXIÓN $\quad W_Z = \pi R^3 / 4$

ÁREA DE MEDIA SECCIÓN
$A = \pi R^2 / 2$

SITUACIÓN C.D.G.
$y = 4R / 3\pi$

MOMENTO PRIMER ORDEN EJE "Z"
$M_e = A.y = 2R^3 / 3$

TENSIONES DEBIDAS AL
ESFUERZO CORTANTE

$\tau_{Vmax} = \dfrac{V_{MAX}.M_e}{b.I_z}$

$\tau_{Vmax} = \dfrac{4V_{MAX}}{3\pi R^2}$

$\tau_{Vmax} = 224$ N/cm²

TENSIONES DEBIDAS AL
MOMENTO DE FLEXIÓN

$\sigma_{Fmax} = \dfrac{M_F}{W_F}$

$\sigma_{Fmax} = \dfrac{M_F}{\pi R^3 / 4}$

$\sigma_{Fmax} = 2017$ N/cm²

TENSIONES DEBIDAS AL
MOMENTO DE TORSIÓN

$\tau_{Tmax} = \dfrac{M_T}{W_T}$

$\tau_{Tmax} = \dfrac{M_T}{\pi R^3 / 2}$

$\tau_{Tmax} = 891$ N/cm²

$\sigma_{MAX} = \tau_{VMAX} + \tau_{TMAX} \qquad \sigma_{MAX} = 1115$ N/cm²

$\tau_{MAX} = \tau_{VMAX} + \tau_{TMAX} \qquad \tau_{MAX} = 1115$ N/cm²

$\sigma_{MAX} = \sigma_{FMAX}/2 + \sqrt{\tau_{MAX}^2 + (\sigma_{FMAX}/2)^2} \quad \sigma_{MAX} = 2354$ N/cm²

$\tau_{MAX} = \sqrt{\tau_{MAX}^2 + (\sigma_{FMAX}/2)^2} \qquad \tau_{MAX} = 1345$ N/cm²

FIGURA 12.20
EJERCICIO 5

EJERCICIO 6

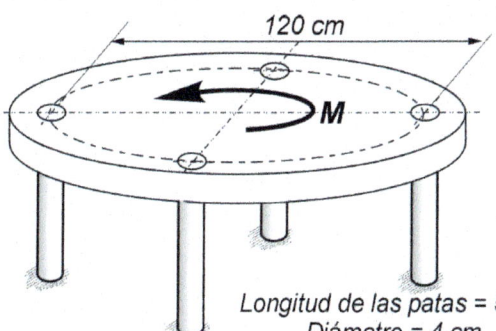

120 cm

El tablero de la figura está solicitado por un momento, respecto al eje vertical, de valor **M =1200000** N.cm,
Calcular la tensión máxima en las patas. El tablero es totalmente rígido. Las patas están perfectamente empotradas en el suelo y en su conexión al tablero.

Las patas están simétricamente dispuestas sobre una circunferencia de diámetro 120 cm.

Longitud de las patas = 50 cm
Diámetro = 4 cm

Módulo de elasticidad longitudinal
$E = 2.10^7 N/cm^2$

Módulo de elasticidad transversal
$G = 2E/5$

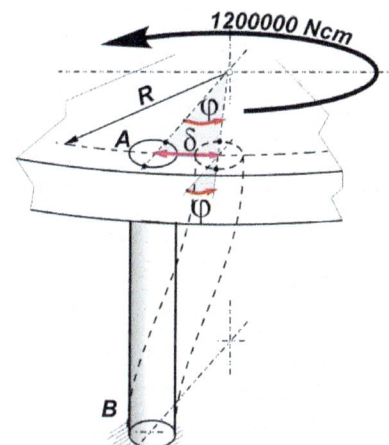

POR EFECTO DEL MOMENTO, EL TABLERO, GIRA UN ÁNGULO "φ" COMO CONSECUENCIA, EL EXTREMO "**A**" DE LA PATA SE DESPLAZA "δ" CON RELACIÓN A LA BASE "**B**" A LA VEZ QUE GIRA UN ÁNGULO "φ"

$$\delta = R.\varphi$$

LAS PATAS Y EL TABLERO, QUEDAN SOLICITADOS POR LAS ACCIONES QUE SE INDICAN

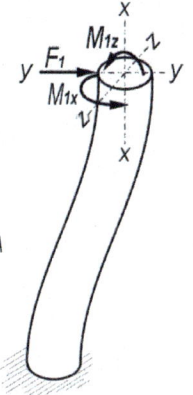

FUERZAS Y MOMENTOS SOBRE UNA PATA

F_1 = FUERZA EN LA CABEZA DE UNA PATA
M_{1z} = MOMENTO RESPECTO AL EJE "**zz**" (FLEXIÓN)
M_{1x} = MOMENTO RESPECTO AL EJE "**xx**" (TORSIÓN)

FUERZAS Y MOMENTOS SOBRE EL TABLERO

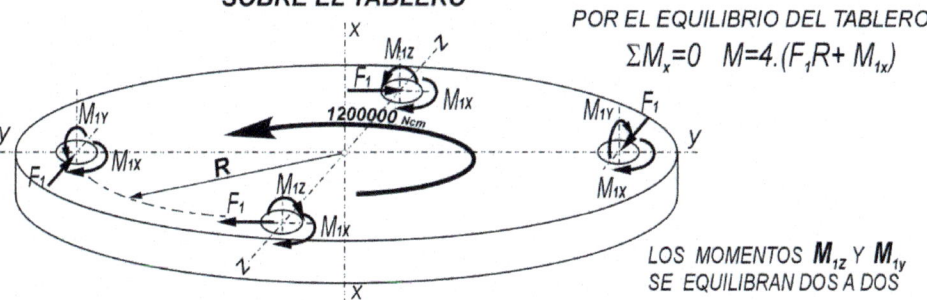

POR EL EQUILIBRIO DEL TABLERO:
$$\Sigma M_x=0 \quad M=4.(F_1R+ M_{1x})$$

LOS MOMENTOS M_{1z} Y M_{1y} SE EQUILIBRAN DOS A DOS

FIGURA 12.21
EJERCICIO 6

ESTUDIO DE LAS DEFORMACIONES Y CONDICIONES DE COMPATIBILIDAD DE LAS MISMAS

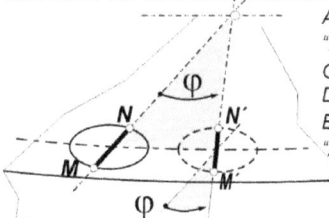

AL GIRAR EL TABLERO UN ÁNGULO φ LOS PUNTOS "**M**" y "**N**", SITUADOS SOBRE UN RADIO, PASAN A OCUPAR LAS POSICIONES **M´** y **N´**. EL EXTREMO "**A**" DE LA PATA GIRA EL MISMO ÁNGULO φ. COMO EL EXTREMO "**B**" PERMANECE FIJO, φ ES EL GIRO DE "**A**" CON RELACIÓN A "**B**". (ÁNGULO DE TORSIÓN φ_{AB}).

$$\varphi_{AB}=\frac{M_{1x}.L}{G.Io}=\frac{M_{1x}.L}{G.\pi d^4/32}$$

DEFORMACIÓN POR FLEXIÓN DE UNA PATA

EL GIRO DEL TABLERO, CON EL CONSIGUIENTE DESPLAZAMIENTO "δ" DE LA CABEZA DE LA PATA, ORIGINA DOS ACCIONES SOBRE LA MISMA:

→ UNA FUERZA HORIZONTAL F_1 QUE TIENDE A DESPLAZARLA
→ UN MOMENTO M_{1z} DEBIDO AL EMPOTRAMIENTO EN EL TABLERO, QUE NO PERMITE EL GIRO DE LA CABEZA DE LA PATA

CALCULANDO LOS EFECTOS DE "F_1" y "M_{1z}" POR SUPERPOSICIÓN UTILIZANDO EL MÉTODO DE MOHR

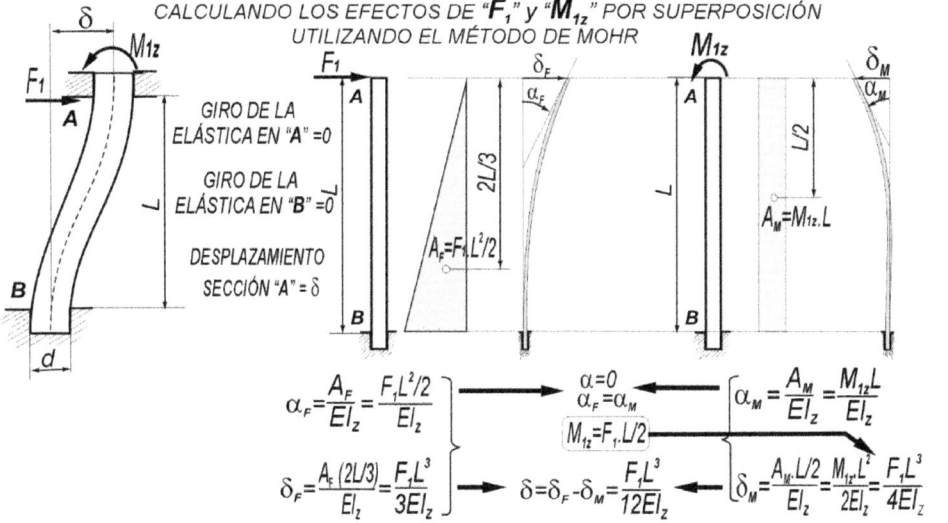

GIRO DE LA ELÁSTICA EN "**A**" = 0

GIRO DE LA ELÁSTICA EN "**B**" = 0

DESPLAZAMIENTO SECCIÓN "**A**" = δ

$A_F=F_1L^2/2$

$A_M=M_{1z}.L$

$$\alpha_F=\frac{A_F}{EI_z}=\frac{F_1L^2/2}{EI_z}$$

$$\begin{array}{c}\alpha=0\\ \alpha_F=\alpha_M\\ \hline M_{1z}=F_1.L/2\end{array}$$

$$\alpha_M=\frac{A_M}{EI_z}=\frac{M_{1z}L}{EI_z}$$

$$\delta_F=\frac{A_F\,(2L/3)}{EI_z}=\frac{F_1L^3}{3EI_z}$$

$$\delta=\delta_F-\delta_M=\frac{F_1L^3}{12EI_z}$$

$$\delta_M=\frac{A_M.L/2}{EI_z}=\frac{M_{1z}.L^2}{2EI_z}=\frac{F_1L^3}{4EI_z}$$

COMPATIBILIDAD DE LAS DEFORMACIONES

$$\delta = R.\varphi \qquad \frac{F_1L^3}{12E\pi d^4/64}= R\,\frac{M_{1x}.L}{G.\pi d^4/32} \qquad \boxed{F_1=15.R.M_{1x}/L^2}$$

EQUILIBRIO DEL TABLERO

$$\sum M_x=0 \quad M=4.(F_1R+M_{1x}) \quad M_{1x}=\frac{M}{4.(1+15.R^2/L^2)}$$

$$M_{1x}= 13274,33\ N.cm$$
$$F_1= 4778,76\ N$$
$$M_{1z}= 119470\ N.cm$$

ESFUERZOS EN UNA PATA

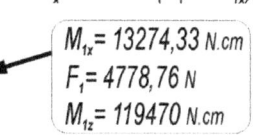

CORTANTE
F_1=4778,76 N

FLECTOR
M_{1z}=119470 Ncm

TORSOR
M_{1x}=13274,33 Ncm

COMPROBACIÓN DEFORMACIONES

$$\delta =\frac{F_1L^3}{12E\pi d^4/64}=\frac{4778,76.50^3}{12.2.10^7\pi.4^4/64}=0,198\ cm$$

$$\varphi =\frac{M_{1x}.L}{G.\pi d^4/32}=\frac{13274,33.50}{8.10^6\pi.4^4/32}=0,0033\ rad$$

$$\delta=R.\varphi=60.0,0033=0,198\ cm$$

FIGURA 12.22
EJERCICIO 6

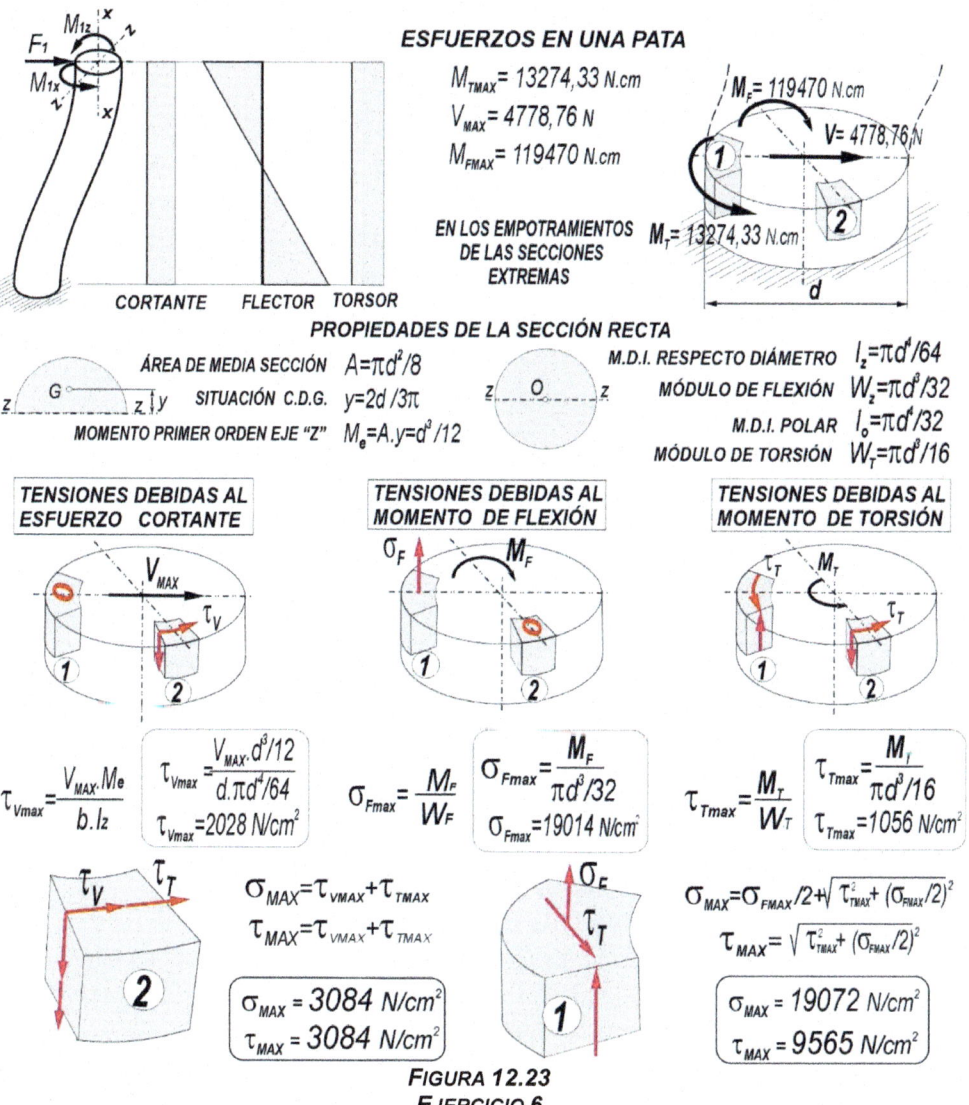

ESFUERZOS EN UNA PATA

M_{TMAX}= 13274,33 N.cm

V_{MAX}= 4778,76 N

M_{FMAX}= 119470 N.cm

M_F= 119470 N.cm

V= 4778,76 N

EN LOS EMPOTRAMIENTOS
DE LAS SECCIONES
EXTREMAS

M_T= 13274,33 N.cm

PROPIEDADES DE LA SECCIÓN RECTA

ÁREA DE MEDIA SECCIÓN $A=\pi d^2/8$

SITUACIÓN C.D.G. $y=2d/3\pi$

MOMENTO PRIMER ORDEN EJE "Z" $M_e=A.y=d^3/12$

M.D.I. RESPECTO DIÁMETRO $I_z=\pi d^4/64$

MÓDULO DE FLEXIÓN $W_z=\pi d^3/32$

M.D.I. POLAR $I_o=\pi d^4/32$

MÓDULO DE TORSIÓN $W_T=\pi d^3/16$

TENSIONES DEBIDAS AL ESFUERZO CORTANTE

V_{MAX}

τ_V

$\tau_{Vmax}=\dfrac{V_{MAX}.Me}{b.Iz}$

$\tau_{Vmax}=\dfrac{V_{MAX}.d^3/12}{d.\pi d^4/64}$

τ_{Vmax}=2028 N/cm²

TENSIONES DEBIDAS AL MOMENTO DE FLEXIÓN

σ_F M_F

$\sigma_{Fmax}=\dfrac{M_F}{W_F}$

$\sigma_{Fmax}=\dfrac{M_F}{\pi d^3/32}$

σ_{Fmax}=19014 N/cm²

TENSIONES DEBIDAS AL MOMENTO DE TORSIÓN

τ_T M_T

$\tau_{Tmax}=\dfrac{M_T}{W_T}$

$\tau_{Tmax}=\dfrac{M_T}{\pi d^3/16}$

τ_{Tmax}=1056 N/cm²

τ_V τ_T

$\sigma_{MAX}=\tau_{VMAX}+\tau_{TMAX}$

$\tau_{MAX}=\tau_{VMAX}+\tau_{TMAX}$

σ_{MAX} = 3084 N/cm²

τ_{MAX} = 3084 N/cm²

σ_F

τ_T

$\sigma_{MAX}=\sigma_{FMAX}/2+\sqrt{\tau_{TMAX}^2+(\sigma_{FMAX}/2)^2}$

$\tau_{MAX}=\sqrt{\tau_{TMAX}^2+(\sigma_{FMAX}/2)^2}$

σ_{MAX} = 19072 N/cm²

τ_{MAX} = 9565 N/cm²

FIGURA 12.23
EJERCICIO 6

El problema elástico en general

Al iniciar el estudio de la resistencia de materiales, señalábamos como objetivo estudiar el comportamiento de los sólidos cuando se ven solicitados por sistemas de fuerzas en equilibrio. Esto es lo que hemos hecho a lo largo de los diferentes capítulos, pero con algunas limitaciones importantes: la geometría del sólido, limitada normalmente al caso de barras y las fuerzas aplicadas; axiales, cortantes, de flexión o torsión y algunas combinaciones simples.

Afortunadamente, muchos elementos estructurales se ajustan a estas condiciones, por lo que las leyes básicas de la resistencia de materiales, que hemos considerado, permiten resolver con garantías en muchas situaciones de aplicación.

No obstante, queda por resolver el problema con carácter general; ¿cómo se comporta un sólido, de cualquier geometría, solicitado por una combinación de fuerzas cualesquiera?

Se trataría de analizar el comportamiento de cada uno de los puntos del sólido, que quedaría definido por su estado tensional, su grado de deformación y su posible desplazamiento. Esto exige determinar quince incógnitas: las seis componentes de la tensión, las seis componentes que definen la deformación y las tres componentes del posible desplazamiento. (**Figura 12.24**)

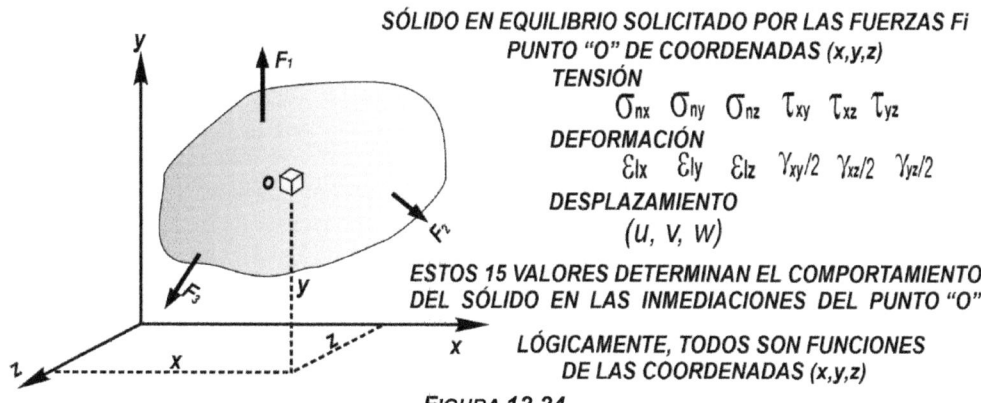

SÓLIDO EN EQUILIBRIO SOLICITADO POR LAS FUERZAS Fi
PUNTO "O" DE COORDENADAS (x,y,z)
TENSIÓN
$$\sigma_{nx} \quad \sigma_{ny} \quad \sigma_{nz} \quad \tau_{xy} \quad \tau_{xz} \quad \tau_{yz}$$
DEFORMACIÓN
$$\varepsilon_{lx} \quad \varepsilon_{ly} \quad \varepsilon_{lz} \quad \gamma_{xy}/2 \quad \gamma_{xz}/2 \quad \gamma_{yz}/2$$
DESPLAZAMIENTO
$$(u, \ v, \ w)$$

ESTOS 15 VALORES DETERMINAN EL COMPORTAMIENTO DEL SÓLIDO EN LAS INMEDIACIONES DEL PUNTO "O"

LÓGICAMENTE, TODOS SON FUNCIONES DE LAS COORDENADAS (x,y,z)

FIGURA 12.24
PARÁMETROS A DETERMINAR EN EL PROBLEMA ELÁSTICO

Definida la geometría del sólido, sus características elásticas y los vínculos que lo inmovilizan, si aplicamos a cada elemento de sólido:

- Las condiciones de equilibrio
- Las relaciones entre tensiones y deformaciones (Hooke)
- Las condiciones de compatibilidad de deformaciones y desplazamientos que garanticen la continuidad del material y cumplan con las restricciones impuestas por los vínculos exteriores

Se obtiene un sistema de ecuaciones cuya solución es la respuesta al problema planteado.

Aunque el proceso esquemático es que venimos aplicando en los diferentes temas: equilibrio, ley de Hooke y compatibilidad de deformaciones, la solución analítica de estas ecuaciones, muchas de ellas diferenciales, no resulta sencillo, salvo en casos muy particulares. Normalmente se acude a procedimientos numéricos, con apoyo informático, como el Método de Elementos Finitos.

CAPÍTULO 13

POTENCIAL INTERNO

Energía de deformación

Los sólidos, cuando se ven solicitados por fuerzas, experimentan deformaciones. Como consecuencia, se producen desplazamientos de sus puntos de aplicación, por lo que las fuerzas realizan un trabajo sobre el sólido. (Trabajo o energía de deformación). *(Figura 13.1)*

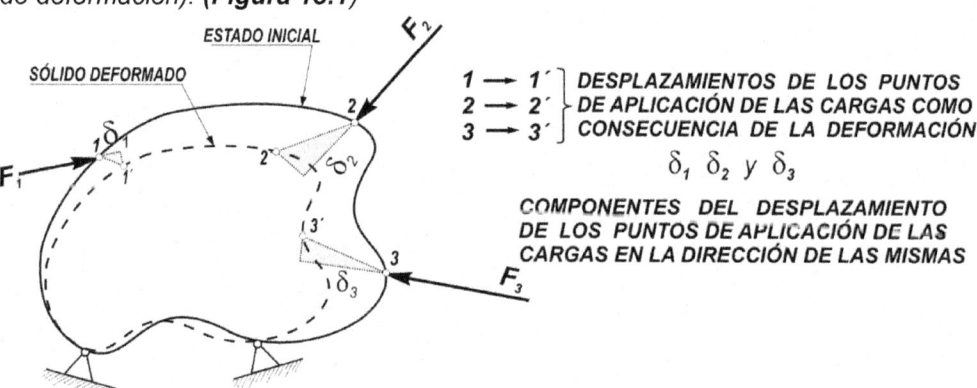

FIGURA 13.1
ENERGÍA DE DEFORMACIÓN

Si las fuerzas:

No están aplicadas de forma súbita, sino que crecen gradualmente hasta alcanzar su valor final.

Constituyen en todo momento un sistema en equilibrio.

Son tales que la tensión no rebasa el límite elástico en ningún punto.

El trabajo realizado sobre el sólido se almacena bajo la forma de energía potencial elástica y puede recuperarse al cesar las fuerzas. Ejemplos típicos pueden ser los resortes o las catapultas.

Energía de deformación en una barra sometida a esfuerzo axial

Para una barra de sección constante, solicitada por una carga axial que satisface las condiciones anteriores, en la que las deformaciones son proporcionales a la carga, la energía de deformación, que se almacena como potencial interno, viene dada por las expresiones de la **Figura 13.2**

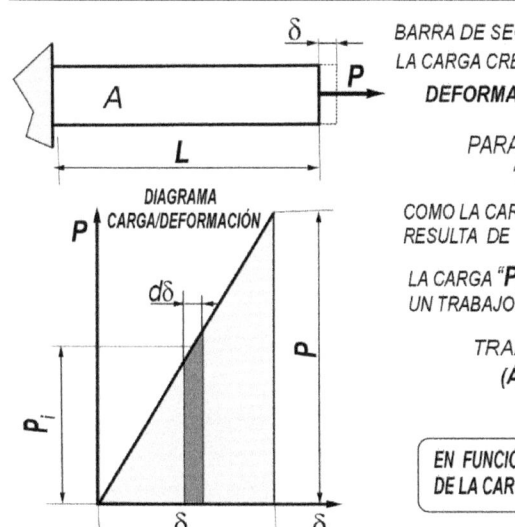

BARRA DE SECCIÓN CONSTANTE *"A"* Y MÓDULO DE ELASTICIDAD *"E"*
LA CARGA CRECE DE FORMA GRADUAL HASTA ALCANZAR EL VALOR *"P"*
DEFORMACIÓN PROPORCIONAL AL VALOR DE LA CARGA

PARA EL VALOR FINAL DE LA CARGA *"P"* LA DEFORMACIÓN ES *"δ"* $\delta = \dfrac{P.L}{E.A}$

COMO LA CARGA VARÍA A LO LARGO DEL PROCESO, EL TRABAJO TOTAL RESULTA DE SUMAR LOS QUE VA REALIZANDO EN CADA INSTANTE

LA CARGA *"P_i"* EXPERIMENTA UN DESPLAZAMIENTO *"dδ"* REALIZANDO UN TRABAJO $dU = P_i\, d\delta$ *(ÁREA DE LA ZONA TRAPECIAL RESALTADA)*

TRABAJO TOTAL REALIZADO POR LA CARGA *"P"*
(ÁREA DEL DIAGRAMA CARGA/DEFORMACIÓN)

$$U = P.\delta\ /2$$

| EN FUNCIÓN DE LA CARGA $U = \dfrac{P^2.L}{2E.A}$ | EN FUNCIÓN DEL DESPLAZAMIENTO $U = \dfrac{EA\delta^2}{2L}$ |

FIGURA 13.2
ENERGÍA DE DEFORMACIÓN EN TRACCIÓN Y COMPRESIÓN

Observamos que la energía es una función de segundo grado de las cargas, lo que limita las posibilidades de aplicación del principio de superposición a casos que satisfagan determinados requisitos.

Siempre que se cumplan las condiciones anteriores: barra de sección constante y esfuerzo uniforme, acciones aplicadas de forma gradual, tensiones dentro del campo elástico y proporcionalidad entre esfuerzos y deformaciones, en los siguientes apartados se expresa el valor del potencial para distintos tipos de esfuerzo.

Energía de deformación en cortadura

En el caso de sólidos sometidos a esfuerzos cortantes, la distribución no uniforme del esfuerzo a lo largo de las secciones rectas, exige un análisis un poco más cuidadoso.

*Una primera aproximación, admitiendo distribución uniforme del cortante, nos conduce a expresiones similares a las utilizadas para sólidos solicitados por esfuerzos axiales. (**Figura 13.3**)*

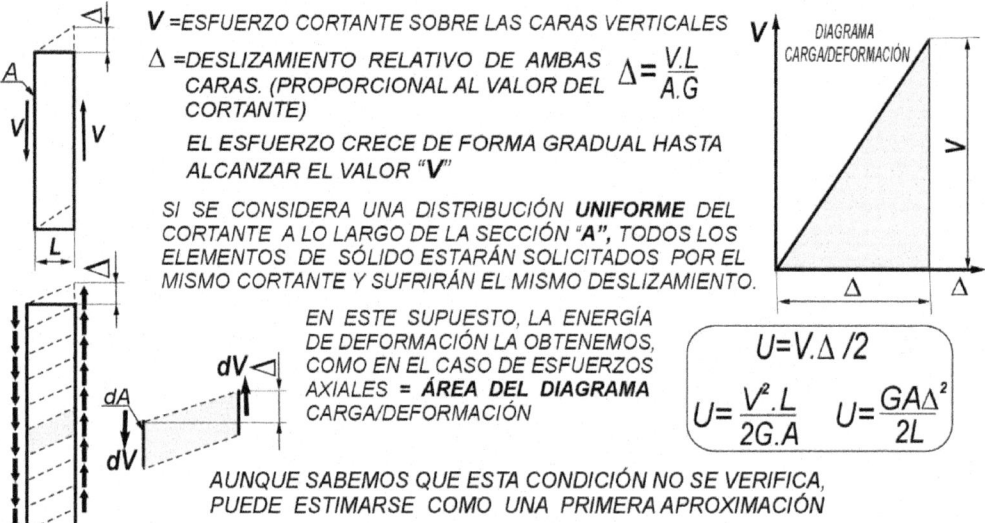

V =ESFUERZO CORTANTE SOBRE LAS CARAS VERTICALES

Δ =DESLIZAMIENTO RELATIVO DE AMBAS CARAS. (PROPORCIONAL AL VALOR DEL CORTANTE) $\Delta = \dfrac{V.L}{A.G}$

EL ESFUERZO CRECE DE FORMA GRADUAL HASTA ALCANZAR EL VALOR "**V**"

SI SE CONSIDERA UNA DISTRIBUCIÓN **UNIFORME** DEL CORTANTE A LO LARGO DE LA SECCIÓN "**A**", TODOS LOS ELEMENTOS DE SÓLIDO ESTARÁN SOLICITADOS POR EL MISMO CORTANTE Y SUFRIRÁN EL MISMO DESLIZAMIENTO.

EN ESTE SUPUESTO, LA ENERGÍA DE DEFORMACIÓN LA OBTENEMOS, COMO EN EL CASO DE ESFUERZOS AXIALES = **ÁREA DEL DIAGRAMA** CARGA/DEFORMACIÓN

$$U = V.\Delta/2$$
$$U = \frac{V^2.L}{2G.A} \qquad U = \frac{GA\Delta^2}{2L}$$

AUNQUE SABEMOS QUE ESTA CONDICIÓN NO SE VERIFICA, PUEDE ESTIMARSE COMO UNA PRIMERA APROXIMACIÓN

FIGURA 13.3
ENERGÍA DE DEFORMACIÓN EN CORTADURA

Un análisis más riguroso, considerando la distribución no uniforme del esfuerzo, nos lleva a las expresiones de la **Figura 13.4**, donde aparece un nuevo elemento, **factor de forma**, que depende de la geometría de la sección.

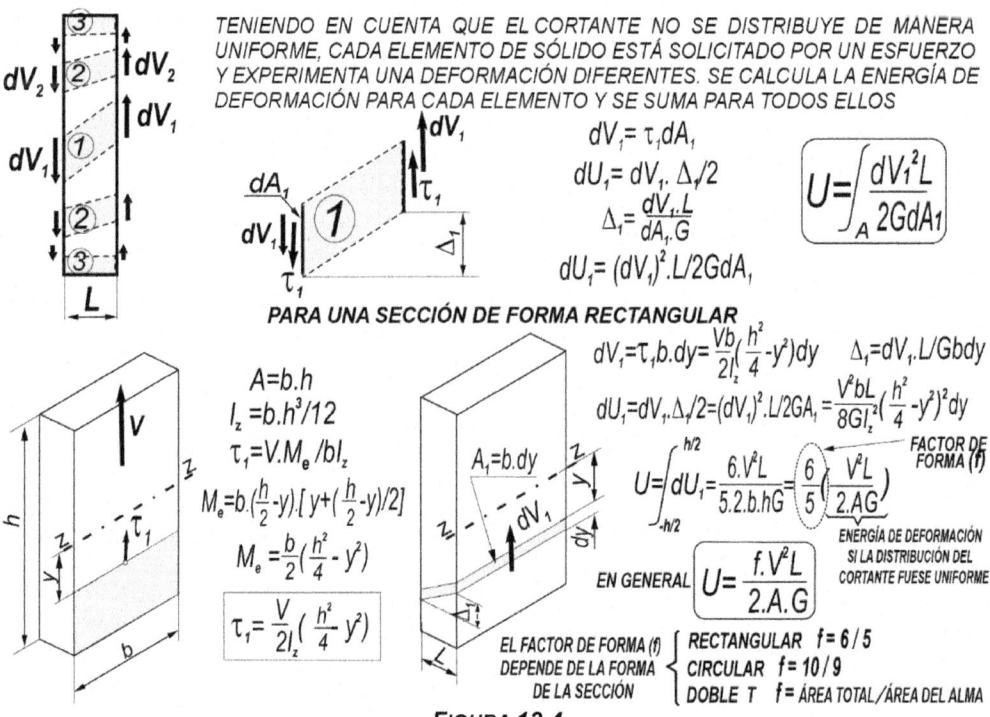

TENIENDO EN CUENTA QUE EL CORTANTE NO SE DISTRIBUYE DE MANERA UNIFORME, CADA ELEMENTO DE SÓLIDO ESTÁ SOLICITADO POR UN ESFUERZO Y EXPERIMENTA UNA DEFORMACIÓN DIFERENTES. SE CALCULA LA ENERGÍA DE DEFORMACIÓN PARA CADA ELEMENTO Y SE SUMA PARA TODOS ELLOS

$$dV_1 = \tau_1 dA_1$$
$$dU_1 = dV_1. \Delta_1/2$$
$$\Delta_1 = \frac{dV_1.L}{dA_1.G}$$
$$dU_1 = (dV_1)^2.L/2GdA_1$$

$$U = \int_A \frac{dV_1^2 L}{2G dA_1}$$

PARA UNA SECCIÓN DE FORMA RECTANGULAR

$A = b.h$
$I_z = b.h^3/12$
$\tau_1 = V.M_e/bI_z$
$M_e = b.(\frac{h}{2}-y).[\,y+(\frac{h}{2}-y)/2\,]$
$M_e = \frac{b}{2}(\frac{h^2}{4} - y^2)$
$\boxed{\tau_1 = \frac{V}{2I_z}(\frac{h^2}{4} - y^2)}$

$A_1 = b.dy$

$dV_1 = \tau_1.b.dy = \dfrac{Vb}{2I_z^2}(\dfrac{h^2}{4} - y^2)dy \qquad \Delta_1 = dV_1.L/Gbdy$

$dU_1 = dV_1.\Delta_1/2 = (dV_1)^2.L/2GA_1 = \dfrac{V^2 bL}{8GI_z^2}(\dfrac{h^2}{4} - y^2)^2 dy$

FACTOR DE FORMA (**f**)

$$U = \int_{-h/2}^{h/2} dU_1 = \frac{6.V^2 L}{5.2.b.hG} = \left(\frac{6}{5}\right)\left(\frac{V^2 L}{2.AG}\right)$$

ENERGÍA DE DEFORMACIÓN SI LA DISTRIBUCIÓN DEL CORTANTE FUESE UNIFORME

EN GENERAL $\boxed{U = \dfrac{f.V^2 L}{2.A.G}}$

EL FACTOR DE FORMA (**f**) DEPENDE DE LA FORMA DE LA SECCIÓN
- RECTANGULAR f = 6/5
- CIRCULAR f = 10/9
- DOBLE T f = ÁREA TOTAL/ÁREA DEL ALMA

FIGURA 13.4
ENERGÍA DE DEFORMACIÓN EN CORTADURA. FACTOR DE FORMA

Energía de deformación en flexión

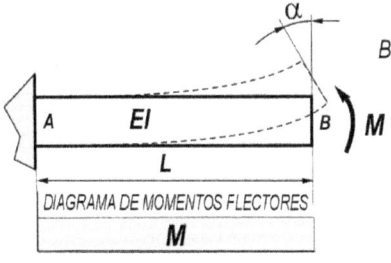

BARRA DE SECCIÓN CONSTANTE, DE RIGIDEZ A FLEXIÓN **EI**

M = MOMENTO APLICADO EN "B"

α = GIRO DE LA SECCIÓN "B" $\quad \alpha = \dfrac{M.L}{E.I}$

PROPORCIONAL AL VALOR DEL MOMENTO

EL MOMENTO CRECE DE FORMA GRADUAL HASTA ALCANZAR EL VALOR "**M**"

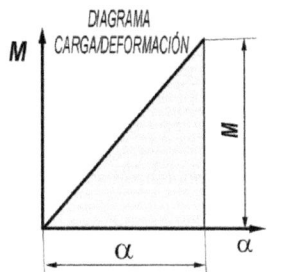

TRABAJO TOTAL REALIZADO POR EL PAR "M"

ÁREA DEL DIAGRAMA DE CARGA

$$U = M.\alpha /2$$

$$U = \frac{M^2.L}{2E.I} \qquad U = \frac{EI\alpha^2}{2L}$$

FIGURA 13.5
ENERGÍA DE DEFORMACIÓN EN FLEXIÓN

Energía de deformación en torsión

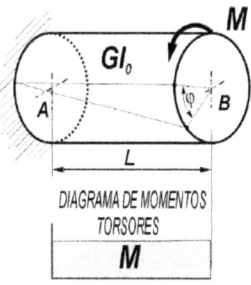

BARRA DE SECCIÓN CONSTANTE, DE RIGIDEZ A TORSIÓN **GI$_0$**

M = MOMENTO APLICADO EN "B"

φ = GIRO DE LA SECCIÓN "B" $\quad \varphi = \dfrac{M.L}{G.Io}$

PROPORCIONAL AL VALOR DEL MOMENTO

EL MOMENTO CRECE DE FORMA GRADUAL HASTA ALCANZAR EL VALOR "**M**"

TRABAJO TOTAL REALIZADO POR EL PAR "M"

ÁREA DEL DIAGRAMA DE CARGA

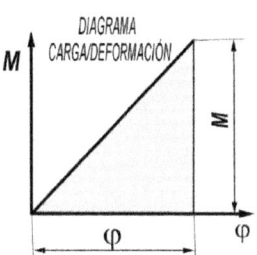

$$U = M.\varphi /2$$

$$U = \frac{M^2.L}{2GI_0} \qquad U = \frac{GI_0\varphi^2}{2L}$$

FIGURA 13.6
ENERGÍA DE DEFORMACIÓN EN TORSIÓN

Para barras en las que la sección no sea constante o el esfuerzo varíe a lo largo de las mismas, aplicamos las expresiones anteriores a un elemento de barra de longitud infinitesimal (sección y esfuerzo constantes) y sumamos para toda la barra. **(Figura 13.7)**

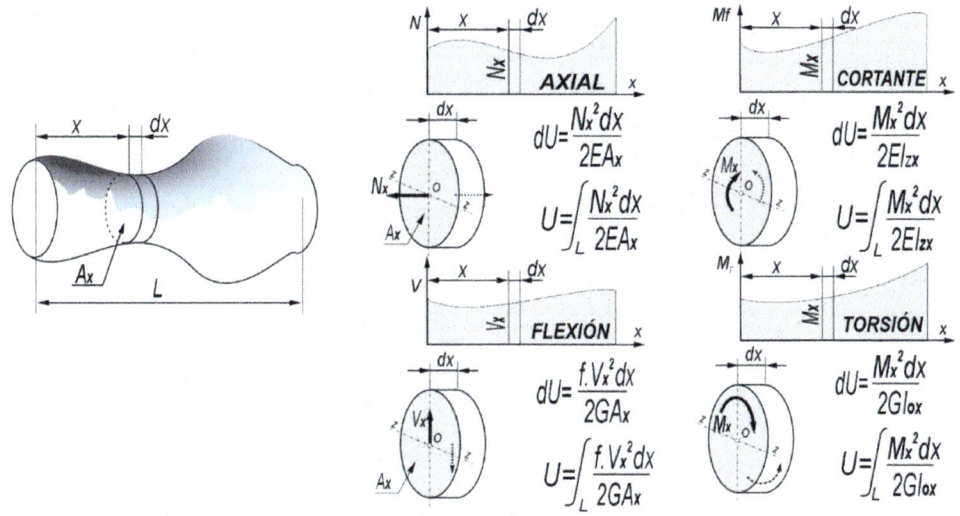

FIGURA 13.7
EXPRESIÓN GENERAL DE LA ENERGÍA DE DEFORMACIÓN

Energía de deformación cuando actúan varias cargas

En el caso de sólidos solicitados por diversas cargas, que actúan de forma simultánea, se calculan los desplazamientos resultantes del punto de aplicación de cada carga, en su dirección, y se obtiene el trabajo total como suma de los semiproductos carga por desplazamiento. **(Figura 13.8)**

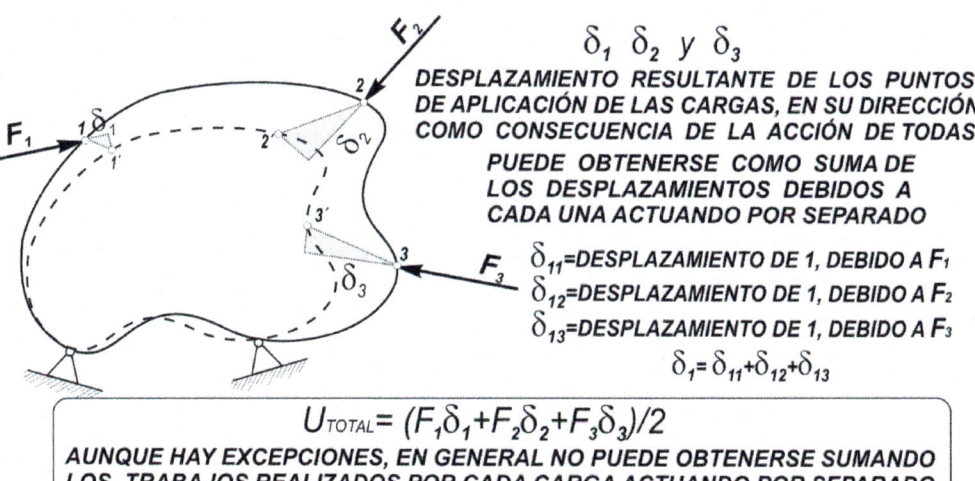

FIGURA 13.8
TRABAJO DE DEFORMACIÓN, EN GENERAL

El principio de superposición, aplicable, en general, a la determinación de esfuerzos, tensiones y deformaciones, no es de aplicación en el cálculo de energías de deformación, salvo que las cargas cumplan determinados requisitos. (**Figuras 13.9 y 13.10**)

BARRA SOLICITADA POR LAS CARGAS "P" y "2P"

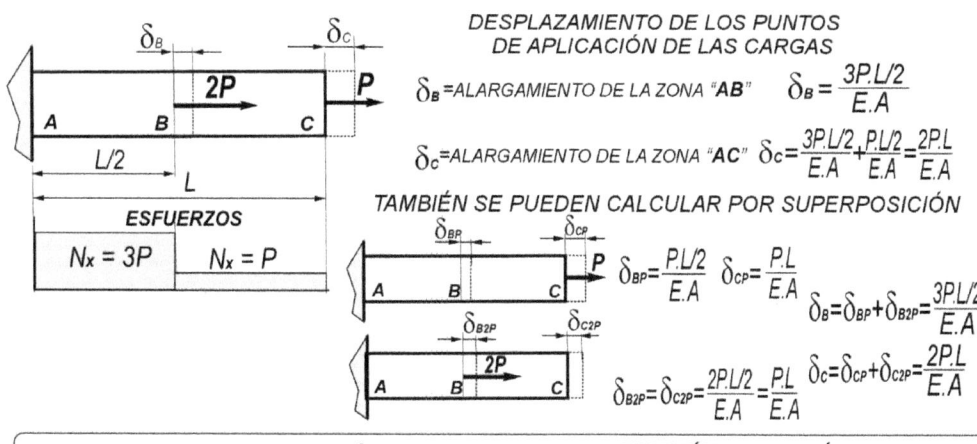

DESPLAZAMIENTO DE LOS PUNTOS DE APLICACIÓN DE LAS CARGAS

δ_B=ALARGAMIENTO DE LA ZONA "**AB**" $\delta_B = \dfrac{3P.L/2}{E.A}$

δ_C=ALARGAMIENTO DE LA ZONA "**AC**" $\delta_C = \dfrac{3P.L/2}{E.A} + \dfrac{P.L/2}{E.A} = \dfrac{2P.L}{E.A}$

TAMBIÉN SE PUEDEN CALCULAR POR SUPERPOSICIÓN

$\delta_{BP} = \dfrac{P.L/2}{E.A}$ $\delta_{CP} = \dfrac{P.L}{E.A}$

$\delta_{B2P} = \delta_{C2P} = \dfrac{2P.L/2}{E.A} = \dfrac{P.L}{E.A}$

$\delta_B = \delta_{BP} + \delta_{B2P} = \dfrac{3P.L/2}{E.A}$

$\delta_C = \delta_{CP} + \delta_{C2P} = \dfrac{2P.L}{E.A}$

TRABAJO DE DEFORMACIÓN

$U = \Sigma F_i.\delta_i/2 = 2P.\delta_B/2 + P.\delta_C/2 = 2P\dfrac{3P.L/2}{2E.A} + P\dfrac{2P.L}{2E.A} = \boxed{\dfrac{5P^2.L}{2E.A}}$

TAMBIÉN SE PODRÍA CALCULAR

$U = \int_L \dfrac{N_x^2 dx}{2EA_x} = \int_0^{L/2} \dfrac{9P^2 dx}{2EA} + \int_{L/2}^{L} \dfrac{P^2 dx}{2EA} = \boxed{\dfrac{5P^2L}{2EA}}$

TRABAJO DE DEFORMACIÓN. ¿CÁLCULO POR SUPERPOSICIÓN?

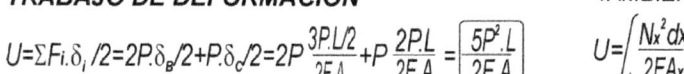

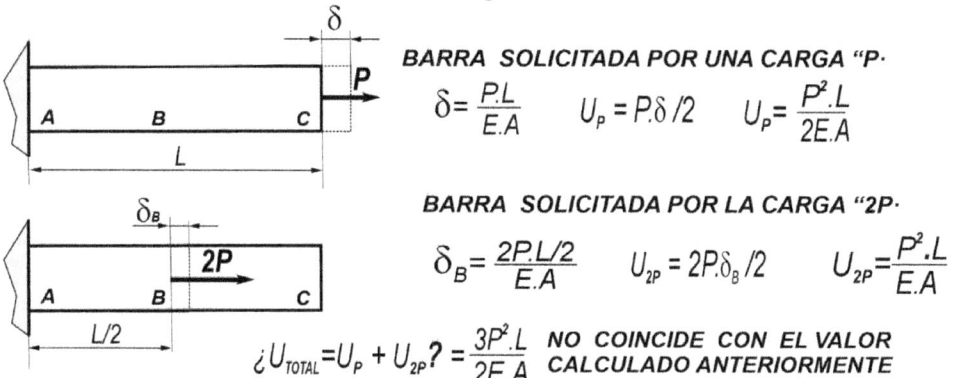

BARRA SOLICITADA POR UNA CARGA "P·

$\delta = \dfrac{P.L}{E.A}$ $U_P = P.\delta/2$ $U_P = \dfrac{P^2.L}{2E.A}$

BARRA SOLICITADA POR LA CARGA "2P·

$\delta_B = \dfrac{2P.L/2}{E.A}$ $U_{2P} = 2P.\delta_B/2$ $U_{2P} = \dfrac{P^2.L}{E.A}$

$¿U_{TOTAL} = U_P + U_{2P}? = \dfrac{3P^2.L}{2E.A}$ **NO COINCIDE CON EL VALOR CALCULADO ANTERIORMENTE**

$\boxed{\textbf{NO ES APLICABLE EL PRINCIPIO DE SUPERPOSICIÓN}}$

FIGURA **13.9**
NO APLICABLE SUPERPOSICIÓN

SOBRE LA BARRA ACTÚAN SIMULTÁNEAMENTE LAS DOS CARGAS

AL APLICAR LA CARGA "2P"

"B" SE DESPLAZA δ_B *"2P" REALIZA UN TRABAJO* U_{2P}

$$\delta_B = \frac{2P.L/2}{E.A} \qquad U_{2P} = 2P.\delta_B/2 \qquad U_{2P} = \frac{P^2.L}{E.A}$$

AL APLICAR LA CARGA "P"

"C" SE DESPLAZA δ_C *"P" REALIZA UN TRABAJO* U_P

$$\delta_C = \frac{P.L}{E.A} \qquad U_P = P.\delta_C/2 \qquad U_P = \frac{P^2.L}{2E.A}$$

"B" EXPERIMENTA UN DESPLAZAMIENTO ADICIONAL δ_{BP}

LA CARGA "2P" SE DESPLAZA, A VALOR CONSTANTE, REALIZANDO UN TRABAJO $U_{2P.P}$

$$\delta_{BP} = \frac{P.L/2}{E.A} \qquad U_{2P-P} = 2P.\delta_{BP} \qquad U_{2P-P} = \frac{P^2.L}{E.A}$$

$$U_{TOTAL} = U_P + U_{2P} + U_{2P-P} = \frac{5P^2.L}{2E.A} \begin{cases} U_{2P} = \text{TRABAJO REALIZADO AL APLICAR LA CARGA "2P"} \\ U_P = \text{TRABAJO REALIZADO POR LA CARGA "P"} \\ U_{2P-P} = \text{TRABAJO REALIZADO POR LA CARGA "2P" AL APLICAR "P"} \end{cases}$$

SI SE INVIERTE EL ORDEN DE APLICACIÓN, LA SITUACIÓN FINAL SERÁ LA MISMA

AL APLICAR LA CARGA "P"

"C" SE DESPLAZA δ_C *"P" REALIZA UN TRABAJO* U_P

$$\delta_C = \frac{P.L}{E.A} \qquad U_P = P.\delta_C/2 \qquad U_P = \frac{P^2.L}{2E.A}$$

AL APLICAR LA CARGA "2P"

"B" SE DESPLAZA δ_B *"2P" REALIZA UN TRABAJO* U_{2P}

$$\delta_B = \frac{2P.L/2}{E.A} \qquad U_{2P} = 2P.\delta_B/2 \qquad U_{2P} = \frac{P^2.L}{E.A}$$

"C" EXPERIMENTA UN DESPLAZAMIENTO ADICIONAL δ_{C2P}

LA CARGA "P" SE DESPLAZA, A VALOR CONSTANTE, REALIZANDO UN TRABAJO U_{P-2P}

$$\delta_{C2P} = \frac{P.L}{E.A} \qquad U_{P-2P} = P.\delta_{C2P} \qquad U_{2P-P} = \frac{P^2.L}{E.A}$$

$$U_{TOTAL} = U_P + U_{2P} + U_{P-2P} = \frac{5P^2.L}{2E.A} \qquad U_{P-2P} = \text{TRABAJO REALIZADO POR LA CARGA "P" AL APLICAR "2P"}$$

> EL PRINCIPIO DE SUPERPOSICIÓN SOLO ES APLICABLE CUANDO ES NULO EL TRABAJO REALIZADO POR UNA CARGA CUANDO ACTÚA LA OTRA

> EL TRABAJO REALIZADO POR LA CARGA "2P" AL APLICAR LA CARGA "P" ES IGUAL QUE EL RECÍPROCO (EL QUE REALIZA "P" AL APLICAR "2P·

FIGURA 13.10
CONDICIÓN PARA QUE SEA APLICABLE SUPERPOSICIÓN

Principio de reciprocidad de los trabajos (Teorema de Maxwell-Betti)

En el ejemplo de la **Figura 13.10** observamos que, en esta barra, solicitada por las cargas **"P"** y **"2P"**, el trabajo que realiza la carga **"P"** al desplazarse por la aplicación de **"2P"**, es igual que el recíproco, es decir, el que realiza la carga **"2P"** cuando se aplica **"P"**.

La relación observada en este ejemplo resulta fácil de generalizar, dando lugar al que se conoce como teorema de Maxwell-Betti, o de los trabajos recíprocos.

En un sólido solicitado por dos sistemas de cargas (cargas uno y cargas dos), **"el trabajo realizado por el sistema uno cuando aplicamos el sistema dos, es igual que el trabajo realizado por el dos cuando se aplica el uno"**

Esto se traduce en que, el producto de las fuerzas de un sistema por los desplazamientos de sus puntos de aplicación provocados por el otro, es constante. **(Figura 13.11)**

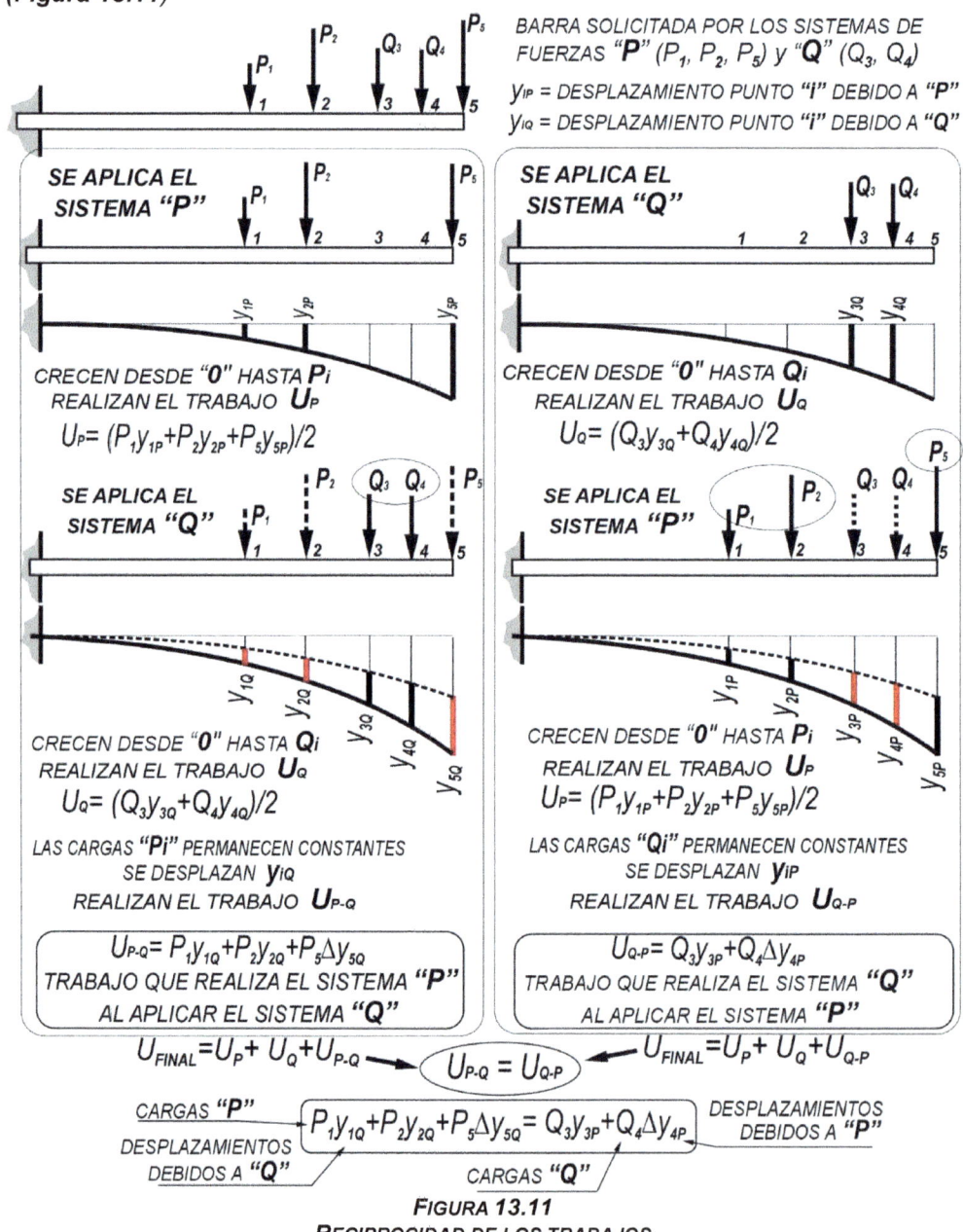

FIGURA 13.11
RECIPROCIDAD DE LOS TRABAJOS

EJERCICIO 1

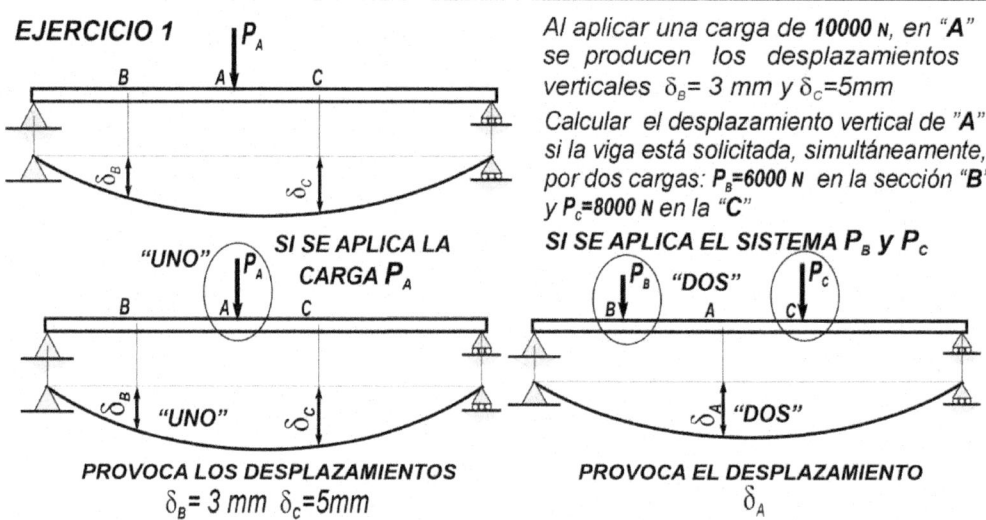

Al aplicar una carga de **10000 N**, en "**A**" se producen los desplazamientos verticales δ_B= 3 mm y δ_C=5mm

Calcular el desplazamiento vertical de "**A**" si la viga está solicitada, simultáneamente, por dos cargas: P_B=**6000 N** en la sección "**B**" y P_C=**8000 N** en la "**C**"

"UNO" · SI SE APLICA LA CARGA P_A

SI SE APLICA EL SISTEMA P_B y P_C

PROVOCA LOS DESPLAZAMIENTOS
δ_B= 3 mm δ_C=5mm

PROVOCA EL DESPLAZAMIENTO
δ_A

CARGAS "UNO" x DESPLAZAMIENTOS "DOS" = CARGAS "DOS" x DESPLAZAMIENTOS "UNO"

$$P_A\delta_A \qquad 10000.\delta_A = 6000.3+8000.5 \qquad P_B\delta_B+P_C\delta_C$$

$$\boxed{\delta_A=5,8\ mm}$$

FIGURA 13.12
EJERCICIO 1

EJERCICIO 2

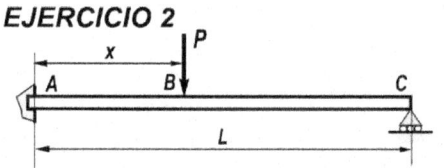

La viga **ABC**, de rigidez a flexión **EI**, está solicitada por la carga **P**, que puede desplazarse a lo largo de la misma.

Determinar el valor de la reacción R_C en función de la posición de la carga.

CONSIDERAMOS DOS SISTEMAS DE CARGAS

SISTEMA 1	SISTEMA 2
CARGAS REALES "P" y "R_c"	FUERZA "F" APLICADA EN "C"
	(PARA FACILITAR CÁLCULOS, PUEDE SER F=1)

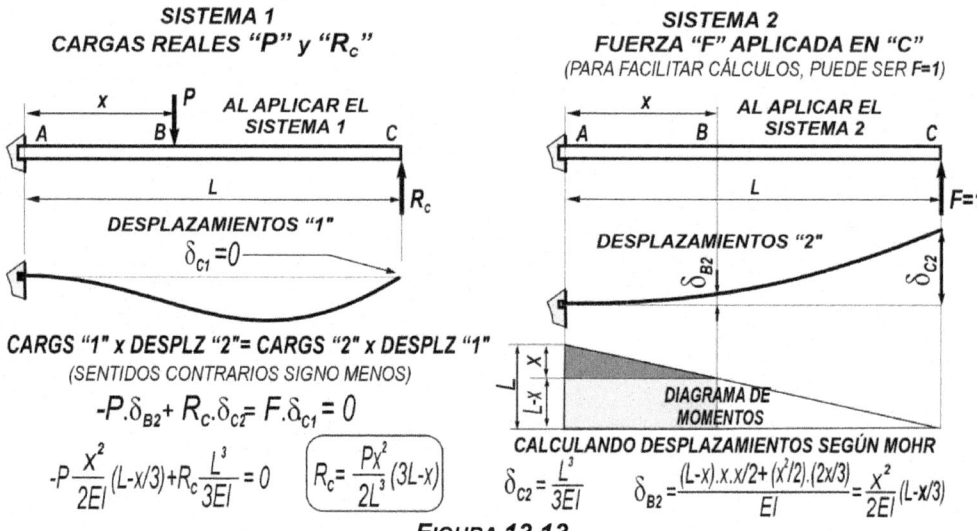

CARGS "1" x DESPLZ "2"= CARGS "2" x DESPLZ "1"
(SENTIDOS CONTRARIOS SIGNO MENOS)

$$-P.\delta_{B2}+ R_c.\delta_{c2}= F.\delta_{c1}=0$$

$$-P\frac{x^2}{2EI}(L-x/3)+R_c\frac{L^3}{3EI}=0 \qquad \boxed{R_c=\frac{Px^2}{2L^3}(3L-x)}$$

DIAGRAMA DE MOMENTOS

CALCULANDO DESPLAZAMIENTOS SEGÚN MOHR

$$\delta_{c2}=\frac{L^3}{3EI} \qquad \delta_{B2}=\frac{(L-x).x.x/2+(x^2/2).(2x/3)}{EI}=\frac{x^2}{2EI}(L-x/3)$$

FIGURA 13.13
EJERCICIO 2

Teoremas de Castigliano

En una estructura solicitada por diversas cargas P_1, P_2, P_3, … y pares M_1, M_2, M_3, … Si expresamos la energía total únicamente en función de las fuerzas y pares:

La derivada parcial de la energía respecto de una carga es igual al desplazamiento del punto de aplicación de dicha carga, en su dirección. (Derivada parcial respecto de un momento igual al giro de la sección en la que está aplicado).

$$\frac{\partial U}{\partial P_1} = \delta_1 \qquad \frac{\partial U}{\partial M_1} = \alpha_1$$

Si la energía se expresa en función de los desplazamientos y giros:

La derivada parcial de la energía respecto del desplazamiento de un punto es igual a la carga aplicada en ese punto. (Derivada parcial respecto del giro de una sección igual al valor del par aplicado en la misma).

$$\frac{\partial U}{\partial \delta_1} = P_1 \qquad \frac{\partial U}{\partial \alpha_1} = M_1$$

Estos teoremas permiten obtener con facilidad los desplazamientos de los puntos de aplicación de las cargas que actúan sobre la estructura, muy especialmente en estructuras de barras articuladas.

EJERCICIO 3

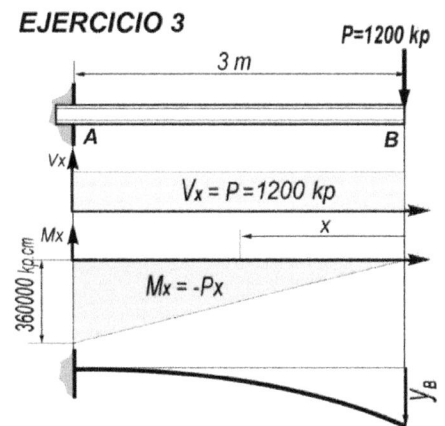

La viga es una **IPE 200**
Iz = 1940 cm⁴
Área de la sección A = 28,5 cm²
Dimensiones del alma = 0,56x18,3 cm
Módulo de elasticidad = 2.10^6 kp/cm²
Módulo de elasticidad transversal=$0,8.10^6$ kp/cm²

Aplicando Castigliano, calcular la flecha en el extremo libre:
1) Sin considerar el esfuerzo cortante
2) Considerando ambos esfuerzos

ESFUERZOS A LO LARGO DE LA VIGA
$$V_x = P \qquad M_x = -Px$$
("x" MEDIDO EN EL SENTIDO INDICADO)

DESPLAZAMIENTO SIN CONSIDERAR EL CORTANTE

$$U = \int_L \frac{M_x^2 dx}{2EI_z} = \frac{1}{2EI_z}\int_L (-Px)^2 dx = \frac{P^2 L^3}{6EI_z} \qquad \frac{\partial U}{\partial P} = y_B \qquad \boxed{y_B = \frac{PL^3}{3EI_z} = \frac{1200.300^3}{3.2.10^6.1940} = 2,783 \text{ cm}}$$

DESPLAZAMIENTO CONSIDERANDO EL CORTANTE

$$U = \int_L \frac{M_x^2 dx}{2EI_z} + \int_L \frac{f.V_x^2 dx}{2GA_x} = \int_L \frac{(-Px)^2 dx}{2EI_z} + \int_L \frac{f.P^2 dx}{2GA} = \frac{P^2 L^3}{6EI_z} + \frac{f.P^2 L}{2GA} \qquad \frac{\partial U}{\partial P} = y_B \qquad y_B = \frac{PL^3}{3EI_z} + \frac{f.PL}{GA}$$

PARA UNA **IPE200**
ÁREA DE LA SECCIÓN = 28,5 cm²
SECCIÓN ALMA=0,56x18,3=10,25 cm²
FACTOR DE FORMA f= 28,5/10,25=2,78

$$\boxed{y_B = \frac{1200.300^3}{3.2.10^6.1940} + \frac{2,78.1200.300}{0,8.10^6.28,5} = 2,783 + 0,043 = 2,826 \text{ cm}}$$

EN ESTE CASO, LA INFLUENCIA DEL CORTANTE SOBRE EL VALOR DE LA FLECHA ES DEL 1,5%

FIGURA 13.14
EJERCICIO 3

Para obtener el desplazamiento de un punto en el que no actúe ninguna carga, o en una dirección que no coincide, se considera una carga **F** en el punto y dirección de interés y se trata igual que las reales a la hora de determinar la energía. El valor que toma la derivada de la energía respecto de esta carga, haciendo **F=0** nos da el desplazamiento buscado.

EJERCICIO 4

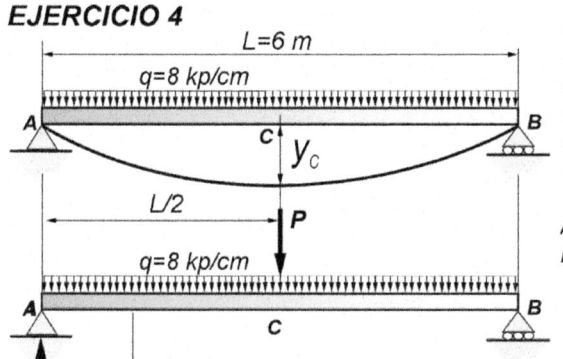

La viga es una **IPE 200**
$Iz = 1940\ cm^4$
Área de la sección $A = 28,5\ cm^2$
Dimensiones del alma = 0,56x18,3 cm
Módulo de elasticidad $E= 2.10^6\ kp/cm^2$
Módulo de elasticidad transversal
$\quad G = 0,8.10^6\ kp/cm^2$
Aplicando Castigliano, calcular la flecha máxima. (Por simetría, en el centro "C"):
1) Sin considerar el esfuerzo cortante
2) Considerando ambos esfuerzos

PARA APLICAR "CASTIGLIANO", ADEMAS DE LA CARGA REAL, CONSIDERAMOS UNA FUERZA VERTICAL "**P**" APLICADA EN "**C**", CALCULAMOS LA ENERGÍA DE DEFORMACIÓN EN FUNCIÓN DE TODAS LAS CARGAS Y DERIVAMOS RESPECTO DE LA CARGA "**P**". EL DESPLAZAMIENTO DE "**C**" ES EL VALOR DE ESTA DERIVADA PARA "**P=0**"

ESFUERZOS PARA SECCIONES ENTRE "A" y "C"

$$V_x = \frac{P+qL}{2} - qx \qquad M_x = \frac{P+qL}{2}x - qx^2/2 = (Px+qLx-qx^2)/2$$

ENERGÍA DE DEFORMACIÓN SIN CONSIDERAR EL CORTANTE

(POR SIMETRÍA, CALCULAMOS PARA MEDIA VIGA Y MULTIPLICAMOS POR 2)

$$U = 2\int_0^{L/2} \frac{M_x^2 dx}{2EI_z} = \frac{1}{EI_z}\int_0^{L/2} [(Px+qLx-qx^2)/2]^2 dx = \frac{1}{4EI_z}\left(\frac{P^2L^3}{24} + \frac{20PqL^4}{384} + \frac{q^2L^5}{60}\right)$$

$$\frac{\partial U}{\partial P} = y_C = \frac{1}{4EI_z}\left(\frac{PL^3}{12} + \frac{20qL^4}{384}\right) \quad \begin{array}{l}\text{\footnotesize DESPLAZAMIENTO CUANDO ACTÚAN}\\ \text{\footnotesize SIMULTÁNEAMENTE LAS CARGAS "P" y "q"}\end{array}$$

PARA "P=0" (SOLO "q") $\quad y_C = \dfrac{5qL^4}{384EI_z} = \dfrac{5.8.600^4}{384.2.10^6.1940} = 3,48\ cm$

ENERGÍA DE DEFORMACIÓN CONSIDERANDO EL CORTANTE

$$U = \int_L \frac{M_x^2 dx}{2EI_z} + \int_L \frac{f.V_x^2 dx}{2GA_x} \qquad \frac{\partial U}{\partial P} = y_C = \frac{1}{4EI_z}\left(\frac{PL^3}{12} + \frac{20qL^4}{384}\right) + \frac{f}{4AG}(PL+qL^2/2) \quad \begin{array}{l}\text{\footnotesize ACCIÓN SIMULTÁNEA DE}\\ \text{\footnotesize LAS CARGAS "P" y "q"}\end{array}$$

PARA "P=0" (SOLO "q") $\quad y_C = \dfrac{5qL^4}{384EI_z} + \dfrac{fqL^2}{8AG} = 3,48 + \dfrac{2,78.8.600^2}{8.0,8.10^6.28,5} = 3,48 + 0,044 = 3,524\ cm$

EN ESTE CASO, LA INFLUENCIA DEL CORTANTE SOBRE EL VALOR DE LA FLECHA ES DEL 1,2%

FIGURA 13.15
EJERCICIO 4

Para obtener el desplazamiento de nudos en estructuras de barras articuladas, por aplicación de los teoremas de Castigliano, se procede de la misma forma: se calcula la energía de deformación de la estructura y se deriva respecto de la carga que actúa en el nudo a estudiar.

Como se deduce de la **Figura 13.16**, la aplicación de este método conduce a un procedimiento de fácil aplicación:

- Calcular esfuerzos en las barras para el estado real de carga (F_i)
- Calcular el alargamiento de cada barra en el estado de carga real ($\delta_i = F_i.L_i/A_iE_i$
- Calcular esfuerzos para una carga unidad aplicada en el nudo con la dirección del desplazamiento que se trata de estudiar (f_{i1})
- El desplazamiento se obtiene como suma de los productos $\delta_i.f_{i1}$ para todas las barras

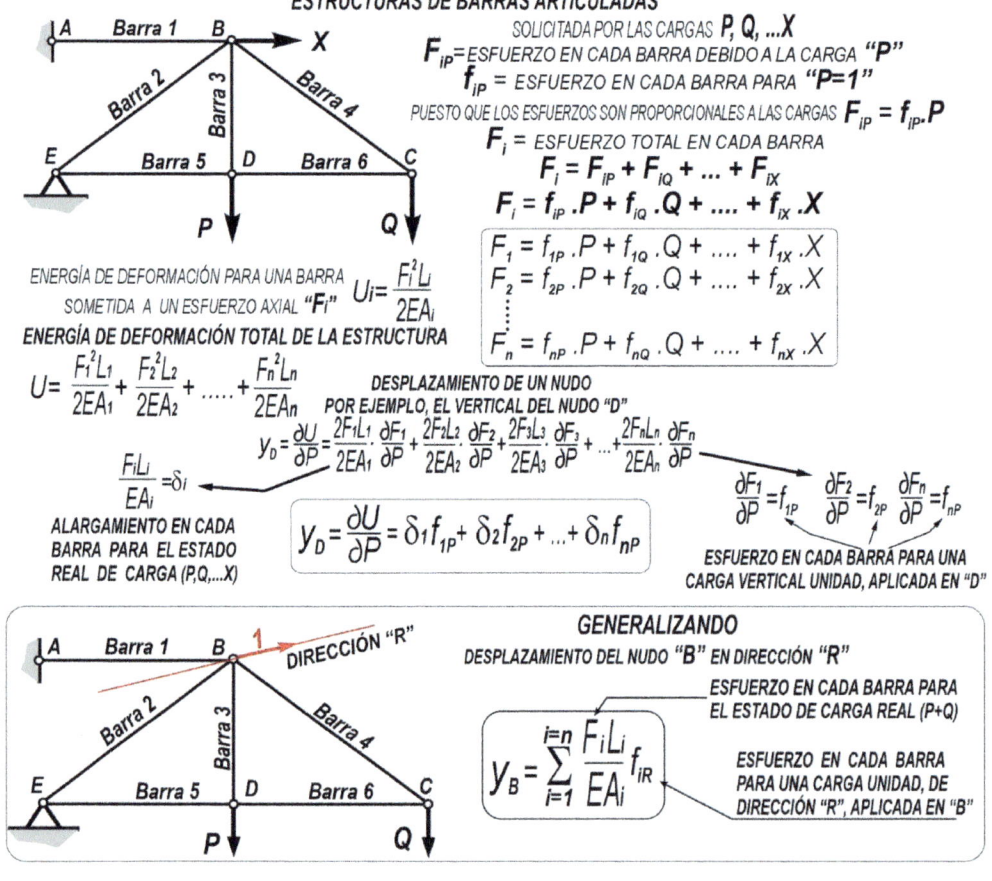

FIGURA 13.16
ESTRUCTURAS DE BARRAS ARTICULADAS

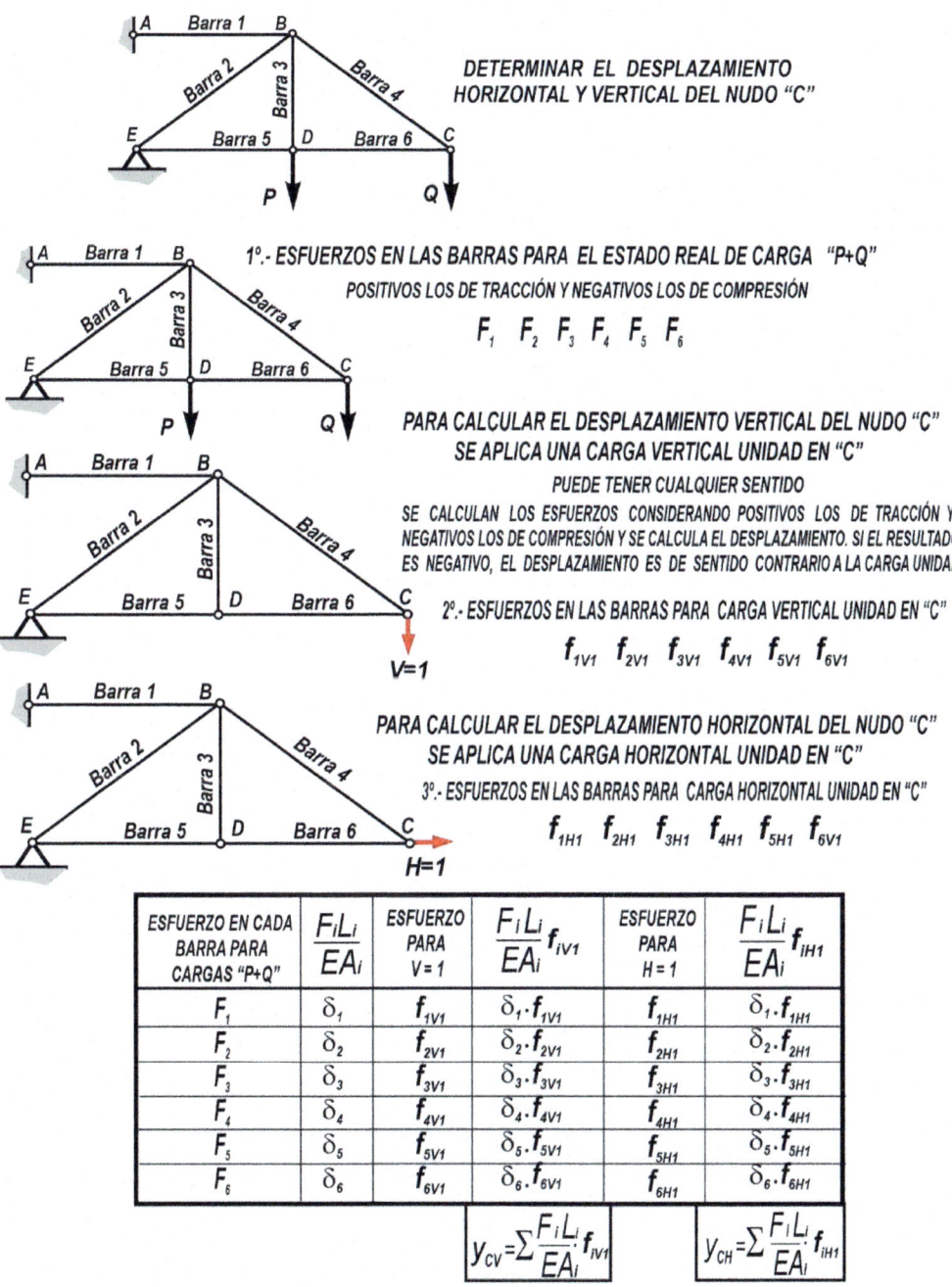

DETERMINAR EL DESPLAZAMIENTO
HORIZONTAL Y VERTICAL DEL NUDO "C"

1º.- ESFUERZOS EN LAS BARRAS PARA EL ESTADO REAL DE CARGA "P+Q"

POSITIVOS LOS DE TRACCIÓN Y NEGATIVOS LOS DE COMPRESIÓN

$$F_1 \quad F_2 \quad F_3 \quad F_4 \quad F_5 \quad F_6$$

PARA CALCULAR EL DESPLAZAMIENTO VERTICAL DEL NUDO "C"
SE APLICA UNA CARGA VERTICAL UNIDAD EN "C"

PUEDE TENER CUALQUIER SENTIDO

SE CALCULAN LOS ESFUERZOS CONSIDERANDO POSITIVOS LOS DE TRACCIÓN Y
NEGATIVOS LOS DE COMPRESIÓN Y SE CALCULA EL DESPLAZAMIENTO. SI EL RESULTADO
ES NEGATIVO, EL DESPLAZAMIENTO ES DE SENTIDO CONTRARIO A LA CARGA UNIDAD.

2º.- ESFUERZOS EN LAS BARRAS PARA CARGA VERTICAL UNIDAD EN "C"

$$f_{1V1} \quad f_{2V1} \quad f_{3V1} \quad f_{4V1} \quad f_{5V1} \quad f_{6V1}$$

PARA CALCULAR EL DESPLAZAMIENTO HORIZONTAL DEL NUDO "C"
SE APLICA UNA CARGA HORIZONTAL UNIDAD EN "C"

3º.- ESFUERZOS EN LAS BARRAS PARA CARGA HORIZONTAL UNIDAD EN "C"

$$f_{1H1} \quad f_{2H1} \quad f_{3H1} \quad f_{4H1} \quad f_{5H1} \quad f_{6V1}$$

ESFUERZO EN CADA BARRA PARA CARGAS "P+Q"	$\dfrac{F_i L_i}{EA_i}$	ESFUERZO PARA V = 1	$\dfrac{F_i L_i}{EA_i} f_{iV1}$	ESFUERZO PARA H = 1	$\dfrac{F_i L_i}{EA_i} f_{iH1}$
F_1	δ_1	f_{1V1}	$\delta_1 \cdot f_{1V1}$	f_{1H1}	$\delta_1 \cdot f_{1H1}$
F_2	δ_2	f_{2V1}	$\delta_2 \cdot f_{2V1}$	f_{2H1}	$\delta_2 \cdot f_{2H1}$
F_3	δ_3	f_{3V1}	$\delta_3 \cdot f_{3V1}$	f_{3H1}	$\delta_3 \cdot f_{3H1}$
F_4	δ_4	f_{4V1}	$\delta_4 \cdot f_{4V1}$	f_{4H1}	$\delta_4 \cdot f_{4H1}$
F_5	δ_5	f_{5V1}	$\delta_5 \cdot f_{5V1}$	f_{5H1}	$\delta_5 \cdot f_{5H1}$
F_6	δ_6	f_{6V1}	$\delta_6 \cdot f_{6V1}$	f_{6H1}	$\delta_6 \cdot f_{6H1}$

$$y_{CV} = \sum \frac{F_i L_i}{EA_i} \cdot f_{iV1}$$

$$y_{CH} = \sum \frac{F_i L_i}{EA_i} \cdot f_{iH1}$$

FIGURA 13.17
ESTRUCTURAS DE BARRAS ARTICULADAS

EJERCICIO 5

Determinar el desplazamiento del nudo "*C*"

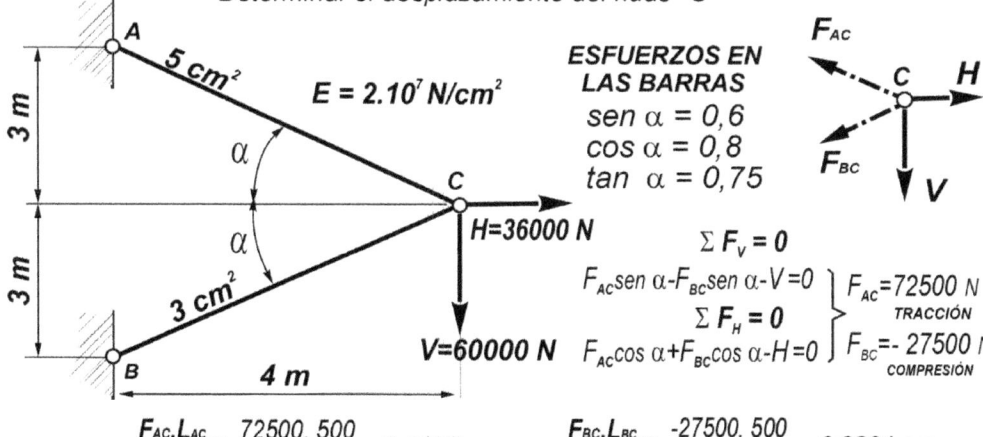

ESFUERZOS EN LAS BARRAS

$E = 2.10^7 \ N/cm^2$

$sen \ \alpha = 0,6$
$cos \ \alpha = 0,8$
$tan \ \alpha = 0,75$

$H=36000 \ N$

$V=60000 \ N$

$\Sigma F_V = 0$

$F_{AC} sen \ \alpha - F_{BC} sen \ \alpha - V = 0$
$\Sigma F_H = 0$
$F_{AC} cos \ \alpha + F_{BC} cos \ \alpha - H = 0$

$F_{AC}=72500 \ N$
TRACCIÓN
$F_{BC}=- \ 27500 \ N$
COMPRESIÓN

$$\frac{F_{AC}.L_{AC}}{E.A_{AC}} = \frac{72500. \ 500}{2.10^7. \ 5} = 0,3625 \ cm \qquad \frac{F_{BC}.L_{BC}}{E.A_{BC}} = \frac{-27500. \ 500}{2.10^7. \ 3} = - \ 0,2291 \ cm$$

DESPLAZAMIENTO VERTICAL DEL NUDO "C"

ESFUERZOS EN LAS BARRAS PARA UNA
CARGA VERTICAL UNIDAD, APLICADA EN "C"

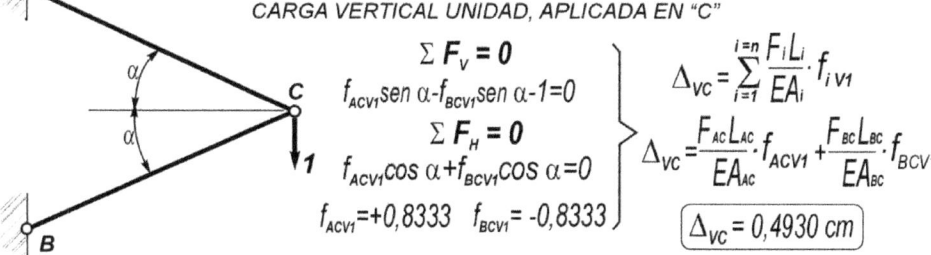

$\Sigma F_V = 0$

$f_{ACV1} sen \ \alpha - f_{BCV1} sen \ \alpha - 1 = 0$

$\Sigma F_H = 0$

$f_{ACV1} cos \ \alpha + f_{BCV1} cos \ \alpha = 0$

$f_{ACV1}=+0,8333 \quad f_{BCV1}= -0,8333$

$$\Delta_{VC} = \sum_{i=1}^{i=n} \frac{F_i L_i}{EA_i} . f_{iV1}$$

$$\Delta_{VC} = \frac{F_{AC} L_{AC}}{EA_{AC}} . f_{ACV1} + \frac{F_{BC} L_{BC}}{EA_{BC}} . f_{BCV1}$$

$$\boxed{\Delta_{VC} = 0,4930 \ cm}$$

DESPLAZAMIENTO HORIZONTAL DEL NUDO "C"

ESFUERZOS EN LAS BARRAS PARA UNA
CARGA HORIZONTAL UNIDAD, APLICADA EN "C"

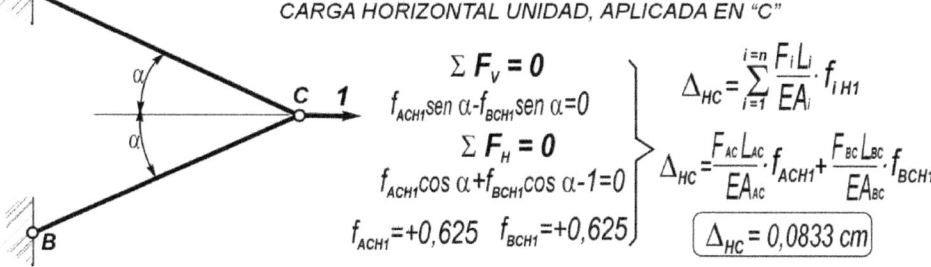

$\Sigma F_V = 0$

$f_{ACH1} sen \ \alpha - f_{BCH1} sen \ \alpha = 0$

$\Sigma F_H = 0$

$f_{ACH1} cos \ \alpha + f_{BCH1} cos \ \alpha - 1 = 0$

$f_{ACH1}=+0,625 \quad f_{BCH1}=+0,625$

$$\Delta_{HC} = \sum_{i=1}^{i=n} \frac{F_i L_i}{EA_i} . f_{iH1}$$

$$\Delta_{HC} = \frac{F_{AC} L_{AC}}{EA_{AC}} . f_{ACH1} + \frac{F_{BC} L_{BC}}{EA_{BC}} . f_{BCH1}$$

$$\boxed{\Delta_{HC} = 0,0833 \ cm}$$

FIGURA *13.18*
EJERCICIO *5*

COLECCIÓN BIBLIOTECA TÉCNICA UNIVERSITARIA

Títulos Publicados

BIBLIOTECA TÉCNICA UNIVERSITARIA
Títulos por Secciones

Sección Arquitectura

1. **Método y Aplicación de Representación Acotada y del Terreno** - *por José M Gentil Baldrich.*

2. **La Arquitectura y… Introducción al Acondicionamiento y las Instalaciones** - *Por Jaime Navarro Casas.*

3. **La Arquitectura y … Introducción a los materiales de Construcción- por** *Milagros Borrallo Jiménez ; Pedro Gómez de Terreros Guardiola, Jaime Navarro Casas y Ana Prieto Thomas.*

4. **Ejercicios de Geometría Descriptiva** – *Por Juan Jsé Escudero Alameda; Amparo Bernal López-Sanvicente; José Antonio Berganza de Diego y José Mariano Ruiz Izquierdo*

Sección Construcción

1. **Cerramientos Ligeros y pesados en los edificios** – *Por Antonio Rolando Ayuso*

2. **Economía Aplicada a la Construcción** – *Por Sebastián Truyols Sebas y José Manuel Saiz Álvarez*

Sección Dibujo Técnico

1. **Autocad 14 Aplicado a la Arquitectura** - *Por Eduardo Martínez Borrell* (AGOTADO)

2. **50 Ejercicios de Expresión Gráfica** – *Por José Luís Pérez Díaz y Sebastián Palacios Cuenca*

Sección Economía

1. **Definiciones y Cuestiones Básicas de Economía Actual** – *Por Nuria Querol Aragón*

2. **Economía Aplicada a la Construcción** – *por Sebastián Truyols Mateu: José Manuel Saiz Álvarez*

Sección Electrónica

1. **Ingeniería Electrónica. 7ª Edición** – *Por J. González Bernardo de Quirós*

2. **Problemas Resueltos de Ingeniería Electrónica** – *por J. González Bernardo de Quirós; José María Marcos Elgoibar y Vicente Aguilera Ribota*

3. **Radar y Ayudas para la Navegación Aérea** – *Por J. González Bernardo de Quirós*

4. **Sistemas de Control Lineal y no Lineal** – *Por José María Marcos Elgoibar*

5. **Ejercicios de Componentes y Circuitos Electrónicos** – *Por Francisco Javier Gabiola Ondarra*

6. **Problemas Resueltos de Electrotecnia** – *Por Rosa Mª de Castro Fernández; Carlos César Sanz; Mª Lourdes Peña Llana*

7. **Introducción a los sistemas de control automático** – *por José María Marcos Elgoibar*

8. **Localización Aeronáutica** – *Por Julio González Bernaldo de Quirós*

Sección Energética

1. **Minicentrales Hidroeléctricas. Mercado Eléctrico, aspectos técnicos y viabilidad económica de las inversiones** – *Por Germán Martínez Montes y Mª del Mar Serrano López*

2. **Energía Solar en Edificación -** *por Eusebio J.Martínez Conesa y Arturo García Agüera*

Sección Estructuras

1. **Problemas Resueltos de Estructuras Metálicas adaptados a la NBE-EA 95. Cálculo de Estructuras de Acero -** *Por Miguel A. Serrano y Miguel A. Castrillo – 2ª Edición revisada y ampliada*

2. **Curso de Cálculo de Estructuras** – *Por Ignacio García-Badell*

3. **Vigas Alveoladas** – *Por Javier Estévez Cimadevilla; Emilio Martín Gutiérrez y José Antonio Vázquez Rodríguez*

4. **Diseño de Elementos de Hormigón Armado (Problemas resueltos según la EHE)** – *Por Miguel Ángel Serrano López*

5. ***Principios de Construcción de Estructuras Metálicas – 2ª Edición ampliada y adaptada al CTE y a la EAE*** *- Por Domingo Pellicer Daviña; Germán Ramos Ruiz Cristina Sanz Larrea.*

6. ***Tipología Estructural en Arquitectura Industrial*** *– Por Ángel Martín Rodríguez – Francisco Suárez Domínguez – Juan José del Coz Díaz*

7. ***Hormigón Armado – Adaptado a la EHE y al CTE*** *– por Ariel Catalán Goñi*

8. ***Construcción de Estructuras de Hormigón Armado en Edificación (3ª Edición 2014)*** *– por Eduardo Medina Sánchez.*

9. ***Diseño y Cálculo de los Sistemas Estructurales (Teoría, Problemas y Programas). Tomo 1: Estructuras de Barras y Vigas*** *– Por Dr. José Miguel Martínez Jiménez – Coautores: José Miguel Martínez Valle y Álvaro Martínez Valle*

10. ***Diseño y Cálculo de los Sistemas Estructurales (Teoría, Problemas y Programas). Tomo 2: Inestabilidad y Pandeo de Estructuras, Líneas de Influencia y Cálculo Dinámico*** *– Por Dr. José Miguel Martínez Jiménez – Coautores: José Miguel Martinez Valle y Álvaro Martínez Valle*

11. ***Formulario y Tablas de Resistencia de Materiales*** *– Por Ignacio Herrera Navarro*

12. ***Resistencia de Materiales II*** *– Por Ignacio Herrera*

13. ***Diseño y Cálculo de los Sistemas Estructurales (Teoría, Problemas y Programas). Tomo 3- 2ª Edición 2023: Placas; Cables; Arcos y Láminas (Incluye CD con Programas Informáticos + Demo Programa CAESBA*** *– Por Dr. José Miguel Martínez Jiménez – Coautores: José Miguel Martínez Valle y Álvaro Martínez Valle*

14. ***Hormigón Armado – Adaptado a la EHE 08*** *– por Ariel Catalán Goñi*

15. ***Resistencia de Materiales 1 – 2ª Edición*** *– Por Ignacio Herrera Navarro – Catedrático del área Mecánica de Medios Continuos y Teoría de Estructuras Departamento de Ingeniería Mecánica, Energética y de los Materiales. Universidad de Extremadura*

16. ***Construcción de Estructuras de Madera*** *– Por Eduardo Medina Sánchez. Arquitecto Técnico. Profesor de la UPM – Escuela Universitaria de Arquitectura Técnica*

17. **Apuntes de Teoría de Estructuras** – *Por Manuel López Aenlle; Marían García Prieto*

18. **Ejercicios Resueltos de Construcción de Estructuras de Edificación** – *Por Eduardo Medina Sánchez*

19. **Análisis Dinámico en Estructuras** – *Por Félix L. Suárez Riestra*

20. **La Estructura Metálica. Problemas resueltos según el CTEy EC3 – Por Tomás A. Cremades Moreno**

21. **Formulario y Tablas de Cálculo de Estructuras** – *por Ignacio Herrera y Daniel Rodríguez*

22. **Cálculo Dinámico/Sísmico de Estructuras por Métodos Matriciales** – *Por José Miguel Martínez Jiménez, José Miguel Martínez Valle y Álvaro Martínez Valle*

23. **Código Estructural. Ejercicios de Hormigón Armado y Pretensado** – *Por Antoni Cladera Bohigas; Carlos R. Ribas González; Joaquín G. Ruiz Pinilla; David Boixader Cambronero*

Sección Física

1. **Problemas Resueltos de Física General – 2ª edición 2006** - *Por Laura Abad Toribio y Laura Mª Iglesias Gómez*

2. **Problemas Resueltos de Electromagnetismo** - *Por Laura Abad Toribio; Ana Isabel Velasco Fernández y Alicia Chocarro Marcesse´*

3. **Problemas de Física. MECÁNICA** – *Por Carlos F. González Fernández. Catedrático de Física Aplicada – Universidad Politécnica de Cartagena*

4. **Dinámica Vectorial de Cuerpos Rígidos** – *por Carlos F. González Fernández. Catedrática de Física Aplicada – Universidad Politécnica de Cartagena*

5. **Datos Experimentales. Medida y Error- Guía Práctica** - *por Carlos F. González Fernández. Catedrática de Física Aplicada – Universidad Politécnica de Cartagena*

Sección Ganadería

1. **La Ganadería Extensiva en España** – *Por Sigfredo Francisco Ortuño Pérez y Susana González Herraiz*

Sección Geodesia y Topografía

1. **Introducción a las Ciencias que Estudian la Geometría de la superficie Terrestre: Geodesia, Fotogrametría, Cartografía y Topografía** – *Por José Juan de San José, Josefina García y Mariló López (AGOTADO)*

2. **Fundamentos Teóricos de los Métodos Topográficos** – *Por Alonso Sánchez Ríos*

3. **Problemas de Métodos Topográficos** – *Por Alonso Sánchez Ríos*

4. **Programas Informáticos de Topografía** – *Por Calos Tomás Romeo*

5. **Topografía y Sistemas de Información** – *Por Rubén Martínez Marín*

6. **Transformaciones de Coordenadas** – *Por Juan Antonio Pérez Álvarez y José Antonio Ballell Caballero*

7. **Redes Topométricas** – *Por Juan P. Carpio Hernández*

8. **Problemas de Topografía y Fotogrametría** – *Por Luís Ortiz Sanz; M! Luz Gil Docampo y Mª Teresa Rego Sanmartín*

9. **Topografía Para Ingenieros** – *Por Silvino Fernández García y Mª Luz Gil Docampo*

10. **Topografía para Estudios de Grado. 3ª Edición Ampliada y Revisada** – *Por José Juan de San José Blasco; Emilio Martínez García; Mariló López González y Alan D. J. Atkinson*

11. **Problemas Básicos de Topografía** – *Por Carlos Muñoz San Emetrio*

12. **Topografía Práctica con Problemas Resueltos** – *por Amparo Verdú Vazquez*

13. **Replanteo de Obras. Prácticas de Topografía** – *Por Mª Ángeles Domínguez Sánchez*

14. *Replanteo de Obras. Curvas de Transición – Clotoides – Acuerdos Verticales* – *Por Mª Ángeles Domínguez Sánchez*

15. *Topografía Aplicada. 2ª Edición 2023* – *Por Rubén Martínez Marín; Miguel Marchamalo Sacristán; Luis Velilla Almaraz*

16. *Topografía y Geomática Básicas en Ingeniería* – *Por Silvino Fernández García; María de la Luz Gil Docampo*

Sección Hidráulica

1. *Hidráulica Fluvial* – *Por Eduardo Martínez Marín*

Sección Informática

1. *HTML4.0 y Dinámico. Construcción de Documentos para el Servicios World Wide Web* – *Por Ángel García Beltrán*

2. *Métodos Informáticos en TurboPascal* - *por Ángel García Beltrán; Raquel Martínez Fernández y Alberto Jaén Gallego* – *3ª Edición ampliada y revisada*

3. *Iniciación a la Programación Usando Lenguajes Visuales Orientados a Eventos*- *Por Adolfo Lozano Tello*

4. *Introducción a la Informática: Programación práctica en C y Matlab®* - *Por Sagrario Lantarón Sánchez y Bernardo Llanas Juárez* – *AGOTADO*

5. *Matlab® y Matemática Computacional* – *Por Sagrario Lantarón y Bernado Llanas Juárez*

6. *Programación para Ingeniería y Ciencias con Matlab® y Octave* – *Por Sagrario Lantarón Sánchez*

Sección Ingeniería Mecánica

1. *Mecánica de Fluidos. Adaptada al Espacio Europeo de Educación Superior. Libro de Teoría y Problemas* – *Por José Pérez García y Ruth Herrero Martín*

2. **Mecánica de Fluidos. Adaptada al Espacio Europeo de Educación Superior. Cuaderno del Estudiante** – *Por José Pérez García y Ruth Herrero Martín*

Sección Ingeniería del Terreno y Geología

1. **Ejercicios Resueltos de Geotecnia. Tomo I** – *por A. Matías Sánchez*

Sección Instalaciones Eléctricas

1. **Luminotecnia** – *Por Lorenzo Salas Morera; Rafael Ayuso Muñoz y Antonio J. Cubero Atienza*

Sección Máquinas y Mecanismos

1. **Fundamentos de Teoría de Máquinas – 4ª Edición** – *Por Antonio Simón Mata; Álex Bataller Torras; Juan A. Cabrera Carrillo; Antonio Ortiz Fernández.*

Sección Matemáticas

1. **Análisis Vectorial para la Ingeniería. Teoría y Problemas** – *Por José Luís Galán García*

2. **Problemas de Álgebra Lineal** – *Por Elena Domínguez; Mario López ; Luís Sanz y Pablo Solana*

3. **Modelos Diferenciales y Numéricos en la Ingeniería- Por** *Emilio de la Rosa Oliver*

4. **Cálculo Integral y Diferencial** – *Por Francisco Bordes Caballero*

5. **Variable Compleja y Ecuaciones en Derivadas Parciales para la Ingeniería** – *Por José Luís Galán García y Pedro Rodríguez Cielos.*

6. **Fundamentos de Matemáticas (Problemas Resueltos) 2ª Edición** - *Por Esther Guervós García y Ana Pastor Regidor*

7. **Ampliación de Matemáticas para la Ingeniería** – *José Luis Galán García; Pedro Rodríguez Cielos; Yolanda Padilla Domínguez; Mª Ángeles Galán García*

Sección Mecánica

1. **Geometría de masas-** *Por Luís Delgado Lallemand y José Quintana Santana*

2. **Problemas resueltos de Tecnología mecánica** – *Por Jesús Peláez Vara; Esteban García Maté; Francisco Javier Gómez Gil*

Sección Mecánica del Suelo y Cimentaciones

1. **Cimentaciones y Estructuras de Contención de Tierras** – *Por Jesús Ayuso Muñoz; Alfonso Caballero Repullo; Martín López Aguilar; José Ramón Jiménez Romero y Francisco Agrela Sainz*

Sección Medio Ambiente

1. **Técnicas de Muestreo en Ciencias Forestales y Ambientales** – *Por Esperanza Ayuga Téllez; Concepción González García; Susana Martín Fernández, J. Eugenio Martínez Falero y Manuel Pedro Méndez*

Sección Metalurgia-Soldadura

1. **Soldadura: Tecnología y Técnica de los Procesos de Soldadura. 2ª Edición** – *Por David Rodríguez Salgado*

2. **Apuntes de Soldadura. Conceptos Básicos** – *Por Marian García Prieto*

Sección Química

1. **Problemas y Cuestiones en Ingeniería de las Reacciones Químicas** – *Por Sebastián O. Pérez Báez y Antonio Gómez Gótor*

Sección Resistencia de Materiales

1. **Problemas Resueltos de Elasticidad y Resistencia de Materiales- 2ª Edición** – *Por Antonio Argüelles Amado e Isabel Viña Olay*

2. **Problemas Resueltos de Resistencia de Materiales** – *Por Fernando Rodríguez-Avial Azcúnaga*

3. **Ejercicios Básicos de Elasticidad-** *Por Javier Ferreiro Cabello; Esteban Fraile García*

4. **Ejercicios Básicos de Resistencia de Materiales, aplicando el CTE -** *Por Javier Ferreiro Cabello; Esteban Fraile García; Eduardo Martínez de Pisón Ascacibar*

5. **Problemas Resueltos de Pandeo y Torsión Uniforme** *– por Esteban Fraile García y Javier Ferreiro Cabello*

6. **Resistencia de Materiales._Ejercicios** *– Por José Luis Zapico Valle y Marat García Diéguez*

7. **Resistencia de Materiales._Teoría** *– Por José Luis Zapico Valle y Marat García Diéguez*

8. **Ejercicios Tracción y Compresión** *– Por Javier Ferreriro Cabello; Esteban Fraile García; Fátima Somovilla Gómez; Jorge Los Santos Ortega*

9. **Resistencia de Materiales** *– Por José Matías Antuña García*

Sección Telecomunicaciones

1. **Comunicaciones Ópticas** *– Por Antonio Rodríguez Suárez*

Sección Termodinámica

1. **Simulación y Cálculo de Ciclos Termodinámicos** *– Por José Mª Alarcón Aguín; Enrique Granada Álvarez y Manuel E. Vázquez*

2. **100 Problemas Resueltos de Termodinámica Aplicada** *– Por Joaquín Zueco Jordán*

Sección Termotecnia

1. **Fundamentos de Aire Acondicionado** *– Por Antonio Mardomingo Jimeno*

BELLISCO VIRTUAL

Su Librería Técnica Online

Compre sus libros técnicos con toda comodidad y sin salir de su casa

www.belliscovirtual.com

BELLISCO
Ediciones Técnicas y Científicas.
Cebreros 152. Posterior. 28011 MADRID
Teléfono 91 464 18 02

Correo electrónico: *informacion@belliscovirtual.com*

**BELLISCO
EDICIONES**
*45 años editando libros
técnicos*